Lothar Papula

Übungen zur
Mathematik für Ingenieure

Anwendungsorientierte Übungsaufgaben
aus Naturwissenschaft und Technik
mit ausführlichen Lösungen

Lothar Papula

Übungen zur Mathematik für Ingenieure

**Anwendungsorientierte Übungsaufgaben
aus Naturwissenschaft und Technik
mit ausführlichen Lösungen**

187 Übungsaufgaben mit Lösungen,
310 Bilder und ein Anhang Physikalische Grundlagen

Springer Fachmedien Wiesbaden GmbH

CIP-Titelaufnahme der Deutschen Bibliothek

Papula, Lothar:
Übungen zur Mathematik für Ingenieure:
anwendungsorientierte Übungsaufgaben aus
Naturwissenschaft und Technik mit ausführlichen
Lösungen; 187 Übungsaufgaben mit Lösungen,
310 Bilder und ein Anhang physikalische
Grundlagen / Lothar Papula. – Braunschweig;
Wiesbaden. Vieweg, 1990
   (Viewegs Fachbücher der Technik)
   ISBN 978-3-528-04355-1   ISBN 978-3-322-88790-0 (eBook)
   DOI 10.1007/978-3-322-88790-0
NE: HST

Der Verlag Vieweg ist ein Unternehmen der Verlagsgruppe Bertelsmann International.

Das Werk und seine Teile sind urheberrechtlich geschützt. Jede Verwertung in anderen als den gesetzlich zugelassenen Fällen bedarf deshalb der vorherigen schriftlichen Einwilligung des Verlages.

Umschlaggestaltung: Hanswerner Klein, Leverkusen
Satz: Vieweg, Wiesbaden

ISBN 978-3-528-04355-1

Vorwort

Die Darstellung *anwendungsorientierter* mathematischer Methoden in Vorlesungen und Übungen gehört zum festen Bestandteil des Grundstudiums der technischen Disziplinen im Hochschulbereich. Von besonderer Bedeutung sind dabei die vorlesungsbegleitenden *Übungen,* in denen der Studierende die in der Vorlesung vermittelten mathematischen Grundkenntnisse *anwenden* und *vertiefen* soll. Die Erfahrung zeigt nun, daß die Behandlung und Lösung mathematischer Übungsaufgaben oft mit *enormen* Schwierigkeiten verbunden sind, insbesondere dann, wenn diese *anwendungs-* und *praxisorientiert* formuliert werden. Die *Entwicklung* und der *Erwerb* der Fähigkeit, die im Grundstudium vermittelten mathematischen Kenntnisse auf einfache Problemstellungen aus Naturwissenschaft und Technik *erfolgreich anwenden* zu können, ist jedoch ein *wesentliches* Ziel der Grundausbildung und somit zugleich *Voraussetzung* für ein *erfolgreiches* Studium.

Das vorliegende Werk **Übungen zur Mathematik für Ingenieure** enthält 187 ausschließlich *anwendungsorientierte* Übungsaufgaben, die *ausführlich* formuliert und *vollständig* gelöst werden (Lösungen mit *allen* Zwischenschritten). Die ausgewählten Problemstellungen entstammen den speziellen Grundvorlesungen der technischen Disziplinen wie Elektrotechnik, Maschinenbau und Physik. Die Übungen haben somit durchaus den Charakter von *Anwendungsbeispielen* und zeigen die *erfolgreiche Anwendung* der Ingenieurmathematik auf (meist einfache) Problemstellungen aus Naturwissenschaft und Technik.

Das **Übungsbuch** folgt in Aufbau und Stoffauswahl dem bewährten Lehrbuch **Mathematik für Ingenieure 1, 2.** Die beim selbständigen Lösen der Übungsaufgaben benötigten *physikalischen Grundlagen* sind im *Anhang* einzeln aufgeführt. Das Übungsbuch ist daher *unabhängig* von weiterer physikalischer Literatur verwendbar. Der allen Anwendungsbeispielen *gemeinsame* Aufbau wird in der *Anleitung für den Benutzer* ausführlich beschrieben.

Eine Bitte des Autors

Für Hinweise und Anregungen — insbesondere auch aus dem Kreis der Studenten — ist der Autor stets dankbar.

Ein Wort des Dankes ...

... an meine Frau Gabriele, die mit unermüdlicher Geduld und großer Sorgfalt die anfallenden Schreibarbeiten erledigt hat,

... an die Mitarbeiter des Verlages, ganz besonders aber an die Damen Brigitte Gödecke und Ute Hummert und die Herren Wolfgang Nieger und Ewald Schmitt, für die hervorragende Zusammenarbeit während der Entstehung und Drucklegung dieses Werkes.

Wiesbaden, April 1990 *Lothar Papula*

Anleitung für den Benutzer

Der *Aufbau* der Übungen erfolgt *einheitlich* nach dem folgenden Schema. Im Lösungsteil gegebene Hinweise auf Formeln beziehen sich auf die **Mathematische Formelsammlung für Ingenieure und Naturwissenschaftler.**

60

III Differentialrechnung

Übung 1: Induktionsspannung in einer Leiterschleife ◄
        Elementare Differentiation ◄

Eine *U*-förmig gebogene *Leiterschleife* wird von einem *homogenen* Magnetfeld der Flußdichte *B senkrecht* durchflutet (Bild III-1). Auf der Leiterschleife gleitet in der eingezeichneten Weise ein *Leiter*, dessen Geschwindigkeit v aus der Ruhe heraus mit der Zeit t *linear* ansteigt. Bestimmen Sie die nach dem *Induktionsgesetz* [A12] in der Leiterschleife *induzierte Spannung U*.

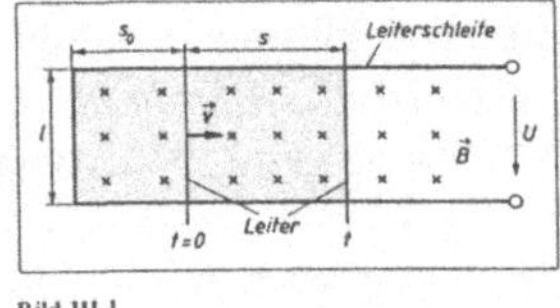

Bild III-1

(l: Breite der Leiterschleife; $s(0) = s_0$: Anfangslage des Leiters zu Beginn der Bewegung, d.h. zur Zeit $t = 0$; a: Beschleunigung des Leiters)

Lehrbuch: Bd. 1, IV.1.3	*Physikalische Grundlagen:* A11, A12 ◄

Lösung:

Der Leiter bewegt sich mit *linear* ansteigender Geschwindigkeit, unterliegt demnach einer *konstanten* Beschleunigung a. Somit ist $v = at$ und der vom Leiter in der Zeit t zurückgelegte *Weg* beträgt $s = \frac{1}{2}at^2$. Die vom Magnetfeld zu diesem Zeitpunkt *durchflutete* Fläche A (in Bild III-1 *grau* unterlegt) ist ein Rechteck mit den Seitenlängen l und $s_0 + s = s_0 + \frac{1}{2}at^2$ und dem *Flächeninhalt*

$$A = l(s_0 + s) = l\left(s_0 + \frac{1}{2}at^2\right)$$

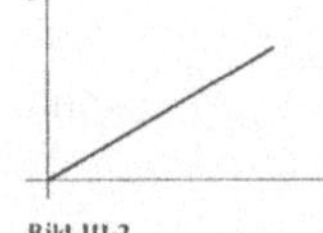

Bild III-2

Der *magnetische Fluß* [A11] durch diese Fläche ist dann

$$\phi = BA = Bl\left(s_0 + \frac{1}{2}at^2\right)$$

Nach dem *Induktionsgesetz* [A12] beträgt die in der Leiterschleife *induzierte* Spannung

$$U = \frac{d\phi}{dt} = \frac{d}{dt}\left[Bl\left(s_0 + \frac{1}{2}at^2\right)\right] = Bl \cdot \frac{d}{dt}\left(s_0 + \frac{1}{2}at^2\right) = Bla \cdot t$$

Die Induktionsspannung steigt somit mit der Zeit *linear* an (Bild III-2).

Naturwissenschaftlich-technisches Problem

Benötigte mathematische Kenntnisse

Ausführliche Formulierung der Übungsaufgabe, meist von einem *Bild* mit weiteren Informationen begleitet. In einigen Fällen erfolgt zusätzlich ein spezieller *Lösungshinweis.*

Hinweise auf die Lehrbücher **Mathematik für Ingenieure 1, 2** und die *physikalischen Grundlagen* im *Anhang* dieses Buches.

Ausführliche Lösung der Übungsaufgabe mit *allen* Zwischenschritten unter Angabe der verwendeten Formeln aus der **Mathematischen Formelsammlung für Ingenieure und Naturwissenschaftler** sowie der benötigten physikalischen Grundlagen aus dem Anhang dieses Buches.

Inhaltsverzeichnis

I Vektorrechnung

Übung	Naturwissenschaftlich-technisches Problem	*Mathematisches Stoffgebiet*	Seite
1	Kraftzerlegung am Keil	Zerlegung eines Vektors in Komponenten	1
2	Zusammengesetzte Bewegung einer Fähre	Vektoraddition	2
3	Kräftegleichgewicht an einem belasteten Rollensystem	Vektoraddition	3
4	Zweifach gelagerte Welle bei Belastung	Komponentenrechnung	4
5	Stabkräfte (Reaktionskräfte) in einem Ausleger	Vektoraddition	5
6	Schwerpunkt eines Massenpunktsystems	Vektoraddition	6
7	Überlagerung elektrischer Felder	Vektoraddition	7
8	Kraftwirkung zwischen stromdurchflossenen Leitern	Vektorprodukt	8
9	Stabkräfte (Reaktionskräfte) in einem belasteten Dreibein	Räumliche Vektoraddition, Gaußscher Algorithmus	10
10	Arbeit an einer Punktladung in einem elektrischen Feld	Skalarprodukt	12
11	Durchbiegung eines Balkens bei Belastung durch mehrere Kräfte	Skalarprodukt	13
12	Moment einer Kraft in einem Kugelgelenk	Vektorprodukt, Richtungswinkel	14
13	Umfangsgeschwindigkeit einer rotierenden Zylinderscheibe	Vektorprodukt, Ableitung eines Vektors	15
14	Drehmoment einer stromdurchflossenen Leiterschleife im Magnetfeld	Vektorprodukt	16
15	Kräftefreie Bewegung eines Elektrons in einem elektromagnetischen Feld	Vektorprodukt, Richtungswinkel	17
16	Fachwerk im statischen Gleichgewicht	Vektoraddition, Vektorprodukt, lineares Gleichungssystem	18
17	Komplanare Kraftvektoren	Vektoraddition, Richtungswinkel, Spatprodukt	20
18	Spannungsstoß in einer Leiterschleife durch elektromagnetische Induktion	Vektor- und Spatprodukt	21
19	Bewegung von Ladungsträgern in einem Magnetfeld	Ableitungen eines Vektors, Skalar- und Spatprodukt	22

II Funktionen und Kurven

Übung	Naturwissenschaftlich-technisches Problem	*Mathematisches Stoffgebiet*	Seite
1	Reihenschaltung aus n gleichen Spannungsquellen	Diskrete Funktion	24
2	Zeitversetzter freier Fall zweier Kugeln	Lineare Funktion	25
3	Zugspannung in einem rotierenden Stab	Quadratische Funktion	26
4	Sortiervorrichtung	Parameterdarstellung, quadratische Funktion	28
5	Aufeinander abrollende Zahnräder (Epizykloide)	Parameterdarstellung einer Kurve	29
6	Fallbeschleunigung in und außerhalb eines Erdkanals	Lineare Funktion, gebrochenrationale Funktion	31
7	Verteilung der Stromdichte in einem stromdurchflossenen Hohlzylinder	Gebrochenrationale Funktion	33
8	Kapazität eines Kondensators mit geschichtetem Dielektrikum	Gebrochenrationale Funktion	34
9	Magnetfeld in der Umgebung einer stromdurchflossenen elektrischen Doppelleitung	Gebrochenrationale Funktion	35
10	Kennlinie einer Glühlampe	Interpolationsformel von Newton, kubische Funktion, Horner-Schema	37
11	Doppelschieber	Parameterdarstellung, Kegelschnittgleichung	39
12	Rollbewegung einer Zylinderwalze längs einer schiefen Ebene	Wurzelfunktion	40
13	Ballistisches Pendel	Zusammengesetzte Funktion	42
14	Sinusförmige Wechselspannung	Allgemeine Sinusfunktion	43
15	Momentane (zeitabhängige) Leistung eines Wechselstroms	Sinus- und Kosinusfunktionen	44
16	Überlagerung gleichfrequenter Schwingungen gleicher Raumrichtung	Sinus- und Kosinusfunktionen	46
17	Lissajous-Figuren	Parameterdarstellung, Sinus- und Kosinusfunktionen, Wurzelfunktionen	47
18	Schwebungen	Trigonometrische Funktionen	49
19	Fliehkraft- oder Zentrifugalkraftregler	Trigonometrische Funktionen, Arkuskosinusfunktion	51
20	Ladestrom in einer RC-Parallelschaltung	Exponentialfunktion (Abklingfunktion)	52
21	RC-Glied mit Rampenspannung	Exponentialfunktion (Sättigungsfunktion)	54
22	Aperiodischer Grenzfall einer Schwingung	Kriechfunktion (Exponentialfunktion)	55

| 23 | Barometrische Höhenformel | Logarithmusfunktion | 56 |
| 24 | Zusammenhang zwischen Fallgeschwindigkeit und Fallweg | Hyperbelfunktionen | 58 |

III Differentialrechnung

Übung	Naturwissenschaftlich-technisches Problem	*Mathematisches Stoffgebiet*	Seite
1	Induktionsspannung in einer Leiterschleife	Elementare Differentiation	60
2	Elektronenstrahl-Oszilloskop	Elementare Differentiation, Tangentengleichung	61
3	Querkraft- und Momentenverlauf längs eines belasteten Trägers	Elementare Differentiation	63
4	Rotierende Zylinderscheibe in einer zähen Flüssigkeit	Differentiation (Kettenregel)	64
5	Kurbeltrieb	Differentiation (Kettenregel)	66
6	Zusammenhang zwischen Fallbeschleunigung und Fallweg	Differentiation (Kettenregel)	68
7	Periodische Bewegung eines Massenpunktes	Differentiation eines zeitabhängigen Ortsvektors	69
8	Rollkurve oder gewöhnliche Zykloide	Differentiation eines zeitabhängigen Ortsvektors	70
9	Linearisierung einer Halbleiter-Kennlinie	Linearisierung einer Funktion	73
10	Linearisierung der Widerstandskennlinie eines Thermistors (Heißleiters)	Linearisierung einer Funktion	74
11	Gruppenschaltung von Batterien	Extremwertaufgabe	76
12	Wurfparabel eines Wasserstrahls	Extremwertaufgabe	78
13	Scheibenpendel mit minimaler Schwingungsdauer	Extremwertaufgabe	79
14	Leistungsanpassung eines Verbraucherwiderstandes	Extremwertaufgabe	81
15	Resonanzfall bei einer erzwungenen Schwingung	Extremwertberechnung	82
16	Optimale Beleuchtung eines Punktes durch eine Lichtquelle	Extremwertaufgabe	84
17	Gaußsche Normalverteilung	Extremwerte, Wendepunkte	85
18	Elektrische Feldstärke in der Umgebung einer elektrischen Doppelleitung	Kurvendiskussion	87
19	Ungestörte Überlagerung zeitabhängiger Impulse	Kurvendiskussion	89

20	Überlagerung von Sinusschwingungen gleicher Raumrichtung, aber unterschiedlicher Frequenz	Kurvendiskussion	92
21	Fallgeschwindigkeit mit und ohne Berücksichtigung des Luftwiderstandes	Grenzwertregel von Bernoulli und de L'Hospital	95
22	Erzwungene Schwingung im Resonanzfall	Grenzwertregel von Bernoulli und de L'Hospital	97
23	Eintauchtiefe einer Boje in Salzwasser	Tangentenverfahren von Newton	99
24	Freihängendes Seil (Seilkurve, Kettenlinie)	Tangentenverfahren von Newton	101

IV Integralrechnung

Übung	Naturwissenschaftlich-technisches Problem	*Mathematisches Stoffgebiet*	Seite
1	Seiltrommel mit Lasten	Elementare Integration (Grundintegral)	103
2	Induktionsspannung in einer im Magnetfeld rotierenden Metallscheibe	Elementare Integration (Grundintegral)	104
3	Rollbewegung einer Kugel längs einer schiefen Ebene	Elementare Integrationen (Grundintegrale)	105
4	Oberflächenprofil einer rotierenden Flüssigkeit	Elementare Integration (Grundintegral)	107
5	Resultierende eines ebenen parallelen Kräftesystems	Elementare Integrationen (Grundintegrale)	108
6	Querkraft und Biegemoment längs eines Balkens mit linear ansteigender Last (Dreieckslast)	Elementare Integrationen (Grundintegrale)	109
7	Fliehkraft- oder Zentrifugalkraftregler	Elementare Integration (Grundintegral)	111
8	Massenträgheitsmoment eines Rotationskörpers (elliptischer Querschnitt)	Elementare Integration (Grundintegral)	113
9	Zugstab mit konstanter Zugspannung	Elementare Integrationen (Grundintegrale)	114
10	Magnetischer Fluß durch eine Leiterschleife	Elementare Integrationen (Grundintegrale)	115
11	Kapazität eines Koaxialkabels	Elementare Integration (Grundintegral)	117
12	Übergangswiderstand einer Kugel	Elementare Integration (Grundintegral)	118
13	Arbeit im Gravitationsfeld der Erde	Elementare Integration (Grundintegral)	119
14	Elektrischer Widerstand eines kegelstumpfförmigen Kontaktes	Integration mittels Substitution	120
15	Freier Fall unter Berücksichtigung des Luftwiderstandes	Integration mittels Substitution	121
16	Aufladung eines Kondensators	Integration mittels Substitution	123

17	Rotation einer Scheibe in einer Flüssigkeit	Integration mittels Substitution	125
18	Kapazität einer elektrischen Doppelleitung	Integration mittels Substitution	126
19	Effektivwert eines Wechselstroms	Integration mittels Substitution	128
20	Bogenlänge einer Epizykloide	Integration mittels Substitution	129
21	Fallgesetze bei Berücksichtigung des Luftwiderstandes	Integration mittels Substitution	131
22	Mittlere Geschwindigkeit von Gasmolekülen	Partielle Integration	133
23	Durchschnittliche Leistung eines Wechselstroms	Integration mittels Substitution bzw. partieller Integration	135
24	Induktivität einer elektrischen Doppelleitung	Integration durch Partialbruchzerlegung des Integranden, Integration mittels Substitution	137
25	Schwingungsdauer eines Fadenpendels	Numerische Integration nach Simpson	139

V Taylor- und Fourier-Reihen

Übung	Naturwissenschaftlich-technisches Problem	*Mathematisches Stoffgebiet*	Seite
1	Fallgeschwindigkeit mit und ohne Berücksichtigung des Luftwiderstandes	Grenzwertbestimmung mittels Reihenentwicklung	141
2	Elektrischer Widerstand zwischen zwei koaxialen Zylinderelektroden	Potenzreihenentwicklung, Näherungspolynome	143
3	Temperaturabhängigkeit der Dichte eines Festkörpers	Potenzreihenentwicklung, lineare Näherungsfunktion	144
4	Magnetische Feldstärke in der Mitte einer stromdurchflossenen Zylinderspule	Potenzreihenentwicklung, Näherungspolynom	146
5	Temperaturabhängigkeit der Schallgeschwindigkeit in Luft	Potenzreihenentwicklung, lineare Näherungsfunktion	147
6	Spiegelgalvanometer	Potenzreihenentwicklung, lineare Näherungsfunktion	149
7	Kapazität einer elektrischen Doppelleitung	Potenzreihenentwicklung, Näherungsformel	150
8	Relativistische Masse und Energie eines Elektrons	Potenzreihenentwicklung, Näherungspolynom	151
9	RC-Schaltung mit Rampenspannung	Potenzreihenentwicklung, Näherungsfunktionen	153
10	Freihängendes Seil (Seilkurve, Kettenlinie)	Lösen einer Gleichung mittels Reihenentwicklung, Näherungsparabel	154
11	Gaußsche Normalverteilung	Integration durch Potenzreihenentwicklung des Integranden	156

12	Schwingungsdauer eines Fadenpendels	Integration durch Potenzreihenentwicklung des Integranden	158
13	Fourier-Zerlegung einer periodischen Folge rechteckiger Spannungsimpulse	Fourier-Reihe, Amplitudenspektrum	161
14	Fourier-Reihe einer Kippspannung (Sägezahnimpuls)	Fourier-Reihe	163
15	Fourier-Zerlegung eines „angeschnittenen" Wechselstroms	Fourier-Reihe	165

VI Lineare Algebra

Übung	Naturwissenschaftlich-technisches Problem	*Mathematisches Stoffgebiet*	Seite
1	Widerstands- und Kettenmatrix eines linearen Vierpols	Orthogonale Matrix	169
2	Vierpolgleichungen für ein symmetrisches T-Glied	Matrizenrechnung, inverse Matrix, orthogonale Matrix	171
3	Symmetrische π-Schaltung	Multiplikation von Matrizen	174
4	Kettenschaltung von Vierpolen	Multiplikation von Matrizen	175
5	Durchbiegung eines Trägers bei Belastung durch mehrere Kräfte	Multiplikation von Matrizen (Falk-Schema)	176
6	Eigenkreisfrequenzen einer Biegeschwingung	Determinantengleichung	177
7	Elektromagnetische Induktion in einem durch ein Magnetfeld bewegten elektrischen Leiter	Dreireihige Determinante	179
8	Kritische Drehzahlen einer zweifach gelagerten Welle	Homogenes lineares Gleichungssystem, Determinantengleichung	180
9	Widerstandsmessung mit der Wheatstoneschen Brücke	Homogenes lineares Gleichungssystem, Determinanten	183
10	Torsionsschwingung einer Welle	Dreireihige Determinante	184
11	Verzweigter Stromkreis	Inhomogenes lineares Gleichungssystem, Cramersche Regel	185
12	Beschleunigte Massen in einem Rollensystem	Inhomogenes lineares Gleichungssystem, Cramersche Regel	187
13	Berechnung der Zweigströme in einem elektrischen Netzwerk	Inhomogenes lineares Gleichungssystem, Cramersche Regel	189
14	Netzwerkanalyse nach dem Maschenstromverfahren	Inhomogenes lineares Gleichungssystem, Gaußscher Algorithmus	190
15	Berechnung der Zweigströme in einem elektrischen Netzwerk	Inhomogenes lineares Gleichungssystem, Gaußscher Algorithmus (Matrizenform)	192

| 16 | Berechnung der Ströme in einer Netz-masche | Inhomogenes lineares Gleichungssystem, Gaußscher Algorithmus | 194 |
| 17 | Modifizierter Gerber-Träger | Inhomogenes lineares Gleichungssystem, Gaußscher Algorithmus | 196 |

VII Komplexe Zahlen und Funktionen

Übung	Naturwissenschaftlich-technisches Problem	*Mathematisches Stoffgebiet*	Seite
1	Resonanz im Parallelschwingkreis	Komplexe Rechnung	199
2	Ohmscher Spannungsteiler	Komplexe Rechnung	201
3	Berechnung des Scheinwiderstandes eines Netzwerkes	Komplexe Rechnung	202
4	Wechselstrommeßbrücke	Komplexe Rechnung	204
5	Wechselstromparadoxon	Komplexe Rechnung	206
6	Komplexer Wechselstromkreis	Komplexe Rechnung	208
7	Überlagerung gleichfrequenter Schwingungen gleicher Raumrichtung	Komplexe Zeiger	210
8	Leitwertortskurve einer RC-Parallel-schaltung	Ortskurve einer parameterabhängigen komplexen Größe	213
9	Widerstands- und Leitwertortskurve einer RL-Reihenschaltung	Ortskurven parameterabhängiger komplexer Größen	214

VIII Differential- und Integralrechnung für Funktionen von mehreren Variablen

Übung	Naturwissenschaftlich-technisches Problem	*Mathematisches Stoffgebiet*	Seite
1	Potential und elektrische Feldstärke im elektrostatischen Feld zweier Punkt-ladungen	Partielle Ableitungen 1. Ordnung	216
2	Statisch unbestimmt gelagerter Balken	Partielle Ableitungen	218
3	Kapazität einer Kondensatorschaltung	Totales oder vollständiges Differential	220
4	Schwingungsgleichung der Mechanik	Totales oder vollständiges Differential	222
5	Selbstinduktivität einer elektrischen Doppelleitung	Linearisierung einer Funktion	223
6	Leistungsanpassung beim Wechselstrom-generator	Extremwertaufgabe	225

7	Eine Anwendung des Gaußschen Fehlerintegrals	Extremwertaufgabe	228
8	Flächeninhalt und Flächenschwerpunkt eines Kreisabschnittes (Kreissegmentes)	Doppelintegrale in kartesischen Koordinaten	232
9	Magnetischer Fluß durch eine Leiterschleife	Doppelintegral in Polarkoordinaten	234
10	Stromstärke in einem Leiter bei ortsabhängiger Stromdichte	Doppelintegral in Polarkoordinaten	236
11	Normierung der Gaußschen Normalverteilungsdichtefunktion	Doppelintegral in Polarkoordinaten	237
12	Schwerpunkt, Hauptachsen und Hauptflächenmomente 2. Grades (Hauptflächenträgheitsmomente) einer trapezförmigen Fläche	Doppelintegrale in kartesischen Koordinaten	241
13	Volumen und Schwerpunkt eines Tetraeders	Dreifachintegrale in kartesischen Koordinaten	245
14	Massenträgheitsmoment eines Speichenrades	Dreifachintegral in Zylinderkoordinaten	247
15	Schwerpunkt eines rotationssymmetrischen Körpers mit elliptischem Querschnitt und zylindrischer Bohrung	Dreifachintegrale in Zylinderkoordinaten	249
16	Massenträgheitsmomente eines homogenen Kegels	Dreifachintegrale in Zylinderkoordinaten	251
17	Magnetische Feldstärke in der Umgebung eines stromdurchflossenen linearen Leiters	Linienintegrale	256
18	Magnetische Feldstärke in der Achse eines stromdurchflossenen kreisförmigen Leiters	Linienintegral	258
19	Elektrisches Feld einer Linienquelle	Partielle Ableitungen, konservatives Vektorfeld, Linienintegral	260

IX Gewöhnliche Differentialgleichungen

Übung	Naturwissenschaftlich-technisches Problem	Mathematisches Stoffgebiet	Seite
1	Raketengleichung	Dgl 1. Ordnung vom Typ $y' = f(x)$ (Integration mittels Substitution)	264
2	RL-Schaltkreis mit einer Gleichstromquelle	Homogene lineare Dgl 1. Ordnung (Trennung der Variablen)	268
3	Seilkräfte und Seilreibung	Homogene lineare Dgl 1. Ordnung (Trennung der Variablen)	270
4	Fallbewegung einer Kugel in einer zähen Flüssigkeit	Inhomogene lineare Dgl 1. Ordnung (Variation der Konstanten)	271

5	RC-Schaltkreis mit einer Gleich-spannungsquelle	Inhomogene lineare Dgl 1. Ordnung (Variation der Konstanten)	274
6	RC-Wechselstromkreis	Inhomogene lineare Dgl 1. Ordnung (Aufsuchen einer partikulären Lösung)	276
7	Biegelinie eines beidseitig eingespannten Balkens bei konstanter Streckenlast	Dgl 2. Ordnung vom Typ $y'' = f(x)$ (direkte Integration)	280
8	Knicklast nach Euler	Homogene lineare Dgl 2. Ordnung (Schwingungsgleichung)	282
9	Radialbewegung einer Masse in einer geraden, rotierenden Führung	Homogene lineare Dgl 2. Ordnung	284
10	Elektromagnetischer Schwingkreis	Homogene lineare Dgl 2. Ordnung (Schwingungsgleichung)	285
11	Biegeschwingung einer elastischen Blattfeder	Homogene lineare Dgl 2. Ordnung (Schwingungsgleichung)	287
12	Scheibenpendel (physikalisches Pendel)	Homogene lineare Dgl 2. Ordnung (Schwingungsgleichung)	289
13	Vertikale Schwingungen eines Körpers in einer Flüssigkeit	Homogene lineare Dgl 2. Ordnung (gedämpfte Schwingung)	291
14	Schwingung eines rotierenden Feder-pendels	Inhomogene lineare Dgl 2. Ordnung (Schwingungsgleichung, Aufsuchen einer partikulären Lösung)	293
15	Drehspulinstrument	Inhomogene lineare Dgl 2. Ordnung (aperiodische Schwingung, Aufsuchen einer partikulären Lösung)	295
16	Erzwungene mechanische Schwingung	Inhomogene lineare Dgl 2. Ordnung (erzwungene Schwingung, Aufsuchen einer partikulären Lösung)	299
17	Gleichung einer Seilkurve (Kettenlinie)	Nichtlineare Dgl 2. Ordnung (Substitutionsmethode, Trennung der Variablen)	301
18	Torsionsschwingungen einer zweifach besetzten elastischen Welle	System linearer Dgln 2. Ordnung	303
19	Elektronenbahn im homogenen Magnetfeld	System linearer Dgln 2. Ordnung	305

X Fehler- und Ausgleichsrechnung

Übung	Naturwissenschaftlich-technisches Problem	*Mathematisches Stoffgebiet*	Seite
1	Widerstandsmoment eines kreisring-förmigen Rohrquerschnittes gegen Torsion (Verdrehung)	Absoluter und prozentualer Maximal-fehler	308

2	Kombinierte Parallel-Reihenschaltung elastischer Federn	Absoluter und prozentualer Maximalfehler	309
3	Selbstinduktivität einer elektrischen Doppelleitung	Fehlerfortpflanzung nach Gauß	311
4	Wirkleistung eines Wechselstroms	Absoluter Maximalfehler	312
5	Widerstandsmessung mit der Wheatstoneschen Brücke	Mittelwert und mittlerer Fehler des Mittelwertes, Fehlerfortpflanzung nach Gauß	314
6	Massenträgheitsmoment eines dünnen Stabes	Auswertung von Meßreihen, Fehlerfortpflanzung nach Gauß	316
7	Widerstandskennlinie eines Thermistors (Heißleiters)	Ausgleichskurve (Exponentialfunktion)	318
8	Kennlinie eines nichtlinearen Widerstandes (Glühlampe)	Ausgleichskurve (kubische Funktion)	320

XI Laplace-Transformation

Übung	Naturwissenschaftlich-technisches Problem	*Mathematisches Stoffgebiet*	Seite
1	Ausschaltvorgang in einem RL-Schaltkreis	Homogene lineare Dgl 1. Ordnung	323
2	RC-Wechselstromkreis	Inhomogene lineare Dgl 1. Ordnung (Faltungssatz)	325
3	RL-Schaltkreis mit Rampenspannung	Inhomogene lineare Dgl 1. Ordnung	328
4	RC-Schaltkreis mit einem rechteckigen Spannungsimpuls	Inhomogene lineare Dgl 1. Ordnung (1. Verschiebungssatz)	329
5	Erzwungene mechanische Schwingung im Resonanzfall	Inhomogene lineare Dgl 2. Ordnung	333
6	Erzwungene Schwingung eines mechanischen Systems	Inhomogene lineare Dgl 2. Ordnung	334
7	Elektromagnetischer Reihenschwingkreis	Integro-Differentialgleichung (Ableitungs- und Integralsatz für Originalfunktionen)	337
8	Spannungsübertragung bei einem Vierpol	System von linearen Dgln 1. Ordnung (Partialbruchzerlegung der Bildfunktion)	339

Anhang: Physikalische Grundlagen

344

I Vektorrechnung

Übung 1: Kraftzerlegung am Keil
Zerlegung eines Vektors in Komponenten

Zerlegen Sie gemäß Bild I-1 die am *Keil* angreifende Kraft $\vec{F}$ vom Betrag $F = 5$ kN in die beiden *Normalkomponenten* $\vec{F}_{N1}$ und $\vec{F}_{N2}$:

a) Zeichnerische Lösung,
b) rechnerische Lösung.

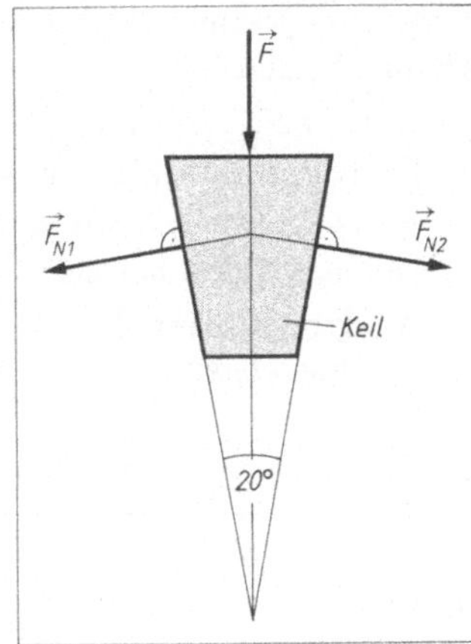

Bild I-1

Lehrbuch: Bd. 1, II.2.2.2

Lösung:

a) Bild I-2 zeigt in einer Skizze, wie sich die beiden Normalkomponenten $\vec{F}_{N1}$ und $\vec{F}_{N2}$ *vektoriell* zum (vorgegebenen) Summenvektor $\vec{F}$ *addieren*. Da sie aus *Symmetriegründen* den *gleichen* Betrag haben, ist das zugehörige Kräftedreieck *gleichschenklig.*

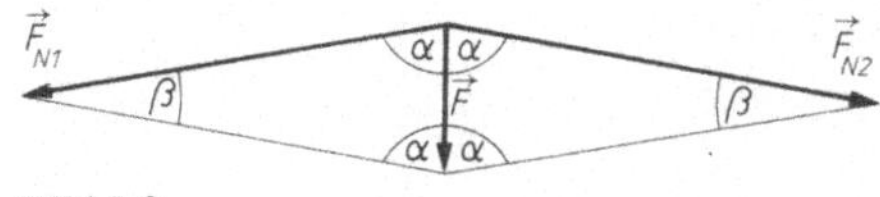

Bild I-2

$$\vec{F} = \vec{F}_{N1} + \vec{F}_{N2}$$

$$F_{N1} = F_{N2} = F_N$$

$$\alpha = 80°, \quad \beta = 20°$$

Aus der gegebenen Seite $F = 5$ kN und den bekannten Winkeln konstruieren wir nun das *Kräftedreieck* und lesen die gesuchten Werte ab: $F_{N1} = F_{N2} \approx 14{,}4$ kN (Bild I-3).

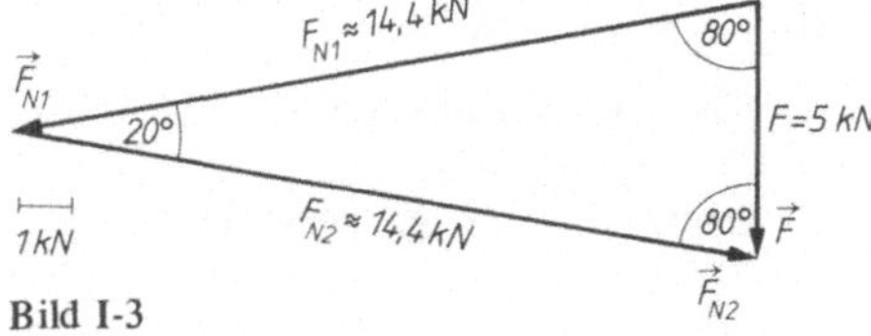

Bild I-3

b) Aus dem Kräftedreieck nach Bild I-2 folgt mit $F_{N1} = F_{N2} = F_N$ unter Verwendung des *Kosinussatzes* (Formelsammlung, Abschnitt I.5.7) die Beziehung

$$F^2 = F_N^2 + F_N^2 - 2 F_N \cdot F_N \cdot \cos \beta = 2 (1 - \cos \beta) F_N^2$$

und somit

$$F_N^2 = \frac{F^2}{2 (1 - \cos \beta)} \quad \Rightarrow \quad F_N = \frac{F}{\sqrt{2 (1 - \cos \beta)}} = \frac{5 \text{ kN}}{\sqrt{2 (1 - \cos 20°)}} = 14{,}4 \text{ kN}$$

Übung 2: Zusammengesetzte Bewegung einer Fähre
Vektoraddition

Eine *Fähre* bewegt sich mit der *Eigen-*
geschwindigkeit $v_0 = 4$ m/s (relativ zum
Fluß) vom Uferpunkt A aus auf *kürzestem*
Wege zum gegenüberliegenden Flußufer
(Punkt B; Bild I-4).

a) Unter welchem *Winkel* α muß die
   Fähre *gegen* die Strömung gesteuert
   werden, wenn die Strömungsgeschwindigkeit $v_s = 1$ m/s beträgt?

b) Wie groß ist dann die *resultierende*
   Geschwindigkeit v_r der Fähre?

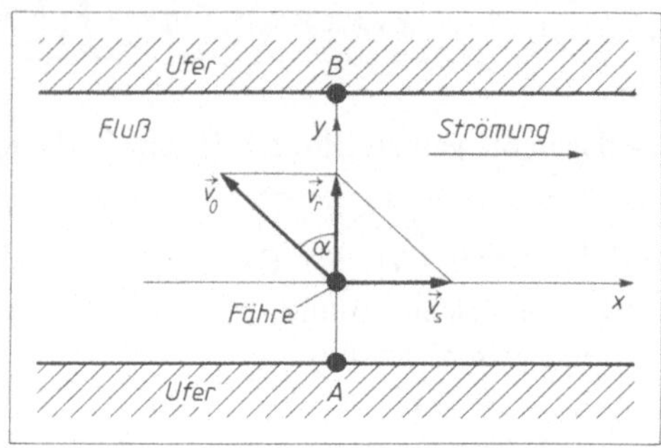

Bild I-4

Lehrbuch: Bd. 1, II.2.2.2

Lösung:

a) Der *kürzeste* Weg ist die *geradlinige* Verbindung senkrecht zur Strömungsrichtung des Flußes
   (Weg $A-B$). Dazu muß die *resultierende* Geschwindigkeit $\vec{v}_r$, die sich aus der Eigengeschwindig-
   keit $\vec{v}_0$ und der Strömungsgeschwindigkeit $\vec{v}_s$ *vektoriell* zusammensetzt, in Richtung des Verbin-
   dungsweges $A-B$ liegen. Die Geschwindigkeitsvektoren besitzen in dem skizzierten Koordinatensystem die folgende *Komponentendarstellung*:

$$\vec{v}_0 = \begin{pmatrix} -v_0 \cdot \sin\alpha \\ v_0 \cdot \cos\alpha \end{pmatrix}, \qquad \vec{v}_s = \begin{pmatrix} v_s \\ 0 \end{pmatrix}, \qquad \vec{v}_r = \begin{pmatrix} 0 \\ v_r \end{pmatrix}$$

Aus der Vektorgleichung $\vec{v}_r = \vec{v}_0 + \vec{v}_s$ folgt dann

$$\begin{pmatrix} 0 \\ v_r \end{pmatrix} = \begin{pmatrix} -v_0 \cdot \sin\alpha \\ v_0 \cdot \cos\alpha \end{pmatrix} + \begin{pmatrix} v_s \\ 0 \end{pmatrix} = \begin{pmatrix} -v_0 \cdot \sin\alpha + v_s \\ v_0 \cdot \cos\alpha \end{pmatrix}$$

oder (in Komponentenschreibweise)

(I) $\quad 0 = -v_0 \cdot \sin\alpha + v_s$

(II) $\quad v_r = v_0 \cdot \cos\alpha$

Aus Gleichung (I) läßt sich der gesuchte Winkel α berechnen:

$$\sin\alpha = \frac{v_s}{v_0} \;\Rightarrow\; \alpha = \arcsin\left(\frac{v_s}{v_0}\right) = \arcsin\left(\frac{1\ \text{m/s}}{4\ \text{m/s}}\right) = \arcsin\left(\frac{1}{4}\right) = 14{,}48°$$

b) Für die *resultierende* Geschwindigkeit der Fähre erhalten wir damit aus Gleichung (II)

$$v_r = v_0 \cdot \cos\alpha = 4\ \frac{\text{m}}{\text{s}} \cdot \cos 14{,}48° = 3{,}87\ \frac{\text{m}}{\text{s}}$$

Übung 3:   Kräftegleichgewicht an einem belasteten Rollensystem
Vektoraddition

Bild I-5 zeigt ein *symmetrisch* aufge-
bautes System mit den drei *Massen*
$m_1 = m_2 = 2\,m$ und $m_3 = 3\,m$, die
durch ein über zwei feste Rollen
führendes Seil miteinander verbunden
sind[1]. Welcher Winkel α stellt sich im
Gleichgewichtszustand ein?

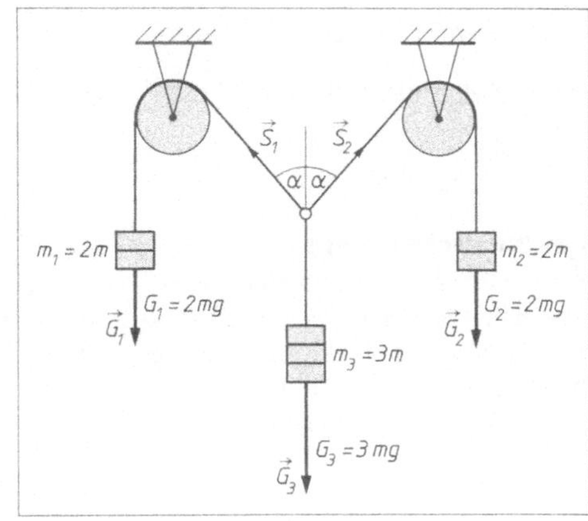

Bild I-5

Lehrbuch: Bd. 1, II.2.2.2	*Physikalische Grundlagen:* A1

Lösung:

Aus *Symmetriegründen* sind die beiden Seil-
kräfte $\vec{S}_1$ und $\vec{S}_2$ *betragsmäßig* gleich groß:
$S_1 = S_2 = 2\,mg$ (die Gewichtskräfte der
Massen $m_1 = m_2 = 2\,m$ werden lediglich
,,umgelenkt''). Im (statischen) *Gleichge-*
wicht [A1] wird die Gewichtskraft $\vec{G}_3$ durch
die beiden Seilkräfte gerade *kompensiert*
(Bild I-6a)). Es gilt dann die *Vektorgleichung*

$$\vec{S}_1 + \vec{S}_2 + \vec{G}_3 = \vec{0}$$

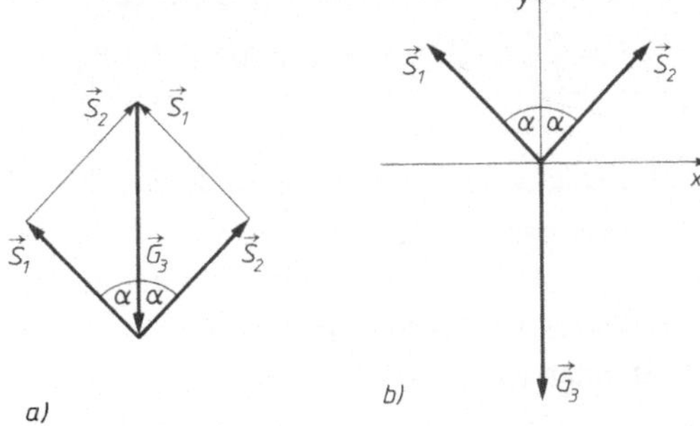

Bild I-6

Mit dem in Bild I-6b) eingeführten Koordinatensystem lautet die *Komponentendarstellung* der drei
Kraftvektoren wie folgt:

$$\vec{S}_1 = \begin{pmatrix} -S_1 \cdot \sin\alpha \\ S_1 \cdot \cos\alpha \end{pmatrix} = \begin{pmatrix} -2\,mg \cdot \sin\alpha \\ 2\,mg \cdot \cos\alpha \end{pmatrix}, \quad \vec{S}_2 = \begin{pmatrix} S_2 \cdot \sin\alpha \\ S_2 \cdot \cos\alpha \end{pmatrix} = \begin{pmatrix} 2\,mg \cdot \sin\alpha \\ 2\,mg \cdot \cos\alpha \end{pmatrix},$$

$$\vec{G}_3 = \begin{pmatrix} 0 \\ -3\,mg \end{pmatrix}$$

---

[1] Die drei Massen werden aus Scheiben *gleicher Masse m* zusammengesetzt, sie bestehen demnach aus
zwei bzw. *drei* solcher Scheiben.

Somit ist im *Gleichgewichtszustand*

$$\vec{S}_1 + \vec{S}_2 + \vec{G}_3 = \begin{pmatrix} -2\,mg \cdot \sin \alpha \\ 2\,mg \cdot \cos \alpha \end{pmatrix} + \begin{pmatrix} 2\,mg \cdot \sin \alpha \\ 2\,mg \cdot \cos \alpha \end{pmatrix} + \begin{pmatrix} 0 \\ -3\,mg \end{pmatrix} = \begin{pmatrix} 0 \\ 4\,mg \cdot \cos \alpha - 3\,mg \end{pmatrix} = \begin{pmatrix} 0 \\ 0 \end{pmatrix}$$

Dies führt zu der *skalaren* Gleichung

$$4\,mg \cdot \cos \alpha - 3\,mg = 0$$

aus der sich der gesuchte Winkel α berechnen läßt:

$$\cos \alpha = \frac{3\,\text{mg}}{4\,\text{mg}} = 0{,}75 \quad \Rightarrow \quad \alpha = \arccos 0{,}75 = 41{,}4°$$

Zeichnerische Lösung

Wir konstruieren das *gleichschenklige* Kräftedreieck, dessen drei Seiten S_1, S_2, G_3 sich wie $2:2:3$ oder $1:1:1{,}5$ verhalten und lesen für den gesuchten Winkel den Wert $\alpha \approx 41°$ ab (Bild I-7).

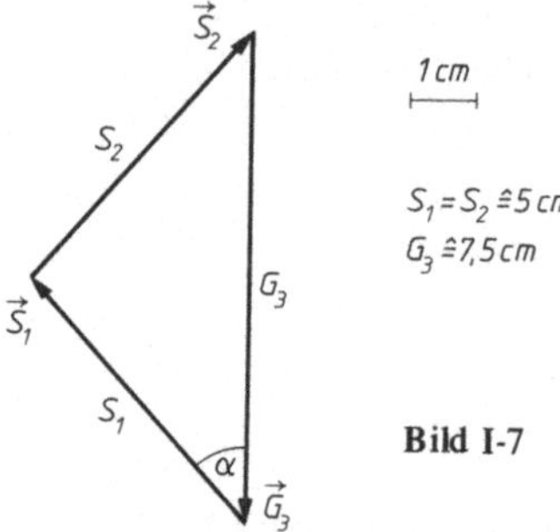

Übung 4:   Zweifach gelagerte Welle bei Belastung
Komponentenrechnung

Bild I-8 zeigt eine *2-fach gelagerte Welle*, die durch zwei parallele Kräfte $\vec{F}_1$ und $\vec{F}_2$ belastet wird. Bestimmen Sie durch *Komponentenrechnung* die in den Lagern A und B auftretenden *Kräfte* $\vec{F}_A$ und $\vec{F}_B$.

($a = 0{,}5$ m; $F_1 = 10$ kN; $F_2 = 40$ kN)

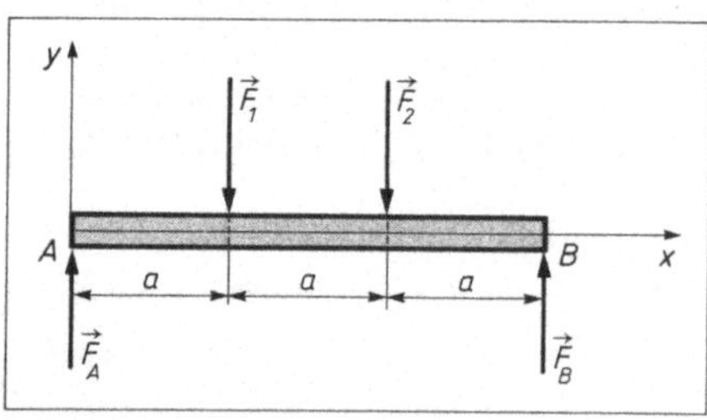

Bild I-8

Lehrbuch: Bd. 1, II.2.1 und II.2.2	*Physikalische Grundlagen: A* 1

Lösung:

Die Lagerkräfte $\vec{F}_A$ und $\vec{F}_B$ haben die in Bild I-8 skizzierten Richtungen[2] und lassen sich aus den folgenden *statischen Gleichgewichtsbedingungen* [A1] bestimmen:

1. **Bedingung:** $\Sigma F_{iy} = 0$ (*y*-Komponenten der Kräfte)

$\quad$ (I) $\quad F_A - F_1 - F_2 + F_B = 0$

---

[2] Die *x*-Komponenten *verschwinden*, die *y*-Komponenten sind zugleich die *Beträge*!

2. Bedingung: $\sum M_{iz} = 0$ (z-Komponenten der Momente)

(II) $-F_1 a - F_2 \cdot 2a + F_B \cdot 3a = 0$ (Bezugspunkt: A)

Gleichung (II) lösen wir nach F_B auf und erhalten

$$F_B = \frac{F_1 a + F_2 \cdot 2a}{3a} = \frac{F_1 + 2F_2}{3} = \frac{10 \text{ kN} + 2 \cdot 40 \text{ kN}}{3} = 30 \text{ kN}$$

Mit diesem Wert folgt aus Gleichung (I) für die *Auflagerkraft* F_A:

$$F_A = F_1 + F_2 - F_B = 10 \text{ kN} + 40 \text{ kN} - 30 \text{ kN} = 20 \text{ kN}$$

Die *Lagerkräfte* betragen somit im *Gleichgewichtszustand* $F_A = 20$ kN und $F_B = 30$ kN.

Übung 5: Stabkräfte (Reaktionskräfte) in einem Ausleger
Vektoraddition

Bild I-9 zeigt einen aus zwei Stäben bestehenden *Ausleger*. Im Gelenk S greift unter einem Winkel von $\alpha = 30°$ gegen die Vertikale eine Kraft $\vec{F}$ vom Betrag $F = 10$ kN an. Bestimmen Sie die in den Stäben auftretenden *Reaktionskräfte (Zugkräfte, Druckkräfte)* $\vec{F}_A$ und $\vec{F}_B$.

($a = 4$ m; $b = 3$ m)

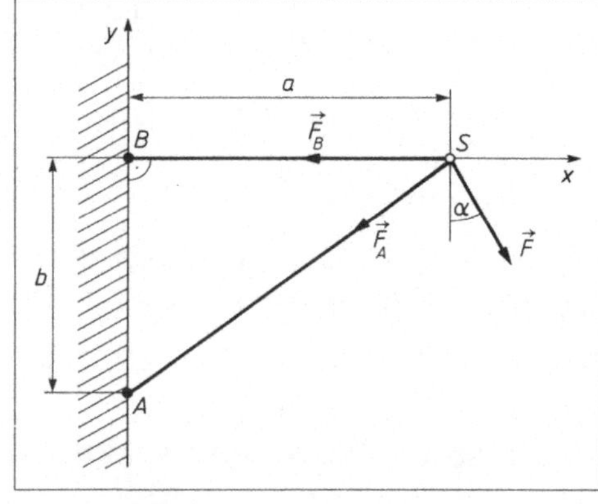

Bild I-9

Lösungshinweis: Setzen Sie die Reaktionskräfte in der aus Bild I-9 ersichtlichen Weise zunächst als *Zugkräfte* an. Das Eigengewicht der Stäbe bleibt dabei *unberücksichtigt*.

Lehrbuch: Bd. 1, II.2.2	*Physikalische Grundlagen:* A1

Lösung:

Wir beschreiben zunächst die beiden Stäbe durch Vektoren:

$$\vec{SA} = \begin{pmatrix} -4 \\ -3 \end{pmatrix} \text{ m}, \qquad \vec{SB} = \begin{pmatrix} -4 \\ 0 \end{pmatrix} \text{ m}$$

Die Stabkräfte $\vec{F}_A$ und $\vec{F}_B$ sind dann zu ihrem jeweiligen Stabvektor *parallel* (*kollineare* Vektoren). Somit gilt

$$\vec{F}_A = \lambda \, \vec{SA} = \lambda \begin{pmatrix} -4 \\ -3 \end{pmatrix} \text{ m}, \qquad \vec{F}_B = \mu \, \vec{SB} = \mu \begin{pmatrix} -4 \\ 0 \end{pmatrix} \text{ m}$$

Die auf das Gelenk S einwirkende *äußere* Kraft ist

$$\vec{F} = \begin{pmatrix} F \cdot \sin\alpha \\ -F \cdot \cos\alpha \end{pmatrix} = \begin{pmatrix} 10\ \text{kN} \cdot \sin 30° \\ -10\ \text{kN} \cdot \cos 30° \end{pmatrix} = \begin{pmatrix} 5 \\ -8,66 \end{pmatrix} \text{kN}$$

Im *statischen Gleichgewicht* [A1] ist dann

$$\vec{F}_A + \vec{F}_B + \vec{F} = \vec{0}$$

$$\lambda \begin{pmatrix} -4 \\ -3 \end{pmatrix} \text{m} + \mu \begin{pmatrix} -4 \\ 0 \end{pmatrix} \text{m} + \begin{pmatrix} 5 \\ -8,66 \end{pmatrix} \text{kN} = \begin{pmatrix} -4\ \text{m} \cdot \lambda - 4\ \text{m} \cdot \mu + 5\ \text{kN} \\ -3\ \text{m} \cdot \lambda - 8,66\ \text{kN} \end{pmatrix} = \begin{pmatrix} 0 \\ 0 \end{pmatrix} \text{kN}$$

oder bei komponentenweiser Schreibweise

$$-4\ \text{m} \cdot \lambda - 4\ \text{m} \cdot \mu + 5\ \text{kN} = 0\ \text{kN} \;\Rightarrow\; \mu = 4,14 \frac{\text{kN}}{\text{m}}$$

$$-3\ \text{m} \cdot \lambda \qquad\qquad - 8,66\ \text{kN} = 0\ \text{kN} \;\Rightarrow\; \lambda = -2,89 \frac{\text{kN}}{\text{m}}$$

Dieses *gestaffelte* System aus zwei *linearen* Gleichungen mit den beiden Unbekannten λ und μ läßt sich mühelos *von unten nach oben* lösen:

$$\lambda = -2,89 \frac{\text{kN}}{\text{m}}, \qquad\qquad \mu = 4,14 \frac{\text{kN}}{\text{m}}$$

Die *Stabkräfte* lauten somit (einschließlich ihrer Beträge)

$$\vec{F}_A = -2,89 \frac{\text{kN}}{\text{m}} \begin{pmatrix} -4 \\ -3 \end{pmatrix} \text{m} = \begin{pmatrix} 11,56 \\ 8,67 \end{pmatrix} \text{kN},$$

$$F_A = \sqrt{11,56^2 + 8,67^2}\ \text{kN} = 14,45\ \text{kN}$$

$$\vec{F}_B = 4,14 \frac{\text{kN}}{\text{m}} \begin{pmatrix} -4 \\ 0 \end{pmatrix} \text{m} = \begin{pmatrix} -16,56 \\ 0 \end{pmatrix} \text{kN}, \qquad F_B = 16,56\ \text{kN}$$

$\vec{F}_B$ ist (wie angenommen) eine *Zugkraft*, $\vec{F}_A$ dagegen wegen $\lambda < 0$ eine *Druckkraft*. Der Stab $\overline{SB}$ ist daher ein *Zugstab*, der Stab $\overline{SA}$ dagegen ein *Druckstab*.

Übung 6:   Schwerpunkt eines Massenpunktsystems
Vektoraddition

In den Ecken eines *gleichseitigen* Dreiecks mit der Seitenlänge $2a$ befinden sich jeweils *gleiche* Punktmassen m. Bestimmen Sie den *Schwerpunkt S* dieses Massenpunktsystems und zeigen Sie, daß dieser von *jeder* der drei Ecken *gleich weit* entfernt ist (Bild I-10).

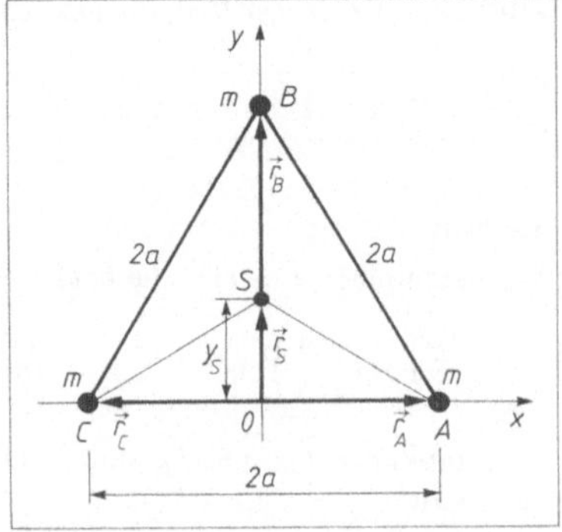

Bild I-10

<table>
<tr><td>*Lehrbuch:* Bd. 1, II.2.2</td><td>*Physikalische Grundlagen:* A2</td></tr>
</table>

Lösung:

Wir bestimmen zunächst die Ortsvektoren der drei Eckpunkte A, B und C sowie den Ortsvektor des Schwerpunktes S, der aus *Symmetriegründen* auf der *y-Achse* liegt:

$$\vec{r}_A = \begin{pmatrix} a \\ 0 \end{pmatrix}, \qquad \vec{r}_B = \begin{pmatrix} 0 \\ a\sqrt{3} \end{pmatrix}, \qquad \vec{r}_C = \begin{pmatrix} -a \\ 0 \end{pmatrix}, \qquad \vec{r}_S = \begin{pmatrix} 0 \\ y_S \end{pmatrix}$$

Die Lage des *Schwerpunktes* läßt sich allgemein aus der Vektorgleichung [A2]

$$(\Sigma\, m_i)\,\vec{r}_S = \Sigma\, m_i\,\vec{r}_i$$

berechnen ($\vec{r}_i$ ist der Ortsvektor der Masse m_i, summiert wird über *alle* zum System gehörenden Massenpunkte). In unserem Fall erhalten wir unter Beachtung von $m_1 = m_2 = m_3 = m$ die Vektorgleichung

$$3\,m\vec{r}_S = m\vec{r}_A + m\vec{r}_B + m\vec{r}_C \qquad \text{oder} \qquad 3\,\vec{r}_S = \vec{r}_A + \vec{r}_B + \vec{r}_C$$

und damit

$$3\,\vec{r}_S = \begin{pmatrix} a \\ 0 \end{pmatrix} + \begin{pmatrix} 0 \\ a\sqrt{3} \end{pmatrix} + \begin{pmatrix} -a \\ 0 \end{pmatrix} = \begin{pmatrix} 0 \\ a\sqrt{3} \end{pmatrix} \qquad \text{oder} \qquad \vec{r}_S = \begin{pmatrix} 0 \\ \frac{a}{3}\sqrt{3} \end{pmatrix}$$

Die *Schwerpunktskoordinaten* lauten daher: $x_S = 0$, $y_S = \frac{a}{3}\sqrt{3}$.

Die *Abstände* des Schwerpunktes S von den drei Ecken A, B und C betragen

$$\overline{SA} = \overline{SC} = \sqrt{a^2 + y_S^2} = \sqrt{a^2 + \left(\frac{a}{3}\sqrt{3}\right)^2} = \sqrt{\frac{4}{3}a^2} = \frac{2}{3}\,a\sqrt{3}$$

$$\overline{SB} = a\sqrt{3} - y_S = a\sqrt{3} - \frac{a}{3}\sqrt{3} = \frac{2}{3}\,a\sqrt{3}$$

und sind somit (wie behauptet) *gleich*.

Übung 7: Überlagerung elektrischer Felder
Vektoraddition

In den Ecken eines *gleichseitigen* Dreiecks mit der Seitenlänge $2a$ befinden sich jeweils *gleiche* (positive) Punktladungen Q (Bild I-11). Zeigen Sie, daß eine im *Schwerpunkt S* angebrachte Probeladung q *kräftefrei* bleibt.

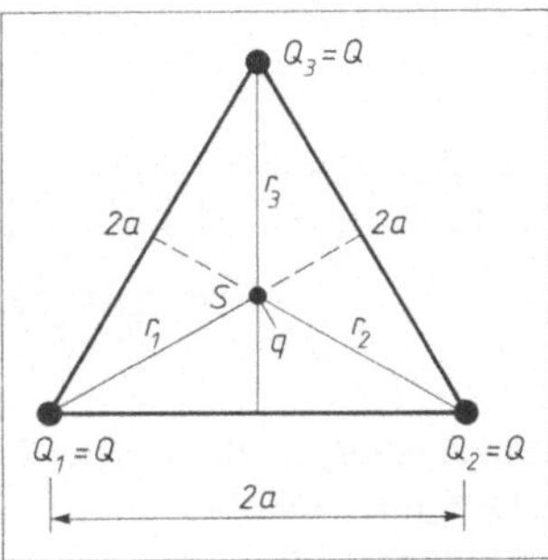

Bild I-11

Lösungshinweis: Bei der Lösung dieser Aufgabe dürfen Sie auf die Ergebnisse aus der Übung 6 dieses Kapitels zurückgreifen. Das System befindet sich in einem Medium mit der Dielektrizitätskonstanten ϵ.

Lehrbuch: Bd. 1, II.2.2.2	*Physikalische Grundlagen:* A3

Lösung:

Es ist nach Übung 6 aus diesem Kapitel

$$r_1 = r_2 = r_3 = \frac{2}{3}\,a\,\sqrt{3}$$

d.h. der Schwerpunkt S liegt von *jeder* der drei Ladungen *gleich weit* entfernt. Diese Ladungen erzeugen daher im Schwerpunkt elektrische Felder, deren Feldstärkevektoren $\vec{E}_1$, $\vec{E}_2$ und $\vec{E}_3$ [A3] *betragsmäßig* übereinstimmen (Bild I-12a)):

$$E_1 = E_2 = E_3 = E = \frac{Q}{4\,\pi\,\epsilon_0\,\epsilon\,r^2} = \frac{3Q}{16\,\pi\,\epsilon_0\,\epsilon\,a^2}$$

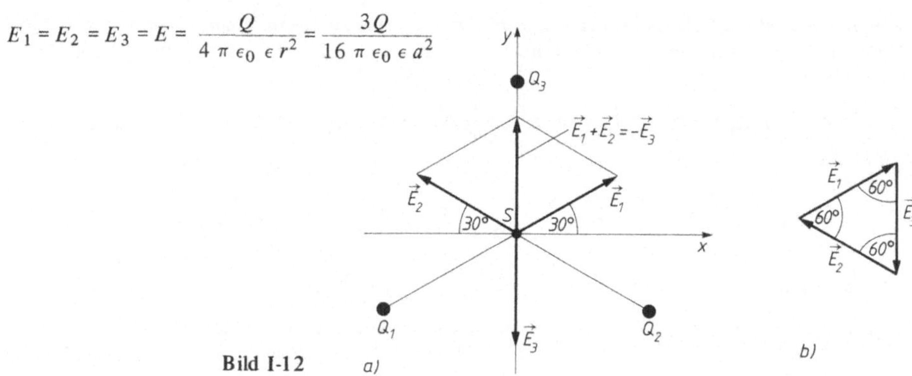

Bild I-12   *a)*   *b)*

Die *geometrische* Addition der drei Feldstärkevektoren ergibt den *Nullvektor* (Bild I-12b)), das *resultierende* Feld im Schwerpunkt *verschwindet* somit. Die in S angebrachte Probeladung q bleibt daher *kräftefrei*.

Zum selben Ergebnis führt die Rechnung. Die *Komponentendarstellung* der Feldstärkevektoren lautet gemäß Bild I-12a)

$$\vec{E}_1 = \begin{pmatrix} E\cdot\cos 30° \\ E\cdot\sin 30° \end{pmatrix}, \qquad \vec{E}_2 = \begin{pmatrix} -E\cdot\cos 30° \\ E\cdot\sin 30° \end{pmatrix}, \qquad \vec{E}_3 = \begin{pmatrix} 0 \\ -E \end{pmatrix}$$

Ihre Vektorsumme ergibt den *Nullvektor:*

$$\vec{E}_1 + \vec{E}_2 + \vec{E}_3 = \begin{pmatrix} E\cdot\cos 30° - E\cdot\cos 30° + 0 \\ E\cdot\sin 30° + E\cdot\sin 30° - E \end{pmatrix} = \begin{pmatrix} 0 \\ 0 \end{pmatrix} = \vec{0}$$

($\sin 30° = 0{,}5$).

Übung 8:   Kraftwirkung zwischen stromdurchflossenen Leitern
Vektorprodukt

Zwei *parallele* elektrische *Leiter* (Drähte) mit der Länge l und dem gegenseitigen Abstand a werden von Strömen *gleicher* Stärke I und *gleicher* Richtung durchflossen. Das System befindet sich im Vakuum.

a) Welche *magnetische Feldstärke H* bzw. *magnetische Flußdichte B* erzeugt jeder der beiden Leiter am Ort des anderen Leiters?

b) Mit welcher *Kraft* $\vec{F}$ wirken die beiden Leiter aufeinander?

Lehrbuch: Bd. 1, II.3.4.1	*Physikalische Grundlagen:* A4, A5, A6

Lösung:

a) Bild I-13 zeigt das vom Leiter L_1 in seiner Umgebung erzeugte Magnetfeld. Die magnetischen Feldlinien sind *konzentrische* Kreise um die Leiterachse mit der eingezeichneten Richtung[3]. Die magnetische Feldstärke H [A4] besitzt im Abstand r von der Leiterachse den Wert

$$H(r) = \frac{I_1}{2\pi r} = \frac{I}{2\pi r}, \qquad r > 0$$

Die am Ort des *anderen* Leiters (Leiter L_2 am Ort $x = a$) erzeugte magnetische Feldstärke bzw. magnetische Flußdichte [A5] ist somit *betragsmäßig*

$$H(a) = \frac{I}{2\pi a} \quad \text{bzw.} \quad B(a) = \mu_0\, H(a) = \frac{\mu_0\, I}{2\pi a}$$

Umgekehrt erzeugt Leiter L_2 am Ort des Leiters L_1 ein Magnetfeld *gleicher* Stärke, jedoch *entgegengesetzter* Richtung.

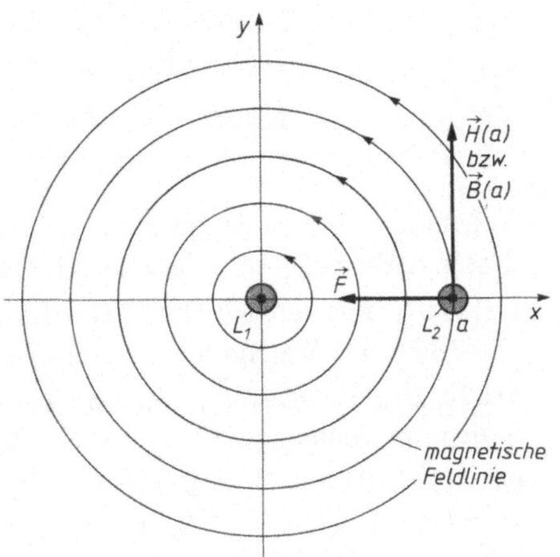

Bild I-13

b) Leiter L_2 erfährt im Magnetfeld des Leiters L_1 die *Kraft* [A6]

$$\vec{F} = I_2\,(\vec{l} \times \vec{B}) = I\,(\vec{l} \times \vec{B})$$

die *senkrecht* auf den Leiter L_1 hinweist (Bild I-13). Mit $\vec{l} = \begin{pmatrix} 0 \\ 0 \\ l \end{pmatrix}$ und $\vec{B} = \begin{pmatrix} 0 \\ B(a) \\ 0 \end{pmatrix}$ folgt daraus schließlich[4]

$$\vec{F} = I \begin{pmatrix} 0 \\ 0 \\ l \end{pmatrix} \times \begin{pmatrix} 0 \\ B(a) \\ 0 \end{pmatrix} = IlB(a) \begin{pmatrix} 0 \\ 0 \\ 1 \end{pmatrix} \times \begin{pmatrix} 0 \\ 1 \\ 0 \end{pmatrix} = Il \cdot \frac{\mu_0\, I}{2\pi a} \begin{pmatrix} -1 \\ 0 \\ 0 \end{pmatrix} = \frac{\mu_0\, lI^2}{2\pi a} \begin{pmatrix} -1 \\ 0 \\ 0 \end{pmatrix}$$

Wir interpretieren dieses Ergebnis wie folgt: Leiter L_2 erfährt eine Kraft in Richtung auf Leiter L_1, umgekehrt gilt das gleiche. Zwischen zwei *parallelen*, von Strömen *gleicher* Stärke und *gleicher* Richtung durchflossenen Leitern besteht somit eine *Anziehungskraft* vom Betrag $F = \dfrac{\mu_0\, lI^2}{2\pi a}$.

---

[3] Die Ströme fließen in Richtung der *positiven* z-Achse, die aus der Papierebene *senkrecht* nach *oben* zeigt.

[4] Die Leiter verlaufen *parallel* zur z-Achse (L_1 liegt sogar in dieser Achse).

> ## Übung 9: Stabkräfte (Reaktionskräfte) in einem belasteten Dreibein
> ### *Räumliche Vektoraddition, Gaußscher Algorithmus*

In dem in Bild I-14 dargestellten *Dreibein*,
dessen Stäbe *gelenkig* gelagert sind, greift im
Gelenk S eine Gewichtskraft $\vec{G}$ vom Betrag
$G = 18\,\text{kN}$ an. Welche *Reaktionskräfte (Zugkräfte, Druckkräfte)* $\vec{F}_A$, $\vec{F}_B$ und $\vec{F}_C$ treten
in den drei Stäben auf?

$(A = (2; 1; 0)\,\text{m};\qquad B = (-1; 1; 0)\,\text{m};$
$\ \ C = (1; -2; 0)\,\text{m};\qquad S = (0; 0; 2)\,\text{m})$

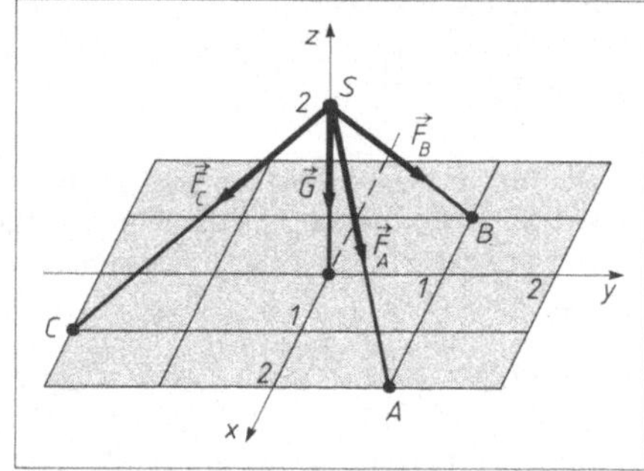

Bild I-14

Lösungshinweis: Setzen Sie die *Reaktionskräfte* in der aus Bild I-14 ersichtlichen Weise
zunächst als *Zugkräfte* an. Das *Eigengewicht* der Stäbe bleibt *unberücksichtigt*.

Lehrbuch: Bd. 1, II.3.2 und I.5.2	*Physikalische Grundlagen:* A1

Lösung:

Die drei Stäbe können wie folgt durch Vektoren beschrieben werden:

$$\vec{SA} = \begin{pmatrix} 2 \\ 1 \\ -2 \end{pmatrix}\text{m}, \qquad \vec{SB} = \begin{pmatrix} -1 \\ 1 \\ -2 \end{pmatrix}\text{m}, \qquad \vec{SC} = \begin{pmatrix} 1 \\ -2 \\ -2 \end{pmatrix}\text{m}$$

Die Stabkräfte $\vec{F}_A$, $\vec{F}_B$ und $\vec{F}_C$ sind dann zu ihrem jeweiligen Stabvektor *parallel* (*kollineare* Vektoren).
Somit gilt

$$\vec{F}_A = \lambda\,\vec{SA} = \lambda \begin{pmatrix} 2 \\ 1 \\ -2 \end{pmatrix}\text{m}, \qquad \vec{F}_B = \mu\,\vec{SB} = \mu \begin{pmatrix} -1 \\ 1 \\ -2 \end{pmatrix}\text{m}, \qquad \vec{F}_C = \nu\,\vec{SC} = \nu \begin{pmatrix} 1 \\ -2 \\ -2 \end{pmatrix}\text{m}$$

Im *statischen Gleichgewicht* [A1] ist dann

$$\vec{F}_A + \vec{F}_B + \vec{F}_C + \vec{G} = \vec{0}$$

und somit

$$\lambda \begin{pmatrix} 2 \\ 1 \\ -2 \end{pmatrix}\text{m} + \mu \begin{pmatrix} -1 \\ 1 \\ -2 \end{pmatrix}\text{m} + \nu \begin{pmatrix} 1 \\ -2 \\ -2 \end{pmatrix}\text{m} + \begin{pmatrix} 0 \\ 0 \\ -18 \end{pmatrix}\text{kN} = \begin{pmatrix} 0 \\ 0 \\ 0 \end{pmatrix}\text{kN}$$

oder bei komponentenweiser Schreibweise

$$2\,\text{m} \cdot \lambda - 1\,\text{m} \cdot \mu + 1\,\text{m} \cdot \nu \qquad\qquad = 0\,\text{kN}$$
$$1\,\text{m} \cdot \lambda + 1\,\text{m} \cdot \mu - 2\,\text{m} \cdot \nu \qquad\qquad = 0\,\text{kN}$$
$$-2\,\text{m} \cdot \lambda - 2\,\text{m} \cdot \mu - 2\,\text{m} \cdot \nu - 18\,\text{kN} = 0\,\text{kN}$$

Dies ist ein *inhomogenes lineares Gleichungssystem* mit drei Gleichungen und drei Unbekannten λ, μ und ν. Wir lösen es mit Hilfe des *Gaußschen Algorithmus*[5]:

	λ	μ	ν	c_i	Zeilensumme
	2	-1	1	0	2
$-2 \cdot E_1$	-2	-2	4	0	0
$\boxed{E_1}$	1	1	-2	0	0
	-1	-1	-1	9	6
$1 \cdot E_1$	1	1	-2	0	0
		-3	5	0	2
		0	-3	9	6

Das *gestaffelte* System

$$\begin{aligned}
\lambda + \mu - 2\nu &= 0 \quad \Rightarrow \quad \lambda - 5 + 6 = 0 \quad \Rightarrow \quad \lambda = -1 \\
-3\mu + 5\nu &= 0 \quad \Rightarrow \quad -3\mu - 15 = 0 \quad \Rightarrow \quad \mu = -5 \\
-3\nu &= 9 \quad \Rightarrow \quad \nu = -3
\end{aligned}$$

besitzt dann die folgende Lösung:

$$\lambda = -1 \frac{kN}{m}, \qquad \mu = -5 \frac{kN}{m}, \qquad \nu = -3 \frac{kN}{m}$$

Die Stabkräfte sind somit (*entgegen* der Annahme) *Druckkräfte:*

$$\vec{F_A} = -1 \frac{kN}{m} \begin{pmatrix} 2 \\ 1 \\ -2 \end{pmatrix} m = \begin{pmatrix} -2 \\ -1 \\ 2 \end{pmatrix} kN, \qquad F_A = \sqrt{(-2)^2 + (-1)^2 + 2^2} \; kN = 3 \; kN$$

$$\vec{F_B} = -5 \frac{kN}{m} \begin{pmatrix} -1 \\ 1 \\ -2 \end{pmatrix} m = \begin{pmatrix} 5 \\ -5 \\ 10 \end{pmatrix} kN, \qquad F_B = \sqrt{5^2 + (-5)^2 + 10^2} \; kN = 12{,}25 \; kN$$

$$\vec{F_C} = -3 \frac{kN}{m} \begin{pmatrix} 1 \\ -2 \\ -2 \end{pmatrix} m = \begin{pmatrix} -3 \\ 6 \\ 6 \end{pmatrix} kN, \qquad F_C = \sqrt{(-3)^2 + 6^2 + 6^2} \; kN = 9 \; kN$$

---

[5] Bei der Durchführung der Rechnung verzichten wir der besseren Übersicht wegen auf die Angabe der Einheiten. Die Lösungen für λ, μ und ν sind dann mit der Einheit kN/m zu versehen. Die *dritte* Gleichung wurde noch durch 2 geteilt, das *absolute* Glied auf die *rechte* Seite gebracht.

Übung 10: Arbeit an einer Punktladung in einem elektrischen Feld
Skalarprodukt

Eine positive *Punktladung* $Q = 10^{-7}\,C$ soll in dem *konstanten* elektrischen Feld mit dem

Feldstärkevektor $\vec{E} = \begin{pmatrix} 1 \\ -3 \\ 5 \end{pmatrix} 10^6\,\dfrac{V}{m}$ vom Punkt $P_1 = (-2; 3; 4)$ m aus *geradlinig* längs

des *Richtungsvektors* $\vec{a} = \begin{pmatrix} 2 \\ -1 \\ 2 \end{pmatrix}$ m

in *positiver* Richtung um 6 m verschoben werden
(Bild I-15).

a) Welche *Arbeit* W wird dabei an der Punktladung verrichtet?

b) Welchen *Winkel* φ bildet der an der
Punktladung angreifende Kraftvektor $\vec{F}$
mit dem Verschiebungsvektor $\vec{s}$?

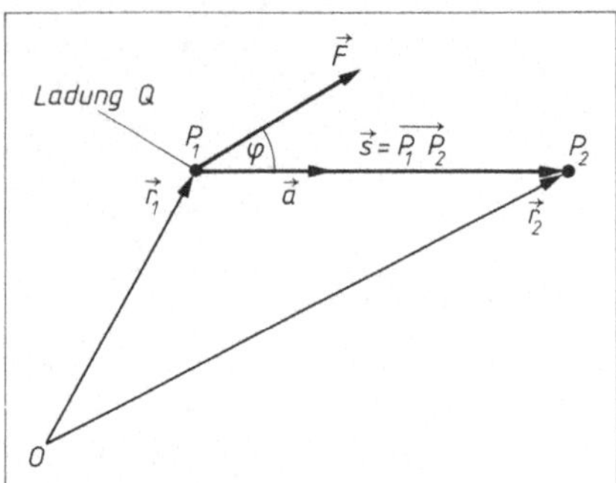

Bild I-15

Lehrbuch: Bd. 1, II.3.3.1	*Physikalische Grundlagen:* A10

Lösung:

a) Durch *Normierung* erhalten wir aus dem Richtungsvektor $\vec{a}$ den *Einheitsvektor* gleicher Richtung:

$$\vec{e}_a = \frac{\vec{a}}{|\vec{a}|} = \frac{1}{\sqrt{2^2 + (-1)^2 + 2^2}\,m} \begin{pmatrix} 2 \\ -1 \\ 2 \end{pmatrix} m = \frac{1}{3} \begin{pmatrix} 2 \\ -1 \\ 2 \end{pmatrix} = \begin{pmatrix} 2/3 \\ -1/3 \\ 2/3 \end{pmatrix}$$

Der Verschiebungsvektor $\vec{s} = \overrightarrow{P_1P_2}$ hat die *gleiche* Richtung, jedoch die *6-fache* Länge. Somit ist

$$\vec{s} = \overrightarrow{P_1P_2} = 6\,m\,\vec{e}_a = 6\,m \begin{pmatrix} 2/3 \\ -1/3 \\ 2/3 \end{pmatrix} = \begin{pmatrix} 4 \\ -2 \\ 4 \end{pmatrix} m$$

Die vom Feld verrichtete *Arbeit* ist definitionsgemäß das *skalare Produkt* aus dem Kraftvektor
$\vec{F} = Q\vec{E}$ [A10] und dem Verschiebungsvektor $\vec{s}$:

$$W = \vec{F} \cdot \vec{s} = Q\,(\vec{E} \cdot \vec{s}) = 10^{-7}\,C \begin{pmatrix} 1 \\ -3 \\ 5 \end{pmatrix} 10^6\,\frac{V}{m} \cdot \begin{pmatrix} 4 \\ -2 \\ 4 \end{pmatrix} m = 10^{-1}\,(4 + 6 + 20)\,Nm = 3\,Nm$$

b) Wir berechnen zunächst die benötigten Beträge der Vektoren $\vec{F}$ und $\vec{s}$:

$$|\vec{F}| = |Q\vec{E}| = Q\,|\vec{E}| = 10^{-7}\,C \cdot \sqrt{(1)^2 + (-3)^2 + (5)^2} \cdot 10^6\,\frac{V}{m} = 10^{-7}\,C \cdot 5{,}92 \cdot 10^6\,\frac{V}{m} = 0{,}592\,N$$

$$|\vec{s}| = \sqrt{4^2 + (-2)^2 + 4^2}\,m = 6\,m$$

Für den gesuchten *Winkel* zwischen Kraftvektor und Verschiebungsvektor folgt damit

$$\cos\varphi = \frac{\vec{F} \cdot \vec{s}}{|\vec{F}| \cdot |\vec{s}|} = \frac{W}{|\vec{F}| \cdot |\vec{s}|} = \frac{3\,Nm}{0{,}592\,N \cdot 6\,m} = 0{,}845 \quad \Rightarrow \quad \varphi = \arccos 0{,}845 = 32{,}3°$$

Übung 11: Durchbiegung eines Balkens bei Belastung durch mehrere Kräfte
Skalarprodukt

Ein homogener *Balken* auf zwei Stützen wird in der aus Bild I-16 ersichtlichen Weise durch drei Kräfte F_1, F_2 und F_3 belastet. Die von der Einzelkraft F_i in der *Balkenmitte* hervorgerufene *Durchbiegung* y_i ist dabei der einwirkenden Kraft direkt *proportional:* $y_i = \alpha_i F_i$ ($i = 1, 2, 3$). Der *Proportionalitätsfaktor* α_i beschreibt die durch die *Einheitskraft* $F_i = 1$ bewirkte Durchbiegung und wird als *Einflußzahl* bezeichnet. Nach dem *Superpositionsprinzip* der Mechanik *addieren* sich die von den Einzelkräften hervorgerufenen Durchbiegungen zur Gesamtdurchbiegung y.

a) Zeigen Sie, daß sich die *Gesamtdurchbiegung* y durch ein *skalares Produkt* darstellen läßt.

b) In dem vorliegenden Belastungsfall lauten die Berechnungsformeln für die drei Einflußzahlen wie folgt:

$$\alpha_1 = \alpha_3 = \frac{11\,l^3}{768\,EI}\,, \quad \alpha_2 = \frac{l^3}{48\,EI}$$

(l: Balkenlänge; EI: konstante Biegesteifigkeit des Balkens).
Wie groß ist die von den Kräften $F_1 = 4$ kN, $F_2 = 2$ kN und $F_3 = 5$ kN in der Balkenmitte hervorgerufene *Durchbiegung* y bei einem Balken mit der Länge $l = 1$ m und der Biegesteifigkeit $EI = 3 \cdot 10^{10}$ N mm^2 ?

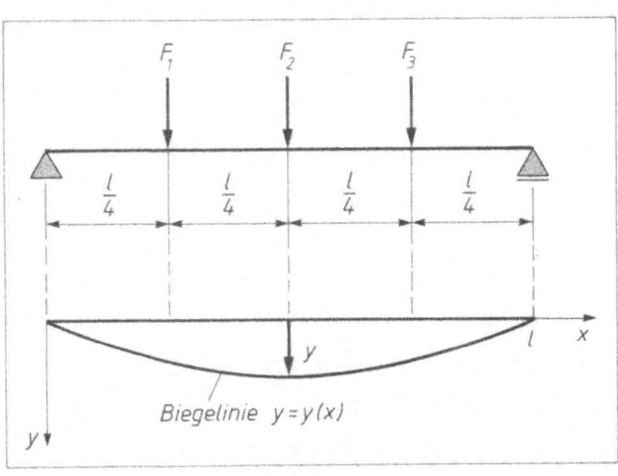

Bild I-16

Lehrbuch: Bd. 1, II.3.3.1

Lösung:

a) Es ist

$$y = y_1 + y_2 + y_3 = \alpha_1 F_1 + \alpha_2 F_2 + \alpha_3 F_3$$

Diese Summe läßt sich auch als das *skalare Produkt* aus dem *Einflußzahlenvektor* $\vec{a} = \begin{pmatrix} \alpha_1 \\ \alpha_2 \\ \alpha_3 \end{pmatrix}$ und dem *Belastungsvektor* $\vec{f} = \begin{pmatrix} F_1 \\ F_2 \\ F_3 \end{pmatrix}$ auffassen:

$$y = \alpha_1 F_1 + \alpha_2 F_2 + \alpha_3 F_3 = \begin{pmatrix} \alpha_1 \\ \alpha_2 \\ \alpha_3 \end{pmatrix} \cdot \begin{pmatrix} F_1 \\ F_2 \\ F_3 \end{pmatrix} = \vec{a} \cdot \vec{f}$$

b) Mit den Einflußzahlen

$$\alpha_1 = \alpha_3 = \frac{11 \cdot (10^3\,\text{mm})^3}{768 \cdot 3 \cdot 10^{10}\,\text{N mm}^2} = 4{,}7743 \cdot 10^{-4}\,\frac{\text{mm}}{\text{N}}\,,$$

$$\alpha_2 = \frac{(10^3\,\text{mm})^3}{48 \cdot 3 \cdot 10^{10}\,\text{N mm}^2} = 6{,}9444 \cdot 10^{-4}\,\frac{\text{mm}}{\text{N}}$$

und den in die Einheit *Newton* (N) umgerechneten Einzelkräften ergibt sich die folgende *Durchbiegung:*

$$y = \vec{a} \cdot \vec{f} = 10^{-4}\,\frac{\text{mm}}{\text{N}} \begin{pmatrix} 4{,}7743 \\ 6{,}9444 \\ 4{,}7743 \end{pmatrix} \cdot 10^3\,\text{N} \begin{pmatrix} 4 \\ 2 \\ 5 \end{pmatrix} = 10^{-1} \begin{pmatrix} 4{,}7743 \\ 6{,}9444 \\ 4{,}7743 \end{pmatrix} \cdot \begin{pmatrix} 4 \\ 2 \\ 5 \end{pmatrix}\,\text{mm} =$$

$$= 10^{-1}\,(19{,}0972 + 13{,}8888 + 23{,}8715)\,\text{mm} = 5{,}69\,\text{mm}$$

Übung 12:   Moment einer Kraft in einem Kugelgelenk
Vektorprodukt, Richtungswinkel

Im Endpunkt eines Stabes $\overline{AB}$, der in einem *Kugelgelenk* gelagert ist, greift die Kraft

$$\vec{F} = \begin{pmatrix} -1 \\ -1{,}5 \\ 2 \end{pmatrix}\,\text{N an (Bild I-17).}$$

Welches *Moment* $\vec{M}$ erzeugt diese Kraft im Kugelgelenk A? Bestimmen Sie ferner den *Betrag* M und die drei *Richtungswinkel* α, β und γ des Momentenvektors $\vec{M}$.

$(A = (0; 0; 1)\,\text{m};\quad B = (-1; 1; 1{,}5)\,\text{m})$

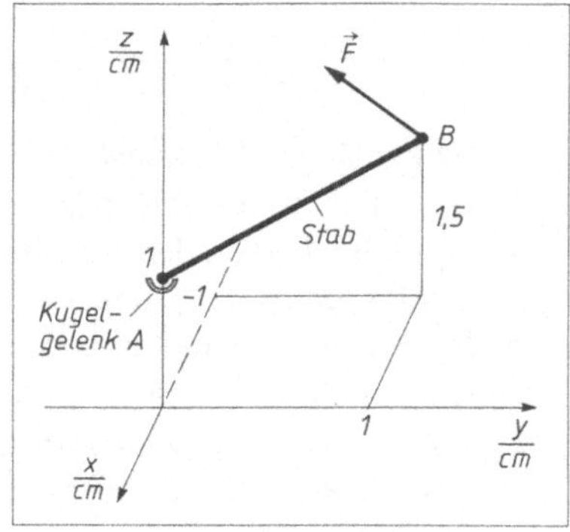

Bild I-17

Lehrbuch: Bd. 1, II.3.4.1 und II.3.3.1	*Physikalische Grundlagen:* A7

Lösung:

Definitionsgemäß erhalten wir für das auf das Kugelgelenk A bezogene Moment $\vec{M}$ [A7] die *Komponentendarstellung*

$$\vec{M} = \vec{r}_{AB} \times \vec{F} = \begin{pmatrix} -1 & -0 \\ 1 & -0 \\ 1{,}5 & -1 \end{pmatrix} \times \begin{pmatrix} -1 \\ -1{,}5 \\ 2 \end{pmatrix}\,\text{Nm} = \begin{pmatrix} -1 \\ 1 \\ 0{,}5 \end{pmatrix} \times \begin{pmatrix} -1 \\ -1{,}5 \\ 2 \end{pmatrix}\,\text{Nm} =$$

$$= \begin{pmatrix} 2 & +0{,}75 \\ -0{,}5 & +2 \\ 1{,}5 & +1 \end{pmatrix}\,\text{Nm} = \begin{pmatrix} 2{,}75 \\ 1{,}5 \\ 2{,}5 \end{pmatrix}\,\text{Nm}$$

Der *Betrag* des Momentes ist somit

$$M = \sqrt{2{,}75^2 + 1{,}5^2 + 2{,}5^2}\,\text{Nm} = 4{,}01\,\text{Nm}$$

Die Richtungswinkel α, β und γ mit den drei Koordinatenachsen ergeben sich zu

$$\cos\alpha = \frac{M_x}{M} = \frac{2{,}75\ \text{Nm}}{4{,}01\ \text{Nm}} = 0{,}686 \;\Rightarrow\; \alpha = \arccos 0{,}686 = 46{,}7^\circ$$

$$\cos\beta = \frac{M_y}{M} = \frac{1{,}5\ \text{Nm}}{4{,}01\ \text{Nm}} = 0{,}374 \;\Rightarrow\; \beta = \arccos 0{,}374 = 68{,}0^\circ$$

$$\cos\gamma = \frac{M_z}{M} = \frac{2{,}5\ \text{Nm}}{4{,}01\ \text{Nm}} = 0{,}623 \;\Rightarrow\; \gamma = \arccos 0{,}623 = 51{,}4^\circ$$

Übung 13:   Umfangsgeschwindigkeit einer rotierenden Zylinderscheibe

Vektorprodukt, Ableitung eines Vektors

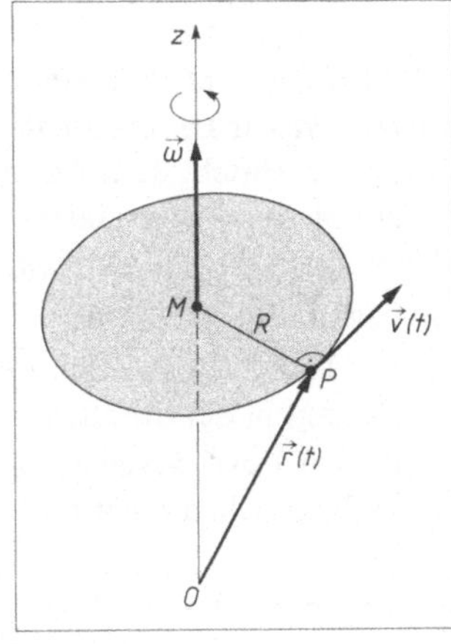

Bild I-18

Eine *Zylinderscheibe* vom Radius R *rotiert* in der aus Bild I-18 ersichtlichen Weise mit der konstanten Winkelgeschwindigkeit ω um ihre Symmetrieachse. Die Bewegung eines Punktes P auf dem Umfang der Scheibe läßt sich dann durch den *Ortsvektor*

$$\vec{r}(t) = \begin{pmatrix} R \cdot \cos(\omega t) \\ R \cdot \sin(\omega t) \\ c \end{pmatrix}, \qquad t \geq 0$$

beschreiben ($c = \overline{OM}$). Bestimmen Sie den *Geschwindigkeitsvektor* $\vec{v}(t)$ dieses Punktes auf *zwei* verschiedene Arten und zwar

a) als *vektorielles Produkt* aus dem Winkelgeschwindigkeitsvektor $\vec{\omega}$ und dem Ortsvektor $\vec{r}(t)$ [A8],

b) durch *Differentiation* des Ortsvektors $\vec{r}(t)$ nach der Zeit t.

Lehrbuch: Bd. 1, II.3.4.1 und Bd. 2, IV.4.2
Physikalische Grundlagen: A8

Lösung:

a) Der *Winkelgeschwindigkeitsvektor* $\vec{\omega}$ hat die Komponenten $\omega_x = \omega_y = 0$ und $\omega_z = \omega$. Somit ist

$$\vec{v}(t) = \vec{\omega} \times \vec{r}(t) = \begin{pmatrix} 0 \\ 0 \\ \omega \end{pmatrix} \times \begin{pmatrix} R \cdot \cos(\omega t) \\ R \cdot \sin(\omega t) \\ c \end{pmatrix} =$$

$$= \begin{pmatrix} 0 - \omega R \cdot \sin(\omega t) \\ \omega R \cdot \cos(\omega t) - 0 \\ 0 - 0 \end{pmatrix} = \begin{pmatrix} -\omega R \cdot \sin(\omega t) \\ \omega R \cdot \cos(\omega t) \\ 0 \end{pmatrix} = \omega R \begin{pmatrix} -\sin(\omega t) \\ \cos(\omega t) \\ 0 \end{pmatrix}$$

b) Durch *komponentenweise* Differentiation unter Verwendung der *Kettenregel* folgt (in Übereinstimmung mit dem unter a) erzielten Ergebnis)

$$\vec{v}\,(t) = \frac{d}{dt}\,\vec{r}\,(t) = \frac{d}{dt}\begin{pmatrix} R\cdot\cos(\omega t) \\ R\cdot\sin(\omega t) \\ c \end{pmatrix} = \begin{pmatrix} -\,\omega R\cdot\sin(\omega t) \\ \omega R\cdot\cos(\omega t) \\ 0 \end{pmatrix} = \omega R\begin{pmatrix} -\sin(\omega t) \\ \cos(\omega t) \\ 0 \end{pmatrix}$$

Übung 14: Drehmoment einer stromdurchflossenen Leiterschleife in einem Magnetfeld
Vektorprodukt

Bild I-19 zeigt eine vom Strom I durchflossene rechteckige *Leiterschleife* mit der Fläche A, die um eine zur Zeichenebene *senkrechte* Achse D drehbar gelagert ist. Sie erfährt in dem *homogenen* Magnetfeld mit dem Flußdichtevektor $\vec{B}$ das *Drehmoment*

$$\vec{M} = I\,(\vec{B}\times\vec{A})$$

Der Flächenvektor $\vec{A}$ steht dabei *senkrecht* zur Leiterschleife, seine Länge entspricht dem *Flächeninhalt* A der Leiterschleife. Bestimmen Sie den *Drehmomentvektor* $\vec{M}$ für $I = 10$ A, $A = 0,1\,\text{m}^2$, $B = 2$ T (in x-Richtung) in der durch den Winkel $\alpha = 30°$ festgelegten augenblicklichen Position.

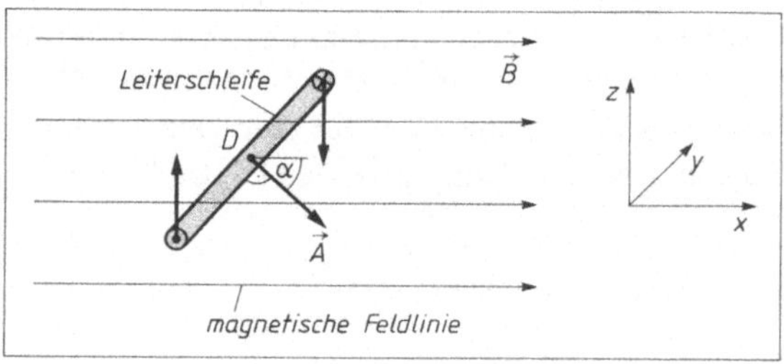

Bild I-19

Lehrbuch: Bd. 1, II.3.4.1

Lösung:

Die Vektoren $\vec{B}$ und $\vec{A}$ besitzen in dem gewählten Koordinatensystem die folgende *Komponentendarstellung:*

$$\vec{B} = \begin{pmatrix} 2 \\ 0 \\ 0 \end{pmatrix}\text{T} = \begin{pmatrix} 2 \\ 0 \\ 0 \end{pmatrix}\frac{\text{Vs}}{\text{m}^2} \qquad \left(1\,\text{T} = 1\,\frac{\text{Vs}}{\text{m}^2}\right)$$

$$\vec{A} = A\begin{pmatrix} \cos\alpha \\ -\sin\alpha \\ 0 \end{pmatrix} = 0,1\begin{pmatrix} \cos 30° \\ -\sin 30° \\ 0 \end{pmatrix}\text{m}^2 = 0,1\begin{pmatrix} 0,866 \\ -0,5 \\ 0 \end{pmatrix}\text{m}^2$$

Der *Drehmomentvektor* lautet damit

$$\vec{M} = I\,(\vec{B}\times\vec{A}) = 10\cdot 0,1\begin{pmatrix} 2 \\ 0 \\ 0 \end{pmatrix}\times\begin{pmatrix} 0,866 \\ -0,5 \\ 0 \end{pmatrix}\text{A}\cdot\frac{\text{Vs}}{\text{m}^2}\cdot\text{m}^2 = \begin{pmatrix} 0 \\ 0 \\ -1 \end{pmatrix}\text{Nm}$$

Der Vektor $\vec{M}$ liegt in der z-*Achse* in *negativer* Richtung (d.h. nach *unten* orientiert), sein *Betrag* ist $M = |\vec{M}| = 1$ Nm.

Übung 15:   Kräftefreie Bewegung eines Elektrons in einem elektromagnetischen Feld
Vektorprodukt, Richtungswinkel

Ein *Elektron* wird mit der Geschwindigkeit $\vec{v}$ in ein *zeitlich* und *räumlich konstantes* elektromagnetisches Feld mit der elektrischen Feldstärke $\vec{E}$ und der magnetischen Flußdichte $\vec{B}$ eingeschossen und erfährt dort die Kraft [A9, A10]

$$\vec{F} = -e\vec{E} - e\,(\vec{v} \times \vec{B}) = -e\,(\vec{E} + \vec{v} \times \vec{B})$$

a) Unter welchen Voraussetzungen bleibt das Elektron *kräftefrei* (bei *vorgegebenem* $\vec{v}$ und $\vec{B}$)? Welche *Eigenschaften* muß der elektrische Feldstärkevektor $\vec{E}$ in diesem Sonderfall besitzen?

b) Wie lauten *Betrag* E und die drei *Richtungswinkel* α, β und γ des elektrischen Feldstärkevektors $\vec{E}$ im unter a) genannten Fall für $\vec{v} = 200 \begin{pmatrix} 1 \\ 1 \\ 1 \end{pmatrix} \dfrac{m}{s}$ und $\vec{B} = \begin{pmatrix} 1 \\ -1 \\ 2 \end{pmatrix} \dfrac{Vs}{m^2}$?

(*e*: Elementarladung)

Lehrbuch: Bd. 1, II.3.4.1 und II.3.3.1	*Physikalische Grundlagen:* A9, A10

Lösung:

a) Im *kräftefreien* Fall ist $\vec{F} = \vec{0}$ und somit

$$-e\,(\vec{E} + \vec{v} \times \vec{B}) = \vec{0} \;\Rightarrow\; \vec{E} + \vec{v} \times \vec{B} = \vec{0}$$

Für die *Feldstärke* $\vec{E}$ gilt dann

$$\vec{E} = -\vec{v} \times \vec{B} = \vec{B} \times \vec{v}$$

Dies aber bedeutet (Bild I-20)[6]:

1. $\vec{E}$ steht *senkrecht* zu $\vec{B}$ und $\vec{v}$.

2. $|\vec{E}| = |\vec{B} \times \vec{v}|$, d.h. der *Betrag* der elektrischen Feldstärke ist gleich dem *Flächeninhalt* des von den Vektoren $\vec{B}$ und $\vec{v}$ aufgespannten Parallelogramms.

3. Die Vektoren $\vec{B}$, $\vec{v}$ und $\vec{E}$ bilden in dieser Reihenfolge ein *rechtshändiges* System.

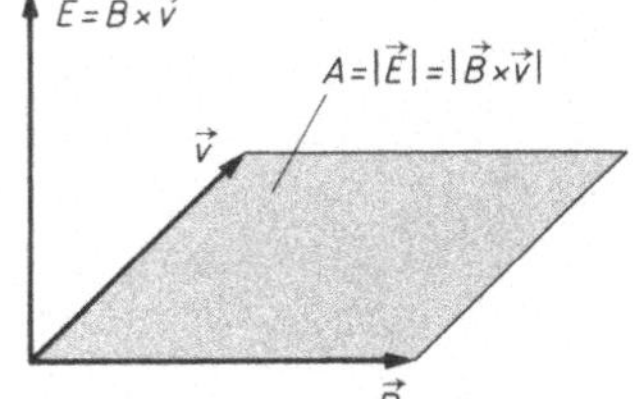

Bild I-20

b) $\vec{E} = \vec{B} \times \vec{v} = 200 \begin{pmatrix} 1 \\ -1 \\ 2 \end{pmatrix} \times \begin{pmatrix} 1 \\ 1 \\ 1 \end{pmatrix} \dfrac{Vs}{m^2} \cdot \dfrac{m}{s} = 200 \begin{pmatrix} -1-2 \\ 2-1 \\ 1+1 \end{pmatrix} \dfrac{V}{m} = 200 \begin{pmatrix} -3 \\ 1 \\ 2 \end{pmatrix} \dfrac{V}{m}$

Die *Feldstärke* beträgt somit

$$E = |\vec{E}| = 200 \sqrt{(-3)^2 + 1^2 + 2^2}\ \dfrac{V}{m} = 748{,}3\ \dfrac{V}{m}$$

---

[6] Im Sonderfall $\vec{B} \times \vec{v} = \vec{0}$ ist $\vec{E} = \vec{0}$. Das Elektron bewegt sich dann *parallel* zum Magnetfeld und erfährt somit *keine* Lorentzkraft [A9]. Daher muß auch $\vec{E}$ *verschwinden*.

Für die *Richtungswinkel* α, β und γ des Feldstärkevektors $\vec{E}$ mit den drei Koordinatenachsen ergeben sich die folgenden Werte:

$$\cos\alpha = \frac{E_x}{E} = \frac{-600 \text{ V/m}}{748,3 \text{ V/m}} = -0,8018 \quad \Rightarrow \quad \alpha = \arccos\,(-0,8018) = 143,3°$$

$$\cos\beta = \frac{E_y}{E} = \frac{200 \text{ V/m}}{748,3 \text{ V/m}} = 0,2673 \quad \Rightarrow \quad \beta = \arccos\,0,2673 = 74,5°$$

$$\cos\gamma = \frac{E_z}{E} = \frac{400 \text{ V/m}}{748,3 \text{ V/m}} = 0,5345 \quad \Rightarrow \quad \gamma = \arccos\,0,5345 = 57,7°$$

Übung 16: Fachwerk im statischen Gleichgewicht
Vektoraddition, Vektorprodukt, lineares Gleichungssystem

Das in Bild I-21 dargestellte *Fachwerk* wird durch die Kräfte $\vec{F}_1$, $\vec{F}_2$ und $\vec{F}_3$ in der angegebenen Weise belastet. Wie groß sind die *Auflagerkräfte* $\vec{F}_A$ und $\vec{F}_B$ und deren *Beträge* F_A und F_B im *statischen Gleichgewichtszustand* [A1]?

($a = 5$ m; $b = 4$ m; $F_1 = 20$ kN; $F_2 = 30$ kN; $F_3 = 10$ kN; $\alpha = 30°$)

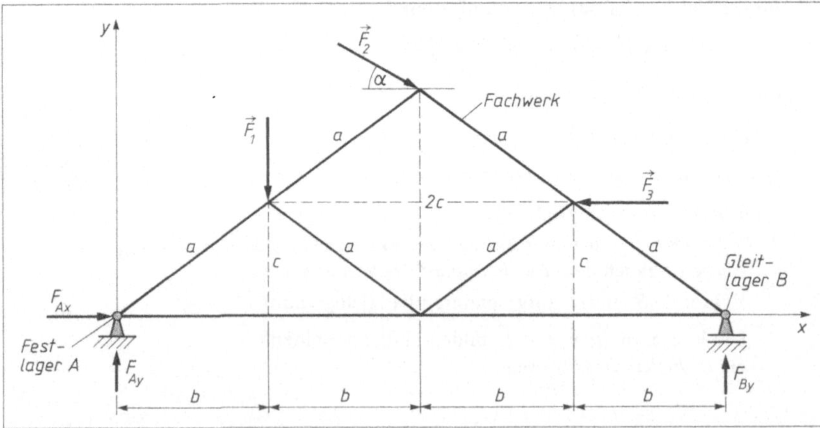

Bild I-21

Lehrbuch: Bd. 1, II.3.2.2, II.3.4.1 und I.5
Physikalische Grundlagen: A1

Lösung:

Die Kraftvektoren lauten in der *Komponentendarstellung* (die z-Komponenten *verschwinden*):

$$\vec{F}_1 = \begin{pmatrix} 0 \\ -F_1 \\ 0 \end{pmatrix} = \begin{pmatrix} 0 \\ -20 \\ 0 \end{pmatrix} \text{kN}, \qquad \vec{F}_2 = \begin{pmatrix} F_2 \cdot \cos\alpha \\ -F_2 \cdot \sin\alpha \\ 0 \end{pmatrix} = \begin{pmatrix} 30 \cdot \cos 30° \\ -30 \cdot \sin 30° \\ 0 \end{pmatrix} \text{kN} = \begin{pmatrix} 26 \\ -15 \\ 0 \end{pmatrix} \text{kN},$$

$$\vec{F}_3 = \begin{pmatrix} -F_3 \\ 0 \\ 0 \end{pmatrix} = \begin{pmatrix} -10 \\ 0 \\ 0 \end{pmatrix} \text{kN}, \qquad \vec{F}_A = \begin{pmatrix} F_{Ax} \\ F_{Ay} \\ 0 \end{pmatrix}, \qquad \vec{F}_B = \begin{pmatrix} 0 \\ F_{By} \\ 0 \end{pmatrix}$$

1. Gleichgewichtsbedingung [A1]: $\sum \vec{F}_i = \vec{0}$

$$\vec{F}_A + \vec{F}_1 + \vec{F}_2 + \vec{F}_3 + \vec{F}_B = \vec{0}$$

$$\begin{pmatrix} F_{Ax} \\ F_{Ay} \\ 0 \end{pmatrix} + \begin{pmatrix} 0 \\ -20\,\text{kN} \\ 0 \end{pmatrix} + \begin{pmatrix} 26\,\text{kN} \\ -15\,\text{kN} \\ 0 \end{pmatrix} + \begin{pmatrix} -10\,\text{kN} \\ 0 \\ 0 \end{pmatrix} + \begin{pmatrix} 0 \\ F_{By} \\ 0 \end{pmatrix} = \begin{pmatrix} F_{Ax} + 16\,\text{kN} \\ F_{Ay} + F_{By} - 35\,\text{kN} \\ 0 \end{pmatrix} = \begin{pmatrix} 0 \\ 0 \\ 0 \end{pmatrix} \text{kN}$$

2. Gleichgewichtsbedingung [A1]: $\sum \vec{M}_i = \vec{0}$

Bezugspunkt (Pol) ist das Auflager A. Alle Momente liegen in der z-*Richtung*, so daß sämtliche x- und y-Komponenten *verschwinden*. Die benötigten Ortsvektoren der Angriffspunkte lauten:

$$\vec{r}_1 = \begin{pmatrix} b \\ c \\ 0 \end{pmatrix} = \begin{pmatrix} 4 \\ 3 \\ 0 \end{pmatrix} \text{m}, \quad \vec{r}_2 = \begin{pmatrix} 2b \\ 2c \\ 0 \end{pmatrix} = \begin{pmatrix} 8 \\ 6 \\ 0 \end{pmatrix} \text{m}, \quad \vec{r}_3 = \begin{pmatrix} 3b \\ c \\ 0 \end{pmatrix} = \begin{pmatrix} 12 \\ 3 \\ 0 \end{pmatrix} \text{m}, \quad \vec{r}_B = \begin{pmatrix} 4b \\ 0 \\ 0 \end{pmatrix} = \begin{pmatrix} 16 \\ 0 \\ 0 \end{pmatrix} \text{m}$$

Somit gilt unter Berücksichtigung von $c = \sqrt{a^2 - b^2} = \sqrt{5^2 - 4^2}\ \text{m} = 3\ \text{m}$

$$\vec{M}_1 + \vec{M}_2 + \vec{M}_3 + \vec{M}_B = (\vec{r}_1 \times \vec{F}_1) + (\vec{r}_2 \times \vec{F}_2) + (\vec{r}_3 \times \vec{F}_3) + (\vec{r}_B \times \vec{F}_B) = \vec{0}$$

$$\begin{pmatrix} 4 \\ 3 \\ 0 \end{pmatrix} \times \begin{pmatrix} 0 \\ -20 \\ 0 \end{pmatrix} \text{kNm} + \begin{pmatrix} 8 \\ 6 \\ 0 \end{pmatrix} \times \begin{pmatrix} 26 \\ -15 \\ 0 \end{pmatrix} \text{kNm} + \begin{pmatrix} 12 \\ 3 \\ 0 \end{pmatrix} \times \begin{pmatrix} -10 \\ 0 \\ 0 \end{pmatrix} \text{kNm} + \begin{pmatrix} 16 \\ 0 \\ 0 \end{pmatrix} \times \begin{pmatrix} 0 \\ F_{By} \\ 0 \end{pmatrix} \text{m} =$$

$$= \begin{pmatrix} 0 \\ 0 \\ -80 \end{pmatrix} \text{kNm} + \begin{pmatrix} 0 \\ 0 \\ -276 \end{pmatrix} \text{kNm} + \begin{pmatrix} 0 \\ 0 \\ 30 \end{pmatrix} \text{kNm} + \begin{pmatrix} 0 \\ 0 \\ 16\,F_{By} \end{pmatrix} \text{m} =$$

$$= \begin{pmatrix} 0 \\ 0 \\ -326\,\text{kNm} + 16\,\text{m} \cdot F_{By} \end{pmatrix} = \begin{pmatrix} 0 \\ 0 \\ 0 \end{pmatrix}$$

Berechnung der Auflagerkräfte

Aus den beiden *vektoriellen* Gleichgewichtsbedingungen erhalten wir drei *skalare* Gleichungen:

(I) $F_{Ax} + 16\,\text{kN} = 0 \;\Rightarrow\; F_{Ax} = -16\,\text{kN}$

(II) $F_{Ay} + F_{By} - 35\,\text{kN} = 0 \;\Rightarrow\; F_{Ay} = 14{,}625\,\text{kN}$

(III) $16\,\text{m} \cdot F_{By} - 326\,\text{kNm} = 0 \;\Rightarrow\; F_{By} = 20{,}375\,\text{kN}$

Dieses bereits *gestaffelte* lineare Gleichungssystem wird von *unten* nach *oben* gelöst und besitzt die eindeutige Lösung

$$F_{Ax} = -16\,\text{kN}, \quad F_{Ay} = 14{,}625\,\text{kN} \approx 14{,}6\,\text{kN}, \quad F_{By} = 20{,}375\,\text{kN} \approx 20{,}4\,\text{kN}$$

Die *Auflagerkräfte* haben somit die *Beträge*

$$F_A = \sqrt{F_{Ax}^2 + F_{Ay}^2 + 0^2} = \sqrt{(-16)^2 + 14{,}6^2 + 0^2}\ \text{kN} = 21{,}7\,\text{kN}, \qquad F_B = F_{By} = 20{,}4\,\text{kN}$$

Übung 17: Komplanare Kraftvektoren
Vektoraddition, Richtungswinkel, Spatprodukt

An einem *Massenpunkt* greifen gleichzeitig die drei folgenden Kräfte an:

$$\vec{F_1} = \begin{pmatrix} 5 \\ -2 \\ 1 \end{pmatrix} \text{N}, \qquad \vec{F_2} = \begin{pmatrix} -2 \\ 1 \\ 4 \end{pmatrix} \text{N}, \qquad \vec{F_3} = \begin{pmatrix} 11 \\ -4 \\ 11 \end{pmatrix} \text{N}$$

a) Bestimmen Sie den *Betrag* F_R und die drei *Richtungswinkel* α, β und γ der *resultierenden* Kraft $\vec{F_R}$.

b) Zeigen Sie: Die drei Einzelkräfte liegen in einer *Ebene*, sind demnach *komplanar*.

Lehrbuch: Bd. 1, II.3.2.2, II.3.3.1 und II.3.5

Lösung:

a) Die resultierende Kraft lautet in der *Komponentendarstellung* wie folgt:

$$\vec{F_R} = \vec{F_1} + \vec{F_2} + \vec{F_3} = \begin{pmatrix} 5 \\ -2 \\ 1 \end{pmatrix} \text{N} + \begin{pmatrix} -2 \\ 1 \\ 4 \end{pmatrix} \text{N} + \begin{pmatrix} 11 \\ -4 \\ 11 \end{pmatrix} \text{N} = \begin{pmatrix} 5-2+11 \\ -2+1-4 \\ 1+4+11 \end{pmatrix} \text{N} = \begin{pmatrix} 14 \\ -5 \\ 16 \end{pmatrix} \text{N}$$

Der *Betrag* dieser Kraft ist

$$F_R = \sqrt{14^2 + (-5)^2 + 16^2} \text{ N} = 21{,}84 \text{ N}$$

Für die drei *Richtungswinkel* ergeben sich folgende Werte:

$$\cos\alpha = \frac{F_{Rx}}{F_R} = \frac{14 \text{ N}}{21{,}84 \text{ N}} = 0{,}641 \quad \Rightarrow \quad \alpha = \arccos 0{,}641 = 50{,}1°$$

$$\cos\beta = \frac{F_{Ry}}{F_R} = \frac{-5 \text{ N}}{21{,}84 \text{ N}} = -0{,}229 \quad \Rightarrow \quad \beta = \arccos(-0{,}229) = 103{,}2°$$

$$\cos\gamma = \frac{F_{Rz}}{F_R} = \frac{16 \text{ N}}{21{,}84 \text{ N}} = 0{,}733 \quad \Rightarrow \quad \gamma = \arccos 0{,}733 = 42{,}9°$$

b) Die drei Einzelkräfte liegen in einer *Ebene*, wenn ihr Spatprodukt *verschwindet:* Dies ist der Fall, da

$$[\vec{F_1}\,\vec{F_2}\,\vec{F_3}] = \underbrace{\begin{vmatrix} 5 & -2 & 1 \\ -2 & 1 & 4 \\ 11 & -4 & 11 \end{vmatrix}}_{\text{Determinante } D = 0} \text{N} = 0 \text{ N}$$

Die Berechnung der Determinante erfolgte dabei nach der *Regel von Sarrus:*

$$\begin{vmatrix} 5 & -2 & 1 \\ -2 & 1 & 4 \\ 11 & -4 & 11 \end{vmatrix} \begin{matrix} 5 & -2 \\ -2 & 1 \\ 11 & -4 \end{matrix}$$

$$D = 55 - 88 + 8 - (11 - 80 + 44) = -25 - (-25) = -25 + 25 = 0$$

Übung 18: Spannungsstoß in einer Leiterschleife infolge elektromagnetischer Induktion
Vektor- und Spatprodukt

Eine dreieckige *Leiterschleife* mit den Eckpunkten P_1, P_2 und P_3 wird von einem *homogenen* Magnetfeld mit der magnetischen Flußdichte $\vec{B}$ durchflutet (Bild I-22). Wie groß ist der *Spannungsstoß* $\int U\,dt$, der durch *Induktion* in der Leiterschleife beim *Einschalten* des Magnetfeldes zur Zeit $t = 0$ entsteht?

$(P_1 = (0{,}2;0;0)$ m; $P_2 = (0;0{,}3;0)$ m;

$P_3 = (0;0;0{,}1)$ m; $B = \begin{pmatrix} 10 \\ 0 \\ 0 \end{pmatrix} \dfrac{\text{Vs}}{\text{m}^2}$).

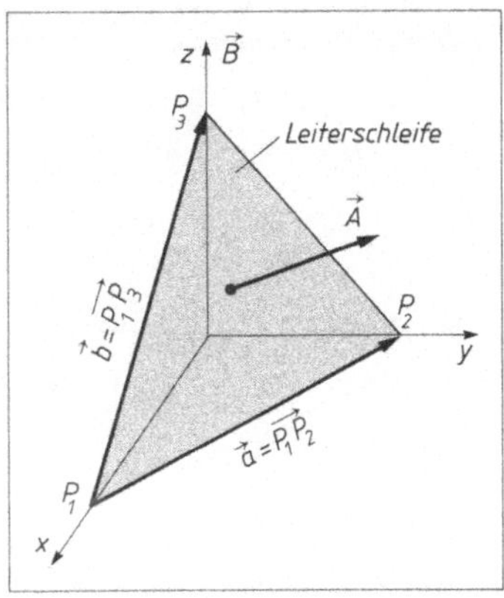

Bild I-22

Lösungshinweis: Berechnen Sie zunächst den *magnetischen Fluß* $\phi = \vec{B}\cdot\vec{A}$ [A11] durch die Leiterschleife und daraus mit Hilfe des *Induktionsgesetzes* [A12] den Spannungsstoß.

Lehrbuch: Bd. 1, II.3.4.1 und II.3.5	*Physikalische Grundlagen:* A11, A12

Lösung:

Wir bestimmen zunächst den *Flächenvektor* $\vec{A}$, der zur Dreiecksfläche *senkrecht* orientiert ist und dessen Länge (Betrag) dem Flächeninhalt A des Dreiecks entspricht[7]. Bild I-23 zeigt das aus den beiden Seitenvektoren

$$\vec{a} = \overrightarrow{P_1P_2} = \begin{pmatrix} -0{,}2 \\ 0{,}3 \\ 0 \end{pmatrix} \text{m} \quad \text{und} \quad \vec{b} = \overrightarrow{P_1P_3} = \begin{pmatrix} -0{,}2 \\ 0 \\ 0{,}1 \end{pmatrix} \text{m}$$

konstruierte *Parallelogramm.*

Es enthält das gegebene Dreieck $P_1P_2P_3$ und ist von *doppelter* Fläche.

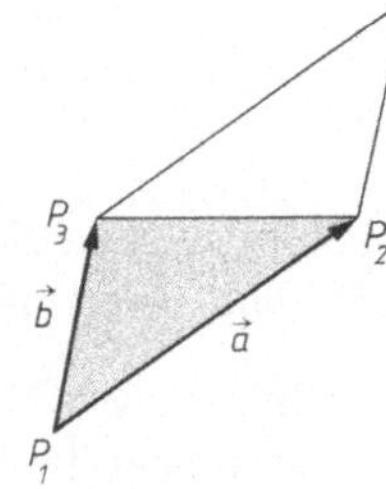

Bild I-23

Der Flächeninhalt des *Parallelogramms* ist andererseits durch den *Betrag* des *Vektorproduktes* $\vec{a}\times\vec{b}$ gegeben. Dieser Vektor steht definitionsgemäß *senkrecht* zur Parallelogrammfläche und somit auch *senkrecht* zur Fläche des Dreiecks. Der gesuchte Vektor $\vec{A}$ ist daher dem Vektorprodukt $\vec{a}\times\vec{b}$ *parallel*, besitzt jedoch nur die *halbe* Länge:

$$\vec{A} = \frac{1}{2}(\vec{a}\times\vec{b})$$

---

[7] Der Vektor $\vec{A}$ ist ein *Normalenvektor* der Ebene, die das Dreieck $P_1P_2P_3$ enthält.

Damit erhalten wir für den *magnetischen Fluß* [A11]

$$\phi = \vec{B} \cdot \vec{A} = \frac{1}{2} \underbrace{\vec{B} \cdot (\vec{a} \times \vec{b})}_{\substack{\text{Spatprodukt} \\ [\vec{B}\,\vec{a}\,\vec{b}]}} = \frac{1}{2} [\vec{B}\,\vec{a}\,\vec{b}]$$

Aus dem *Induktionsgesetz* [A12] folgt zunächst $U\,dt = d\phi$ und nach *beiderseitiger* Integration $\int U\,dt = \phi$. Der *Spannungsstoß* beträgt somit

$$\int U\,dt = \phi = \frac{1}{2}[\vec{B}\,\vec{a}\,\vec{b}] = \frac{1}{2} \underbrace{\begin{vmatrix} 10 & 0 & 0 \\ -0,2 & 0,3 & 0 \\ -0,2 & 0 & 0,1 \end{vmatrix}}_{\text{Determinante } D} \text{Vs} = \frac{1}{2} \cdot 0,3 \text{ Vs} = 0,15 \text{ Vs}$$

Die Determinante D wurde dabei nach der Regel von Sarrus berechnet:

$$\begin{vmatrix} 10 & 0 & 0 \\ -0,2 & 0,3 & 0 \\ -0,2 & 0 & 0,1 \end{vmatrix} \begin{matrix} -10 & 0 \\ -0,2 & 0,3 \\ -0,2 & 0 \end{matrix}$$

$$D = 0,3 + 0 + 0 - (0 + 0 + 0) = 0,3$$

Übung 19:   Bewegung von Ladungsträgern in einem Magnetfeld
Ableitungen eines Vektors, Skalar- und Spatprodukt

Elektronen, die *schief*, d.h. unter einem *spitzen* oder *stumpfen* Winkel gegen die Feldrichtung in ein *homogenes* Magnetfeld eingeschossen werden, bewegen sich auf einer *schraubenlinienförmigen* Bahn, die durch den Ortsvektor

$$\vec{r}(t) = \begin{pmatrix} R \cdot \cos(\omega t) \\ R \cdot \sin(\omega t) \\ ct \end{pmatrix}, \qquad t \geq 0$$

beschrieben werden kann (Bild I-24; die magnetischen Feldlinien verlaufen *parallel* zur z-Achse).

a) Bestimmen Sie den *Geschwindigkeitsvektor* $\vec{v}(t)$ sowie den *Beschleunigungsvektor* $\vec{a}(t)$ und zeigen Sie die besonderen Eigenschaften dieser Vektoren.

b) Welche *Arbeit* W verrichtet die im Magnetfeld mit der Flußdichte $\vec{B}$ auf das Elektron einwirkende *Lorentzkraft* $\vec{F}_L = -e(\vec{v} \times \vec{B})$ an diesem?

(e: Elementarladung; $R > 0$, $c > 0$)

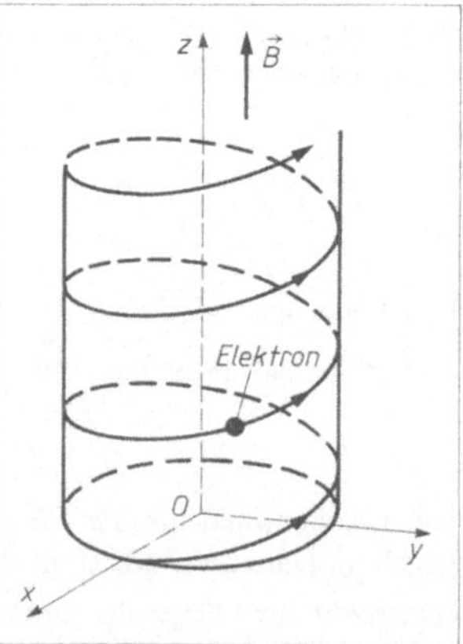

Bild I-24

Lehrbuch: Bd. 1, II.3.3.1, II.3.4.1 und Bd. 2, IV.4.2
Physikalische Grundlagen: A9

Lösung:

a) Durch *ein- bzw. zweimaliges Differenzieren* des Ortsvektors $\vec{r}\,(t)$ nach dem Zeitparameter t mit Hilfe der *Kettenregel* erhalten wir die gesuchten Vektoren. Sie lauten:

$$\vec{v}\,(t) = \frac{d}{dt}\,\vec{r}\,(t) = \frac{d}{dt} \begin{pmatrix} R \cdot \cos(\omega t) \\ R \cdot \sin(\omega t) \\ ct \end{pmatrix} = \begin{pmatrix} -\omega R \cdot \sin(\omega t) \\ \omega R \cdot \cos(\omega t) \\ c \end{pmatrix}$$

$$\vec{a}\,(t) = \frac{d}{dt}\,\vec{v}\,(t) = \frac{d}{dt} \begin{pmatrix} -\omega R \cdot \sin(\omega t) \\ \omega R \cdot \cos(\omega t) \\ c \end{pmatrix} = \begin{pmatrix} -\omega^2 R \cdot \cos(\omega t) \\ -\omega^2 R \cdot \sin(\omega t) \\ 0 \end{pmatrix} = -\omega^2 R \begin{pmatrix} \cos(\omega t) \\ \sin(\omega t) \\ 0 \end{pmatrix}$$

Wir zeigen noch, daß beide Vektoren *zeitunabhängige* Beträge besitzen, d.h. Geschwindigkeit $\vec{v}$ und Beschleunigung $\vec{a}$ bleiben während der gesamten Bewegung *betragsmäßig konstant*, ändern aber laufend ihre *Richtung*:

$$|\vec{v}| = \sqrt{[-\omega R \cdot \sin(\omega t)]^2 + [\omega R \cdot \cos(\omega t)]^2 + c^2} =$$

$$= \sqrt{\omega^2 R^2 \underbrace{[\sin^2(\omega t) + \cos^2(\omega t)]}_{1} + c^2} = \sqrt{\omega^2 R^2 + c^2} = \text{const.}$$

$$|\vec{a}| = \omega^2 R \sqrt{\underbrace{\cos^2(\omega t) + \sin^2(\omega t)}_{1} + 0^2} = \omega^2 R = \text{const.}$$

Darüberhinaus *verschwindet* die z-Komponente des Beschleunigungsvektors. Der Vektor $\vec{a}$ liegt daher in einer zur z-Achse *senkrechten* Ebene und ist stets auf diese Achse gerichtet (Zentripetalbeschleunigung infolge der als *Zentripetalkraft* wirkenden Lorentz-Kraft!).

b) Im Zeitintervall dt bewegt sich das Elektron in der *Tangentenrichtung*, d.h. in Richtung des Geschwindigkeitsvektors $\vec{v}$ um das Wegelement $d\vec{r} = \vec{v}\,dt$ weiter. Die dabei von der einwirkenden Lorentzkraft verrichtete *Arbeit dW* ist definitionsgemäß das *Skalarprodukt* aus Kraft- und Verschiebungsvektor:

$$dW = \vec{F}_L \cdot d\vec{r} = -e\,\underbrace{(\vec{v} \times \vec{B}) \cdot \vec{v}}_{[\vec{v}\,\vec{B}\,\vec{v}]}\,dt = -e\,\underbrace{[\vec{v}\,\vec{B}\,\vec{v}]}_{0}\,dt = 0$$

$(\vec{v} \times \vec{B}) \cdot \vec{v}$ ist dabei das *Spatprodukt* $[\vec{v}\,\vec{B}\,\vec{v}]$ und dieses *verschwindet*, da es zwei *gleiche* Vektoren enthält. Die Lorentzkraft verrichtet somit am Elektron *keine* Arbeit.

II Funktionen und Kurven

Übung 1: Reihenschaltung aus n gleichen Spannungsquellen
Diskrete Funktion

Bild II-1 zeigt eine *Reihenschaltung* aus n gleichen Spannungsquellen und einem Verbraucherwiderstand R_a. *Jede* der Spannungsquellen liefert die Quellenspannung U_q und hat den inneren Widerstand R_i. Bestimmen Sie die Abhängigkeit der *Stromstärke* I von der Anzahl n der Spannungsquellen.

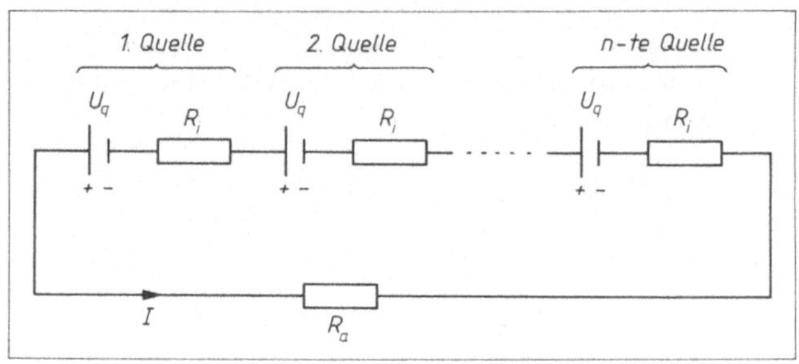

Bild II-1

Lehrbuch: Bd. 1, III.4	*Physikalische Grundlagen:* A13, A14

Lösung:

Wir fassen zunächst die n gleichen Spannungsquellen zu einer *Ersatzspannungsquelle* mit der Quellenspannung $U_0 = n\,U_q$ und dem Innenwiderstand $R_{ig} = n\,R_i$ zusammen [A13] (Bild II-2).

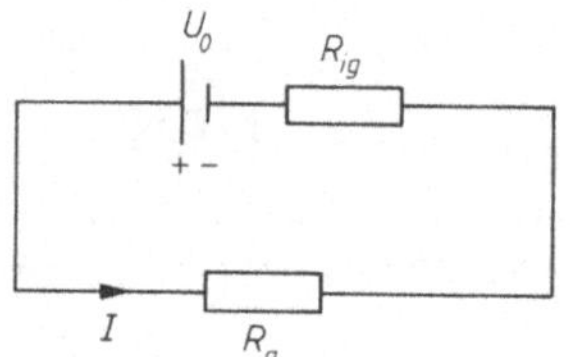

Bild II-2

Nach den *Kirchhoffschen Regeln* der *Reihenschaltung* [A13] beträgt der *Gesamtwiderstand* der Schaltung

$$R_g = R_{ig} + R_a = n\,R_i + R_a$$

Für die Stromstärke I erhält man damit nach dem *Ohmschen Gesetz* [A14]

$$I = I\,(n) = \frac{U_0}{R_g} = \frac{n\,U_q}{n\,R_i + R_a}, \qquad n \in \mathbb{N}$$

n ist dabei eine *diskrete* Variable, die nur *positive ganzzahlige* Werte annehmen kann: $n = 1, 2, \ldots$. Graphisch erhalten wir die in Bild II-3 dargestellte *diskrete Funktion* (Punktfolge), die für $n \to \infty$

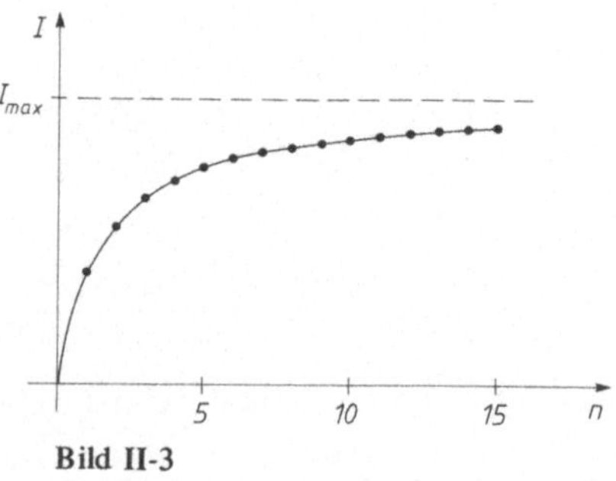

Bild II-3

gegen den folgenden *Grenzwert* strebt:

$$I_{max} = \lim_{n \to \infty} \left(\frac{n\, U_q}{n\, R_i + R_a} \right) = \lim_{n \to \infty} \left(\frac{U_q}{R_i + \dfrac{R_a}{n}} \right) = \frac{U_q}{R_i}$$

(sog. *Kurzschlußstrom;* man erhält ihn für $R_a = 0$, d.h. bei *fehlendem* Verbraucherwiderstand R_a).

> ## Übung 2: Zeitversetzter freier Fall zweier Kugeln
> ## *Lineare Funktion*

Zwei Kugeln fallen im *luftleeren* Raum im zeitlichen Abstand von 2 s aus *gleicher* Höhe und jeweils aus der *Ruhe* heraus. Wie verändert sich der *Abstand d* der beiden Kugeln im Laufe der *Zeit t*? *Skizzieren* Sie den Verlauf dieser *Weg-Zeit-Funktion.*

(Erdbeschleunigung $g \approx 10 \text{ m/s}^2$)

Lehrbuch: Bd. 1, III.5.2	*Physikalische Grundlagen:* A17

Lösung:

Den von der *ersten* Kugel bis zum Startpunkt der *zweiten* Kugel zurückgelegten Weg und die dabei erreichte Geschwindigkeit erhalten wir aus den *Fallgesetzen* [A17]

$$s\,(t) = \frac{1}{2}\,g t^2 \quad \text{und} \quad v\,(t) = g t$$

zu

$$s\,(2\text{ s}) = \frac{1}{2} \cdot 10\,\frac{\text{m}}{\text{s}^2} \cdot (2\text{ s})^2 = 20\text{ m} \quad \text{und} \quad v\,(2\text{ s}) = 10\,\frac{\text{m}}{\text{s}^2} \cdot 2\text{ s} = 20\,\frac{\text{m}}{\text{s}}$$

Die *zweite* Kugel startet zur Zeit $t = 0$[1]. Bild II-4 zeigt Lage und Geschwindigkeit beider Kugeln in diesem Zeitpunkt.

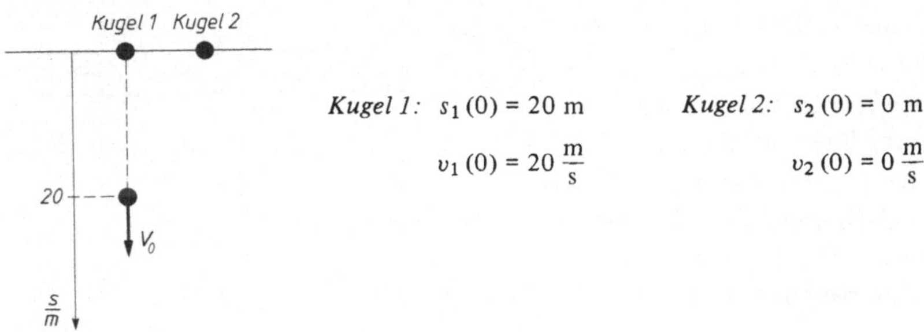

Kugel 1: $s_1\,(0) = 20\text{ m}$ *Kugel 2:* $s_2\,(0) = 0\text{ m}$

$v_1\,(0) = 20\,\frac{\text{m}}{\text{s}}$ $v_2\,(0) = 0\,\frac{\text{m}}{\text{s}}$

Bild II-4

---

[1] Wir beginnen mit der Zeitmessung von neuem.

Kugel 1 führt eine Fallbewegung mit der *Anfangsgeschwindigkeit* $v_0 = v_1(0) = 20 \frac{m}{s}$ und der *Anfangslage* $s_0 = s_1(0) = 20$ m aus. Der in den folgenden t Sekunden zurückgelegte Weg wird nach der Gleichung

$$s_1(t) = \frac{1}{2} g t^2 + v_0 t + s_0 = 5 \frac{m}{s^2} \cdot t^2 + 20 \frac{m}{s} \cdot t + 20 \text{ m}$$

berechnet. In der gleichen Zeit hat Kugel 2 den Weg

$$s_2(t) = \frac{1}{2} g t^2 = 5 \frac{m}{s^2} \cdot t^2$$

zurückgelegt. Der *Abstand* beider Kugeln zu diesem Zeitpunkt beträgt somit

$$d = d(t) = s_1 - s_2 =$$

$$= \left(5 \frac{m}{s^2} \cdot t^2 + 20 \frac{m}{s} \cdot t + 20 \text{ m} \right) - 5 \frac{m}{s^2} \cdot t^2 =$$

$$= 20 \frac{m}{s} \cdot t + 20 \text{ m}$$

und nimmt daher im Laufe der Zeit *linear* zu (Bild II-5).

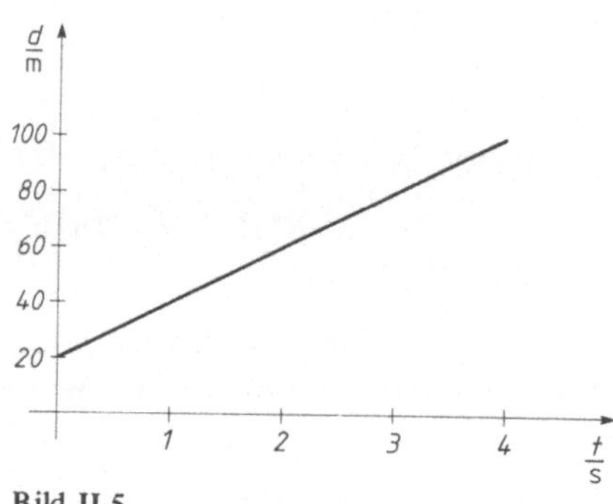

Bild II-5

Ein zylindrischer *Stab* der Länge l rotiert nach Bild II-6 mit *konstanter* Winkelgeschwindigkeit ω um die eingezeichnete Achse.

a) Bestimmen Sie die durch die Zentrifugalkräfte hervorgerufene *Zugspannung* σ an einer beliebigen Schnittstelle x und *skizzieren* Sie den Spannungsverlauf längs des Stabes.

b) An welcher Schnittstelle erreicht die Zugspannung ihren *Maximalwert*?

c) Welchen Wert darf die Winkelgeschwindigkeit *nicht* überschreiten, wenn die aus materialtechnischen Gründen *höchstzulässige* Zugspannung σ_0 beträgt?

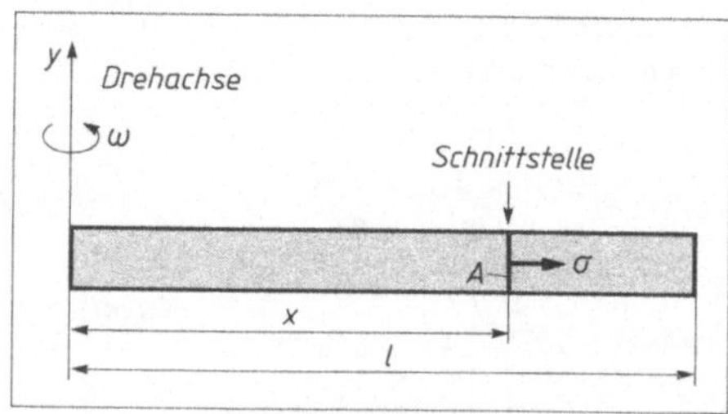

Bild II-6

(A: Querschnittsfläche des Stabes; ρ: *konstante* Dichte des Stabmaterials)

Lehrbuch: Bd. 1, III.5.3	*Physikalische Grundlagen:* A15, A16

Lösung:

a) Die an der Schnittstelle x nach *außen*
   wirkende Zentrifugalkraft läßt sich wie folgt
   elementar berechnen. Beiträge liefern alle
   rechts von der Schnittstelle liegenden Massen-
   elemente, d.h. insgesamt der in Bild II-7 *dunkel-*
   grau unterlegte Teil des Stabes mit der Masse
   $\Delta m = \rho \, \Delta V = \rho A \, (l - x)$.

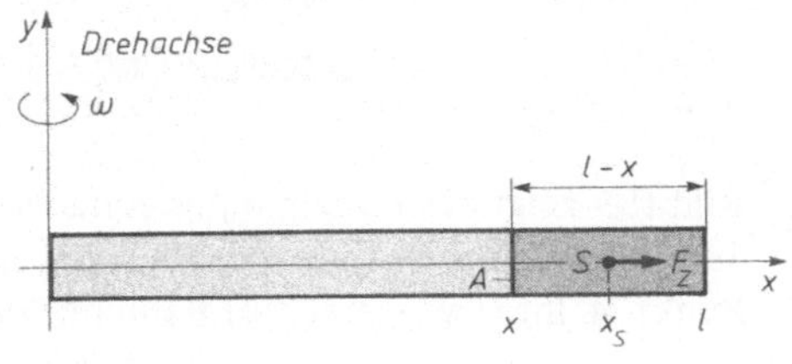

Bild II-7

Der *Schwerpunkt* dieses Teilstückes liegt aus *Symmetriegründen* genau in der *Mitte*, d.h. an der Stelle

$$x_S = x + \frac{l - x}{2} = \frac{1}{2}(l + x)$$

Die in dem *Schwerpunkt* S angreifende Zentrifugalkraft [A15] beträgt somit

$$F_Z = \Delta m \, \omega^2 \cdot x_S = \rho A \, (l - x) \, \omega^2 \cdot \frac{1}{2}(l + x) = \frac{1}{2} \rho A \, \omega^2 \, (l^2 - x^2)$$

Für die *Zugspannung* an der Stelle x erhalten wir damit
definitionsgemäß [A16]

$$\sigma \, (x) = \frac{F_Z}{A} = \frac{\frac{1}{2} \rho A \, \omega^2 \, (l^2 - x^2)}{A} = \frac{1}{2} \rho \, \omega^2 \, (l^2 - x^2), \quad 0 \leqslant x \leqslant l$$

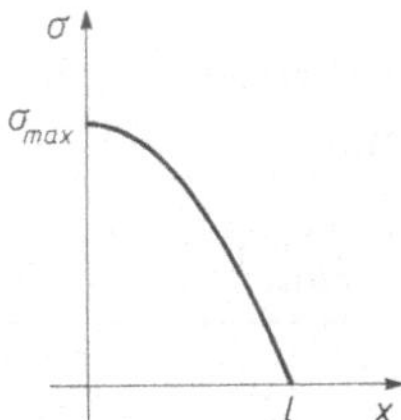

Die Zugspannung nimmt daher von der Drehachse aus nach außen
hin nach einer *quadratischen* Funktion ab (*parabelförmiger* Verlauf
nach Bild II-8).

Bild II-8

b) Die Zugspannung erreicht ihren *größten* Wert an der Stelle $x = 0$, d.h. in der *Drehachse:*

$$\sigma_{\text{max}} = \sigma \, (0) = \frac{1}{2} \rho \, \omega^2 \, l^2$$

c) Die *maximale* Zugspannung σ_{max} in der Drehachse darf den *höchstzulässigen* Wert σ_0 *nicht*
   überschreiten:

$$\sigma_{\text{max}} \leqslant \sigma_0, \quad \text{d.h.} \quad \frac{1}{2} \rho \, \omega^2 \, l^2 \leqslant \sigma_0$$

Aus dieser Bedingung erhalten wir für die Winkelgeschwindigkeit ω den *Maximalwert*

$$\omega_{\text{max}} = \sqrt{\frac{2 \, \sigma_0}{\rho \, l^2}}$$

Übung 4:   Sortiervorrichtung
Parameterdarstellung, quadratische Funktion

Bild II-9 zeigt das Prinzip einer einfachen *Sortiervorrichtung*. Eine *Kugel* verläßt im Punkt A ihre (waagerechte) Bahn mit der Horizontalgeschwindigkeit $v_0 = 1\,\dfrac{m}{s}$ und soll den im Punkt B postierten *Behälter* erreichen. An welcher Stelle x_0 muß dieser Behälter stehen, wenn die Höhendifferenz $y_0 = 1\,m$ beträgt?

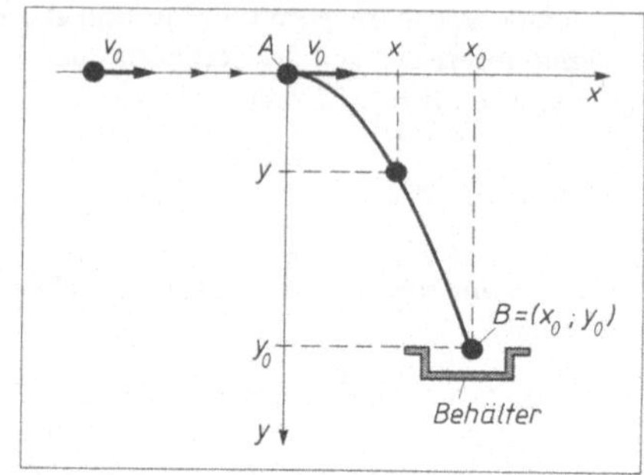

Bild II-9

Lösungshinweis: Behandeln Sie die Bewegung als einen *waagerechten Wurf* im *luftleeren* Raum.

Lehrbuch: Bd. 1, III.1.2.4 und III.5.3	*Physikalische Grundlagen:* A17

Lösung:

Die Kugel beschreibt eine sog. *Wurfparabel* mit der *Parameterdarstellung*

$$x = v_0\,t, \qquad y = \frac{1}{2}g\,t^2 \qquad (t \geqslant 0:\ \text{Zeitparameter})$$

(in x-Richtung: Bewegung mit *konstanter* Geschwindigkeit v_0; in y-Richtung: *freier Fall* [A17]). Wir lösen die *erste* Gleichung nach dem Zeitparameter t auf und setzen den gefundenen Ausdruck $t = x/v_0$ in die *zweite* Gleichung ein:

$$y = \frac{1}{2}g\,t^2 = \frac{1}{2}g\left(\frac{x}{v_0}\right)^2 = \frac{g}{2\,v_0^2}x^2, \qquad x \geqslant 0$$

Dies ist die Gleichung der *Bahnkurve* der Kugel in *expliziter* Form. Für den auf dieser Kurve liegenden Punkt $B = (x_0; y_0)$ gilt somit

$$y_0 = \frac{g}{2\,v_0^2}x_0^2$$

Aus dieser Beziehung erhalten wir für die gesuchte Ortskoordinate x_0 den Wert

$$x_0 = \sqrt{\frac{2\,v_0^2\,y_0}{g}} = \sqrt{\frac{2 \cdot (1\,m/s)^2 \cdot 1\,m}{9{,}81\,m/s^2}} = 0{,}45\,m$$

Übung 5:   Aufeinander abrollende Zahnräder (Epizykloide)
Parameterdarstellung einer Kurve

Bild II-10 zeigt in vereinfachter Darstellung ein in der *Getriebelehre* häufig auftretendes Problem: Auf der *Außenseite* eines (festen) Zahnrades mit dem Radius R_0 „rollt" ein zweites Zahnrad mit dem Radius R ab.

a) Wie lautet die *Parameterdarstellung* der als *Epizykloide* bezeichneten Kurve, die ein Punkt P auf dem *Umfang* des *abrollenden* Zahnrades bei dieser Bewegung beschreibt? Der Punkt P soll sich dabei zu *Beginn* der Abrollbewegung in der Position P_0 befinden, als Parameter wähle man den sog. *Drehwinkel* t.

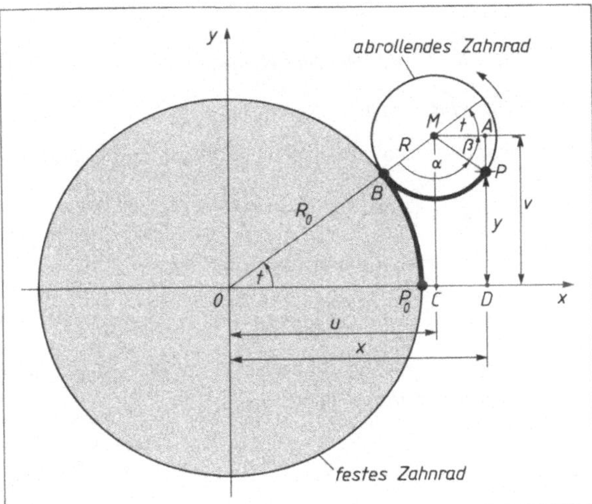

b) *Zeichnen* Sie die Epizykloide für $R_0 = 3$, $R = 1$ im Drehwinkelbereich $0° \leqslant t < 360°$ (ein *voller* Umlauf; Schrittweite: $\Delta t = 10°$).

(t: Drehwinkel; α: Wälzwinkel)   **Bild II-10**

Lehrbuch: Bd. 1, III.1.2.4

Lösung:

a) Zwischen den Koordinaten des Punktes $P = (x; y)$ und den Koordinaten des Mittelpunktes $M = (u; v)$ des *abrollenden* Zahnrades besteht der folgende Zusammenhang:

(I) $x = u + \overline{CD} = u + \overline{MA}$, $y = v - \overline{PA}$

Die Koordinaten u und v lassen sich dabei aus dem *rechtwinkligen* Dreieck OCM bestimmen. Aus

$$\cos t = \frac{\overline{OC}}{\overline{OM}} = \frac{u}{R_0 + R} \quad \text{und} \quad \sin t = \frac{\overline{CM}}{\overline{OM}} = \frac{v}{R_0 + R}$$

folgt

(II) $u = (R_0 + R) \cdot \cos t$ und $v = (R_0 + R) \cdot \sin t$

Die Strecken $\overline{MA}$ und $\overline{PA}$ erhalten wir aus dem *rechtwinkligen* Dreieck AMP. Es gilt

$$\sin \beta = \frac{\overline{PA}}{\overline{PM}} = \frac{\overline{PA}}{R} \quad \text{und} \quad \cos \beta = \frac{\overline{MA}}{\overline{PM}} = \frac{\overline{MA}}{R}$$

und somit

$$\overline{PA} = R \cdot \sin \beta \quad \text{und} \quad \overline{MA} = R \cdot \cos \beta$$

Aus $\alpha + \beta + t = 180°$ und somit $\beta = 180° - (\alpha + t)$ folgt weiter unter Verwendung der *Additions-theoreme* (Formelsammlung, Abschnitt III.7.6.1)

$$\overline{PA} = R \cdot \sin \beta = R \cdot \sin [180° - (\alpha + t)] =$$
$$= R [\underbrace{\sin 180°}_{0} \cdot \cos (\alpha + t) - \underbrace{\cos 180°}_{-1} \cdot \sin (\alpha + t)] = R \cdot \sin (\alpha + t)$$

$$\overline{MA} = R \cdot \cos \beta = R \cdot \cos [180° - (\alpha + t)] =$$
$$= R [\underbrace{\cos 180°}_{-1} \cdot \cos (\alpha + t) + \underbrace{\sin 180°}_{0} \cdot \sin (\alpha + t)] = - R \cdot \cos (\alpha + t)$$

Drehwinkel t und *Wälzwinkel* α sind dabei noch über die sog. *Abrollbedingung*

$$\overset{\frown}{P_0 B} = \overset{\frown}{PB}, \quad \text{d.h.} \quad R_0 t = R \alpha$$

miteinander verknüpft (die beiden Bögen sind in Bild II-10 *dick* gezeichnet). Somit ist

$$\alpha = \frac{R_0}{R} t \quad \text{und} \quad \alpha + t = \frac{R_0}{R} t + t = \frac{R_0 + R}{R} t$$

Für die Strecken $\overline{PA}$ und $\overline{MA}$ folgt dann

$$(III) \quad \overline{PA} = R \cdot \sin \left(\frac{R_0 + R}{R} t \right), \qquad \overline{MA} = - R \cdot \cos \left(\frac{R_0 + R}{R} t \right)$$

Wir setzen die Beziehungen (II) und (III) in die Gleichungen (I) ein und erhalten die gewünschte *Parameterdarstellung* in der Form

$$x = x (t) = (R_0 + R) \cdot \cos t - R \cdot \cos \left(\frac{R_0 + R}{R} t \right)$$
$$y = y (t) = (R_0 + R) \cdot \sin t - R \cdot \sin \left(\frac{R_0 + R}{R} t \right)$$
$$(t \geq 0)$$

b) Die *Parametergleichungen* lauten jetzt:

$$x (t) = 4 \cdot \cos t - \cos (4t)$$
$$y (t) = 4 \cdot \sin t - \sin (4t)$$
$$(0° \leq t \leq 360°)$$

Wertetabelle (Schrittweite: $\Delta t = 10°$)

t	0°	10°	20°	30°	40°	50°	60°	70°	80°	90°	100°
x	3	3,17	3,59	3,96	4,00	3,51	2,50	1,19	$-0,07$	-1	$-1,46$
y	0	0,05	0,38	1,13	2,23	3,41	4,33	4,74	4,58	4	3,30

t	110°	120°	130°	140°	150°	160°	170°	180°	190°	200°	210°
x	$-1,54$	$-1,50$	$-1,63$	$-2,12$	$-2,96$	$-3,93$	$-4,71$	-5	$-4,71$	$-3,93$	$-2,96$
y	2,77	2,60	2,72	2,91	2,87	2,35	1,34	0	$-1,34$	$-2,35$	$-2,87$

t	220°	230°	240°	250°	260°	270°	280°	290°	300°	310°	320°
x	$-2,12$	$-1,63$	$-1,5$	$-1,54$	$-1,46$	-1	$-0,07$	1,19	2,50	3,51	4,00
y	$-2,91$	$-2,72$	$-2,60$	$-2,77$	$-3,30$	-4	$-4,58$	$-4,74$	$-4,33$	$-3,41$	$-2,23$

t	330°	340°	350°	360°
x	3,96	3,59	3,17	3
y	$-1,13$	$-0,38$	$-0,05$	0

Wir erhalten die in Bild II-11 dargestellte aus *drei* gleichen Bögen bestehende *geschlossene* Kurve *(Epizykloide)*.

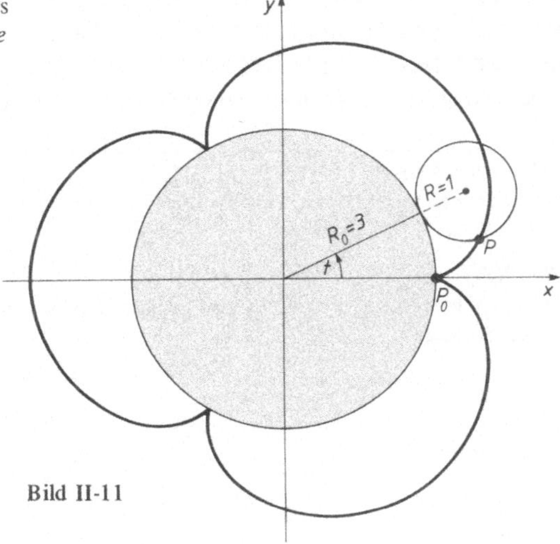

Bild II-11

Übung 6: Fallbeschleunigung in und außerhalb eines Erdkanals
Lineare Funktion, gebrochenrationale Funktion

Bild II-12a) zeigt die *Erdkugel* mit einem durch den Erdmittelpunkt verlaufenden *Kanal.* Welche *Fallbeschleunigung* (Erdbeschleunigung) g erfährt eine Masse m, die sich

a) *außerhalb* des Erdkanals,

b) *innerhalb* des Erdkanals

befindet in Abhängigkeit von der *augenblicklichen* Position, d.h. dem *Abstand r* zwischen Masse und Erdmittelpunkt 0?

c) *Skizzieren* Sie den funktionalen Zusammenhang zwischen der *Fallbeschleunigung g* und der *Relativkoordinate* $x = r/R$ im Bereich $0 \leqslant x < \infty$.

(R: Erdradius; g_0: Fallbeschleunigung (Erdbeschleunigung) an der *Erdoberfläche*; M: Erdmasse)

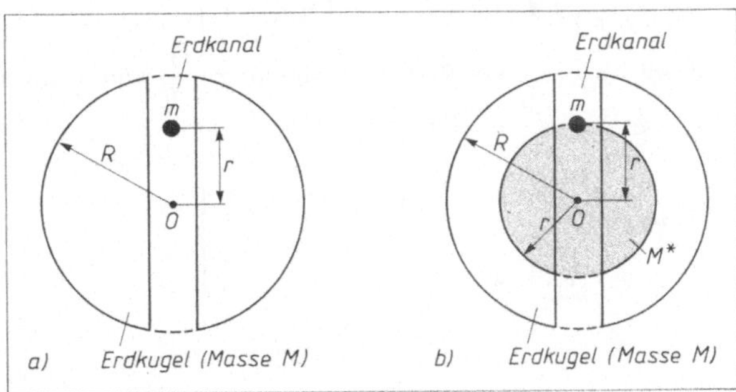

Bild II-12

Lösungshinweis: Verwenden Sie das *Gravitationsgesetz* [A18]. Befindet sich die Masse m *innerhalb* des Erdkanals, so kommt für die Gravitation nur der in Bild II-12b) *grau* unterlegte Teil der Erdkugel zur Wirkung (*konzentrische* Kugel vom Radius r). Die Erdkugel selbst wird als ein *homogener* Körper mit der *konstanten* Dichte ρ angesehen.

Lehrbuch: Bd. 1, III.5.2 und III.6	*Physikalische Grundlagen:* A18

Lösung:

a) Die *Gewichtskraft* ist gleich der *Gravitationskraft* [A18]. Daher gilt für $r \geqslant R$ (also *außerhalb* der Erdkugel)

$$mg = f \cdot \frac{mM}{r^2}$$

und somit

$$g(r) = f \cdot \frac{M}{r^2} = fM \cdot \frac{1}{r^2}, \qquad r \geqslant R$$

Die Fallbeschleunigung nimmt *außerhalb* der Erdkugel *umgekehrt proportional* zum *Quadrat* der Entfernung r vom Erdmittelpunkt nach außen hin *ab* (s. Bild II-13).

b) *Innerhalb* des Erdkanals ist die Erdmasse M durch die Masse M^* der in Bild II-12b) *grau* unterlegten konzentrischen Kugel zu ersetzen. Diese Masse berechnet sich wie folgt:

$$M^* = \rho V^* = \rho \cdot \frac{4}{3} \pi r^3 = \underbrace{\rho \cdot \frac{4}{3} \pi R^3}_{M} \cdot \frac{r^3}{R^3} = \frac{Mr^3}{R^3}$$

Sie ist noch abhängig vom Abstand r $(0 \leqslant r \leqslant R)$. Für die Fallbeschleunigung *im* Erdkanal erhalten wir damit in Abhängigkeit von der Abstandskoordinate den funktionalen Zusammenhang

$$g(r) = fM^* \cdot \frac{1}{r^2} = f \cdot \frac{Mr^3}{R^3} \cdot \frac{1}{r^2} = \frac{fM}{R^3} \cdot r, \qquad 0 \leqslant r \leqslant R$$

Im Erdkanal *wächst* demnach die Fallbeschleunigung g *proportional* mit dem Abstand r (s. Bild II-13).

c) Die Funktion $g = g(r)$ wird somit für $r \geqslant 0$ durch die Gleichungen

$$g(r) = \begin{cases} \dfrac{fM}{R^3} \cdot r & 0 \leqslant r \leqslant R \\[2mm] & \text{für} \\[2mm] fM \cdot \dfrac{1}{r^2} & R \leqslant r < \infty \end{cases}$$

beschrieben. Mit der *Relativkoordinate* $x = \dfrac{r}{R}$ wird hieraus unter Berücksichtigung von $g_0 = g(R) = \dfrac{fM}{R^2}$ die Funktion

$$g(x) = \begin{cases} g_0 \cdot x & 0 \leqslant x \leqslant 1 \\[2mm] & \text{für} \\[2mm] g_0 \cdot \dfrac{1}{x^2} & 1 \leqslant x < \infty \end{cases}$$

Sie erreicht ihren *Maximalwert* g_0 an der *Erdoberfläche* $(g\,(1) = g_0)$.

Der Funktionsverlauf ist in Bild II-13 dargestellt.

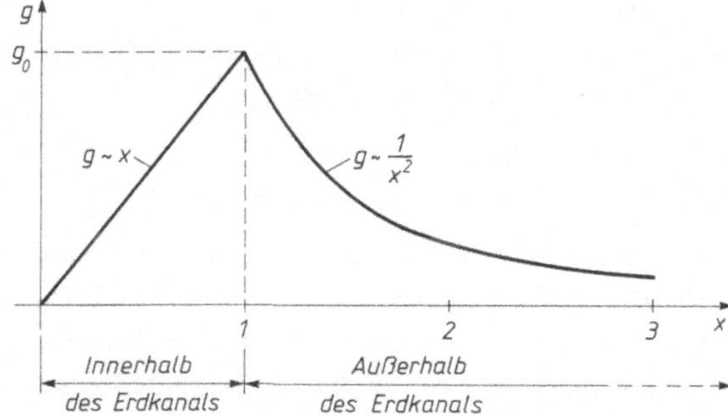

Bild II-13

Übung 7: Verteilung der Stromdichte in einem stromdurchflossenen Hohlzylinder
Gebrochenrationale Funktion

Bild II-14 zeigt im Querschnitt einen *Hohlzylinder* mit dem Innenradius r_i und dem Außenradius r_a. Durch das *leitende* Zylindermaterial fließt dabei von innen nach außen ein *konstanter* Strom der Stärke I. Bestimmen und *skizzieren* Sie den Verlauf der *Stromdichte S* in *radialer* Richtung.

(l: Länge des Hohlzylinders)

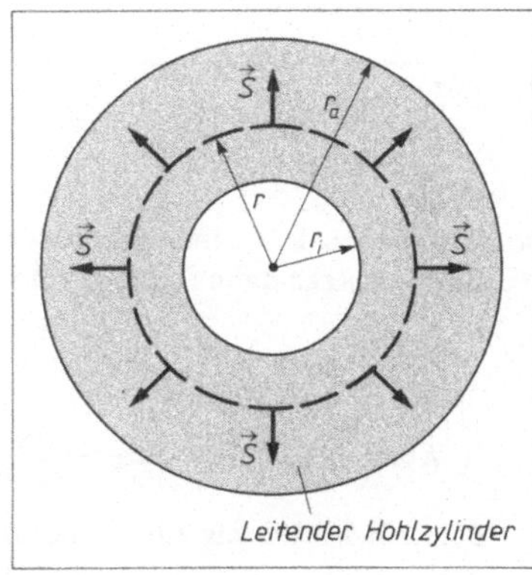

Bild II-14

Lehrbuch: Bd. 1, III.6	*Physikalische Grundlagen:* A19

Lösung:

Aus *Symmetriegründen* verläuft das elektrische Feld im Zylindermaterial *radialsymmetrisch*. Der *Betrag* des *Stromdichtevektors* $\vec{S}$ kann daher nur vom Abstand r zur Symmetrieachse des Leiters abhängen: $S = S\,(r)$. Durch *jede* zum Zylindermantel *konzentrische* Zylinderfläche fließt der *gleiche* Strom I. Dies gilt somit auch für den in Bild II-14 *gestrichelt* gezeichneten konzentrischen Zylinder mit dem Radius r und der Mantelfläche $A = 2\pi r l$. Die *Stromdichte* $S\,(r)$ beträgt daher an dieser Stelle *definitionsgemäß* [A19]

$$S\,(r) = \frac{I}{A} = \frac{I}{2\pi r l} = \frac{I}{2\pi l} \cdot \frac{1}{r}, \qquad r_i \leqslant r \leqslant r_a$$

und nimmt somit von innen nach außen *ab*. Bild II-15 zeigt den Verlauf dieser *gebrochenrationalen* Stromdichtefunktion.

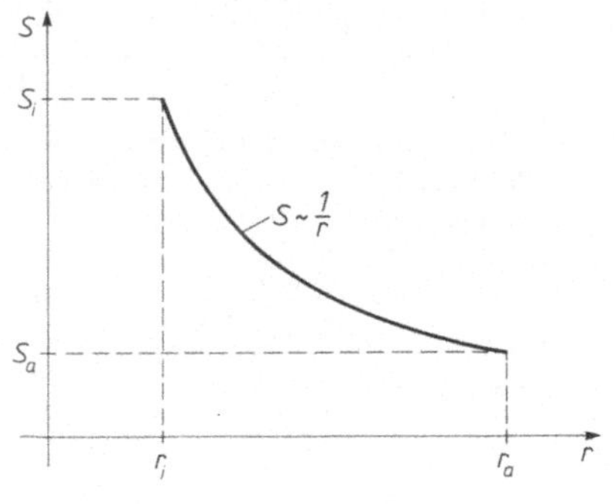

Bild II-15

Übung 8: Kapazität eines Kondensators mit geschichtetem Dielektrikum
Gebrochenrationale Funktion

Bild II-16 zeigt einen *Plattenkondensator* mit einem *geschichteten* Dielektrikum.

a) Welche *Kapazität* C besitzt dieser Kondensator in Abhängigkeit von der *Schichtdicke* x des eingebrachten Dielektrikums? *Skizzieren* Sie diese Funktion.

b) Untersuchen Sie die *Sonderfälle* (Grenzfälle) $x = 0$ und $x = d$.

(A: Plattenfläche; d: Plattenabstand; ϵ: Dielektrizitätskonstante)

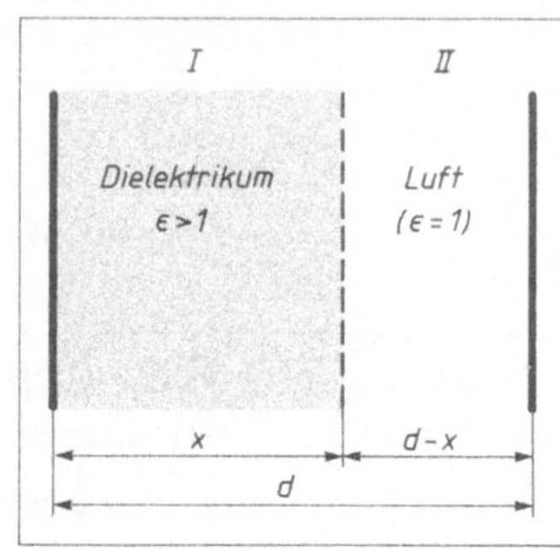

Bild II-16

Lehrbuch: Bd. 1, III.6	*Physikalische Grundlagen:* A20, A21

Lösung:

a) Wir können den Kondensator als eine *Reihenschaltung* zweier Kondensatoren I und II ansehen. Diese besitzen dann folgende Kapazitäten [A20]:

$$\text{Kondensator I:} \qquad C_1 = \frac{\epsilon_0\,\epsilon A}{x}$$

$$\text{Kondensator II:} \qquad C_2 = \frac{\epsilon_0 A}{d - x}$$

Bei *Reihenschaltung* gilt für die *Gesamtkapazität* C nach [A21]

$$\frac{1}{C} = \frac{1}{C_1} + \frac{1}{C_2} \quad \text{oder} \quad C = \frac{C_1 C_2}{C_1 + C_2}$$

Wir erhalten daher

$$C = \frac{\dfrac{\epsilon_0\,\epsilon A}{x} \cdot \dfrac{\epsilon_0 A}{d-x}}{\dfrac{\epsilon_0\,\epsilon A}{x} + \dfrac{\epsilon_0 A}{d-x}} = \frac{\dfrac{\epsilon_0^2\,\epsilon A^2}{x\,(d-x)}}{\dfrac{\epsilon_0 A\,[\epsilon\,(d-x)+x]}{x\,(d-x)}} = \frac{\epsilon_0\,\epsilon A}{\epsilon\,(d-x)+x}, \qquad 0 \leqslant x \leqslant d$$

Die Abhängigkeit der *Gesamtkapazität* $C(x)$ von der Schichtdicke x ist somit durch die *echt gebrochenrationale* Funktion

$$C(x) = \frac{\epsilon_0\,\epsilon A}{\epsilon\,(d-x)+x}, \qquad 0 \leqslant x \leqslant d$$

gegeben (Bild II-17).

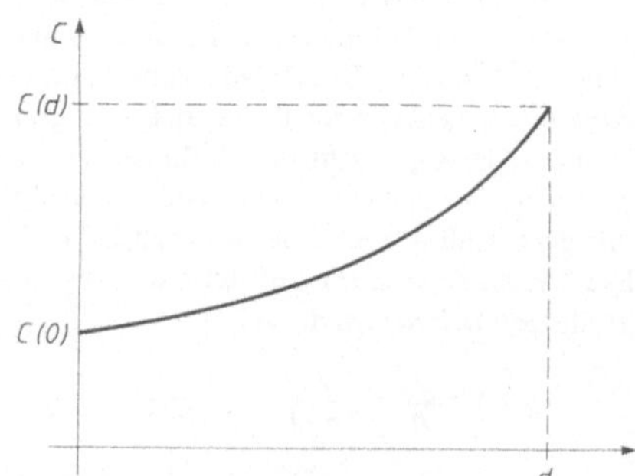

Bild II-17

b) **Sonderfall** $x = 0$

$$C(0) = \frac{\epsilon_0 \epsilon A}{\epsilon d} = \frac{\epsilon_0 A}{d}$$

Dieser Fall entspricht einem Kondensator *ohne* Dielektrikum, die Kapazität erreicht ihren *kleinsten* Wert (s. Bild II-17).

Sonderfall $x = d$

$$C(d) = \frac{\epsilon_0 \epsilon A}{d} = \epsilon \, \frac{\epsilon_0 A}{d} = \epsilon \cdot C(0)$$

Der Kondensator ist *vollständig* mit dem Dielektrikum ausgefüllt und erreicht somit seinen *größten* Kapazitätswert (s. Bild II-17).

Übung 9: Magnetfeld in der Umgebung einer stromdurchflossenen elektrischen Doppelleitung
Gebrochenrationale Funktionen

Bild II-18 zeigt im Querschnitt eine *strom-durchflossene* elektrische *Doppelleitung,* die aus zwei langen *parallelen* Leitern (Drähten) mit konstanter Querschnittsfläche besteht. Der Durchmesser der Leiter soll dabei gegenüber dem Leiterabstand $d = 2a$ *vernachlässigbar klein* sein. Die Ströme in den beiden Leitungen haben die *gleiche* Stärke I, fließen jedoch in *entgegengesetzte* Richtungen. Bestimmen Sie den Verlauf der *magnetischen Feldstärke* H

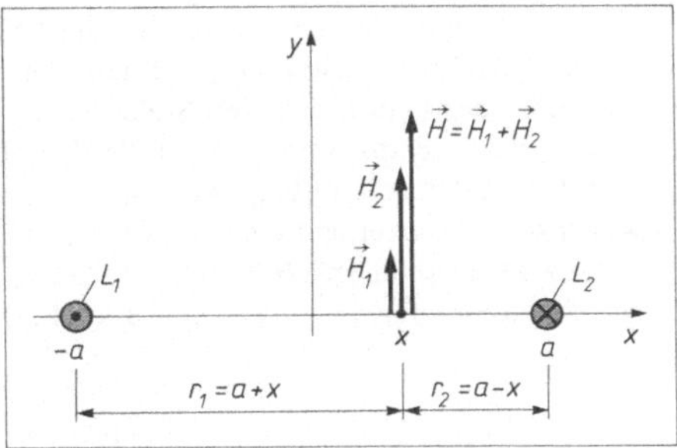

Bild II-18

a) längs der *Verbindungslinie* der beiden Leiterquerschnitte (x-Achse),

b) längs der *Mittelsenkrechten* dieser Verbindungsstrecke (y-Achse).

Lehrbuch: Bd. 1, III.6	*Physikalische Grundlagen:* A4

Lösung:

a) Der vom Strom I durchflossene *linke* Leiter L_1 erzeugt am Ort x, d.h. im Abstand $r_1 = a + x$ von seiner Leitermitte ein Magnetfeld der Stärke [A4]

$$H_1(x) = \frac{I}{2\pi r_1} = \frac{I}{2\pi(a + x)}$$

An der *gleichen* Stelle, d.h. im Abstand $r_2 = a - x$ von seiner Leitermitte erzeugt der *rechte* Leiter L_2 ein Magnetfeld der Stärke [A4]

$$H_2(x) = \frac{I}{2\pi r_2} = \frac{I}{2\pi(a-x)}$$

Beide Felder haben *gleiche* Richtung, die *Beträge* ihrer Feldstärken *addieren* sich somit. Das durch *Überlagerung* entstandene Magnetfeld besitzt demnach an der Stelle x eine *resultierende* Feldstärke vom *Betrag*

$$H(x) = H_1(x) + H_2(x) =$$

$$= \frac{I}{2\pi(a+x)} + \frac{I}{2\pi(a-x)} =$$

$$= \frac{I}{2\pi}\left[\frac{1}{a+x} + \frac{1}{a-x}\right] =$$

$$= \frac{Ia}{\pi} \cdot \frac{1}{a^2 - x^2}, \qquad |x| \neq a$$

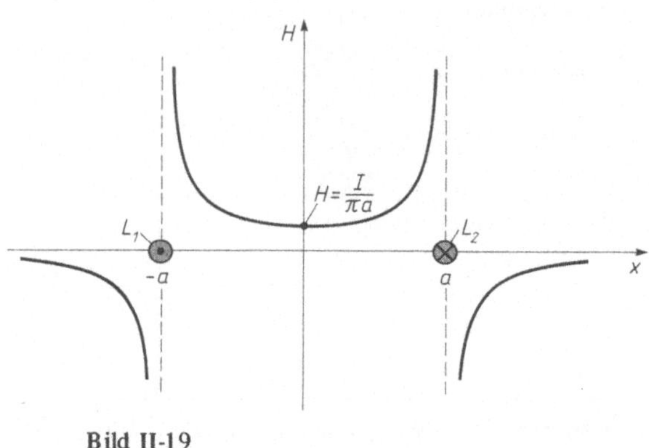

Bild II-19

Bild II-19 zeigt den Verlauf dieser *achsensymmetrischen* und *echt gebrochenrationalen* Feldstärkefunktion.

Zwischen den beiden Leitern nimmt die Feldstärke in Richtung Leiter *zu*, wird dann an den Orten der Leiter, d.h. den Stellen $x_1 = -a$ und $x_2 = a$ *unendlich groß* (Polstellen!) und fällt dann nach außen hin gegen *Null* ab, wobei sich gleichzeitig die *Richtung* des Feldstärkevektors *umkehrt* ($H > 0$ für $|x| < a$, $H < 0$ dagegen für $|x| > a$; siehe Bild II-20).

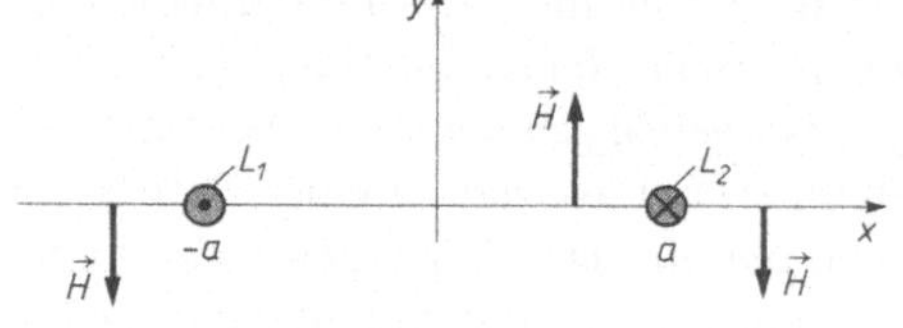

Bild II-20

b) Die Feldstärkenvektoren $\vec{H}_1$ und $\vec{H}_2$ eines Punktes P der y-Achse liegen jetzt *spiegelsymmetrisch* zur y-Achse, ihre *Beträge* sind somit *gleich groß* (Bild II-21). Beide Leiter liefern daher (dem Betrage nach) den *gleichen* Beitrag zur Gesamtfeldstärke H.

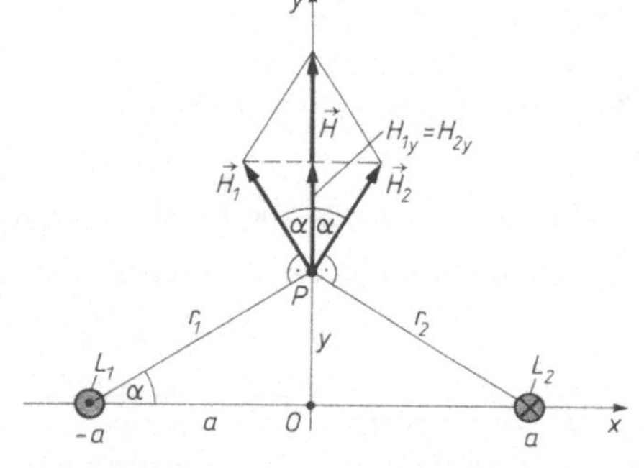

Bild II-21

Der *resultierende* Feldstärkevektor $\vec{H}$ liegt in der y-*Achse* in *positiver* Richtung. Den *Betrag* H erhalten wir durch Projektion der Feldstärkevektoren $\vec{H}_1$ und $\vec{H}_2$ auf die y-Achse. Diese Projektionen sind nichts anderes als die y-*Komponenten* H_{1y} und H_{2y} der Vektoren $\vec{H}_1$ und $\vec{H}_2$, wobei aus *Symmetriegründen* $H_{1y} = H_{2y}$ ist. Somit gilt

$$H = H_{1y} + H_{2y} = 2H_{1y} = 2H_1 \cdot \cos\alpha$$

Mit

$$H_1(y) = \frac{I}{2\pi r_1} = \frac{I}{2\pi \sqrt{a^2 + y^2}}$$

und der aus dem *rechtwinkligen* Dreieck $L_1 OP$ folgenden Beziehung

$$\cos \alpha = \frac{a}{r_1} = \frac{a}{\sqrt{a^2 + y^2}}$$

erhalten wir schließlich

$$H(y) = 2 H_1(y) \cdot \cos \alpha = 2 \cdot \frac{I}{2\pi \sqrt{a^2 + y^2}} \cdot \frac{a}{\sqrt{a^2 + y^2}} = \frac{aI}{\pi} \cdot \frac{1}{a^2 + y^2}, \qquad -\infty < y < \infty$$

Bild II-22 zeigt den Verlauf der magnetischen Feldstärke längs der *y-Achse*. Die Funktion $H(y)$ ist *symmetrisch* und *echt gebrochenrational*. Das *Maximum* liegt bei $y = 0$, mit *zunehmender* Entfernung wird die Feldstärke *kleiner* und verschwindet schließlich in *großer* Entfernung, d.h. für $y \to \pm \infty$. Die *Richtung* des Feldstärkevektors $\vec{H}$ ist dabei für alle Punkte der *y*-Achse die *gleiche*.

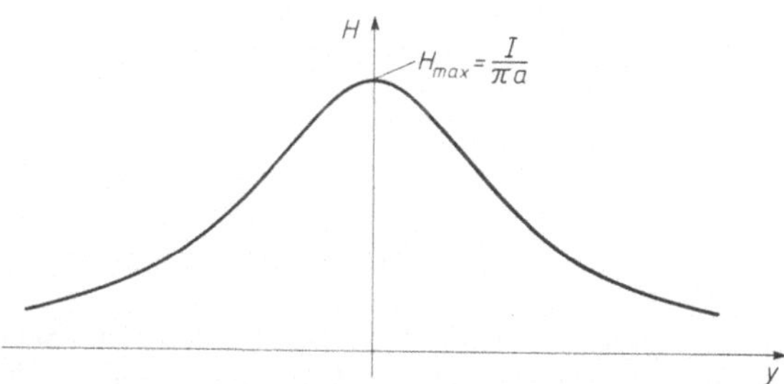

Bild II-22

Übung 10: Kennlinie einer Glühlampe
Interpolationsformel von Newton, kubische Funktion, Horner-Schema

Eine *Glühlampe* stellt einen *nichtlinearen* Widerstand dar, d.h. das *Ohmsche Gesetz* der Proportionalität zwischen Spannung U und Stromstärke I ist hier *nicht* erfüllt. Aus einer Messung sind die folgenden $(I; U)$-Wertepaare bekannt:

$\dfrac{I}{A}$	0	0,1	0,2	0,4
$\dfrac{U}{V}$	0	21	48	144

Bestimmen Sie aus diesen vier Einzelmessungen ein *Näherungspolynom 3. Grades* für die Kennlinie $U = f(I)$ der Glühlampe

a) mit Hilfe der *Interpolationsformel von Newton,*

b) durch einen *geeigneten* Ansatz unter Berücksichtigung der in diesem Fall vorhandenen *speziellen Symmetrieeigenschaft* der Kennlinie!

c) Welcher *Spannungsabfall* ist nach der unter a) bestimmten Kennlinie bei einer Stromstärke von $I = 0{,}5\,\text{A}$ zu erwarten? (Berechnung mit Hilfe des *Horner-Schemas*)

Lehrbuch: Bd. 1, III.5.4, III.5.5 und III.5.6

Lösung:

a) Der *Lösungsansatz* lautet (I in A, U in V):

$$U = a_0 + a_1 (I - I_0) + a_2 (I - I_0)(I - I_1) + a_3 (I - I_0)(I - I_1)(I - I_2)$$

Die Koeffizienten a_0, a_1, a_2 und a_3 berechnen wir nach dem *Steigungs-* oder *Differenzenschema:*

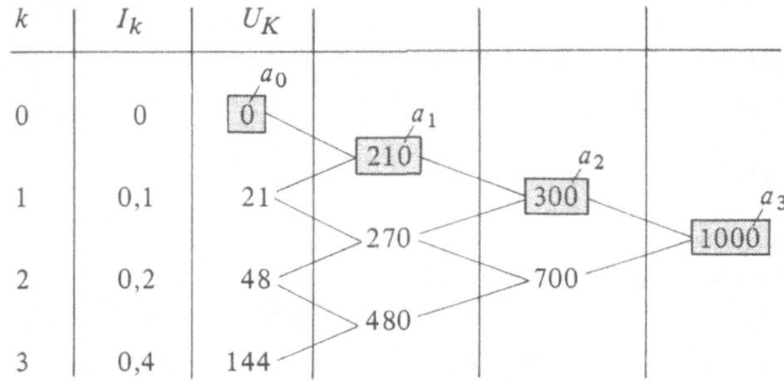

$$U = 0 + 210\,(I - 0) + 300\,(I - 0)(I - 0{,}1) + 1000\,(I - 0)(I - 0{,}1)(I - 0{,}2) =$$
$$= 210\,I + 300\,I^2 - 30\,I + 1000\,I^3 - 300\,I^2 + 20\,I = 1000\,I^3 + 200\,I$$

Somit gilt unter Berücksichtigung der *Einheiten*

$$U = 1000\,\frac{\text{V}}{\text{A}^3} \cdot I^3 + 200\,\frac{\text{V}}{\text{A}} \cdot I$$

Bild II-23 zeigt den Verlauf dieser Kennlinie.

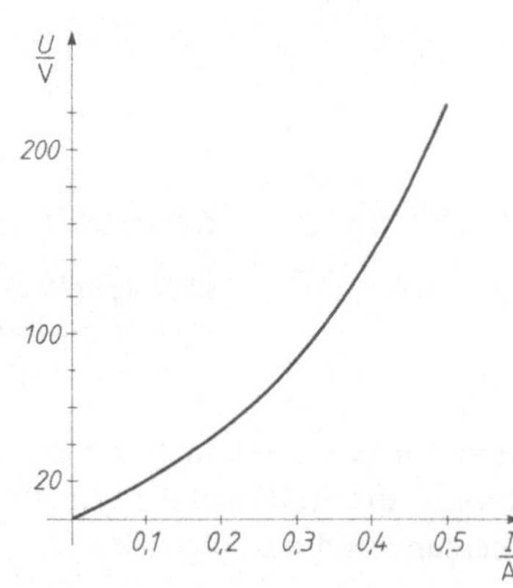

Bild II-23

b) Die gesuchte Kennlinie $U = f(I)$ muß zum Nullpunkt *punktsymmetrisch* verlaufen! *Begründung:* Der Widerstand der Glühlampe ist *temperaturabhängig* und nimmt mit der Stromstärke zu. Andererseits ist die Wärmeentwicklung im Widerstand nur von der *Stärke* des Stromes, *nicht* jedoch von der *Stromrichtung* abhängig. In dem Lösungsansatz für die Kennlinie können daher nur *ungerade* Potenzen auftreten (bei einer Änderung der *Stromrichtung* ändert sich lediglich die *Richtung* der abfallenden Spannung). Der *Lösungsansatz* lautet somit

$$U = aI^3 + bI$$

Zur Bestimmung der beiden Koeffizienten a und b benötigen wir daher nur *zwei* der vier vorgegebenen Wertepaare, wobei das erste Wertepaar $(0; 0)$ den Lösungsansatz *automatisch* erfüllt.

Wir entscheiden uns für das zweite und dritte Wertepaar[2] und erhalten folgende *Bestimmungs-gleichungen* für a und b:

$$U(0,1) = 21 \quad \Rightarrow \quad 0,001a + 0,1b = 21$$
$$U(0,2) = 48 \quad \Rightarrow \quad 0,008a + 0,2b = 48$$

Wir multiplizieren die *obere* Gleichung mit -2 und addieren sie zur *unteren* Gleichung:

$$\left. \begin{array}{rcl} -0,002a - 0,2b &=& -42 \\ 0,008a + 0,2b &=& 48 \end{array} \right\} +$$

$$0,006a \qquad = \quad 6 \quad \Rightarrow \quad a = 1000$$

Für b folgt dann aus der *oberen* Gleichung:

$$0,001 \cdot 1000 + 0,1b = 21 \quad \Rightarrow \quad 0,1b = 21 - 1 = 20 \quad \Rightarrow \quad b = 200$$

Wir erhalten die bereits aus Lösungsteil a) bekannte Kennlinie mit der Gleichung

$$U = 1000 \, \frac{V}{A^3} \cdot I^3 + 200 \, \frac{V}{A} \cdot I$$

c) *Horner-Schema* für $I = 0,5$ A:

	1000	0	200	0
$I = 0,5$		500	250	225
	1000	500	450	225

$$\underbrace{\qquad\qquad}_{U(0,5)}$$

Lösung: $U = 225$ V

Übung 11:   Doppelschieber
Parameterdarstellung, Kegelschnittgleichung

Bild II-24 zeigt einen *Doppelschieber*, d.h. eine Stange der Länge l, deren Endpunkte A und B längs zweier aufeinander *senkrechter* Geraden geführt werden. Untersuchen Sie, wie sich ein *beliebiger* Punkt P auf der Stange, der vom Endpunkt A den Abstand $d = nl$ mit $0 < n < 1$ besitzt, bewegt und bestimmen Sie die dabei beschriebene *Bahnkurve*

a) in der *Parameterform* mit dem eingezeichneten Winkel α als Parameter,

b) in der *impliziten* Form unter Verwendung der kartesischen Koordinaten x
und y.

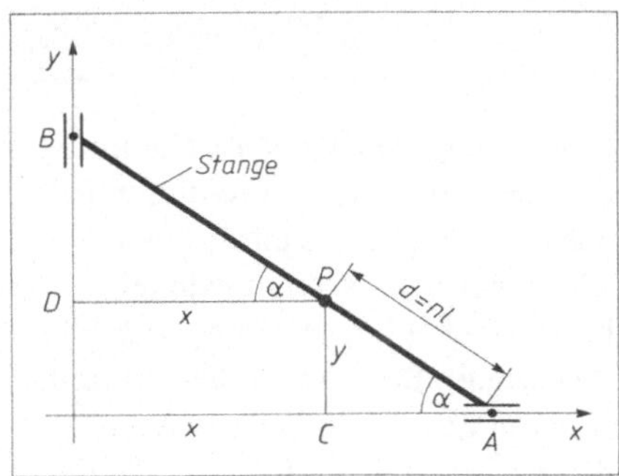

Bild II-24

Lehrbuch: Bd. 1, III.1.2.4 und III.8.2

---

[2] Das *vierte* Wertepaar müßte dann streng genommen ebenfalls die Kennliniengleichung erfüllen. Infolge der unvermeidlichen Meßfehler *können* aber geringe Abweichungen auftreten.

Lösung:

a) Aus den beiden *rechtwinkligen* (und ähnlichen) Dreiecken *PCA* und *PBD* folgt unmittelbar

Dreieck APC: $\sin \alpha = \dfrac{\overline{PC}}{\overline{PA}} = \dfrac{y}{nl}$

Dreieck PBD: $\cos \alpha = \dfrac{\overline{PD}}{\overline{PB}} = \dfrac{x}{(1-n)\,l}$

$(\overline{PB} = \overline{AB} - \overline{AP} = l - nl = (1-n)\,l)$.

Durch Auflösung dieser Gleichungen nach den Koordinaten x bzw. y erhalten wir die gesuchte *Parameterdarstellung* in der Form

$$x = (1-n)\,l \cdot \cos \alpha$$
$$y = nl \cdot \sin \alpha \qquad (-180° \leqslant \alpha \leqslant 180°)$$

b) Wir lösen die Parametergleichungen nach der jeweiligen *trigonometrischen* Funktion auf und setzen die gefundenen Ausdrücke in den „*trigonometrischen Pythagoras*" $\cos^2 \alpha + \sin^2 \alpha = 1$ ein:

$$\cos^2 \alpha + \sin^2 \alpha = \frac{x^2}{[(1-n)\,l]^2} + \frac{y^2}{(nl)^2} = 1$$

Dies ist die Gleichung einer *Ursprungsellipse* mit den Halbachsen $a = (1-n)\,l$ und $b = nl$ (Bild II-25). Für den *Sonderfall* $n = 0{,}5$ liegt P in der *Stabmitte* und bewegt sich auf einem *Ursprungskreis* mit dem Radius $r = 0{,}5\,l$.

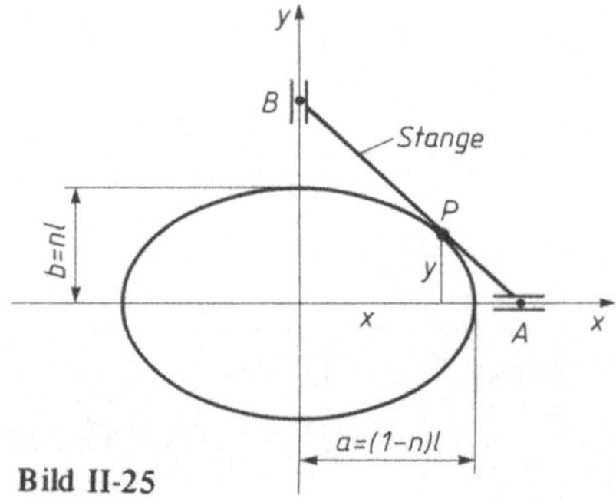

Bild II-25

Übung 12:   Rollbewegung einer Zylinderwalze längs einer schiefen Ebene
Wurzelfunktion

Eine homogene *Zylinderwalze* mit der Masse m und dem Radius r rollt aus der *Ruhe* heraus eine *schiefe Ebene* mit dem Neigungswinkel α herab (Bild II-26; A: *Startpunkt* der Bewegung). Bestimmen Sie den funktionalen Zusammenhang zwischen der *Endgeschwindigkeit* v_0, die der Schwerpunkt S der Walze am Fußpunkt B der schiefen Ebene erreicht und der dabei durchlaufenen *Wegstrecke* $s = \overline{AB}$. *Skizzieren* Sie den Verlauf dieser Funktion $v_0\,(s)$.

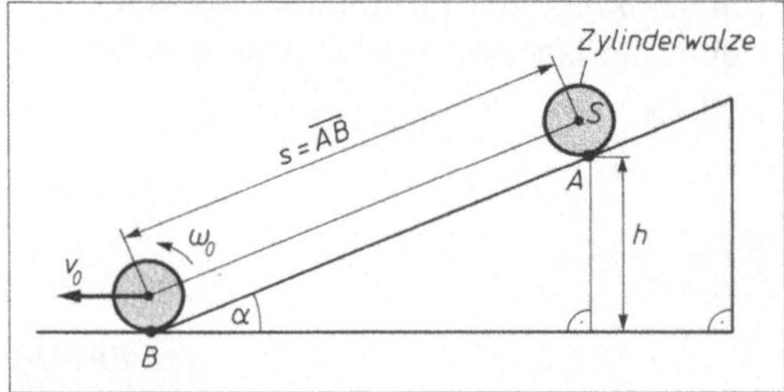

Bild II-26

Lösungshinweis: Verwenden Sie den *Energieerhaltungssatz* [A22] und beachten Sie, daß sich die *Gesamtbewegung* aus einer *Translation* des Walzenschwerpunktes S (kinetische und potentielle Energie) und einer *Rotation* der Walze um ihren Schwerpunkt (Rotationsenergie) zusammensetzt. Die *Rollreibung* soll dabei *vernachlässigt* werden. Das Massenträgheitsmoment der Zylinderwalze bezüglich der Zylinderachse (Schwerpunktachse) ist $J_S = \frac{1}{2}\,mr^2$.

Lehrbuch: Bd. 1, III.7.2	*Physikalische Grundlagen:* A22

Lösung:

Wir lösen das Problem durch Anwendung des *Energieerhaltungssatzes* [A22]. Zu Beginn (Position A) besitzt die Walze ausschließlich *potentielle* Energie:

$$E_1 = E_{pot} = mgh$$

Diese geht nach und nach in *kinetische* Energie des Schwerpunktes S und in *Rotationsenergie* der rotierenden Walze über. Am Fußpunkt der schiefen Ebene (Position B) ist daher

$$E_2 = E_{kin} + E_{rot} = \frac{1}{2}\,m v_0^2 + \frac{1}{2}\,J_S\,\omega_0^2 = \frac{1}{2}\,m v_0^2 + \frac{1}{4}\,mr^2\,\omega_0^2$$

ω_0 ist dabei die *Winkelgeschwindigkeit* der Drehbewegung der Walze um ihren Schwerpunkt S im *Fußpunkt B* der schiefen Ebene. Nach dem *Energieerhaltungssatz* [A22] gilt $E_2 = E_1$ und somit

$$\frac{1}{2}\,m v_0^2 + \frac{1}{4}\,mr^2\,\omega_0^2 = mgh \qquad \text{oder} \qquad \frac{1}{2}\,v_0^2 + \frac{1}{4}\,r^2\,\omega_0^2 = gh$$

Wir berücksichtigen noch die Beziehungen

$$\sin\alpha = \frac{h}{s}, \quad h = s \cdot \sin\alpha \quad \text{und} \quad v_0 = \omega_0 r, \quad \omega_0 = \frac{v_0}{r}$$

und erhalten zunächst

$$\frac{1}{2}\,v_0^2 + \frac{1}{4}\,r^2\left(\frac{v_0}{r}\right)^2 = g\,s \cdot \sin\alpha \qquad \text{oder} \qquad \frac{3}{4}\,v_0^2 = g\,s \cdot \sin\alpha$$

und daraus schließlich die gesuchte Beziehung

$$v_0 = v_0(s) = 2 \cdot \sqrt{\frac{g \cdot \sin\alpha}{3} \cdot s}, \qquad s \geqslant 0$$

Die *Endgeschwindigkeit* v_0 des Walzenschwerpunktes S am Fußpunkt der schiefen Ebene ist somit $\sqrt{s}$ *proportional.* Der funktionale Zusammenhang der beiden Größen ist in Bild II-27 dargestellt *(Wurzelfunktion).*

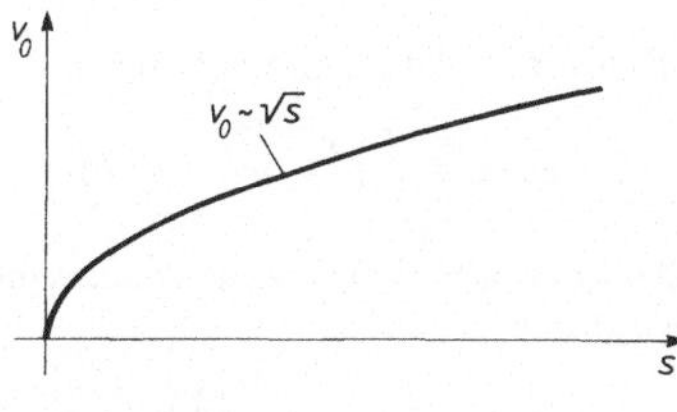

Bild II-27

Übung 13: Ballistisches Pendel
Zusammengesetzte Funktion

Bild II-28 zeigt ein sogenanntes *ballistisches Pendel*, mit dessen Hilfe unbekannte *Geschoß- geschwindigkeiten* bestimmt werden können. Das Geschoß mit der Masse m trifft mit der (noch *unbekannten*) Geschwindigkeit v_0 auf einen als Pendelkörper dienenden Holz-, Sand- oder Bleiblock der Masse M und bleibt darin stecken. Das Pendel der Länge l wird dabei um einen Winkel α ausgelenkt. Wie lautet der funktionale Zusammenhang zwischen der *Geschoßgeschwindigkeit* v_0 und dem *Ausschlagwinkel* α? *Skizzieren* Sie diese Funktion.

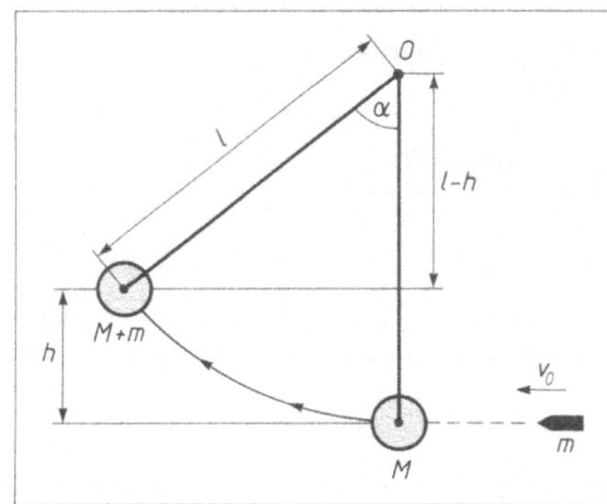

Bild II-28

Lehrbuch: Bd. 1, III.7.2 und III.9.2
Physikalische Grundlagen: A22, A23, A24

Lösung:

Block und Geschoß bewegen sich unmittelbar *nach* dem Einschlag mit der *gemeinsamen* Geschwindigkeit v_1. Ihre *kinetische* Energie wird dabei nach und nach *vollständig* in *potentielle* Energie umgesetzt. Nach Erreichen der *maximalen* Höhe h (*Umkehrpunkt* der Bewegung) gilt somit nach dem *Energie- erhaltungssatz* [A22]

$$\frac{1}{2}(M+m)\,v_1^2 = (M+m)\,g\,h \quad \text{oder} \quad v_1^2 = 2\,g\,h$$

Die Höhe h läßt sich noch durch den Ausschlagswinkel α ausdrücken:

$$\cos\alpha = \frac{l-h}{l} \;\Rightarrow\; h = l\,(1-\cos\alpha)$$

Damit erhalten wir für die Geschwindigkeit v_1 im *tiefsten* Punkt der Pendelbewegung den folgenden Ausdruck:

$$v_1 = \sqrt{2gh} = \sqrt{2gl\,(1-\cos\alpha)}$$

Aus dieser Beziehung kann mit Hilfe des *Impulserhaltungssatzes* [A24] die gesuchte Geschoßgeschwindigkeit v_0 bestimmt werden. Es gilt für den *Gesamtimpuls* [A23]

$$\text{\textit{vor dem Stoß:}} \qquad p_1 = m\,v_0 + M\cdot 0 = m\,v_0$$
$$\text{\textit{nach dem Stoß:}} \qquad p_2 = (M+m)\,v_1$$

Somit folgt aus $p_1 = p_2$

$$m\,v_0 = (M+m)\,v_1 \quad \text{oder} \quad v_0 = \frac{M+m}{m}\,v_1$$

und unter Berücksichtigung der bereits weiter oben aufge-
stellten Beziehung $v_1 = \sqrt{2gl\,(1 - \cos\alpha)}$ schließlich der
gesuchte Zusammenhang zwischen der *Geschoßgeschwindigkeit* v_0 und dem *Ausschlagwinkel* α:

$$v_0 = v_0\,(\alpha) = \frac{M + m}{m}\,\sqrt{2gl\,(1 - \cos\alpha)}\,, \qquad \alpha \geq 0$$

Diese Abhängigkeit ist in Bild II-29 graphisch dargestellt.

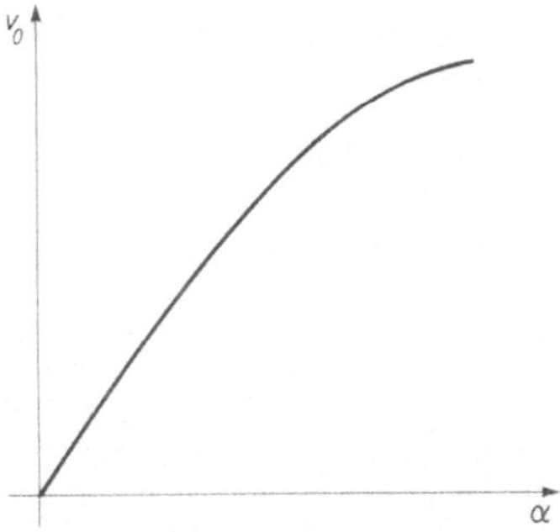

Bild II-29

Übung 14:   Sinusförmige Wechselspannung

Allgemeine Sinusfunktion

Auf dem Schirm eines Oszillographen zeichnet ein *Elektronenstrahl* den in Bild II-30
dargestellten zeitlichen Verlauf einer *sinusförmigen* Wechselspannung vom allgemeinen
Typ

$$u\,(t) = u_0 \cdot \sin\,(\omega t + \varphi)\,, \qquad t \geq 0$$

$(u_0 > 0,\ \omega > 0)$.

a) Bestimmen Sie den *Scheitelwert* u_0,
   die *Kreisfrequenz* ω sowie den
   Hauptwert des *Nullphasenwinkels* φ.

b) Nach welcher Zeit t_1 wird zum
   drittenmal der Spannungswert
   $u\,(t_1) = 8\,\text{V}$ erreicht?

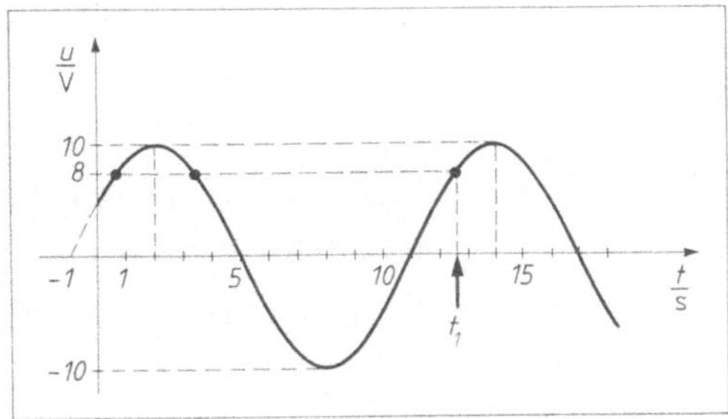

Bild II-30

Lehrbuch: Bd. 1, III.9.5.1

Lösung:

a) Der *Scheitelwert* der Wechselspannung beträgt $u_0 = 10\,\text{V}$ (*Maximalwert* der Wechselspannung).
   Der *Nullphasenwinkel* φ läßt sich wie folgt aus dem *Anfangswert* $u\,(0\,\text{s}) = 5\,\text{V}$ berechnen:

$$u\,(0\,\text{s}) = 10\,\text{V} \cdot \sin\varphi = 5\,\text{V} \;\Rightarrow\; \sin\varphi = 0{,}5 \;\Rightarrow\; \varphi = \arcsin 0{,}5 = \frac{\pi}{6}$$

Unser „Zwischenergebnis" lautet somit

$$u\,(t) = 10\,\text{V} \cdot \sin\,\left(\omega t + \frac{\pi}{6}\right)$$

Die *Periode* (Schwingungsdauer) erhalten wir als den (zeitlichen) Abstand zweier *benachbarter*
Scheitelwerte. Daher ist $T = 14\,\text{s} - 2\,\text{s} = 12\,\text{s}$ und die Kreisfrequenz beträgt

$$\omega = \frac{2\pi}{T} = \frac{2\pi}{12\,\text{s}} = \frac{\pi}{6}\,\text{s}^{-1}$$

Damit ist die *Funktionsgleichung* der sinusförmigen Wechselspannung *eindeutig* bestimmt.
Sie lautet:

$$u(t) = 10\,\text{V} \cdot \sin\left(\frac{\pi}{6}\,\text{s}^{-1} \cdot t + \frac{\pi}{6}\right), \qquad t \geq 0\,\text{s}$$

b) Aus $u(t_1) = 8\,\text{V}$ folgt

$$10\,\text{V} \cdot \sin\underbrace{\left(\frac{\pi}{6}\,\text{s}^{-1} \cdot t_1 + \frac{\pi}{6}\right)}_{\alpha} = 8\,\text{V}$$

oder $\sin\alpha = 0{,}8$

Wir bestimmen zunächst den *Hilfswinkel* α
anhand von Bild II-31 und finden

$$\alpha = \arcsin 0{,}8 + 2\pi = 0{,}9273 + 2\pi = 7{,}2105$$

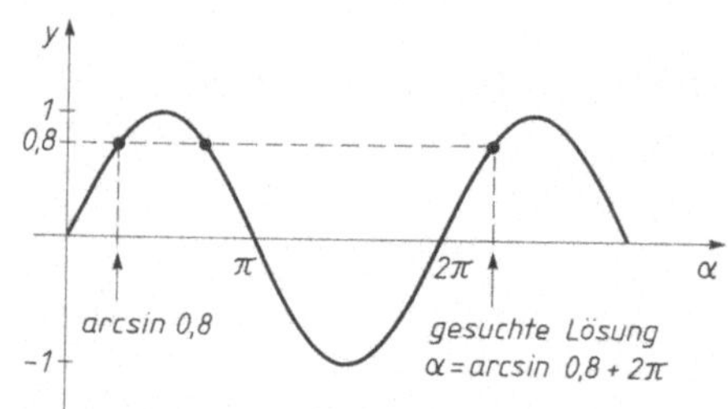

Bild II-31

Daraus errechnet sich der Zeitpunkt t_1 wie folgt:

$$\alpha = \frac{\pi}{6}\,\text{s}^{-1} \cdot t_1 + \frac{\pi}{6} = 7{,}2105 \quad\Rightarrow\quad t_1 = \left(7{,}2105 - \frac{\pi}{6}\right) \cdot \frac{6}{\pi}\,\text{s} \approx 12{,}77\,\text{s}$$

Übung 15: Momentane (zeitabhängige) Leistung eines Wechselstroms
Sinus- und Kosinusfunktionen

Ein *sinusförmiger Wechselstrom*

$$i(t) = i_0 \cdot \sin(\omega t), \qquad t \geq 0$$

erzeugt in einem *ohmschen Widerstand* R eine *momentane (zeitabhängige) Leistung*
nach der Gleichung

$$p(t) = R \cdot i^2(t) = R\,i_0^2 \cdot \sin^2(\omega t), \qquad t \geq 0$$

a) *Skizzieren* Sie den *zeitlichen Verlauf* dieser Funktion *ohne* Erstellung einer Wertetabelle, in dem Sie den Kurvenverlauf von $p(t)$ mittels einer geeigneten *trigonometrischen Umformung* auf den Verlauf der als *bekannt* vorausgesetzten Kosinusfunktion
   $y_1 = \cos(2\omega t)$ zurückführen.

b) Bestimmen Sie aus den bekannten Eigenschaften dieser Kosinusfunktion sämtliche
   Nullstellen, relativen Extremwerte und *Wendepunkte* der Funktion $p(t)$.

Lehrbuch: Bd. 1, III.9.5.1

Lösung:

a) Mit Hilfe der aus der Formelsammlung (Abschnitt III.7.6.4) entnommenen *trigonometrischen Formel*

$$\sin^2 (x) = \frac{1}{2}\left[1 - \cos (2x)\right]$$

erhalten wir mit $x = \omega t$ für die Momentanleistung des Wechselstroms

$$p(t) = R\, i_0^2 \cdot \frac{1}{2}\left[1 - \cos (2\omega t)\right] = RI^2 \left[1 - \cos (2\omega t)\right]$$

$(I = i_0/\sqrt{2}$: *Effektivwert* des Wechselstroms). Den zeitlichen Verlauf dieser Funktion bestimmen wir *schrittweise* wie folgt. Zunächst zeichnen wir die *Kosinusfunktion* $y_1 = \cos (2\omega t)$ mit der *Schwingungsdauer (Periode)* $T = \pi/\omega$ (Bild II-32a)). Durch *Spiegelung* an der Zeitachse wird daraus die Kurve mit der Gleichung $y_2 = -y_1 = -\cos (2\omega t)$ (Bild II-32a)). Verschieben wir nun die Zeitachse noch um *eine* Einheit nach *unten*, so erhalten wir das Bild der Funktion $y_3 = y_2 + 1 = 1 - \cos (2\omega t)$ (Bild II-32b)). Eine *Maßstabsänderung* auf der y-Achse (alle Ordinatenwerte werden mit der Konstanten RI^2 *multipliziert*) führt schließlich zu der *gesuchten* Kurve mit der Funktionsgleichung

$$y = RI^2 \cdot y_3 = RI^2 \left[1 - \cos (2\omega t)\right] =$$
$$= p(t), \qquad t \geqslant 0$$

Die *Periode* dieser Funktion ist $T = \pi/\omega$ (Bild II-32c)).

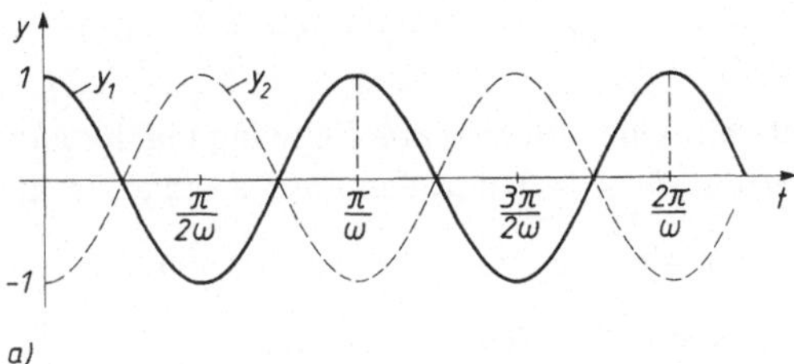

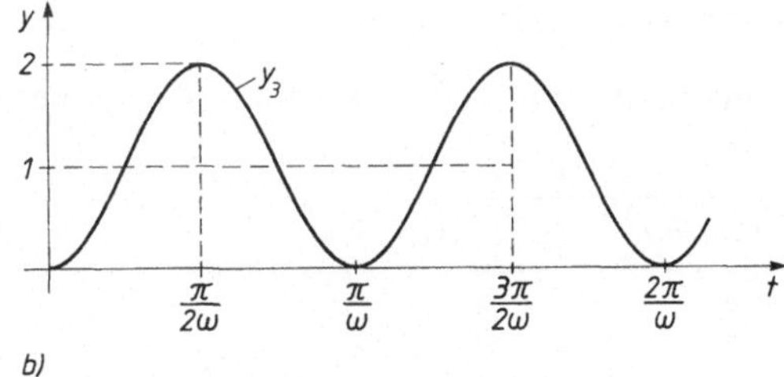

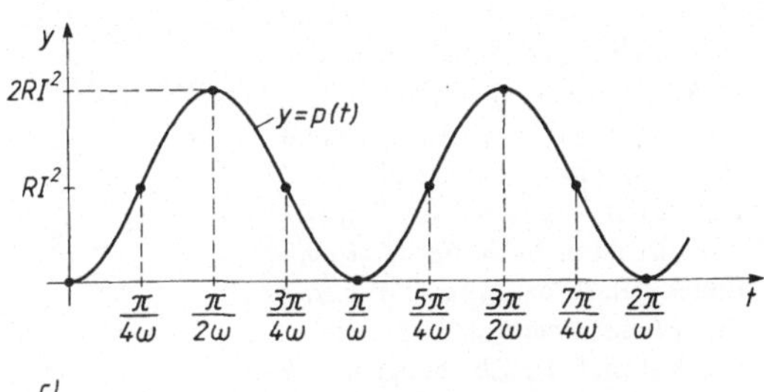

Bild II-32

b) *Nullstellen:* $\qquad x_k = k \cdot \dfrac{\pi}{\omega} \qquad (k = 0, 1, 2, \ldots)$

Relative Minima: $\qquad x_k = k \cdot \dfrac{\pi}{\omega} \qquad (k = 0, 1, 2, \ldots)$

Relative Maxima: $\qquad x_k = \dfrac{\pi}{2\omega} + k \cdot \dfrac{\pi}{\omega} = \dfrac{\pi}{2\omega}(1 + 2k) \qquad (k = 0, 1, 2, \ldots)$

Wendepunkte: $\qquad x_k = \dfrac{\pi}{4\omega} + k \cdot \dfrac{\pi}{2\omega} = \dfrac{\pi}{4\omega}(1 + 2k) \qquad (k = 0, 1, 2, \ldots)$

Nullstellen und relative Minima fallen dabei *zusammen*.

Übung 16: Überlagerung gleichfrequenter Schwingungen gleicher Raumrichtung
Sinus- und Kosinusfunktionen

Durch *ungestörte Überlagerung* (Superposition) der beiden *gleichfrequenten* mechanischen Schwingungen *gleicher* Raumrichtung

$$y_1 = 8 \text{ cm} \cdot \sin\left(\pi\,\text{s}^{-1} \cdot t - \frac{\pi}{4}\right) \quad \text{und} \quad y_2 = 10 \text{ cm} \cdot \cos\left(\pi\,\text{s}^{-1} \cdot t + \frac{2}{3}\pi\right)$$

entsteht eine *resultierende* Schwingung der *gleichen* Frequenz. Bestimmen Sie die *Amplitude* $A > 0$ und den *Phasenwinkel* φ dieser in der *Sinusform*

$$y = y_1 + y_2 = A \cdot \sin(\pi\,\text{s}^{-1} \cdot t + \varphi)$$

darzustellenden *Gesamtschwingung*

a) *zeichnerisch* anhand des (reellen) *Zeigerdiagramms*,

b) durch (reelle) *Rechnung*.

Anmerkung: In Kapitel VII, Übung 7 wird dieses Übungsbeispiel im *Komplexen* gelöst.

Lehrbuch: Bd. 1, III.9.5.3

Lösung:

a) Wir zeichnen zunächst im (reellen) *Zeigerdiagramm* die zugehörigen Zeiger und ergänzen sie zu einem *Parallelogramm* (Bild II-33). Der Zeiger der *resultierenden* Schwingung ist dann die *Hauptdiagonale* dieses Parallelogramms. *Amplitude A* und *Phasenwinkel* φ lassen sich (im Rahmen der Zeichengenauigkeit) unmittelbar *ablesen:*

$$A \approx 11{,}1 \text{ cm}, \quad \varphi \approx 254°$$

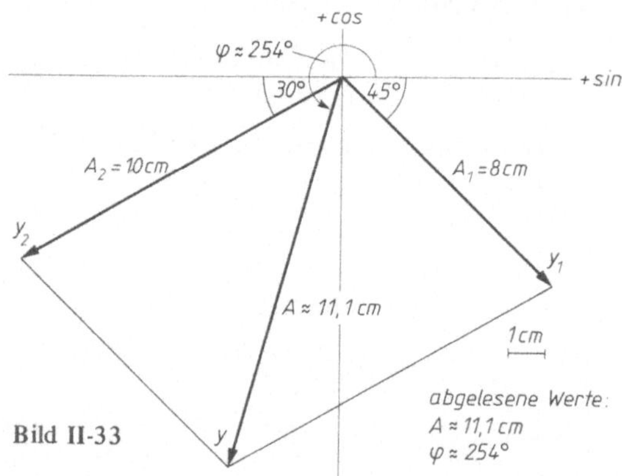

Bild II-33

b) Die *Kosinusschwingung* y_2 muß zunächst in die *Sinusform* gebracht werden:

$$y_2 = 10 \text{ cm} \cdot \cos\left(\pi\,\text{s}^{-1} \cdot t + \frac{2}{3}\pi\right) = 10 \text{ cm} \cdot \sin\left(\pi\,\text{s}^{-1} \cdot t + \frac{2}{3}\pi + \frac{\pi}{2}\right) = 10 \text{ cm} \cdot \sin\left(\pi\,\text{s}^{-1} \cdot t + \frac{7}{6}\pi\right)$$

Mit $A_1 = 8$ cm, $A_2 = 10$ cm, $\varphi_1 = -\dfrac{\pi}{4}$ und $\varphi_2 = \dfrac{7}{6}\pi$ erhalten wir für die *resultierende* Schwingung folgende *Amplitude:*

$$A = \sqrt{A_1^2 + A_2^2 + 2A_1 A_2 \cdot \cos(\varphi_2 - \varphi_1)} =$$

$$= \sqrt{(8 \text{ cm})^2 + (10 \text{ cm})^2 + 2 \cdot 8 \text{ cm} \cdot 10 \text{ cm} \cdot \cos\left(\frac{7}{6}\pi + \frac{\pi}{4}\right)} = 11{,}07 \text{ cm}$$

Die Berechnung des *Phasenwinkels* φ erfolgt über die Gleichung

$$\tan \varphi = \frac{A_1 \cdot \sin \varphi_1 + A_2 \cdot \sin \varphi_2}{A_1 \cdot \cos \varphi_1 + A_2 \cdot \cos \varphi_2} = \frac{8\ \text{cm} \cdot \sin\left(-\frac{\pi}{4}\right) + 10\ \text{cm} \cdot \sin\left(\frac{7}{6}\pi\right)}{8\ \text{cm} \cdot \cos\left(-\frac{\pi}{4}\right) + 10\ \text{cm} \cdot \cos\left(\frac{7}{6}\pi\right)} = 3{,}5483$$

Nach dem Zeigerdiagramm (Bild II-33) liegt der *resultierende* Zeiger im *3. Quadrant*. Somit ist, wie aus Bild II-34 ersichtlich,

$$\varphi = \arctan 3{,}5483 + \pi = 4{,}4377 \mathrel{\hat=} 254{,}3°\ ^{3)}$$

Die Gleichung der *resultierenden* Schwingung lautet daher

$$y = y_1 + y_2 = 11{,}07\ \text{cm} \cdot \sin\left(\pi\,\text{s}^{-1} \cdot t + 4{,}4377\right)$$

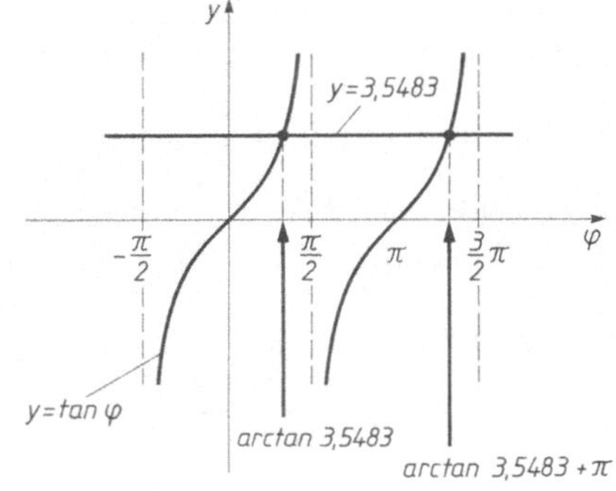

Bild II-34

Übung 17: Lissajous-Figuren
Parameterdarstellung, Sinus- und Kosinusfunktionen, Wurzelfunktionen

Lissajous-Figuren entstehen durch *ungestörte Überlagerung* zweier aufeinander *senkrecht* stehender *harmonischer* Schwingungen, deren *Frequenzen* in einem *rationalen* Verhältnis zueinander stehen. Sie lassen sich beispielsweise auf einem Oszillograph durch Anlegen von *sinus-* oder *kosinusförmigen* Wechselspannungen an die beiden Ablenkkondensatoren realisieren.

a) Bestimmen Sie den *Verlauf* der von einem Elektronenstrahl auf dem Oszillographenschirm gezeichneten *Lissajous-Figur* mit der *Parameterdarstellung*

$$x = a \cdot \sin(\omega t)\,, \quad y = b \cdot \sin(2\,\omega t)\,, \qquad t \geqslant 0$$

für $a = 4$ cm, $b = 3$ cm und $\omega = 1\ \text{s}^{-1}$.

b) Durch welche Funktionen in *expliziter* Form läßt sich diese Kurve beschreiben?

(Schrittweise Berechnung der Koordinaten mit der *Schrittweite* $\Delta t = \frac{\pi}{12}$ s).

Lehrbuch: Bd. 1, III.1.2.4, III.9.5.1 und III.7

$^{3)}$ Die Parallele zur φ-Achse mit der Gleichung $y = 3{,}5483$ schneidet die Tangenskurve im *1. Quadrant* an der Stelle $\arctan 3{,}5483$. Die gesuchte Schnittstelle im *3. Quadrant* liegt von dieser Stelle um *eine* Periodenlänge, d.h. um π entfernt.

Lösung:

a) Mit den vorgegebenen Werten lautet die *Parameterdarstellung* der *Lissajous-Figur*

$$x = 4 \text{ cm} \cdot \sin(1 \text{ s}^{-1} \cdot t), \quad y = 3 \text{ cm} \cdot \sin(2 \text{ s}^{-1} \cdot t), \quad t \geq 0 \text{ s}$$

Die Schwingungen in der x- und y-Richtung erfolgen mit den *Schwingungsdauern (Perioden)* $T_x = 2\pi \text{ s}$ und $T_y = \pi \text{ s}$. Die *kleinste gemeinsame* Periode ist somit $T = 2\pi \text{ s}$, d.h. nach Durchlaufen eines Periodenintervalls dieser Länge ist die Lissajous-Figur *geschlossen*, der Elektronenstrahl zeichnet die gleiche Figur von neuem.

Wertetabelle (Schrittweite: $\Delta t = \dfrac{\pi}{12} s$)

Bei der Berechnung der y-Schwingung kann man sich auf das *Periodenintervall* dieser Funktion, d.h. auf das Zeitintervall $0 \leq \dfrac{t}{\text{s}} \leq \pi$ beschränken.

$\dfrac{t}{\text{s}}$	0	$\dfrac{\pi}{12}$	$2 \cdot \dfrac{\pi}{12}$	$3 \cdot \dfrac{\pi}{12}$	$4 \cdot \dfrac{\pi}{12}$	$5 \cdot \dfrac{\pi}{12}$	$6 \cdot \dfrac{\pi}{12}$
$\dfrac{x}{\text{cm}}$	0	1,04	2	2,83	3,46	3,86	4
$\dfrac{y}{\text{cm}}$	0	1,5	2,60	3	2,60	1,50	0

$\dfrac{t}{\text{s}}$	$7 \cdot \dfrac{\pi}{12}$	$8 \cdot \dfrac{\pi}{12}$	$9 \cdot \dfrac{\pi}{12}$	$10 \cdot \dfrac{\pi}{12}$	$11 \cdot \dfrac{\pi}{12}$	$12 \cdot \dfrac{\pi}{12}$	$13 \cdot \dfrac{\pi}{12}$
$\dfrac{x}{\text{cm}}$	3,86	3,46	2,83	2	1,04	0	$-1,04$
$\dfrac{y}{\text{cm}}$	$-1,5$	$-2,60$	-3	$-2,60$	$-1,5$	0	1,5

$\dfrac{t}{\text{s}}$	$14 \cdot \dfrac{\pi}{12}$	$15 \cdot \dfrac{\pi}{12}$	$16 \cdot \dfrac{\pi}{12}$	$17 \cdot \dfrac{\pi}{12}$	$18 \cdot \dfrac{\pi}{12}$	$19 \cdot \dfrac{\pi}{12}$	$20 \cdot \dfrac{\pi}{12}$
$\dfrac{x}{\text{cm}}$	-2	$-2,83$	$-3,46$	$-3,86$	-4	$-3,86$	$-3,46$
$\dfrac{y}{\text{cm}}$	2,60	3	2,60	1,5	0	$-1,5$	$-2,60$

$\dfrac{t}{\text{s}}$	$21 \cdot \dfrac{\pi}{12}$	$22 \cdot \dfrac{\pi}{12}$	$23 \cdot \dfrac{\pi}{12}$	2π
$\dfrac{x}{\text{cm}}$	$-2,83$	-2	$-1,04$	0
$\dfrac{y}{\text{cm}}$	-3	$-2,60$	$-1,5$	0

Bild II-35 zeigt den Verlauf der Lissajous-Figur mit dem *Startpunkt A* und eingezeichnetem *Durchlaufsinn* der Kurve.

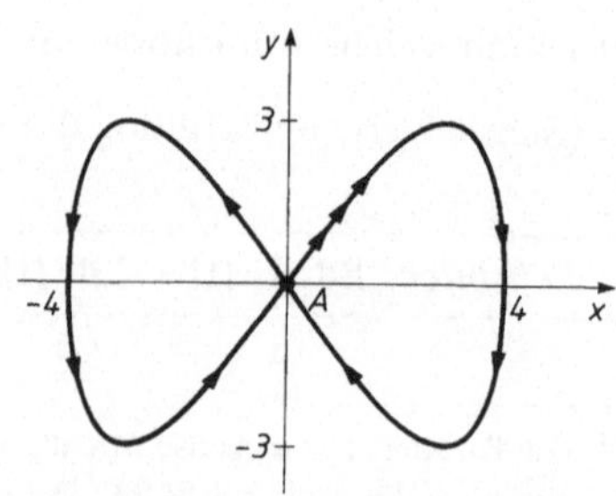

Bild II-35

b) Mit Hilfe *trigonometrischer Umformungen* bringen wir die *y-Schwingung* zunächst auf die folgende Form:

$$y = b \cdot \sin(2\,\omega t) = 2b \cdot \sin(\omega t) \cdot \cos(\omega t) = \pm\, 2b \cdot \sin(\omega t) \cdot \sqrt{1 - \sin^2(\omega t)}$$

(Formelsammlung, Abschnitt III.7.5 und Abschnitt III.7.6.3). Die Gleichung der *x-Schwingung* lösen wir nach $\sin(\omega t)$ auf und setzen den gefundenen Ausdruck $\sin(\omega t) = \dfrac{x}{a}$ in diese Gleichung ein:

$$y = \pm\, 2b \cdot \frac{x}{a} \cdot \sqrt{1 - \left(\frac{x}{a}\right)^2} = \pm\, \frac{2b}{a^2} \cdot x \cdot \sqrt{a^2 - x^2}, \qquad |x| \leqslant a$$

Für die *speziellen* Werte $a = 4$ cm und $b = 3$ cm wird daraus schließlich

$$y = \pm\, \frac{3}{8\ \text{cm}} \cdot x \cdot \sqrt{16\ \text{cm}^2 - x^2}, \qquad |x| \leqslant 4\ \text{cm}$$

Die *Bahnkurve* des Elektronenstrahls wird somit durch *zwei* zur *x*-Achse spiegelsymmetrische *Wurzelfunktionen* beschrieben (Bild II-35).

Übung 18: Schwebungen
Trigonometrische Funktionen

Schwebungen sind Schwingungen mit einer *periodisch an-* und *abschwellenden* Amplitude. Sie entstehen durch *ungestörte Überlagerung* zweier *harmonischer* Schwingungen *gleicher* Raumrichtung vom Typ[4]

$$y_1 = A \cdot \sin(\omega_1 t) \quad \text{und} \quad y_2 = A \cdot \sin(\omega_2 t) \qquad (t \geqslant 0)$$

deren *Frequenzen* bzw. *Kreisfrequenzen* in einem *ganzzahligen* Verhältnis zueinander stehen und sich nur *geringfügig* voneinander unterscheiden. Bestimmen Sie die *Funktionsgleichung* der Schwebung und zeichnen Sie den *Schwingungsverlauf* für

$$\omega_1 = 20\ \text{s}^{-1}, \quad \omega_2 = 18\ \text{s}^{-1} \quad \text{und} \quad A = 5\ \text{cm}.$$

Lösungshinweis: Die Funktionsgleichung der Schwebung läßt sich mit Hilfe *trigonometrischer Formeln* als ein *Produkt* aus einer Kosinus- und einer Sinusfunktion mit *unterschiedlichen* Perioden darstellen (s. Formelsammlung, Abschnitt III.7.6.5). *Zeichenhilfe:* Erstellen Sie zunächst eine Wertetabelle mit der Schrittweite $\Delta t = (\pi/76)$ s.

Lehrbuch: Bd. 1, III.9.5.1

Lösung:

Die *resultierende* Schwingung wird durch die Gleichung

$$y = y_1 + y_2 = A \cdot \sin(\omega_1 t) + A \cdot \sin(\omega_2 t) = A\left[\sin(\omega_1 t) + \sin(\omega_2 t)\right]$$

beschrieben. Die in der Klammer stehende Summe läßt sich unter Verwendung der aus der Formel-

---

[4] Der Einfachheit halber werden folgende Annahmen gemacht: Die Schwingungen stimmen in ihren Amplituden *überein*, ihre Phasenwinkel sind beide gleich *Null*.

sammlung (Abschnitt III.7.6.5) entnommenen *trigonometrischen Formel*

$$\sin x_1 + \sin x_2 = 2 \cdot \sin\left(\frac{x_1 + x_2}{2}\right) \cdot \cos\left(\frac{x_1 - x_2}{2}\right) = 2 \cdot \cos\left(\frac{x_1 - x_2}{2}\right) \cdot \sin\left(\frac{x_1 + x_2}{2}\right)$$

wie folgt *umformen* (wir setzen dabei $x_1 = \omega_1 t$ und $x_2 = \omega_2 t$):

$$y = 2A \cdot \cos\left(\frac{\omega_1 t - \omega_2 t}{2}\right) \cdot \sin\left(\frac{\omega_1 t + \omega_2 t}{2}\right) = 2A \cdot \cos\left(\frac{\omega_1 - \omega_2}{2}t\right) \cdot \sin\left(\frac{\omega_1 + \omega_2}{2}t\right)$$

Mit den Abkürzungen

$$\Delta\omega = \frac{\omega_1 - \omega_2}{2} \quad \text{und} \quad \omega = \frac{\omega_1 + \omega_2}{2}$$

erhalten wir schließlich eine *resultierende* Schwingung der Form

$$y = \underbrace{2A \cdot \cos(\Delta\omega t)}_{A^*(t)} \cdot \sin(\omega t) = A^*(t) \cdot \sin(\omega t)$$

mit der *zeitabhängigen* Amplitude $A^*(t) = 2A \cdot \cos(\Delta\omega t)$ (siehe hierzu Bild II-36). Es handelt sich offensichtlich um eine *nahezu harmonische* Schwingung mit der *Kreisfrequenz* $\omega = \dfrac{\omega_1 + \omega_2}{2}$ (*arithmetischer Mittelwert* aus ω_1 und ω_2!) und der *Frequenz* $f = \dfrac{\omega}{2\pi} = \dfrac{f_1 + f_2}{2}$ (f_1 und f_2 sind die Frequenzen der *Einzelschwingungen*). Die *Schwingungsdauer* ist

$$T = \frac{2\pi}{\omega} = \frac{2\pi}{\dfrac{\omega_1 + \omega_2}{2}} = \frac{4\pi}{\omega_1 + \omega_2} = \frac{4\pi}{\dfrac{2\pi}{T_1} + \dfrac{2\pi}{T_2}} = \frac{2 T_1 T_2}{T_1 + T_2}$$

(T_1 und T_2 sind die Schwingungsdauern der beiden *Einzelschwingungen*). Die *zeitabhängige* Amplitude $A^*(t) = 2A \cdot \cos(\Delta\omega t)$ ändert sich dabei infolge der vergleichsweise *kleinen* Kreisfrequenz $\Delta\omega \ll \omega$ nur sehr *langsam*. Die sogenannte *Schwebungsfrequenz* beträgt $f_S = f_1 - f_2$, die *Periodendauer* der Schwebung, d.h. der *zeitliche* Abstand zweier *benachbarter* Amplitudenmaxima ist somit

$$T_S = \frac{1}{f_S} = \frac{1}{f_1 - f_2} = \frac{1}{\dfrac{1}{T_1} - \dfrac{1}{T_2}} = \frac{T_1 T_2}{T_2 - T_1}$$

Bild II-36 zeigt den Verlauf der Schwebungen für die *vorgegebenen* Werte $\omega_1 = 20 \text{ s}^{-1}$, $\omega_2 = 18 \text{ s}^{-1}$ und $A = 5$ cm. Die *Gleichung* der Schwebung lautet dabei

$$y = 10 \text{ cm} \cdot \cos(1 \text{ s}^{-1} \cdot t) \cdot \sin(19 \text{ s}^{-1} \cdot t), \qquad t \geqslant 0 \text{ s}$$

Die Periodendauer der *eigentlichen Schwingung* ist $T = 0{,}33$ s, die Periodendauer der *Schwebung* beträgt $T_S = 3{,}14$ s ($T_S = 9{,}5\ T$).

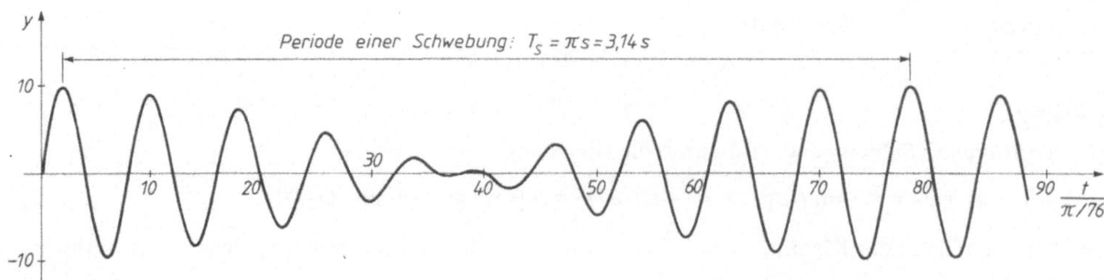

Bild II-36

Übung 19: Fliehkraft- oder Zentrifugalkraftregler
Trigonometrische Funktionen, Arkuskosinusfunktion

Bild II-37 zeigt den prinzipiellen Aufbau eines *Fliehkraft-* oder *Zentrifugalkraftreglers*.
Die beiden Arme der Länge $l = 2a$ werden dabei als *nahezu masselos* angenommen, die
anhängenden *punktförmigen* Massen m rotieren mit der Winkelgeschwindigkeit ω um
die eingezeichnete Drehachse. Zu jedem Wert
der Winkelgeschwindigkeit ω gehört genau
ein Winkel φ, unter dem sich infolge der
nach *außen* wirkenden *Zentrifugalkräfte*
die Arme gegenüber der Drehachse einstellen.

Bestimmen und *skizzieren* Sie den funktionalen Zusammenhang zwischen dem
Winkel φ und der *Winkelgeschwindigkeit ω*
und zeigen Sie, daß zum *Abheben* der Arme
eine *Mindestwinkelgeschwindigkeit* ω_0
nötig ist.

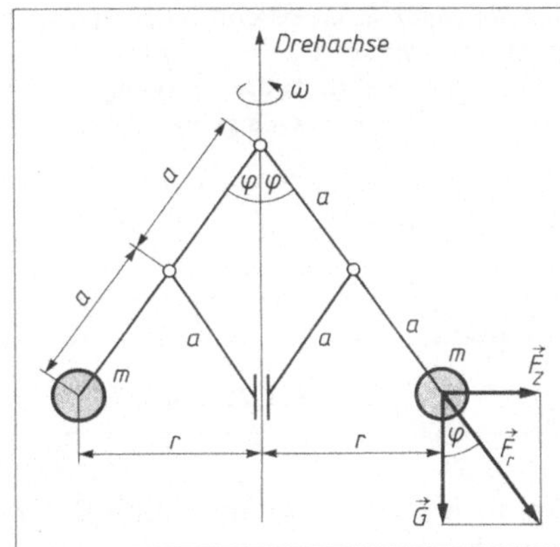

Bild II-37

Lehrbuch: Bd. 1, III.9 und III.10.3	*Physikalische Grundlagen:* A15

Lösung:

Auf *jede* der beiden Punktmassen m wirkt neben der *Gewichtskraft* $G = mg$ noch eine nach *außen*
gerichtete *Zentrifugalkraft* vom Betrag $F_Z = m\,\omega^2 \cdot r$ ein, wobei r der *senkrechte* Abstand der Masse
von der Drehachse ist [A15]. Die *dynamische Gleichgewichtslage* ist erreicht, wenn die aus beiden
Kräften gebildete *resultierende* Kraft $\vec{F}_r$ in Verlängerung des jeweiligen Armes wirkt. Aus dem
Kräfteparallelogramm nach Bild II-37 folgt dann unmittelbar

$$\tan \varphi = \frac{F_Z}{G} = \frac{m\,\omega^2 \cdot r}{mg} = \frac{\omega^2 \cdot r}{g}$$

Mit

$$\sin \varphi = \frac{r}{2a}, \quad \text{d.h.} \quad r = 2a \cdot \sin \varphi \quad \text{und} \quad \tan \varphi = \frac{\sin \varphi}{\cos \varphi}$$

folgt hieraus

$$\tan \varphi = \frac{\sin \varphi}{\cos \varphi} = \frac{\omega^2 \cdot 2a \cdot \sin \varphi}{g} \quad \text{oder} \quad \cos \varphi = \frac{g}{2a\,\omega^2}$$

Wir lösen diese Gleichung nach φ auf und erhalten die gesuchte Beziehung in Form der *Arkusfunktion*

$$\varphi = \arccos \left(\frac{g}{2a\,\omega^2} \right)$$

Der *kleinstmögliche* Winkel ist $\varphi = 0°$. Zu ihm gehört die wie folgt bestimmte Winkelgeschwindigkeit ω_0:

$$\cos 0° = 1 = \frac{g}{2a\,\omega_0^2} \;\Rightarrow\; \omega_0 = \sqrt{\frac{g}{2a}}$$

Erst für Winkelgeschwindigkeiten *oberhalb* von ω_0 bewegen sich die Arme erstmals nach außen. Der *größtmögliche* Winkel $\varphi_{\max} = 90°$ wird dabei (theoretisch) für $\omega \to \infty$ erreicht. Bild II-38 zeigt den Zusammenhang zwischen dem Winkel φ und der Winkelgeschwindigkeit ω, der auch durch die Gleichung

$$\varphi = \arccos \left(\frac{\omega_0^2}{\omega^2} \right) = \arccos \left(\frac{\omega_0}{\omega} \right)^2 , \qquad \omega \geq \omega_0$$

beschrieben werden kann.

Die Abbildung läßt deutlich erkennen, daß mit *zunehmender* Winkelgeschwindigkeit auch die Winkel *zunehmen*. Dies ist aus *physikalischer* Sicht einleuchtend, da die Zentrifugalkraft selbst mit der Winkelgeschwindigkeit *wächst*!

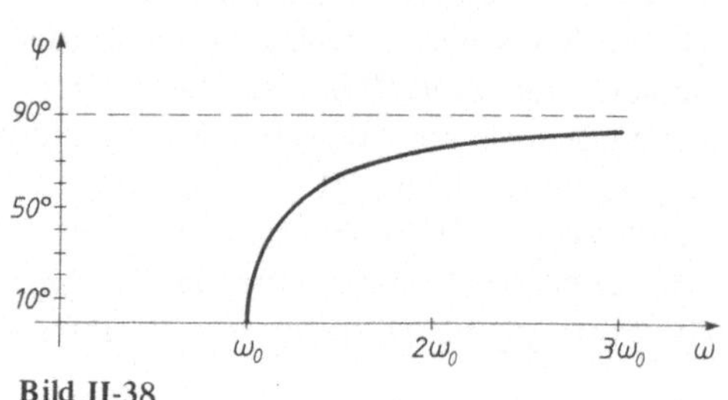

Bild II-38

Übung 20:   Ladestrom in einer RC-Parallelschaltung
Exponentialfunktion (Abklingfunktion)

An die in Bild II-39 dargestellte *RC-Parallelschaltung* mit den ohmschen Widerständen R_1 und R_2 und dem Kondensator mit der Kapazität C wird zum Zeitpunkt $t = 0$ durch Schließen des Schalters S eine Gleichspannung $U = 100\,\text{V}$ angelegt. Der *Ladestrom i* im *Hauptkreis* besitzt dann den folgenden *zeitlichen* Verlauf:

$$i\,(t) = i_1\,(t) + i_2\,(t) = \frac{U}{R_1} + \frac{U}{R_2} \cdot e^{-\frac{t}{\tau}} , \qquad t \geq 0$$

($\tau = R_2\,C$: Zeitkonstante).

a) Bestimmen Sie die beiden *ohmschen Widerstände* R_1 und R_2, die *Zeitkonstante* τ sowie die *Kapazität* C aus den drei *Meßwerten*

$$i\,(0\,\text{s}) = 15\,\text{A}, \qquad i\,(1\,\text{s}) = 5{,}2\,\text{A},$$
$$i\,(\infty\,\text{s}) = 5\,\text{A}[5]$$

und zeichnen Sie den *zeitlichen* Verlauf der *Stromstärke i*.

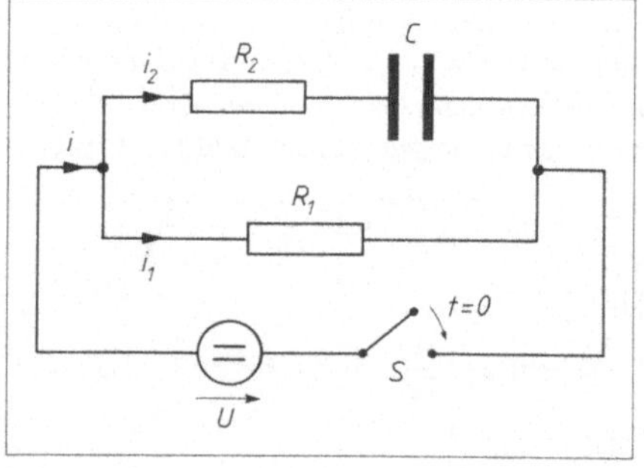

Bild II-39

b) Nach welcher Zeit t_1 hat der Ladestrom i um genau 10 % seines *Anfangswertes* abgenommen?

> *Lehrbuch:* Bd. 1, III.11.3.1

---

[5] Dieser Wert wird nach *unendlich* langer Zeit erreicht (*Endwert* der Stromstärke).

Lösung:

a) Aus dem *Anfangswert* $i\,(0\text{ s}) = 15$ A und dem *Endwert* $i\,(\infty\text{ s}) = 5$ A lassen sich die beiden Widerstände wie folgt berechnen:

$$i\,(\infty\text{ s}) = 5\text{ A} \;\Rightarrow\; \frac{100\text{ V}}{R_1} = 5\text{ A} \;\Rightarrow\; R_1 = \frac{100\text{ V}}{5\text{ A}} = 20\ \Omega$$

$$i\,(0\text{ s}) = 15\text{ A} \;\Rightarrow\; \frac{100\text{ V}}{R_1} + \frac{100\text{ V}}{R_2} = \frac{100\text{ V}}{20\ \Omega} + \frac{100\text{ V}}{R_2} = 5\text{ A} + \frac{100\text{ V}}{R_2} = 15\text{ A} \;\Rightarrow$$

$$\frac{100\text{ V}}{R_2} = 10\text{ A} \;\Rightarrow\; R_2 = \frac{100\text{ V}}{10\text{ A}} = 10\ \Omega$$

Somit ist

$$i\,(t) = \frac{100\text{ V}}{20\ \Omega} + \frac{100\text{ V}}{10\ \Omega}\cdot e^{-\frac{t}{\tau}} = 5\text{ A} + 10\text{ A}\cdot e^{-\frac{t}{\tau}}$$

Die *Zeitkonstante* τ bestimmen wir aus dem *dritten* Meßwert $i\,(1\text{ s}) = 5,2$ A:

$$i\,(1\text{ s}) = 5,2\text{ A} \;\Rightarrow\; 5\text{ A} + 10\text{ A}\cdot e^{-\frac{1\,s}{\tau}} = 5,2\text{ A} \;\Rightarrow\; 10\text{ A}\cdot e^{-\frac{1\,s}{\tau}} = 0,2\text{ A} \;\Rightarrow\; e^{-\frac{1\,s}{\tau}} = 0,02$$

Nach *Entlogarithmierung* folgt dann

$$-\frac{1\,s}{\tau} = \ln 0,02 = -3,9120 \;\Rightarrow$$

$$\tau = \frac{1\,s}{3,9120} = 0,2556\text{ s}$$

Für die *Kapazität* C folgt aus $\tau = R_2 C$:

$$C = \frac{\tau}{R_2} = \frac{0,2556\text{ s}}{10\ \Omega} = 0,02556\text{ F} = 25,56\text{ mF}$$

Der *Ladestrom* $i\,(t)$ genügt damit dem *Zeitgesetz*

$$i\,(t) = 5\text{ A} + 10\text{ A}\cdot e^{-\frac{t}{0,2556\,s}} =$$

$$= 5\text{ A} + 10\text{ A}\cdot e^{-\frac{3,9120\,t}{s}}, \qquad t \geqslant 0\text{ s}$$

Bild II-40 zeigt den Verlauf dieser Funktion *(Abklingfunktion)*.

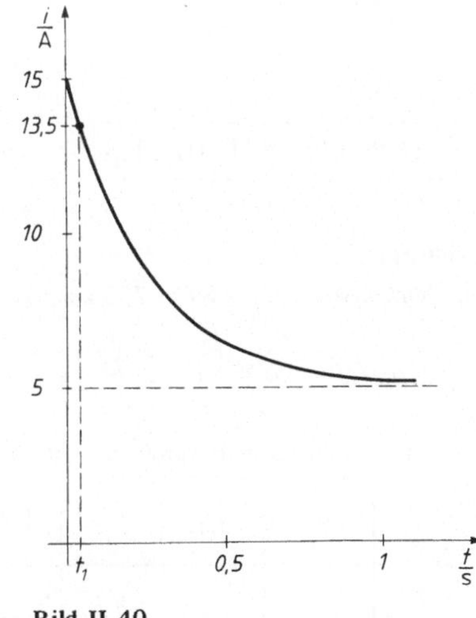

Bild II-40

b) Zur Zeit t_1 beträgt die Stromstärke $i\,(t_1) = 13,5$ A (s. Bild II-40). Somit ist

$$5\text{ A} + 10\text{ A}\cdot e^{-\frac{3,9120\,t_1}{s}} = 13,5\text{ A}$$

Wir *isolieren* die e-Funktion und lösen anschließend die Exponentialgleichung durch *Logarithmierung:*

$$10\text{ A}\cdot e^{-\frac{3,9120\,t_1}{s}} = 8,5\text{ A} \;\Rightarrow\; e^{-\frac{3,9120\,t_1}{s}} = 0,85 \;\Rightarrow$$

$$-\frac{3,9120\,t_1}{s} = \ln 0,85 = -0,1625 \;\Rightarrow\; t_1 = \frac{0,1625}{3,9120}\text{ s} = 0,0415\text{ s} = 41,5\text{ ms}$$

Übung 21:   RC-Glied mit Rampenspannung
Exponentialfunktion (Sättigungsfunktion)

An ein *RC-Glied* wird zum Zeitpunkt $t = 0$ durch Schließen des Schalters S eine *linear* ansteigende Spannung $u = kt$ angelegt[6] (Bild II-41). Die am *ohmschen Widerstand R* *abfallende* Spannung u_R strebt dabei nach dem *Zeitgesetz*

$$u_R(t) = k\tau \left(1 - e^{-\frac{t}{\tau}}\right), \qquad t \geqslant 0$$

gegen den *Endwert* $u_R(\infty) = k\tau$ ($\tau = RC$: *Zeitkonstante*).

a) *Skizzieren* Sie diese *Sättigungsfunktion* im Intervall

$$0 \leqslant \frac{t}{s} \leqslant 8 \quad \text{für } R = 200 \text{ k}\Omega,\ C = 10\ \mu\text{F} \text{ und } k = 50\ \frac{V}{s}$$

(*Schrittweite:* $\Delta t = 0{,}25$ s)

b) Nach welcher Zeit t_1 wird 50 % des *Endwertes* erreicht?

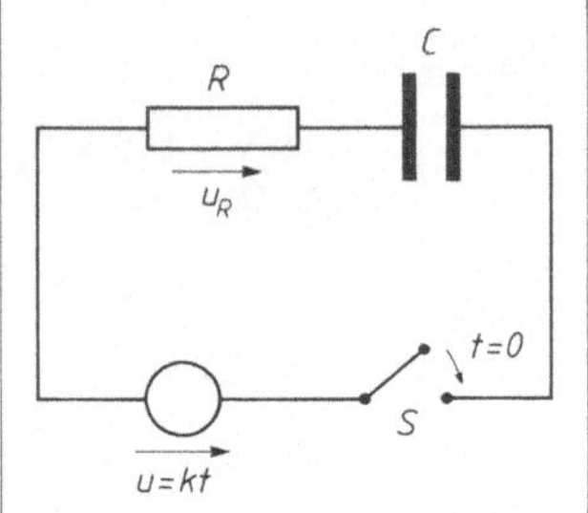

Bild II-41

Lehrbuch: Bd. 1, III.11.3.2

Lösung:

a) *Zeitkonstante:* $\tau = RC = 200 \text{ k}\Omega \cdot 10\ \mu\text{F} = 2 \cdot 10^5\ \Omega \cdot 10^{-5}\ \text{F} = 2$ s

$$u_R(t) = 100 \text{ V} \left(1 - e^{-\frac{t}{2s}}\right), \qquad \frac{t}{s} \geqslant 0$$

Wertetabelle (Schrittweite: $\Delta t = 0{,}25$ s)

$\frac{t}{s}$	0	0,25	0,5	0,75	1	1,25	1,5	1,75	2	2,25	2,5
$\frac{u_R}{V}$	0	11,75	22,12	31,27	39,35	46,47	52,76	58,31	63,21	67,53	71,35

$\frac{t}{s}$	2,75	3	3,25	3,5	3,75	4	4,25	4,5	4,75	5	5,25
$\frac{u_R}{V}$	74,72	77,69	80,31	82,62	84,66	86,47	88,06	89,46	90,70	91,79	92,76

$\frac{t}{s}$	5,5	5,75	6	6,25	6,5	6,75	7	7,25	7,5	7,75	8
$\frac{u_R}{V}$	93,61	94,36	95,02	95,61	96,12	96,58	96,98	97,34	97,65	97,92	98,17

---

[6] Man bezeichnet eine solche Spannung auch als *Rampenspannung*.

Bild II-42 zeigt, wie die Spannung *asymptotisch* ihrem Endwert $u\,(\infty\,\text{s}) = 100\ \text{V}$ entgegen strebt.

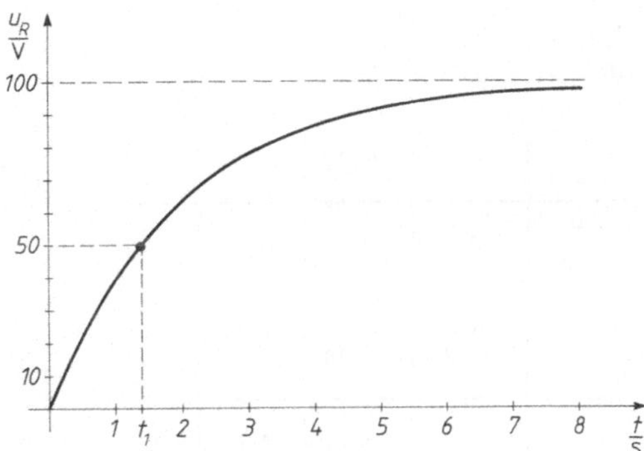

Bild II-42

b) Zur Zeit t_1 beträgt die Spannung $u_R\,(t_1) = 50\ \text{V}$ (siehe hierzu auch Bild II-42). Somit ist

$$100\ \text{V}\left(1 - e^{-\frac{t_1}{2\,\text{s}}}\right) = 50\ \text{V}$$

Wir *isolieren* die e-Funktion und lösen die Exponentialgleichung anschließend durch *Logarithmierung:*

$$1 - e^{-\frac{t_1}{2\,\text{s}}} = 0{,}5 \quad\Rightarrow\quad e^{-\frac{t_1}{2\,\text{s}}} = 0{,}5 \quad\Rightarrow\quad -\frac{t_1}{2\,\text{s}} = \ln 0{,}5 = -0{,}6931 \quad\Rightarrow\quad t_1 = 1{,}386\ \text{s}$$

Übung 22: Aperiodischer Grenzfall einer Schwingung
Kriechfunktion (Exponentialfunktion)

Das in Bild II-43 skizzierte *schwingungsfähige mechanische System*, bestehend aus einer *Masse* $m = 0{,}5$ kg und einer *elastischen Feder* mit der Federkonstanten $c = 128$ N/m, wird in einer *zähen* Flüssigkeit so stark *gedämpft*, daß gerade der *aperiodische Grenzfall* eintritt. Das System ist daher infolge zu *großer* Energieverluste zu *keiner* echten Schwingung mehr fähig. Das *Weg-Zeit-Gesetz* dieser *Kriechbewegung* läßt sich dabei, wenn die Bewegung zur Zeit $t = 0$ s aus der *Ruhe* heraus mit einer *anfänglichen* Auslenkung von $x\,(0) = 20$ cm beginnt, durch die folgende Funktionsgleichung beschreiben:

$$x\,(t) = \left(320\ \frac{\text{cm}}{\text{s}}\cdot t + 20\ \text{cm}\right)\cdot e^{-\frac{16}{\text{s}}\,t}, \quad t \geqslant 0\ \text{s}$$

Skizzieren Sie diese *aperiodische Schwingung* im Zeitintervall $0 \leqslant \frac{t}{\text{s}} \leqslant 0{,}4$ (*Schrittweite:* $\Delta t = 0{,}02$ s).

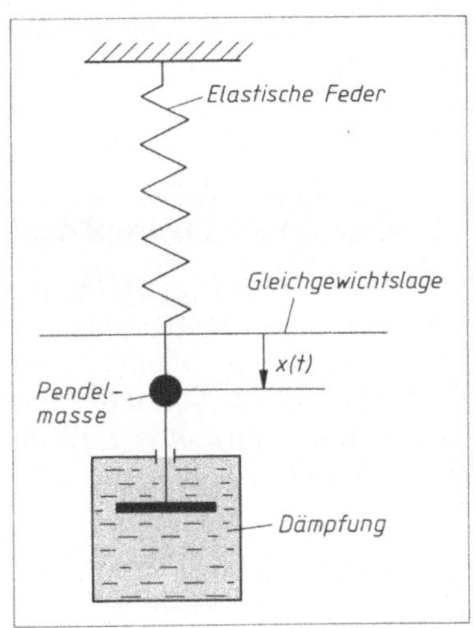

Bild II-43

Lehrbuch: Bd. 1, III.11.3.3

Lösung:

Wertetabelle (Schrittweite: $\Delta t = 0{,}02$ s)

$\dfrac{t}{\text{s}}$	0	0,02	0,04	0,06	0,08	0,10	0,12	0,14	0,16	0,18	0,20
$\dfrac{x}{\text{cm}}$	20	19,2	17,3	15,0	12,7	10,5	8,6	6,9	5,5	4,4	3,4

$\dfrac{t}{\text{s}}$	0,22	0,24	0,26	0,28	0,30	0,32	0,34	0,36	0,38	0,40
$\dfrac{x}{\text{cm}}$	2,7	2,1	1,6	1,2	1,0	0,7	0,6	0,4	0,3	0,2

Bild II-44 zeigt deutlich, wie die Masse in kurzer
Zeit aus der Anfangslage $x\,(0) = 20$ cm in die
Gleichgewichtslage (Ruhelage) $x = 0$ cm zurück-
kehrt *(Kriechfall)*.

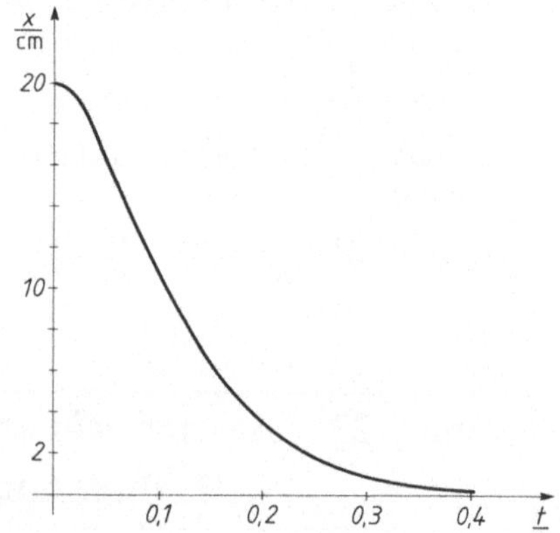

Bild II-44

Übung 23:   Barometrische Höhenformel
Logarithmusfunktion

Zwischen *Luftdruck* p und *Höhe* h (gemessen gegenüber dem *Meeresniveau*) gilt unter
der Annahme *konstanter* Lufttemperatur der folgende Zusammenhang (sog. *barometrische
Höhenformel*):

$$p\,(h) = p_0 \cdot e^{-\frac{h}{7991\,\text{m}}}\,, \qquad \frac{h}{\text{m}} \geqslant 0$$

($p_0 = 1{,}013$ bar: Luftdruck an der Erdoberfläche). In Bild II-45 ist der Verlauf dieser
Funktion dargestellt (die Höhenangabe erfolgt in der Einheit km).

a) Geben Sie die *Höhe h* als Funktion des *Luftdruckes p* an (Übergang zur *Umkehrfunktion*) und *skizzieren* Sie diesen Funktionsverlauf.

b) In welcher Höhe h_1 ist der Luftdruck auf die *Hälfte* seines Wertes an der Erdoberfläche gesunken?

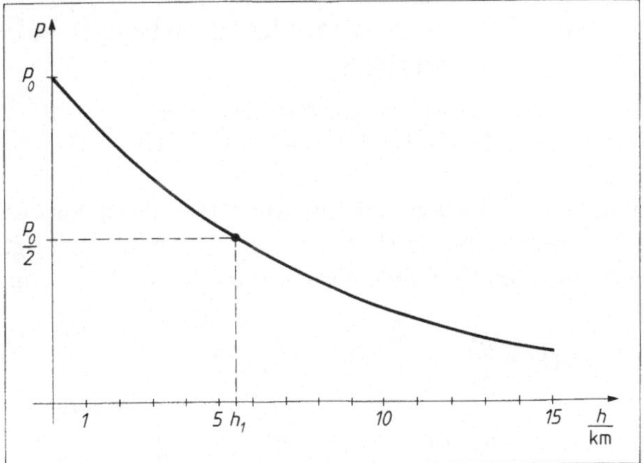

Bild II-45

Lehrbuch: Bd. 1, III.12.2

Lösung:

a) Zunächst wird die e-Funktion *isoliert*, anschließend wird die Gleichung *logarithmiert:*

$$e^{-\frac{h}{7991\,\text{m}}} = \frac{p}{p_0} \quad \Rightarrow \quad -\frac{h}{7991\,\text{m}} = \ln\left(\frac{p}{p_0}\right) \quad \Rightarrow$$

$$h = -7991\,\text{m} \cdot \ln\left(\frac{p}{p_0}\right)$$

Die gesuchte Beziehung lautet somit

$$h\,(p) = -7991\,\text{m} \cdot \ln\left(\frac{p}{p_0}\right) = -7{,}991\,\text{km} \cdot \ln\left(\frac{p}{p_0}\right)$$

Der Verlauf dieser streng monoton fallenden *Logarithmusfunktion* ist in Bild II-46 dargestellt.

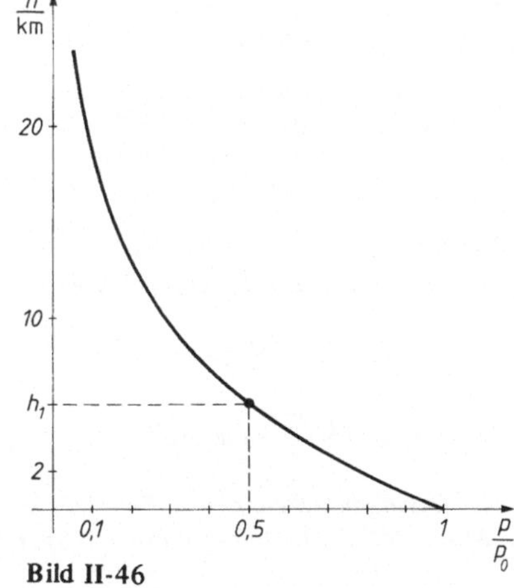

Bild II-46

b) Zum Druck $p_1 = p_0/2$ gehört die Höhe

$$h_1 = h\,(p_0/2) = -7991\,\text{m} \cdot \ln\left(\frac{p_0/2}{p_0}\right) = -7991\,\text{m} \cdot \ln\left(\frac{1}{2}\right) = -7991\,\text{m} \cdot (-0{,}6931) \approx 5539\,\text{m}$$

(s. Bild II-46). In der Höhe $h_1 = 5539\,\text{m} \approx 5{,}54\,\text{km}$ ist somit der Luftdruck nur noch *halb* so groß wie an der Erdoberfläche (Meeresniveau).

> **Übung 24:   Zusammenhang zwischen Fallgeschwindigkeit und Fallweg**
>
> *Hyperbelfunktionen*

Wird beim *freien Fall* der Luftwiderstand durch eine dem *Quadrat* der Fallgeschwindigkeit v proportionale *Reibungskraft* kv^2 berücksichtigt, so erhält man die folgenden komplizierten Zeitabhängigkeiten für den *Fallweg* s und die *Fallgeschwindigkeit* v[7]:

$$\left.\begin{array}{l} s\,(t) = \dfrac{m}{k} \cdot \ln\left[\cosh\left(\sqrt{\dfrac{gk}{m}}\,t\right)\right] \\[2em] v\,(t) = \sqrt{\dfrac{mg}{k}} \cdot \tanh\left(\sqrt{\dfrac{gk}{m}}\,t\right) \end{array}\right\} \quad t \geqslant 0$$

(m: Masse des fallenden Körpers; k: Reibungskoeffizient; g: Erdbeschleunigung). Wie lautet die Abhängigkeit der *Fallgeschwindigkeit* v vom *Fallweg* s? *Skizzieren* Sie den Verlauf dieser Funktion $v\,(s)$.

Lösungshinweis: Der *Zeitparameter* t der beiden Fallgesetze $s\,(t)$ und $v\,(t)$ läßt sich unter Verwendung bestimmter *hyperbolischer* Beziehungen *eliminieren* (s. Formelsammlung, Abschnitt III.11.2).

> *Lehrbuch:* Bd. 1, III.13.1

Lösung:

Der besseren Übersicht wegen führen wir die *Abkürzung* $\alpha = \sqrt{\dfrac{gk}{m}}$ ein. Die Gesetze lauten dann:

$$s\,(t) = \frac{m}{k} \cdot \ln\left[\cosh\left(\alpha\, t\right)\right]$$

$$v\,(t) = \sqrt{\frac{mg}{k}} \cdot \tanh\left(\alpha\, t\right)$$

Das *Geschwindigkeit-Zeit-Gesetz* läßt sich unter Verwendung der aus der *Formelsammlung* (Abschnitt III.11.2) entnommenen *hyperbolischen Beziehung*

$$\tanh x = \frac{\sinh x}{\cosh x} = \frac{\sqrt{\cosh^2 x - 1}}{\cosh x} = \sqrt{\frac{\cosh^2 x - 1}{\cosh^2 x}} = \sqrt{1 - \frac{1}{\cosh^2 x}}$$

auch wie folgt darstellen ($x = \alpha\, t$):

$$v = \sqrt{\frac{mg}{k}} \cdot \tanh\left(\alpha\, t\right) = \sqrt{\frac{mg}{k}} \cdot \sqrt{1 - \frac{1}{\cosh^2\left(\alpha\, t\right)}}$$

---

[7] Das *Geschwindigkeit-Zeit-Gesetz* $v\,(t)$ wurde bereits im *Lehrbuch* hergeleitet (Bd. 1, Abschnitt V.10.1.1, Beispiel 2). In Kapitel IV, Übung 21 zeigen wir, wie man aus dem *Geschwindigkeit-Zeit-Gesetz* $v\,(t)$ mittels *Integration* das *Weg-Zeit-Gesetz* $s\,(t)$ erhält.

Nun lösen wir das *Weg-Zeit-Gesetz* durch *Entlogarithmierung* nach der hyperbolischen Funktion
cosh $(\alpha\,t)$ auf:

$$\ln\left[\cosh(\alpha\,t)\right] = \frac{k}{m}\,s \;\;\Rightarrow\;\; \cosh(\alpha\,t) = e^{\frac{k}{m}\,s}$$

Die gewünschte Beziehung zwischen der *Fallgeschwindigkeit* v und dem *Fallweg* s erhalten wir dann
durch Einsetzen dieses Ausdruckes in das *Geschwindigkeit-Zeit-Gesetz*:

$$v\,(s) = \sqrt{\frac{mg}{k}} \cdot \sqrt{1 - \frac{1}{\left(e^{\frac{k}{m}\,s}\right)^2}} = \sqrt{\frac{mg}{k}} \cdot \sqrt{1 - \frac{1}{e^{\frac{2k}{m}\,s}}} =$$

$$= \sqrt{\frac{mg}{k}} \cdot \sqrt{1 - e^{-\frac{2k}{m}\,s}} = \sqrt{\frac{mg}{k}\left(1 - e^{-\frac{2k}{m}\,s}\right)}\,, \qquad s \geqslant 0$$

Nach *unendlich langer* Fallstrecke $(s \to \infty)$ erreicht die Fallgeschwindigkeit ihren *Endwert* v_E:

$$v_E = \lim_{s \to \infty} v\,(s) = \lim_{s \to \infty} \sqrt{\frac{mg}{k}\left(1 - e^{-\frac{2k}{m}\,s}\right)} = \sqrt{\frac{mg}{k}} \cdot \underbrace{\lim_{s \to \infty}\left(1 - e^{-\frac{2k}{m}\,s}\right)}_{1} = \sqrt{\frac{mg}{k}}$$

Gewicht (Gravitationskraft) und *Luftwiderstand*
sind jetzt im *Gleichgewicht* $(mg = k\,v_E^2)$, der
Körper fällt mit der *konstanten* Endgeschwindig-
keit $v_E = \sqrt{\dfrac{mg}{k}}$. Das *Fallgesetz* $v\,(s)$ läßt sich
auch in der Form

$$v\,(s) = v_E \cdot \sqrt{1 - e^{-\frac{2k}{m}\,s}}\,, \qquad s \geqslant 0$$

darstellen. Bild II-47 zeigt den Verlauf dieser
Funktion.

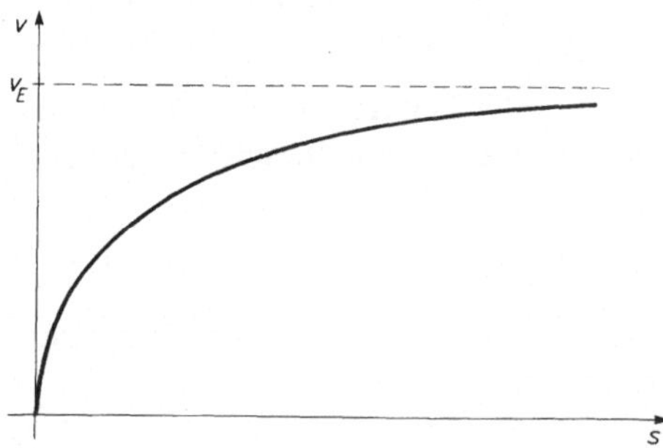

Bild II-47

III Differentialrechnung

Übung 1: Induktionsspannung in einer Leiterschleife
Elementare Differentiation

Eine U-förmig gebogene *Leiterschleife* wird von einem *homogenen* Magnetfeld der Flußdichte B *senkrecht* durchflutet (Bild III-1). Auf der Leiterschleife gleitet in der eingezeichneten Weise ein *Leiter,* dessen Geschwindigkeit v aus der Ruhe heraus mit der Zeit t *linear* ansteigt. Bestimmen Sie die nach dem *Induktionsgesetz* [A12] in der Leiterschleife *induzierte Spannung U.*

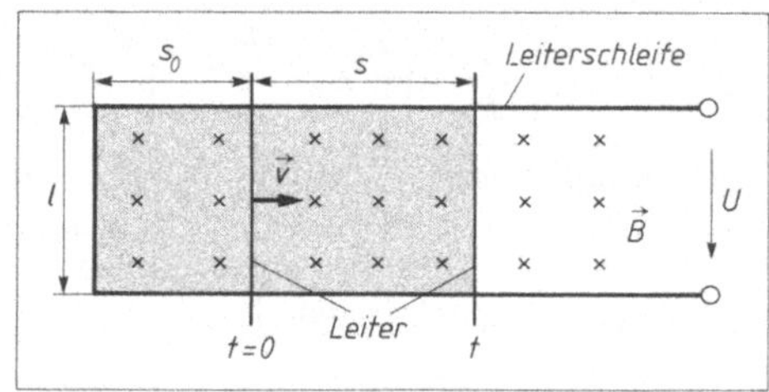

Bild III-1

(l: Breite der Leiterschleife; $s(0) = s_0$: Anfangslage des Leiters zu Beginn der Bewegung, d.h. zur Zeit $t = 0$; a: Beschleunigung des Leiters)

Lehrbuch: Bd. 1, IV.1.3	*Physikalische Grundlagen:* A11, A12

Lösung:

Der Leiter bewegt sich mit *linear* ansteigender Geschwindigkeit, unterliegt demnach einer *konstanten* Beschleunigung a. Somit ist $v = at$ und der vom Leiter in der Zeit t zurückgelegte *Weg* beträgt $s = \frac{1}{2}at^2$. Die vom Magnetfeld zu diesem Zeitpunkt *durchflutete* Fläche A (in Bild III-1 *grau* unterlegt) ist ein Rechteck mit den Seitenlängen l und $s_0 + s = s_0 + \frac{1}{2}at^2$ und dem *Flächeninhalt*

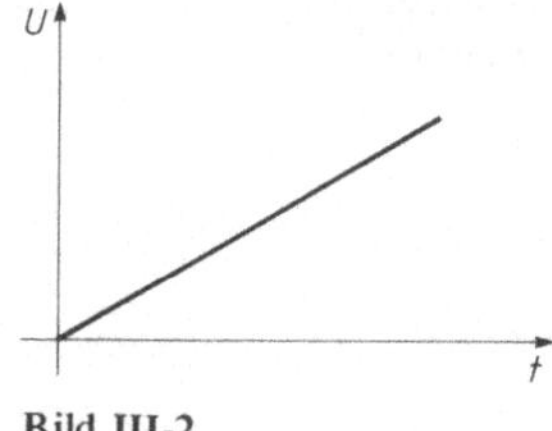

Bild III-2

$$A = l\,(s_0 + s) = l\left(s_0 + \frac{1}{2}at^2\right)$$

Der *magnetische Fluß* [A11] durch diese Fläche ist dann

$$\phi = BA = Bl\left(s_0 + \frac{1}{2}at^2\right)$$

Nach dem *Induktionsgesetz* [A12] beträgt die in der Leiterschleife *induzierte* Spannung

$$U = \frac{d\phi}{dt} = \frac{d}{dt}\left[Bl\left(s_0 + \frac{1}{2}at^2\right)\right] = Bl \cdot \frac{d}{dt}\left(s_0 + \frac{1}{2}at^2\right) = Bla \cdot t$$

Die Induktionsspannung steigt somit mit der Zeit *linear* an (Bild III-2).

> ## Übung 2: Elektronenstrahl-Oszilloskop
> ### *Elementare Differentiation, Tangentengleichung*

Beim *Elektronenstrahl-Oszilloskop* werden die von einer Glühkathode ausgesandten Elektronen zunächst auf eine *konstante* Geschwindigkeit v_0 beschleunigt und treten dann *senkrecht* zu den elektrischen Feldlinien in einen auf die Spannung U aufgeladenen *Plattenkondensator* ein, wo sie aus ihrer ursprünglichen Richtung *abgelenkt* werden (Bild III-3).

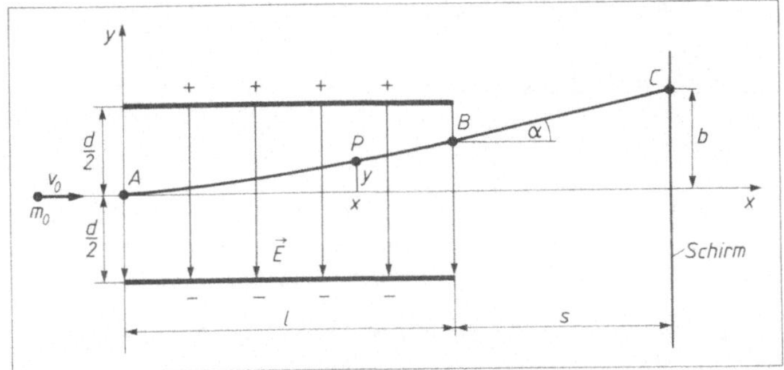

Bild III-3

a) Unter welchem *Ablenkwinkel* α (gegenüber der Eintrittsrichtung gemessen) verlassen die Elektronen den Kondensator?

b) Im Abstand s hinter dem Kondensator befindet sich ein Auffangschirm für die Elektronen. Wie groß ist die *seitliche Ablenkung* b der Elektronen auf diesem Schirm, gemessen gegenüber der ursprünglichen Flugbahn?

(d: Plattenabstand; l: Länge der Kondensatorplatten; e: Elementarladung des Elektrons; m_0: Ruhemasse des Elektrons)

Lösungshinweis: Bestimmen Sie zunächst die *Bahnkurve* der Elektronen *im* Plattenkondensator.

> *Lehrbuch:* Bd. 1, IV.1.3 und IV.3.1
> *Physikalische Grundlagen:* A10, A25, A27

Lösung:

a) Die Elektronenbewegung im Plattenkondensator setzt sich aus *zwei* voneinander *unabhängigen* Teilbewegungen zusammen. In der *x-Richtung* bewegt sich das Elektron mit der *konstanten* Geschwindigkeit v_0, der im Zeitraum t zurückgelegte Weg beträgt somit

$$x = v_0\, t$$

(der Eintritt des Elektrons in das Kondensatorfeld erfolgte im Punkt A zur Zeit $t = 0$). In der *y-Richtung* wird das Elektron infolge des elektrischen Feldes mit der Feldstärke $E = U/d$ nach oben *beschleunigt* [A25]. Das Feld wirkt dabei mit der Kraft $F_e = eE = (eU)/d$ auf das Elektron ein [A10]. Für die *konstante* Elektronenbeschleunigung a folgt aus dem *Newtonschen Grundgesetz* [A27]

$$m_0 a = F_e = eE = \frac{eU}{d} \;\Rightarrow\; a = \frac{eU}{m_0 d}$$

Der in der Zeit t in y-Richtung zurückgelegte Weg beträgt daher

$$y = \frac{1}{2} a t^2 = \frac{eU}{2 m_0 d} \cdot t^2$$

Die *Parameterdarstellung* der vom Elektron durchlaufenen *Bahnkurve* lautet somit

$$x = v_0 t, \quad y = \frac{eU}{2 m_0 d} \cdot t^2 \qquad (t \geqslant 0)$$

Durch *Eliminierung* des Zeitparameters t erhalten wir hieraus die *parabelförmige* Bahnkurve mit der Gleichung[1]

$$y = \frac{eU}{2 m_0 d} \left(\frac{x}{v_0} \right)^2 = \left(\frac{eU}{2 m_0 d v_0^2} \right) \cdot x^2, \qquad 0 \leqslant x \leqslant l$$

Im Punkt B mit den Koordinaten

$$x_B = l, \quad y_B = \frac{eU l^2}{2 m_0 d v_0^2}$$

verläßt das Elektron den Kondensator und bewegt sich nun bis zum Auftreffen auf dem Schirm *geradlinig* auf der *Bahntangente* des Punktes B[2]. Die *1. Ableitung* der Bahnkurve an dieser Stelle ist der *Tangens* des gesuchten Ablenkwinkels α:

$$y' = \frac{eU}{m_0 d v_0^2} x \quad \Rightarrow \quad \tan \alpha = y'(l) = \frac{eU l}{m_0 d v_0^2}$$

Durch Auflösung folgt hieraus der gesuchte Ablenkwinkel:

$$\alpha = \arctan \left(\frac{eU l}{m_0 d v_0^2} \right)$$

b) Das Elektron bewegt sich von B nach C *geradlinig* auf der *Kurventangente* des Punktes B. Diese lautet in der *Punkt-Steigungsform*

$$\frac{y - y_B}{x - x_B} = y'(x_B) = y'(l) \quad \Rightarrow \quad \frac{y - \dfrac{eU l^2}{2 m_0 d v_0^2}}{x - l} = \frac{eU l}{m_0 d v_0^2}$$

Wir lösen diese Gleichung nach y auf und erhalten

$$y = \frac{eU l}{m_0 d v_0^2} x - \frac{eU l^2}{2 m_0 d v_0^2} = \frac{eU l}{2 m_0 d v_0^2} (2x - l), \qquad l \leqslant x \leqslant l + s$$

Im Auftreffpunkt $C = (l + s; b)$ ist dann

$$b = y(l + s) = \frac{eU l}{2 m_0 d v_0^2} \left[2(l + s) - l \right] = \frac{eU l (l + 2s)}{2 m_0 d v_0^2}$$

---

[1] Die 1. Gleichung wird nach t aufgelöst, der gefundene Ausdruck anschließend in die 2. Gleichung eingesetzt.

[2] Dies gilt nur unter der Voraussetzung $y_B < d/2$, die Kondensatorspannung muß daher die Bedingung

$$U < \frac{m_0 d^2 v_0^2}{e l^2}$$

erfüllen! Ansonsten trifft das Elektron auf die Kondensatorplatte.

Übung 3: Querkraft- und Momentenverlauf längs eines belasteten Trägers
Elementare Differentiation

Der in Bild III-4a) skizzierte einseitig eingespannte *Träger* der Länge l wird durch eine *konstante* Streckenlast $q(x) = q_0$ und zusätzlich am freien Ende durch eine Kraft F belastet. Die Gleichung der *elastischen Linie (Biegelinie)* lautet dann im Intervall $0 \leqslant x \leqslant l$ wie folgt:

$$y(x) = \frac{1}{24EI} \left[q_0 \left(x^4 - 4lx^3 + 6l^2x^2 \right) - \right.$$
$$\left. - 4F \left(x^3 - 3lx^2 \right) \right]$$

(Bild III-4b)). Bestimmen und skizzieren Sie den Verlauf des *Biegemomentes* $M_b(x)$ und der *Querkraft* $Q(x)$ längs des Trägers.

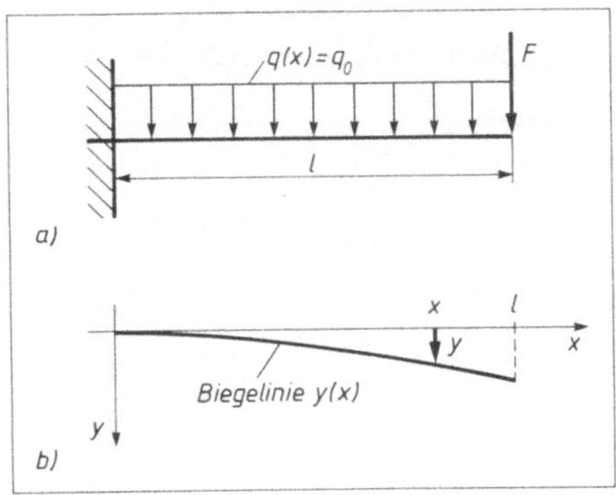

Bild III-4

(*EI*: konstante Biegesteifigkeit des Trägers; *E*: Elastizitätsmodul; *I*: Flächenmoment des Trägerquerschnitts)

Lösungshinweis: Gehen Sie bei der Lösung der Aufgabe von der *Biegegleichung* [A28] aus, die den Zusammenhang zwischen dem Biegemoment $M_b(x)$ und der Biegelinie $y(x)$ herstellt.

Lehrbuch: Bd. 1, IV.1.3	*Physikalische Grundlagen:* A28, A29

Lösung:

Nach der *Biegegleichung* [A28] besteht der folgende Zusammenhang zwischen dem *Biegemoment* $M_b(x)$ und der *Biegelinie* $y(x)$:

$$M_b(x) = -EI \cdot y''(x)$$

Mit den Ableitungen

$$y'(x) = \frac{1}{24\,EI} \left[q_0 (4x^3 - 12lx^2 + 12l^2x) - 4F(3x^2 - 6lx) \right] =$$

$$= \frac{1}{6\,EI} \left[q_0 (x^3 - 3lx^2 + 3l^2x) - 3F(x^2 - 2lx) \right]$$

$$y''(x) = \frac{1}{6\,EI} \left[q_0 (3x^2 - 6lx + 3l^2) - 3F(2x - 2l) \right] =$$

$$= \frac{1}{2\,EI} \left[q_0 (x^2 - 2lx + l^2) - 2F(x - l) \right] =$$

$$= \frac{1}{2\,EI} \left[q_0 (x - l)^2 - 2F(x - l) \right]$$

erhalten wir daraus für das *Biegemoment*

$$M_b(x) = -EI \cdot y''(x) = -\frac{1}{2}\left[q_0(x-l)^2 - 2F(x-l)\right], \qquad 0 \leqslant x \leqslant l$$

Der *parabelförmige* Verlauf des Biegemomentes längs des Trägers ist in Bild III-5 dargestellt. Zwischen der *Querkraft* $Q(x)$ und dem *Biegemoment* $M_b(x)$ besteht die Beziehung $Q(x) = M_b'(x)$ [A29]. Somit ist

$$Q(x) = M_b'(x) = -\frac{1}{2}\left[2q_0(x-l) - 2F\right] = q_0(l-x) + F, \qquad 0 \leqslant x \leqslant l$$

Die Querkraft nimmt daher längs des Trägers *linear* ab (Bild III-6).

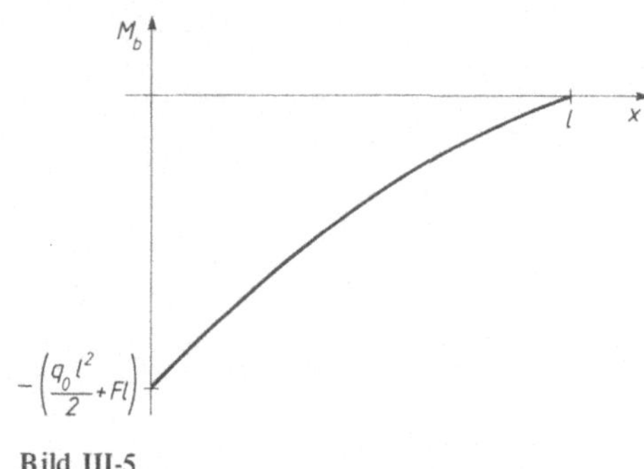

Bild III-5

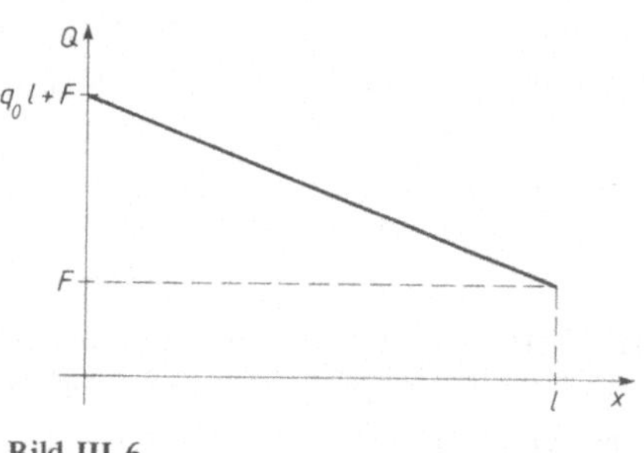

Bild III-6

Übung 4: Rotierende Zylinderscheibe in einer zähen Flüssigkeit
Differentiation (Kettenregel)

Eine *Zylinderscheibe* rotiert in einer zähen Flüssigkeit nach dem „Weg-Zeit-Gesetz"

$$\varphi(t) = \frac{1}{k} \cdot \ln(k\,\omega_0 t + 1), \qquad t \geqslant 0$$

φ ist dabei der *Drehwinkel* zur Zeit t (Bild III-7), k und ω_0 sind *positive* Konstanten.

a) Bestimmen Sie den zeitlichen Verlauf der *Winkelgeschwindig-keit* $\omega = \dot{\varphi}$ und der *Winkelbeschleunigung* $\alpha = \dot{\omega} = \ddot{\varphi}$. Welche physikalische Bedeutung hat die Konstante ω_0?

b) Welcher funktionale Zusammenhang besteht zwischen der *Winkelbeschleunigung* α und der *Winkelgeschwindigkeit* ω? Welche physikalische Bedeutung kommt dabei der Konstanten k zu?

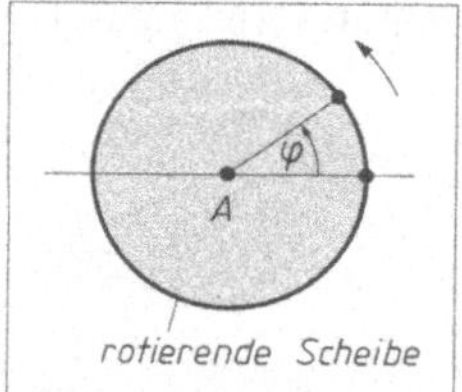

Bild III-7

Lehrbuch: Bd. 1, IV.2.5	*Physikalische Grundlagen:* A30

Lösung:

a) Unter Verwendung der *Kettenregel* erhalten wir für die *Winkelgeschwindigkeit* [A30]

$$\omega = \dot{\varphi} = \frac{d}{dt}\left[\frac{1}{k}\cdot \ln(k\,\omega_0 t + 1)\right] = \frac{1}{k}\cdot\frac{k\,\omega_0}{k\,\omega_0 t + 1} = \frac{\omega_0}{k\,\omega_0 t + 1}$$

Die Konstante ω_0 ist die Winkelgeschwindigkeit zu *Beginn* der Drehbewegung, d.h. $\omega(0) = \omega_0$.
Für die *Winkelbeschleunigung* α folgt durch *nochmalige* Differentiation unter Verwendung der
Kettenregel [A30]

$$\alpha = \dot{\omega} = \ddot{\varphi} = \frac{d}{dt}\left[\frac{\omega_0}{k\,\omega_0 t + 1}\right] = \frac{d}{dt}\left[\omega_0 \,(k\,\omega_0 t + 1)^{-1}\right] =$$

$$= -\,\omega_0\,(k\,\omega_0 t + 1)^{-2}\cdot k\,\omega_0 = -\,k\,\frac{\omega_0^2}{(k\,\omega_0 t + 1)^2}$$

Der *zeitliche* Verlauf von ω und α ist in den Bildern III-8 und III-9 dargestellt.

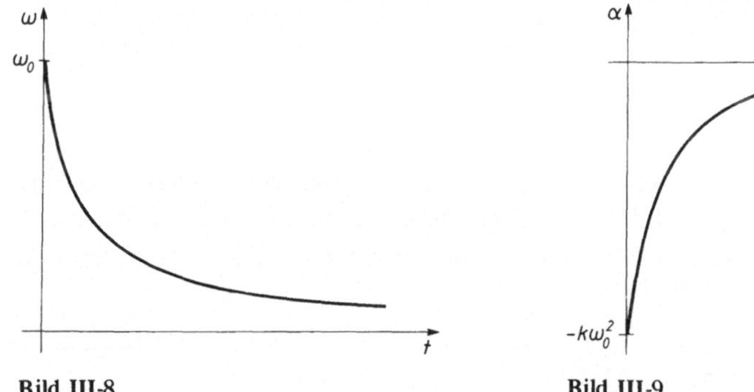

Bild III-8   **Bild III-9**

b) Die Gleichung für die *Winkelbeschleunigung* α läßt sich wie folgt umstellen:

$$\alpha = -\,k\,\frac{\omega_0^2}{(k\,\omega_0 t + 1)^2} = -\,k\,\underbrace{\left(\frac{\omega_0}{k\,\omega_0 t + 1}\right)^2}_{\omega} = -\,k\,\omega^2$$

Physikalische Deutung: Die rotierende Scheibe wird *verzögert* (*negative* Winkelbeschleunigung!),
Verzögerung und Bremskraft (Reibungskraft) sind dem *Quadrat* der Winkelgeschwindigkeit *proportional*. Die Konstante k ist somit der *Reibungskoeffizient*.

Übung 5: Kurbeltrieb
Differentiation (Kettenregel)

Mit dem in Bild III-10 dargestellten *Kurbeltrieb* läßt sich eine *Kreisbewegung* in eine (periodische) *geradlinige* Bewegung umwandeln und umgekehrt. Bestimmen Sie den *zeitlichen* Verlauf

a) des *Kolbenweges* x,

b) der *Kolbengeschwindigkeit* v und der *Kolbenbeschleunigung* a bei *gleichmäßiger* Drehung der Kurbel (Drehung mit *konstanter* Winkelgeschwindigkeit ω).

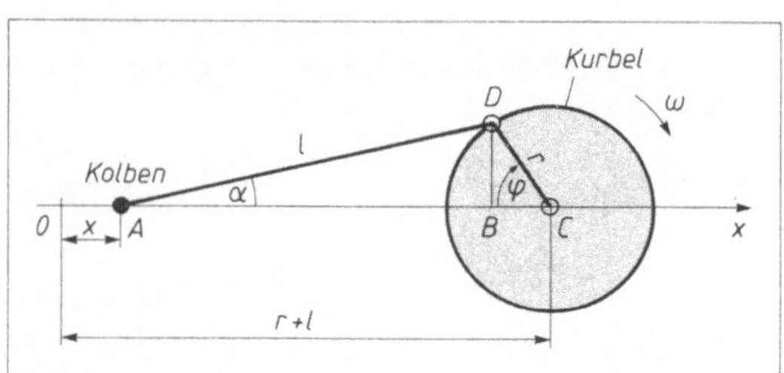

Bild III-10

Lösungshinweis: Drücken Sie zunächst den Kolbenweg x durch den Winkel φ aus und entwickeln Sie den dabei auftretenden Wurzelausdruck mit Hilfe der *Binomischen Reihe*. Durch *Abbruch* dieser Reihe nach dem *zweiten* Glied erhalten Sie eine *Näherungsfunktion* für x, mit der Sie dann weiterarbeiten.

Lehrbuch: Bd. 1, IV.2.5 und VI.3.2.3

Lösung:

a) Aus Bild III-10 entnehmen wir für den Kolbenweg

$$x = \overline{OC} - \overline{AC} = r + l - (\overline{AB} + \overline{BC}) = r + l - \overline{AB} - \overline{BC}$$

Weiter folgt aus den beiden *rechtwinkligen* Dreiecken ABD und BCD

$$\cos \alpha = \frac{\overline{AB}}{l} \quad \Rightarrow \quad \overline{AB} = l \cdot \cos \alpha$$

$$\cos \varphi = \frac{\overline{BC}}{r} \quad \Rightarrow \quad \overline{BC} = r \cdot \cos \varphi$$

Somit ist

$$x = r + l - l \cdot \cos \alpha - r \cdot \cos \varphi$$

Der *Hilfswinkel* α läßt sich noch durch den Winkel φ ausdrücken. Zunächst folgt durch Anwendung des *Sinussatzes* (Formelsammlung, Abschnitt I.5.6) im Dreieck ACD

$$\frac{\sin \alpha}{\sin \varphi} = \frac{r}{l} = \lambda \quad \text{oder} \quad \sin \alpha = \lambda \cdot \sin \varphi$$

($\lambda = r/l$: sog. *Schubstangenverhältnis*). Aus dem „*trigonometrischen Pythagoras*" erhalten wir dann unter Berücksichtigung dieser Beziehung

$$\cos \alpha = \sqrt{1 - \sin^2 \alpha} = \sqrt{1 - \lambda^2 \cdot \sin^2 \varphi}$$

Der *Kolbenweg* beträgt somit in Abhängigkeit vom Winkel φ

$$x = r + l - l \cdot \sqrt{1 - \lambda^2 \cdot \sin^2\varphi} - r \cdot \cos\varphi$$

Den Wurzelausdruck entwickeln wir mit Hilfe der *Binomischen Reihe*

$$\sqrt{1 - z} = (1 - z)^{1/2} = 1 - \frac{1}{2}z - \frac{1}{8}z^2 - \ldots$$

(Formelsammlung, Abschnitt VI.3.4). Mit $z = \lambda^2 \cdot \sin^2\varphi$ folgt hieraus durch *Abbruch* der Reihe nach dem *zweiten* Glied[3]:

$$\sqrt{1 - \lambda^2 \cdot \sin^2\varphi} \approx 1 - \frac{1}{2}\lambda^2 \cdot \sin^2\varphi$$

Damit erhalten wir für den Kolbenweg die folgende *Näherungsfunktion:*

$$x = r + l - l\left(1 - \frac{1}{2}\lambda^2 \cdot \sin^2\varphi\right) - r \cdot \cos\varphi = r + \frac{1}{2}l\,\lambda^2 \cdot \sin^2\varphi - r \cdot \cos\varphi =$$

$$= r + \frac{1}{2}\underbrace{(l\,\lambda)}_{r}\,\lambda \cdot \sin^2\varphi - r \cdot \cos\varphi = r\left(1 - \cos\varphi + \frac{\lambda}{2} \cdot \sin^2\varphi\right)$$

Wegen der *gleichmäßigen* Drehung der Kurbel ist $\varphi = \omega t$ und das *Weg-Zeit-Gesetz* für den Kolben lautet damit

$$x(t) = r\left(1 - \cos(\omega t) + \frac{\lambda}{2} \cdot \sin^2(\omega t)\right), \qquad t \geq 0$$

Bild III-11 zeigt den Verlauf dieser *periodischen* Funktion im Periodenintervall $0 \leq t \leq 2\pi/\omega$.

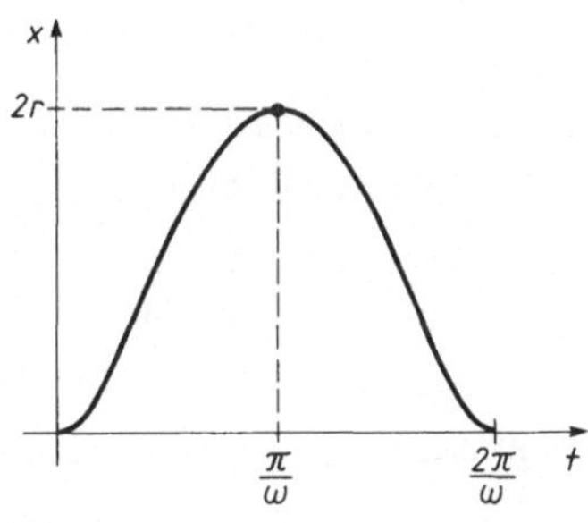

Bild III-11

b) Aus dem *Weg-Zeit-Gesetz* $x(t)$ erhalten wir durch *Differentiation* nach der Zeit t unter Verwendung der *Kettenregel* das *Geschwindigkeit-Zeit-Gesetz*

$$v(t) = \dot{x}(t) = r\left(\omega \cdot \sin(\omega t) + \lambda\omega \cdot \sin(\omega t) \cdot \cos(\omega t)\right) =$$

$$= r\omega\left(\sin(\omega t) + \frac{\lambda}{2} \cdot \sin(2\omega t)\right)$$

Dabei haben wir von der *trigonometrischen Formel* $\sin(2\omega t) = 2 \cdot \sin(\omega t) \cdot \cos(\omega t)$ Gebrauch gemacht (Formelsammlung, Abschnitt III.7.6.3). Durch *nochmalige* Differentiation nach der Zeit (abermals nach der *Kettenregel*) folgt für die *Beschleunigung*

$$a(t) = \dot{v}(t) = \ddot{x}(t) = r\omega\left(\omega \cdot \cos(\omega t) + \lambda\omega \cdot \cos(2\omega t)\right) =$$

$$= r\omega^2\left(\cos(\omega t) + \lambda \cdot \cos(2\omega t)\right)$$

---

[3] Diese Näherung ist in der Praxis meist gerechtfertigt, da $\lambda^2 \cdot \sin^2\varphi \ll 1$ ist.

> ## Übung 6: Zusammenhang zwischen Fallbeschleunigung und Fallweg
> ### *Differentiation (Kettenregel)*

Wird beim *freien Fall* der Luftwiderstand in Form einer dem *Quadrat* der Fallgeschwindigkeit v *proportionalen* Reibungskraft kv^2 berücksichtigt, so erhält man die folgende funktionale Abhängigkeit der *Fallgeschwindigkeit* v von dem *Fallweg* s [4]:

$$v(s) = \sqrt{\frac{mg}{k}\left(1 - e^{-\frac{2ks}{m}}\right)}\,, \qquad s \geqslant 0$$

(m: Masse des fallenden Körpers; g: Erdbeschleunigung an der Erdoberfläche; k: Reibungskoeffizient). Leiten Sie hieraus unter Verwendung der *Kettenregel* den funktionalen Zusammenhang zwischen der *Fallbeschleunigung* a und dem *Fallweg* s her und *skizzieren* Sie diese Funktion.

> *Lehrbuch:* Bd. 1, IV.2.5

Lösung:

Es ist *definitionsgemäß* $a = \dfrac{dv}{dt}$, wobei v über s von der Zeit t abhängt (*zusammengesetzte* Funktion). Nach der *Kettenregel* folgt dann

$$a = \frac{dv}{dt} = \frac{dv}{ds}\cdot\underbrace{\frac{ds}{dt}}_{v} = \frac{dv}{ds}\cdot v = v\cdot\frac{dv}{ds}$$

Wir differenzieren nun die vorgegebene Funktion $v(s)$ unter Verwendung der *Kettenregel* und erhalten

$$\frac{dv}{ds} = \frac{d}{ds}\left(\sqrt{\frac{mg}{k}\left(1 - e^{-\frac{2ks}{m}}\right)}\right) = \frac{1}{2\underbrace{\sqrt{\frac{mg}{k}\left(1 - e^{-\frac{2ks}{m}}\right)}}_{v}}\cdot\frac{mg}{k}\cdot\frac{2k}{m}\cdot e^{-\frac{2ks}{m}} = \frac{g}{v}\cdot e^{-\frac{2ks}{m}}$$

Somit ist für $s \geqslant 0$

$$a = v\cdot\frac{dv}{ds} = v\cdot\frac{g}{v}\cdot e^{-\frac{2ks}{m}} = g\cdot e^{-\frac{2ks}{m}}$$

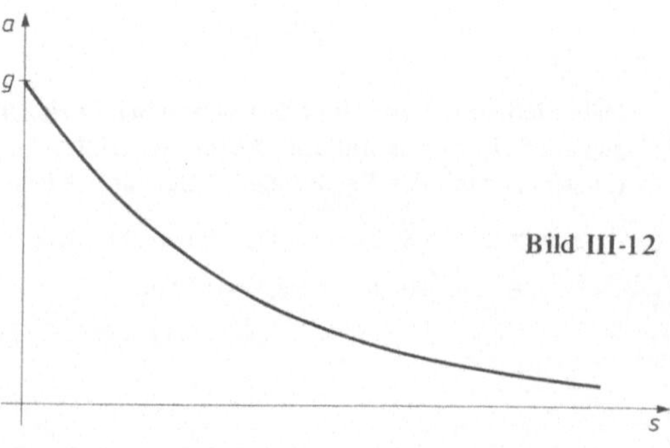

Bild III-12

die gesuchte Beziehung zwischen der Fallbeschleunigung a und dem Fallweg s. Die Fallbeschleunigung ist *keine* Konstante mehr, sondern nimmt mit *zunehmendem* Fallweg nach einem *Exponentialgesetz* gegen *null* ab (Bild III-12).

---

[4] Diese Beziehung wird in Kapitel II, Übung 24 aus den *Zeitabhängigkeiten* von v und s und in Kapitel IV, Übung 15 durch *Integration* des *Newtonschen Grundgesetzes* hergeleitet.

> ## Übung 7:   Periodische Bewegung eines Massenpunktes
> ### *Differentiation eines zeitabhängigen Ortsvektors*

Die Bewegung eines *Massenpunktes* erfolge auf der durch den Ortsvektor

$$\vec{r}(t) = \begin{pmatrix} a \cdot \sin^2(\omega t) \\ b \cdot \cos^2(\omega t) \end{pmatrix}, \qquad t \geq 0$$

beschriebenen (ebenen) Bahn (a, b und ω sind *positive* Konstanten).

a) Wie lautet die Gleichung der *Bahnkurve* in der *expliziten* Form $y = y(x)$? Untersuchen Sie die wesentlichen Eigenschaften dieser Bewegung.

b) Wie lauten *Geschwindigkeitsvektor* $\vec{v}(t)$ und *Beschleunigungsvektor* $\vec{a}(t)$, wie groß sind ihre *Beträge*? In welchen Punkten erreichen sie ihren *kleinsten* bzw. *größten* Wert?

Lehrbuch: Bd. 1, IV.2.5 und Bd. 2, IV.4.2

Lösung:

a) Die Koordinaten $x = a \cdot \sin^2(\omega t)$ und $y = b \cdot \cos^2(\omega t)$ sind *periodische* Funktionen der Zeit mit der Periode $p = \pi/\omega$. Daher ist auch die *Gesamtbewegung* periodisch mit $p = \pi/\omega$. Wir lösen die Koordinatengleichungen nach der jeweiligen trigonometrischen Funktion auf und setzen die gefundenen Ausdrücke in den „*trigonometrischen Pythagoras*" ein (Formelsammlung, Abschnitt III.7.5):

$$\sin^2(\omega t) + \cos^2(\omega t) = \frac{x}{a} + \frac{y}{b} = 1$$

Die *Bahnkurve* ist somit ein *Geradenstück* mit den Achsenabschnitten a und b (Bild III-13). In *expliziter* Form lautet die Geradengleichung

$$y = -\frac{b}{a}(x - a), \qquad 0 \leq x \leq a$$

Der Massenpunkt bewegt sich dabei in der Zeit $T = p = \pi/\omega$ vom „Startpunkt" A aus bis zum Punkt B und zurück zum Punkt A. Dann beginnt die *periodische* Bewegung von *neuem*. Die Bewegung kann daher als eine *Schwingung* zwischen den *extremen* Lagen A und B mit der Schwingungsdauer $T = \pi/\omega$ aufgefaßt werden.

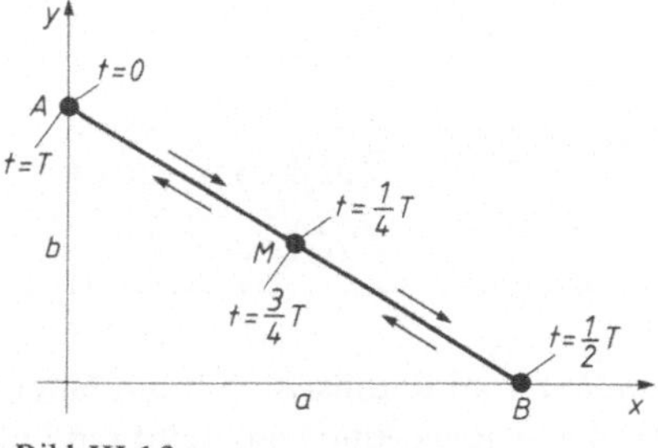

Bild III-13

b) Unter Verwendung der *Kettenregel* folgt durch *komponentenweise* Differentiation:

$$\vec{v}(t) = \dot{\vec{r}}(t) = \frac{d}{dt}\begin{pmatrix} a \cdot \sin^2(\omega t) \\ b \cdot \cos^2(\omega t) \end{pmatrix} = \begin{pmatrix} 2a\omega \cdot \sin(\omega t) \cdot \cos(\omega t) \\ -2b\omega \cdot \cos(\omega t) \cdot \sin(\omega t) \end{pmatrix} =$$

$$= \begin{pmatrix} a\omega \cdot \sin(2\omega t) \\ -b\omega \cdot \sin(2\omega t) \end{pmatrix} = \omega \cdot \sin(2\omega t) \begin{pmatrix} a \\ -b \end{pmatrix}, \qquad t \geq 0$$

$(2 \cdot \sin(\omega t) \cdot \cos(\omega t) = \sin(2\omega t)$, s. Formelsammlung, Abschnitt III.7.6.3)

$$v(t) = |\vec{v}(t)| = \omega \, |\sin(2\omega t)| \cdot \sqrt{a^2 + (-b)^2} = \omega \sqrt{a^2 + b^2} \cdot |\sin(2\omega t)|$$

$$\vec{a}(t) = \dot{\vec{v}}(t) = \frac{d}{dt}\left[\omega \cdot \sin(2\omega t)\begin{pmatrix} a \\ -b \end{pmatrix}\right] = 2\omega^2 \cdot \cos(2\omega t)\begin{pmatrix} a \\ -b \end{pmatrix}$$

$$a(t) = |\vec{a}(t)| = 2\omega^2 |\cos(2\omega t)| \cdot \sqrt{a^2 + (-b)^2} = 2\omega^2 \sqrt{a^2 + b^2} \cdot |\cos(2\omega t)|$$

Wir untersuchen nun die Bewegung im *Periodenintervall* $0 \leqslant t \leqslant T$ mit $T = \pi/\omega$. Die *Umkehrpunkte* A und B und die *Mitte* M werden dabei zu den folgenden Zeiten erreicht:

Zeit t	0	$\frac{1}{4}T$	$\frac{1}{2}T$	$\frac{3}{4}T$	T
Punkt	A	M	B	M	A

Bild III-14 zeigt den *zeitlichen* Verlauf der *Geschwindigkeit* v. Sie ist in beiden *Umkehrpunkten* jeweils *null* und erreicht ihren *Maximalwert* $v_{max} = \omega \cdot \sqrt{a^2 + b^2}$ in der *Mitte M*. Bei der *Beschleunigung* ist es genau *umgekehrt* (Bild III-15). In den beiden *Umkehrpunkten* erreicht sie ihren *größten* Wert $a_{max} = 2\omega^2 \cdot \sqrt{a^2 + b^2}$, in der *Mitte* ist sie *null*.

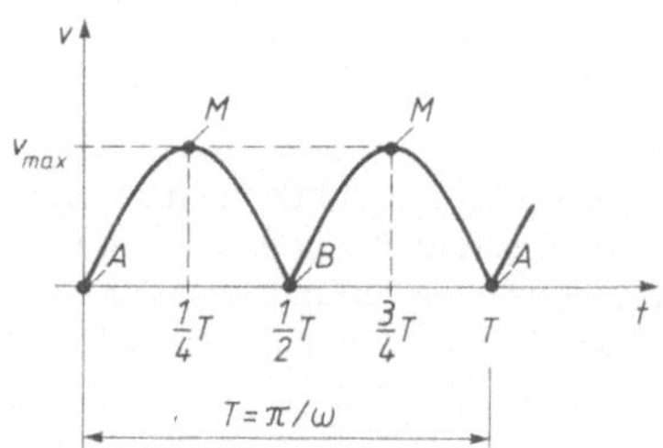

Bild III-14

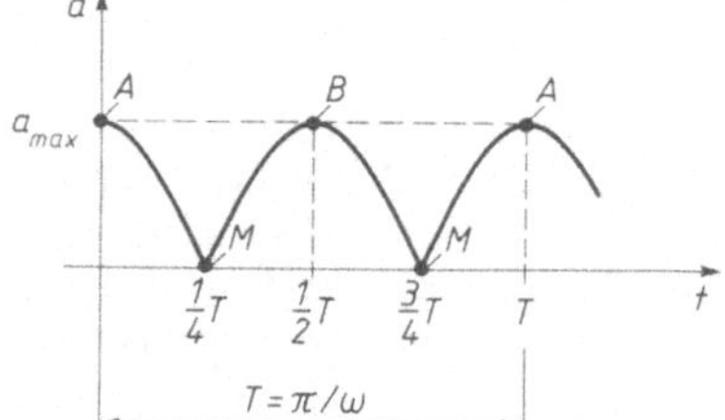

Bild III-15

Übung 8:   Rollkurve oder gewöhnliche Zykloide
Differentiation eines zeitabhängigen Ortsvektors

Ein *Rad* vom Radius R rollt auf einer *Geraden* mit *konstanter* Winkelgeschwindigkeit ω. Bei dieser Bewegung beschreibt ein Punkt P auf dem *Umfang* des abrollenden Rades (Kreises) eine als *Rollkurve* oder *gewöhnliche Zykloide* bezeichnete *periodische* Bahnkurve (Bild III-16).

a) Beschreiben Sie diese ebene Kurve durch einen vom „Wälzwinkel" $\varphi = \omega t$ bzw. vom Zeitparameter t abhängigen *Ortsvektor* $\vec{r}(t)$.

b) Wie lauten *Geschwindigkeitsvektor* $\vec{v}(t)$ und *Beschleunigungsvektor* $\vec{a}(t)$?

c) Zu welchen Zeiten erreicht die Geschwindigkeit dem Betrage nach ihren *kleinsten* bzw. *größten* Wert. Welchen *Punkten* der Zykloide entsprechen diese Zeiten?

Die Rollbewegung des
Rades beginnt zur Zeit
$t = 0$, der Punkt P
befindet sich dann im
Koordinatenursprung.

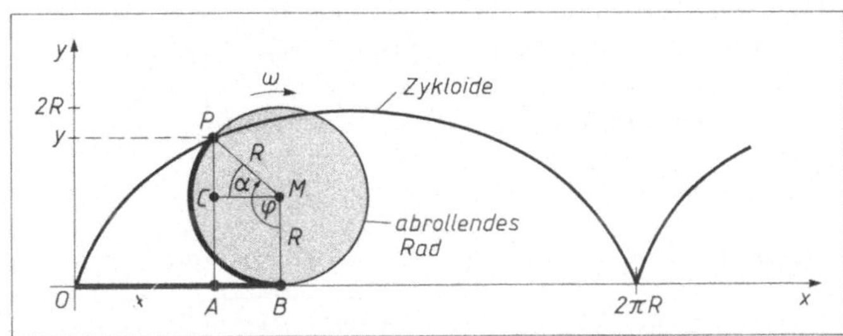

Bild III-16

Lehrbuch: Bd. 1, IV.2.5 und Bd. 2, IV.4.2

Lösung:

a) Für die Koordinaten x und y des Punktes P erhalten wir aus Bild III-16 die Beziehungen

$$x = \overline{OA} = \overline{OB} - \overline{AB} = \overline{OB} - \overline{CM} \qquad\qquad (\overline{AB} = \overline{CM})$$

$$y = \overline{AP} = \overline{AC} + \overline{CP} = \overline{BM} + \overline{CP} = R + \overline{CP} \qquad (\overline{AC} = \overline{BM} = R)$$

Aus der *Abrollbedingung* folgt für die Strecke $\overline{OB}$:

$$\overline{OB} = \overset{\frown}{PB} = R\,\varphi$$

(diese Strecken sind im Bild *dick* gezeichnet). Die Strecken $\overline{CM}$ und $\overline{CP}$ lassen sich aus dem *recht-winkligen* Dreieck MPC berechnen ($\overline{MP} = R$; α ist ein *Hilfswinkel*):

$$\cos \alpha = \frac{\overline{CM}}{\overline{MP}} = \frac{\overline{CM}}{R} \quad \Rightarrow \quad \overline{CM} = R \cdot \cos \alpha$$

$$\sin \alpha = \frac{\overline{CP}}{\overline{MP}} = \frac{\overline{CP}}{R} \quad \Rightarrow \quad \overline{CP} = R \cdot \sin \alpha$$

Mit $\alpha = \varphi - 90°$ und unter Verwendung der *Additionstheoreme* (Formelsammlung, Abschnitt III.7.6.1) wird hieraus

$$\overline{CM} = R \cdot \cos \alpha = R \cdot \cos (\varphi - 90°) =$$
$$= R \,(\cos \varphi \cdot \underbrace{\cos 90°}_{0} + \sin \varphi \cdot \underbrace{\sin 90°}_{1}) = R \cdot \sin \varphi$$

$$\overline{CP} = R \cdot \sin \alpha = R \cdot \sin (\varphi - 90°) =$$
$$= R \,(\sin \varphi \cdot \underbrace{\cos 90°}_{0} - \cos \varphi \cdot \underbrace{\sin 90°}_{1}) = -R \cdot \cos \varphi$$

Die *Parameterdarstellung* der Rollkurve mit dem *Wälzwinkel* φ als Parameter lautet damit

$$x = \overline{OB} - \overline{CM} = R\varphi - R \cdot \sin \varphi = R \,(\varphi - \sin \varphi)$$

$$y = R + \overline{CP} = R - R \cdot \cos \varphi = R \,(1 - \cos \varphi)$$

Mit $\varphi = \omega t$ wird daraus der *zeitabhängige* Ortsvektor

$$\vec{r}\,(t) = \binom{x\,(t)}{y\,(t)} = \binom{R\,(\omega t - \sin (\omega t))}{R\,(1 - \cos (\omega t))} = R \binom{\omega t - \sin (\omega t)}{1 - \cos (\omega t)}, \qquad t \geqslant 0$$

b) Wir differenzieren (unter Verwendung der *Kettenregel*) den Ortsvektor $\vec{r}\,(t)$ *komponentenweise* nach der Zeit t und erhalten den *Geschwindigkeitsvektor*

$$\vec{v}\,(t) = \dot{\vec{r}}\,(t) = R \begin{pmatrix} \omega - \omega \cdot \cos{(\omega t)} \\ \omega \cdot \sin{(\omega t)} \end{pmatrix} = \omega R \begin{pmatrix} 1 - \cos{(\omega t)} \\ \sin{(\omega t)} \end{pmatrix}$$

mit dem *Betrag*

$$v\,(t) = |\vec{v}\,(t)| = \omega R \cdot \sqrt{[1 - \cos{(\omega t)}]^2 + \sin^2{(\omega t)}} =$$

$$= \omega R \cdot \sqrt{1 - 2 \cdot \cos{(\omega t)} + \underbrace{\cos^2{(\omega t)} + \sin^2{(\omega t)}}_{1}} =$$

$$= \omega R \cdot \sqrt{\underbrace{2\,[1 - \cos{(\omega t)}]}_{2 \cdot \sin^2 \left(\frac{\omega t}{2}\right)}} = 2\,\omega R \left| \sin{\left(\frac{\omega t}{2}\right)} \right|$$

Die *trigonometrischen Umrechnungen* wurden der Formelsammlung entnommen (Abschnitt III.7.5 bzw. III.7.6.4). Durch *nochmalige* (komponentenweise) Differentiation nach der *Kettenregel* erhalten wir aus $v\,(t)$ den *Beschleunigungsvektor*

$$\vec{a}\,(t) = \dot{\vec{v}}\,(t) = \omega R \begin{pmatrix} \omega \cdot \sin{(\omega t)} \\ \omega \cdot \cos{(\omega t)} \end{pmatrix} = \omega^2 R \begin{pmatrix} \sin{(\omega t)} \\ \cos{(\omega t)} \end{pmatrix}$$

dessen *Betrag* zeitlich *konstant* ist:

$$a\,(t) = |\vec{a}\,(t)| = \omega^2 R \sqrt{\underbrace{\sin^2{(\omega t)} + \cos^2{(\omega t)}}_{1}} = \omega^2 R$$

c) Der *Geschwindigkeitsbetrag* $v\,(t) = 2\,\omega R \left| \sin{\left(\frac{\omega t}{2}\right)} \right|$ ist eine *periodische* Funktion mit der Periode $p = \frac{2\pi}{\omega}$ (Bild III-17).

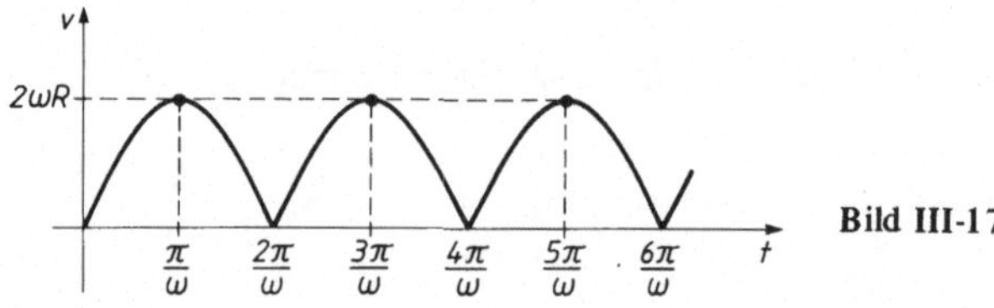

Bild III-17

Der *kleinste* bzw. *größte* Wert wird zu den folgenden Zeiten erreicht:

$$\textit{Minimum} \quad v_{\min} = 0: \qquad t_{1k} = 0 + k \cdot \frac{2\pi}{\omega} = k \cdot \frac{2\pi}{\omega} \;\Bigg\}$$

$$\textit{Maximum} \quad v_{\max} = 2\,\omega R: \qquad t_{2k} = \frac{\pi}{\omega} + k \cdot \frac{2\pi}{\omega} \qquad (k = 0, 1, 2, \ldots)$$

Der Punkt P des abrollenden Rades befindet sich dann in seiner *tiefsten* bzw. *höchsten* Lage.

Übung 9: Linearisierung einer Halbleiter-Kennlinie
Linearisierung einer Funktion

Die *Strom-Spannung-Kennlinie* eines *Halbleiters* mit *pn*-Übergang läßt sich bei Raumtemperatur durch die Gleichung

$$I(U) = I_S \left(e^{\frac{U}{25\,\text{mV}}} - 1 \right)$$

beschreiben (I_S: Sperrstrom).

a) *Linearisieren* Sie diese Kennlinie in der Umgebung der „Arbeitsspannung" $U_0 = 20\,\text{mV}$ für den Sperrstrom $I_S = 1\,\text{mA}$.

b) Welchen Stromwert liefert die *linearisierte* Kennlinie für $U = 23\,\text{mV}$, wie groß ist der *exakte* Wert? Wie groß ist die *prozentuale* Abweichung des Näherungswertes vom exakten Wert?

Lehrbuch: Bd. 1, IV.3.2

Lösung:

a) Bild III-18 zeigt den Verlauf der Kennlinie

$$I(U) = 1\,\text{mA} \left(e^{\frac{U}{25\,\text{mV}}} - 1 \right)$$

im Spannungsbereich $-40 \leqslant \dfrac{U}{\text{mV}} \leqslant 40$.

Die „Koordinaten" des *Arbeitspunktes A*
betragen $U_0 = 20\,\text{mV}$, $I_0 = 1{,}2255\,\text{mA}$.

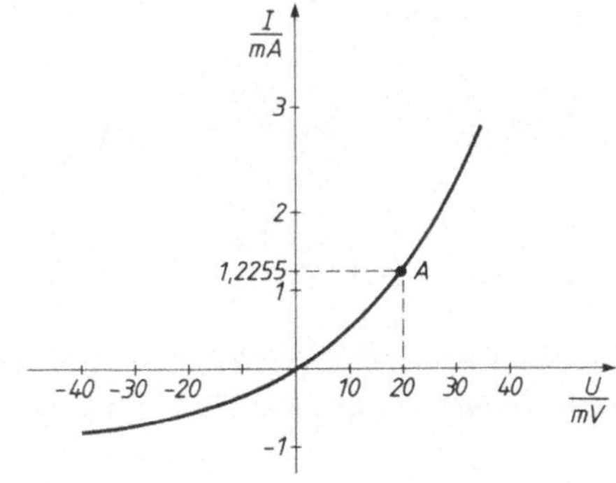

Bild III-18

Die *Steigung* der Kurventangente in A erhalten wir über die *1. Ableitung* der Funktion $I = I(U)$ nach der *Kettenregel:*

$$I'(U) = \frac{1\,\text{mA}}{25\,\text{mV}} \cdot e^{\frac{U}{25\,\text{mV}}} \quad \Rightarrow \quad I'(U_0 = 20\,\text{mV}) = 0{,}0890\,\frac{\text{mA}}{\text{mV}}$$

Die *Tangente* lautet somit in der *Punkt-Steigungsform*

$$\frac{I - I_0}{U - U_0} = I'(U_0) \quad \Rightarrow \quad \frac{I - 1{,}2255\,\text{mA}}{U - 20\,\text{mV}} = 0{,}0890\,\frac{\text{mA}}{\text{mV}}$$

Diese Gleichung lösen wir nach I auf und erhalten die gewünschte *linearisierte* Funktion in der *Hauptform*

$$I = 0{,}0890\,\frac{mA}{mV} \cdot U - 0{,}5545\,mA$$

Für Spannungen in der *unmittelbaren* Umgebung der Arbeitsspannung $U_0 = 20\,mV$ gilt somit *näherungsweise*

$$I = 1\,mA\,\left(e^{\frac{U}{25\,mV}} - 1\right) \approx 0{,}0890\,\frac{mA}{mV} \cdot U - 0{,}5545\,mA$$

(sog. *linearisierte* Kennlinie).

b) *Exakter Wert:* $I\,(23\,mV) = 1\,mA\,\left(e^{\frac{23\,mV}{25\,mV}} - 1\right) = 1{,}509\,mA$

Näherungswert: $I\,(23\,mV) \approx 0{,}0890\,\frac{mA}{mV} \cdot 23\,mV - 0{,}5545\,mA = 1{,}493\,mA$

Abweichung (absolut): $\Delta I = 1{,}493\,mA - 1{,}509\,mA = -0{,}016\,mA$

Abweichung (prozentual): $\dfrac{\Delta I}{I_{exakt}} \cdot 100\,\% = \dfrac{-0{,}016\,mA}{1{,}509\,mA} \cdot 100\,\% = -1{,}06\,\%$

Die *linearisierte* Kennlinie liefert somit einen um 1,06 % zu *kleinen* Wert.

> ## Übung 10:   Linearisierung der Widerstandskennlinie eines Thermistors (Heißleiters)
> ### *Linearisierung einer Funktion*

Ein *Thermistor* oder *Heißleiter* ist ein Halbleiter, dessen elektrischer Widerstand R mit *zunehmender* Temperatur T nach der Gleichung

$$R(T) = a \cdot e^{\frac{b}{T}}$$

abnimmt (*gute* Leitfähigkeit im „*heißen*" Zustand, *schlechte* Leitfähigkeit im „*kalten*" Zustand).

a) *Linearisieren* Sie diese Funktion in der Umgebung der „Arbeitstemperatur"
   $T_0 = 373{,}15\,K$ für $a = 0{,}1\,\Omega$ und $b = 2500\,K$.

b) Berechnen Sie den Wert des *Temperaturkoeffizienten* $\alpha = \dfrac{1}{R} \cdot \dfrac{dR}{dT}$ bei dieser Temperatur.

Lehrbuch: Bd. 1, IV.3.2

Lösung:

a) Bild III-19 zeigt den Verlauf der Kennlinie

$$R(T) = 0,1\,\Omega \cdot e^{\frac{2500\,\text{K}}{T}}$$

im Temperaturbereich $320\,\text{K} \leqslant T \leqslant 430\,\text{K}$,
d.h. für Temperaturen zwischen ca. $47\,^{\circ}\text{C}$
und ca. $157\,^{\circ}\text{C}$.

Die „Koordinaten" des *Arbeitspunktes A*
sind $T_0 = 373{,}15\,\text{K}$ und
$R_0 = R(T_0) = 81{,}22\,\Omega$.

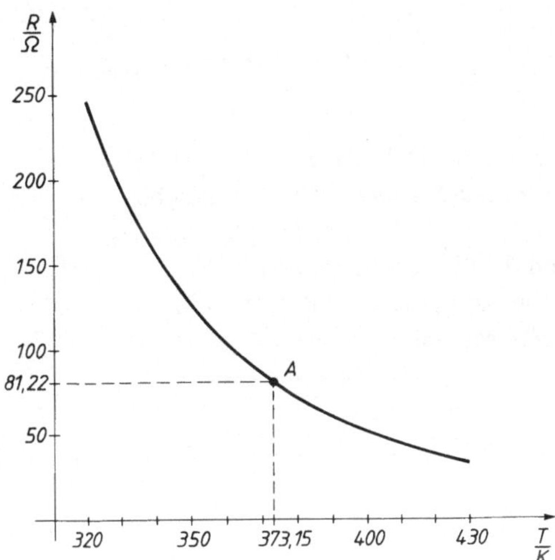

Bild III-19

Die *Steigung* der Kurventangente in A ist die *1. Ableitung* der Funktion $R = R(T)$ an der
Stelle T_0 *(Kettenregel!)*:

$$R'(T) = \frac{dR}{dT} = 0,1\,\Omega \cdot \left(-\frac{2500\,\text{K}}{T^2}\right) \cdot e^{\frac{2500\,\text{K}}{T}} = -\frac{250\,\Omega \cdot \text{K}}{T^2} \cdot e^{\frac{2500\,\text{K}}{T}}$$

$$R'(T_0 = 373{,}15\,\text{K}) = -\frac{250\,\Omega \cdot \text{K}}{(373{,}15\,\text{K})^2} \cdot e^{\frac{2500\,\text{K}}{373{,}15\,\text{K}}} = -1{,}458\,\frac{\Omega}{\text{K}}$$

Die Gleichung der *Tangente* in A lautet somit in der *Punkt-Steigungsform*

$$\frac{R - R_0}{T - T_0} = R'(T_0) \quad \Rightarrow \quad \frac{R - 81{,}22\,\Omega}{T - 373{,}15\,\text{K}} = -1{,}458\,\frac{\Omega}{\text{K}}$$

oder in der *Hauptform*

$$R = -1{,}458\,\frac{\Omega}{\text{K}} \cdot T + 625{,}28\,\Omega$$

In der Umgebung der „Arbeitstemperatur" $T_0 = 373{,}15\,\text{K}$ gilt dann *näherungsweise*

$$R = 0,1\,\Omega \cdot e^{\frac{2500\,\text{K}}{T}} \approx -1{,}458\,\frac{\Omega}{\text{K}} \cdot T + 625{,}28\,\Omega$$

(sog. *linearisierte* Kennlinie).

b) Unter Berücksichtigung der Ergebnisse aus dem Lösungsteil a) folgt für den *Temperaturkoeffizient*
bei der Temperatur $T_0 = 373{,}15\,\text{K}$

$$\alpha = \frac{1}{R_0} \cdot \left.\frac{dR}{dT}\right|_{T = T_0} = \frac{1}{R_0} \cdot R'(T_0) = \frac{R'(T_0)}{R_0} = \frac{-1{,}458\,\frac{\Omega}{\text{K}}}{81{,}22\,\Omega} = -0{,}0180\,\text{K}^{-1}$$

Übung 11:   Gruppenschaltung von Batterien
Extremwertaufgabe

Die in Bild III-20 dargestellte sog.
Gruppenschaltung enthält z gleiche
Batterien mit der Quellenspannung U_q
und dem Innenwiderstand R_i.
Dabei sind jeweils n Batterien in
Reihe geschaltet, insgesamt gibt es
m solcher *parallel* geschalteter
Reihen ($m \cdot n = z$).

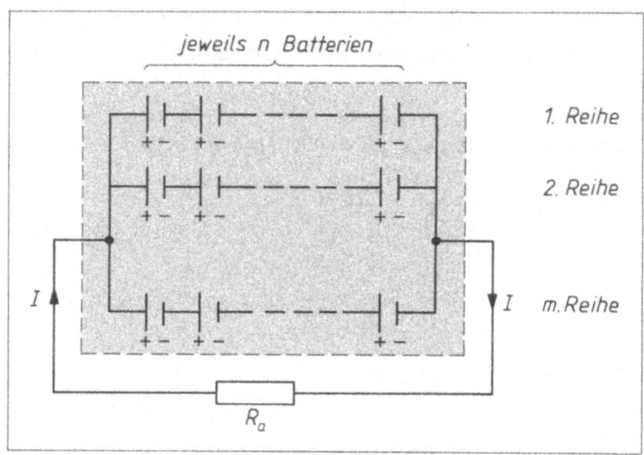

Bild III-20

a) Bestimmen Sie mit Hilfe der *Kirchhoffschen Regeln* [A13] die *Gesamtspannung U* und
   den *Gesamtwiderstand R* dieser Schaltung in Abhängigkeit von der *natürlichen*
   Variablen n.

b) An die unter a) bestimmte *Ersatzspannungsquelle* (Spannung U, Innenwiderstand R)
   wird ein *äußerer* Widerstand R_a gelegt. *Wieviele* Batterien muß *jede* Reihe enthalten,
   damit die Stromstärke I den *größtmöglichen* Wert annimmt?

($z = 32$; $R_i = 6\,\Omega$; $U_q = 2\,\text{V}$; $R_a = 3\,\Omega$)

Lösungshinweis: Stellen Sie bei der Teilaufgabe b) zunächst die Stromstärke I als eine
Funktion der *natürlichen* Variablen n dar.

Lehrbuch: Bd. 1, IV.3.4	*Physikalische Grundlagen:* A13, A14

Lösung:

a) Jede Reihe enthält n Batterien, deren Innenwiderstände R_i und Quellenspannungen U_q sich nach
   den *Kirchhoffschen Regeln* der *Reihenschaltung* [A13] jeweils *addieren*. Die Ersatzspannungsquelle
   einer *Reihe* hat demnach den Innenwiderstand nR_i und liefert die Spannung $n\,U_q$. Jetzt werden m
   solcher Reihen, d.h. m Ersatzspannungsquellen mit der Quellenspannung $n\,U_q$ und dem Innenwiderstand nR_i *parallel* geschaltet. Für die Widerstände gilt dann [A13]

$$\frac{1}{R} = \underbrace{\frac{1}{nR_i} + \frac{1}{nR_i} + \ldots + \frac{1}{nR_i}}_{m \text{ Summanden}} = m \cdot \frac{1}{nR_i} = \frac{m}{n} \cdot \frac{1}{R_i}$$

Somit ist unter Berücksichtigung von $m = z/n$

$$R = \frac{n}{m}R_i = \frac{n^2}{z}R_i$$

der *Gesamtwiderstand* der *Gruppenschaltung*. Da sich die Spannung bei Parallelschaltung *nicht*
ändert [A13], beträgt die *Gesamtspannung* der *Gruppenschaltung*

$$U = nU_q$$

b) Für die in Bild III-21 skizzierte *Reihenschaltung*
   aus der Ersatzspannungsquelle (Gruppenschaltung)
   und dem äußeren Widerstand R_a gilt dann nach
   dem *ohmschen Gesetz* [A14]

$$I = \frac{U}{R_g} = \frac{U}{R_a + R} = \frac{nU_q}{R_a + \frac{n^2}{z}R_i} = \frac{nzU_q}{zR_a + n^2 R_i}$$

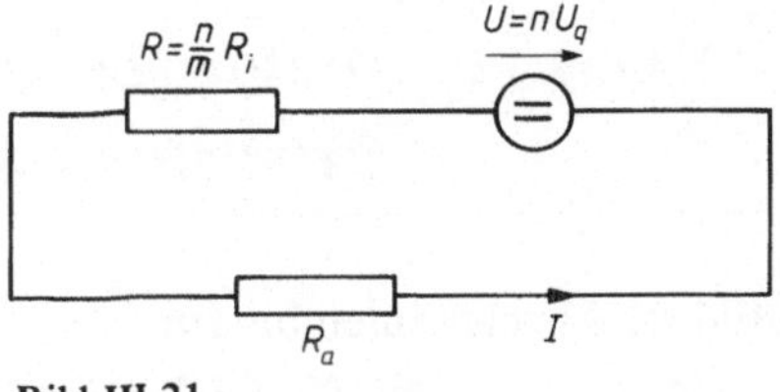

Bild III-21

($R_g = R_a + R$: *Gesamtwiderstand* der Schaltung). Wir fassen die Stromstärke I als eine Funktion
der *natürlichen* Variablen n auf:

$$I(n) = zU_q \frac{n}{zR_a + R_i n^2}$$

Für die Ermittlung des *Maximums* benötigen wir die ersten beiden Ableitungen. Sie lauten
(unter Verwendung der *Quotientenregel*):

$$I'(n) = zU_q \frac{1 \cdot (zR_a + R_i n^2) - nR_i \cdot 2n}{(zR_a + R_i n^2)^2} = zU_q \frac{zR_a - R_i n^2}{(zR_a + R_i n^2)^2}$$

$$I''(n) = zU_q \frac{-2R_i n(zR_a + R_i n^2)^2 - 2(zR_a + R_i n^2) \cdot 2R_i n \cdot (zR_a - R_i n^2)}{(zR_a + R_i n^2)^4} =$$

$$= zU_q \frac{-2R_i n(zR_a + R_i n^2) - 4R_i n(zR_a - R_i n^2)}{(zR_a + R_i n^2)^3} =$$

$$= -2zU_q R_i n \frac{3zR_a - R_i n^2}{(zR_a + R_i n^2)^3}$$

Aus der *notwendigen* Bedingung $I'(n) = 0$ folgt dann unter Berücksichtigung der vorgegebenen
Werte für die Größen z, R_a und R_i

$$zU_q \frac{zR_a - R_i n^2}{(zR_a + R_i n^2)^2} = 0 \;\Rightarrow\; zR_a - R_i n^2 = 0 \;\Rightarrow\; n = \sqrt{\frac{zR_a}{R_i}} = \sqrt{\frac{32 \cdot 3\,\Omega}{6\,\Omega}} = 4$$

Wir prüfen nun anhand der 2. Ableitung, ob auch ein *Maximum* vorliegt:

$$I''(n = 4) = -2 \cdot 32 \cdot 2\,\text{V} \cdot 6\,\Omega \cdot 4 \frac{3 \cdot 32 \cdot 3\,\Omega - 6\,\Omega \cdot 16}{(32 \cdot 3\,\Omega + 6\,\Omega \cdot 16)^3} = -\frac{1}{12}\,\text{A} < 0$$

Dies ist somit der Fall. Die *Lösung* der Extremwertaufgabe lautet somit: $n = 4$, $m = 8$, d.h. die
Gruppenschaltung besteht aus 8 Reihen zu je 4 Batterien. Die Stromstärke besitzt dann den
Maximalwert

$$I_{\max} = I(n = 4) = 32 \cdot 2\,\text{V} \frac{4}{32 \cdot 3\,\Omega + 6\,\Omega \cdot 16} = \frac{4}{3}\,\text{A} \approx 1{,}33\,\text{A}$$

Übung 12: Wurfparabel eines Wasserstrahls
Extremwertaufgabe

Bild III-22 zeigt einen bis zur Höhe H mit *Wasser* gefüllten *Zylinder*. In der Tiefe h (von der als *unveränderlich* angenommenen *Wasseroberfläche* aus gerechnet) befindet sich eine *seitliche* Öffnung, aus der das Wasser in *waagerechter* Richtung mit der nach der Formel $v_0 = \sqrt{2gh}$ berechneten Geschwindigkeit austritt. An *welcher* Stelle A des Gefäßes muß man diese Öffnung anbringen, damit der seitlich austretende Wasserstrahl den Boden an einer *möglichst weit* entfernten Stelle B (in horizontaler Richtung gemessen) trifft?

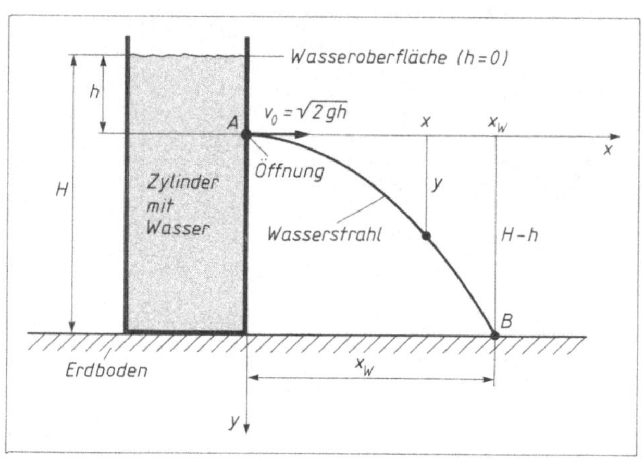

Bild III-22

Lösungshinweis: Die Bewegung des Wasserstrahls kann in guter Näherung als ein *waagerechter Wurf* im luftleeren Raum betrachtet werden (s. hierzu auch Übung 4 in Kapitel II).

Lehrbuch: Bd. 1, IV.3.4	*Physikalische Grundlagen:* A17

Lösung:

Die *Koordinaten* eines Wasserstrahlteilchens zur Zeit t lauten[5]:

$$x = v_0 t , \qquad y = \frac{1}{2} g t^2, \qquad t \geq 0$$

Wir *eliminieren* den Zeitparameter t und erhalten als Gleichung des Wasserstrahls die *Wurfparabel*

$$y = \frac{1}{2} g t^2 = \frac{1}{2} g \left(\frac{x}{v_0} \right)^2 = \frac{g}{2 v_0^2} \cdot x^2 = \frac{g}{2 \cdot 2gh} \cdot x^2 = \frac{x^2}{4h}, \qquad x \geq 0$$

In diese Gleichung setzen wir die Koordinaten des *Auftreffpunktes* $B = (x_W; H - h)$ ein und lösen nach x_W auf:

$$H - h = \frac{x_W^2}{4h} \qquad \text{oder} \qquad x_W^2 = 4h \, (H - h)$$

$$x_W = 2 \sqrt{h \, (H - h)} = 2 \sqrt{Hh - h^2}, \qquad 0 \leq h \leq H$$

---

[5] Die Bewegung in der *x-Richtung* erfolgt mit der *konstanten* Geschwindigkeit v_0, in der *y-Richtung* gelten die Gesetze des *freien Falls* [A17].

Erwartungsgemäß hängt die „Wurfweite" x_W noch von der Lage der Austrittsöffnung, d.h. von h ab.
Der *Maximalwert* wird erreicht, wenn die „*Zielfunktion*"

$$z\,(h) = Hh - h^2, \qquad 0 \leqslant h \leqslant H$$

ihr *Maximum* annimmt[6]. Mit den benötigten Ableitungen

$$z'\,(h) = H - 2h \quad \text{und} \quad z''\,(h) = -2 < 0$$

folgt aus der *notwendigen* Bedingung $z'\,(h) = 0$

$$H - 2h = 0 \quad \text{oder} \quad h = H/2$$

Ferner ist

$$z''\,(H/2) = -2 < 0$$

so daß auch das *hinreichende* Kriterium für ein *Maximum* erfüllt ist. Die *Wurfweite* x_W erreicht somit
ihren *größtmöglichen* Wert, wenn die Austrittsöffnung genau in der *Mitte* des Gefäßes liegt. Sie beträgt
dann

$$x_{W,\,\max} = x_W\,(H/2) = 2\sqrt{\frac{H}{2}\left(H - \frac{H}{2}\right)} = H$$

Übung 13: Scheibenpendel mit minimaler Schwingungsdauer
Extremwertaufgabe

Bild III-23 zeigt ein *physikalisches Pendel* mit
einer homogenen *Kreisscheibe* (Radius R,
Masse m) als schwingenden Körper. Die
Schwingung erfolgt dabei um die eingezeichnete Achse A (*senkrecht* zur Zeichenebene)
mit der nach der Formel

$$T = 2\pi \cdot \sqrt{\frac{J_A}{mgx}}$$

berechneten Schwingungsdauer. Für *welchen*
Wert der Abstandskoordinate x schwingt
dieses Pendel mit der *kleinstmöglichen*
Schwingungsdauer T?

(g: Erdbeschleunigung; x: Abstand des
Schwerpunktes S von der Achse A;
J_A: Massenträgheitsmoment der Scheibe
bezüglich der Achse A).

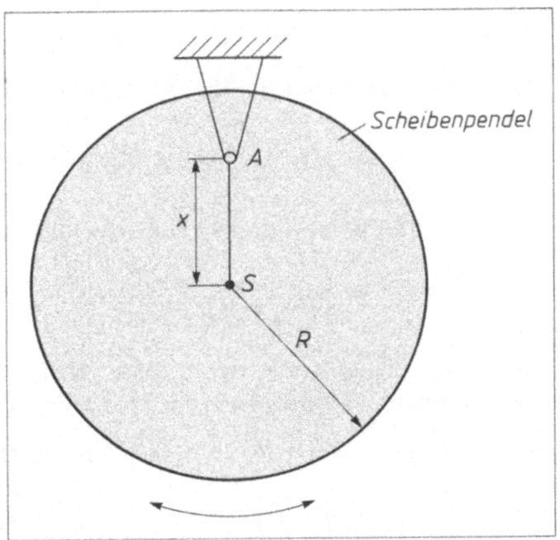

Bild III-23

---

6) x_W wird *maximal*, wenn der unter der Wurzel stehende Ausdruck $Hh - h^2$ seinen *größtmöglichen*
    Wert erreicht.

Lösungshinweis: Das Massenträgheitsmoment J_A läßt sich nach dem *Satz von Steiner* [A31] bestimmen. Das dabei benötigte Massenträgheitsmoment der Scheibe bezüglich der zur Achse A *parallelen Schwerpunktachse* S beträgt $J_S = \frac{1}{2}\, mR^2$.

Lehrbuch: Bd. 1, IV.3.4	*Physikalische Grundlagen:* A31

Lösung:

Zunächst berechnen wir das Massenträgheitsmoment J_A mit Hilfe des *Satzes von Steiner* [A31]:

$$J_A = J_S + mx^2 = \frac{1}{2}\, mR^2 + mx^2 = \frac{1}{2}\, m\, (R^2 + 2x^2)$$

Für die Schwingungsdauer T gilt somit

$$T = T(x) = 2\pi \cdot \sqrt{\frac{R^2 + 2x^2}{2gx}} = \sqrt{\frac{2\pi^2}{g}} \cdot \sqrt{\frac{R^2 + 2x^2}{x}}, \qquad 0 < x \leqslant R$$

$T(x)$ wird *minimal,* wenn die unter der Wurzel stehende *Hilfsfunktion ("Zielfunktion")*

$$z(x) = \frac{R^2 + 2x^2}{x}, \qquad 0 < x \leqslant R$$

ihr *Minimum* erreicht. Die benötigten Ableitungen dieser Funktion lauten (unter Verwendung der *Quotientenregel*):

$$z'(x) = \frac{4x \cdot x - 1 \cdot (R^2 + 2x^2)}{x^2} = \frac{2x^2 - R^2}{x^2}$$

$$z''(x) = \frac{4x \cdot x^2 - 2x(2x^2 - R^2)}{x^4} = \frac{2R^2 x}{x^4} = \frac{2R^2}{x^3}$$

Aus der *notwendigen* Bedingung $z'(x) = 0$ folgt

$$\frac{2x^2 - R^2}{x^2} = 0 \;\Rightarrow\; 2x^2 - R^2 = 0 \;\Rightarrow\; x_{1/2} = \pm \frac{1}{2}\, R\sqrt{2} \approx \pm\, 0{,}707\, R$$

Wegen $x > 0$ kommt nur der *positive,* im Intervall $0 < x \leqslant R$ liegende Wert infrage. Da

$$z''\left(x_1 = \frac{1}{2}\, R\sqrt{2}\right) = \frac{4\sqrt{2}}{R} > 0$$

ist, besitzt die Zielfunktion an dieser Stelle ein *Minimum.* Die *Schwingungsdauer* T des physikalischen Scheibenpendels wird somit am *kleinsten,* wenn der Abstand zwischen Aufhängepunkt A und Schwerpunkt S genau $x = \frac{1}{2}\, R\sqrt{2} \approx 0{,}707\, R$ beträgt. Sie besitzt dann den Wert

$$T_{\min} = T\left(x = \frac{1}{2}\, R\sqrt{2}\right) = 2\pi \cdot \sqrt{\frac{\sqrt{2}\, R}{g}} \approx 7{,}472 \cdot \sqrt{\frac{R}{g}}$$

Übung 14: Leistungsanpassung eines Verbraucherwiderstandes
Extremwertaufgabe

Bild III-24 zeigt einen *veränderlichen*
Verbraucherwiderstand R_a, der von einer
Spannungsquelle mit der Quellenspannung U_0
und dem Innenwiderstand R_i gespeist wird.
Bei *Kurzschluß* (d.h. $R_a = 0$) und *Leerlauf*
(d.h. $R_a \to \infty$) erfolgt *keine* Leistungsaufnahme. Dazwischen gibt es für den
Verbraucherwiderstand R_a einen Wert,
bei dem er die *größtmögliche* Energie auf-
nimmt (sog. *Leistungsanpassung*).
Bestimmen Sie diesen *Extremwert*.

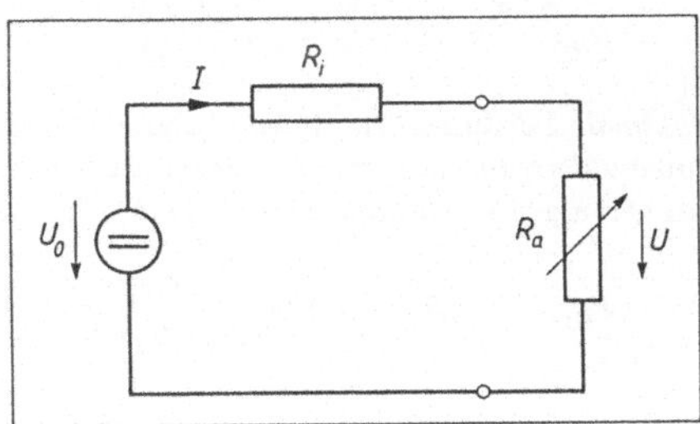

Bild III-24

Lösungshinweis: Stellen Sie zunächst die vom Verbraucherwiderstand R_a aufgenommene
Leistung P [A33] als eine *Funktion* von R_a dar und bestimmen Sie dann das *Maximum*
dieser Funktion.

Lehrbuch: Bd. 1, IV.3.4
Physikalische Grundlagen: A13, A14, A32, A33

Lösung:

Der *Gesamtwiderstand* der Reihenschaltung [A13] ist $R_g = R_a + R_i$, nach dem *Ohmschen Gesetz* [A14]
fließt ein *Strom* der Stärke

$$I = \frac{U_0}{R_g} = \frac{U_0}{R_a + R_i}$$

Die am Verbraucher liegende Spannung U ist dann nach der *Maschenregel* [A32]

$$U = U_0 - R_i I$$

($R_i I$: Spannungsabfall am *Innenwiderstand* der Spannungsquelle). Somit beträgt die vom Verbraucherwiderstand R_a aufgenommene *Leistung* [A33]

$$P = UI = (U_0 - R_i I)\, I = \left(U_0 - \frac{R_i U_0}{R_a + R_i} \right) \left(\frac{U_0}{R_a + R_i} \right) =$$

$$= \left(\frac{R_a U_0 + R_i U_0 - R_i U_0}{R_a + R_i} \right) \left(\frac{U_0}{R_a + R_i} \right) = \frac{U_0^2 R_a}{(R_a + R_i)^2} = U_0^2 \frac{R_a}{(R_a + R_i)^2}$$

Sie hängt noch von R_a ab. Wir bestimmen das *Maximum* dieser Funktion aus den *hinreichenden*
Bedingungen $\dfrac{dP}{dR_a} = 0$ und $\dfrac{d^2 P}{dR_a^2} < 0$. Die dabei benötigten Ableitungen lauten (unter Verwendung
der *Quotientenregel*):

$$\frac{dP}{dR_a} = U_0^2 \frac{1 \cdot (R_a + R_i)^2 - 2(R_a + R_i) \cdot R_a}{(R_a + R_i)^4} = \frac{U_0^2 (R_i - R_a)}{(R_a + R_i)^3}$$

$$\frac{d^2 P}{dR_a^2} = U_0^2 \frac{-1 \cdot (R_a + R_i)^3 - 3(R_a + R_i)^2 (R_i - R_a)}{(R_a + R_i)^6} = \frac{2 U_0^2 (R_a - 2R_i)}{(R_a + R_i)^4}$$

Damit erhalten wir

$$\frac{dP}{dR_a} = 0 \;\Rightarrow\; \frac{U_0^2\,(R_i - R_a)}{(R_a + R_i)^3} = 0 \;\Rightarrow\; R_i - R_a = 0 \;\Rightarrow\; R_a = R_i$$

$$\frac{d^2 P}{dR_a^2}\,(R_a = R_i) = \frac{2\,U_0^2\,(R_i - 2R_i)}{(R_i + R_i)^4} = -\,\frac{U_0^2}{8\,R_i^3} < 0$$

Maximale Leistungsaufnahme erfolgt somit für $R_a = R_i$, d.h. wenn der *Verbraucherwiderstand* mit dem *Innenwiderstand* der Spannungsquelle *übereinstimmt*. Bild III-25 zeigt die *Verbraucherleistung P* als Funktion des *Verbraucherwiderstandes* R_a. *Der Maximalwert* der Leistung beträgt

$$P_{\max} = P\,(R_a = R_i) = \frac{U_0^2\,R_i}{(R_i + R_i)^2} = \frac{U_0^2}{4\,R_i}$$

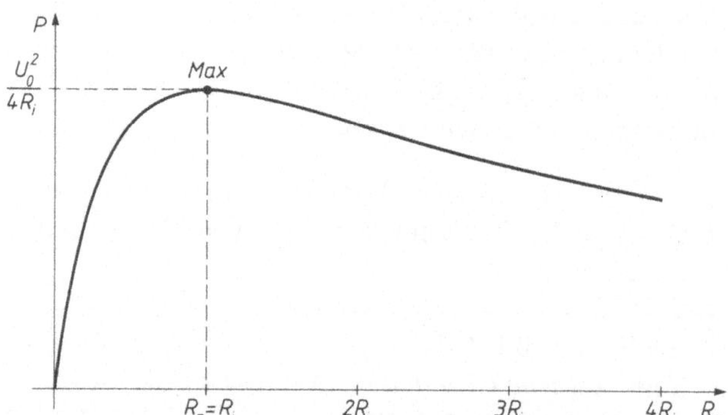

Bild III-25

Übung 15:   Resonanzfall bei einer erzwungenen Schwingung
Extremwertberechnung

Ein *schwingungsfähiges mechanisches System* (Modell: elastisches Federpendel) mit der Masse m und der Eigenkreisfrequenz ω_0 wird durch eine *periodisch* von der Zeit t abhängige *äußere* Kraft mit der Gleichung

$$F(t) = F_0 \cdot \sin(\omega t), \qquad t \geqslant 0$$

zu *erzwungenen* Schwingungen angeregt. Das System schwingt dann nach Ablauf einer gewissen Einschwingphase mit der von außen *aufgezwungenen* Erregerkreisfrequenz ω, wobei die *Schwingungsamplitude A* noch wie folgt von dieser *Kreisfrequenz* abhängt:

$$A = A(\omega) = \frac{F_0}{m\,\sqrt{(\omega^2 - \omega_0^2)^2 + 4\,\delta^2\,\omega^2}}, \qquad \omega > 0$$

(δ: Dämpfungsfaktor). Bei *welcher* Kreisfrequenz ω_R schwingt das System mit *größtmöglicher* Amplitude (sog. *Resonanzfall*)?

Lehrbuch: Bd. 1, IV.3.3.2

Lösung:

Die Amplitude A erreicht genau dann ihren *größtmöglichen* Wert, wenn der unter der Wurzel stehende Ausdruck (auch „Zielfunktion" genannt)

$$z(\omega) = (\omega^2 - \omega_0^2)^2 + 4\delta^2\,\omega^2, \qquad \omega > 0$$

seinen *kleinsten* Wert annimmt. Zur Berechnung dieses *Extremwertes* benötigen wir die ersten beiden Ableitungen. Sie lauten (unter Verwendung der *Ketten-* bzw. *Produktregel*):

$$z'(\omega) = 2(\omega^2 - \omega_0^2)\cdot 2\omega + 8\delta^2\omega = 4\omega\,(\omega^2 - \omega_0^2 + 2\delta^2)$$

$$z''(\omega) = 4(\omega^2 - \omega_0^2 + 2\delta^2) + 4\omega\cdot 2\omega = 4(3\omega^2 - \omega_0^2 + 2\delta^2)$$

Aus der *notwendigen* Bedingung $z'(\omega) = 0$ folgt dann

$$4\omega\,(\omega^2 - \omega_0^2 + 2\delta^2) = 0$$

und weiter wegen $\omega > 0$

$$\omega^2 - \omega_0^2 + 2\delta^2 = 0 \quad\Rightarrow\quad \omega_{1/2} = \pm\sqrt{\omega_0^2 - 2\delta^2}$$

Es kommt jedoch nur die *positive* Lösung ω_1 infrage. Für diesen Wert ist die 2. Ableitung *positiv*:

$$z''(\omega_1) = 4\left(3\omega_1^2 - \omega_0^2 + 2\delta^2\right) = 4\left[3\left(\omega_0^2 - 2\delta^2\right) - \omega_0^2 + 2\delta^2\right] = 8\underbrace{\left(\omega_0^2 - 2\delta^2\right)}_{\omega_1^2} = 8\omega_1^2 > 0$$

Die *Zielfunktion* $z(\omega)$ besitzt daher für ω_1 ein *relatives Minimum*. Der *Resonanzfall* tritt somit bei der Kreisfrequenz $\omega_R = \omega_1 = \sqrt{\omega_0^2 - 2\delta^2}$ ein (sog. *Resonanzkreisfrequenz*). Die Schwingungsamplitude erreicht dann ihren *größtmöglichen* Wert

$$A_{max} = A(\omega_R) = \frac{F_0}{m\,\sqrt{(\omega_R^2 - \omega_0^2)^2 + 4\delta^2\,\omega_R^2}} = \frac{F_0}{2m\delta\,\sqrt{\omega_0^2 - \delta^2}}$$

Bild III-26 zeigt den Verlauf der *Amplitudenfunktion* $A = A(\omega)$ (sog. *Resonanzkurve*). Infolge der *Dämpfung* liegt die Resonanzstelle ω_R stets *unterhalb* der Eigenkreisfrequenz ω_0!

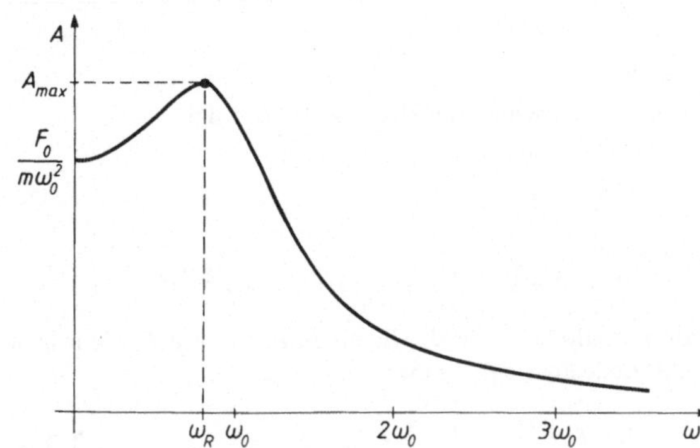

Bild III-26

Übung 16: Optimale Beleuchtung eines Punktes durch eine Lichtquelle

Extremwertaufgabe

Ein fester Punkt A einer ebenen *Bühne* wird durch eine in der Höhe verstellbare *punktförmige Lichtquelle L* mit der konstanten Lichtstärke I_0 beleuchtet (Bild III-27). Die von der Lichtquelle L im Punkt A erzeugte *Beleuchtungsstärke B* genügt dabei dem *Lambertschen Gesetz*

$$B = \frac{I_0 \cdot \cos \alpha}{r^2}$$

Dabei ist α der Einfallswinkel des Lichtes und r der Abstand zwischen der Lichtquelle und dem Punkt A. In welcher *Höhe h* über der Bühne muß man die Lichtquelle anbringen, damit der Punkt A *optimal* beleuchtet wird, d.h. damit die Beleuchtungsstärke B im Punkt A ihren *größtmöglichen* Wert erreicht?

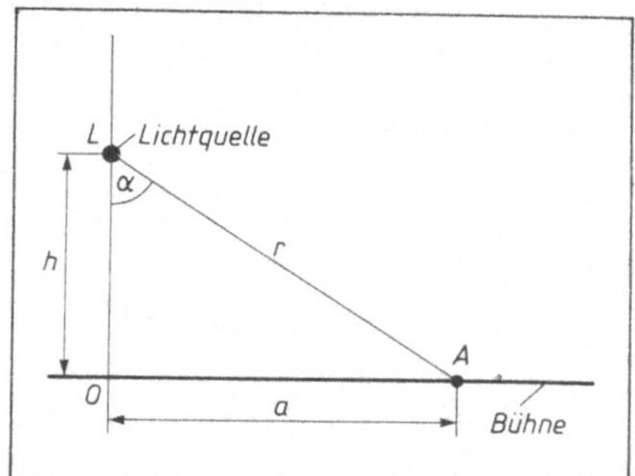

Bild III-27

Lösungshinweis: Stellen Sie zunächst die Beleuchtungsstärke B als eine nur von der *Höhe h* abhängige Funktion dar (die Abstandsgröße a ist vorgegeben).

Lehrbuch: Bd. 1, IV.3.3.2

Lösung:

Aus dem rechtwinkligen Dreieck OAL folgt

$$\cos \alpha = \frac{h}{r}$$

und

$$r^2 = a^2 + h^2 \qquad \text{oder} \qquad r = (a^2 + h^2)^{1/2}$$

Damit erhalten wir für die *Beleuchtungsstärke B* die folgende Abhängigkeit von der *Höhe h* der Lichtquelle über der Bühne:

$$B = I_0 \frac{\cos \alpha}{r^2} = I_0 \frac{h}{r^3} = I_0 \frac{h}{(a^2 + h^2)^{3/2}}, \qquad h \geqslant 0$$

Die für die Bestimmung des Extremwertes (Maximums) benötigten *Ableitungen* lauten (unter Verwendung der *Quotienten-* und *Kettenregel*)

$$B'(h) = I_0 \frac{1 \cdot (a^2 + h^2)^{3/2} - \frac{3}{2}(a^2 + h^2)^{1/2} \cdot 2h \cdot h}{(a^2 + h^2)^3} = I_0 \frac{(a^2 + h^2)^{1/2}\,[a^2 + h^2 - 3h^2]}{(a^2 + h^2)^3} =$$

$$= I_0 \frac{a^2 - 2h^2}{(a^2 + h^2)^{5/2}}$$

$$B''(h) = I_0 \frac{-4h\,(a^2+h^2)^{5/2} - \frac{5}{2}(a^2+h^2)^{3/2} \cdot 2h\,(a^2-2h^2)}{(a^2+h^2)^5} =$$

$$= I_0 \frac{(a^2+h^2)^{3/2}\left[-4h\,(a^2+h^2) - 5h\,(a^2-2h^2)\right]}{(a^2+h^2)^5} = 3I_0 \frac{h\,(2h^2-3a^2)}{(a^2+h^2)^{7/2}}$$

Aus der *notwendigen* Bedingung $B'(h) = 0$ folgt dann

$$I_0 \frac{a^2-2h^2}{(a^2+h^2)^{5/2}} = 0 \;\Rightarrow\; a^2-2h^2 = 0 \;\Rightarrow\; h_{1/2} = \pm \frac{1}{2}\sqrt{2}\,a$$

wobei nur der *positive* Wert als Lösung infrage kommt. Wegen

$$B''\left(h_1 = \frac{1}{2}\sqrt{2}\,a\right) = -\frac{16\sqrt{3}\,I_0}{27\,a^4} < 0$$

erreicht die Beleuchtungsstärke im Punkt A bei der Höhe $h = \frac{1}{2}\sqrt{2}\,a \approx 0{,}707\,a$ ihren *größtmöglichen* Wert. Er beträgt

$$B_{\max} = B\left(h = \frac{1}{2}\sqrt{2}\,a\right) = \frac{2\sqrt{3}\,I_0}{9\,a^2}$$

Übung 17: Gaußsche Normalverteilung
Extremwerte, Wendepunkte

Meßwerte und *Meßfehler* einer Größe x unterliegen in der Regel der sog. *Gaußschen Normalverteilung* mit der Verteilungsdichtefunktion[7]

$$\varphi(x) = \frac{1}{\sqrt{2\pi}\,\sigma} \cdot e^{-\frac{1}{2}\left(\frac{x-\mu}{\sigma}\right)^2}, \qquad -\infty < x < \infty$$

und den beiden *Kennwerten (Parametern)*

    μ: *Mittelwert* oder *Erwartungswert*

    σ: *Standardabweichung*

a) Bestimmen Sie die *Extremwerte* und *Wendepunkte* der Verteilungskurve und zeigen Sie, daß diese durch die beiden Kennwerte eindeutig festgelegt sind.

b) *Skizzieren* Sie den Verlauf dieser Funktion.

Lehrbuch: Bd. 1, IV.3.3.2 und IV.3.3.3

---

[7] Siehe hierzu Band 2, Abschnitt VI.2.2.

Lösung:

a) Ableitungen

Wir differenzieren $\varphi(x)$ nach der *Kettenregel* und erhalten

$$\varphi'(x) = \frac{1}{\sqrt{2\pi}\,\sigma} \cdot \left(-\frac{1}{2}\right) \cdot 2\left(\frac{x-\mu}{\sigma}\right) \cdot \frac{1}{\sigma} \cdot e^{-\frac{1}{2}\left(\frac{x-\mu}{\sigma}\right)^2} = \frac{-1}{\sqrt{2\pi}\,\sigma^3}(x-\mu)\cdot e^{-\frac{1}{2}\left(\frac{x-\mu}{\sigma}\right)^2}$$

Durch nochmalige Differentiation unter Verwendung von *Produkt-* und *Kettenregel* folgt

$$\varphi''(x) = \frac{-1}{\sqrt{2\pi}\,\sigma^3}\left[1\cdot e^{-\frac{1}{2}\left(\frac{x-\mu}{\sigma}\right)^2} + (x-\mu)\left(-\frac{1}{2}\right)\cdot 2\cdot\left(\frac{x-\mu}{\sigma}\right)\cdot\frac{1}{\sigma}\cdot e^{-\frac{1}{2}\left(\frac{x-\mu}{\sigma}\right)^2}\right] =$$

$$= \frac{-1}{\sqrt{2\pi}\,\sigma^5}\left[\sigma^2 - (x-\mu)^2\right]\cdot e^{-\frac{1}{2}\left(\frac{x-\mu}{\sigma}\right)^2}$$

und schließlich (wiederum nach der *Produkt-* und *Kettenregel*)

$$\varphi'''(x) = \frac{1}{\sqrt{2\pi}\,\sigma^7}(x-\mu)\left[3\sigma^2 - (x-\mu)^2\right]\cdot e^{-\frac{1}{2}\left(\frac{x-\mu}{\sigma}\right)^2}$$

Extremwerte: $\varphi'(x) = 0,\ \varphi''(x) \neq 0$

$$\varphi'(x) = 0 \ \Rightarrow\ \frac{-1}{\sqrt{2\pi}\,\sigma^3}(x-\mu)\cdot \underbrace{e^{-\frac{1}{2}\left(\frac{x-\mu}{\sigma}\right)^2}}_{\neq 0} = 0 \ \Rightarrow\ x-\mu = 0 \ \Rightarrow\ x_1 = \mu$$

$$\varphi''(x_1 = \mu) = -\frac{1}{\sqrt{2\pi}\,\sigma^3} < 0 \ \Rightarrow\ \text{relatives } \textit{Maximum}$$

Maximum: $\text{Max} = \left(\mu;\ \dfrac{1}{\sqrt{2\pi}\,\sigma}\right)$

Das *relative Maximum* ist zugleich auch das *absolute Maximum*, seine Lage ist *eindeutig* durch den Kennwert μ bestimmt.

Wendepunkte: $\varphi''(x) = 0,\ \varphi'''(x) \neq 0$

$$\varphi''(x) = -\frac{1}{\sqrt{2\pi}\,\sigma^5}\left[\sigma^2 - (x-\mu)^2\right]\cdot \underbrace{e^{-\frac{1}{2}\left(\frac{x-\mu}{\sigma}\right)^2}}_{\neq 0} = 0 \ \Rightarrow\ \sigma^2 - (x-\mu)^2 = 0 \ \Rightarrow\ x_{2/3} = \mu \pm \sigma$$

$$\left.\begin{array}{l}\varphi'''(x_2 = \mu + \sigma) = \dfrac{2}{\sqrt{2\pi e}\,\sigma^4} \neq 0 \\[3mm] \varphi'''(x_3 = \mu - \sigma) = -\dfrac{2}{\sqrt{2\pi e}\,\sigma^4} \neq 0\end{array}\right\} \ \Rightarrow\ \textit{Wendepunkte} \text{ bei } x_{2/3} = \mu \pm \sigma$$

Wendepunkte: $W_{1/2} = \left(\mu \pm \sigma;\ \dfrac{1}{\sqrt{2\pi e}\,\sigma}\right)$

Die Lage der beiden *Wendepunkte* ist damit *eindeutig* durch die beiden Kennwerte μ und σ bestimmt.

b) Die Normalverteilungsdichtefunktion
   besitzt ein (absolutes) *Maximum*
   bei $x_1 = \mu$, zwei *symmetrisch*
   zum Maximum liegende *Wende-*
   punkte bei $x_{2/3} = \mu \pm \sigma$, jedoch
   keine Nullstellen. *Symmetrie-*
   achse ist die Parallele zur φ-*Achse*
   durch das Maximum (Gerade
   $x = \mu$), für *große* $|x|$ strebt die
   Funktion asymptotisch gegen
   die x-*Achse* ($\varphi = 0$ ist *Asymptote*
   im Unendlichen). Bild III-28
   zeigt den Verlauf dieser Funktion.

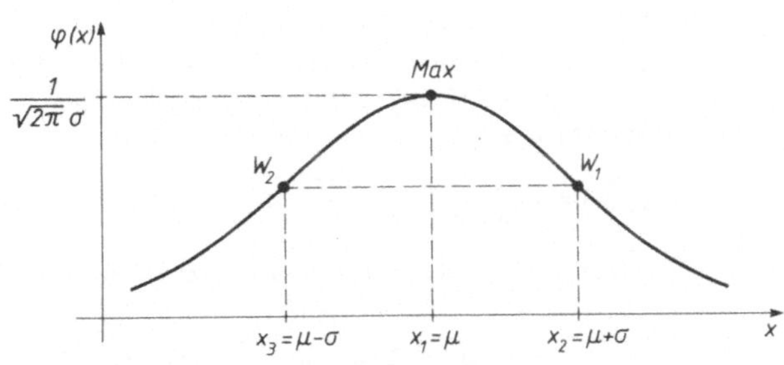

Bild III-28

Übung 18: Elektrische Feldstärke in der Umgebung einer elektrischen Doppelleitung
Kurvendiskussion

Die in Bild III-29 skizzierte *Doppel-*
leitung besteht aus zwei *parallelen*
Leitern (Drähten) der Länge l, die
entgegengesetzt gleichstark aufgeladen
sind (Ladung: $\pm Q$). Der Leiterabstand
beträgt $d = 2a$, der Leiterradius soll
vernachlässigbar klein sein. Das System
befindet sich in *Luft*.

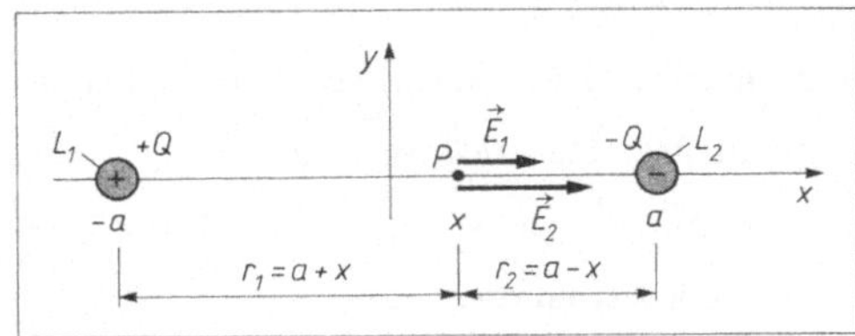

Bild III-29

a) Ermitteln Sie den funktionalen Zusammenhang zwischen der *elektrischen Feldstärke E*
   und der *Ortskoordinate x* eines Punktes P auf der *Verbindungslinie* der beiden Leiterquerschnitte.
b) *Diskutieren* Sie den Verlauf der unter a) hergeleiteten (gebrochenrationalen) Funktion
   $E = E(x)$ (Symmetrie, Nullstellen, Pole, vertikale Asymptoten, relative Extremwerte,
   Wendepunkte, Verhalten im Unendlichen, Skizze des Funktionsverlaufs).

Lösungshinweis: Gehen Sie zunächst von dem elektrischen Feld einer *Linienquelle* aus
[A34]. Das gesuchte Feld entsteht durch *ungestörte Überlagerung* der beiden Einzelfelder.
Die Dielektrizitätskonstante von Luft ist $\epsilon \approx 1$.

Lehrbuch: Bd. 1, IV.3.5	*Physikalische Grundlagen:* A34

Lösung:

a) Leiter L_1 erzeugt aufgrund seiner *positiven* Ladung ein *radial* nach *außen* gerichtetes elektrisches Feld, Leiter L_2 dagegen aufgrund seiner *negativen* Ladung ein *radial* nach *innen* gerichtetes elektrisches Feld. Die von den beiden Leitern im Punkt P erzeugten Feldstärkevektoren $\vec{E}_1$ und $\vec{E}_2$ sind somit *gleichgerichtet* (s. Bild III-29). L_1 erzeugt in P, d.h. im Abstand $r_1 = a + x$ ein Feld der Stärke [A34]

$$E_1\,(P) = \frac{Q}{2\pi\epsilon_0\,l r_1} = \frac{Q}{2\pi\epsilon_0\,l\,(a+x)}$$

Die von L_2 in P, d.h. im Abstand $r_2 = a - x$ erzeugte Feldstärke ist dem *Betrag* nach

$$E_2\,(P) = \frac{Q}{2\pi\epsilon_0\,l r_2} = \frac{Q}{2\pi\epsilon_0\,l\,(a-x)}$$

Die *Beträge* der beiden Feldstärkevektoren $\vec{E}_1$ und $\vec{E}_2$ *addieren* sich somit in P:

$$E\,(P) = E_1\,(P) + E_2\,(P) = \frac{Q}{2\pi\epsilon_0\,l\,(a+x)} + \frac{Q}{2\pi\epsilon_0\,l\,(a-x)} =$$

$$= \frac{Q}{2\pi\epsilon_0\,l} \left(\frac{1}{a+x} + \frac{1}{a-x} \right) = \frac{aQ}{\pi\epsilon_0\,l} \cdot \frac{1}{a^2 - x^2}$$

Diese Beziehung bleibt auch gültig für $|x| > a$, der *resultierende* Feldstärkevektor hat dort jedoch die *entgegengesetzte* Richtung ($E < 0$). Die *elektrische Feldstärke* längs der Verbindungslinie der beiden Leiter läßt sich demnach durch die *echt gebrochenrationale* Funktion

$$E\,(x) = \frac{aQ}{\pi\epsilon_0\,l} \cdot \frac{1}{a^2 - x^2}, \qquad |x| \neq a$$

beschreiben.

b) **Symmetrie:** $E\,(x)$ ist eine *gerade* Funktion: $E\,(-x) = E\,(x)$.

Nullstellen: Sind *nicht* vorhanden.

Pole: $a^2 - x^2 = 0 \;\Rightarrow\; x_{1/2} = \pm\,a$ (Pole *mit* Vorzeichenwechsel)

Vertikale Asymptoten: $x = \pm\,a$

In den *Polstellen*, d.h. in der Mitte der beiden Leiterquerschnitte wird die elektrische Feldstärke *unendlich* groß.

Ableitungen *(Ketten- bzw. Quotientenregel)*

$$E\,(x) = \frac{aQ}{\pi\epsilon_0\,l} \cdot \frac{1}{a^2 - x^2} = \frac{aQ}{\pi\epsilon_0\,l}\,(a^2 - x^2)^{-1}$$

$$E'\,(x) = \frac{aQ}{\pi\epsilon_0\,l}\,(-1)\cdot(a^2 - x^2)^{-2}\cdot(-2x) = \frac{2aQ}{\pi\epsilon_0\,l} \cdot \frac{x}{(a^2 - x^2)^2}$$

$$E''\,(x) = \frac{2aQ}{\pi\epsilon_0\,l} \cdot \frac{1\cdot(a^2 - x^2)^2 - x\cdot 2\,(a^2 - x^2)\,(-2x)}{(a^2 - x^2)^4} = \frac{2aQ}{\pi\epsilon_0\,l} \cdot \frac{3x^2 + a^2}{(a^2 - x^2)^3}$$

Die 3. Ableitung wird *nicht* benötigt, da $E''\,(x)$ stets *ungleich* null ist. Daher kann es *keine* Wendepunkte geben!

Relative Extremwerte: $E'(x) = 0,\ E''(x) \neq 0$

$$E'(x) = 0 \quad \Rightarrow \quad \frac{2aQ}{\pi\epsilon_0 l} \cdot \frac{x}{(a^2 - x^2)^2} = 0 \quad \Rightarrow \quad x = 0 \quad \Rightarrow \quad x_3 = 0$$

$$E''(x_3 = 0) = \frac{2Q}{\pi\epsilon_0 la^3} > 0 \quad \Rightarrow \quad \textit{relatives Minimum} \text{ bei } x_3 = 0$$

Minimum: $\text{Min} = \left(0;\ \dfrac{Q}{\pi\epsilon_0 la}\right)$

Wendepunkte: Sind *nicht* vorhanden,
da stets $E''(x) \neq 0$ ist.

Verhalten im Unendlichen: Die Funktion ist *echt gebrochenrational* und nähert sich somit für $x \to \pm\infty$ asymptotisch der *x-Achse.*

Skizze des Funktionsverlaufs: siehe Bild III-30.

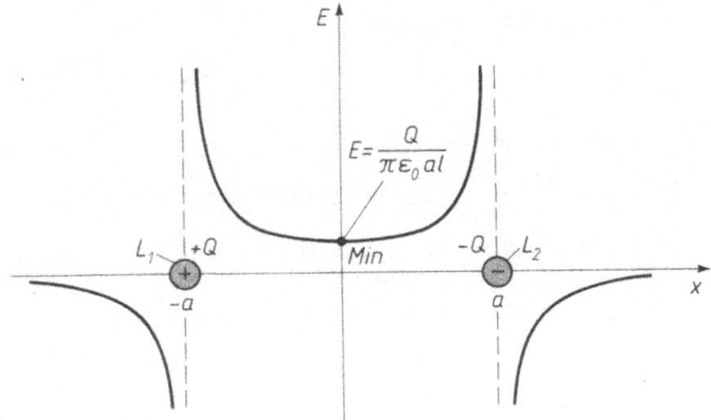

Bild III-30

Übung 19: Ungestörte Überlagerung zeitabhängiger Impulse
Kurvendiskussion

Auf einem Oszillograph wird der *sinusförmige* Impuls $y_1 = 2 \cdot \sin t$ mit dem *linearen* Impuls $y_2 = t$ zur Überlagerung gebracht (Bild III-31). *Diskutieren* Sie den zeitlichen Verlauf des *Gesamtimpulses*

$$y = y_1 + y_2 = 2 \cdot \sin t + t$$

für $t \geqslant 0$ (Nullstellen, relative Extremwerte, Wendepunkte, Skizze des Funktionsverlaufs).

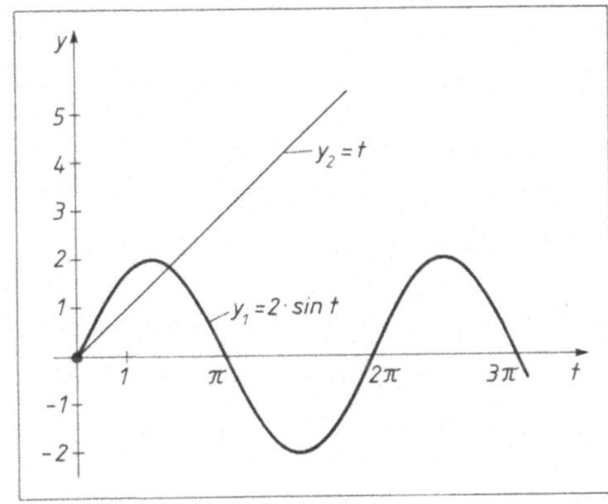

Bild III-31

Lehrbuch: Bd. 1, IV.3.5

Lösung:

Nullstellen: $y = 0$

$$2 \cdot \sin t + t = 0 \quad \text{oder} \quad 2 \cdot \sin t = -t \;\Rightarrow\; t_0 = 0$$

Es gibt, wie aus Bild III-32 unmittelbar ersichtlich, *keine* weiteren Nullstellen (die Kurven $y = 2 \cdot \sin t$ und $y = -t$ schneiden sich nur an der Stelle $t_0 = 0$).

Ableitungen der Funktion

$$y' = 2 \cdot \cos t + 1, \quad y'' = -2 \cdot \sin t, \quad y''' = -2 \cdot \cos t$$

Relative Extremwerte: $y' = 0$, $y'' \neq 0$

$$y' = 0 \;\Rightarrow\; 2 \cdot \cos t + 1 = 0 \quad \text{oder} \quad \cos t = -0{,}5$$

Die im Intervall $t \geq 0$ liegenden Lösungen dieser *trigonometrischen* Gleichung bestimmen wir anhand der folgenden Skizze (Bild III-33).

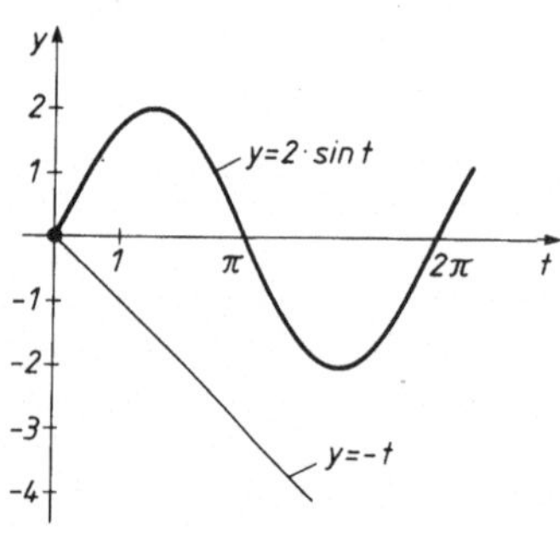

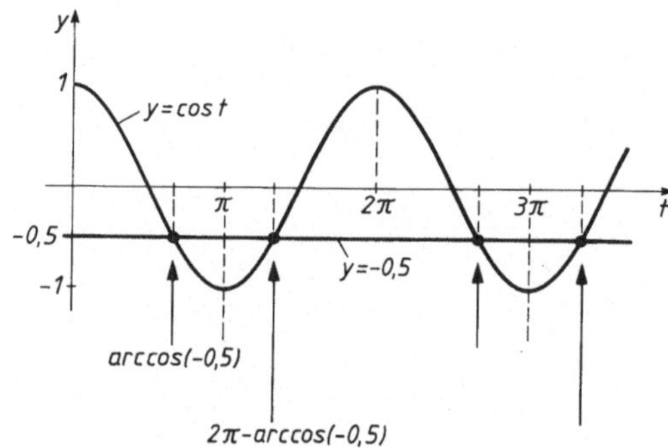

Bild III-32   **Bild III-33**

Wir lösen die Gleichung $\cos t = -0{,}5$ nach t auf und erhalten die im Intervall $0 \leq t \leq \pi$ liegende Lösung:

$$\cos t = -0{,}5 \;\Rightarrow\; t_1 = \arccos(-0{,}5) = \frac{2\pi}{3}$$

Wegen der *Periodizität* der Kosinusfunktion folgen weitere Lösungen im Abstand von jeweils einer Periode 2π:

$$t_{1k} = \frac{2\pi}{3} + k \cdot 2\pi \qquad (k = 0, 1, 2, \ldots)$$

Diese Lösungen sind im Bild durch *kurze* Pfeile gekennzeichnet. Eine weitere Lösung liegt aus *Symmetriegründen* bei $t_2 = 2\pi - \arccos(-0{,}5) = \frac{4\pi}{3}$. Wegen der *Periodizität* sind auch

$$t_{2k} = \frac{4\pi}{3} + k \cdot 2\pi \qquad (k = 0, 1, 2, \ldots)$$

Lösungen der Gleichung $\cos t = -0{,}5$. Sie entsprechen den *langen* Pfeilen in Bild III-33.

Wir prüfen nun das Verhalten der *2. Ableitung* an diesen Stellen:

$$y''(t_{1k}) = -2 \cdot \sin t_{1k} = -2 \cdot \sin\left(\frac{2\pi}{3} + k \cdot 2\pi\right) = -2 \cdot \sin\left(\frac{2\pi}{3}\right) = -1{,}732 < 0$$

An den Stellen t_{1k} liegen somit *relative Maxima*. Die zugehörigen Ordinaten sind

$$y_{1k} = 2 \cdot \sin t_{1k} + t_{1k} = 2 \cdot \sin\left(\frac{2\pi}{3} + k \cdot 2\pi\right) + \frac{2\pi}{3} + k \cdot 2\pi =$$

$$= 2 \cdot \sin\left(\frac{2\pi}{3}\right) + \frac{2\pi}{3} + k \cdot 2\pi = 3{,}826 + k \cdot 2\pi$$

Die ersten *Maxima* lauten somit

$$k = 0: \text{Max}_1 = \left(\frac{2\pi}{3}\,;\,3{,}826\right) = (2{,}094\,;\,3{,}826)$$

$$k = 1: \text{Max}_2 = \left(\frac{8\pi}{3}\,;\,10{,}110\right) = (8{,}378\,;\,10{,}110)$$

$$k = 2: \text{Max}_3 = \left(\frac{14\pi}{3}\,;\,16{,}393\right) = (14{,}661\,;\,16{,}393)$$

An den Stellen t_{2k} wird die 2. Ableitung *positiv*:

$$y''(t_{2k}) = -2 \cdot \sin t_{2k} = -2 \cdot \sin\left(\frac{4\pi}{3} + k \cdot 2\pi\right) = -2 \cdot \sin\left(\frac{4\pi}{3}\right) = 1{,}732 > 0$$

Dort liegen demnach *relative Minima*. Die zugehörigen Ordinatenwerte sind

$$y_{2k} = 2 \cdot \sin t_{2k} + t_{2k} = 2 \cdot \sin\left(\frac{4\pi}{3} + k \cdot 2\pi\right) + \frac{4\pi}{3} + k \cdot 2\pi =$$

$$= 2 \cdot \sin\left(\frac{4\pi}{3}\right) + \frac{4\pi}{3} + k \cdot 2\pi = 2{,}457 + k \cdot 2\pi$$

Die ersten *Minima* lauten daher

$$k = 0: \text{Min}_1 = \left(\frac{4\pi}{3}\,;\,2{,}457\right) = (4{,}189\,;\,2{,}457)$$

$$k = 1: \text{Min}_2 = \left(\frac{10\pi}{3}\,;\,8{,}740\right) = (10{,}472\,;\,8{,}740)$$

$$k = 2: \text{Min}_3 = \left(\frac{16\pi}{3}\,;\,15{,}023\right) = (16{,}755\,;\,15{,}023)$$

Wendepunkte: $y'' = 0,\ y''' \neq 0$

$$y'' = 0 \;\Rightarrow\; -2 \cdot \sin t = 0 \;\Rightarrow\; \sin t = 0$$

Lösungen dieser Gleichung sind die bei

$$t_{3k} = k \cdot \pi \qquad (k = 0,\,1,\,2,\,\dots)$$

liegenden Nullstellen der Sinusfunktion. Die 3. Ableitung ist dort (wie verlangt) von null *verschieden*:

$$y'''(t_{3k}) = -2 \cdot \cos t_{3k} = -2 \cdot \cos(k \cdot \pi) = \begin{cases} -2 \\ 2 \end{cases} \text{für} \quad \begin{matrix} k = 0,\,2,\,4,\,\dots \\ k = 1,\,3,\,5,\,\dots \end{matrix}$$

Die zugehörigen Ordinaten sind

$$y_{3k} = 2 \cdot \sin t_{3k} + t_{3k} = 2 \cdot \sin(k \cdot \pi) + k \cdot \pi = k \cdot \pi$$

Die ersten *Wendepunkte* lauten somit

$$k = 0: W_1 = (0\,;\,0)$$
$$k = 1: W_2 = (\pi\,;\,\pi)$$
$$k = 2: W_3 = (2\pi,\,2\pi)$$

Alle Wendepunkte liegen auf der *Winkelhalbierenden* des 1. Quadranten ($y = t$)

Funktionsverlauf

Der zeitliche Verlauf des Impulses $y = 2 \cdot \sin t + t$ für $t \geqslant 0$ ist in Bild III-34 dargestellt. Die Kurve *oszilliert* um die Winkelhalbierende $y = t$.

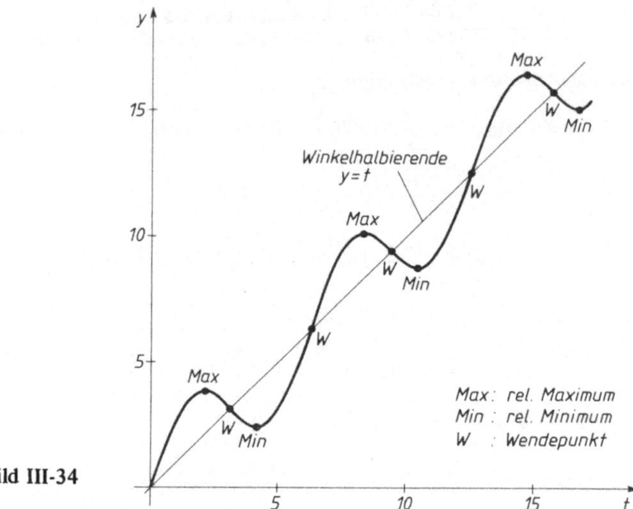

Bild III-34

Übung 20:   Überlagerung von Sinusschwingungen gleicher Raumrichtung, aber unterschiedlicher Frequenz
Kurvendiskussion

Die durch die Gleichungen $y_1 = \sin t$ und $y_2 = \sin (2t)$ beschriebenen Sinusschwingungen *gleicher* Raumrichtung, aber *unterschiedlicher* Frequenz (Frequenzverhältnis $1:2$) werden *ungestört* zur *Überlagerung* gebracht (Bild III-35). *Diskutieren* Sie den zeitlichen Verlauf der *Gesamtschwingung*

$$y = y_1 + y_2 = \sin t + \sin (2t)$$

für $t \geqslant 0$ (Periode, Nullstellen, relative Extremwerte, Wendepunkte, Skizze des Funktionsverlaufs).

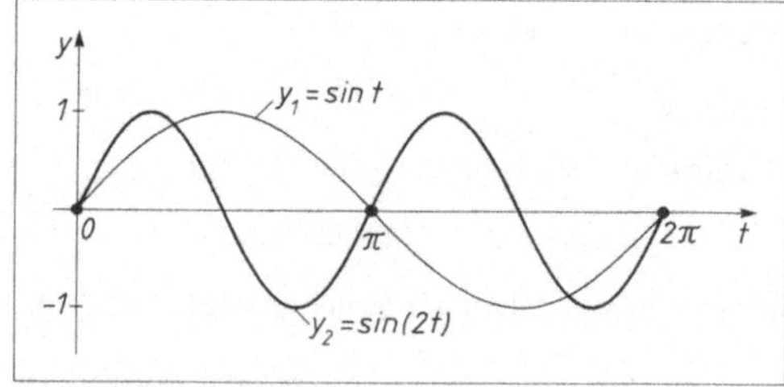

Bild III-35

Lehrbuch: Bd. 1, IV.3.5

Lösung:

Periode: Die Einzelschwingungen y_1 und y_2 besitzen die Perioden (Schwingungsdauern) $T_1 = 2\pi$ und $T_2 = \pi$. Somit ist die *kleinste gemeinsame* Periode $T = 2\pi$ zugleich auch die Periode der *Gesamtschwingung*. Wir können uns daher bei allen weiteren Überlegungen auf das *Periodenintervall* $0 \leqslant T \leqslant 2\pi$ beschränken.

Nullstellen: $y = 0$

$$\sin t + \sin (2t) = 0 \quad \Rightarrow \quad \sin t + 2 \cdot \sin t \cdot \cos t = 0 \quad \Rightarrow$$

$$\sin t (1 + 2 \cdot \cos t) = 0 \begin{cases} \sin t = 0 \\ 1 + 2 \cdot \cos t = 0 \quad \text{oder} \quad \cos t = -0{,}5 \end{cases}$$

Dabei haben wir von der *trigonometrischen Formel* $\sin (2t) = 2 \cdot \sin t \cdot \cos t$ Gebrauch gemacht (Formelsammlung, Abschnitt III.7.6.3). Die Gleichung zerfällt somit in zwei *Teilgleichungen:*

$$\sin t = 0 \quad \Rightarrow \quad t_1 = 0, \; t_2 = \pi, \; t_3 = 2\pi$$

(Nullstellen der Sinusfunktion!)

$$\cos t = -0{,}5 \quad \Rightarrow \quad t_4 = \arccos (-0{,}5) = \frac{2\pi}{3}$$

$$t_5 = 2\pi - \arccos (-0{,}5) = \frac{4\pi}{3}$$

(s. hierzu Bild III-36)

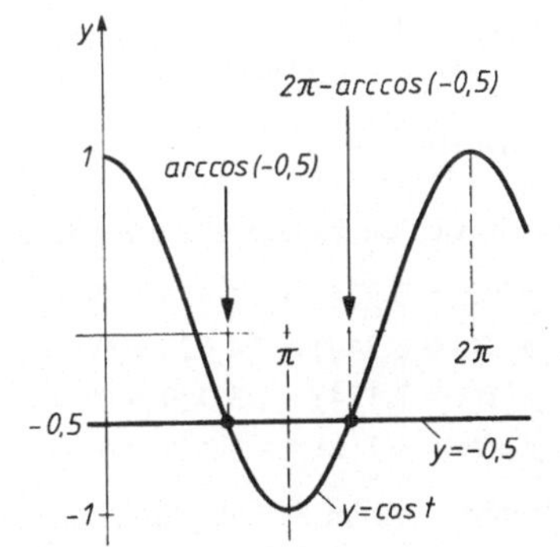

Bild III-36

Nullstellen: $N_1 = (0; 0); \; N_2 = \left(\frac{2}{3}\pi; 0\right); \; N_3 = (\pi; 0), \; N_4 = \left(\frac{4}{3}\pi; 0\right); \; N_5 = (2\pi; 0)$

Ableitungen

$$y' = \cos t + 2 \cdot \cos (2t)$$
$$y'' = -\sin t - 4 \cdot \sin (2t)$$
$$y''' = -\cos t - 8 \cdot \cos (2t)$$

Relative Extremwerte: $y' = 0, \; y'' \neq 0$

$$y' = 0 \quad \Rightarrow \quad \cos t + 2 \cdot \cos (2t) = 0 \quad \Rightarrow \quad \cos t + 2 (2 \cdot \cos^2 t - 1) = 0 \quad \Rightarrow$$
$$\cos t + 4 \cdot \cos^2 t - 2 = 0 \quad \Rightarrow \quad \cos^2 t + 0{,}25 \cdot \cos t - 0{,}5 = 0$$

Dabei haben wir die trigonometrische Formel $\cos (2t) = 2 \cdot \cos^2 t - 1$ verwendet (s. Formelsammlung, Abschnitt III.7.6.3). Mit Hilfe der *Substitution* $z = \cos t$ erhalten wir hieraus eine *quadratische* Gleichung mit folgenden Lösungen:

$$z^2 + 0{,}25 z - 0{,}5 = 0 \quad \Rightarrow \quad z_1 = 0{,}593, \quad z_2 = -0{,}843$$

Nach *Rücksubstitution* ergeben sich zwei *einfache* trigonometrische Gleichungen, deren Lösungen wir anhand der Bilder III-37 und III-38 wie folgt bestimmen:

$$\cos t = z_1 = 0{,}593 \;\Rightarrow\; t_6 = \arccos 0{,}593 = 0{,}936$$
$$t_7 = 2\pi - \arccos 0{,}593 = 5{,}347 \Big\} \text{ nach Bild III-37}$$

$$\cos t = z_2 = -0{,}843 \;\Rightarrow\; t_8 = \arccos(-0{,}843) = 2{,}574$$
$$t_9 = 2\pi - \arccos(-0{,}843) = 3{,}710 \Big\} \text{ nach Bild III-38}$$

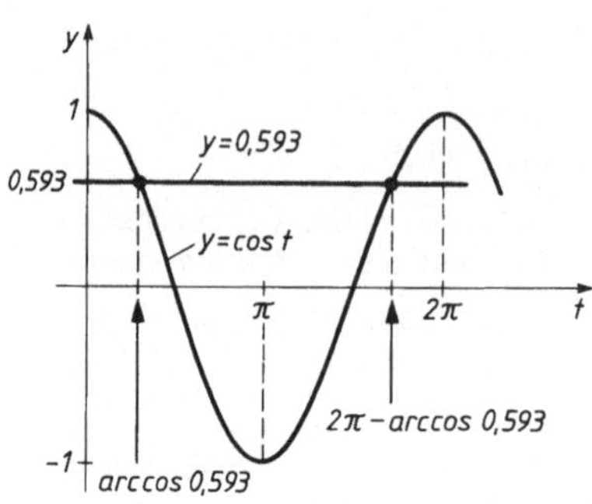

Bild III-37

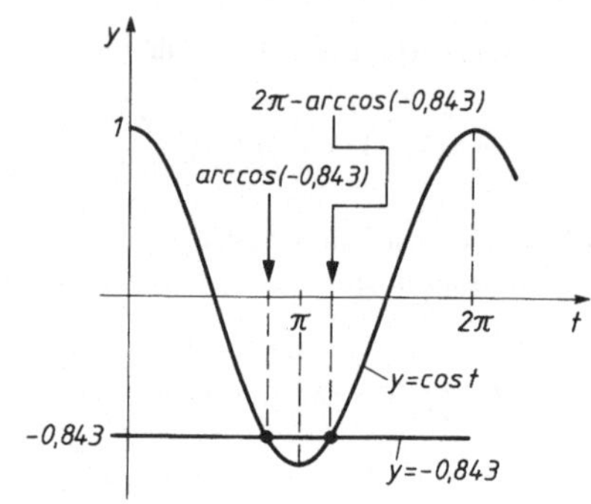

Bild III-38

Wie verhält sich die *zweite* Ableitung an den Stellen t_6 bis t_9?

$$y''(t_6 = 0{,}936) = -4{,}625 < 0 \;\Rightarrow\; \textit{relatives Maximum} \text{ bei } t_6 = 0{,}936$$
$$y''(t_7 = 5{,}347) = \;\;\;4{,}625 > 0 \;\Rightarrow\; \textit{relatives Minimum} \text{ bei } t_7 = 5{,}347$$
$$y''(t_8 = 2{,}574) = \;\;\;3{,}089 > 0 \;\Rightarrow\; \textit{relatives Minimum} \text{ bei } t_8 = 2{,}574$$
$$y''(t_9 = 3{,}710) = -3{,}088 < 0 \;\Rightarrow\; \textit{relatives Maximum} \text{ bei } t_9 = 3{,}710$$

Wir erhalten somit im Periodenintervall $0 \leqslant t \leqslant 2\pi$ *zwei* Maxima und *zwei* Minima:

Maxima: $\text{Max}_1 = (0{,}936; 1{,}760);$ $\text{Max}_2 = (3{,}710; 0{,}369)$

Minima: $\text{Min}_1 = (2{,}574; -0{,}369);$ $\text{Min}_2 = (5{,}347; -1{,}760)$

Wendepunkte: $y'' = 0, \; y''' \neq 0$

$$y'' = 0 \;\Rightarrow\; -\sin t - 4 \cdot \sin(2t) = 0 \;\Rightarrow\; -\sin t - 8 \cdot \sin t \cdot \cos t = 0 \;\Rightarrow$$

$$-\sin t\,(1 + 8 \cdot \cos t) = 0 \begin{cases} \sin t = 0 \\ 1 + 8 \cdot \cos t = 0 \quad\text{oder}\quad \cos t = -0{,}125 \end{cases}$$

Dabei haben wir wiederum die *trigonometrische Formel* $\sin(2t) = 2 \cdot \sin t \cdot \cos t$ verwendet (Formelsammlung, Abschnitt III.7.6.3). Wir beschäftigen uns nun mit den Lösungen der entstandenen *Teilgleichungen:*

$\sin t = 0 \;\Rightarrow\; t_{10} = 0, \; t_{11} = \pi, \; t_{12} = 2\pi$
(Nullstellen der Sinusfunktion!)

$\cos t = -0{,}125 \;\Rightarrow\; t_{13} = \arccos(-0{,}125) = 1{,}696$
$t_{14} = 2\pi - \arccos(-0{,}125) = 4{,}587$

(s. hierzu Bild III-39)

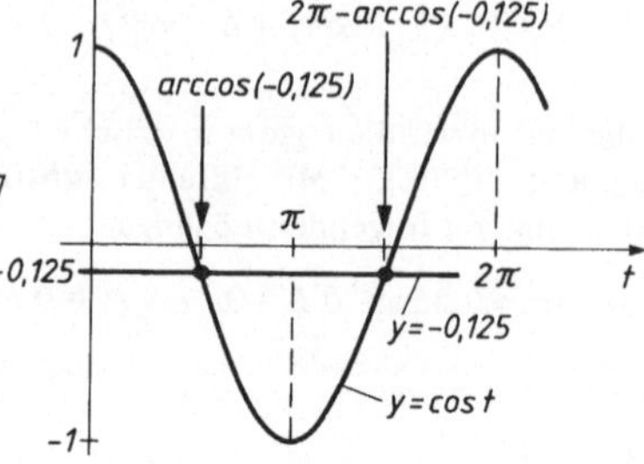

Bild III-39

Die 3. Ableitung ist an den Stellen t_{10} bis t_{14} von null *verschieden:*

$$y''' \, (t_{10} = 0) = -9 \neq 0; \qquad\qquad y''' \, (t_{11} = \pi) = -7 \neq 0;$$

$$y''' \, (t_{12} = 2\pi) = -9 \neq 0; \qquad\qquad y''' \, (t_{13} = 1{,}696) = 7{,}875 \neq 0;$$

$$y''' \, (t_{14} = 4{,}587) = 7{,}875 \neq 0$$

Somit gibt es genau *fünf* Wendepunkte im *Periodenintervall* $0 \leqslant t \leqslant 2\pi$:

Wendepunkte: $W_1 = (0;0)$; $W_2 = (1{,}696;0{,}744)$; $W_3 = (\pi;0)$; $W_4 = (4{,}587;-0{,}744)$; $W_5 = (2\pi;0)$

(W_1, W_3 und W_5 sind zugleich *Nullstellen*)

Funktionsverlauf

Bild III-40 zeigt den *zeitlichen* Verlauf der *Gesamtschwingung* $y = \sin t + \sin (2t)$ im *Periodenintervall* $0 \leqslant t \leqslant 2\pi$.

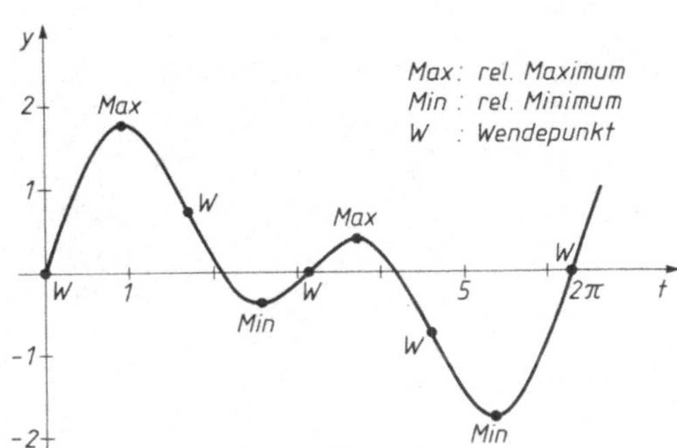

Bild III-40

Übung 21:   Fallgeschwindigkeit mit und ohne Berücksichtigung des Luftwiderstandes

Grenzwertregel von Bernoulli und de L'Hospital

Zwischen der *Fallgeschwindigkeit* v und dem *Fallweg* s besteht bei Berücksichtigung des *Luftwiderstandes* der folgende funktionale Zusammenhang[8]:

$$v = \sqrt{\frac{mg}{k} \left(1 - e^{-\frac{2ks}{m}}\right)} = \sqrt{mg} \cdot \sqrt{\frac{1 - e^{-\frac{2ks}{m}}}{k}}, \qquad s \geqslant 0$$

(m: Masse des aus der Ruhe heraus frei fallenden Körpers; g: Erdbeschleunigung; k: Reibungskoeffizient). Zeigen Sie mit Hilfe der *L'Hospitalschen Regel*, daß man aus dieser Beziehung für den *Grenzübergang* $k \rightarrow 0$ das bekannte Fallgesetz für den *luftleeren* Raum

$$v = \sqrt{2gs}, \qquad s \geqslant 0$$

erhält.

Anmerkung: In Kapitel V, Übung 1 wird diese Aufgabe durch *Reihenentwicklung* gelöst.

Lehrbuch: Bd. 1, VI.3.3.3

---

[8] Diese Beziehung wird in Kapitel II, Übung 24 aus den *Zeitabhängigkeiten* von v und s und in Kapitel IV, Übung 15 durch *Integration* des *Newtonschen Grundgesetzes* hergeleitet.

Lösung:

Es ist

$$v = \lim_{k \to 0} \sqrt{mg} \cdot \sqrt{\frac{1 - e^{-\frac{2\,ks}{m}}}{k}} = \sqrt{mg} \cdot \sqrt{\lim_{k \to 0}\left(\frac{1 - e^{-\frac{2\,ks}{m}}}{k}\right)} = \sqrt{mg} \cdot \sqrt{\lim_{k \to 0}\left(\frac{1 - e^{-\frac{2\,sk}{m}}}{k}\right)}$$

Der Grenzwert unter der Wurzel führt dabei zu dem *unbestimmten Ausdruck*

$$\lim_{k \to 0}\left(\frac{1 - e^{-\frac{2\,sk}{m}}}{k}\right) \;\to\; \frac{0}{0}$$

auf den die Grenzwertregel von *Bernoulli* und *de L'Hospital* anwendbar ist:

$$\lim_{k \to 0}\left(\frac{1 - e^{-\frac{2\,sk}{m}}}{k}\right) = \lim_{k \to 0} \frac{\frac{d}{dk}\left(1 - e^{-\frac{2\,sk}{m}}\right)}{\frac{d}{dk}(k)} =$$

$$= \lim_{k \to 0} \frac{\frac{2\,s}{m}\cdot e^{-\frac{2\,sk}{m}}}{1} = \frac{2\,s}{m}\cdot \underbrace{\lim_{k \to 0}\left(e^{-\frac{2\,sk}{m}}\right)}_{1} = \frac{2\,s}{m}$$

Das *Fallgesetz* geht damit über in

$$v = \sqrt{mg} \cdot \sqrt{\lim_{k \to 0}\left(\frac{1 - e^{-\frac{2\,sk}{m}}}{k}\right)} = \sqrt{mg} \cdot \sqrt{\frac{2\,s}{m}} = \sqrt{2gs}$$

Bild III-41 zeigt die Abhängigkeit der *Fall-geschwindigkeit* v vom *Fallweg* s im luft-leeren Raum und unter Berücksichtigung des Luftwiderstandes[9].

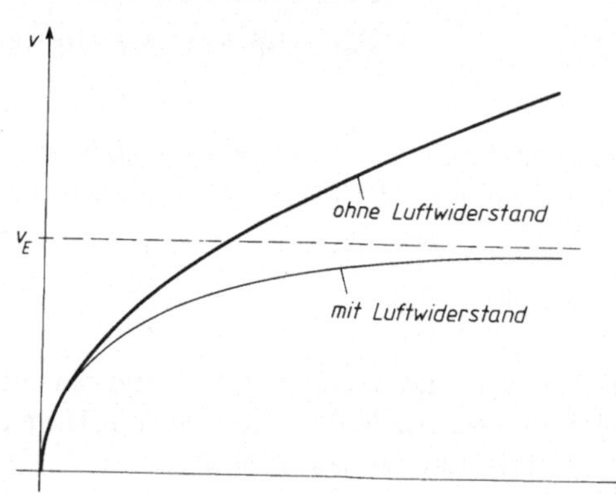

Bild III-41

---

[9] Bei Berücksichtigung des Luftwiderstandes strebt die Fallgeschwindigkeit gegen den *Endwert*

$v_E = \sqrt{\dfrac{mg}{k}}$. Das Fallgesetz läßt sich dann auch in der Form

$$v(s) = v_E \cdot \sqrt{1 - e^{-\frac{2\,ks}{m}}}\,, \qquad s \geqslant 0$$

darstellen (s. hierzu auch Kapitel II, Übung 24).

> ## Übung 22: Erzwungene Schwingung im Resonanzfall
> ### *Grenzwertregel von Bernoulli und de L'Hospital*

Ein *schwach* gedämpftes *schwingungsfähiges mechanisches System* mit dem Dämpfungsfaktor δ und der Eigenkreisfrequenz ω_0 (des ungedämpften Systems) wird von außen durch eine *periodische* Kraft mit *derselben* Kreisfrequenz ω_0 zu *erzwungenen* Schwingungen angeregt. In Kapitel IX, Übung 16 wird gezeigt, daß das *Weg-Zeit-Gesetz* dieser *Resonanzschwingung* wie folgt lautet[10]:

$$x(t) = \frac{F_0}{2m\delta}\left[\frac{\sin(\omega_0 t)}{\omega_0} - \frac{e^{-\delta t}\cdot\sin(\omega_d t)}{\omega_d}\right], \qquad t \geqslant 0$$

(m: Schwingmasse; $\omega_d = \sqrt{\omega_0^2 - \delta^2}$). Bestimmen Sie hieraus durch die *Grenzwertbildung* $\delta \to 0$ das entsprechende Weg-Zeit-Gesetz $x_0(t)$ der *ungedämpften* Schwingung.

> *Lehrbuch:* Bd. 1, VI.3.3.3

Lösung:

Beim Grenzübergang $\delta \to 0$ ist zu beachten, daß die Kreisfrequenz ω_d noch von δ abhängt: $\omega_d = \sqrt{\omega_0^2 - \delta^2}$. Wir erhalten zunächst den folgenden *unbestimmten Ausdruck*:

$$x_0(t) = \lim_{\delta \to 0} x(t) = \lim_{\delta \to 0} \frac{F_0}{2m\delta}\left[\frac{\sin(\omega_0 t)}{\omega_0} - \frac{e^{-\delta t}\cdot\sin(\omega_d t)}{\omega_d}\right] =$$

$$= \frac{F_0}{2m} \cdot \lim_{\delta \to 0}\left[\frac{\dfrac{\sin(\omega_0 t)}{\omega_0} - \dfrac{e^{-\delta t}\cdot\sin(\omega_d t)}{\omega_d}}{\delta}\right] \to \frac{0}{0}$$

Denn für $\delta \to 0$ gilt:

$$e^{-\delta t} \to 1, \qquad \omega_d = \sqrt{\omega_0^2 - \delta^2} \to \omega_0, \qquad \sin(\omega_d t) \to \sin(\omega_0 t)$$

Wegen der Form „$\frac{0}{0}$" ist die Grenzwertregel von *Bernoulli* und *de L'Hospital* anwendbar und führt zunächst zu[11]

$$x_0(t) = \frac{F_0}{2m} \cdot \lim_{\delta \to 0} \frac{\dfrac{d}{d\delta}\left[\dfrac{\sin(\omega_0 t)}{\omega_0} - \dfrac{e^{-\delta t}\cdot\sin(\omega_d t)}{\omega_d}\right]}{\dfrac{d}{d\delta}[\delta]} = -\frac{F_0}{2m} \cdot \lim_{\delta \to 0} \frac{d}{d\delta}\underbrace{\left[\frac{e^{-\delta t}\cdot\sin(\omega_d t)}{\omega_d}\right]}_{z(\delta)}$$

---

[10] Die *Anregung* des Systems erfolgt durch die *periodische* Kraft $F(t) = F_0 \cdot \cos(\omega_0 t)$, die *Anfangswerte* der Bewegung sind $x(0) = 0$ und $v(0) = \dot{x}(0) = 0$.

[11] Die Ableitung des *ersten* Summanden im *Zähler* verschwindet (dieser ist von δ *unabhängig*), während die Ableitung des *Nenners* den Wert *eins* ergibt.

Bevor wir diesen Grenzwert bestimmen, muß die *Ableitung* der in der eckigen Klammer stehenden Funktion

$$z\,(\delta) = \frac{e^{-\delta t} \cdot \sin\,(\omega_d t)}{\omega_d} = \frac{e^{-\delta t} \cdot \sin\,\left(\sqrt{\omega_0^2 - \delta^2} \cdot t\right)}{\sqrt{\omega_0^2 - \delta^2}}$$

gebildet werden. Sie erfolgt nach der *Quotientenregel,* wobei die *Zählerfunktion* nach der *Produktregel* zu differenzieren ist. Wir setzen daher der besseren Übersicht wegen:

$$\textit{Zähler:} \quad u = e^{-\delta t} \cdot \sin\,(\omega_d t) = \underbrace{e^{-\delta t}}_{\alpha} \cdot \underbrace{\sin\,\left(\sqrt{\omega_0^2 - \delta^2} \cdot t\right)}_{\beta} = \alpha\beta$$

$$\textit{Nenner:} \quad v = \omega_d = \sqrt{\omega_0^2 - \delta^2}$$

Die gesuchte Ableitung z' wird dann nach der folgenden Regel gebildet, wobei stets nach der Variablen δ differenziert wird:

$$z' = \frac{u'v - v'u}{v^2} \quad \text{mit} \quad u = \alpha\beta, \quad u' = \alpha'\beta + \beta'\alpha$$

Wir bilden daher zunächst unter Verwendung der *Kettenregel* die benötigten Ableitungen α', β', u' und v':

$$\alpha' = \frac{d}{d\delta}\left[e^{-\delta t}\right] = -t \cdot e^{-\delta t}$$

$$\beta' = \frac{d}{d\delta}\left[\sin\,\left(\sqrt{\omega_0^2 - \delta^2} \cdot t\right)\right] = \cos\,\left(\sqrt{\omega_0^2 - \delta^2} \cdot t\right) \cdot \frac{t\,(-2\delta)}{2\sqrt{\omega_0^2 - \delta^2}} =$$

$$= -\frac{\delta t \cdot \cos\,\left(\sqrt{\omega_0^2 - \delta^2} \cdot t\right)}{\sqrt{\omega_0^2 - \delta^2}} = -\frac{\delta t \cdot \cos\,(\omega_d t)}{\omega_d}$$

$$u' = \alpha'\beta + \beta'\alpha = -t \cdot e^{-\delta t} \cdot \sin\,(\omega_d t) - \frac{\delta t \cdot \cos\,(\omega_d t)}{\omega_d} \cdot e^{-\delta t} =$$

$$= -\frac{t \cdot e^{-\delta t}}{\omega_d}\left[\omega_d \cdot \sin\,(\omega_d t) + \delta \cdot \cos\,(\omega_d t)\right]$$

$$v' = \frac{d}{d\delta}\left[\sqrt{\omega_0^2 - \delta^2}\right] = \frac{1 \cdot (-2\delta)}{2\sqrt{\omega_0^2 - \delta^2}} = -\frac{\delta}{\sqrt{\omega_0^2 - \delta^2}} = -\frac{\delta}{\omega_d}$$

Die gesuchte Ableitung z' lautet damit wie folgt:

$$z' = \frac{u'v - v'u}{v^2} =$$

$$= \frac{-\dfrac{t \cdot e^{-\delta t}}{\omega_d}\left[\omega_d \cdot \sin\,(\omega_d t) + \delta \cdot \cos\,(\omega_d t)\right]\omega_d + \dfrac{\delta}{\omega_d} \cdot e^{-\delta t} \cdot \sin\,(\omega_d t)}{\omega_d^2} =$$

$$= \frac{-t \cdot e^{-\delta t}\left[\omega_d \cdot \sin\,(\omega_d t) + \delta \cdot \cos\,(\omega_d t)\right] + \dfrac{\delta}{\omega_d} \cdot e^{-\delta t} \cdot \sin\,(\omega_d t)}{\omega_d^2} =$$

$$= -\frac{e^{-\delta t}}{\omega_d^2}\left[\omega_d t \cdot \sin\,(\omega_d t) + \delta t \cdot \cos\,(\omega_d t) - \frac{\delta}{\omega_d} \cdot \sin\,(\omega_d t)\right]$$

Beim *Grenzübergang* $\delta \rightarrow 0$ und somit $\omega_d \rightarrow \omega_0$ wird hieraus

$$\lim_{\delta \rightarrow 0} z' = -\frac{1}{\omega_0^2}\left[\omega_0 t \cdot \sin(\omega_0 t)\right] = -\frac{t \cdot \sin(\omega_0 t)}{\omega_0}$$

Das gesuchte *Weg-Zeit-Gesetz* bei *fehlender* Dämpfung besitzt damit die Gestalt

$$x_0(t) = -\frac{F_0}{2m}\cdot \lim_{\delta \rightarrow 0} z'(\delta) = -\frac{F_0}{2m}\cdot\left(-\frac{t \cdot \sin(\omega_0 t)}{\omega_0}\right) = \frac{F_0}{2m\omega_0}\cdot t \cdot \sin(\omega_0 t)\,, \qquad t \geqslant 0$$

Bild III-42 zeigt den zeitlichen Verlauf dieser *ungedämpften erzwungenen* Schwingung im *Resonanzfall*. Die Schwingungsamplituden nehmen dabei rasch *zu* und *zerstören* somit das System.

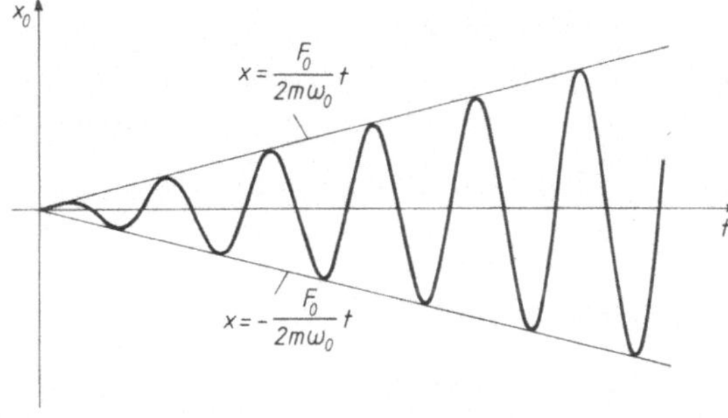

Bild III-42

<hr>

Übung 23:   Eintauchtiefe einer Boje in Salzwasser
Tangentenverfahren von Newton

Wie tief taucht eine *kugelförmige Boje* vom Radius $R = 45$ cm in Salzwasser der Dichte $\rho_S = 1{,}03$ g/cm^3 ein, wenn die Dichte der Boje $\rho_B = 0{,}7$ g/cm^3 beträgt (Bild III-43)?

(S_1: Schwerpunkt der Boje; S_2: Schwerpunkt der eingetauchten Kugelkappe, in Bild III-43 *grau* unterlegt)

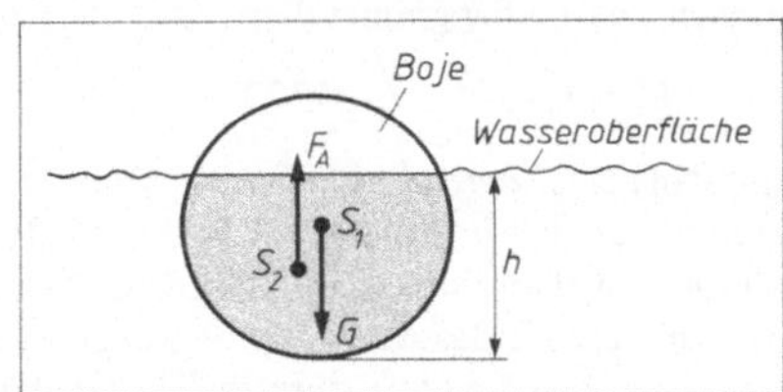

Bild III-43

Lösungshinweis: Die Eintauchtiefe h genügt einer *kubischen* Gleichung. Lösen Sie diese nach dem *Newtonschen Tangentenverfahren*.

Lehrbuch: Bd. 1, IV.3.6	*Physikalische Grundlagen:* A35

Lösung:

Im *Gleichgewichtszustand* wird die nach *unten* gerichtete *Gewichtskraft* G, die im Schwerpunkt S_1
der *Kugel* angreift, gerade durch den nach *oben* gerichteten *Auftrieb* F_A, der im Schwerpunkt S_2 der
(eingetauchten) *Kugelkappe* angreift, *kompensiert*[12]. Das *Gewicht* der kugelförmigen Boje beträgt
dabei

$$G = mg = \rho_B \, Vg = \rho_B \left(\tfrac{4}{3}\,\pi R^3\right) g = \tfrac{4}{3}\,\pi \rho_B g R^3$$

($V = \tfrac{4}{3}\,\pi R^3$: Kugelvolumen). Nach dem *Archimedischen Prinzip* [A35] ist der *Auftrieb* F_A gleich dem
Gewicht der *verdrängten* Salzwassermenge (d. h. gleich dem *Gewicht* der in Bild III-43 *dunkelgrau*
unterlegten Kugelkappe, wäre diese mit *Salzwasser* gefüllt!):

$$F_A = m_K \, g = \rho_S \, V_K \, g$$

($m_K = \rho_S \, V_K$: Masse der mit Salzwasser gefüllten Kugelkappe; V_K: Volumen der Kugelkappe). Aus
der Formelsammlung (Abschnitt I.7.10) entnehmen wir für das Volumen der *Kugelkappe* die Formel

$$V_K = \tfrac{1}{3}\,\pi h^2 \,(3R - h) = \tfrac{1}{3}\,\pi \,(3Rh^2 - h^3)$$

Somit ist

$$F_A = \rho_S \, V_K \, g = \tfrac{1}{3}\,\pi \rho_S g \,(3Rh^2 - h^3)$$

Aus der *Gleichgewichtsbedingung* $G = F_A$ erhalten wir damit für die Eintauchtiefe h die *kubische*
Bestimmungsgleichung

$$\tfrac{4}{3}\,\pi \rho_B g R^3 = \tfrac{1}{3}\,\pi \rho_S g \,(3Rh^2 - h^3)$$

oder (nach Kürzen und Umstellen)

$$h^3 - 3Rh^2 + \frac{4\,\rho_B R^3}{\rho_S} = 0$$

Nach Einsetzen der Werte lautet diese Gleichung wie folgt:

$$h^3 - 1{,}35h^2 + 0{,}24772 = 0 \qquad (h \text{ in } \mathrm{m})$$

Die gesuchte Lösung muß aus *physikalischen* Gründen
im Intervall $0 < h \le 2R = 0{,}9$ liegen. Eine *Näherungslösung* beschaffen wir uns, in dem wir die Gleichung
zunächst geringfügig umstellen

$$h^3 = 1{,}35h^2 - 0{,}24772$$

und dann *zeichnerisch* den *Schnittpunkt* der beiden
Funktionen $y = h^3$ und $y = 1{,}35h^2 - 0{,}24772$ bestimmen. Anhand der Skizze (Bild III-44) wählen wir
als *Startwert* für das *Newtonsche Tangentenverfahren*
$h_0 = 0{,}55$. Die *Newton-Iteration* liefert dann mit

$$f(h) = h^3 - 1{,}35h^2 + 0{,}24772$$
$$f'(h) = 3h^2 - 2{,}7h$$

nach der *Iterationsformel*

$$h_n = h_{n-1} - \frac{f(h_{n-1})}{f'(h_{n-1})} \qquad (n = 1, 2, 3, \ldots)$$

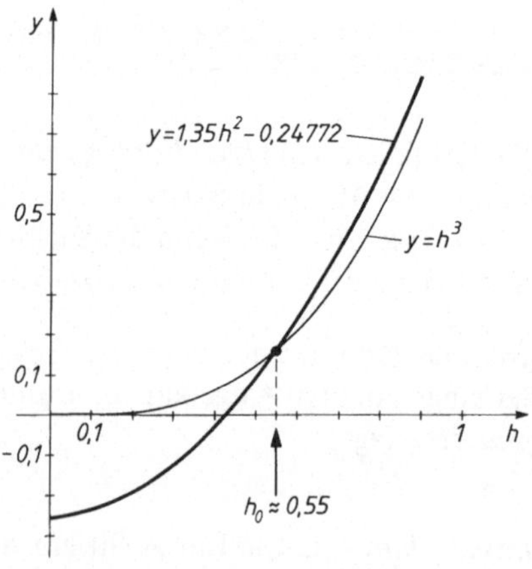

Bild III-44

---

[12] Im *Gleichgewichtszustand* liegen Gewichtskraft und Auftriebskraft in einer *gemeinsamen* Wirkungslinie. Die beiden Schwerpunkte S_1 (Kugel) und S_2 (Kugelkappe) liegen dann *übereinander*.

bereits nach *zwei* Schritten eine auf *vier* Nachkommastellen genaue Näherungslösung:

n	h_{n-1}	$f(h_{n-1})$	$f'(h_{n-1})$	h_n
1	0,55	0,005 720	$-0,577\ 500$	0,559 905
2	0,559 905	0,000 030	$-0,571\ 263$	0,559 958

Ergebnis: $h = 0,559\ 958 \approx 0,5600$

Die *Eintauchtiefe* beträgt somit $h = 0,56\,\text{m} = 56\,\text{cm}$.

Übung 24: Freihängendes Seil (Seilkurve, Kettenlinie)
Tangentenverfahren von Newton

Bild III-45 zeigt ein *freihängendes Seil* mit der Spannweite $2l = 20\,\text{m}$ und dem Durchhang $h = 1\,\text{m}$.

Die Höhe der beiden Träger ist $H = 8\,\text{m}$. Die Funktionsgleichung dieser *Seilkurve* (auch *Kettenlinie* genannt) ist dann in der Form

$$y = a \cdot \cosh\left(\frac{x}{a}\right) + b\,, \qquad -l \leqslant x \leqslant l$$

darstellbar. Berechnen Sie die beiden *Kurvenparameter* $a > 0$ und b.

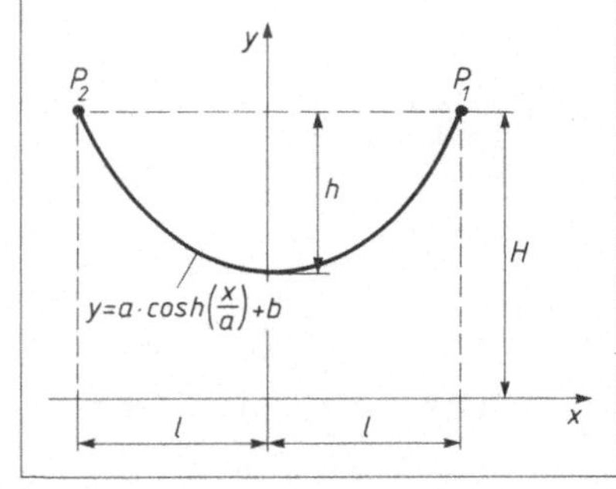

Bild III-45

Lösungshinweis: Sie stoßen beim Lösen dieser Aufgabe auf eine *transzendente* Gleichung, die exakt *nicht* lösbar ist. Bestimmen Sie die *Näherungslösung* dieser Gleichung nach dem *Newtonschen Tangentenverfahren* mit einer Genauigkeit von *vier* Stellen nach dem Komma.

Anmerkung: Diese Aufgabe wird in Kapitel V, Übung 10 mit Hilfe der *Reihenentwicklung* näherungsweise gelöst.

Lehrbuch: Bd. 1, IV.3.6

Lösung:

Die Seilkurve schneidet die y-Achse bei

$$y(0) = a \cdot \cosh 0 + b = a + b$$

Zwischen Trägerhöhe H, Durchhang h und diesem Schnittpunkt besteht dann nach Bild III-45 der folgende Zusammenhang:

$$y(0) + h = H \;\Rightarrow\; a + b + h = H$$

Der Kurvenparameter b ist somit durch den Kurvenparameter a *eindeutig* bestimmt:

$$b = H - h - a$$

Die *Bestimmungsgleichung* für a erhalten wir auf folgende Weise. Der Aufhängepunkt P_1 mit den Koordinaten $x_1 = l$ und $y_1 = H$ liegt *auf* der Seilkurve. Daher ist

$$H = a \cdot \cosh\left(\frac{l}{a}\right) + b = a \cdot \cosh\left(\frac{l}{a}\right) + H - h - a$$

oder

$$a \cdot \cosh\left(\frac{l}{a}\right) = a + h$$

Wir dividieren diese *Bestimmungsgleichung* für den Kurvenparameter a noch durch a selbst und setzen dann die gegebenen Werte ein:

$$\cosh\left(\frac{l}{a}\right) = 1 + \frac{h}{a} \quad \text{oder} \quad \cosh\left(\frac{10\ \text{m}}{a}\right) = 1 + \frac{1\ \text{m}}{a}$$

Mit der *Substitution* $z = \dfrac{10\ \text{m}}{a}$ geht diese Gleichung schließlich über in

$$\cosh z = 1 + 0{,}1\,z, \qquad z > 0$$

Eine *Näherungslösung* erhalten wir, in dem wir die Kurven $y = 1 + 0{,}1z$ und $y = \cosh z$ zum *Schnitt* bringen. Der *Schnittpunkt* liegt dabei nach Bild III-46 bei $z_0 = 0{,}2$[13]. Dieser Wert dient uns als *Startwert* für die *1. Iteration nach Newton*.

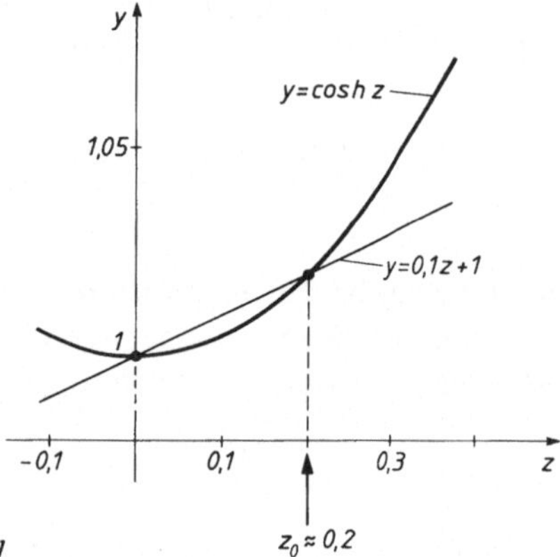

Bild III-46

Wir lösen jetzt die auf die *spezielle* Form

$$f(z) = \cosh z - 0{,}1\,z - 1 = 0$$

gebrachte Gleichung nach der *Newtonschen Iterationsformel*

$$z_n = z_{n-1} - \frac{f(z_{n-1})}{f'(z_{n-1})} \qquad (n = 1, 2, 3, \ldots)$$

$(f'(z) = \sinh z - 0{,}1)$. Die Ergebnisse sind in der folgenden Tabelle zusammengestellt.

n	z_{n-1}	$f(z_{n-1})$	$f'(z_{n-1})$	z_n
1	0,2	0,000 067	0,101 336	0,199 341
2	0,199 329	$-\,0{,}000\,001$	0,100 652	0,199 339
3	0,199 339	0,000 000		

Ergebnis: $z = 0{,}199\,339 \;\Rightarrow\; a = \dfrac{10\ \text{m}}{z} = \dfrac{10\ \text{m}}{0{,}199\,339} = 50{,}1658\ \text{m}$

$$b = H - h - a = 8\ \text{m} - 1\ \text{m} - 50{,}1658\ \text{m} = -\,43{,}1658\ \text{m}$$

Die Gleichung der *Seilkurve (Kettenlinie)* lautet damit

$$y = 50{,}1658\ \text{m} \cdot \cosh(0{,}0199\ \text{m}^{-1} \cdot x) - 43{,}1658\ \text{m}$$

---

[13] Ein weiterer Schnittpunkt liegt *exakt* bei $z = 0$. Er scheidet jedoch wegen $a > 0$ und somit auch $z > 0$ aus.

IV Integralrechnung

Übung 1: Seiltrommel mit Lasten
Elementare Integration (Grundintegral)

Die in Bild IV-1 dargestellte *Seiltrommel* mit dem Massenträgheitsmoment J_S wird durch die Massen m_1 und m_2 mit den Abständen r_1 und r_2 von der Drehachse (Schwerpunktachse S) belastet. Bestimmen Sie den *zeitlichen* Verlauf der *Winkelgeschwindigkeit* ω für $r_1 = 4a$, $r_2 = a$, $m_1 = m$, $m_2 = 3m$ und den Anfangswert $\omega(0) = 0$.

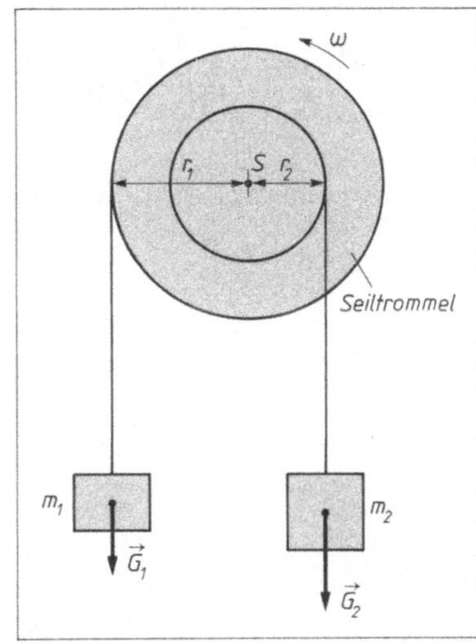

Bild IV-1

Lösungshinweis: Gehen Sie bei der Lösung dieser Aufgabe von dem *Grundgesetz der Drehbewegung* [A36] aus. Reibungskräfte sollen dabei *unberücksichtigt* bleiben. Das Massenträgheitsmoment einer *Punktmasse* m im Abstand r von der Drehachse ist definitionsgemäß $J = mr^2$.

Lehrbuch: Bd. 1, V.5	*Physikalische Grundlagen:* A7, A36

Lösung:

Die Massen m_1 und m_2 erzeugen durch ihre Gewichte *Momente* [A7] mit den Beträgen

$$M_1 = r_1 G_1 = r_1 m_1 g = 4amg \quad \text{und} \quad M_2 = r_2 G_2 = r_2 m_2 g = a \cdot 3mg = 3amg$$

Diese wiederum bewirken Drehbewegungen in *entgegengesetzte* Richtungen. Das *resultierende* Moment ist somit vom Betrage

$$M = M_1 - M_2 = 4amg - 3amg = amg$$

und dreht die Trommel im *Gegenuhrzeigersinn*. Nach dem *Grundgesetz der Drehbewegung* [A36] gilt dann

$$J\alpha = J\dot{\omega} = M = amg \quad \text{oder} \quad \dot{\omega} = \frac{amg}{J}$$

$(\alpha = \dot{\omega})$. Das Massenträgheitsmoment J setzt sich dabei *additiv* aus dem Massenträgheitsmoment J_S

der Seiltrommel und den Massenträgheitsmomenten der beiden punktförmigen Massen m_1 und m_2 zusammen:

$$J = J_S + m_1 r_1^2 + m_2 r_2^2 = J_S + 16\,ma^2 + 3\,ma^2 = J_S + 19\,ma^2$$

Für die *Winkelbeschleunigung* $\alpha = \dot{\omega}$ erhalten wir damit den *konstanten* Wert

$$\alpha = \dot{\omega} = \frac{amg}{J_S + 19\,ma^2}$$

Die *Integration* dieser Gleichung liefert die gesuchte *Zeitabhängigkeit* der *Winkelgeschwindigkeit*:

$$\omega = \int_0^t \dot{\omega}\,d\tau = \frac{amg}{J_S + 19\,ma^2} \cdot \int_0^t d\tau = \frac{amg}{J_S + 19\,ma^2}\left[\tau\right]_0^t = \frac{amg}{J_S + 19\,ma^2} \cdot t$$

Die Winkelgeschwindigkeit ω wächst somit vom Anfangswert $\omega(0) = 0$ aus *linear* mit der Zeit t (Bild IV-2).

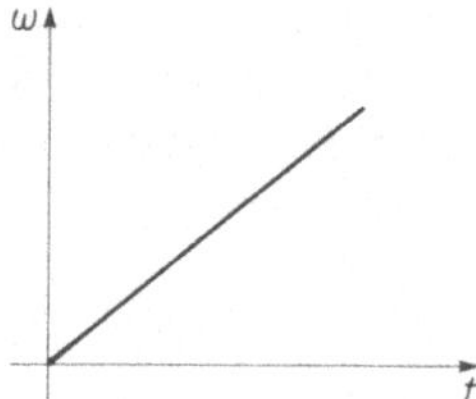

Bild IV-2

Übung 2:   Induktionsspannung in einer in einem Magnetfeld rotierenden Metallscheibe

Elementare Integration (Grundintegral)

Eine *Metallscheibe* vom Radius R rotiert in einem *homogenen* Magnetfeld der Flußdichte B mit *konstanter* Winkelgeschwindigkeit ω um die Feldrichtung (Bild IV-3). Bestimmen Sie die über zwei Schleifkontakte abgreifbare *Induktionsspannung U* zwischen der Scheibenmitte M und dem Scheibenrandpunkt P durch Anwendung des *Induktionsgesetzes* [A37].

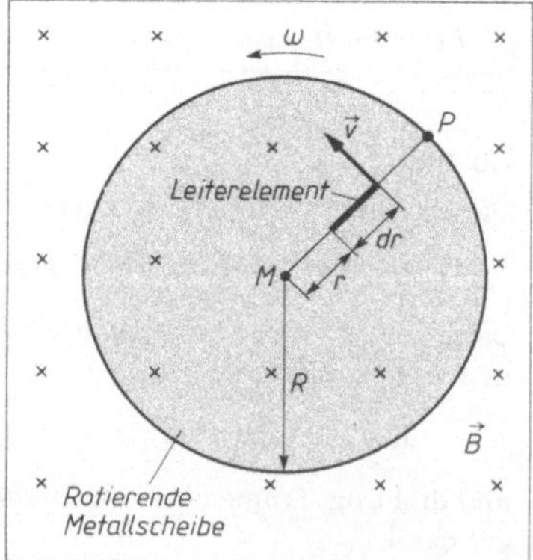

Bild IV-3

Lehrbuch: Bd. 1, V.5   *Physikalische Grundlagen:* A8, A37

Lösung:

Wir betrachten das in Bild IV-3 eingezeichnete, in *radialer* Richtung im Abstand r von der Drehachse M liegende *Leiterelement* der Länge dr. Es bewegt sich mit der *konstanten* Bahngeschwindigkeit [A8] $v = \omega r$ *senkrecht* durch das Magnetfeld der Flußdichte B. Nach dem *Induktionsgesetz* [A37] wird in diesem Leiterelement eine *Spannung* vom Betrag

$$dU = Bv\,dr = B\,\omega r\,dr$$

induziert. Die zwischen Scheibenmitte M und Scheibenrandpunkt P abgreifbare Induktionsspannung erhält man dann durch Summierung, d.h. *Integration* der Beiträge *aller* zwischen M und P gelegener Leiterelemente. Die gesuchte *Induktionsspannung* beträgt somit

$$U = \int\limits_{r=0}^{R} dU = B\,\omega \cdot \int\limits_{0}^{R} r\,dr = B\,\omega \left[\frac{1}{2} r^2\right]_0^R = \frac{1}{2} B\,\omega R^2 = \text{const.}$$

und ist somit *konstant.*

Übung 3:   Rollbewegung einer Kugel längs einer schiefen Ebene
Elementare Integrationen (Grundintegrale)

Eine homogene *Vollkugel* mit der Masse m und dem Radius r *rollt* (ohne zu gleiten) eine *schiefe Ebene* mit dem Neigungswinkel α hinab (Bild IV-4).

a) Beschreiben Sie die Bewegung des *Kugelschwerpunktes S* durch Angabe des *zeitlichen* Verlaufs von *Beschleunigung a, Geschwindigkeit v* und *Ortskoordinate x.*

b) Mit welcher (zeitabhängigen) *Winkelgeschwindigkeit ω* erfolgt die *Drehung* der Kugel um ihren Schwerpunkt S?

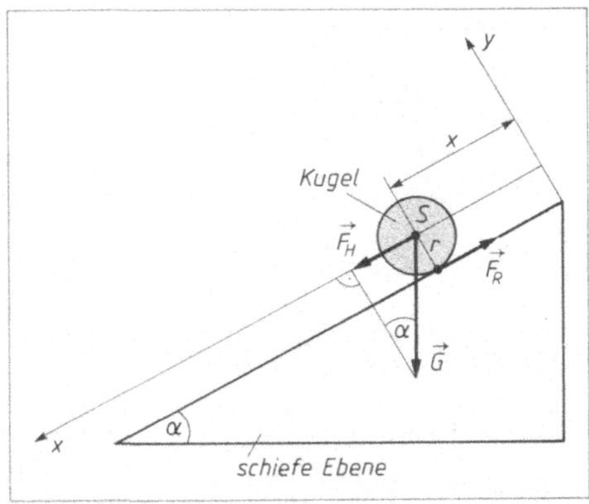

Bild IV-4

Lösungshinweis: Die Bewegung erfolgt aus der *Anfangslage* $x(0) = 0$ und aus der *Ruhe* heraus. Gehen Sie bei der Lösung dieser Aufgabe von dem *Newtonschen Grundgesetz* [A27] aus. Die *konstante* Haftreibungskraft F_R läßt sich aus dem *Grundgesetz der Drehbewegung* [A36] bestimmen. Das Massenträgheitsmoment der Kugel bezüglich der *Schwerpunktachse* beträgt $J = \frac{2}{5} mr^2$.

Lehrbuch: Bd. 1, V.5	*Physikalische Grundlagen:* A7, A27, A36

Lösung:

a) Auf den *Schwerpunkt S,* dessen Lage wir nach Bild IV-4 durch die Koordinate x beschreiben, wirken folgende Kräfte ein:

1. Die *Hangabtriebskraft* [1] $F_H = mg \cdot \sin \alpha$;
2. Die konstante *Haftreibungskraft* F_R.

Nach dem *Newtonschen Grundgesetz* [A27] ist dann

$$ma = m\ddot{x} = F_H - F_R = mg \cdot \sin \alpha - F_R \qquad\qquad \text{(Beschleunigung } a = \ddot{x}\text{)}$$

Zugleich erfolgt eine *Drehung* der Kugel um ihren *Schwerpunkt S,* hervorgerufen durch das *Moment* $M = rF_R$ der Haftreibungskraft F_R [A7]. Nach dem *Grundgesetz der Drehbewegung* [A36] gilt dann

$$J\ddot{\varphi} = M = rF_R$$

(die Winkelbeschleunigung $\ddot{\varphi}$ ist die *zweite Ableitung* des zeitabhängigen Drehwinkels φ nach der Zeit t).

Zwischen dem Drehwinkel φ und der Schwerpunktskoordinate x besteht ferner die lineare *Abrollbedingung* $x = r\varphi$, aus der man durch *zweimalige* Differentiation nach der Zeit t die Beziehung

$$\ddot{x} = r\ddot{\varphi} \qquad \text{oder} \qquad \ddot{\varphi} = \frac{\ddot{x}}{r}$$

erhält. Damit wird

$$J\ddot{\varphi} = J\frac{\ddot{x}}{r} = rF_R$$

und somit

$$F_R = \frac{J}{r^2}\ddot{x} = \frac{\frac{2}{5}mr^2}{r^2}\ddot{x} = \frac{2}{5}m\ddot{x}$$

Diesen Ausdruck setzen wir in das *Newtonsche Grundgesetz* ein:

$$m\ddot{x} = mg \cdot \sin \alpha - \frac{2}{5}m\ddot{x}$$

Durch Auflösen dieser Gleichung nach $\ddot{x}$ erhalten wir für die *Beschleunigung* des Kugelschwerpunktes den *konstanten* Wert

$$\ddot{x} = \frac{5}{7}g \cdot \sin \alpha$$

Die *Integration* dieser Gleichung führt unter Berücksichtigung der Anfangsgeschwindigkeit $v(0) = 0$ zu dem folgenden *linearen Geschwindigkeit-Zeit-Gesetz:*

$$v(t) = \dot{x} = \int_0^t \ddot{x}\, d\tau = \frac{5}{7}g \cdot \sin \alpha \cdot \int_0^t d\tau = \frac{5}{7}g \cdot \sin \alpha \, [\tau]_0^t = \left(\frac{5}{7}g \cdot \sin \alpha\right)t$$

Nochmalige Integration liefert das *Weg-Zeit-Gesetz* (Anfangswert: $x(0) = 0$):

$$x(t) = \int_0^t v\, d\tau = \frac{5}{7}g \cdot \sin \alpha \cdot \int_0^t \tau\, d\tau = \frac{5}{7}g \cdot \sin \alpha \left[\frac{1}{2}\tau^2\right]_0^t = \left(\frac{5}{14}g \cdot \sin \alpha\right)t^2$$

---

[1] Sie ist die *Komponente* der Gewichtskraft $G = mg$ *längs* der schiefen Ebene und läßt sich aus dem eingezeichneten *Kräftedreieck* bestimmen.

b) Aus der *Abrollbedingung* $x = r\varphi$ folgt durch *Differenzieren* nach der Zeit t

$$\dot{x} = r\dot{\varphi} \quad \text{oder} \quad v = r\omega \qquad (v = \dot{x}, \quad \omega = \dot{\varphi})$$

Somit ist unter Beachtung von Lösungsteil a)

$$\omega(t) = \frac{v}{r} = \frac{5g \cdot \sin\alpha}{7r}\, t$$

d.h. die *Winkelgeschwindigkeit* ω wächst (wie die Geschwindigkeit v) *linear* mit der Zeit t.

Übung 4:   Oberflächenprofil einer rotierenden Flüssigkeit
Elementare Integration (Grundintegral)

Bild IV-5 zeigt einen ebenen Schnitt durch
die Symmetrieachse eines mit Wasser gefüllten
zylindrischen Gefäßes vom Radius R, das
mit *konstanter* Winkelgeschwindigkeit ω um
die Zylinderachse rotiert. Welches *Profil*
nimmt die Wasseroberfläche im dynamischen
Gleichgewichtszustand an?

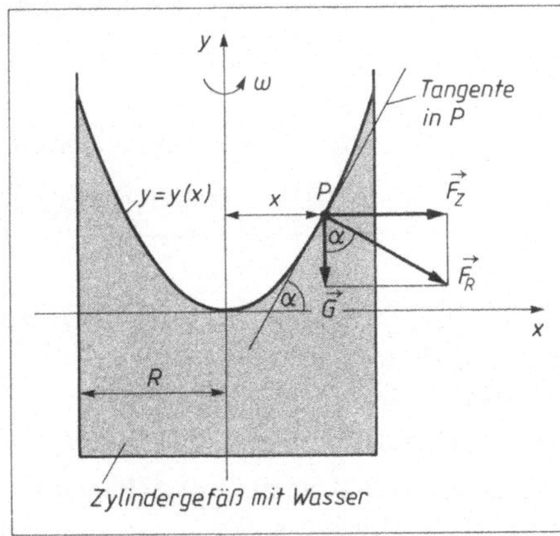

Bild IV-5

Lösungshinweis: Die auf ein *in* der Wasseroberfläche liegendes Masseteilchen einwirkende
Gesamtkraft steht im dynamischen Gleichgewichtszustand *senkrecht* zur Wasseroberfläche.

Lehrbuch: Bd. 1, V.5	*Physikalische Grundlagen:* A15

Lösung:

Wir betrachten ein *Masseteilchen* m im Punkt $P = (x;\, y)$ der *stabilisierten* Wasseroberfläche (Bild IV-5).
Es unterliegt dem Einfluß *zweier* Kräfte. Senkrecht nach *unten* wirkt das *Gewicht* $G = mg$, nach *außen*
die *Zentrifugalkraft* $F_Z = m\omega^2 x$ [A15]. Beide Kräfte setzen sich zu einer *Resultierenden* $\vec{F_R}$ zusammen,
die im Gleichgewichtszustand *senkrecht* zur Wasseroberfläche, d.h. *senkrecht* zur eingezeichneten
Tangente an die gesuchte Schnittkurve $y = y(x)$ verlaufen muß[2]. Der Steigungswinkel α der Tangente
in P ist zugleich der Winkel zwischen der Gewichtskraft $\vec{G}$ und der Resultierenden $\vec{F_R}$. Aus dem
Kräftedreieck erhalten wir

$$\tan\alpha = \frac{F_Z}{G} = \frac{m\omega^2 x}{mg} = \frac{\omega^2}{g}\, x$$

---

[2] Andernfalls gäbe es eine *tangentiale* Kraftkomponente, die das Wasserteilchen *entgegen* der Annahme *verschieben* würde.

Andererseits ist $\tan \alpha$ definitionsgemäß die *Steigung* der *Kurventangente* und somit identisch mit der
1. Ableitung der (noch unbekannten) Schnittkurve $y = y(x)$. Aus der Beziehung

$$y' = \tan \alpha = \frac{\omega^2}{g}\, x$$

erhalten wir durch *Integration* die gesuchte Gleichung der Schnittkurve:

$$y = \int y'\, dx = \frac{\omega^2}{g} \cdot \int x\, dx = \frac{\omega^2}{2g}\, x^2 + C$$

Diese *Parabel* verläuft nach unserer Wahl des Koordinatensystems durch den *Ursprung*, somit ist $C = 0$.
Die Wasseroberfläche selbst besitzt daher das Profil eines *Rotationsparaboloids* mit der Funktionsgleichung

$$y = \frac{\omega^2}{2g}\, r^2, \qquad 0 \leqslant r \leqslant R$$

(r: Zylinderkoordinate = Abstand des Punktes P von der Symmetrieachse).

Übung 5: Resultierende eines ebenen parallelen Kräftesystems
Elementare Integrationen (Grundintegrale)

Ein *homogener* Balken der Länge l wird
nach Bild IV-6 durch eine *linear* ansteigende Streckenlast *(Dreieckslast)* $q(x)$
beansprucht. Bestimmen Sie die *resultierende* Kraft $\vec{F}_R$ nach Größe (Betrag)
und Lage (Wirkungslinie).

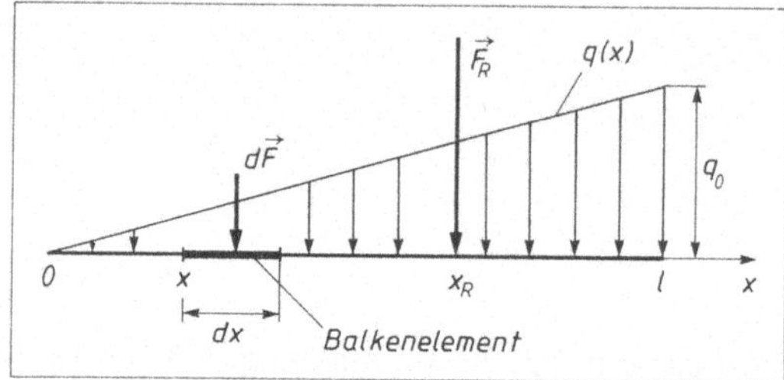

Bild IV-6

Lösungshinweis: Gehen Sie zunächst von dem eingezeichneten *Balkenelement* dx aus und
bestimmen Sie die auf dieses Element einwirkende *Kraft* dF sowie das von dieser Kraft
erzeugte *Moment* dM [A7].

Lehrbuch: Bd. 1, V.5	*Physikalische Grundlagen:* A7

Lösung:

An der Stelle x wirkt auf das eingezeichnete *Balkenelement* der Länge dx eine Kraft vom Betrag
$dF = q(x)\, dx$. Mit der im Intervall $0 \leqslant x \leqslant l$ *linear* ansteigenden Streckenlast (Dreieckslast)
$q(x) = \dfrac{q_0}{l}\, x$ erhalten wir somit

$$dF = q(x)\, dx = \frac{q_0}{l}\, x\, dx$$

und durch Summation, d.h. *Integration* schließlich den Betrag der *resultierenden Kraft:*

$$F_R = \int\limits_{x=0}^{l} dF = \frac{q_0}{l} \cdot \int\limits_{0}^{l} x\, dx = \frac{q_0}{l} \left[\frac{1}{2} x^2\right]_0^l = \frac{q_0 l}{2}$$

Die *Wirkungslinie* der Resultierenden F_R wird durch die Koordinate x_R *eindeutig* festgelegt. Wir bestimmen sie wie folgt. Die an der Stelle x einwirkende Kraft dF erzeugt bezüglich des Koordinatenursprungs 0 das Moment [A7]

$$dM = x\, dF = x\, q\,(x)\, dx = x\, \frac{q_0}{l}\, x\, dx = \frac{q_0}{l}\, x^2 dx$$

Durch Summation, d.h. *Integration* erhält man hieraus das *Gesamtmoment*

$$M = \int\limits_{x=0}^{l} dM = \frac{q_0}{l} \cdot \int\limits_{0}^{l} x^2 dx = \frac{q_0}{l} \left[\frac{x^3}{3}\right]_0^l = \frac{q_0 l^2}{3}$$

Dieses Moment erzeugt auch die im Abstand x_R angreifende *resultierende* Kraft F_R:

$$M = x_R F_R = x_R\, \frac{q_0 l}{2}$$

Somit ist

$$M = x_R\, \frac{q_0 l}{2} = \frac{q_0 l^2}{3} \quad \text{und damit} \quad x_R = \frac{2}{3}\, l$$

Die *Resultierende* $F_R = \dfrac{q_0 l}{2}$ greift daher im Abstand $x_R = \dfrac{2}{3}\, l$ vom *linken* Randpunkt an. Ihre *Richtung* ist die der Einzelkräfte.

Übung 6: Querkraft und Biegemoment längs eines Balkens mit linear ansteigender Last (Dreieckslast)
Elementare Integrationen (Grundintegrale)

Bild IV-7 zeigt einen 2-fach gelagerten homogenen *Balken* der Länge l, der durch die *linear* ansteigende *Streckenlast* *(Dreieckslast)*

$$q\,(x) = \frac{q_0}{l}\, x \,, \qquad 0 \leqslant x \leqslant l$$

belastet wird. Bestimmen Sie den Verlauf von *Querkraft* $Q\,(x)$ und *Biegemoment* $M_b\,(x)$ längs des Balkens [A29].

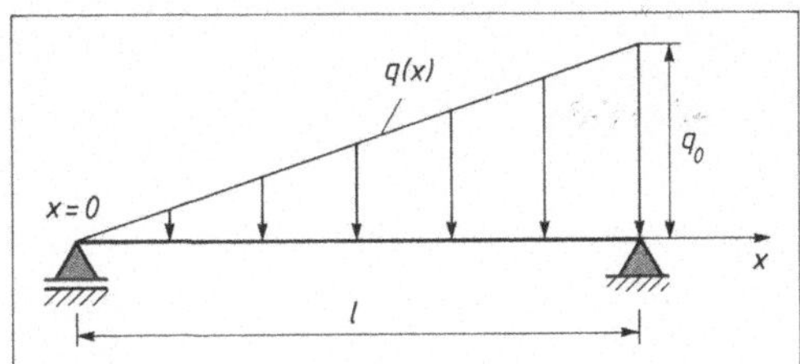

Bild IV-7

Lehrbuch: Bd. 1, V.5	*Physikalische Grundlagen:* A29

Lösung:

Zwischen der Streckenlast q, der Querkraft Q und dem Biegemoment M_b besteht der folgende Zusammenhang [A29]:

$$Q(x) = -\int q(x)\,dx\,, \qquad M_b(x) = \int Q(x)\,dx$$

Daraus ergibt sich

$$Q(x) = -\int q(x)\,dx = -\frac{q_0}{l}\cdot \int x\,dx = -\frac{q_0}{2l}\,x^2 + C_1$$

$$M_b(x) = \int Q(x)\,dx = \int \left(-\frac{q_0}{2l}\,x^2 + C_1\right)dx = -\frac{q_0}{6l}\,x^3 + C_1 x + C_2$$

In den Lagern muß das Biegemoment *verschwinden:* $M_b(0) = M_b(l) = 0$. Aus diesen *Randbedingungen* lassen sich die beiden *Integrationskonstanten* C_1 und C_2 leicht bestimmen:

$$M_b(0) = 0 \;\Rightarrow\; C_2 = 0$$

$$M_b(l) = 0 \;\Rightarrow\; -\frac{q_0 l^2}{6} + C_1 l = 0 \;\Rightarrow\; C_1 = \frac{q_0 l}{6}$$

Somit gilt

$$Q(x) = -\frac{q_0}{2l}\,x^2 + \frac{q_0 l}{6} = -\frac{q_0}{6l}\,(3x^2 - l^2)\,, \qquad 0 \leqslant x \leqslant l$$

$$M_b(x) = -\frac{q_0}{6l}\,x^3 + \frac{q_0 l}{6}\,x = -\frac{q_0}{6l}\,(x^3 - l^2 x)\,, \qquad 0 \leqslant x \leqslant l$$

Der Verlauf beider Funktionen ist in den Bildern IV-8 und IV-9 dargestellt.

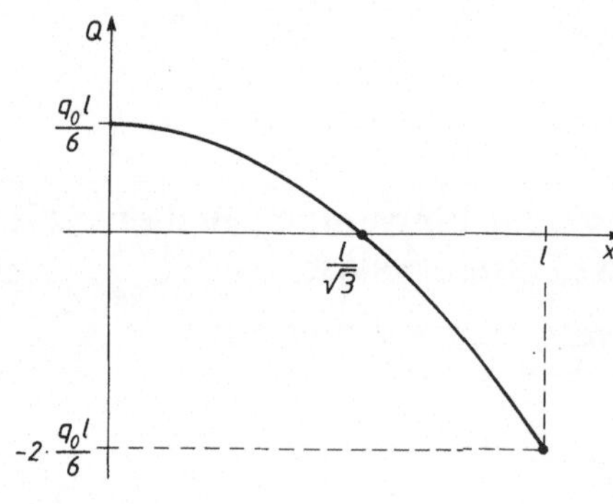

Bild IV-8

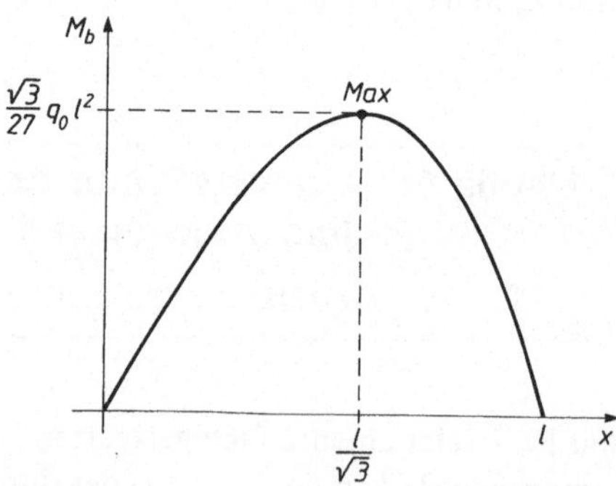

Bild IV-9

Übung 7: Fliehkraft- oder Zentrifugalkraftregler
Elementare Integration (Grundintegral)

Bild IV-10 zeigt einen *Fliehkraft-* oder *Zentrifugalkraftregler*, der mit der *konstanten* Winkelgeschwindigkeit ω um die eingezeichnete Achse rotiert. Infolge der nach *außen* wirkenden *Zentrifugalkräfte* stellen sich beide Arme unter einem Winkel φ gegen die Drehachse ein.

a) Wie lautet der funktionale Zusammenhang zwischen der *Winkelgeschwindigkeit* ω und dem *Winkel* φ?

b) Bei welcher Winkelgeschwindigkeit ω_0 heben die Arme *erstmals* ab?

($l = 2a$: Länge eines Arms; m: Masse eines Arms; A: *konstante* Querschnittsfläche eines Arms; ρ: *konstante* Dichte)

$$\sin \varphi = \frac{u}{a}$$

$$\cos \varphi = \frac{v}{x}$$

$$\sin \varphi = \frac{r}{x}$$

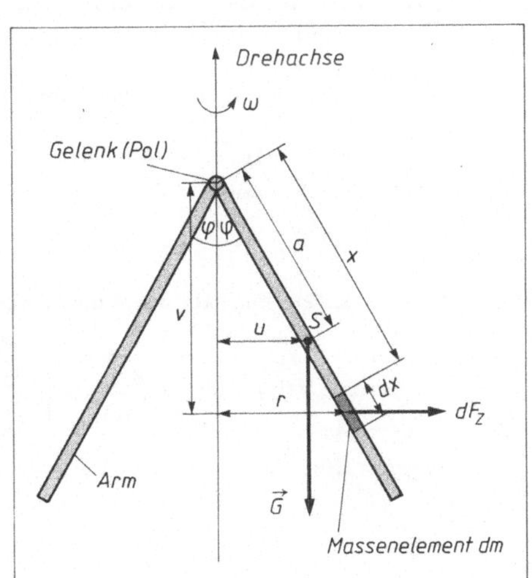

Bild IV-10

Lehrbuch: Bd. 1, V.5	*Physikalische Grundlagen:* A7, A15

Lösung:

a) Im *dynamischen Gleichgewichtszustand* heben sich die von *Schwerkraft* und *Zentrifugalkraft* hervorgerufenen *Momente* in ihrer Wirkung auf. Die im *Schwerpunkt S* im Abstand a vom Gelenk (Pol) angreifende *Gewichtskraft G = mg* erzeugt das *Moment* [A7]

$$M_G = Gu = mga \cdot \sin \varphi \qquad (u = a \cdot \sin \varphi)$$

Bei der Berechnung des durch die *Zentrifugalkraft* erzeugten Momentes gehen wir von einem im Abstand x vom Pol liegenden *Massenelement dm* aus. Es unterliegt der *Zentrifugalkraft* [A15]

$$dF_Z = (dm)\, \omega^2 r$$

wobei r der *senkrechte* Abstand von der Drehachse ist. Mit $dm = \rho\, dV = \rho A\, dx$ folgt

$$dF_Z = (\rho A\, dx)\, \omega^2 r$$

Das von dieser Kraft erzeugte *Moment* [A7] beträgt

$$dM_Z = (dF_Z)\, v = \rho A \omega^2\, r\, v\, dx$$

Mit $r = x \cdot \sin\varphi$ und $v = x \cdot \cos\varphi$ erhalten wir schließlich

$$dM_Z = \rho A\, \omega^2 \cdot \sin\varphi \cdot \cos\varphi \cdot x^2\, dx$$

Durch Summation, d.h. *Integration* über alle Beiträge ergibt sich das *Gesamtmoment* der *Zentrifugalkräfte* zu

$$M_Z = \int\limits_{x=0}^{2a} dM_Z = \rho A\, \omega^2 \cdot \sin\varphi \cdot \cos\varphi \cdot \int\limits_{0}^{2a} x^2\, dx = \rho A\, \omega^2 \cdot \sin\varphi \cdot \cos\varphi \left[\frac{1}{3} x^3\right]_0^{2a} =$$

$$= \frac{8}{3} \rho A a^3\, \omega^2 \cdot \sin\varphi \cdot \cos\varphi = \frac{4}{3} \underbrace{(\rho A \cdot 2a)}_{= m}\, a^2\, \omega^2 \cdot \sin\varphi \cdot \cos\varphi = \frac{4}{3} m a^2\, \omega^2 \cdot \sin\varphi \cdot \cos\varphi$$

($m = \rho A \cdot 2a$ ist die Masse eines Arms). Aus der *Gleichgewichtsbedingung* $M_Z = M_G$ folgt die gewünschte Beziehung zwischen ω und φ:

$$\frac{4}{3} m a^2\, \omega^2 \cdot \sin\varphi \cdot \cos\varphi = m g a \cdot \sin\varphi \quad \Rightarrow \quad \omega^2 = \frac{3g}{4a \cdot \cos\varphi}$$

$$\omega(\varphi) = \sqrt{\frac{3g}{4a \cdot \cos\varphi}}, \qquad 0° \leqslant \varphi < 90°$$

b) Die Arme heben *erstmals* ab, wenn die Winkelgeschwindigkeit den Wert

$$\omega_0 = \omega(\varphi = 0°) = \sqrt{\frac{3g}{4a \cdot \cos 0°}} = \sqrt{\frac{3g}{4a}}$$

überschreitet. Bild IV-11 zeigt den Verlauf der *Winkelgeschwindigkeit* ω in Abhängigkeit vom *Winkel* φ.

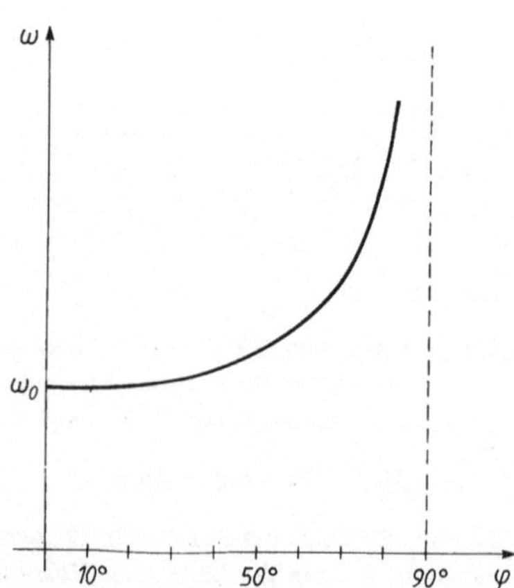

Bild IV-11

> **Übung 8:   Massenträgheitsmoment eines Rotationskörpers mit elliptischem Querschnitt**
> *Elementare Integration (Grundintegral)*

Bild IV-12 zeigt einen *homogenen Rotationskörper* mit *elliptischem* Querschnitt. Er entsteht durch Drehung einer *Ellipse* mit den Halbachsen *a* und *b* um die *y*-Achse.

a) Berechnen Sie das *Massenträgheitsmoment* J_y
   dieses Körpers bezüglich der Rotationsachse in
   Abhängigkeit vom Parameter *h* ($2h$ ist die *Höhe*
   des Rotationskörpers; $0 \leqslant h \leqslant b$).

b) Welche Werte ergeben sich aus a) für die Massenträgheitsmomente eines *Rotationsellipsoids* und
   einer *Kugel* vom Radius *R*?

(ρ: *konstante* Dichte des Rotationskörpers)

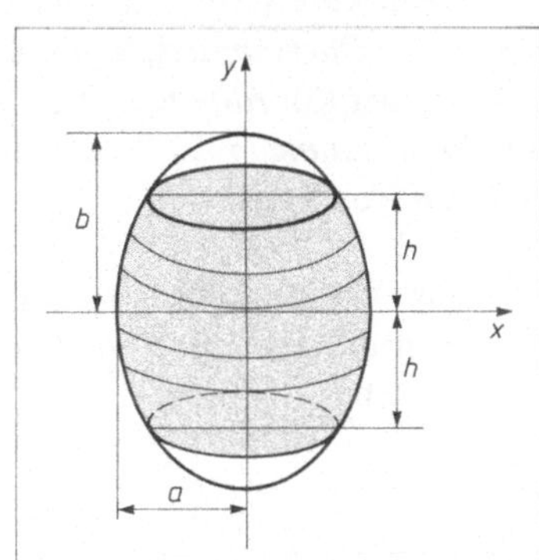

Bild IV-12

> *Lehrbuch:* Bd.1, V.5 und V.10.9.3

Lösung:

a) Definitionsgemäß ist

$$J_y = \frac{1}{2}\,\pi\rho \cdot \int\limits_{-h}^{h} x^4\,dy = \pi\rho \cdot \int\limits_{0}^{h} x^4\,dy$$

wobei $x = g(y)$ die Gleichung der *rotierenden* Kurve ist. Wir erhalten Sie durch Auflösung der
Ellipsengleichung nach der Variablen x (es genügt hier, nach x^2 aufzulösen):

$$\frac{x^2}{a^2} + \frac{y^2}{b^2} = 1 \;\Rightarrow\; x^2 = a^2\left(1 - \frac{y^2}{b^2}\right) = \frac{a^2}{b^2}\,(b^2 - y^2)$$

Damit wird

$$J_y = \frac{\pi\rho a^4}{b^4} \cdot \int\limits_{0}^{h} (b^2 - y^2)^2\,dy = \frac{\pi\rho a^4}{b^4} \cdot \int\limits_{0}^{h} (b^4 - 2b^2 y^2 + y^4)\,dy =$$

$$= \frac{\pi\rho a^4}{b^4}\left[b^4 y - \frac{2}{3}b^2 y^3 + \frac{1}{5}y^5\right]_0^h = \frac{\pi\rho a^4}{b^4}\left(b^4 h - \frac{2}{3}b^2 h^3 + \frac{1}{5}h^5\right)$$

b) Für $h = b$ erhalten wir ein *Rotationsellipsoid* mit dem Massenträgheitsmoment

$$J_{\text{Rotationsellipsoid}} = \frac{\pi\rho a^4}{b^4}\left(b^5 - \frac{2}{3}b^5 + \frac{1}{5}b^5\right) = \frac{8}{15}\,\pi\rho a^4 b$$

Die *Kugel* vom Radius *R* wiederum ist der *Sonderfall* eines Rotationsellipsoids für $a = b = R$:

$$J_{\text{Kugel}} = \frac{8}{15}\,\pi\rho R^5$$

Übung 9: Zugstab mit konstanter Zugspannung
Elementare Integrationen (Grundintegrale)

Bild IV-13 zeigt einen *Zugstab* mit einer *ortsabhängigen* Querschnittsfläche A, der am oberen Ende gelagert ist und am unteren Ende durch eine *konstante* Kraft F_0 belastet wird. Wie ist die *Querschnittsfläche* A in Abhängigkeit von der *Koordinate* x zu wählen, damit die *Zugspannung* σ an *jeder* Schnittstelle den *gleichen* Wert besitzt?

(l: Länge des Zugstabes; A_0 = Querschnittsfläche am *unteren* Ende; ρ: *konstante* Dichte des Zugstabes)

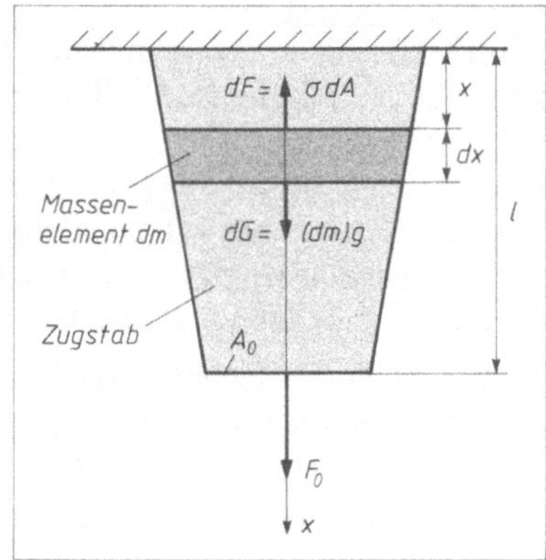

Bild IV-13

Lehrbuch: Bd. 1, V.5	*Physikalische Grundlagen:* A1, A16

Lösung:

Das in Bild IV-13 eingezeichnete (*dunkelgrau* unterlegte) *Massenelement* $dm = \rho\,dV = \rho\,A\,dx$ befindet sich im *Gleichgewicht*, wenn die *Zugkraft* $dF = d\,(\sigma A) = \sigma\,dA$ die Gewichtskraft $dG = (dm)\,g = \rho\,gA\,dx$ in ihrer Wirkung *aufhebt* [A16, A1]. Somit gilt

$$\sigma\,dA + \rho\,gA\,dx = 0 \quad \text{oder} \quad \sigma\,dA = -\,\rho\,gA\,dx \text{[3]}$$

Wir formen diese Gleichung noch geringfügig um

$$\frac{dA}{A} = -\,\frac{\rho g}{\sigma}\,dx$$

und *integrieren* anschließend beide Seiten:

$$\int \frac{dA}{A} = -\,\frac{\rho g}{\sigma} \cdot \int dx \;\Rightarrow\; \ln A = -\,\frac{\rho g}{\sigma}\,x + \ln C \text{[4]} \;\Rightarrow\; \ln A - \ln C = \ln\left(\frac{A}{C}\right) = -\,\frac{\rho g}{\sigma}\,x$$

Durch *Entlogarithmierung* folgt

$$\frac{A}{C} = e^{-\frac{\rho g}{\sigma}\,x} \quad \text{oder} \quad A = C \cdot e^{-\frac{\rho g}{\sigma}\,x}$$

Die Integrationskonstante C bestimmen wir aus dem *Randwert* $A\,(l) = A_0$:

$$A\,(l) = A_0 \;\Rightarrow\; C \cdot e^{-\frac{\rho g}{\sigma}\,l} = A_0 \;\Rightarrow\; C = A_0 \cdot e^{\frac{\rho g}{\sigma}\,l}$$

---

[3] Das Minuszeichen bringt zum Ausdruck, daß die beiden Kräfte in *entgegengesetzte* Richtungen weisen.

[4] Aus Gründen der *Zweckmäßigkeit* wird die Integrationskonstante in der „logarithmischen" Form $\ln C$ angesetzt.

Die *Querschnittsfläche* des Zugstabes ändert sich damit nach dem *Exponentialgesetz*

$$A(x) = A_0 \cdot e^{\frac{\rho g}{\sigma} l} \cdot e^{-\frac{\rho g}{\sigma} x} = A_0 \cdot e^{\frac{\rho g}{\sigma}(l-x)}, \qquad 0 \leqslant x \leqslant l$$

Der *Stabquerschnitt* nimmt daher von oben nach unten *exponentiell* ab (Bild IV-14). Die *Zugspannung* besitzt dabei an *jeder* Stelle den *gleichen* Wert $\sigma = F_0/A_0$.

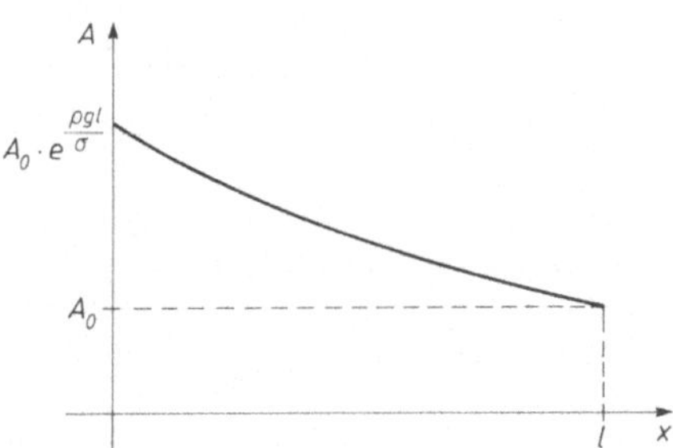

Bild IV-14

Übung 10:   Magnetischer Fluß durch eine Leiterschleife

Elementare Integrationen (Grundintegrale)

Die in Bild IV-15 dargestellte Anordnung zeigt einen geradlinigen, vom Gleichstrom I in der angegebenen Richtung durchflossenen *Leiter* und eine rechteckige *Leiterschleife* mit den Seiten a und b. Beide Leiter liegen in einer *gemeinsamen* Ebene, ihr (kürzester) Abstand ist R, das Medium ist Luft mit der Permeabilität $\mu \approx 1$.

a) Bestimmen Sie den vom *Magnetfeld* des Stromes erzeugten *magnetischen Fluß* ϕ durch die Leiterschleife.

b) Wie groß ist der *arithmetische Mittelwert* $\overline{B}$ der magnetischen Flußdichte B *innerhalb* der Leiterschleife?

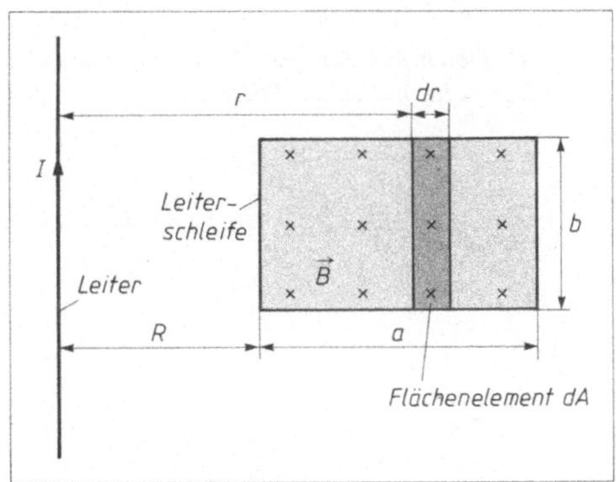

Bild IV-15

Lehrbuch: Bd. 1, V.5	*Physikalische Grundlagen:* A4, A5, A38

Lösung:

a) Der Strom I erzeugt ein Magnetfeld, dessen Feldlinien als *konzentrische* Kreise um die Stromrichtung verlaufen. Das Feld besitzt dabei im Abstand r von der Leiterachse die *magnetische
Feldstärke* [A4]

$$H(r) = \frac{I}{2\pi r}, \qquad r > 0$$

und somit die *magnetische Flußdichte* [A5]

$$B(r) = \mu_0 H = \frac{\mu_0 I}{2\pi r}, \qquad r > 0$$

Die Leiterschleife wird von diesem Feld *senkrecht* durchflutet. Der *magnetische Fluß* [A38] durch das
eingezeichnete (*dunkelgrau* unterlegte) *Flächenelement* $dA = b\,dr$ beträgt daher

$$d\phi = B\,dA = \frac{\mu_0 I}{2\pi r}\,b\,dr = \frac{\mu_0 Ib}{2\pi r}\,dr$$

Den *Gesamtfluß* ϕ erhalten wir durch Summierung, d.h. *Integration* über sämtliche Flächen-
elemente zwischen $r = R$ und $r = R + a$:

$$\phi = \int\limits_{r=R}^{R+a} d\phi = \frac{\mu_0 Ib}{2\pi} \cdot \int\limits_{R}^{R+a} \frac{dr}{r} = \frac{\mu_0 Ib}{2\pi} \big[\ln r\big]_{R}^{R+a} =$$

$$= \frac{\mu_0 Ib}{2\pi} \big[\ln(R+a) - \ln R\big] = \frac{\mu_0 Ib}{2\pi} \cdot \ln\left(\frac{R+a}{R}\right)$$

b) Der *arithmetische*, d.h. *lineare* Mittelwert ist definitionsgemäß

$$\bar{B} = \frac{1}{a} \cdot \int\limits_{r=R}^{R+a} B(r)\,dr = \frac{\mu_0 I}{2\pi a} \cdot \int\limits_{R}^{R+a} \frac{dr}{r} = \frac{\mu_0}{2\pi a} \big[\ln r\big]_{R}^{R+a} =$$

$$= \frac{\mu_0 I}{2\pi a} \big[\ln(R+a) - \ln R\big] = \frac{\mu_0 I}{2\pi a} \cdot \ln\left(\frac{R+a}{R}\right)$$

Ein *Vergleich* mit dem Ergebnis aus Lösungsteil a) zeigt, daß der magnetische Fluß ϕ das *Produkt*
aus dem *arithmetischen Mittelwert* $\bar{B}$ und der Fläche $A = ab$ der Leiterschleife ist: $\phi = \bar{B}A$.

Übung 11: Kapazität eines Koaxialkabels
Elementare Integration (Grundintegral)

Ein *Koaxialkabel* besteht aus zwei leitenden
koaxialen Zylinderflächen mit den Radien r_1
und r_2. Der Raum zwischen dem Innen- und
Außenleiter ist mit einem *Isolator* der Dielektrizitätskonstanten ϵ ausgefüllt (Bild IV-16).
Welche *Kapazität* C besitzt das Koaxialkabel?
(l: Länge des Koaxialkabels)

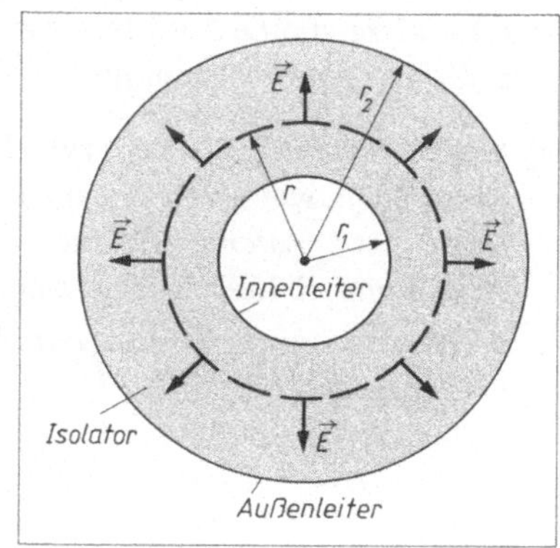

Bild IV-16

Lösungshinweis: Gehen Sie zunächst von der Überlegung aus, daß der Innenleiter eine
gleichmäßig über den Zylindermantel verteilte *positive* Ladung Q trage. Berechnen Sie
dann die *elektrische Feldstärke E* im Innern des Koaxialkabels in Abhängigkeit von der
Ortskoordinate r und daraus die Spannung U zwischen den beiden leitenden Zylinderflächen.

> *Lehrbuch:* Bild V-5
> *Physikalische Grundlagen:* A34, A39, A40

Lösung:

Die Ladung Q erzeugt ein *zylindersymmetrisches* elektrisches Feld (im Schnitt *senkrecht* zur Zylinderachse ist das elektrische Feld *radialsymmetrisch*). Der *Betrag* der *elektrischen Feldstärke* $\vec{E}$ hat daher
auf einer zum Innenleiter *koaxialen* Zylinderfläche überall den *gleichen* Wert (siehe *gestrichelte* Linie
in Bild IV-16). Im Abstand r von der Symmetrieachse gilt für die *Feldstärke E* [A34]

$$E(r) = \frac{Q}{2\pi\epsilon_0\epsilon r l}, \qquad r_1 \leqslant r \leqslant r_2$$

Die *Spannung* [A39] zwischen dem Innen- und Außenleiter ist dann dem Betrage nach

$$U = \int_{r_1}^{r_2} E(r)\, dr = \frac{Q}{2\pi\epsilon_0\epsilon l} \cdot \int_{r_1}^{r_2} \frac{dr}{r} = \frac{Q}{2\pi\epsilon_0\epsilon l} \left[\ln r\right]_{r_1}^{r_2} =$$

$$= \frac{Q}{2\pi\epsilon_0\epsilon l} (\ln r_2 - \ln r_1) = \frac{Q}{2\pi\epsilon_0\epsilon l} \cdot \ln\left(\frac{r_2}{r_1}\right)$$

Das Koaxialkabel besitzt damit die folgende *Kapazität* [A40]:

$$C = \frac{Q}{U} = \frac{Q}{\dfrac{Q}{2\pi\epsilon_0\epsilon l} \cdot \ln\left(\dfrac{r_2}{r_1}\right)} = \frac{2\pi\epsilon_0\epsilon l}{\ln\left(\dfrac{r_2}{r_1}\right)}$$

> ## Übung 12:   Übergangswiderstand einer Kugel
> ### *Elementare Integration (Grundintegral)*

Bild IV-17 zeigt eine Anordnung aus zwei *konzentrischen Kugelelektroden* mit den Radien r_1 und r_2. Der Zwischenraum ist mit einem Material der *Leitfähigkeit* κ ausgefüllt.

a) Welche *Spannung* U liegt zwischen den beiden Elektroden, wenn von innen nach außen ein Strom der *konstanten* Stärke I fließt? Welchen *Widerstand* R besitzt diese Anordnung?

b) Welchen *Übergangswiderstand* R_{Kugel} besitzt eine Kugel vom Radius r?

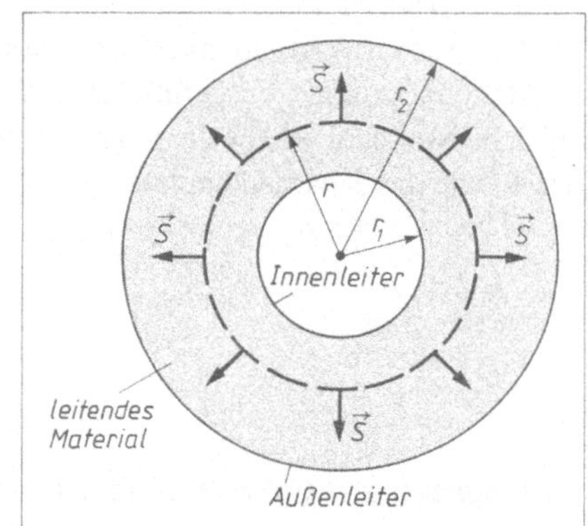

Bild IV-17

Lösungshinweis: Bestimmen Sie zunächst die *Stromdichte* S und die *elektrische Feldstärke* E in der Kugel in Abhängigkeit von der Abstandskoordinate r und daraus die *Spannung* U zwischen den beiden Kugelelektroden. Der *Übergangswiderstand* einer Kugel ist der Widerstand bei *unendlich weit* entfernter Gegenelektrode.

> *Lehrbuch:* Bd. 1, V.5
> *Physikalische Grundlagen:* A14, A19, A39, A41

Lösung:

a) Wegen der *Radialsymmetrie* des elektrischen Feldes besitzt der Stromdichtevektor $\vec{S}$ in jedem Punkt einer zu den Kugelelektroden *konzentrischen* Kugeloberfläche den *gleichen* Betrag. Durch die Oberfläche $A = 4\pi r^2$ der im Bild eingezeichneten *(gestrichelten)* Kugel vom Radius r fließt der *konstante* Strom I. Somit ist die *Stromdichte* im Abstand r nach [A19]

$$S(r) = \frac{I}{A} = \frac{I}{4\pi r^2}, \qquad r_1 \leqslant r \leqslant r_2$$

Aus der Beziehung $S = \kappa E$ [A41] folgt für den *Betrag* der *elektrischen Feldstärke*

$$E(r) = \frac{S(r)}{\kappa} = \frac{I}{4\pi\kappa r^2}, \qquad r_1 \leqslant r \leqslant r_2$$

Die *Spannung* zwischen den beiden Kugelelektroden beträgt dann [A39]

$$U = \int_{r_1}^{r_2} E(r)\, dr = \frac{I}{4\pi\kappa} \cdot \int_{r_1}^{r_2} \frac{dr}{r^2} = \frac{I}{4\pi\kappa} \left[-\frac{1}{r} \right]_{r_1}^{r_2} = \frac{I}{4\pi\kappa} \left(\frac{1}{r_1} - \frac{1}{r_2} \right) = \frac{I}{4\pi\kappa} \cdot \frac{r_2 - r_1}{r_1 r_2}$$

Für den gesuchten Widerstand erhalten wir damit nach dem *ohmschen Gesetz* [A14]

$$R = \frac{U}{I} = \frac{\dfrac{I}{4\pi\kappa} \cdot \dfrac{r_2 - r_1}{r_1 r_2}}{I} = \frac{1}{4\pi\kappa} \cdot \frac{r_2 - r_1}{r_1 r_2}$$

b) Wir setzen zunächst $r_1 = r$ und $r_2 = x$ und bilden dann den *Grenzübergang* für $x \to \infty$. Er führt zu dem folgenden *Übergangswiderstand* einer Kugel:

$$R_{\text{Kugel}} = \lim_{x \to \infty} \left(\frac{1}{4\pi\kappa} \cdot \frac{x-r}{rx} \right) = \frac{1}{4\pi\kappa} \cdot \underbrace{\lim_{x \to \infty} \left(\frac{1 - \frac{r}{x}}{r} \right)}_{1/r} = \frac{1}{4\pi\kappa} \cdot \frac{1}{r} = \frac{1}{4\pi\kappa r}$$

Übung 13: Arbeit im Gravitationsfeld der Erde
Elementare Integration (Grundintegral)

Welche *Arbeit* W ist aufzuwenden, um eine an der Erdoberfläche befindliche Masse m aus dem Einflußbereich der Erde heraus zu bringen (Bild IV-18)? Mit welcher *Geschwindigkeit* v_0 muß dieser Körper daher von der Erdoberfläche abgeschossen werden?

(Erdradius: $r_0 = 6370\,\text{km}$; Gravitationskonstante:
$\gamma = 6,67 \cdot 10^{-11}\,\text{Nm}^2/\text{kg}^2$; Erdmasse: $M = 5,98 \cdot 10^{24}\,\text{kg}$)

Lösungshinweis: Benutzen Sie bei der Berechnung der Arbeit das *Gravitationsgesetz* [A18].

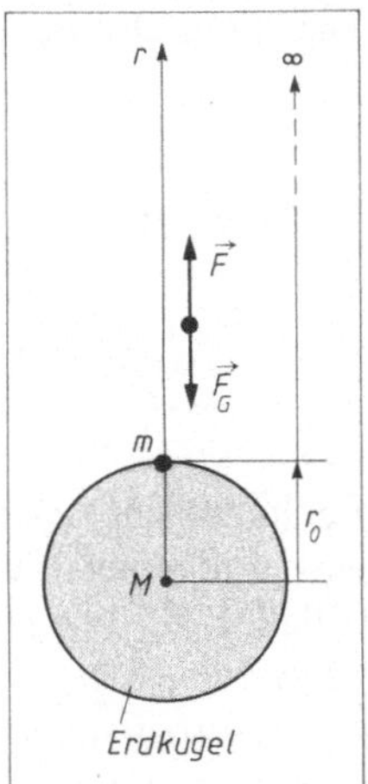

Bild IV-18

Lehrbuch: Bd. 1, V.5 und V.10.6	*Physikalische Grundlagen:* A18

Lösung:

Die *gegen* das Gravitationsfeld der Erde aufzubringende *Arbeit* ist definitionsgemäß durch das *Arbeitsintegral*[5])

$$W = \int_{r_0}^{\infty} \vec{F} \cdot d\vec{r} = \int_{r_0}^{\infty} F(r)\, dr$$

gegeben, wobei $\vec{F}$ eine Kraft ist, die der *Gravitationskraft* $\vec{F}_G$ [A18] stets das *Gleichgewicht* hält.

Daher ist

$$F(r) = |\vec{F}_G| = \gamma \cdot \frac{mM}{r^2}$$

---

[5]) Die Anziehungskraft durch die Erdkugel verschwindet erst in *großer* Entfernung von der Erdoberfläche ($r \to \infty$). Daher ist die *Integration* von $r = r_0$ bis hin zu $r = \infty$ zu erstrecken.

Wir berechnen mit dieser *ortsabhängigen* Kraft das Arbeitsintegral und erhalten

$$W = \int_{r_0}^{\infty} F(r)\, dr = \gamma\, mM \cdot \int_{r_0}^{\infty} \frac{dr}{r^2} = \gamma\, mM \cdot \int_{r_0}^{\infty} r^{-2}\, dr = \gamma\, mM \left[-\frac{1}{r} \right]_{r_0}^{\infty} = \frac{\gamma\, mM}{r_0}$$

Diese Arbeit muß der Masse m beim Verlassen der Erdoberfläche in Form von *kinetischer* Energie zugeführt werden. Aus $E_{\text{kin}} = W$ folgt dann

$$\frac{1}{2}\, m v_0^2 = \frac{\gamma\, mM}{r_0} \qquad \text{oder} \qquad v_0^2 = \frac{2\gamma M}{r_0}$$

Die auch als *Fluchtgeschwindigkeit* bezeichnete Abschußgeschwindigkeit der Masse beträgt daher

$$v_0 = \sqrt{\frac{2\gamma M}{r_0}} = \sqrt{\frac{2 \cdot 6{,}67 \cdot 10^{-11}\,\text{Nm}^2\,\text{kg}^{-2} \cdot 5{,}98 \cdot 10^{24}\,\text{kg}}{6{,}37 \cdot 10^6\,\text{m}}} = 11\,190\ \text{m/s} = 11{,}19\ \text{km/s}$$

und ist (unabhängig von der Masse) für *alle* Körper *gleich*.

Übung 14: Elektrischer Widerstand eines kegelstumpfförmigen Kontaktes

Integration mittels Substitution

Ein homogener *elektrischer Kontakt* besitzt die Gestalt eines *Kegelstumpfes* (Bild IV-19). Wie groß ist sein *ohmscher Widerstand R*?

(r_1, r_2: Radien der begrenzenden Kreisflächen des Kegelstumpfes; l: Länge des Kontaktes; ρ: *konstanter spezifischer Widerstand*)

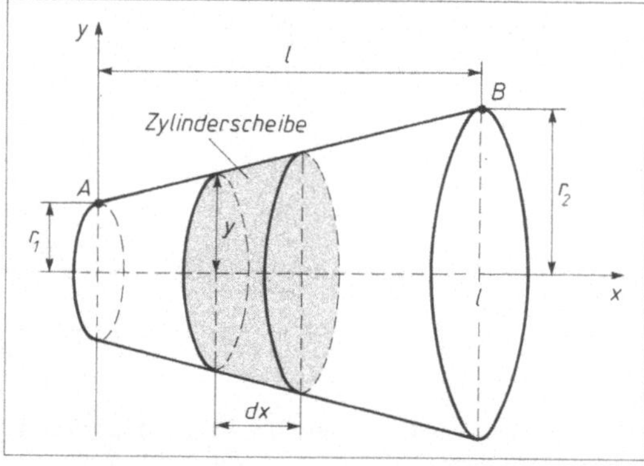

Bild IV-19

Lehrbuch: Bd. 1, V.8.1	*Physikalische Grundlagen:* A42

Lösung:

Wir zerlegen den *Kegelstumpf* durch ebene Schnitte *senkrecht* zur Symmetrieachse in eine große Anzahl nahezu *zylinderförmiger* Scheiben. In Bild IV-19 ist eine solche Scheibe mit dem Radius $r = y$ und der Höhe (Dicke) dx grau unterlegt. Ihr *ohmscher Widerstand* ist demnach [A42]

$$dR = \rho\, \frac{dx}{\pi y^2}$$

Der Zusammenhang zwischen den Koordinaten x und y ist dabei durch die Gleichung der eingezeichneten *Mantellinie* $\overline{AB}$ gegeben, die durch Rotation um die x-Achse den Kegelstumpf erzeugt. Ihre Funktionsgleichung lautet

$$y = \frac{r_2 - r_1}{l}\, x + r_1\,, \qquad 0 \leqslant x \leqslant l$$

Damit erhalten wir für den *Widerstand* der *Zylinderscheibe*

$$dR = \rho \; \frac{dx}{\pi y^2} = \frac{\rho}{\pi} \cdot \frac{dx}{\left(\dfrac{r_2 - r_1}{l} x + r_1\right)^2}$$

Summation, d.h. *Integration* über sämtliche Zylinderscheiben führt schließlich zu dem *Gesamtwiderstand*

$$R = \int\limits_{x=0}^{l} dR = \frac{\rho}{\pi} \cdot \int\limits_{0}^{l} \frac{dx}{\left(\dfrac{r_2 - r_1}{l} x + r_1\right)^2}$$

Dieses Integral lösen wir mittels der folgenden *Substitution,* wobei die Grenzen *mitsubstituiert* werden:

$$u = \frac{r_2 - r_1}{l} x + r_1, \qquad \frac{du}{dx} = \frac{r_2 - r_1}{l}, \qquad dx = \frac{l}{r_2 - r_1} du$$

Untere Grenze: $\quad x = 0 \quad \Rightarrow \quad u = r_1$

Obere Grenze: $\quad x = l \quad \Rightarrow \quad u = r_2$

Somit ist

$$R = \frac{\rho}{\pi} \cdot \int\limits_{0}^{l} \frac{dx}{\left(\dfrac{r_2 - r_1}{l} x + r_1\right)^2} = \frac{\rho l}{\pi(r_2 - r_1)} \cdot \int\limits_{r_1}^{r_2} \frac{du}{u^2} = \frac{\rho l}{\pi(r_2 - r_1)} \cdot \int\limits_{r_1}^{r_2} u^{-2} du =$$

$$= \frac{\rho l}{\pi(r_2 - r_1)} \left[-\frac{1}{u}\right]_{r_1}^{r_2} = \frac{\rho l}{\pi(r_2 - r_1)} \left[\frac{1}{r_1} - \frac{1}{r_2}\right] = \frac{\rho l}{\pi(r_2 - r_1)} \cdot \frac{r_2 - r_1}{r_1 r_1} = \frac{\rho l}{\pi r_1 r_2}$$

Übung 15: Freier Fall unter Berücksichtigung des Luftwiderstandes

Integration mittels Substitution

Wird beim *freien Fall* der Luftwiderstand in Form einer dem *Quadrat* der Fallgeschwindigkeit v *proportionalen* Reibungskraft kv^2 berücksichtigt, so gilt nach dem *Newtonschen Grundgesetz* [A27]

$$ma = mg - kv^2$$

(m: Masse des frei fallenden Körpers; g: Erdbeschleunigung; k: Reibungskoeffizient).

Leiten Sie aus dieser Gleichung durch *Integration* die Abhängigkeit der *Fallgeschwindigkeit v* vom *Fallweg s* für den Anfangswert $v(0) = 0$ her.

Lösungshinweis: Zeigen Sie zunächst die Gültigkeit der Beziehung $a = v \dfrac{dv}{ds}$. Die *Newtonsche* Gleichung läßt sich dann unter Berücksichtigung dieser Beziehung integrieren.

Lehrbuch: Bd. 1, V.8.1	*Physikalische Grundlagen:* A27

Lösung:

Wir lösen zunächst die *Newtonsche Bewegungsgleichung* nach der *Fallbeschleunigung* a auf:

$$a = g - \frac{k}{m}\,v^2 = \frac{k}{m}\left(\frac{mg}{k} - v^2\right)$$

Aus der *allgemeingültigen* Beziehung

$$a = \frac{dv}{dt} = \frac{dv}{dt}\cdot\frac{ds}{ds} = \frac{ds}{dt}\cdot\frac{dv}{ds} = v\,\frac{dv}{ds}$$

folgt durch Umstellung

$$a\,ds = v\,dv \qquad \text{oder} \qquad v\,dv = a\,ds$$

In diese Gleichung setzen wir für die Beschleunigung a den weiter oben gefundenen Ausdruck ein und erhalten

$$v\,dv = \frac{k}{m}\left(\frac{mg}{k} - v^2\right)ds \qquad \text{oder} \qquad \frac{v\,dv}{\dfrac{mg}{k} - v^2} = \frac{k}{m}\,ds$$

Beide Seiten werden nun *integriert,* wobei wir noch zur Abkürzung $\alpha = mg/k$ setzen:

$$\int \frac{v\,dv}{\alpha - v^2} = \frac{k}{m}\cdot\int ds = \frac{k}{m}\,s + C$$

Das Integral der *linken* Seite lösen wir mit Hilfe der *Substitution*

$$u = \alpha - v^2, \qquad \frac{du}{dv} = -2v, \qquad v\,dv = -\frac{1}{2}\,du$$

und erhalten[6]

$$\int \frac{v\,dv}{\alpha - v^2} = -\frac{1}{2}\cdot\int \frac{du}{u} = -\frac{1}{2}\cdot\ln\,(\alpha - v^2)$$

Somit ist

$$-\frac{1}{2}\cdot\ln\,(\alpha - v^2) = \frac{k}{m}\,s + C \qquad \text{oder} \qquad \ln\,(\alpha - v^2) = -\frac{2k}{m}\,s - 2C$$

Bevor wir diese Gleichung nach v auflösen, bestimmen wir aus dem *Anfangswert* $v(0) = 0$ die Integrationskonstante C:

$$v(0) = 0 \quad \Rightarrow \quad \ln\alpha = -2C \quad \Rightarrow \quad C = -\frac{1}{2}\cdot\ln\alpha$$

Die gesuchte Funktion lautet damit in *impliziter* Form wie folgt:

$$\ln\,(\alpha - v^2) = -\frac{2k}{m}\,s + \ln\alpha$$

Wir fassen die logarithmischen Terme noch zusammen

$$\ln\,(\alpha - v^2) - \ln\alpha = \ln\left(\frac{\alpha - v^2}{\alpha}\right) = -\frac{2k}{m}\,s$$

und *entlogarithmieren* diese Gleichung

$$\frac{\alpha - v^2}{\alpha} = e^{-\frac{2k}{m}\,s} \qquad \text{oder} \qquad \alpha - v^2 = \alpha\cdot e^{-\frac{2k}{m}\,s}$$

---

[6] Es gilt $mg > kv^2$ und somit $\alpha > v^2$. Daher dürfen die *Betragsstriche* in der logarithmischen Funktion *weggelassen* werden.

Durch Auflösen nach der Variablen v erhalten wir das gewünschte *Fallgesetz*. Es lautet:

$$v(s) = \sqrt{\alpha \left(1 - e^{-\frac{2k}{m} s}\right)} = \sqrt{\frac{mg}{k} \left(1 - e^{-\frac{2k}{m} s}\right)} \,, \qquad s \geq 0$$

Bild IV-20 zeigt den Verlauf dieser Funktion. Nach *unendlich langem* Fallweg s strebt die Fallge-schwindigkeit v schließlich gegen ihren *Endwert*

$$v_E = \lim_{s \to \infty} v(s) = \lim_{s \to \infty} \sqrt{\frac{mg}{k} \left(1 - e^{-\frac{2k}{m} s}\right)} = \sqrt{\frac{mg}{k}}$$

Das *Fallgesetz* läßt sich damit auch in der Form

$$v(s) = v_E \cdot \sqrt{1 - e^{-\frac{2k}{m} s}} \,, \qquad s \geq 0$$

darstellen (Bild IV-20).

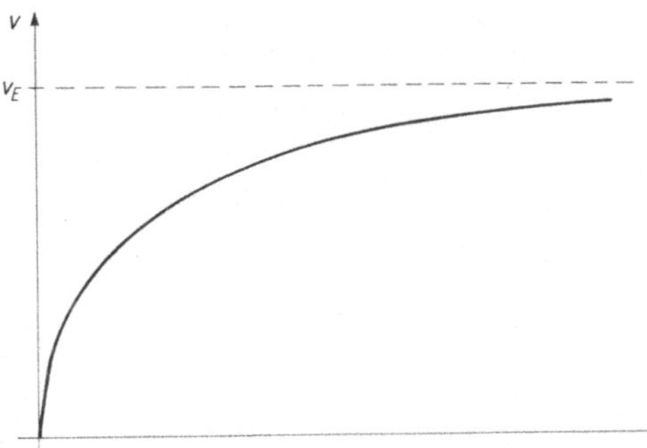

Bild IV-20

Übung 16: Aufladung eines Kondensators

Integration mittels Substitution

In der in Bild IV-21 skizzierten *RC-Schaltung* fließt nach Schließen des Schalters S zur Zeit $t = 0$ der folgende *Ladestrom:*

$$i(t) = i_0 \cdot e^{-\frac{t}{RC}} \,, \qquad t \geq 0$$

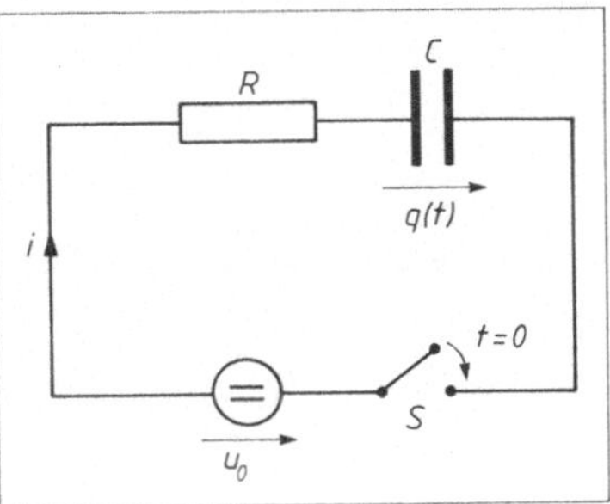

Bild IV-21

a) Ermitteln Sie den *zeitlichen* Verlauf der *Konden-satorladung* $q(t)$, wenn der Kondensator zu Beginn *energielos,* d.h. *ungeladen* ist.

b) Welche *Energie* W wird bis zur Beendigung des Aufladevorgangs im ohmschen Widerstand R umgesetzt (*Stromarbeit* [A44] von $t = 0$ bis $t \to \infty$)?

(R: ohmscher Widerstand; C: Kapazität; U_0: angelegte Gleichspannung)

Lehrbuch: Bd. 1, V.8.1	*Physikalische Grundlagen:* A43, A44

Lösung:

a) Es ist $i(t) = \dot{q}(t)$ und somit [A43]

$$q(t) = \int\limits_0^t i(\tau)\,d\tau = i_0 \cdot \int\limits_0^t e^{-\frac{\tau}{RC}}\,d\tau$$

Wir lösen dieses Integral mit Hilfe der folgenden *Substitution:*

$$z = -\frac{\tau}{RC}, \qquad \frac{dz}{d\tau} = -\frac{1}{RC}, \qquad d\tau = -RC\,dz$$

Untere Grenze: $\tau = 0 \;\Rightarrow\; z = 0$

Obere Grenze: $\tau = t \;\Rightarrow\; z = -\dfrac{t}{RC}$

Damit ist

$$q(t) = i_0 \cdot \int\limits_0^t e^{-\frac{\tau}{RC}}\,d\tau = i_0 \cdot \int\limits_0^{-t/RC} e^{z}\cdot(-RC\,dz) = -RC\,i_0 \cdot \int\limits_0^{-t/RC} e^{z}\,dz =$$

$$= -RC\,i_0\left[e^z\right]_0^{-t/RC} = -RC\,i_0\left(e^{-\frac{t}{RC}} - 1\right) = RC\,i_0\left(1 - e^{-\frac{t}{RC}}\right)$$

Mit dem *Endwert* $q_0 = RC\,i_0$ läßt sich diese Gleichung auch in der Form

$$q(t) = q_0\left(1 - e^{-\frac{t}{RC}}\right), \qquad t \geq 0$$

schreiben. Wir erhalten den in Bild IV-22 dargestellten *zeitlichen* Verlauf für die *Kondensatorladung* $q(t)$.

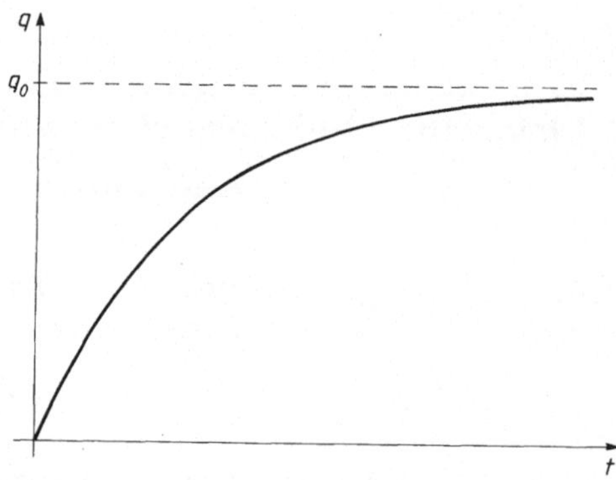

Bild IV-22

b) Der *Energieumsatz* im ohmschen Widerstand R ist durch das *Arbeitsintegral (Stromarbeit)* [A44]

$$W = R \cdot \int\limits_0^\infty i^2(t)\,dt = R i_0^2 \cdot \int\limits_0^\infty e^{-\frac{2t}{RC}}\,dt$$

gegeben, das wir durch die folgende *Substitution* lösen:

$$z = -\frac{2t}{RC}, \qquad \frac{dz}{dt} = -\frac{2}{RC}, \qquad dt = -\frac{RC}{2}\,dz$$

Untere Grenze: $t = 0 \;\Rightarrow\; z = 0$

Obere Grenze: $t = \infty \;\Rightarrow\; z = -\infty$

Damit ist

$$W = Ri_0^2 \cdot \int_0^\infty e^{-\frac{2t}{RC}}\, dt = Ri_0^2 \cdot \int_0^{-\infty} e^{z} \cdot \left(-\frac{RC}{2}\, dz\right) = -\frac{R^2\, Ci_0^2}{2} \cdot \int_0^{-\infty} e^{z}\, dz =$$

$$= -\frac{R^2\, Ci_0^2}{2}\, \left[e^{z}\right]_0^{-\infty} = -\frac{R^2\, Ci_0^2}{2}\,(0-1) = \frac{R^2\, Ci_0^2}{2}$$

Übung 17: Rotation einer Scheibe in einer Flüssigkeit
Integration mittels Substitution

Eine *Zylinderscheibe* vom Radius r rotiert in einer *Flüssigkeit* mit einer nach dem Zeitgesetz

$$v(t) = v_0 \cdot e^{-kt}, \qquad t \geq 0$$

exponentiell abnehmenden *Umfangsgeschwindigkeit* v (Bild IV-23). Bestimmen Sie den *zeitlichen* Verlauf der *Winkelgeschwindigkeit* ω und des *Drehwinkels* φ für den Anfangswert $\varphi(0) = 0$.

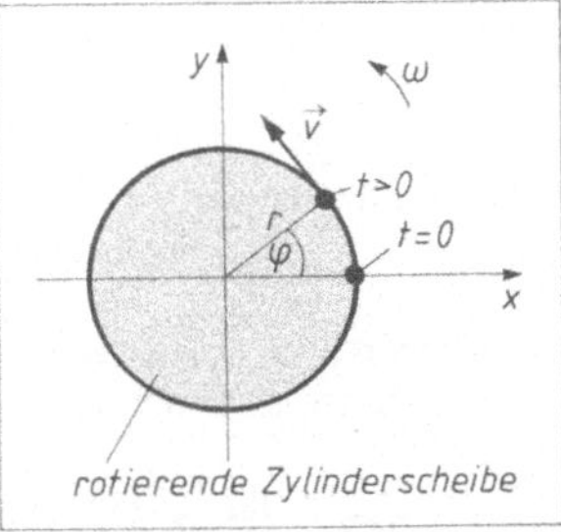

Bild IV-23

Lehrbuch: Bd. 1, V.8.1	*Physikalische Grundlagen:* A8, A30

Lösung:

Aus der Beziehung $v = \omega r$ [A8] erhalten wir das *Zeitgesetz* der *Winkelgeschwindigkeit* ω. Es lautet:

$$\omega(t) = \frac{v(t)}{r} = \left(\frac{v_0}{r}\right) \cdot e^{-kt} = \omega_0 \cdot e^{-kt}, \qquad t \geq 0$$

Dabei ist $\omega_0 = v_0/r$ der *Maximalwert* der Winkelgeschwindigkeit. Er wird zur Zeit $t = 0$ angenommen: $\omega(0) = \omega_0$. Die *Winkelgeschwindigkeit* ω nimmt wie die Umfanggeschwindigkeit v im Laufe der Zeit *exponentiell* ab (Bild IV-24; beide Größen sind einander *proportional*). Wegen $\dot{\varphi} = \omega$ [A30] liefert die *Integration* der Gleichung $\omega = \omega(t)$ die gesuchte *Zeitabhängigkeit* des *Drehwinkels* φ:

$$\varphi(t) = \int_0^t \dot{\varphi}\, d\tau = \int_0^t \omega\, d\tau = \omega_0 \cdot \int_0^t e^{-k\tau}\, d\tau$$

Dieses Integral lösen wir durch die *Substitution*

$$u = -k\tau, \qquad \frac{du}{d\tau} = -k, \qquad d\tau = -\frac{du}{k}$$

Untere Grenze: $\tau = 0 \;\Rightarrow\; u = 0$

Obere Grenze: $\tau = t \;\Rightarrow\; u = -kt$

wie folgt:

$$\varphi(t) = \omega_0 \cdot \int\limits_0^t e^{-k\tau}\, d\tau = \omega_0 \cdot \int\limits_0^{-kt} e^u \cdot \left(-\frac{du}{k}\right) = -\frac{\omega_0}{k} \cdot \int\limits_0^{-kt} e^u\, du =$$

$$= -\frac{\omega_0}{k}\left[e^u\right]_0^{-kt} = -\frac{\omega_0}{k}\left(e^{-kt}-1\right) = \frac{\omega_0}{k}\left(1-e^{-kt}\right), \qquad t \geqslant 0$$

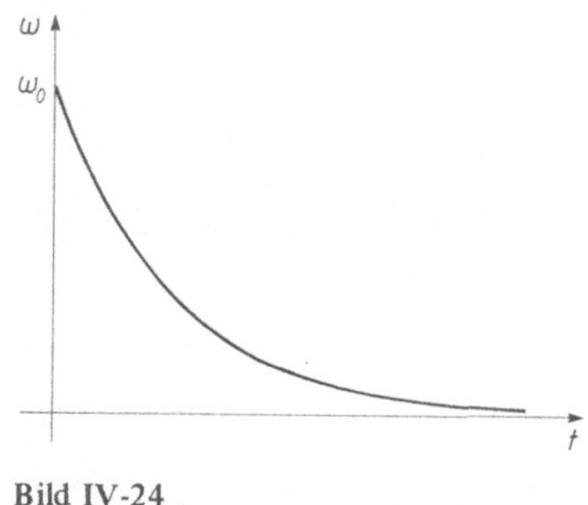

Bild IV-24

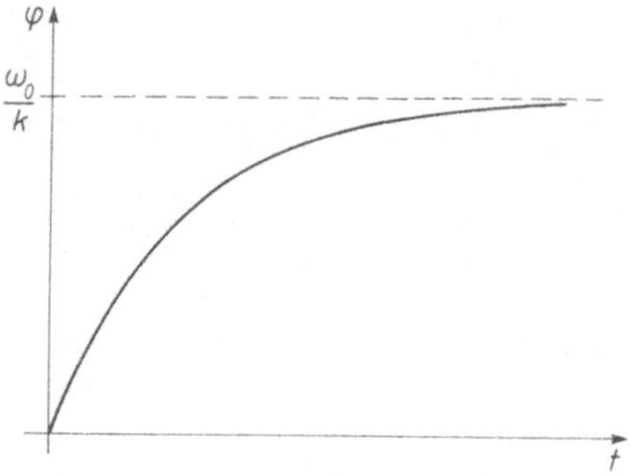

Bild IV-25

Der *Maximalwert* des Drehwinkels φ ist erreicht, wenn die rotierende Scheibe zur *Ruhe* gekommen ist $(t \to \infty)$. Er ist durch den *Grenzwert*

$$\varphi_{\max} = \lim_{t \to \infty} \varphi(t) = \lim_{t \to \infty} \frac{\omega_0}{k}\left(1-e^{-kt}\right) = \frac{\omega_0}{k} \cdot \underbrace{\lim_{t \to \infty}\left(1-e^{-kt}\right)}_{1} = \frac{\omega_0}{k}$$

gegeben. Bild IV-25 zeigt den *zeitlichen* Verlauf des *Drehwinkels φ (Sättigungsfunktion)*.

Übung 18: Kapazität einer elektrischen Doppelleitung
Integration mittels Substitution

Die in Bild IV-26 dargestellte *elektrische Doppelleitung* besteht aus zwei *parallelen* Leitern (Drähten) mit der Länge l und dem Leiterradius R. Der Leiterabstand beträgt $d = 2a$. Welche *Kapazität* C besitzt diese Doppelleitung unter den Voraussetzungen $l \gg d$ und $d \gg R$ im Medium *Luft* mit der Dielektrizitätskonstanten $\epsilon \approx 1$?

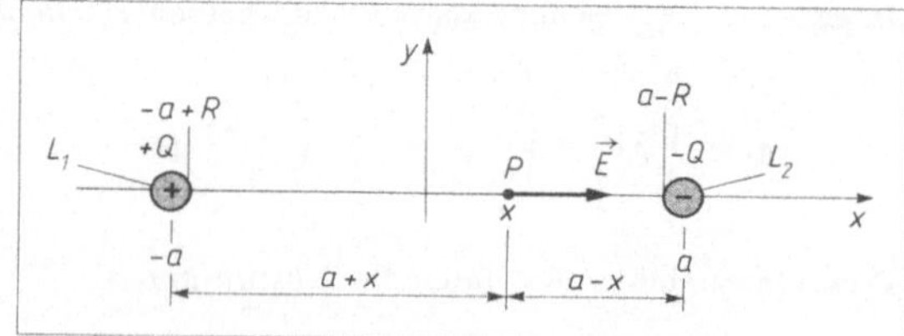

Bild IV-26

Lösungshinweis: Bei der Lösung dieser Aufgabe dürfen Sie auf die Ergebnisse aus Übung 18, Kapitel III zurückgreifen (Berechnung der *elektrischen Feldstärke E* längs der Verbindungslinie beider Leiter). Aus der Feldstärke E läßt sich dann die *Spannung U* zwischen den beiden Leitern und daraus die *Kapazität C* der Doppelleitung bestimmen.

Lehrbuch: Bd. 1, V.8.1	*Physikalische Grundlagen:* A39, A40

Lösung:

Trägt der *linke* Leiter L_1 die *positive* Ladung $Q_1 = Q$ und der *rechte* Leiter L_2 die *negative* Ladung $Q_2 = -Q$, so beträgt die *elektrische Feldstärke E* im Punkt P auf der Verbindungslinie der beiden Leiter nach den Ergebnissen aus Übung 18, Kapitel III

$$E(P) = E(x) = \frac{Q}{2\pi\epsilon_0 l}\left(\frac{1}{a+x} + \frac{1}{a-x}\right), \qquad -a < x < a$$

Die *Spannung* zwischen den beiden Leitern ist dann definitionsgemäß durch das Integral

$$U = \int\limits_{-a+R}^{a-R} E(x)\,dx = \frac{Q}{2\pi\epsilon_0 l}\cdot\int\limits_{-a+R}^{a-R}\left(\frac{1}{a+x} + \frac{1}{a-x}\right)dx$$

gegeben [A39]. Wir lösen die beiden Teilintegrale zunächst *unbestimmt* mit Hilfe der folgenden *Substitutionen*

$$u = a + x, \quad dx = du \qquad \text{bzw.} \qquad v = a - x, \quad dx = -dv$$

$$\int\left(\frac{1}{a+x} + \frac{1}{a-x}\right)dx = \int\frac{dx}{a+x} + \int\frac{dx}{a-x} = \int\frac{du}{u} - \int\frac{dv}{v} = \ln|u| - \ln|v| = \ln\left|\frac{u}{v}\right| = \ln\left|\frac{a+x}{a-x}\right|$$

Somit ist

$$U = \frac{Q}{2\pi\epsilon_0 l}\left[\ln\left|\frac{a+x}{a-x}\right|\right]_{-a+R}^{a-R} = \frac{Q}{2\pi\epsilon_0 l}\left[\ln\left(\frac{2a-R}{R}\right) - \ln\left(\frac{R}{2a-R}\right)\right]^{7)} =$$

$$= \frac{Q}{2\pi\epsilon_0 l}\left[2\cdot\ln\left(\frac{2a-R}{R}\right)\right] = \frac{Q}{\pi\epsilon_0 l}\cdot\ln\left(\frac{2a-R}{R}\right)$$

Für die *Kapazität* erhalten wir damit nach der Definitionsformel [A40] den Ausdruck

$$C = \frac{Q}{U} = \frac{Q}{\dfrac{Q}{\pi\epsilon_0 l}\cdot\ln\left(\dfrac{2a-R}{R}\right)} = \frac{\pi\epsilon_0 l}{\ln\left(\dfrac{2a-R}{R}\right)}$$

Für $2a \gg R$ folgt hieraus die *Näherungsformel*

$$C \approx \frac{\pi\epsilon_0 l}{\ln\left(\dfrac{2a}{R}\right)}$$

[7)] Der in der eckigen Klammer stehende Ausdruck ist vom Typ $\ln\alpha - \ln\left(\frac{1}{\alpha}\right)$ und läßt sich wie folgt umformen (s. Formelsammlung, Abschnitt I.2.5):

$$\ln\alpha - \ln\left(\frac{1}{\alpha}\right) = \ln\alpha - (\underbrace{\ln 1}_{0} - \ln\alpha) = 2\cdot\ln\alpha$$

Übung 19: Effektivwert eines Wechselstroms
Integration mittels Substitution

Der in Bild IV-27 dargestellte *Wechselstrom*
wird durch die Gleichung

$$i(t) = i_0 \left(\cos^2 (\omega t) - \frac{1}{2} \right) , \quad t \geqslant 0$$

beschrieben. Wie groß ist sein *Effektiv-*
wert I ?

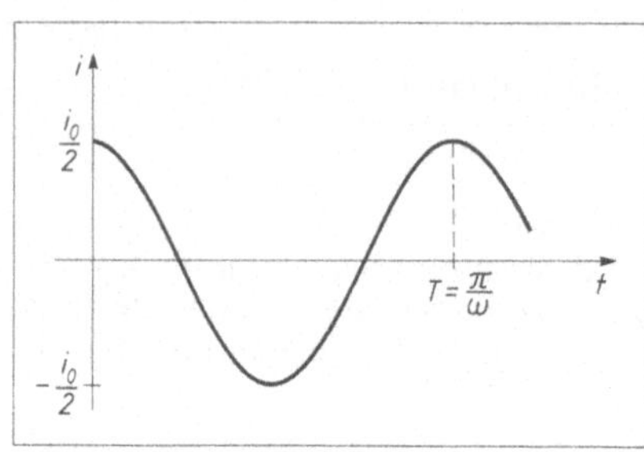

Bild IV-27

Lehrbuch: Bd. 1, V.8.1 und V.10.7

Lösung:

Wir formen zunächst die Funktionsgleichung mit Hilfe der *trigonometrischen Formel*
$\cos^2 x = \frac{1}{2} \left[1 + \cos (2x) \right]$ (Formelsammlung, Abschnitt III.7.6.4) wie folgt um:

$$i(t) = i_0 \left(\cos^2 (\omega t) - \frac{1}{2} \right) = i_0 \left(\frac{1}{2} + \frac{1}{2} \cdot \cos (2 \omega t) - \frac{1}{2} \right) = \frac{i_0}{2} \cdot \cos (2 \omega t)$$

Der Strom ist somit ein *kosinusförmiger* Wechselstrom mit dem *Scheitelwert* $i_0/2$ und der *Periode*
$T = \pi/\omega$. Der *Effektivwert I* ist dann definitionsgemäß durch das Integral

$$I = \sqrt{ \frac{1}{T} \cdot \int_0^T i^2 (t) \, dt } = \sqrt{ \frac{i_0^2}{4T} \cdot \int_0^T \cos^2 (2 \omega t) \, dt }$$

gegeben *(quadratischer Mittelwert)*. Wir berechnen nun das unter der Wurzel stehende Integral. Mit
Hilfe der bereits weiter oben angeführten trigonometrischen Formel wird

$$\int_0^T \cos^2 (2 \omega t) \, dt = \frac{1}{2} \cdot \int_0^T \left[1 + \cos (4 \omega t) \right] dt = \frac{1}{2} \cdot \int_0^T 1 \, dt + \frac{1}{2} \cdot \int_0^T \cos (4 \omega t) \, dt =$$

$$= \frac{1}{2} \left[t \right]_0^T + \frac{1}{2} \cdot \int_0^T \cos (4 \omega t) \, dt = \frac{1}{2} T + \frac{1}{2} \cdot \int_0^T \cos (4 \omega t) \, dt$$

Das verbliebene Integral lösen wir mittels der *Substitution*

$$\alpha = 4 \omega t , \qquad \frac{d\alpha}{dt} = 4 \omega , \qquad dt = \frac{d\alpha}{4\omega}$$

Untere Grenze: $\quad t = 0 \;\Rightarrow\; \alpha = 0$

Obere Grenze: $\quad t = T \;\Rightarrow\; \alpha = 4 \omega T = 4 \omega \cdot \dfrac{\pi}{\omega} = 4 \pi$

wie folgt:

$$\int_0^T \cos(4\,\omega t)\,dt = \int_0^{4\pi} \cos\alpha \cdot \left(\frac{d\alpha}{4\omega}\right) = \frac{1}{4\omega} \cdot \int_0^{4\pi} \cos\alpha\,d\alpha = \frac{1}{4\pi}\left[\sin\alpha\right]_0^{4\pi} = 0$$

Somit ist

$$\int_0^T \cos^2(2\,\omega t)\,dt = \frac{1}{2}\,T + \frac{1}{2}\cdot\int_0^T \cos(4\,\omega t)\,dt = \frac{1}{2}\,T$$

Der *Effektivwert* des Wechselstroms beträgt daher

$$I = \sqrt{\frac{i_0^2}{4T}\cdot\int_0^T \cos^2(2\,\omega t)\,dt} = \sqrt{\frac{i_0^2}{4T}\cdot\frac{1}{2}\,T} = \frac{i_0}{2\sqrt{2}} \approx 0{,}35\,i_0$$

Übung 20: Bogenlänge einer Epizykloide
Integration mittels Substitution

Auf der *Außenseite* eines (festen) Zahnrades
mit dem Radius R_0 „rollt" ein zweites
Zahnrad mit dem Radius R in der aus
Bild IV-28 ersichtlichen Weise ab. Die dabei
von einem Punkt P auf dem *Umfang* des
abrollenden Zahnrades beschriebene Kurve
heißt *Epizykloide* und läßt sich durch die
Parametergleichungen

$$x(t) = a \cdot \cos t - R \cdot \cos\left(\frac{a}{R}\,t\right)$$

$$y(t) = a \cdot \sin t - R \cdot \sin\left(\frac{a}{R}\,t\right)$$

$(t \geqslant 0;\ a = R_0 + R)$ beschreiben[8]. Welche
Länge s hat der Bogen, der bei einer *vollen*
Umdrehung des abrollenden Rades entsteht?

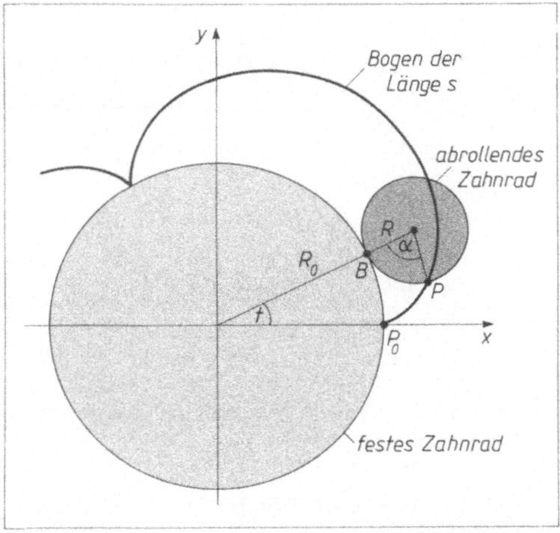

Bild IV-28

Lösungshinweis: Das Verhältnis $m = R_0/R$ soll *ganzzahlig* sein. Die Epizykloide besteht
dann aus genau m Bögen und ist in sich *geschlossen*.

> *Lehrbuch:* Bd. 1, V.8.1 und V.10.4

---

[8] In Kapitel II, Übung 5 wird diese Parameterdarstellung der Epizykloide hergeleitet.

Lösung:

Für die Berechnung der Bogenlänge s steht die aus Band 1, Abschnitt V.10.4 bekannte Integralformel

$$s = \int_{x_1}^{x_2} \sqrt{1 + (y')^2}\, dx$$

zur Verfügung. Unter Berücksichtigung von

$$y' = \frac{dy}{dx} = \frac{\dot{y}(t)}{\dot{x}(t)} \quad \text{und} \quad \frac{dx}{dt} = \dot{x}(t), \quad \text{d.h.} \quad dx = \dot{x}(t)\, dt$$

wird daraus das Integral

$$s = \int_{t_1}^{t_2} \sqrt{1 + \frac{\dot{y}^2(t)}{\dot{x}^2(t)}}\, \dot{x}(t)\, dt = \int_{t_1}^{t_2} \frac{\sqrt{\dot{x}^2(t) + \dot{y}^2(t)}}{\dot{x}(t)}\, \dot{x}(t)\, dt = \int_{t_1}^{t_2} \sqrt{\dot{x}^2(t) + \dot{y}^2(t)}\, dt$$

Wir berechnen zunächst den unter der Wurzel stehenden Ausdruck und bringen ihn mit Hilfe *trigonometrischer Umrechnungen*[9] auf eine geeignete Form:

$$\dot{x}(t) = -a \cdot \sin t + a \cdot \sin\left(\frac{a}{R}t\right) \qquad \dot{y}(t) = a \cdot \cos t - a \cdot \cos\left(\frac{a}{R}t\right)$$

$$\dot{x}^2(t) + \dot{y}^2(t) = \left[-a \cdot \sin t + a \cdot \sin\left(\frac{a}{R}t\right)\right]^2 + \left[a \cdot \cos t - a \cdot \cos\left(\frac{a}{R}t\right)\right]^2 =$$

$$= a^2\left[\sin^2 t - 2 \cdot \sin t \cdot \sin\left(\frac{a}{R}t\right) + \sin^2\left(\frac{a}{R}t\right) + \cos^2 t - 2 \cdot \cos t \cdot \cos\left(\frac{a}{R}t\right) + \cos^2\left(\frac{a}{R}t\right)\right] =$$

$$= a^2\left[\underbrace{(\sin^2 t + \cos^2 t)}_{1} + \underbrace{\left(\sin^2\left(\frac{a}{R}t\right) + \cos^2\left(\frac{a}{R}t\right)\right)}_{1} - 2\underbrace{\left(\cos t \cdot \cos\left(\frac{a}{R}t\right) + \sin t \cdot \sin\left(\frac{a}{R}t\right)\right)}_{\cos\left(\frac{a}{R}t - t\right) = \cos\left(\frac{a-R}{R}t\right) = \cos\left(\frac{R_0}{R}t\right)}\right] =$$

$$= a^2\left[2 - 2 \cdot \cos\left(\frac{R_0}{R}t\right)\right] = 2a^2\underbrace{\left[1 - \cos\left(\frac{R_0}{R}t\right)\right]}_{2 \cdot \sin^2\left(\frac{R_0}{2R}t\right)} = 4a^2 \cdot \sin^2\left(\frac{R_0}{2R}t\right)$$

Damit erhalten wir für die gesuchte *Bogenlänge* das Integral

$$s = \int_{t_1}^{t_2} \sqrt{\dot{x}^2(t) + \dot{y}^2(t)}\, dt = 2a \cdot \int_{t_1}^{t_2} \sin\left(\frac{R_0}{2R}t\right) dt$$

Die *Integrationsgrenzen* lassen sich aus der *Abrollbedingung*

$$\overgroup{P_0 B} = \overgroup{PB}, \quad \text{d.h.} \quad R_0 t = R\alpha \quad \text{oder} \quad t = \frac{R}{R_0}\alpha$$

bestimmen. Der *vollen* Umdrehung des abrollenden Rades entspricht der Winkelbereich $0 \leqslant \alpha \leqslant 2\pi$.

---

[9] Siehe Formelsammlung, Abschnitt III.7.5, III.7.6.1 und III.7.6.4.

Dabei durchläuft der Parameter t alle Werte von $t_1 = 0$ bis $t_2 = \dfrac{2\pi R}{R_0}$. Somit ist

$$s = 2a \cdot \int_0^{2\pi R/R_0} \sin\left(\frac{R_0}{2R}\,t\right) dt$$

Mit der *Substitution*

$$u = \frac{R_0}{2R}\,t\,, \qquad \frac{du}{dt} = \frac{R_0}{2R}\,, \qquad dt = \frac{2R}{R_0}\,du$$

Untere Grenze: $t = 0 \;\Rightarrow\; u = 0$

Obere Grenze: $t = \dfrac{2\pi R}{R_0} \;\Rightarrow\; u = \pi$

wird daraus schließlich

$$s = 2a \cdot \int_0^{\pi} \sin u \cdot \frac{2R}{R_0}\,du = \frac{4aR}{R_0} \cdot \int_0^{\pi} \sin u\,du = \frac{4aR}{R_0}\left[-\cos u\right]_0^{\pi} = \frac{8aR}{R_0} = \frac{8\,(R_0 + R)\,R}{R_0}$$

Übung 21: Fallgesetze bei Berücksichtigung des Luftwiderstandes
Integration mittels Substitution

Wird beim *freien Fall* der Luftwiderstand durch eine dem *Quadrat* der Fallgeschwindigkeit v *proportionale* Reibungskraft kv^2 berücksichtigt, so erhält man das folgende *Geschwindigkeit-Zeit-Gesetz*[10]:

$$v(t) = \sqrt{\frac{mg}{k}} \cdot \tanh\left(\sqrt{\frac{gk}{m}}\,t\right)\,, \quad t \geqslant 0$$

(Bild IV-29).

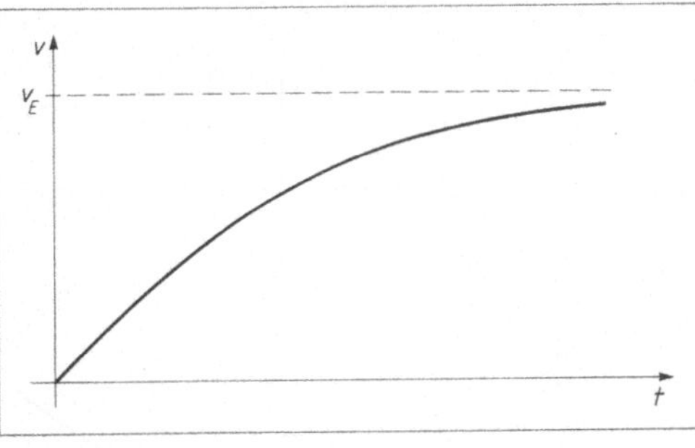

Bild IV-29

Bestimmen Sie hieraus das *Weg-Zeit-Gesetz* $s = s(t)$ für den Anfangswert $s(0) = 0$.

(m: Masse des frei fallenden Körpers; g: Erdbeschleunigung; k: Reibungskoeffizient)

Lehrbuch: Bd. 1, V.8.1

---

[10] Dieses Gesetz wurde bereits in Band 1, Abschnitt V.10.1.1 hergeleitet (Beispiel 2). Der Endwert der Fallgeschwindigkeit (für $t \to \infty$) ist $v_E = \sqrt{\dfrac{mg}{k}}$.

Lösung:

Wir führen zunächst der besseren Übersicht wegen die Abkürzungen

$$\alpha = \sqrt{\frac{mg}{k}} \quad \text{und} \quad \beta = \sqrt{\frac{gk}{m}} \quad \text{ein.}$$

Das *Geschwindigkeit-Zeit-Gesetz* lautet dann

$$v(t) = \alpha \cdot \tanh(\beta t), \qquad t \geq 0$$

Durch *Integration* dieser Gleichung gewinnen wir das *Weg-Zeit-Gesetz:*

$$s(t) = \int v(t)\, dt = \alpha \cdot \int \tanh(\beta t)\, dt = \alpha \cdot \int \frac{\sinh(\beta t)}{\cosh(\beta t)}\, dt$$

Dieses Integral lösen wir mittels *Substitution:*

$$u = \cosh(\beta t), \qquad \frac{du}{dt} = \beta \cdot \sinh(\beta t), \qquad dt = \frac{du}{\beta \cdot \sinh(\beta t)}$$

Somit ist

$$s(t) = \alpha \cdot \int \frac{\sinh(\beta t)}{\cosh(\beta t)}\, dt = \alpha \cdot \int \frac{\sinh(\beta t)}{u} \cdot \frac{du}{\beta \cdot \sinh(\beta t)} =$$

$$= \frac{\alpha}{\beta} \cdot \int \frac{du}{u} = \frac{\alpha}{\beta} \cdot \ln |u| + C = \frac{\alpha}{\beta} \cdot \ln \left[\cosh(\beta t)\right] + C$$

Aus dem *Anfangswert* $s(0) = 0$ bestimmen wir die *Integrationskonstante* C:

$$s(0) = 0 \quad \Rightarrow \quad \frac{\alpha}{\beta} \cdot \ln \underbrace{\left[\cosh 0\right]}_{1} + C = \frac{\alpha}{\beta} \cdot \underbrace{\ln 1}_{0} + C = 0 \quad \Rightarrow \quad C = 0$$

Das *Weg-Zeit-Gesetz* lautet damit

$$s(t) = \frac{\alpha}{\beta} \cdot \ln \left[\cosh(\beta t)\right] = \frac{m}{k} \cdot \ln \left[\cosh\left(\sqrt{\frac{gk}{m}}\, t\right)\right], \qquad t \geq 0$$

Bild IV-30 zeigt den Verlauf dieser komplizierten Funktion.

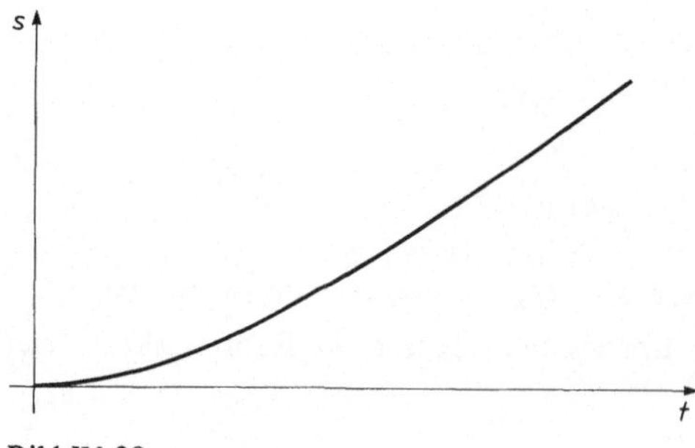

Bild IV-30

Übung 22:   Mittlere Geschwindigkeit von Gasmolekülen
Partielle Integration

Die Moleküle eines *Gases* bewegen sich mit *unterschiedlichen* Geschwindigkeiten, die sich infolge von Zusammenstößen noch laufend ändern. Dabei treten *alle* Geschwindigkeiten zwischen $v = 0$ und $v = \infty$ mit einer gewissen Wahrscheinlichkeit auf, die durch die *Maxwell-Boltzmannsche Verteilungsfunktion*

$$F(v) = 4\pi \left(\frac{m}{2\pi kT}\right)^{3/2} \cdot v^2 \cdot e^{-\frac{mv^2}{2kT}}, \qquad v \geqslant 0$$

beschrieben wird (Bild IV-31)[11]. Die Größe $F(v)\,dv$ gibt dabei denjenigen *Bruchteil* von Molekülen an, deren Geschwindigkeitsbetrag zwischen v und $v + dv$ liegt.

(m: Molekülmasse; k: Boltzmannsche Konstante; T: absolute Temperatur des Gases)

a) Mit welcher *mittleren (durchschnittlichen)*
 Geschwindigkeit

$$\bar{v} = \int\limits_{0}^{\infty} v \cdot F(v)\,dv$$

bewegen sich die Gasmoleküle?

b) Wie groß ist diese Geschwindigkeit für ein
 Helium-Gas der Temperatur $\vartheta = 800\,°C$?
 ($m_{He} = 6{,}646577 \cdot 10^{-27}\,kg$;
 $k = 1{,}380622 \cdot 10^{-23}\,Nm/K$)

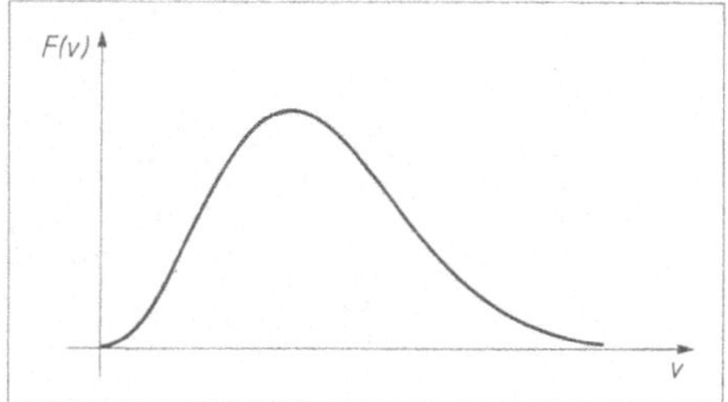

Bild IV-31

Lehrbuch: Bd. 1, V.8.1 und V.9

Lösung:

a) Mit der *Abkürzung* $a = 4\pi \left(\dfrac{m}{2\pi kT}\right)^{3/2}$ wird

$$\bar{v} = \int\limits_{0}^{\infty} v \cdot F(v)\,dv = 4\pi \left(\frac{m}{2\pi kT}\right)^{3/2} \cdot \int\limits_{0}^{\infty} v^3 \cdot e^{-\frac{mv^2}{2kT}}\,dv =$$

$$= a \cdot \int\limits_{0}^{\infty} v^3 \cdot e^{-\frac{mv^2}{2kT}}\,dv = a \cdot \int\limits_{0}^{\infty} v^2 \cdot e^{-\frac{mv^2}{2kT}}\, v\,dv$$

---

11) Diese (noch temperaturabhängige!) Funktion ist *normiert*, d.h. $\displaystyle\int\limits_{0}^{\infty} F(v)\,dv = 1.$

und daraus mittels der *Substitution*

$$x = - \frac{mv^2}{2kT}, \quad v^2 = - \frac{2kT}{m} x, \quad \frac{dx}{dv} = - \frac{mv}{kT}, \quad v \, dv = - \frac{kT}{m} dx$$

Untere Grenze: $v = 0 \;\Rightarrow\; x = 0$
Obere Grenze: $v = \infty \;\Rightarrow\; x = - \infty$

das Integral

$$\bar{v} = a \cdot \int\limits_{0}^{-\infty} \left(- \frac{2kT}{m} x \right) \cdot e^x \cdot \left(- \frac{kT}{m} dx \right) = \frac{2ak^2 T^2}{m^2} \cdot \underbrace{\int\limits_{0}^{-\infty} x \cdot e^x \, dx}_{I} = \frac{2ak^2 T^2}{m^2} \cdot I$$

Das Integral I läßt sich dabei durch *partielle Integration* wie folgt lösen:

$$I = \int\limits_{0}^{-\infty} x \cdot e^x \, dx$$

$$\begin{array}{cc} \downarrow & \downarrow \\ \alpha & \beta' \end{array} \quad \alpha = x, \;\; \beta' = e^x \;\Rightarrow\; \alpha' = 1, \;\; \beta = e^x$$

$$I = \int\limits_{0}^{-\infty} x \cdot e^x \, dx = \left[x \cdot e^x \right]_{0}^{-\infty} - \int\limits_{0}^{-\infty} 1 \cdot e^x \, dx = \left[x \cdot e^x \right]_{0}^{-\infty} - \left[e^x \right]_{0}^{-\infty} =$$

$$= \left[(x - 1) \cdot e^x \right]_{0}^{-\infty} = 0 - (-1) = 1$$

Somit erhalten wir für die *mittlere* Geschwindigkeit der Gasmoleküle

$$\bar{v} = \frac{2ak^2 T^2}{m^2} \cdot I = \frac{2ak^2 T^2}{m^2} \cdot 1 = 2 \cdot 4\pi \left(\frac{m}{2\pi kT} \right)^{3/2} \cdot \frac{k^2 T^2}{m^2} = \sqrt{\frac{8kT}{\pi m}}$$

b) Es ist $T = (800 + 273{,}15) \, \text{K} = 1073{,}15 \, \text{K}$ und somit

$$\bar{v}_{\text{He}} = \sqrt{\frac{8 \cdot 1{,}380662 \cdot 10^{-23} \, \text{Nm/K} \cdot 1073{,}15 \, \text{K}}{\pi \cdot 6{,}646577 \cdot 10^{-27} \, \text{kg}}} = 2383 \, \frac{\text{m}}{\text{s}} \approx 2{,}38 \, \frac{\text{km}}{\text{s}}$$

Übung 23:   Durchschnittliche Leistung eines Wechselstroms

Integration mittels Substitution bzw. partieller Integration

Der in Bild V-32 dargestellte *RL-Wechsel-stromkreis* wird durch Anlegen der Wechselspannung u von einem *kosinusförmigen Wechselstrom* mit der Gleichung

$$i(t) = i_0 \cdot \cos(\omega t), \qquad t \geqslant 0$$

durchflossen. Berechnen Sie die *durchschnittliche Leistung P* dieses Stroms während einer Periode $T = 2\pi/\omega$.

(R: ohmscher Widerstand; L: Induktivität)

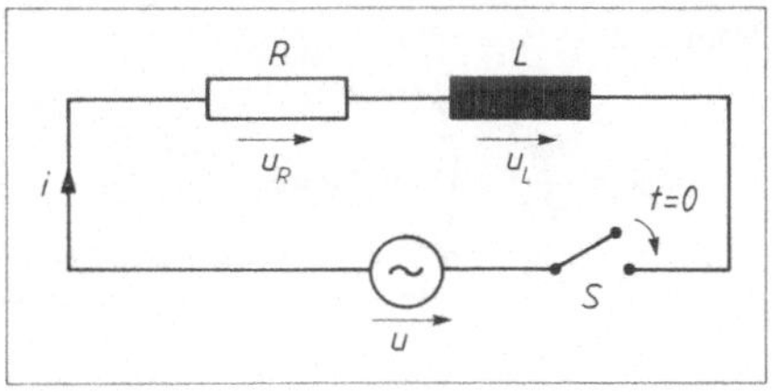

Bild IV-32

Lösungshinweis: Die angelegte Wechselspannung $u(t)$ läßt sich aus der *Maschenregel* [A32] bestimmen.

Lehrbuch: Bd. 1, V.8.1, V.8.2 und V.10.7
Physikalische Grundlagen: A14, A32, A45, A46

Lösung:

Die am ohmschen Widerstand R und an der Induktivität L liegenden *Teilspannungen* u_R und u_L *addieren* sich nach der *Maschenregel* [A32] zur Gesamtspannung u. Unter Berücksichtigung des *ohmschen Gesetzes* [A14] und des *Induktionsgesetzes* [A45] gilt dann

$$u = u_R + u_L = Ri + L \cdot \frac{di}{dt}$$

Die *momentane* Leistung p ist dann nach der Definitionsformel [A46] durch den Ausdruck

$$p = ui = \left(Ri + L \cdot \frac{di}{dt}\right) i = Ri^2 + Li \cdot \frac{di}{dt}$$

gegeben. Mit

$$i = i_0 \cdot \cos(\omega t) \quad \text{und} \quad \frac{di}{dt} = -\omega i_0 \cdot \sin(\omega t)$$

folgt weiter

$$p = Ri_0^2 \cdot \cos^2(\omega t) - \omega Li_0^2 \cdot \sin(\omega t) \cdot \cos(\omega t)$$

Damit erhalten wir für die *durchschnittliche* Leistung P während der Periode $T = 2\pi/\omega$ die Integraldarstellung [A46]

$$P = \frac{1}{T} \cdot \int_0^T p\, dt = \frac{\omega}{2\pi} \cdot \int_0^T \left[Ri_0^2 \cdot \cos^2(\omega t) - \omega Li_0^2 \cdot \sin(\omega t) \cdot \cos(\omega t)\right] dt =$$

$$= \frac{\omega Ri_0^2}{2\pi} \cdot \int_0^T \cos^2(\omega t)\, dt - \frac{\omega^2 Li_0^2}{2\pi} \cdot \int_0^T \sin(\omega t) \cdot \cos(\omega t)\, dt$$

In den beiden Integralen führen wir zunächst die folgende *Substitution* durch:

$$\alpha = \omega t, \qquad \frac{d\alpha}{dt} = \omega, \qquad dt = \frac{d\alpha}{\omega}$$

Untere Grenze: $\quad t = 0 \quad \Rightarrow \quad \alpha = 0$

Obere Grenze: $\quad t = T \quad \Rightarrow \quad \alpha = \omega T = \omega \frac{2\pi}{\omega} = 2\pi$

Somit ist

$$P = \frac{Ri_0^2}{2\pi} \cdot \underbrace{\int_0^{2\pi} \cos^2 \alpha \, d\alpha}_{I_1} - \frac{\omega L i_0^2}{2\pi} \cdot \underbrace{\int_0^{2\pi} \sin \alpha \cdot \cos \alpha \, d\alpha}_{I_2} = \frac{Ri_0^2}{2\pi} \cdot I_1 - \frac{\omega L i_0^2}{2\pi} \cdot I_2$$

Berechnung der Integrale I_1 und I_2

Wir integrieren zunächst *unbestimmt* und lassen dabei die (später nicht benötigten) Integrationskonstanten fort.

(1) Berechnung von I_1 (mittels partieller Integration)

$$\int \cos^2 \alpha \, d\alpha = \int \underset{u}{\cos \alpha} \cdot \underset{v'}{\cos \alpha} \, d\alpha$$

$$u = \cos \alpha, \quad v' = \cos \alpha \quad \Rightarrow \quad u' = - \sin \alpha, \quad v = \sin \alpha$$

$$\int \cos^2 \alpha \, d\alpha = \cos \alpha \cdot \sin \alpha - \int (- \sin \alpha) \cdot \sin \alpha \, d\alpha = \sin \alpha \cdot \cos \alpha + \int \sin^2 \alpha \, d\alpha$$

Mit $\sin^2 \alpha = 1 - \cos^2 \alpha$ („trigonometrischer Pythagoras", s. Formelsammlung, Abschnitt III.7.5) und anschließendem „Rückwurf" folgt weiter

$$\int \cos^2 \alpha \, d\alpha = \sin \alpha \cdot \cos \alpha + \int (1 - \cos^2 \alpha) \, d\alpha = \sin \alpha \cdot \cos \alpha + \int 1 \, d\alpha - \int \cos^2 \alpha \, d\alpha =$$
$$= \sin \alpha \cdot \cos \alpha + \alpha - \int \cos^2 \alpha \, d\alpha$$

$$2 \cdot \int \cos^2 \alpha \, d\alpha = \sin \alpha \cdot \cos \alpha + \alpha \quad \Rightarrow \quad \int \cos^2 \alpha \, d\alpha = \frac{1}{2} (\sin \alpha \cdot \cos \alpha + \alpha)$$

$$I_1 = \int_0^{2\pi} \cos^2 \alpha \, d\alpha = \left[\frac{1}{2} (\sin \alpha \cdot \cos \alpha + \alpha) \right]_0^{2\pi} = \pi$$

(2) Berechnung von I_2 (mittels Substitution)

$$z = \sin \alpha, \qquad \frac{dz}{d\alpha} = \cos \alpha, \qquad d\alpha = \frac{dz}{\cos \alpha}$$

$$\int \sin \alpha \cdot \cos \alpha \, d\alpha = \int z \cdot \cos \alpha \, \frac{dz}{\cos \alpha} = \int z \, dz = \frac{1}{2} z^2 = \frac{1}{2} \cdot \sin^2 \alpha$$

$$I_2 = \int_0^{2\pi} \sin \alpha \cdot \cos \alpha \, d\alpha = \left[\frac{1}{2} \cdot \sin^2 \alpha \right]_0^{2\pi} = 0$$

Die *Durchschnittsleistung* des Wechselstroms während einer *Periode* beträgt damit

$$P = \frac{Ri_0^2}{2\pi} \cdot I_1 - \frac{\omega L i_0^2}{2\pi} \cdot I_2 = \frac{Ri_0^2}{2\pi} \cdot \pi - \frac{\omega L i_0^2}{2\pi} \cdot 0 = \frac{Ri_0^2}{2}$$

Wegen $I_2 = 0$ findet der Energieumsatz *ausschließlich* im *ohmschen Widerstand* statt *(Wirkleistung)*.

Übung 24:   Induktivität einer elektrischen Doppelleitung
Integration durch Partialbruchzerlegung des Integranden, Integration mittels Substitution

Bild IV-33 zeigt im Querschnitt eine vom Strom I durchflossene *elektrische Doppelleitung* der Länge l. Der Durchmesser $2R$ der Leiter soll dabei gegenüber dem Leiterabstand $2a$ *vernachlässigbar* klein sein. Bei *entgegengesetzter* Stromrichtung erzeugen die Leiterströme auf der Verbindungslinie der Leiterquerschnitte (x-Achse) ein resultierendes *Magnetfeld* mit einer *ortsabhängigen* magnetischen Feldstärke vom Betrag[12]

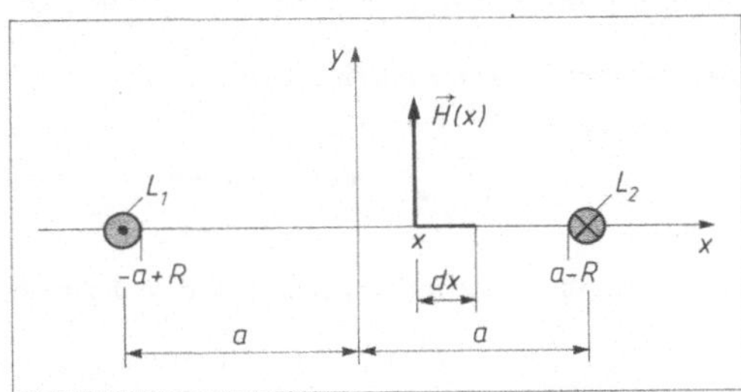

Bild IV-33

$$H(x) = \frac{Ia}{\pi} \cdot \frac{1}{a^2 - x^2}, \qquad -a + R \leqslant x \leqslant a - R$$

Das Magnetfeld ist dabei *senkrecht* zur x-Achse und somit *parallel* zur y-Achse gerichtet. Berechnen Sie die *Induktivität* L dieser Doppelleitung nach der Formel $L = \phi/I$. Dabei ist ϕ der *magnetische Fluß* [A38] durch die rechteckige Fläche zwischen den beiden Leitern (diese Fläche steht *senkrecht* zur Papierebene).

Lösungshinweis: Das Magnetfeld *innerhalb* der Leiter bleibt *unberücksichtigt*. Die Doppelleitung befindet sich in *Luft* (Permeabilität $\mu = 1$).

Lehrbuch: Bd. 1, V.8.1 und V.8.3	*Physikalische Grundlagen:* A5, A38

Lösung:

Wir betrachten einen *schmalen* in der Ebene der beiden Leiter liegenden *Flächenstreifen* mit der Länge l und der Breite dx (Bild IV-33; Streifen *senkrecht* zur Papierebene). Er besitzt den Flächeninhalt $dA = l\, dx$ und wird infolge der geringen Streifenbreite von dem *nahezu konstanten* Magnetfeld der Stärke $H(x)$ durchflutet. Der *magnetische Fluß* $d\phi$ durch diesen Streifen ist dann definitionsgemäß [A38, A5]

$$d\phi = B\, dA = \mu_0 H(x)\, dA = \mu_0 \, \frac{Ia}{\pi} \cdot \frac{1}{a^2 - x^2} \, l\, dx = \frac{\mu_0 Ial}{\pi} \cdot \frac{dx}{a^2 - x^2}$$

Durch Summation, d.h. *Integration* über alle in der Fläche liegenden Streifen in den Grenzen von $x = -a + R$ bis $x = a - R$ erhalten wir den *Gesamtfluß*

$$\phi = \int\limits_{x=-a+R}^{a-R} d\phi = \frac{\mu_0 Ial}{\pi} \cdot \int\limits_{-a+R}^{a-R} \frac{dx}{a^2 - x^2} = \frac{2\mu_0 Ial}{\pi} \cdot \int\limits_{0}^{a-R} \frac{dx}{a^2 - x^2}$$

---

[12] Siehe hierzu Übung 9 aus Kapitel II.

Die Integralberechnung erfolgt mittels *Partialbruchzerlegung*.

Nullstellen des Nenners: $a^2 - x^2 = 0 \Rightarrow x_{1/2} = \pm a$

Partialbruchzerlegung: $\dfrac{1}{a^2 - x^2} = \dfrac{C_1}{x - a} + \dfrac{C_2}{x + a}$

Hauptnenner: $(x - a)(x + a) = x^2 - a^2 = -(a^2 - x^2)$

Bestimmung der Konstanten C_1 *und* C_2:

$$\frac{1}{a^2 - x^2} = \frac{-1}{x^2 - a^2} = \frac{-1}{(x-a)(x+a)} = \frac{C_1(x+a) + C_2(x-a)}{(x-a)(x+a)} \quad \Rightarrow \quad -1 = C_1(x+a) + C_2(x-a)$$

Wir setzen für x der Reihe nach die Werte der beiden *Nennernullstellen* ein:

$$\boxed{x = a} \quad -1 = C_1 \cdot 2a + C_2 \cdot 0 \quad \Rightarrow \quad C_1 = -\frac{1}{2a}$$

$$\boxed{x = -a} \quad -1 = C_1 \cdot 0 + C_2 \cdot (-2a) \quad \Rightarrow \quad C_2 = \frac{1}{2a}$$

Somit ist

$$\frac{1}{a^2 - x^2} = -\frac{1}{2a} \cdot \frac{1}{x - a} + \frac{1}{2a} \cdot \frac{1}{x + a} = \frac{1}{2a}\left(\frac{1}{x+a} - \frac{1}{x-a}\right)$$

und

$$\phi = \frac{2\mu_0 I a l}{\pi} \cdot \int\limits_0^{a-R} \frac{dx}{a^2 - x^2} = \frac{\mu_0 I l}{\pi} \cdot \int\limits_0^{a-R} \left(\frac{1}{x+a} - \frac{1}{x-a}\right) dx$$

Die Teilintegrale lassen sich mit den *Substitutionen* $u = x + a$, $dx = du$ und $v = x - a$, $dx = dv$ leicht lösen. Wir erhalten damit für den *magnetischen Fluß*

$$\phi = \frac{\mu_0 I l}{\pi} \left[\ln|x + a| - \ln|x - a|\right]_0^{a-R} = \frac{\mu_0 I l}{\pi}\left[\ln\left|\frac{x+a}{x-a}\right|\right]_0^{a-R} =$$

$$= \frac{\mu_0 I l}{\pi}\left(\ln\left|\frac{2a-R}{-R}\right| - \ln\left|\frac{a}{-a}\right|\right) = \frac{\mu_0 I l}{\pi}\left(\ln\left(\frac{2a-R}{R}\right) - \underbrace{\ln 1}_{0}\right) = \frac{\mu_0 I l}{\pi} \cdot \ln\left(\frac{2a-R}{R}\right)$$

Die *Induktivität* der Doppelleitung beträgt somit

$$L = \frac{\phi}{I} = \frac{\mu_0 l}{\pi} \cdot \ln\left(\frac{2a-R}{R}\right)$$

Übung 25: Schwingungsdauer eines Fadenpendels
Numerische Integration nach Simpson

Das in Bild IV-34 skizzierte *Fadenpendel* (*mathematische* Pendel) mit der Länge l und der Masse m schwingt für *kleine* Auslenkwinkel φ *nahezu harmonisch*, wobei die *Schwingungsdauer* T aus der *Näherungsgleichung*

$$T = 2\pi \cdot \sqrt{\frac{l}{g}}$$

berechnet werden kann. Die *exakte* Berechnung der Schwingungsdauer erfolgt nach der komplizierten *Integralformel*

$$T = 4 \cdot \sqrt{\frac{l}{g}} \cdot \int_{0}^{\pi/2} \frac{du}{\sqrt{1 - \lambda^2 \cdot \sin^2 u}} \qquad (\lambda = \sin(\varphi_0/2))$$

(φ_0: *maximaler* Auslenkwinkel). Das darin auftretende sog. *elliptische Integral 1. Gattung* ist elementar *nicht* lösbar. Berechnen Sie dieses Integral und damit die Schwingungsdauer T für den maximalen Auslenkwinkel $\varphi_0 = 60°$ *numerisch* nach der *Simpsonschen Formel* für $2n = 8$ *einfache* Streifen und vergleichen Sie dieses Ergebnis mit der *Näherungslösung*.

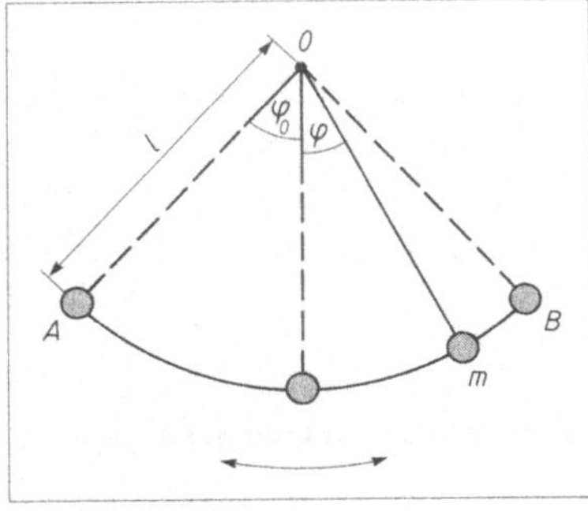

Bild IV-34

A, B: Umkehrpunkte
der Schwingung

Anmerkung: Dieses Integral wird in Kapitel V, Übung 12 durch *Reihenentwicklung* des Integranden und anschließende *gliedweise* Integration gelöst.

Lehrbuch: Bd. 1, V.8.4.2

Lösung:

$$\lambda = \sin 30° = 0{,}5$$

$$I = \int_{0}^{\pi/2} \frac{du}{\sqrt{1 - 0{,}25 \cdot \sin^2 u}} = ?$$

Schrittweite: $h = \pi/16$

k	u_k	"Erstrechnung" mit $h = \pi/16$			"Zweitrechnung" mit $h^* = 2h = \pi/8$		
		$y_k = \dfrac{1}{\sqrt{1 - 0{,}25 \cdot \sin^2 u_k}}$ $(h = \pi/16)$			$y_k = \dfrac{1}{\sqrt{1 - 0{,}25 \cdot \sin^2 u_k}}$ $(h^* = 2h = \pi/8)$		
0	0	1,000 000			1,000 000		
1	$1 \cdot \dfrac{\pi}{16}$		1,004 791				
2	$2 \cdot \dfrac{\pi}{16}$			1,018 824		1,018 824	
3	$3 \cdot \dfrac{\pi}{16}$		1,040 969				
4	$4 \cdot \dfrac{\pi}{16}$			1,069 044			1,069 044
5	$5 \cdot \dfrac{\pi}{16}$		1,099 522				
6	$6 \cdot \dfrac{\pi}{16}$			1,127 508		1,127 508	
7	$7 \cdot \dfrac{\pi}{16}$		1,147 444				
8	$8 \cdot \dfrac{\pi}{16}$	1,154 700			1,154 700		
		2,154 700	4,292 726	3,215 376	2,154 700	2,146 332	1,069 044
		Σ_0	Σ_1	Σ_2	Σ_0^*	Σ_1^*	Σ_2^*

„Erstrechnung" mit der Schrittweite $h = \pi/16$

$$I_h = \int\limits_0^{\pi/2} \frac{du}{\sqrt{1 - 0{,}25 \cdot \sin^2 u}} = \left(\Sigma_0 + 4 \cdot \Sigma_1 + 2 \cdot \Sigma_2 \right) \frac{h}{3} =$$

$$= (2{,}154\,700 + 4 \cdot 4{,}292\,726 + 2 \cdot 3{,}215\,376) \frac{\pi}{48} = 1{,}685\,750$$

„Zweitrechnung" mit der doppelten Schrittweite $h^* = 2h = \pi/8$

$$I_{h^*} = I_{2h} = \left(\Sigma_0^* + 4 \cdot \Sigma_1^* + 2 \cdot \Sigma_2^* \right) \frac{h^*}{3} =$$

$$= (2{,}154\,700 + 4 \cdot 2{,}146\,332 + 2 \cdot 1{,}069\,044) \frac{\pi}{24} = 1{,}685\,741$$

Fehlerabschätzung: $\Delta I = \dfrac{1}{15}(I_h - I_{h^*}) = \dfrac{1}{15}(I_h - I_{2h}) = 0{,}6 \cdot 10^{-6}$

Für die *Schwingungsdauer* ergibt sich daher die *exakte* Formel

$$T = 6{,}743\,000 \cdot \sqrt{\frac{l}{g}} = 6{,}743 \cdot \sqrt{\frac{l}{g}}$$

Die *Näherungsformel*

$$T = 2\pi \cdot \sqrt{\frac{l}{g}} = 6{,}283\,185 \cdot \sqrt{\frac{l}{g}} \approx 6{,}283 \cdot \sqrt{\frac{l}{g}}$$

liefert einen um rund **6,8 %** zu *kleinen* Wert.

V Taylor- und Fourier-Reihen

Übung 1: **Fallgeschwindigkeit mit und ohne Berücksichtigung des Luftwiderstandes**
Grenzwertbestimmung mittels Reihenentwicklung

In Übung 15 aus Kapitel IV wird für die *Fallgeschwindigkeit* v die folgende Abhängigkeit vom *Fallweg* s hergeleitet[1] :

$$v = \sqrt{\frac{mg}{k}\left(1 - e^{-\frac{2ks}{m}}\right)} \; , \qquad s \geqslant 0$$

(m: Masse des aus der Ruhe heraus frei fallenden Körpers; g: Erdbeschleunigung; k: Reibungskoeffizient). Zeigen Sie mit Hilfe der *Reihenentwicklung,* daß man aus dieser Beziehung mittels *Grenzübergang* $k \to 0$ das bekannte Fallgesetz für den *luftleeren* Raum

$$v = \sqrt{2gs} \; , \qquad s \geqslant 0$$

erhält.

Anmerkung: In Kapitel III, Übung 21 wird diese Aufgabe mit Hilfe der *Grenzwertregel von Bernoulli und de L'Hospital* gelöst.

Lehrbuch: Bd. 1, VI.3.2

Lösung:

Die *direkte* Ausführung des Grenzüberganges $k \to 0$ führt zu einem *unbestimmten Ausdruck*[2]. Wir entwickeln daher zunächst die Exponentialfunktion $e^{-\frac{2ks}{m}}$ in eine *Potenzreihe,* wobei wir von der bekannten *MacLaurinschen Reihe* der e-Funktion ausgehen (s. Formelsammlung, Abschnitt VI.3.4):

$$e^x = 1 + \frac{x}{1!} + \frac{x^2}{2!} + \frac{x^3}{3!} + \ldots = 1 + x + \frac{x^2}{2} + \frac{x^3}{6} + \ldots$$

Mit $x = -\dfrac{2k}{m}s$ wird hieraus die (alternierende) Reihe

$$e^{-\frac{2k}{m}s} = 1 - \frac{2k}{m}s + \frac{2k^2}{m^2}s^2 - \frac{4k^3}{3m^3}s^3 + - \ldots$$

---

[1] Diese Beziehung gilt unter der Voraussetzung, daß der Luftwiderstand dem *Quadrat* der Fallgeschwindigkeit *proportional* ist.

[2] Der Ausdruck unter der Wurzel strebt für $k \to 0$ gegen den *unbestimmten Ausdruck* „$\frac{0}{0}$" (s. hierzu Übung 21 in Kapitel III).

Somit ist

$$1 - e^{-\frac{2k}{m}s} = 1 - \left[1 - \frac{2k}{m}s + \frac{2k^2}{m^2}s^2 - \frac{4k^3}{3m^3}s^3 + - \ldots\right] = \frac{2k}{m}s - \frac{2k^2}{m^2}s^2 + \frac{4k^3}{3m^3}s^3 - + \ldots$$

und die Abhängigkeit der Fallgeschwindigkeit v vom Fallweg s läßt sich damit auch in der Form

$$v = \sqrt{\frac{mg}{k}\left(\frac{2k}{m}s - \frac{2k^2}{m^2}s^2 + \frac{4k^3}{3m^3}s^3 - + \ldots\right)} = \sqrt{2g\left(s - \frac{k}{m}s^2 + \frac{2k^2}{3m^2}s^3 - + \ldots\right)}$$

darstellen. Der *Grenzübergang* $k \to 0$, d. h. der Übergang zum freien Fall im *luftleeren* Raum, bereitet nun keine Schwierigkeiten mehr und führt zu dem bekannten *Fallgesetz*

$$v = \lim_{k \to 0} \sqrt{2g\left(s - \frac{k}{m}s^2 + \frac{2k^2}{3m^2}s^3 - + \ldots\right)} = \sqrt{2gs}$$

Bild V-1 zeigt die Abhängigkeit der *Fallgeschwindigkeit* v von dem *Fallweg* s im *luftleeren* Raum und unter Berücksichtigung des *Luftwiderstandes*[3].

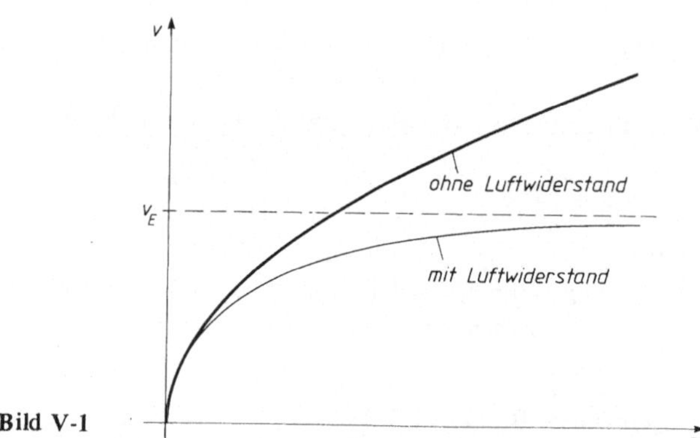

Bild V-1

---

[3] Bei Berücksichtigung des Luftwiderstandes strebt die Fallgeschwindigkeit gegen den *Endwert*

$$v_E = \sqrt{\frac{mg}{k}}.$$ Das Fallgesetz läßt sich dann auch in der Form

$$v(s) = v_E \cdot \sqrt{1 - e^{-\frac{2ks}{m}}}, \qquad s \geq 0$$

darstellen (s. hierzu auch Kapitel II, Übung 24).

**Übung 2:   Elektrischer Widerstand zwischen zwei koaxialen
Zylinderelektroden (Hohlzylinder)**

Potenzreihenentwicklung, Näherungspolynome

Der *elektrische Widerstand R* zwischen zwei *koaxialen* Zylinderelektroden wird nach
der Formel

$$R = \frac{1}{2\pi\kappa l} \cdot \ln\left(\frac{r_a}{r_i}\right) \,, \qquad r_a > r_i$$

berechnet (Bild V-2; r_i: Innenradius; r_a: Außenradius; l: Länge der Elektroden;
κ: Leitfähigkeit des Materials zwischen den Elektroden).

a) Drücken Sie den Widerstand R zunächst durch

die (positive) Größe $x = \dfrac{r_a - r_i}{r_i}$ aus und ent-

wickeln Sie anschließend die Funktion $R(x)$ in
eine *Mac Laurinsche Reihe*.

b) Leiten Sie aus der unter a) gewonnenen Reihenentwicklung für den *Sonderfall* $x \ll 1$, d.h.
$d = r_a - r_i \ll r_i$ *Näherungsformeln* 1. und 2.
Ordnung zur Berechnung des Widerstandes R
her.

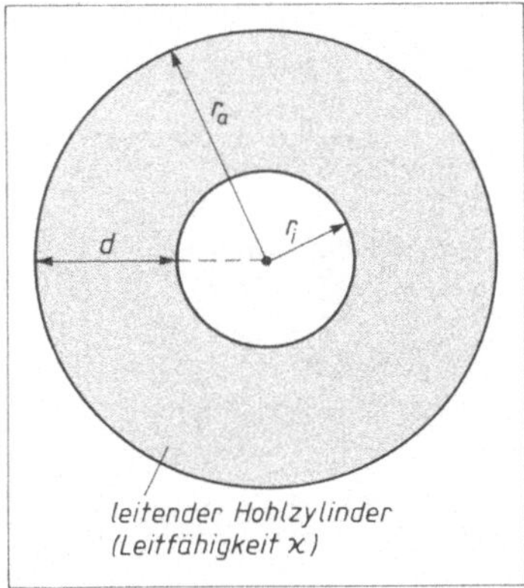

Bild V-2

Lehrbuch: Bd. 1, VI.3.2.1 und VI.3.3.1

Lösung:

a) Es ist

$$\frac{r_a}{r_i} = \frac{r_a + (r_i - r_i)}{r_i} = \frac{r_i + (r_a - r_i)}{r_i} = \frac{r_i}{r_i} + \frac{r_a - r_i}{r_i} = 1 + x$$

und somit

$$R(x) = \frac{1}{2\pi\kappa l} \cdot \ln(1 + x) \,, \qquad x > 0$$

Wir setzen nun $f(x) = \ln(1 + x)$ und entwickeln diese Funktion nach *Mac Laurin:*

$$f(x) = \ln(1 + x) \qquad \Rightarrow \qquad f(0) = \ln 1 = 0$$

$$f'(x) = \frac{1}{1 + x} = (1 + x)^{-1} \qquad \Rightarrow \qquad f'(0) = 1$$

$$f''(x) = -(1 + x)^{-2} \qquad \Rightarrow \qquad f''(0) = -1$$

$$f'''(x) = 2(1 + x)^{-3} \qquad \Rightarrow \qquad f'''(0) = 2$$

$$\vdots \qquad\qquad\qquad\qquad \vdots$$

Somit ist

$$f(x) = \ln(1+x) = f(0) + \frac{f'(0)}{1!}x + \frac{f''(0)}{2!}x^2 + \frac{f'''(0)}{3!}x^3 + \ldots =$$

$$= 0 + \frac{1}{1!}x - \frac{1}{2!}x^2 + \frac{2}{3!}x^3 - + \ldots = x - \frac{1}{2}x^2 + \frac{1}{3}x^3 - + \ldots \qquad (0 < x \leqslant 1)$$

und die Widerstandsformel läßt sich damit auch durch *die Reihe*

$$R(x) = \frac{1}{2\pi\kappa l} \cdot \ln(1+x) = \frac{1}{2\pi\kappa l}\left(x - \frac{1}{2}x^2 + \frac{1}{3}x^3 - + \ldots\right), \qquad 0 < x \leqslant 1$$

darstellen.

b) Mit $x = \dfrac{r_a - r_i}{r_i} = \dfrac{d}{r_i}$ lautet die Reihenentwicklung wie folgt:

$$R(d) = \frac{1}{2\pi\kappa l}\left[\left(\frac{d}{r_i}\right) - \frac{1}{2}\left(\frac{d}{r_i}\right)^2 + \frac{1}{3}\left(\frac{d}{r_i}\right)^3 - + \ldots\right], \qquad 0 < d \leqslant r_i$$

Für $x \ll 1$, d.h. $d \ll r_i$ lassen sich hieraus durch *Abbruch* nach dem 1. bzw. 2. Glied die gewünschten Näherungsformeln 1. bzw. 2. Ordnung gewinnen. Sie lauten:

1. Näherung: $\quad R \approx \dfrac{1}{2\pi\kappa l} \cdot \left(\dfrac{d}{r_i}\right)$

2. Näherung: $\quad R \approx \dfrac{1}{2\pi\kappa l}\left[\left(\dfrac{d}{r_i}\right) - \dfrac{1}{2}\left(\dfrac{d}{r_i}\right)^2\right]$

Übung 3:   Temperaturabhängigkeit der Dichte eines Festkörpers
Potenzreihenentwicklung, lineare Näherungsfunktion

Die *Dichte* ρ eines *Festkörpers* hängt wie folgt von der *Temperatur* ϑ ab:

$$\rho(\vartheta) = \frac{\rho_0}{1 + \gamma\vartheta}$$

Dabei ist ρ_0 die Temperatur bei $\vartheta_0 = 0\,°\mathrm{C}$ und γ der räumliche Ausdehnungskoeffizient.

a) Beschreiben Sie die Temperaturabhängigkeit der Dichte ρ durch eine *lineare Näherungsfunktion*. In welcher *Größenordnung* liegt der dabei entstandene *prozentuale* Fehler?

b) Wie groß ist die mit dieser Näherungsfunktion berechnete *prozentuale* Abnahme der Dichte ρ für eine Stahlkugel, wenn diese von $\vartheta_0 = 0\,°\mathrm{C}$ auf $\vartheta_1 = 100\,°\mathrm{C}$ erwärmt wird ($\gamma = 3{,}3 \cdot 10^{-5}/°\mathrm{C}$)?

Lehrbuch: Bd. 1, VI.3.2.3 und VI.3.3.1

Lösung:

a) Wir gehen von der *Binomischen Formel*

$$\frac{1}{1+x} = (1+x)^{-1} = 1 - x + x^2 - + \ldots \qquad (\,|x| < 1\,)$$

aus (s. Formelsammlung, Abschnitt VI.3.4). Mit $x = \gamma\,\vartheta$ wird hieraus

$$\frac{1}{1+\gamma\,\vartheta} = 1 - \gamma\,\vartheta + (\gamma\,\vartheta)^2 - + \ldots \qquad (\,|\gamma\,\vartheta| < 1\,)$$

und die Temperaturabhängigkeit der Dichte läßt sich daher auch durch die *Potenzreihe*

$$\rho\,(\vartheta) = \frac{\rho_0}{1+\gamma\,\vartheta} = \rho_0 \cdot \frac{1}{1+\gamma\,\vartheta} = \rho_0 \left(1 - \gamma\,\vartheta + (\gamma\,\vartheta)^2 - + \ldots \right)$$

darstellen. Für $|\gamma\,\vartheta| \ll 1$ dürfen wir diese Reihe nach dem *ersten nichtkonstanten* Glied, d.h. hier nach dem *linearen* Glied abbrechen[4] und erhalten die folgende *lineare Näherungsfunktion:*

$$\rho\,(\vartheta) = \rho_0\,(1 - \gamma\,\vartheta)$$

Der dabei entstandene *absolute* Fehler $\Delta\rho$ liegt in der *Größenordnung* des nichtberücksichtigten *quadratischen* Reihengliedes[5].

$$\Delta\rho \approx \rho_0\,(\gamma\,\vartheta)^2$$

Der entsprechende *prozentuale* Fehler beträgt somit

$$\frac{\Delta\rho}{\rho} \cdot 100\,\% = \frac{\rho_0\,(\gamma\,\vartheta)^2}{\rho_0\,(1-\gamma\,\vartheta)} \cdot 100\,\% = \frac{(\gamma\,\vartheta)^2}{1-\gamma\,\vartheta} \cdot 100\,\%$$

b) $\rho_1 = \rho\,(\vartheta_1) = \rho_0\,(1 - \gamma\,\vartheta_1)$

Die *Dichteänderung* beträgt

$$\Delta\rho = \rho_1 - \rho_0 = \rho_0\,(1 - \gamma\,\vartheta_1) - \rho_0 = \rho_0\,(1 - \gamma\,\vartheta_1 - 1) = -\rho_0\,\gamma\,\vartheta_1$$

Die Dichte nimmt somit um den Wert $\rho_0\,\gamma\,\vartheta_1$ *ab.* Daraus ergibt sich der folgende Wert für die *prozentuale Abnahme* der Dichte:

$$\left|\frac{\Delta\rho}{\rho_0}\right| \cdot 100\,\% = \frac{\rho_0\,\gamma\,\vartheta_1}{\rho_0} \cdot 100\,\% = \gamma\,\vartheta_1 \cdot 100\,\% = 3{,}3 \cdot 10^{-5}\,(^\circ\mathrm{C})^{-1} \cdot 100\,^\circ\mathrm{C} \cdot 100\,\% = 0{,}33\,\%$$

---

[4] Die Bedingung $|\gamma\,\vartheta| \ll 1$ ist in der Praxis erfüllt, da γ in der Größenordnung $(10^{-6} \ldots 10^{-5})\,\mathrm{K}^{-1}$ liegt.

[5] Die Näherungsformel liefert einen zu *kleinen* Wert.

> ## Übung 4: Magnetische Feldstärke in der Mitte einer stromdurchflossenen Zylinderspule
> ### *Potenzreihenentwicklung, Näherungspolynom*

Eine aus N Windungen bestehende *Zylinderspule* mit der Länge l und dem Durchmesser d wird von einem Strom der Stärke I durchflossen. Das magnetische Feld besitzt dann in der *Mitte* der Zylinderspule die *magnetische Feldstärke*

$$H = \frac{NI}{l} \cdot \frac{1}{\sqrt{1 + \left(\dfrac{d}{l}\right)^2}}$$

a) Leiten Sie für den Fall $d \ll l$ (d.h. für eine *lange* Spule) durch *Reihenentwicklung* des Wurzelausdruckes eine *erste Näherungsformel* zur Berechnung der magnetischen Feldstärke H her.

b) In welcher *Größenordnung* liegt dabei der *prozentuale* Fehler der nach der *Näherungsformel* berechneten magnetischen Feldstärke H, wenn der Durchmesser der Spule $10\,\%$ der Spulenlänge beträgt?

> *Lehrbuch:* Bd. 1, VI.3.2.3 und VI.3.3.1

Lösung:

a) Wir setzen $x = \left(\dfrac{d}{l}\right)^2$ und entwickeln die Funktion $\dfrac{1}{\sqrt{1 + x}} = (1 + x)^{-1/2}$ nach der *Binomischen Formel* (s. Formelsammlung, Abschnitt VI.3.4):

$$\frac{1}{\sqrt{1 + x}} = (1 + x)^{-\frac{1}{2}} = 1 - \frac{1}{2}x + \frac{1 \cdot 3}{2 \cdot 4}x^2 - + \ldots \qquad (\,|x| < 1)$$

Somit ist

$$\frac{1}{\sqrt{1 + \left(\dfrac{d}{l}\right)^2}} = 1 - \frac{1}{2}\left(\frac{d}{l}\right)^2 + \frac{3}{8}\left(\frac{d}{l}\right)^4 - + \ldots \qquad (d < l)$$

und

$$H = \frac{NI}{l} \cdot \frac{1}{\sqrt{1 + \left(\dfrac{d}{l}\right)^2}} = \frac{NI}{l}\left[1 - \frac{1}{2}\left(\frac{d}{l}\right)^2 + \frac{3}{8}\left(\frac{d}{l}\right)^4 - + \ldots\right] \qquad (d < l)$$

Durch *Abbruch* dieser für $d < l$ gültigen Reihenentwicklung nach dem *2. Glied* erhalten wir eine *erste Näherungsformel* zur Berechnung der magnetischen Feldstärke H. Sie lautet:

$$H = \frac{NI}{l}\left[1 - \frac{1}{2}\left(\frac{d}{l}\right)^2\right] = \frac{NI\,(2l^2 - d^2)}{2l^3}$$

b) Der *absolute* Fehler ΔH liegt in der *Größenordnung* des *ersten* weggelassenen Reihengliedes und
betжтägt somit[6]

$$\Delta H = \frac{NI}{l} \cdot \frac{3}{8} \left(\frac{d}{l}\right)^4$$

Der *prozentuale* Fehler ist daher

$$\frac{\Delta H}{H} \cdot 100\,\% = \frac{\dfrac{NI}{l} \cdot \dfrac{3}{8} \left(\dfrac{d}{l}\right)^4}{\dfrac{NI}{l} \left[1 - \dfrac{1}{2} \left(\dfrac{d}{l}\right)^2\right]} \cdot 100\,\% = \frac{\dfrac{3}{8} \left(\dfrac{d}{l}\right)^4}{1 - \dfrac{1}{2} \left(\dfrac{d}{l}\right)^2} \cdot 100\,\%$$

Für das Verhältnis $\dfrac{d}{l} = 0{,}1$ erhalten wir einen *prozentualen* Fehler von

$$\frac{\Delta H}{H} \cdot 100\,\% = \frac{\dfrac{3}{8} \cdot 0{,}1^4}{1 - \dfrac{1}{2} \cdot 0{,}1^2} \cdot 100\,\% = 0{,}0038\,\% \approx 0{,}004\,\%$$

Die *Näherungsformel* liefert einen um rund 0,004 % zu *kleinen* Wert.

**Übung 5: Temperaturabhängigkeit der Schallgeschwindigkeit
in Luft**

Potenzreihenentwicklung, lineare Näherungsfunktion

Die *Temperaturabhängigkeit* der *Schallgeschwindigkeit* in Luft wird durch die Funktionsgleichung

$$c(\vartheta) = 331\,\frac{m}{s} \cdot \sqrt{1 + \frac{\vartheta}{273{,}15\,°C}}$$

beschrieben. Entwickeln Sie diesen Wurzelausdruck mit Hilfe der allgemeinen *Binomischen
Formel* in eine Potenzreihe und leiten Sie daraus durch *Reihenabbruch* eine *lineare Näherungsformel* zur Berechnung der Schallgeschwindigkeit c her. Der dabei entstandene *prozentuale* Fehler soll für den Temperaturbereich $0\,°C \leqslant \vartheta \leqslant 40\,°C$ *größenordnungsmäßig*
abgeschätzt werden.

Lehrbuch: Bd. 1, VI.3.2.3 und VI.3.3.1

---

[6] Die Näherungsformel liefert einen zu *kleinen* Wert.

Lösung:

Wir setzen $x = \dfrac{\vartheta}{273{,}15\,°C}$ und entwickeln die Wurzel $\sqrt{1+x}$ nach der *Binomischen Formel*

(s. Formelsammlung, Abschnitt VI.3.4):

$$\sqrt{1+x} = (1+x)^{\frac{1}{2}} = 1 + \binom{\frac{1}{2}}{1} x + \binom{\frac{1}{2}}{2} x^2 + \dots \qquad |x| \le 1$$

Die *Binomialkoeffizienten* haben dabei die Werte

$$\binom{\frac{1}{2}}{1} = \frac{\frac{1}{2}}{1} = \frac{1}{2}, \qquad \binom{\frac{1}{2}}{2} = \frac{\left(\frac{1}{2}\right) \cdot \left(-\frac{1}{2}\right)}{1 \cdot 2} = -\frac{1}{8}$$

Somit ist

$$\sqrt{1+x} = 1 + \frac{1}{2} x - \frac{1}{8} x^2 + - \dots \qquad |x| \le 1$$

und die Temperaturabhängigkeit der Schallgeschwindigkeit c läßt sich daher auch durch die folgende *Potenzreihe* beschreiben:

$$c(\vartheta) = 331 \left[1 + \frac{1}{2} \left(\frac{\vartheta}{273{,}15\,°C} \right) - \frac{1}{8} \left(\frac{\vartheta}{273{,}15\,°C} \right)^2 + - \dots \right] \frac{m}{s}$$

Im Temperaturintervall $0\,°C \le \vartheta \le 40\,°C$ bewegt sich die Größe $x = \dfrac{\vartheta}{273{,}15\,°C}$ zwischen den Werten 0 und 0,1464 und kann somit als *klein* gegenüber 1 betrachtet werden. Durch *Reihenabbruch* nach dem *2. Glied* erhalten wir dann die gewünschte *lineare Näherungsformel*. Sie lautet:

$$c(\vartheta) \approx 331 \left[1 + \frac{1}{2} \left(\frac{\vartheta}{273{,}15\,°C} \right) \right] \frac{m}{s} = 331 \left(1 + \frac{\vartheta}{546{,}3\,°C} \right) \frac{m}{s}$$

Der *absolute* Fehler Δc liegt dabei in der *Größenordnung* des *ersten* weggelassenen Reihengliedes[7]:

$$\Delta c \approx 331 \cdot \frac{1}{8} \left(\frac{\vartheta}{273{,}15\,°C} \right)^2 \frac{m}{s}$$

Bei der *Höchsttemperatur* von $\vartheta = 40\,°C$ ergeben sich für die Schallgeschwindigkeit c und ihren *absoluten* Fehler Δc somit folgende Werte:

$$\vartheta = 40\,°C \;\Rightarrow\; c = 355{,}24\,\frac{m}{s}, \qquad \Delta c = 0{,}89\,\frac{m}{s}$$

Der *prozentuale* Fehler beträgt demnach

$$\frac{\Delta c}{c} \cdot 100\,\% = \frac{0{,}89\,\frac{m}{s}}{355{,}24\,\frac{m}{s}} \cdot 100\,\% = 0{,}25\,\% \approx 0{,}3\,\%$$

Die *lineare Näherungsformel* liefert daher im Temperaturbereich von $0\,°C$ bis $40\,°C$ einen um höchstens $0{,}3\,\%$ zu *großen* Wert für die Schallgeschwindigkeit c.

---

[7] Die Näherungsformel liefert einen zu *großen* Wert.

Übung 6: Spiegelgalvanometer
Potenzreihenentwicklung, lineare Näherungsfunktion

Ein *Spiegelgalvanometer* ist ein sehr empfindliches *Drehspulmeßgerät* für *Gleichstrom.*
Die Spule ist dabei an einem dünnen Metallband aufgehängt und mit einem *Spiegel* zwecks
Ablesung der vom Meßstrom hervorgerufenen *Drehung* verbunden. Ein auf den Spiegel
fallender Lichtstrahl erfährt bei einer Drehung des Spiegels um den Winkel φ eine Ab-
lenkung um den *doppelten* Winkel (Bild V-3). Dies bewirkt auf einer im Abstand a zum
Spiegel angebrachten Skala eine *Verschiebung* des reflektierten Lichtstrahls um die
Strecke x gegenüber der Nullage (*stromloses* Meßgerät, Bild V-3a)).

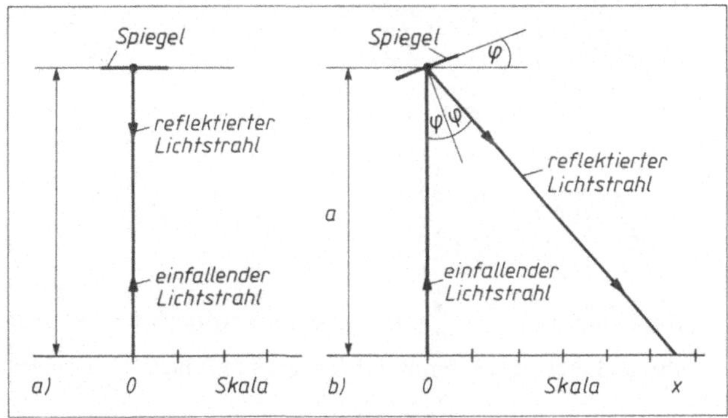

Bild V-3

a) Welcher funktionale Zusammenhang besteht zwischen dem *Drehwinkel* φ und der
   Verschiebung x auf der Skala?

b) Leiten Sie aus dieser Beziehung mittels *Reihenentwicklung* eine *lineare* Abhängigkeit
   zwischen den Größen φ und x her und schätzen Sie den durch *Reihenabbruch* entstandenen *prozentualen* Fehler *größenordnungsmäßig* ab (Rechenbeispiel: $\dfrac{x}{a} \leqslant 0{,}1$).

Lehrbuch: Bd. 1, VI.3.2.3 und VI.3.3.1

Lösung:

a) Aus Bild V-3b) folgt zunächst

$$\tan (2\varphi) = \frac{x}{a}$$

und daraus durch *Umkehrung* die gesuchte Beziehung

$$2\varphi = \arctan \left(\frac{x}{a} \right) \quad \text{oder} \quad \varphi = \frac{1}{2} \cdot \arctan \left(\frac{x}{a} \right)$$

b) Wir greifen auf die als *bekannt* vorausgesetzte *Mac Laurinsche Reihe* von $\arctan z$ zurück
    (s. Formelsammlung, Abschnitt VI.3.4):

$$\arctan z = z - \frac{1}{3} z^3 + \frac{1}{5} z^5 - + \dots \qquad (|z| \leqslant 1)$$

Mit $z = \dfrac{x}{a}$ wird daraus

$$\arctan\left(\frac{x}{a}\right) = \frac{x}{a} - \frac{1}{3}\left(\frac{x}{a}\right)^3 + \frac{1}{5}\left(\frac{x}{a}\right)^5 - + \ldots \qquad (x \leqslant a)$$

Damit erhalten wir für den *Drehwinkel* φ die folgende *Reihenentwicklung:*

$$\varphi = \frac{1}{2} \cdot \arctan\left(\frac{x}{a}\right) = \frac{1}{2}\left[\frac{x}{a} - \frac{1}{3}\left(\frac{x}{a}\right)^3 + \frac{1}{5}\left(\frac{x}{a}\right)^5 - + \ldots\right] , \qquad x \leqslant a$$

Durch *Abbruch* dieser Reihe nach dem *ersten* Glied ergibt sich die gewünschte *lineare Näherungsformel:*

$$\varphi \approx \frac{1}{2}\left(\frac{x}{a}\right)$$

Der *absolute* Fehler $\Delta\varphi$ ist dabei von der *Größenordnung* des *ersten* weggelassenen Reihengliedes[8]:

$$\Delta\varphi = \frac{1}{2} \cdot \frac{1}{3}\left(\frac{x}{a}\right)^3 = \frac{1}{6}\left(\frac{x}{a}\right)^3$$

Somit beträgt der *prozentuale* Fehler rund

$$\frac{\Delta\varphi}{\varphi} \cdot 100\,\% = \frac{\dfrac{1}{6}\left(\dfrac{x}{a}\right)^3}{\dfrac{1}{2}\left(\dfrac{x}{a}\right)} \cdot 100\,\% = \frac{1}{3}\left(\frac{x}{a}\right)^2 \cdot 100\,\%$$

Rechenbeispiel: Für $\dfrac{x}{a} \leqslant 0{,}1$ ist der *prozentuale* Fehler *kleiner* als $\dfrac{1}{3}\,\%$, d.h. die *lineare Näherungsformel* liefert in diesem Bereich einen um rund $0{,}33\,\%$ zu *großen* Wert für den Drehwinkel φ.

Übung 7: Kapazität einer elektrischen Doppelleitung
Potenzreihenentwicklung, Näherungsformel

Die in Bild V-4 im Querschnitt dargestellte
elektrische Doppelleitung besteht aus zwei
parallelen Leitern (Drähten) mit der Länge l
und dem Leiterradius R. Der Mittelpunktsabstand der beiden Leitungen beträgt $d = 2a$.
Die *Kapazität* dieser Anordnung berechnet
sich dann nach der Formel

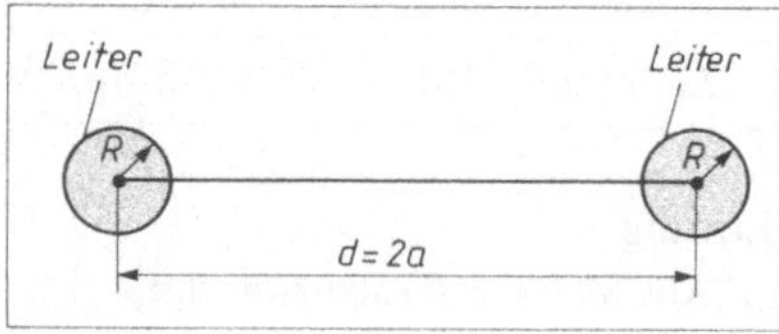

Bild V-4

$$C = \frac{\pi\,\epsilon_0\,l}{\ln\left[\dfrac{a}{R}\left(1 + \sqrt{1 - \left(\dfrac{R}{a}\right)^2}\right)\right]}$$

---

[8] Die *lineare Näherungsformel* liefert einen zu *großen* Wert.

Leiten Sie hieraus mittels *Reihenentwicklung* eine für $R \ll a$ gültige *Näherungsformel* zur Berechnung der Kapazität her.

(ϵ_0 : elektrische Feldkonstante; Doppelleitung in Luft)

Lösungshinweis: Entwickeln Sie zunächst den Wurzelausdruck unter Verwendung der *Binomischen Formel* in eine Potenzreihe und brechen Sie diese dann nach dem *ersten nichtkonstanten* Glied ab.

Lehrbuch: Bd. 1, VI.3.2.3 und VI.3.3.1

Lösung:

Wir entwickeln den Wurzelausdruck mit Hilfe der *Binomischen Formel*

$$\sqrt{1-x} = (1-x)^{1/2} = 1 - \frac{1}{2}x - \frac{1 \cdot 1}{2 \cdot 4}x^2 - \dots \qquad (\,|x| \leqslant 1)$$

(s. Formelsammlung, Abschnitt VI.3.4). Mit $x = \left(\dfrac{R}{a}\right)^2$ wird hieraus

$$\sqrt{1 - \left(\frac{R}{a}\right)^2} = 1 - \frac{1}{2}\left(\frac{R}{a}\right)^2 - \frac{1 \cdot 1}{2 \cdot 4}\left(\frac{R}{a}\right)^4 - \dots \qquad (R \leqslant a)$$

Durch *Abbruch* dieser Reihe nach dem *ersten nichtkonstanten* Glied, d.h. hier nach dem *quadratischen* Glied erhalten wir die Näherung

$$\sqrt{1 - \left(\frac{R}{a}\right)^2} \approx 1 - \frac{1}{2}\left(\frac{R}{a}\right)^2 = 1 - \frac{R^2}{2a^2}$$

und somit für die Kapazität der Doppelleitung die folgende für $R \ll a$ gültige *Näherungsformel:*

$$C \approx \frac{\pi \epsilon_0 l}{\ln\left[\dfrac{a}{R}\left(1 + 1 - \dfrac{R^2}{2a^2}\right)\right]} = \frac{\pi \epsilon_0 l}{\ln\left(\dfrac{2a}{R} - \dfrac{R}{2a}\right)}$$

Übung 8: Relativistische Masse und Energie eines Elektrons
Potenzreihenentwicklung, Näherungspolynom

Die *Masse* eines *Elektrons* ist keine absolute Konstante, sondern vielmehr eine noch von der *Geschwindigkeit* v abhängige Größe. Sie nimmt mit der Geschwindigkeit nach der sog. *relativistischen Formel*

$$m(v) = \frac{m_0}{\sqrt{1 - \left(\dfrac{v}{c}\right)^2}}$$

zu.

Dabei ist m_0 die Ruhemasse des Elektrons ($m_0 = m(0)$) und $c \approx 300\,000$ km/s die *Lichtgeschwindigkeit* im Vakuum. Die *kinetische* Energie des Elektrons wird dann nach der Formel

$$E_{\mathrm{kin}} = (m - m_0)\, c^2$$

berechnet. Zeigen Sie mit Hilfe der *Reihenentwicklung,* daß dieser Ausdruck für *kleine* Elektronengeschwindigkeiten, d.h. für $v \ll c$ in die bekannte Formel $E_{\mathrm{kin}} = \frac{1}{2}\, m_0\, v^2$ übergeht.

Lehrbuch: Bd. 1, VI.3.2.3 und VI.3.3.1

Lösung:

Wir gehen von der als *bekannt* vorausgesetzten *Binomischen Reihe*

$$\frac{1}{\sqrt{1-x}} = (1-x)^{-1/2} = 1 + \frac{1}{2}\,x + \frac{1 \cdot 3}{2 \cdot 4}\,x^2 + \dots \qquad (|x| < 1)$$

aus (s. Formelsammlung, Abschnitt VI.3.4). Mit $x = \left(\dfrac{v}{c}\right)^2$ erhalten wir hieraus zunächst

$$\frac{1}{\sqrt{1 - \left(\frac{v}{c}\right)^2}} = \left(1 - \left(\frac{v}{c}\right)^2\right)^{-1/2} = 1 + \frac{1}{2}\left(\frac{v}{c}\right)^2 + \frac{1 \cdot 3}{2 \cdot 4}\left(\frac{v}{c}\right)^4 + \dots \qquad (v < c)$$

und damit die folgende *Potenzreihenentwicklung* für die relativistische Masse:

$$m(v) = \frac{m_0}{\sqrt{1 - \left(\frac{v}{c}\right)^2}} = m_0 \left(1 - \left(\frac{v}{c}\right)^2\right)^{-1/2} = m_0 \left(1 + \frac{1}{2}\left(\frac{v}{c}\right)^2 + \frac{1 \cdot 3}{2 \cdot 4}\left(\frac{v}{c}\right)^4 + \dots\right)$$

Durch *Abbruch* der Reihe nach dem *ersten nichtkonstanten* Glied, d.h. hier nach dem *quadratischen* Glied ergibt sich die für $v \ll c$ gültige *Näherungsformel*

$$m(v) \approx m_0 \left(1 + \frac{1}{2}\left(\frac{v}{c}\right)^2\right) = m_0 \left(1 + \frac{v^2}{2c^2}\right)$$

Für die *kinetische* Energie folgt damit

$$E_{\mathrm{kin}} = (m - m_0)\, c^2 \approx \left[m_0 \left(1 + \frac{v^2}{2c^2}\right) - m_0\right] c^2 = \left(m_0 + \frac{m_0 v^2}{2c^2} - m_0\right) c^2 = \frac{1}{2}\, m_0\, v^2$$

Dies ist die bekannte Formel für die kinetische Energie, die somit nur eine für *kleine* Geschwindigkeiten, d.h. für $v \ll c$ zulässige *Näherung* darstellt!

Übung 9: RC-Schaltung mit Rampenspannung
Potenzreihenentwicklung, Näherungsfunktionen

An die in Bild V-5 dargestellte *RC-Schaltung* wird zur Zeit $t = 0$ durch Schließen des Schalters S eine *linear* mit der Zeit ansteigende sog. *Rampenspannung* $u = kt$ angelegt. Die *Kondensatorspannung* $u_C(t)$ wächst dabei vom Anfangswert $u_C(0) = 0$ nach dem folgenden *Zeitgesetz:*

$$u_C(t) = k \left[t - \tau \left(1 - e^{-\frac{t}{\tau}} \right) \right], \qquad t \geqslant 0$$

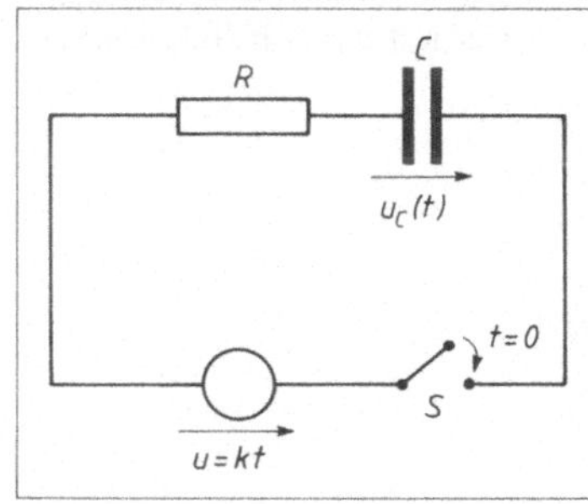

Bild V-5

a) Zeigen Sie mittels *Reihenentwicklung,* daß die Kondensatorspannung $u_C(t)$ in der *Anfangsphase,* d.h. für $t \ll \tau$ *nahezu quadratisch* mit der Zeit t ansteigt.

b) Wie verhält sich die Kondensatorspannung für $t \gg \tau$?

$(k > 0$: Konstante; $\tau = RC$: Zeitkonstante)

Lehrbuch: Bd. 1, VI.3.2.3 und VI.3.3.1

Lösung:

a) Aus der als *bekannt* vorausgesetzten Reihenentwicklung von e^{-x} in der Form

$$e^{-x} = 1 - \frac{x}{1!} + \frac{x^2}{2!} - + \dots = 1 - x + \frac{1}{2} x^2 - + \dots$$

(wir ersetzen in der Potenzreihe von e^x die Variable x durch $-x$, s. Formelsammlung, Abschnitt VI.3.4) erhalten wir mit $x = t/\tau$ die *Potenzreihe*

$$e^{-\frac{t}{\tau}} = 1 - \frac{t}{\tau} + \frac{1}{2} \left(\frac{t}{\tau} \right)^2 - + \dots = 1 - \frac{t}{\tau} + \frac{t^2}{2\tau^2} - + \dots \qquad (|x| < \infty)$$

Für $t \ll \tau$, d.h. $\frac{t}{\tau} \ll 1$ darf diese Reihe nach dem *quadratischen* Glied abgebrochen werden:

$$e^{-\frac{t}{\tau}} \approx 1 - \frac{t}{\tau} + \frac{t^2}{2\tau^2}$$

Diese *Näherung* setzen wir in das Zeitgesetz der Kondensatorspannung ein und erhalten

$$u_C(t) \approx k \left[t - \tau \left(1 - 1 + \frac{t}{\tau} - \frac{t^2}{2\tau^2} \right) \right] = k \left[t - \tau \left(\frac{t}{\tau} - \frac{t^2}{2\tau^2} \right) \right] = k \left(t - t + \frac{t^2}{2\tau} \right) = \frac{k}{2\tau} \cdot t^2$$

Die *Kondensatorspannung* $u_C(t)$ steigt somit in der Anfangsphase *quadratisch* mit der Zeit t an (Bild V-6a)).

b) Für $t \gg \tau$ ist $e^{-\frac{t}{\tau}} \approx 0$ und daher

$$u_C(t) \approx k\left[t - \tau(1 - 0)\right] = k(t - \tau) = kt - k\tau$$

Die Spannung am Kondensator steigt somit für $t \gg \tau$ nur noch *linear* mit der Zeit (Bild V-6b)).

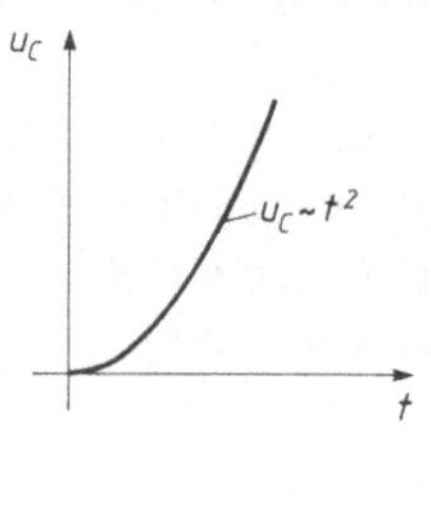

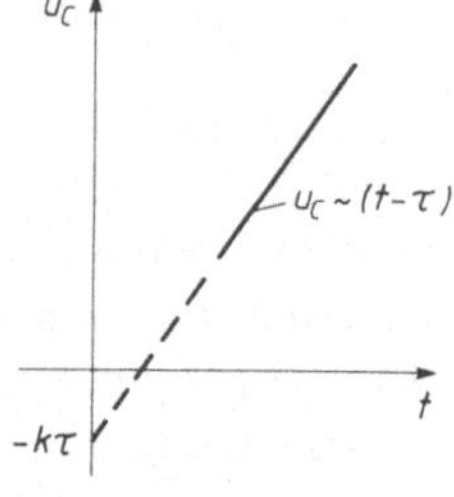

Bild V-6a)   **Bild V-6b)**

Übung 10:   Freihängendes Seil (Seilkurve, Kettenlinie)
Lösen einer Gleichung mittels Reihenentwicklung, Näherungsparabel

Bild V-7 zeigt ein *freihängendes Seil* mit der Spannweite $2l = 20$ m und dem Durchhang $h = 1$ m. Die Höhe der beiden Träger ist $H = 8$ m. Die Funktionsgleichung dieser *Seilkurve* (auch *Kettenlinie* genannt) ist dann in der Form

$$y = a \cdot \cosh\left(\frac{x}{a}\right) + b , \quad -l \leqslant x \leqslant l$$

darstellbar.

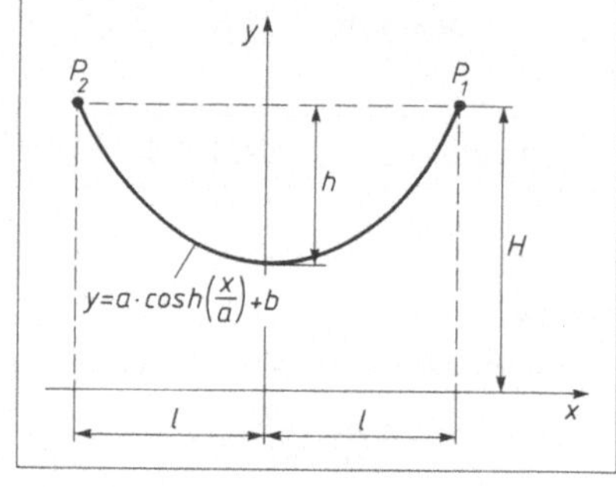

Bild V-7

a) Wie lauten die allgemeinen *Bestimmungsgleichungen* für die Kurvenparameter a und b?

b) Die unter a) gefundene *transzendente* Gleichung für den Parameter a ist exakt *nicht* lösbar. Lösen Sie diese Gleichung *näherungsweise* durch *Reihenentwicklung* der in ihr auftretenden transzendenten Funktion und Abbruch dieser Reihe nach dem *ersten nicht-konstanten* Glied. Unter welcher Voraussetzung führt diese Näherung zu einem „vernünftigen" Ergebnis? Zeigen Sie, daß diese Bedingung im vorliegenden Fall erfüllt ist. Welche *Näherungswerte* besitzen somit die beiden Kurvenparameter a und b?

c) Zeigen Sie, daß die Seilkurve im vorliegenden Fall *nahezu parabelförmige* Gestalt besitzt und bestimmen Sie die *Gleichung* dieser Näherungsparabel.

Anmerkung: In Kapitel III, Übung 24 wird diese Aufgabe *numerisch* nach dem *Newtonschen Tangentenverfahren* gelöst.

Lehrbuch: Bd. 1, VI.3.2.3

Lösung:

a) Die Seilkurve schneidet die y-Achse bei

$$y(0) = a \cdot \cosh 0 + b = a + b$$

Zwischen Trägerhöhe H, Durchhang h und diesem Schnittpunkt besteht dann nach Bild V-7 der folgende Zusammenhang:

$$y(0) + h = H \quad \Rightarrow \quad a + b + h = H$$

Der Kurvenparameter b ist somit durch den Kurvenparameter a *eindeutig* bestimmt:

$$b = H - h - a$$

Die *Bestimmungsgleichung* für a erhalten wir auf folgende Weise. Der Aufhängepunkt P_1 mit den Koordinaten $x_1 = l$ und $y_1 = H$ liegt *auf* der Seilkurve. Daher ist

$$H = a \cdot \cosh\left(\frac{l}{a}\right) + b = a \cdot \cosh\left(\frac{l}{a}\right) + H - h - a$$

und somit

$$a \cdot \cosh\left(\frac{l}{a}\right) = a + h$$

Dies ist die gesuchte (transzendente) *Bestimmungsgleichung* für den Kurvenparameter a.

b) Aus der Formelsammlung (Abschnitt VI.3.4) entnehmen wir die *Mac Laurinsche Reihe* für $\cosh x$:

$$\cosh x = 1 + \frac{x^2}{2!} + \frac{x^4}{4!} + \ldots = 1 + \frac{1}{2}x^2 + \frac{1}{24}x^4 + \ldots \qquad (|x| < \infty)$$

Mit $x = \frac{l}{a}$ folgt hieraus durch *Abbruch* nach dem *ersten nichtkonstanten* Glied, d.h. hier nach dem *quadratischen* Glied

$$\cosh\left(\frac{l}{a}\right) \approx 1 + \frac{1}{2}\left(\frac{l}{a}\right)^2 = 1 + \frac{l^2}{2a^2}$$

Die transzendente Bestimmungsgleichung für a geht damit in die *lineare Näherungsgleichung*

$$a + h = a\left(1 + \frac{l^2}{2a^2}\right) = a + \frac{l^2}{2a} \quad \text{oder} \quad h = \frac{l^2}{2a}$$

über und besitzt die *Näherungslösung*

$$a = \frac{l^2}{2h}$$

Der Abbruch der Reihe nach dem *quadratischen* Glied ist jedoch nur sinnvoll, wenn $\frac{l}{a} \ll 1$ und somit $l \ll a$ ist. Dies ist immer dann der Fall, wenn wie in dieser Übung $h \ll l$ ist ($h = 1\,\text{m}$, $l = 10\,\text{m} \;\Rightarrow\; h \ll l$).

Die *Näherungslösung* für die Kurvenparameter a und b lautet daher für die vorgegebenen Werte wie folgt[9]:

$$a = \frac{l^2}{2h} = \frac{(10\,\text{m})^2}{2 \cdot 1\,\text{m}} = 50\,\text{m}\,, \qquad b = H - h - a = 8\,\text{m} - 1\,\text{m} - 50\,\text{m} = -43\,\text{m}$$

Die Gleichung der *Seilkurve* ist

$$y = 50\,\text{m} \cdot \cosh(0{,}02\,\text{m}^{-1} \cdot x) - 43\,\text{m}, \qquad -10 \leqslant \frac{x}{\text{m}} \leqslant 10$$

---

[9] Das *Tangentenverfahren von Newton* führt zu dem *genaueren* Ergebnis $a = 50{,}1657\,\text{m}$, $b = -43{,}1657\,\text{m}$ (s. Kapitel III, Übung 24).

c) Für $\left|\dfrac{x}{a}\right| \ll 1$, d.h. $|x| \ll a$ darf die Reihenentwicklung der Hyperbelfunktion $\cosh\left(\dfrac{x}{a}\right)$ nach dem *quadratischen* Glied abgebrochen werden[10]:

$$\cosh\left(\frac{x}{a}\right) \approx 1 + \frac{1}{2}\left(\frac{x}{a}\right)^2 = 1 + \frac{1}{2a^2}\,x^2 \qquad .$$

Die Gleichung der *Seilkurve* geht dabei über in

$$y = a \cdot \cosh\left(\frac{x}{a}\right) + b \approx a\left(1 + \frac{1}{2a^2}\,x^2\right) + b = \frac{1}{2a}\,x^2 + a + b$$

Dies ist die Gleichung einer nach *oben* geöffneten achsensymmetrischen *Parabel* mit dem Scheitelpunkt $S = (0;\, a + b)$. Mit den gefundenen Werten für a und b erhalten wir

$$y = 50\ \text{m} \cdot \cosh\left(0{,}02\ \text{m}^{-1} \cdot x\right) - 43\ \text{m} \approx 0{,}01\ \text{m}^{-1} \cdot x^2 + 7\ \text{m}$$

Übung 11:   Gaußsche Normalverteilung
Integration durch Potenzreihenentwicklung des Integranden

Meßwerte und Meßfehler einer Größe unterliegen in der Regel der sog. *Gaußschen Normalverteilung* mit der Verteilungsdichtefunktion[11]

$$\varphi(x) = \frac{1}{\sqrt{2\pi}\,\sigma} \cdot e^{-\frac{1}{2}\left(\frac{x-\mu}{\sigma}\right)^2} ,$$

$$-\infty < x < \infty$$

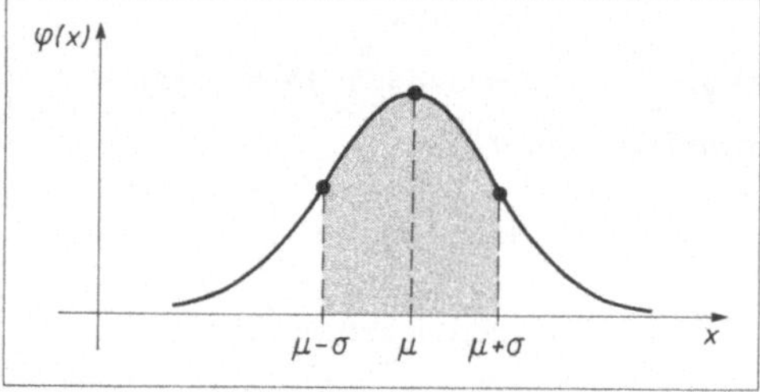

Bild V-8

und den beiden *Kennwerten* (Parametern)

  μ: *Mittelwert* oder *Erwartungswert*
  σ: *Standardabweichung*

Die *Wahrscheinlichkeit* dafür, daß ein Meßwert in das Intervall $a \leqslant x \leqslant b$ fällt, ist dabei durch das Integral

$$P(a \leqslant x \leqslant b) = \frac{1}{\sqrt{2\pi}\,\sigma} \cdot \int_a^b e^{-\frac{1}{2}\left(\frac{x-\mu}{\sigma}\right)^2}\, dx$$

gegeben. Zeigen Sie: Rund 68,3 % aller Meßwerte liegen zwischen $\mu - \sigma$ und $\mu + \sigma$ (Bild V-8).

---

[10] Diese Bedingung ist wegen $|x| \leqslant l$ und $l \ll a$ *erfüllt.*

[11] Eine ausführliche Darstellung der *Gaußschen Normalverteilung* findet der Leser im *Lehrbuch* (Band 2, Abschnitt VI.2.2).

Lösungshinweis: Führen Sie zunächst eine geeignete *Integralsubstitution* durch und berechnen Sie dann das anfallende Integral mittels *Reihenentwicklung des Integranden* und einer sich anschließenden *gliedweisen* Integration.

> *Lehrbuch:* Bd. 1, VI.3.3.2

Lösung:

Wir bringen zunächst das *Wahrscheinlichkeitsintegral*

$$P(\mu - \sigma \leqslant x \leqslant \mu + \sigma) = \frac{1}{\sqrt{2\pi}\,\sigma} \cdot \int_{\mu-\sigma}^{\mu+\sigma} e^{-\frac{1}{2}\left(\frac{x-\mu}{\sigma}\right)^2} dx$$

mit Hilfe der *Substitution*

$$t = \frac{x-\mu}{\sigma}, \quad \frac{dt}{dx} = \frac{1}{\sigma}, \quad dx = \sigma\,dt$$

Untere Grenze: $x = \mu - \sigma \;\Rightarrow\; t = -1$

Obere Grenze: $x = \mu + \sigma \;\Rightarrow\; t = 1$

in eine etwas *übersichtlichere* Form:

$$P(\mu - \sigma \leqslant x \leqslant \mu + \sigma) = P(-1 \leqslant t \leqslant 1) = \frac{1}{\sqrt{2\pi}\,\sigma} \cdot \int_{-1}^{1} e^{-\frac{1}{2}t^2} \cdot \sigma\,dt = \frac{1}{\sqrt{2\pi}} \cdot \int_{-1}^{1} e^{-\frac{1}{2}t^2} dt$$

Der Integralwert entspricht dabei dem Flächeninhalt unter der *standardisierten* Gaußschen Verteilungsdichtefunktion $y = e^{-\frac{1}{2}t^2}$ im Bereich ihrer beiden *Wendepunkte* an den Stellen $t_{1/2} = \pm 1$ (Bild V-9).

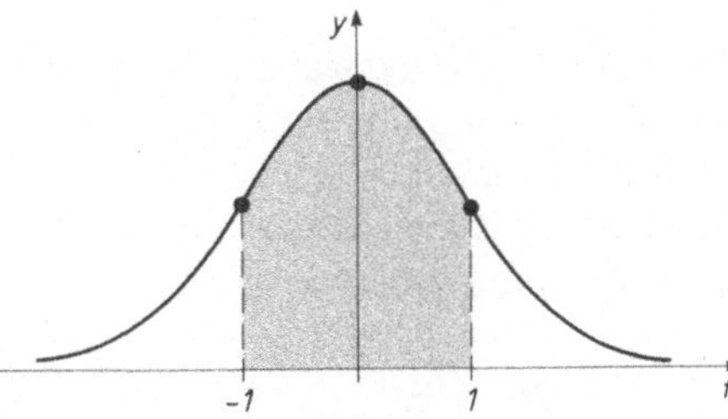

Bild V-9

Wegen der *Spiegelsymmetrie* zur y-Achse ist

$$P(-1 \leqslant t \leqslant 1) = \frac{1}{\sqrt{2\pi}} \cdot \int_{-1}^{1} e^{-\frac{1}{2}t^2} dt = \frac{2}{\sqrt{2\pi}} \cdot \int_{0}^{1} e^{-\frac{1}{2}t^2} dt$$

Dieses Integral lösen wir wie folgt. Ausgehend von der als bekannt vorausgesetzten *Mac Laurinschen Reihe* der Exponentialfunktion in der Form

$$e^z = 1 + \frac{z^1}{1!} + \frac{z^2}{2!} + \frac{z^3}{3!} + \frac{z^4}{4!} + \frac{z^5}{5!} + \dots \qquad (|z| < \infty)$$

(s. Formelsammlung, Abschnitt VI.3.4) erhalten wir mit Hilfe der *Substitution* $z = -\frac{1}{2}t^2$ die *Potenzreihe des Integranden* $f(t) = e^{-\frac{1}{2}t^2}$:

$$e^{-\frac{1}{2}t^2} = 1 - \frac{t^2}{2 \cdot 1!} + \frac{t^4}{4 \cdot 2!} - \frac{t^6}{8 \cdot 3!} + \frac{t^8}{16 \cdot 4!} - \frac{t^{10}}{32 \cdot 5!} + - \dots$$

Diese Reihe konvergiert *beständig* und darf daher *gliedweise* integriert werden. Somit ist

$$P\,(-1 \leqslant t \leqslant 1) = \frac{2}{\sqrt{2\pi}} \cdot \int_0^1 \left(1 - \frac{t^2}{2 \cdot 1!} + \frac{t^4}{4 \cdot 2!} - \frac{t^6}{8 \cdot 3!} + \frac{t^8}{16 \cdot 4!} - \frac{t^{10}}{32 \cdot 5!} + - \cdots \right) dt =$$

$$= \frac{2}{\sqrt{2\pi}} \left[t - \frac{t^3}{3 \cdot 2 \cdot 1!} + \frac{t^5}{5 \cdot 4 \cdot 2!} - \frac{t^7}{7 \cdot 8 \cdot 3!} + \frac{t^9}{9 \cdot 16 \cdot 4!} - \frac{t^{11}}{11 \cdot 32 \cdot 5!} + - \cdots \right]_0^1 =$$

$$= \frac{2}{\sqrt{2\pi}} \left(1 - \frac{1}{3 \cdot 2 \cdot 1!} + \frac{1}{5 \cdot 4 \cdot 2!} - \frac{1}{7 \cdot 8 \cdot 3!} + \frac{1}{9 \cdot 16 \cdot 4!} - \frac{1}{11 \cdot 32 \cdot 5!} + - \cdots \right) =$$

$$= \frac{2}{\sqrt{2\pi}} \left(1 - \frac{1}{6} + \frac{1}{40} - \frac{1}{336} + \frac{1}{3456} - \frac{1}{42\,240} + - \cdots \right) = 0{,}6827 \approx 0{,}683$$

Wie behauptet liegen bei einer *normalverteilten* Größe x rund 68,3 % aller Meßwerte im sog. σ-*Bereich* $\mu - \sigma \leqslant x \leqslant \mu + \sigma$ um den *Mittelwert* μ.

Übung 12:   Schwingungsdauer eines Fadenpendels
Integration durch Potenzreihenentwicklung des Integranden

Das in Bild V-10 dargestellte *Fadenpendel (mathematische Pendel)* mit der Länge l und der Masse m schwingt für *kleine* Auslenkungswinkel φ *nahezu harmonisch,* wobei die Schwingungsdauer T aus der *Näherungsgleichung*

$$T = 2\pi \cdot \sqrt{\frac{l}{g}}$$

berechnet werden kann. Die *exakte* Berechnung von T erfolgt nach der komplizierten *Integralformel*

$$T = 4 \cdot \sqrt{\frac{l}{g}} \cdot \int_0^{\pi/2} \frac{du}{\sqrt{1 - \lambda^2 \cdot \sin^2 u}}$$

$$(\lambda = \sin(\varphi_0/2))$$

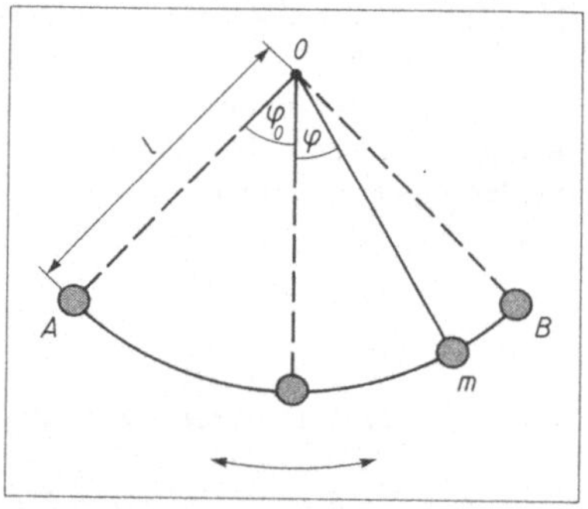

Bild V-10

$(\varphi_0$: *maximaler* Auslenkwinkel; g: Erdbeschleunigung).

Das darin auftretende sog. *elliptische Integral 1. Gattung* ist elementar *nicht* lösbar. Berechnen Sie dieses Integral und damit die Schwingungsdauer T für den maximalen

Auslenkwinkel $\varphi_0 = 60°$ durch *Reihenentwicklung des Integranden* und anschließende *gliedweise* Integration auf *drei* Dezimalstellen nach dem Komma genau.

Anmerkung: Dieses Integral wird in Kapitel IV, Übung 25 *numerisch* nach dem *Simpson-Verfahren* gelöst.

Lehrbuch: Bd. 1, VI.3.2.3

Lösung:

Wir gehen von der *Binomischen Reihe*

$$\frac{1}{\sqrt{1-x}} = (1-x)^{-\frac{1}{2}} = 1 + \frac{1}{2}x + \frac{1 \cdot 3}{2 \cdot 4}x^2 + \frac{1 \cdot 3 \cdot 5}{2 \cdot 4 \cdot 6}x^3 + \frac{1 \cdot 3 \cdot 5 \cdot 7}{2 \cdot 4 \cdot 6 \cdot 8}x^4 + \frac{1 \cdot 3 \cdot 5 \cdot 7 \cdot 9}{2 \cdot 4 \cdot 6 \cdot 8 \cdot 10}x^5 + \dots$$

aus (s. Formelsammlung, Abschnitt VI.3.4). Mit $\lambda = \sin 30° = \frac{1}{2}$ und $x = \lambda^2 \cdot \sin^2 u = \frac{1}{4} \cdot \sin^2 u$ wird hieraus

$$\frac{1}{\sqrt{1 - \frac{1}{4} \cdot \sin^2 u}} = 1 + \frac{1}{2} \cdot \frac{1}{4} \cdot \sin^2 u + \frac{1 \cdot 3}{2 \cdot 4} \cdot \frac{1}{16} \cdot \sin^4 u + \frac{1 \cdot 3 \cdot 5}{2 \cdot 4 \cdot 6} \cdot \frac{1}{64} \cdot \sin^6 u +$$

$$+ \frac{1 \cdot 3 \cdot 5 \cdot 7}{2 \cdot 4 \cdot 6 \cdot 8} \cdot \frac{1}{256} \cdot \sin^8 u + \frac{1 \cdot 3 \cdot 5 \cdot 7 \cdot 9}{2 \cdot 4 \cdot 6 \cdot 8 \cdot 10} \cdot \frac{1}{1024} \cdot \sin^{10} u + \dots$$

$$= 1 + \frac{1}{8} \cdot \sin^2 u + \frac{3}{128} \cdot \sin^4 u + \frac{5}{1024} \cdot \sin^6 u + \frac{35}{32\,768} \cdot \sin^8 u + \frac{63}{262\,144} \cdot \sin^{10} u + \dots$$

Damit erhalten wir für das *elliptische Integral*

$$I = \int_0^{\pi/2} \frac{du}{\sqrt{1 - \frac{1}{4} \cdot \sin^2 u}} =$$

$$= \int_0^{\pi/2} \left(1 + \frac{1}{8} \cdot \sin^2 u + \frac{3}{128} \cdot \sin^4 u + \frac{5}{1024} \cdot \sin^6 u + \frac{35}{32\,768} \cdot \sin^8 u + \frac{63}{262\,144} \cdot \sin^{10} u + \dots\right) du =$$

$$= [u]_0^{\pi/2} + \frac{1}{8} \cdot \underbrace{\int_0^{\pi/2} \sin^2 u \, du}_{I_1} + \frac{3}{128} \cdot \underbrace{\int_0^{\pi/2} \sin^4 u \, du}_{I_2} + \frac{5}{1024} \cdot \underbrace{\int_0^{\pi/2} \sin^6 u \, du}_{I_3} +$$

$$+ \frac{35}{32\,768} \cdot \underbrace{\int_0^{\pi/2} \sin^8 u \, du}_{I_4} + \frac{63}{262\,144} \cdot \underbrace{\int_0^{\pi/2} \sin^{10} u \, du}_{I_5} + \dots$$

$$= \frac{\pi}{2} + \frac{1}{8} I_1 + \frac{3}{128} I_2 + \frac{5}{1024} I_3 + \frac{35}{32\,768} I_4 + \frac{63}{262\,144} I_5 + \dots$$

Auswertung der Integrale

$$I_1 = \int\limits_0^{\pi/2} \sin^2 u \, du = \left[\frac{u}{2} - \frac{\sin(2u)}{4}\right]_0^{\pi/2} = \frac{\pi}{4} \quad \text{(Integral Nr. 205)}$$

Die übrigen Integrale lassen sich mit Hilfe der *Rekursionsformel*

$$\int\limits_0^{\pi/2} \sin^n u \, du = \left[-\frac{\sin^{n-1} u \cdot \cos u}{n}\right]_0^{\pi/2} + \frac{n-1}{n} \cdot \int\limits_0^{\pi/2} \sin^{n-2} u \, du$$

(Integral Nr. 207) auf das Integral I_1 zurückführen:

$$I_2 = \int\limits_0^{\pi/2} \sin^4 u \, du = \underbrace{\left[-\frac{\sin^3 u \cdot \cos u}{4}\right]_0^{\pi/2}}_{0} + \frac{3}{4} \cdot \underbrace{\int\limits_0^{\pi/2} \sin^2 u \, du}_{I_1} = \frac{3}{4} I_1 = \frac{3}{4} \cdot \frac{\pi}{4}$$

$$I_3 = \int\limits_0^{\pi/2} \sin^6 u \, du = \underbrace{\left[-\frac{\sin^5 u \cdot \cos u}{6}\right]_0^{\pi/2}}_{0} + \frac{5}{6} \cdot \underbrace{\int\limits_0^{\pi/2} \sin^4 u \, du}_{I_2} = \frac{5}{6} I_2 = \frac{5}{6} \cdot \frac{3}{4} \cdot \frac{\pi}{4} = \frac{3 \cdot 5}{4 \cdot 6} \cdot \frac{\pi}{4}$$

$$I_4 = \int\limits_0^{\pi/2} \sin^8 u \, du = \underbrace{\left[-\frac{\sin^7 u \cdot \cos u}{8}\right]_0^{\pi/2}}_{0} + \frac{7}{8} \cdot \underbrace{\int\limits_0^{\pi/2} \sin^6 u \, du}_{I_3} = \frac{7}{8} I_3 = \frac{7}{8} \cdot \frac{3 \cdot 5}{4 \cdot 6} \cdot \frac{\pi}{4} = \frac{3 \cdot 5 \cdot 7}{4 \cdot 6 \cdot 8} \cdot \frac{\pi}{4}$$

$$I_5 = \int\limits_0^{\pi/2} \sin^{10} u \, du = \underbrace{\left[-\frac{\sin^9 u \cdot \cos u}{10}\right]_0^{\pi/2}}_{0} + \frac{9}{10} \cdot \underbrace{\int\limits_0^{\pi/2} \sin^8 u \, du}_{I_4} =$$

$$= \frac{9}{10} I_4 = \frac{9}{10} \cdot \frac{3 \cdot 5 \cdot 7}{4 \cdot 6 \cdot 8} \cdot \frac{\pi}{4} = \frac{3 \cdot 5 \cdot 7 \cdot 9}{4 \cdot 6 \cdot 8 \cdot 10} \cdot \frac{\pi}{4}$$

Somit ist

$$I = \frac{\pi}{2} + \frac{1}{8} \cdot \frac{\pi}{4} + \frac{3}{128} \cdot \frac{3}{4} \cdot \frac{\pi}{4} + \frac{5}{1024} \cdot \frac{3 \cdot 5}{4 \cdot 6} \cdot \frac{\pi}{4} + \frac{35}{32\,768} \cdot \frac{3 \cdot 5 \cdot 7}{4 \cdot 6 \cdot 8} \cdot \frac{\pi}{4} + \frac{63}{262\,144} \cdot \frac{3 \cdot 5 \cdot 7 \cdot 9}{4 \cdot 6 \cdot 8 \cdot 10} \cdot \frac{\pi}{4} + \dots =$$

$$= \frac{\pi}{4} \left(2 + \frac{1}{8} + \frac{9}{512} + \frac{25}{8192} + \frac{1225}{2\,097\,152} + \frac{3969}{33\,554\,432} + \dots\right) =$$

$$= \frac{\pi}{4} \left(2 + 0{,}125 + 0{,}017\,578 + 0{,}003\,052 + 0{,}000\,584 + 0{,}000\,118 + \dots\right) =$$

$$\approx \frac{\pi}{4} \left(2{,}146\,332\right) \approx 1{,}685$$

Für die *Schwingungsdauer* folgt damit

$$T = 4 \cdot \sqrt{\frac{l}{g}} \cdot I \approx 4 \cdot \sqrt{\frac{l}{g}} \cdot 1{,}685 = 6{,}740 \cdot \sqrt{\frac{l}{g}}$$

Übung 13: Fourier-Zerlegung einer periodischen Folge rechteckiger Spannungsimpulse
Fourier-Reihe, Amplitudenspektrum

Bild V-11 zeigt eine *periodische* Folge *rechteckiger Spannungsimpulse* der Breite $2a$ und der Stärke (Höhe) $\hat{u}$ mit der Periodendauer T.

a) Wie lautet die *Fourier-Zerlegung* dieser Folge?

b) Bestimmen Sie das *Amplitudenspektrum* für den Sonderfall $a = T/4$.

($\omega_0 = 2\pi/T$: Kreisfrequenz)

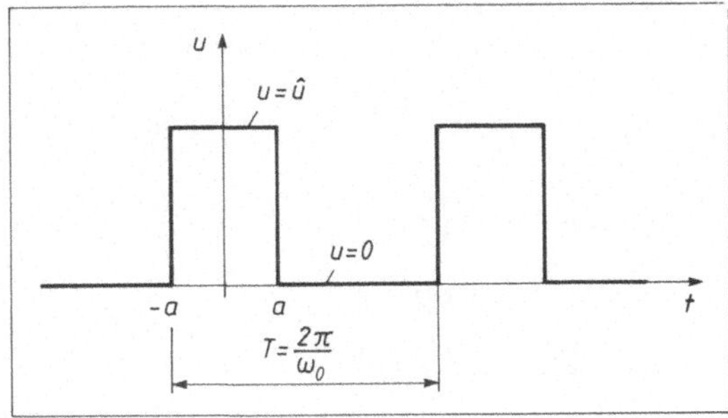

Bild V-11

Lehrbuch: Bd. 2, II.2

Lösung:

a) Wir wählen als *Periodenintervall* $-a < t < T - a$. Der Spannungsimpuls wird dort durch die Funktion

$$u(t) = \begin{cases} \hat{u} & -a < t < a \\[2mm] 0 & a < t < T - a \end{cases} \quad \text{für}$$

beschrieben. Da diese Funktion *gerade* ist (*Spiegelsymmetrie* zur u-Achse), enthält die Fourier-Reihe *keine* Sinusglieder. Daher verschwinden alle Koeffizienten b_n der Sinusschwingungen: $b_n = 0$ ($n = 1, 2, 3, \ldots$). Die Fourier-Reihe *reduziert* sich somit auf

$$u(t) = \frac{a_0}{2} + \sum_{n=1}^{\infty} a_n \cdot \cos(n\,\omega_0 t)$$

Wir berechnen zunächst den *Gleichspannungsanteil* (Koeffizient a_0) und anschließend die Koeffizienten der *Kosinusglieder.*

Berechnung des Fourierkoeffizienten a_0

$$a_0 = \frac{2}{T} \cdot \int\limits_{(T)} u(t)\, dt = \frac{2}{T} \cdot \int\limits_{-a}^{a} \hat{u}\, dt = 2 \cdot \frac{2}{T} \cdot \hat{u} \cdot \int\limits_{0}^{a} dt = \frac{4\hat{u}}{T}\,[t]_0^a = \frac{4\hat{u}a}{T} = \frac{2\hat{u}a\,\omega_0}{\pi}$$

Berechnung der Fourierkoeffizienten a_n ($n = 1, 2, 3, \ldots$)
(Integral Nr. 228)

$$a_n = \frac{2}{T} \cdot \int\limits_{(T)} u(t) \cdot \cos(n\,\omega_0 t)\, dt = \frac{2}{T} \cdot \int\limits_{-a}^{a} \hat{u} \cdot \cos(n\,\omega_0 t)\, dt = 2 \cdot \frac{2}{T} \cdot \hat{u} \cdot \int\limits_{0}^{a} \cos(n\,\omega_0 t)\, dt =$$

$$= \frac{4\hat{u}}{T} \left[\frac{\sin(n\,\omega_0 t)}{n\,\omega_0} \right]_0^a = \frac{4\hat{u}}{n\,\omega_0 T} \cdot \sin(n\,\omega_0 a) = \frac{2\hat{u}}{\pi} \cdot \frac{\sin(n\,\omega_0 a)}{n}$$

Die Fourier-Reihe der Impulsfolge nimmt damit die folgende Gestalt an:

$$u(t) = \frac{\hat{u}a\,\omega_0}{\pi} + \sum_{n=1}^{\infty} \frac{2\hat{u}}{\pi} \cdot \frac{\sin(n\,\omega_0 a)}{n} \cdot \cos(n\,\omega_0 t) = \frac{\hat{u}a\,\omega_0}{\pi} + \frac{2\hat{u}}{\pi} \cdot \sum_{n=1}^{\infty} \frac{\sin(n\,\omega_0 a)}{n} \cdot \cos(n\,\omega_0 t) =$$

$$= \frac{\hat{u}a\,\omega_0}{\pi} + \frac{2\hat{u}}{\pi} \left[\frac{\sin(\omega_0 a)}{1} \cdot \cos(\omega_0 t) + \frac{\sin(2\,\omega_0 a)}{2} \cdot \cos(2\,\omega_0 t) + \frac{\sin(3\,\omega_0 a)}{3} \cdot \cos(3\,\omega_0 t) + \ldots \right]$$

b) Für $a = \dfrac{T}{4}$ ist $\omega_0 a = \dfrac{\omega_0 T}{4} = \dfrac{\pi}{2}$ und somit

$$\left.\begin{array}{l} \sin(\omega_0 a) = \sin\left(\dfrac{\pi}{2}\right) = 1 \\[2mm] \sin(2\,\omega_0 a) = \sin(\pi) = 0 \\[2mm] \sin(3\,\omega_0 a) = \sin\left(\dfrac{3}{2}\pi\right) = -1 \\[2mm] \sin(4\,\omega_0 a) = \sin(2\pi) = 0 \end{array}\right\} \quad \text{Viererzyklus } 1, 0, -1, 0$$

$$\sin(5\,\omega_0 a) = \sin\left(\dfrac{5}{2}\pi\right) = \sin\left(\dfrac{\pi}{2}\right) = 1$$

$$\vdots$$

Die Sinuswerte *wiederholen* sich in einem *regelmäßigen Viererzyklus:* $1, 0, -1, 0; 1, 0, -1, 0; \ldots$.
Somit treten nur *Oberschwingungen* auf, deren Kreisfrequenzen ein *ungeradzahliges* Vielfaches der
Kreisfrequenz ω_0 der Grundschwingung sind. Die *ersten Glieder* der Fourier-Reihe lauten damit

$$u(t) = \frac{\hat{u}}{2} + \frac{2\hat{u}}{\pi} \left[\frac{1}{1} \cdot \cos(\omega_0 t) - \frac{1}{3} \cdot \cos(3\,\omega_0 t) + \frac{1}{5} \cdot \cos(5\,\omega_0 t) - + \ldots \right] =$$

$$= \frac{\hat{u}}{2} + \frac{2\hat{u}}{\pi} \cdot \sum_{n=1}^{\infty} \frac{(-1)^{n+1}}{(2n-1)} \cdot \cos\left[(2n-1)\,\omega_0 t\right]$$

Das zugehörige *Amplitudenspektrum* ist in
Bild V-12 dargestellt.

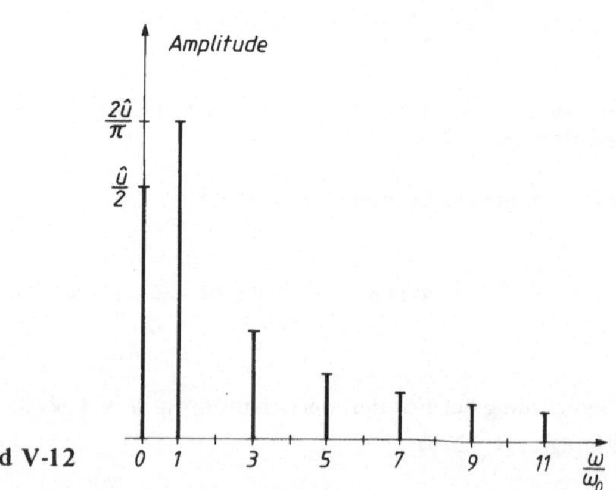

Bild V-12

Übung 14: Fourier-Reihe einer Kippspannung (Sägezahnimpuls)
Fourier-Reihe

Die in Bild V-13 skizzierte *Kippspannung*
läßt sich im *Periodenintervall*

$\dfrac{T}{2} < t < \dfrac{3}{2}\,T$ durch die Gleichung

$$u(t) = \frac{2\hat{u}}{T}\,t - 2\hat{u}$$

beschreiben.

a) Wie lautet die *Fourier-Zerlegung*
   dieser nichtsinusförmigen Wechselspannung?

b) Zeichnen Sie das zugehörige
   Amplitudenspektrum.

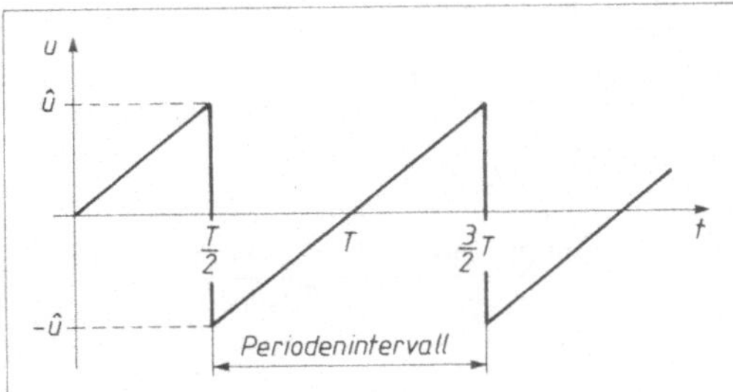

Bild V-13

Lehrbuch: Bd. 2, II.2

Lösung:

a) Die Funktion $u(t)$ ist *ungerade,* die Fourier-Reihe kann daher nur *Sinusglieder* enthalten
   ($a_n = 0$ für $n = 0, 1, 2, \ldots$):

$$u(t) = \sum_{n=1}^{\infty} b_n \cdot \sin(n\,\omega_0\,t) \qquad \left(\omega_0 = \frac{2\pi}{T}\right)$$

Berechnung der Fourierkoeffizienten b_n ($n = 1, 2, 3, \ldots$)

$$b_n = \frac{2}{T} \cdot \int\limits_{(T)} u(t) \cdot \sin(n\,\omega_0\,t)\,dt = \frac{2}{T} \cdot \int\limits_{T/2}^{3T/2} \left(\frac{2\hat{u}}{T}\,t - 2\hat{u}\right) \cdot \sin(n\,\omega_0\,t)\,dt =$$

$$= \frac{4\hat{u}}{T^2} \cdot \underbrace{\int\limits_{T/2}^{3T/2} t \cdot \sin(n\,\omega_0\,t)\,dt}_{I_1} - \frac{4\hat{u}}{T} \cdot \underbrace{\int\limits_{T/2}^{3T/2} \sin(n\,\omega_0\,t)\,dt}_{I_2} = \frac{4\hat{u}}{T^2} \cdot I_1 - \frac{4\hat{u}}{T} \cdot I_2$$

Die *Auswertung* der Integrale I_1 und I_2 erfolgt mit Hilfe der *Integraltafel der Formelsammlung*
unter Berücksichtigung von $\omega_0\,T = 2\pi$.

Integral I_1 (Integral Nr. 208)

$$I_1 = \int_{T/2}^{3T/2} t \cdot \sin (n\,\omega_0 t)\, dt = \left[\frac{\sin (n\,\omega_0 t)}{n^2\,\omega_0^2} - \frac{t \cdot \cos (n\,\omega_0 t)}{n\,\omega_0} \right]_{T/2}^{3T/2} =$$

$$= \frac{\sin \left(n\,\dfrac{3\,\omega_0 T}{2}\right)}{n^2\,\omega_0^2} - \frac{\dfrac{3T}{2} \cdot \cos \left(n\,\dfrac{3\,\omega_0 T}{2}\right)}{n\,\omega_0} - \frac{\sin \left(n\,\dfrac{\omega_0 T}{2}\right)}{n^2\,\omega_0^2} + \frac{\dfrac{T}{2} \cdot \cos \left(n\,\dfrac{\omega_0 T}{2}\right)}{n\,\omega_0} =$$

$$= \frac{\sin (n \cdot 3\pi)}{n^2\,\omega_0^2} - \frac{3T \cdot \cos (n \cdot 3\pi)}{2n\,\omega_0} - \frac{\sin (n\pi)}{n^2\,\omega_0^2} + \frac{T \cdot \cos (n\pi)}{2n\,\omega_0}$$

Dabei ist

$$\sin (n \cdot 3\pi) = 0\,, \qquad \sin (n\pi) = 0\,,$$
$$\cos (n \cdot 3\pi) = \cos \left[n\,(2\pi + \pi)\right] = \cos (n \cdot 2\pi + n\pi) = \cos (n\pi)$$

und somit

$$I_1 = -\frac{3T \cdot \cos (n\pi)}{2n\,\omega_0} + \frac{T \cdot \cos (n\pi)}{2n\,\omega_0} = -\frac{T \cdot \cos (n\pi)}{n\,\omega_0} = -\frac{T^2 \cdot \cos (n\pi)}{2\pi n}$$

Integral I_2 (Integral Nr. 204)

$$I_2 = \int_{T/2}^{3T/2} \sin (n\,\omega_0 t)\, dt = \left[-\frac{\cos (n\,\omega_0 t)}{n\,\omega_0} \right]_{T/2}^{3T/2} = \frac{-\cos \left(n\,\dfrac{3\,\omega_0 T}{2}\right) + \cos \left(n\,\dfrac{\omega_0 T}{2}\right)}{n\,\omega_0} =$$

$$= \frac{-\cos (n \cdot 3\pi) + \cos (n\pi)}{n\,\omega_0} = \frac{-\cos (n\pi) + \cos (n\pi)}{n\,\omega_0} = 0$$

$(\cos (n \cdot 3\pi) = \cos (\pi)).$

Damit erhalten wir für die *Fourierkoeffizienten* b_n den Formelausdruck

$$b_n = \frac{4\hat{u}}{T^2} \cdot I_1 - \frac{4\hat{u}}{T} \cdot I_2 = \frac{4\hat{u}}{T^2} \cdot \left(-\frac{T^2 \cdot \cos (n\pi)}{2\pi n} \right) - \frac{4\hat{u}}{T} \cdot 0 = -\frac{2\hat{u} \cdot \cos (n\pi)}{\pi n}$$

Unter Beachtung von

$$\cos (n\pi) = \begin{cases} -1 & \quad n = ungerade \\[2mm] 1 & \quad n = gerade \end{cases} \quad \text{für}$$

ergeben sich *abwechselnd* positive und negative Koeffizienten. Die *Fourier-Reihe* der *Kippspannung* beginnt daher wie folgt:

$$u\,(t) = \frac{2\hat{u}}{\pi} \left(\sin (\omega_0 t) - \frac{1}{2} \cdot \sin (2\,\omega_0 t) + \frac{1}{3} \cdot \sin (3\,\omega_0 t) - + \dots \right)$$

b) Das zugehörige *Amplitudenspektrum* ist in
   Bild V-14 dargestellt.

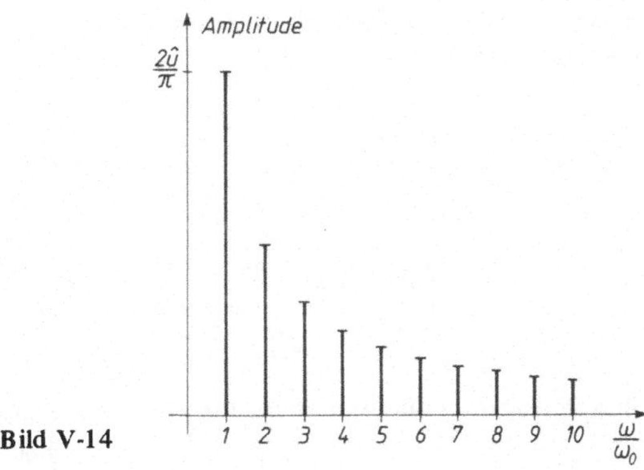

Bild V-14

Übung 15: Fourier-Zerlegung eines „angeschnittenen" Wechselstroms

Fourier-Reihe

Bild V-15 zeigt einen *„angeschnittenen"*
Wechselstrom, dessen Zeitabhängigkeit im
Periodenintervall $0 \leqslant t \leqslant T$ durch die
Gleichung

$$i(t) = \begin{cases} \hat{i} \cdot \cos(\omega_0 t) & 0 \leqslant t \leqslant \dfrac{T}{4} \\[2mm] & \text{für} \\[2mm] 0 & \dfrac{T}{4} \leqslant t \leqslant T \end{cases}$$

beschrieben wird ($\omega_0 = \dfrac{2\pi}{T}$: Kreisfrequenz).

Wie lautet die *Fourier-Zerlegung* dieser
Funktion?

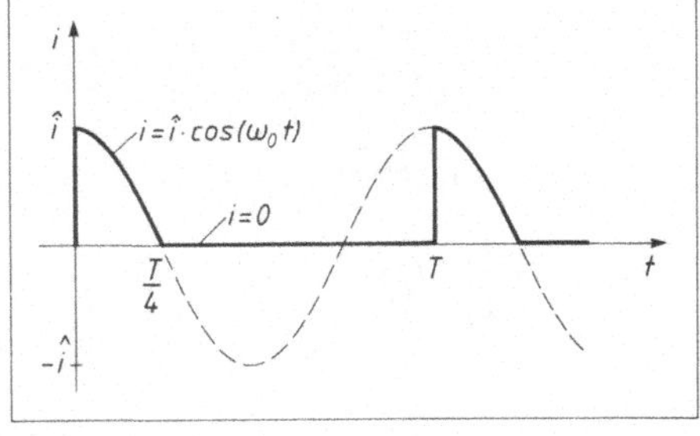

Bild V-15

Lehrbuch: Bd. 2, II.2

Lösung:

Es ist

$$i(t) = \frac{a_0}{2} + \sum_{n=1}^{\infty} \left[a_n \cdot \cos(n\,\omega_0 t) + b_n \cdot \sin(n\,\omega_0 t) \right]$$

Bei der Berechnung der Fourierkoeffizienten beachten wir, daß $\omega_0 T = 2\pi$ ist. Bei den Integrationen
können wir uns auf das Intervall $0 \leqslant t \leqslant T/4$ beschränken, da der Strom im restlichen Periodenintervall
verschwindet.

Berechnung des Fourierkoeffizienten a_0
(Integral Nr. 228)

$$a_0 = \frac{2}{T} \cdot \int\limits_{(T)} i(t)\, dt = \frac{\omega_0 \hat{i}}{\pi} \cdot \int\limits_0^{T/4} \cos(\omega_0 t)\, dt =$$

$$= \frac{\omega_0 \hat{i}}{\pi} \left[\frac{\sin(\omega_0 t)}{\omega_0} \right]_0^{T/4} = \frac{\hat{i}}{\pi} \left[\sin\left(\frac{\omega_0 T}{4} \right) \right] = \frac{\hat{i}}{\pi} \cdot \sin\left(\frac{\pi}{2} \right) = \frac{\hat{i}}{\pi}$$

Berechnung der Fourierkoeffizienten a_n $(n = 1, 2, 3, \ldots)$

$$a_n = \frac{2}{T} \cdot \int\limits_{(T)} i(t) \cdot \cos(n\,\omega_0 t)\, dt = \frac{\omega_0 \hat{i}}{\pi} \cdot \int\limits_0^{T/4} \cos(\omega_0 t) \cdot \cos(n\,\omega_0 t)\, dt$$

$\boxed{n = 1}$ (Integral Nr. 229)

$$a_1 = \frac{\omega_0 \hat{i}}{\pi} \cdot \int\limits_0^{T/4} \cos^2(\omega_0 t)\, dt = \frac{\omega_0 \hat{i}}{\pi} \left[\frac{t}{2} + \frac{\sin(2\,\omega_0 t)}{4\,\omega_0} \right]_0^{T/4} = \frac{\omega_0 \hat{i}}{\pi} \left[\frac{T}{8} + \frac{\sin\left(\frac{\omega_0 T}{2} \right)}{4\,\omega_0} \right] =$$

$$= \frac{\omega_0 \hat{i}}{\pi} \left[\frac{T}{8} + \frac{\sin \pi}{4\,\omega_0} \right] = \frac{\omega_0 \hat{i}}{\pi} \cdot \frac{T}{8} = \frac{\hat{i}}{4}$$

$\boxed{n > 1}$ (Integral Nr. 252)

$$a_n = \frac{\omega_0 \hat{i}}{\pi} \cdot \int\limits_0^{T/4} \cos(\omega_0 t) \cdot \cos(n\,\omega_0 t)\, dt = \frac{\omega_0 \hat{i}}{\pi} \left[\frac{\sin(n-1)\,\omega_0 t}{2(n-1)\,\omega_0} + \frac{\sin(n+1)\,\omega_0 t}{2(n+1)\,\omega_0} \right]_0^{T/4} =$$

$$= \frac{\hat{i}}{2\pi} \left[\frac{(n+1) \cdot \sin(n-1)\,\omega_0 t + (n-1) \cdot \sin(n+1)\,\omega_0 t}{n^2 - 1} \right]_0^{T/4} =$$

$$= \frac{\hat{i}}{2\pi} \left[\frac{(n+1) \cdot \sin(n-1)\,\dfrac{\omega_0 T}{4} + (n-1) \cdot \sin(n+1)\,\dfrac{\omega_0 T}{4}}{n^2 - 1} \right] =$$

$$= \frac{\hat{i}}{2\pi} \left[\frac{(n+1) \cdot \sin(n-1)\,\dfrac{\pi}{2} + (n-1) \cdot \sin(n+1)\,\dfrac{\pi}{2}}{n^2 - 1} \right]$$

Wegen

$$(n+1)\,\frac{\pi}{2} = (n-1+2)\,\frac{\pi}{2} = (n-1)\,\frac{\pi}{2} + \pi$$

und

$$\sin(\alpha + \pi) = -\sin\alpha$$

ist

$$\sin(n+1)\,\frac{\pi}{2} = \sin\left[(n-1)\,\frac{\pi}{2} + \pi \right] = -\sin(n-1)\,\frac{\pi}{2}$$

Der Fourierkoeffizient a_n $(n > 1)$ läßt sich somit auch wie folgt schreiben:

$$a_n = \frac{\hat{i}}{2\pi} \left[\frac{(n+1) \cdot \sin{(n-1)\frac{\pi}{2}} - (n-1) \cdot \sin{(n-1)\frac{\pi}{2}}}{n^2 - 1} \right] = \frac{\hat{i}}{\pi} \cdot \frac{\sin{(n-1)\frac{\pi}{2}}}{n^2 - 1}$$

Berechnung der Fourierkoeffizienten b_n $(n = 1, 2, 3, \ldots)$

$$b_n = \frac{2}{T} \cdot \int\limits_{(T)} i(t) \cdot \sin{(n\,\omega_0 t)}\, dt = \frac{\omega_0 \hat{i}}{\pi} \cdot \int\limits_0^{T/4} \cos{(\omega_0 t)} \cdot \sin{(n\,\omega_0 t)}\, dt$$

$\boxed{n = 1}$ (Integral Nr. 254)

$$b_1 = \frac{\omega_0 \hat{i}}{\pi} \cdot \int\limits_0^{T/4} \cos{(\omega_0 t)} \cdot \sin{(\omega_0 t)}\, dt = \frac{\omega_0 \hat{i}}{\pi} \left[\frac{\sin^2{(\omega_0 t)}}{2\omega_0} \right]_0^{T/4} =$$

$$= \frac{\hat{i}}{2\pi} \left[\sin^2{\left(\frac{\omega_0 T}{4} \right)} \right] = \frac{\hat{i}}{2\pi} \cdot \sin^2{\left(\frac{\pi}{2} \right)} = \frac{\hat{i}}{2\pi}$$

$\boxed{n > 1}$ (Integral Nr. 285)

$$b_n = \frac{\omega_0 \hat{i}}{\pi} \cdot \int\limits_0^{T/4} \cos{(\omega_0 t)} \cdot \sin{(n\,\omega_0 t)}\, dt = \frac{\omega_0 \hat{i}}{\pi} \left[-\frac{\cos{(n+1)\omega_0 t}}{2(n+1)\omega_0} - \frac{\cos{(n-1)\omega_0 t}}{2(n-1)\omega_0} \right]_0^{T/4} =$$

$$= -\frac{\hat{i}}{2\pi} \left[\frac{(n-1) \cdot \cos{(n+1)\omega_0 t} + (n+1) \cdot \cos{(n-1)\omega_0 t}}{n^2 - 1} \right]_0^{T/4} =$$

$$= -\frac{\hat{i}}{2\pi} \left[\frac{(n-1) \cdot \cos{(n+1)\frac{\omega_0 T}{4}} + (n+1) \cdot \cos{(n-1)\frac{\omega_0 T}{4}} - (n-1) - (n+1)}{n^2 - 1} \right] =$$

$$= -\frac{\hat{i}}{2\pi} \left[\frac{(n-1) \cdot \cos{(n+1)\frac{\pi}{2}} + (n+1) \cdot \cos{(n-1)\frac{\pi}{2}} - 2n}{n^2 - 1} \right]$$

Wegen

$$(n+1)\frac{\pi}{2} = (n-1+2)\frac{\pi}{2} = (n-1)\frac{\pi}{2} + \pi$$

und

$$\cos{(\alpha + \pi)} = -\cos{\alpha}$$

ist

$$\cos{(n+1)\frac{\pi}{2}} = \cos{\left[(n-1)\frac{\pi}{2} + \pi \right]} = -\cos{(n-1)\frac{\pi}{2}}$$

Der Fourierkoeffizient b_n $(n > 1)$ läßt sich somit auch wie folgt schreiben:

$$b_n = -\frac{\hat{i}}{2\pi} \left[\frac{-(n-1) \cdot \cos(n-1)\frac{\pi}{2} + (n+1) \cdot \cos(n-1)\frac{\pi}{2} - 2n}{n^2 - 1} \right] =$$

$$= -\frac{\hat{i}}{2\pi} \cdot \frac{2 \cdot \cos(n-1)\frac{\pi}{2} - 2n}{n^2 - 1} = \frac{\hat{i}}{\pi} \cdot \frac{n - \cos(n-1)\frac{\pi}{2}}{n^2 - 1}$$

Die *Fourier-Reihe* des „angeschnittenen" Wechselstroms besitzt somit die folgende Gestalt:

$$i = \frac{a_0}{2} + \sum_{n=1}^{\infty} \left[a_n \cdot \cos(n\,\omega_0\,t) + b_n \cdot \sin(n\,\omega_0\,t) \right] =$$

$$= \frac{\hat{i}}{2\pi} + \frac{\hat{i}}{4} \cdot \cos(\omega_0\,t) + \frac{\hat{i}}{2\pi} \cdot \sin(\omega_0\,t) +$$

$$+ \frac{\hat{i}}{\pi} \cdot \sum_{n=2}^{\infty} \left(\frac{\sin(n-1)\frac{\pi}{2}}{n^2 - 1} \cdot \cos(n\,\omega_0\,t) + \frac{n - \cos(n-1)\frac{\pi}{2}}{n^2 - 1} \cdot \sin(n\,\omega_0\,t) \right)$$

VI Lineare Algebra

Übung 1: Widerstands- und Kettenmatrix eines linearen Vierpols
Orthogonale Matrix

Die *Vierpolgleichungen* des in Bild VI-1 dargestellten *linearen passiven Vierpols* lauten in der sog. *Widerstandsform*

$$\begin{pmatrix} U_1 \\ U_2 \end{pmatrix} = \underbrace{\begin{pmatrix} Z_{11} & Z_{12} \\ Z_{21} & Z_{22} \end{pmatrix}}_{\substack{\text{Widerstands-}\\\text{matrix } \mathbf{Z}}} \cdot \begin{pmatrix} I_1 \\ I_2 \end{pmatrix} \qquad \text{mit } Z_{21} = Z_{12}$$

a) Bestimmen Sie hieraus die sog. *Kettenmatrix* **A**, die die Abhängigkeit der Eingangsgrößen U_1, I_1 von den Ausgangsgrößen U_2, I_2 beschreibt.

b) Zeigen Sie: Die *Kettenmatrix* **A** ist *orthogonal*.

U_1 : Eingangsspannung

I_1 : Eingangsstrom

U_2 : Ausgangsspannung

I_2 : Ausgangsstrom

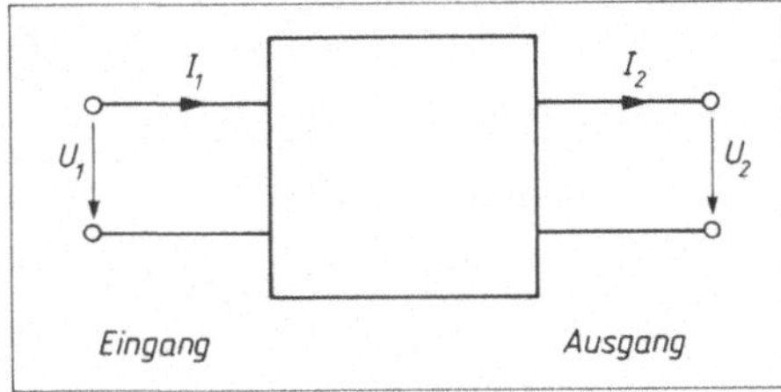

Bild VI-1

Lösungshinweis: Eine quadratische Matrix **A** heißt *orthogonal*, wenn ihre Zeilen- und Spaltenvektoren *orthogonal* und *normiert* sind. In diesem Falle ist *entweder* det **A** = 1 *oder* det **A** = − 1.

Lehrbuch: Bd. 2, I.2.2	*Physikalische Grundlagen:* A47

Lösung:

a) Die vorgegebenen Vierpolgleichungen lauten ausgeschrieben unter Berücksichtigung der *symmetrischen* Widerstandsmatrix **Z** $(Z_{21} = Z_{12})$

$$U_1 = Z_{11} I_1 + Z_{12} I_2$$

$$U_2 = Z_{21} I_1 + Z_{22} I_2 = Z_{12} I_1 + Z_{22} I_2$$

Wir lösen zunächst die *zweite* Gleichung nach I_1 auf[1]:

$$I_1 = \frac{1}{Z_{12}} U_2 - \frac{Z_{22}}{Z_{12}} I_2 = \frac{1}{Z_{12}} U_2 + \frac{Z_{22}}{Z_{12}} (-I_2)$$

Dies ist bereits *eine* der beiden Vierpolgleichungen in der *Kettenform*. Die *zweite* Gleichung erhalten wir durch Einsetzen dieser Beziehung in die *erste* Gleichung der *Widerstandsform:*

$$U_1 = Z_{11} \left(\frac{1}{Z_{12}} U_2 - \frac{Z_{22}}{Z_{12}} I_2 \right) + Z_{12} I_2 = \frac{Z_{11}}{Z_{12}} U_2 + \left(Z_{12} - \frac{Z_{11} Z_{22}}{Z_{12}} \right) I_2 =$$

$$= \frac{Z_{11}}{Z_{12}} U_2 + \frac{Z_{12}^2 - Z_{11} Z_{22}}{Z_{12}} I_2 = \frac{Z_{11}}{Z_{12}} U_2 + \frac{\det Z}{Z_{12}} (-I_2)$$

(det $Z = Z_{11} Z_{22} - Z_{12}^2$: *Determinante* der *Widerstandsmatrix* Z). Die Vierpolgleichungen in der *Kettenform* werden somit durch die *Matrizengleichung*

$$\begin{pmatrix} U_1 \\ I_1 \end{pmatrix} = \underbrace{\begin{pmatrix} \dfrac{Z_{11}}{Z_{12}} & \dfrac{\det Z}{Z_{12}} \\ \dfrac{1}{Z_{12}} & \dfrac{Z_{22}}{Z_{12}} \end{pmatrix}}_{\text{Kettenmatrix } A} \cdot \begin{pmatrix} U_2 \\ -I_2 \end{pmatrix}$$

beschrieben. Die *Koeffizientenmatrix* ist dabei definitionsgemäß die gesuchte *Kettenmatrix* A [A47].

b) Es ist

$$\det A = \begin{vmatrix} \dfrac{Z_{11}}{Z_{12}} & \dfrac{\det Z}{Z_{12}} \\ \dfrac{1}{Z_{12}} & \dfrac{Z_{22}}{Z_{12}} \end{vmatrix} = \frac{1}{Z_{12}^2} \cdot \begin{vmatrix} Z_{11} & \det Z \\ 1 & Z_{22} \end{vmatrix} =$$

$$= \frac{Z_{11} Z_{22} - \det Z}{Z_{12}^2} = \frac{Z_{11} Z_{22} - (Z_{11} Z_{22} - Z_{12}^2)}{Z_{12}^2} = \frac{Z_{12}^2}{Z_{12}^2} = 1$$

Die *Kettenmatrix* A ist somit *orthogonal*[2].

---

[1] *Definitionsgemäß* sind U_1 und I_1 Funktionen von U_2 und $-I_2$ [A47].

[2] Für eine *orthogonale* Matrix A gilt stets det $A = 1$ *oder* det $A = -1$.

Übung 2: Vierpolgleichungen für ein symmetrisches T-Glied
Matrizenrechnung, inverse Matrix, orthogonale Matrix

Bild VI-2 zeigt einen *Vierpol* in Form
eines *symmetrisch* ausgebildeten
T-Gliedes mit den ohmschen Widerständen $R_1 = 10 \, \Omega$ (zweimal) und
$R_2 = 20 \, \Omega$. Die Eingangsgrößen sind
U_1 und I_1, die Ausgangsgrößen U_2
und I_2.

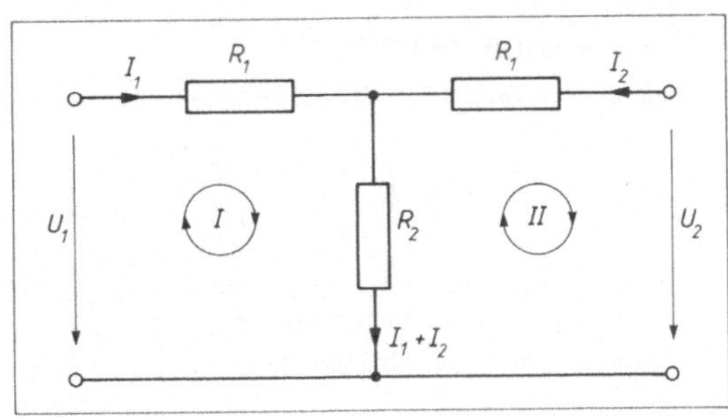

Bild VI-2

a) Bestimmen Sie *Widerstands-*
   matrix **Z**, *Leitwertmatrix* **Y** und
   Kettenmatrix **A** dieses Vierpols
   und zeigen Sie, daß die *Ketten-*
   matrix **A** *orthogonal* ist.

b) Wie lauten die *Spannungswerte* U_1 und U_2 für $I_1 = 0{,}5 \, \text{A}$ und $I_2 = 2 \, \text{A}$?

c) Welche *Ströme* I_1 und I_2 fließen bei den Gleichspannungen $U_1 = 10 \, \text{V}$ und $U_2 = 5 \, \text{V}$?

d) Die Ausgangsgrößen besitzen die Werte $U_2 = 10 \, \text{V}$, $I_2 = 0{,}1 \, \text{A}$. Welche Werte besitzen
   die zugehörigen *Eingangsgrößen* U_1 und I_1?

Lösungshinweis: Die *Widerstandsform* $\mathbf{U} = \mathbf{Z} \cdot \mathbf{I}$ des symmetrischen *T*-Gliedes erhalten Sie
durch Anwendung der *Maschenregel* [A32] auf die beiden in Bild VI-2 näher gekennzeich-
neten Maschen.

Lehrbuch: Bd. 2, I.2.2 und I.3.2	*Physikalische Grundlagen:* A32, A47

Lösung:

a) **Widerstandsmatrix**

   Die Anwendung der *Maschenregel* [A32] auf die beiden eingezeichneten Maschen (I) und (II) führt
   zu den Gleichungen

   (I) $\quad R_1 I_1 + R_2 (I_1 + I_2) - U_1 = 0$

   (II) $-R_1 I_2 - R_2 (I_1 + I_2) + U_2 = 0$

   Durch Auflösen dieser Gleichungen nach den Größen U_1 und U_2 erhalten wir die gesuchten
   Beziehungen. Sie lauten (sog. *Widerstandsform* des symmetrischen *T*-Gliedes)

   $$U_1 = (R_1 + R_2)\, I_1 + R_2 I_2$$
   $$U_2 = R_2 I_1 + (R_1 + R_2)\, I_2$$

   oder in der *Matrizenform*

   $$\begin{pmatrix} U_1 \\ U_2 \end{pmatrix} = \underbrace{\begin{pmatrix} (R_1 + R_2) & R_2 \\ R_2 & (R_1 + R_2) \end{pmatrix}}_{\text{Widerstandsmatrix } \mathbf{Z}} \cdot \underbrace{\begin{pmatrix} I_1 \\ I_2 \end{pmatrix}}_{\mathbf{I}} \qquad (\mathbf{U} = \mathbf{Z} \cdot \mathbf{I})$$

Für die *symmetrische Widerstandsmatrix* Z erhalten wir damit nach Einsetzen der Werte

$$Z = \begin{pmatrix} (R_1 + R_2) & R_2 \\ R_2 & (R_1 + R_2) \end{pmatrix} = \begin{pmatrix} (10\ \Omega + 20\ \Omega) & 20\ \Omega \\ 20\ \Omega & (10\ \Omega + 20\ \Omega) \end{pmatrix} = \begin{pmatrix} 30\ \Omega & 20\ \Omega \\ 20\ \Omega & 30\ \Omega \end{pmatrix}$$

Leitwertmatrix [A47]

Die *Leitwertmatrix* Y ist die *Inverse* der Widerstandsmatrix Z:

$$Y = Z^{-1} = \frac{1}{\det Z} \cdot \begin{pmatrix} C_{11} & C_{21} \\ C_{12} & C_{22} \end{pmatrix} = \frac{1}{\det Z} \cdot \begin{pmatrix} C_{11} & C_{12} \\ C_{12} & C_{11} \end{pmatrix}$$

Dabei ist C_{ik} das *algebraische Komplement* des Widerstandelementes Z_{ik} in det Z ($i, k = 1, 2$). Aus *Symmetriegründen* ist hier $Z_{22} = Z_{11}$ und $Z_{21} = Z_{12}$ und somit $C_{22} = C_{11}$ und $C_{21} = C_{12}$. Die Berechnung der Größen det Z, C_{11} und C_{12} führt dann zu den folgenden Werten:

$$\det Z = \begin{vmatrix} 30\ \Omega & 20\ \Omega \\ 20\ \Omega & 30\ \Omega \end{vmatrix} = 30\ \Omega \cdot 30\ \Omega - 20\ \Omega \cdot 20\ \Omega = 500\ \Omega^2$$

$$C_{11} = (-1)^{1+1} \cdot \begin{vmatrix} 30\ \Omega & 20\ \Omega \\ 20\ \Omega & 30\ \Omega \end{vmatrix} = 30\ \Omega,$$

$$C_{12} = (-1)^{1+2} \cdot \begin{vmatrix} 30\ \Omega & 20\ \Omega \\ 20\ \Omega & 30\ \Omega \end{vmatrix} = -20\ \Omega$$

Die *symmetrische Leitwertmatrix* lautet damit

$$Y = Z^{-1} = \frac{1}{500\ \Omega^2} \cdot \begin{pmatrix} 30\ \Omega & -20\ \Omega \\ -20\ \Omega & 30\ \Omega \end{pmatrix} = \begin{pmatrix} 0{,}06\ \text{S} & -0{,}04\ \text{S} \\ -0{,}04\ \text{S} & 0{,}06\ \text{S} \end{pmatrix}$$

Kettenmatrix [A47]

Wir gehen von der *Widerstandsform* $U = Z \cdot I$ und somit

$$U_1 = 30\ \Omega \cdot I_1 + 20\ \Omega \cdot I_2$$
$$U_2 = 20\ \Omega \cdot I_1 + 30\ \Omega \cdot I_2$$

aus und lösen die *untere* Gleichung nach I_1 auf:

$$I_1 = \frac{1}{20\ \Omega} \cdot U_2 - \frac{30\ \Omega}{20\ \Omega} \cdot I_2 = 0{,}05\ \text{S} \cdot U_2 + 1{,}5 \cdot (-I_2)$$

Dies ist bereits *eine* der beiden gesuchten Beziehungen in der *Kettenform*. Die *zweite* Gleichung folgt durch Einsetzen dieser Beziehung in die *obere* Gleichung der *Widerstandsform*:

$$U_1 = 30\ \Omega\,(0{,}05\ \text{S} \cdot U_2 - 1{,}5 \cdot I_2) + 20\ \Omega \cdot I_2 =$$
$$= 1{,}5 \cdot U_2 - 45\ \Omega \cdot I_2 + 20\ \Omega \cdot I_2 = 1{,}5 \cdot U_2 + 25\ \Omega \cdot (-I_2)$$

Die *Vierpolgleichungen* des *symmetrischen T-Gliedes* lauten somit in der *Kettenform*[3]

$$\begin{aligned} U_1 &= 1{,}5 \cdot U_2 + 25\ \Omega \cdot (-I_2) \\ I_1 &= 0{,}05\ \text{S} \cdot U_2 + 1{,}5 \cdot (-I_2) \end{aligned} \quad \text{oder} \quad \begin{pmatrix} U_1 \\ I_1 \end{pmatrix} = \begin{pmatrix} 1{,}5 & 25\ \Omega \\ 0{,}05\ \text{S} & 1{,}5 \end{pmatrix} \cdot \begin{pmatrix} U_2 \\ -I_2 \end{pmatrix}$$

---

[3] U_1 und I_1 sind definitionsgemäß Funktionen von U_2 und $-I_2$ [A47].

Die gesuchte *Kettenmatrix* $\mathbf{A}$ besitzt daher die folgende Gestalt:

$$\mathbf{A} = \begin{pmatrix} 1{,}5 & 25\ \Omega \\ 0{,}05\ \mathrm{S} & 1{,}5 \end{pmatrix}$$

Sie ist wegen

$$\det \mathbf{A} = \begin{vmatrix} 1{,}5 & 25\ \Omega \\ 0{,}05\ \mathrm{S} & 1{,}5 \end{vmatrix} = 1{,}5 \cdot 1{,}5 - 0{,}05\ \mathrm{S} \cdot 25\ \Omega = 1$$

orthogonal.

b) Aus der *Widerstandsform* $\mathbf{U} = \mathbf{Z} \cdot \mathbf{I}$ folgt durch Einsetzen der Stromwerte

$$\begin{pmatrix} U_1 \\ U_2 \end{pmatrix} = \begin{pmatrix} 30\ \Omega & 20\ \Omega \\ 20\ \Omega & 30\ \Omega \end{pmatrix} \cdot \begin{pmatrix} 0{,}5\ \mathrm{A} \\ 2\ \mathrm{A} \end{pmatrix} = \begin{pmatrix} 30\ \Omega \cdot 0{,}5\ \mathrm{A} + 20\ \Omega \cdot 2\ \mathrm{A} \\ 20\ \Omega \cdot 0{,}5\ \mathrm{A} + 30\ \Omega \cdot 2\ \mathrm{A} \end{pmatrix} = \begin{pmatrix} 55\ \mathrm{V} \\ 70\ \mathrm{V} \end{pmatrix}$$

Somit ist $U_1 = 55$ V und $U_2 = 70$ V.

c) Durch Einsetzen der Spannungswerte $U_1 = 10$ V und $U_2 = 5$ V in die *Leitwertform* $\mathbf{I} = \mathbf{Y} \cdot \mathbf{U}$ erhalten wir

$$\begin{pmatrix} I_1 \\ I_2 \end{pmatrix} = \begin{pmatrix} 0{,}06\ \mathrm{S} & -0{,}04\ \mathrm{S} \\ -0{,}04\ \mathrm{S} & 0{,}06\ \mathrm{S} \end{pmatrix} \cdot \begin{pmatrix} 10\ \mathrm{V} \\ 5\ \mathrm{V} \end{pmatrix} = \begin{pmatrix} 0{,}06\ \mathrm{S} \cdot 10\ \mathrm{V} - 0{,}04\ \mathrm{S} \cdot 5\ \mathrm{V} \\ 0{,}04\ \mathrm{S} \cdot 10\ \mathrm{V} - 0{,}06\ \mathrm{S} \cdot 5\ \mathrm{V} \end{pmatrix} = \begin{pmatrix} 0{,}4\ \mathrm{A} \\ 0{,}1\ \mathrm{A} \end{pmatrix}$$

Die *Stromstärken* betragen somit $I_1 = 0{,}4$ A und $I_2 = 0{,}1$ A.

d) Aus der *Kettenform* $\begin{pmatrix} U_1 \\ I_1 \end{pmatrix} = \mathbf{A} \cdot \begin{pmatrix} U_2 \\ -I_2 \end{pmatrix}$ erhalten wir die gesuchten *Eingangsgrößen* U_1 und I_1:

$$\begin{pmatrix} U_1 \\ I_1 \end{pmatrix} = \begin{pmatrix} 1{,}5 & 25\ \Omega \\ 0{,}05\ \mathrm{S} & 1{,}5 \end{pmatrix} \cdot \begin{pmatrix} 10\ \mathrm{V} \\ -0{,}1\ \mathrm{A} \end{pmatrix} = \begin{pmatrix} 1{,}5 \cdot 10\ \mathrm{V} + 25\ \Omega \cdot (-0{,}1\ \mathrm{A}) \\ 0{,}05\ \mathrm{S} \cdot 10\ \mathrm{V} + 1{,}5 \cdot (-0{,}1\ \mathrm{A}) \end{pmatrix} = \begin{pmatrix} 12{,}5\ \mathrm{V} \\ 0{,}35\ \mathrm{A} \end{pmatrix}$$

Die *Eingangswerte* lauten somit $U_1 = 12{,}5$ V und $I_1 = 0{,}35$ A.

Übung 3: Symmetrische π-Schaltung
Multiplikation von Matrizen

Die in Bild VI-3 dargestellte *symmetrische π-Schaltung* entsteht durch *Kettenschaltung* [A48] eines *π-Halbgliedes* mit einem *Querwiderstand*.

a) Bestimmen Sie aus den vorgegebenen *Kettenmatrizen* $\mathbf{A}_1$ und $\mathbf{A}_2$ der beiden *Einzelglieder* die *Kettenmatrix* $\mathbf{A}$ der *Gesamtschaltung*.

b) Die Ausgangsgrößen U_2 und I_2 besitzen die Werte $U_2 = 20\,\text{V}$ und $I_2 = 1\,\text{A}$. Wie groß sind *Eingangsspannung* U_1 und *Eingangsstrom* I_1?

$(Z_1 = 10\,\Omega;\ Z_2 = 5\,\Omega;\ Y_1 = 1/Z_1 = 0{,}1\,\text{S})$

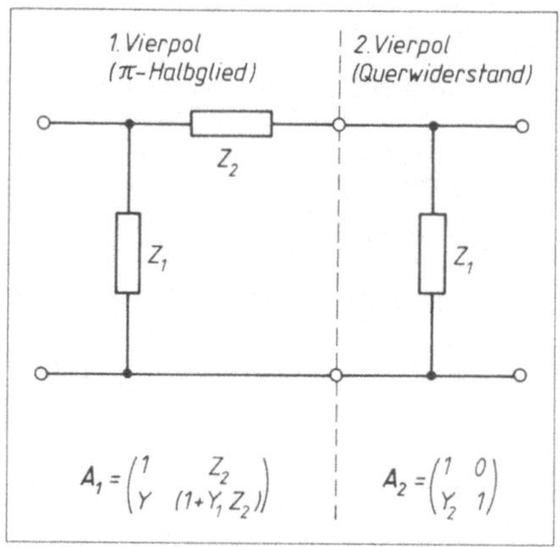

$$A_1 = \begin{pmatrix} 1 & Z_2 \\ Y_1 & (1+Y_1 Z_2) \end{pmatrix} \qquad A_2 = \begin{pmatrix} 1 & 0 \\ Y_2 & 1 \end{pmatrix}$$

Bild VI-3

Lehrbuch: Bd. 2, I.1.6.3 | *Physikalische Grundlagen:* A47, A48

Lösung:

a) Bei der Kettenschaltung *multiplizieren* sich die Kettenmatrizen der Einzelglieder [A48]. Wir erhalten somit für die *Kettenmatrix* der symmetrischen π-Schaltung

$$\mathbf{A} = \mathbf{A}_1 \cdot \mathbf{A}_2 = \begin{pmatrix} 1 & Z_2 \\ Y_1 & (1+Y_1 Z_2) \end{pmatrix} \cdot \begin{pmatrix} 1 & 0 \\ Y_1 & 1 \end{pmatrix} = \begin{pmatrix} (1+Y_1 Z_2) & Z_2 \\ (Y_1 + (1+Y_1 Z_2)\, Y_1) & (1+Y_1 Z_2) \end{pmatrix} =$$

$$= \begin{pmatrix} (1+Y_1 Z_2) & Z_2 \\ Y_1\,(2+Y_1 Z_2) & (1+Y_1 Z_2) \end{pmatrix}$$

Mit den vorgegebenen Werten lautet diese Matrix dann

$$\mathbf{A} = \begin{pmatrix} (1+0{,}1\,\text{S} \cdot 5\,\Omega) & 5\,\Omega \\ 0{,}1\,\text{S}\,(2+0{,}1\,\text{S} \cdot 5\,\Omega) & (1+0{,}1\,\text{S} \cdot 5\,\Omega) \end{pmatrix} = \begin{pmatrix} 1{,}5 & 5\,\Omega \\ 0{,}25\,\text{S} & 1{,}5 \end{pmatrix}$$

b) Zwischen den Eingangs- und Ausgangsgrößen besteht der folgende Zusammenhang (sog. *Kettenform* [A47]):

$$\begin{pmatrix} U_1 \\ I_1 \end{pmatrix} = \mathbf{A} \cdot \begin{pmatrix} U_2 \\ -I_2 \end{pmatrix} = \begin{pmatrix} 1{,}5 & 5\,\Omega \\ 0{,}25\,\text{S} & 1{,}5 \end{pmatrix} \cdot \begin{pmatrix} 20\,\text{V} \\ -1\,\text{A} \end{pmatrix} = \begin{pmatrix} 1{,}5 \cdot 20\,\text{V} - 5\,\Omega \cdot 1\,\text{A} \\ 0{,}25\,\text{S} \cdot 20\,\text{V} - 1{,}5 \cdot 1\,\text{A} \end{pmatrix} = \begin{pmatrix} 25\,\text{V} \\ 3{,}5\,\text{A} \end{pmatrix}$$

Die *Eingangsspannung* beträgt somit $U_1 = 25\,\text{V}$, der *Eingangsstrom* $I_1 = 3{,}5\,\text{A}$.

Übung 4: Kettenschaltung von Vierpolen
Multiplikation von Matrizen

Bild VI-4 zeigt, wie man durch *Kettenschaltung*
[A48] dreier Vierpole, nämlich zweier *Längs-
widerstände* Z_1 und Z_3 sowie eines *Quer-
widerstandes* Z_2 ein *unsymmetrisches T-Glied*
erhält.

a) Bestimmen Sie aus den angegebenen *Ketten-
matrizen* $\mathbf{A}_1$, $\mathbf{A}_2$ und $\mathbf{A}_3$ der drei *Einzel-
vierpole* die *Kettenmatrix* $\mathbf{A}$ des *T-Gliedes*.

b) Wie lautet diese Matrix für ein *symmetrisches T*-Glied mit $Z_1 = Z_3 = 10\ \Omega$ und
$Z_2 = 20\ \Omega$? Vergleichen Sie das Ergebnis
mit dem Resultat aus Übung 2, Teil a) in
diesem Kapitel.

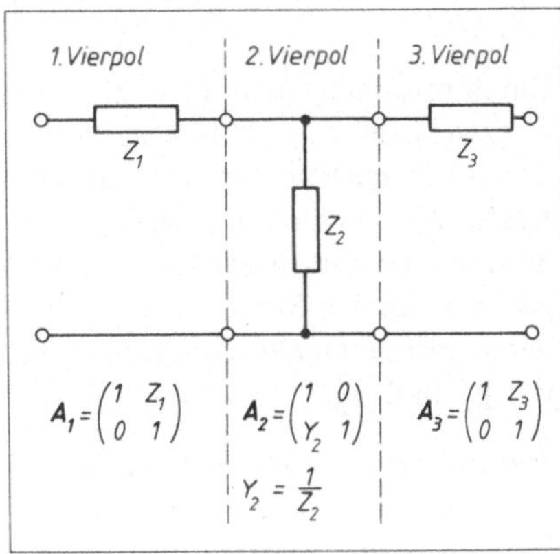

$$A_1 = \begin{pmatrix} 1 & Z_1 \\ 0 & 1 \end{pmatrix} \quad A_2 = \begin{pmatrix} 1 & 0 \\ Y_2 & 1 \end{pmatrix} \quad A_3 = \begin{pmatrix} 1 & Z_3 \\ 0 & 1 \end{pmatrix}$$

$$Y_2 = \frac{1}{Z_2}$$

Bild VI-4

Lehrbuch: Bd. 2, I.1.6.3	*Physikalische Grundlagen:* A47, A48

Lösung:

a) Bei der Kettenschaltung *multiplizieren* sich die Kettenmatrizen der Einzelglieder [A48]. Somit gilt
für die *Kettenmatrix* des *unsymmetrischen T-Gliedes*

$$\mathbf{A} = \mathbf{A}_1 \cdot \mathbf{A}_2 \cdot \mathbf{A}_3 = \begin{pmatrix} 1 & Z_1 \\ 0 & 1 \end{pmatrix} \cdot \begin{pmatrix} 1 & 0 \\ Y_2 & 1 \end{pmatrix} \cdot \begin{pmatrix} 1 & Z_3 \\ 0 & 1 \end{pmatrix}$$

Die Multiplikationen werden dabei definitionsgemäß von *links* nach *rechts* ausgeführt. Wir erhalten
demnach schrittweise

$$\mathbf{A}_1 \cdot \mathbf{A}_2 = \begin{pmatrix} 1 & Z_1 \\ 0 & 1 \end{pmatrix} \cdot \begin{pmatrix} 1 & 0 \\ Y_2 & 1 \end{pmatrix} = \begin{pmatrix} (1 + Y_2 Z_1) & Z_1 \\ Y_2 & 1 \end{pmatrix}$$

$$\mathbf{A} = (\mathbf{A}_1 \cdot \mathbf{A}_2) \cdot \mathbf{A}_3 = \begin{pmatrix} (1 + Y_2 Z_1) & Z_1 \\ Y_2 & 1 \end{pmatrix} \cdot \begin{pmatrix} 1 & Z_3 \\ 0 & 1 \end{pmatrix} =$$

$$= \begin{pmatrix} (1 + Y_2 Z_1) & ((1 + Y_2 Z_1) Z_3 + Z_1) \\ Y_2 & (1 + Y_2 Z_3) \end{pmatrix} = \begin{pmatrix} (1 + Y_2 Z_1) & (Z_1 + (1 + Y_2 Z_1) Z_3) \\ Y_2 & (1 + Y_2 Z_3) \end{pmatrix}$$

b) Für $Z_3 = Z_1$ erhalten wir ein *symmetrisches T-Glied* mit der *Kettenmatrix*

$$\mathbf{A} = \begin{pmatrix} (1 + Y_2 Z_1) & (Z_1 + (1 + Y_2 Z_1) Z_1) \\ Y_2 & (1 + Y_2 Z_1) \end{pmatrix} = \begin{pmatrix} (1 + Y_2 Z_1) & Z_1 (2 + Y_2 Z_1) \\ Y_2 & (1 + Y_2 Z_1) \end{pmatrix}$$

Sie lautet für die *speziellen* Werte $Z_1 = Z_3 = 10\ \Omega$, $Z_2 = 20\ \Omega$ und $Y_2 = 1/Z_2 = 0{,}05\ \text{S}$ in *Übereinstimmung* mit dem Ergebnis aus Übung 2, Teil a) wie folgt:

$$\mathbf{A} = \begin{pmatrix} (1 + 0{,}05\ \text{S} \cdot 10\ \Omega) & 10\ \Omega\ (2 + 0{,}05\ \text{S} \cdot 10\ \Omega) \\ 0{,}05\ \text{S} & (1 + 0{,}05\ \text{S} \cdot 10\ \Omega) \end{pmatrix} = \begin{pmatrix} 1{,}5 & 25\ \Omega \\ 0{,}05\ \text{S} & 1{,}5 \end{pmatrix}$$

Übung 5: Durchbiegung eines Trägers bei Belastung durch mehrere Kräfte (Superpositionsprinzip)
Multiplikation von Matrizen (Falk-Schema)

Ein homogener *Träger* (z.B. ein *Balken*) auf zwei Stützen wird in der aus Bild VI-5 ersichtlichen Weise durch drei Kräfte F_1, F_2 und F_3 belastet. Die dabei an den Orten der Kräfteeinwirkungen, d.h. an den Stellen x_1, x_2 und x_3 hervorgerufenen *Durchbiegungen* sind y_1, y_2 und y_3.

Zwischen den einwirkenden *Kräften* und den von ihnen hervorgerufenen *Durchbiegungen* besteht dann der folgende Zusammenhang:

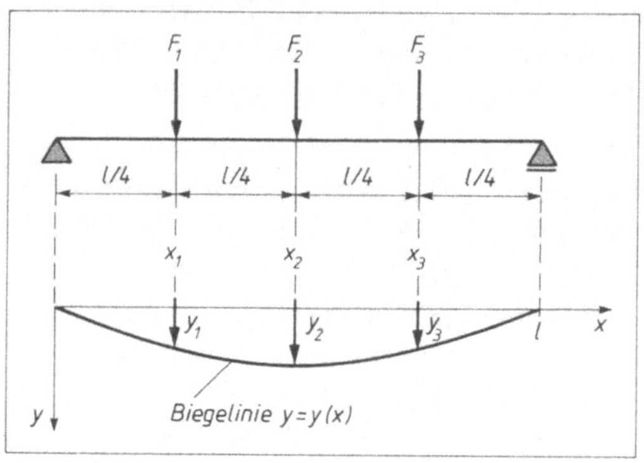

Bild VI-5

$$\begin{pmatrix} y_1 \\ y_2 \\ y_3 \end{pmatrix} = \begin{pmatrix} \alpha_{11} & \alpha_{12} & \alpha_{13} \\ \alpha_{21} & \alpha_{22} & \alpha_{23} \\ \alpha_{31} & \alpha_{32} & \alpha_{33} \end{pmatrix} \cdot \begin{pmatrix} F_1 \\ F_2 \\ F_3 \end{pmatrix} \qquad \text{oder} \quad \mathbf{y} = \mathbf{A} \cdot \mathbf{f}$$

$$\underbrace{}_{\mathbf{y}} \qquad \underbrace{}_{\mathbf{A}} \qquad \underbrace{}_{\mathbf{f}}$$

Dabei ist $\mathbf{y}$ der *Durchbiegungsvektor*, $\mathbf{f}$ der *Belastungsvektor* und die Koeffizientenmatrix $\mathbf{A}$ die Matrix der sog. *Einflußzahlen* α_{ik} $(i, k = 1, 2, 3)$[4]. In diesem speziellen Belastungsfall ist die Matrix $\mathbf{A}$ *symmetrisch* und besitzt die folgende Struktur:

$$\mathbf{A} = \lambda \underbrace{\begin{pmatrix} 9 & 11 & 7 \\ 11 & 16 & 11 \\ 7 & 11 & 9 \end{pmatrix}}_{\mathbf{A}^*} = \lambda \, \mathbf{A}^*$$

$(\lambda = \dfrac{l^3}{768\,EI}$; l: Länge des Trägers; EI: konstante Biegesteifigkeit des Trägers). Wie groß sind die von den Kräften $F_1 = 2$ kN, $F_2 = 4$ kN und $F_3 = 3$ kN hervorgerufenen *Durchbiegungen* y_1, y_2 und y_3 bei einem Träger mit der Länge $l = 1$ m und der Biegesteifigkeit $EI = 5 \cdot 10^{10}$ N mm^2?

Lehrbuch: Bd. 2, I.1.6.3

---

[4] Die *Einflußzahl* α_{ik} ist die an der Stelle x_i hervorgerufene Durchbiegung, wenn der Träger *nur* an der Stelle x_k durch die *Einheitslast* $\overline{F}_k = 1$ (ohne Einheit) belastet wird. Nach dem *Superpositionsprinzip* der Mechanik addieren sich dann die von verschiedenen Kräften am *gleichen* Ort hervorgerufenen Durchbiegungen.

Lösung:

Aus $y = A \cdot f = \lambda \, (A^* \cdot f)$ folgt nach Einsetzen der vorgegebenen Werte

$$\begin{pmatrix} y_1 \\ y_2 \\ y_3 \end{pmatrix} = \frac{(10^3\,\text{mm})^3 \cdot 10^3\,\text{N}}{768 \cdot 5 \cdot 10^{10}\,\text{N mm}^2} \begin{pmatrix} 9 & 11 & 7 \\ 11 & 16 & 11 \\ 7 & 11 & 9 \end{pmatrix} \cdot \begin{pmatrix} 2 \\ 4 \\ 3 \end{pmatrix} =$$

$$= 2{,}6042 \cdot 10^{-2}\,\text{mm} \underbrace{\begin{pmatrix} 9 & 11 & 7 \\ 11 & 16 & 11 \\ 7 & 11 & 9 \end{pmatrix}}_{A^*} \cdot \underbrace{\begin{pmatrix} 2 \\ 4 \\ 3 \end{pmatrix}}_{f^*}$$

Das *Matrizenprodukt* $A^* \cdot f^*$ berechnen wir nach dem *Falk-Schema:*

				2
		f^*		4
				3
	9	11	7	83
A^*	11	16	11	119
	7	11	9	85

$$A^* \cdot f^*$$

Somit ist

$$\begin{pmatrix} y_1 \\ y_2 \\ y_3 \end{pmatrix} = 2{,}6042 \cdot 10^{-2}\,\text{mm} \begin{pmatrix} 83 \\ 119 \\ 85 \end{pmatrix} = \begin{pmatrix} 2{,}16 \\ 3{,}10 \\ 2{,}21 \end{pmatrix} \text{mm}$$

Die von den einwirkenden Kräften an den Stellen $x_1 = 0{,}25$ m, $x_2 = 0{,}5$ m und $x_3 = 0{,}75$ m hervorgerufenen *Durchbiegungen* betragen daher der Reihe nach

$$y_1 = 2{,}16 \text{ mm}, \qquad y_2 = 3{,}10 \text{ mm}, \qquad y_3 = 2{,}21 \text{ mm}.$$

Übung 6: Eigenkreisfrequenzen einer Biegeschwingung
Determinantengleichung

Der in Bild VI-6 dargestellte *elastische Balken* ist am linken Ende fest eingespannt und trägt in der angegebenen Weise zwei *gleiche* Punktmassen $m_1 = m_2 = m$. Infolge seiner Elastizität ist er zu *Biegeschwingungen* fähig. Die Kreisfrequenzen ω dieser *Eigenschwingungen* lassen sich aus der *Determinantengleichung*

$$\begin{vmatrix} (\alpha - \omega^2) & -\dfrac{5}{2}\,\omega^2 \\[2mm] -\dfrac{5}{2}\,\omega^2 & (\alpha - 8\,\omega^2) \end{vmatrix} = 0$$

bestimmen. Berechnen Sie diese *Eigenkreisfrequenzen.*

$(\alpha = \dfrac{3\,EI}{m\,l^3}\,;\ EI$: *konstante* Biegesteifigkeit des Balkens; $2l$: Balkenlänge$)$

A, B: Umkehrpunkte
       der Biegeschwingung
C: Gleichgewichtslage
      des Balkens

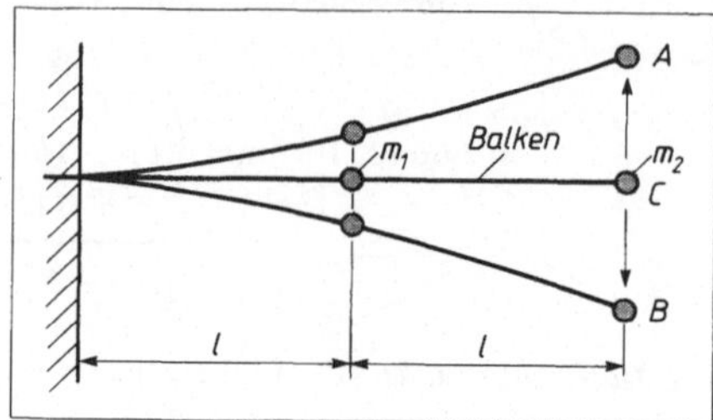

Bild VI-6

Lehrbuch: Bd. 2, I.2.2

Lösung:

Die Berechnung der *2-reihigen Determinante* führt zu der folgenden algebraischen Gleichung *4. Grades* in der Unbekannten ω:

$$(\alpha - \omega^2)\,(\alpha - 8\,\omega^2) - \frac{25}{4}\,\omega^4 = \alpha^2 - \alpha\,\omega^2 - 8\,\alpha\,\omega^2 + 8\,\omega^4 - \frac{25}{4}\,\omega^4 = 0$$

$$\frac{7}{4}\,\omega^4 - 9\,\alpha\,\omega^2 + \alpha^2 = 0 \qquad \text{oder} \qquad \omega^4 - \frac{36}{7}\,\alpha\,\omega^2 + \frac{4}{7}\,\alpha^2 = 0$$

Wir lösen diese *bi-quadratische* Gleichung mit Hilfe der *Substitution* $z = \omega^2$ und erhalten

$$z^2 - \frac{36}{7}\,\alpha\,z + \frac{4}{7}\,\alpha^2 = 0$$

$$z_{1/2} = \frac{18}{7}\,\alpha \pm \sqrt{\left(\frac{18}{7}\,\alpha\right)^2 - \frac{4}{7}\,\alpha^2} = \frac{18}{7}\,\alpha \pm \sqrt{\frac{296}{49}\,\alpha^2} = \frac{18 \pm \sqrt{296}}{7}\,\alpha = \frac{18 \pm 17{,}2047}{7}\,\alpha$$

$$z_1 = 5{,}0292\,\alpha\,, \qquad z_2 = 0{,}1136\,\alpha$$

Bei der *Rücksubstitution* beachten wir, daß für ω aus *physikalischen* Gründen nur *positive* Werte infrage kommen. Demnach gibt es genau *zwei* Eigenschwingungen mit den Kreisfrequenzen

$$\omega_1 = \sqrt{5{,}0292\,\alpha} = \sqrt{5{,}0292 \cdot \frac{3\,EI}{m\,l^3}} = 3{,}884 \cdot \sqrt{\frac{EI}{m\,l^3}}$$

und

$$\omega_2 = \sqrt{0{,}1136\,\alpha} = \sqrt{0{,}1136\,\frac{3\,EI}{m\,l^3}} = 0{,}584 \cdot \sqrt{\frac{EI}{m\,l^3}}$$

Übung 7: Elektromagnetische Induktion in einem durch ein Magnetfeld bewegten elektrischen Leiter
Dreireihige Determinante

Ein *homogenes Magnetfeld* mit einer magnetischen Flußdichte vom Betrag $B = 2\ \mathrm{Vs/m^2}$ besitzt die Orientierung der *z-Achse* eines räumlichen kartesischen Koordinatensystems. In diesem Feld wird ein *metallischer Leiter* mit der *konstanten* Geschwindigkeit $v = 0{,}1\ \mathrm{m/s}$ in Richtung der *Raumdiagonale* eines achsenparallelen Würfels bewegt (Bild VI-7). Die dabei im Leiter *induzierte elektrische Feldstärke* $\vec{E}$ ist nach dem *Induktionsgesetz* das *vektorielle* Produkt aus dem *Geschwindigkeitsvektor* $\vec{v}$ und dem Vektor $\vec{B}$ der *magnetischen Flußdichte:*

$$\vec{E} = \vec{v} \times \vec{B}$$

Berechnen Sie dieses *Vektorprodukt* nach der *Determinantenmethode.*

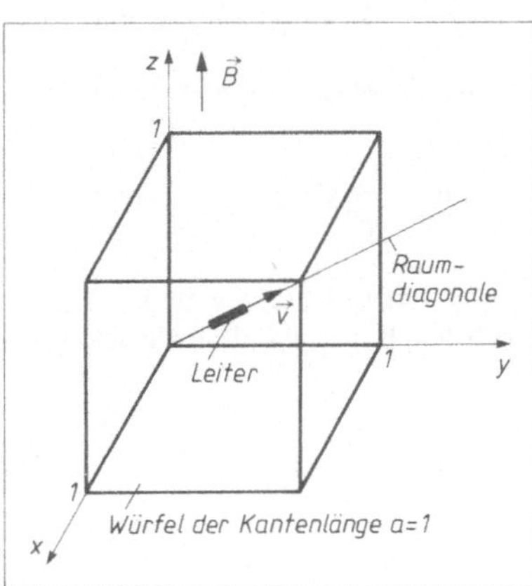

Bild VI-7

Lehrbuch: Bd. 1, II.3.4.1 und Bd. 2, I.2.3

Lösung:

Das *Vektorprodukt* $\vec{E} = \vec{v} \times \vec{B}$ ist formal durch die *dreireihige Determinante*

$$\vec{E} = \vec{v} \times \vec{B} = \begin{vmatrix} \vec{e}_x & \vec{e}_y & \vec{e}_z \\ v_x & v_y & v_z \\ B_x & B_y & B_z \end{vmatrix}$$

darstellbar. Aus *Symmetriegründen* sind alle drei Geschwindigkeitskomponenten *gleich* und zwar

$$v_x = v_y = v_z = v/\sqrt{3}$$

Der Vektor $\vec{B}$ hat nur in der *z*-Richtung eine *nichtverschwindende* Komponente:

$$B_x = B_y = 0, \qquad B_z = B$$

Somit ist

$$\vec{E} = \vec{v} \times \vec{B} = \begin{vmatrix} \vec{e}_x & \vec{e}_y & \vec{e}_z \\ v/\sqrt{3} & v/\sqrt{3} & v/\sqrt{3} \\ 0 & 0 & B \end{vmatrix} = \frac{vB}{\sqrt{3}} \cdot \underbrace{\begin{vmatrix} \vec{e}_x & \vec{e}_y & \vec{e}_z \\ 1 & 1 & 1 \\ 0 & 0 & 1 \end{vmatrix}}_{D}$$

Die 3-reihige Determinante D berechnen wir nach der *Regel von Sarrus:*

$$\begin{vmatrix} \vec{e}_x & \vec{e}_y & \vec{e}_z & \vec{e}_x & \vec{e}_y \\ 1 & 1 & 1 & 1 & 1 \\ 0 & 0 & 1 & 0 & 0 \end{vmatrix}$$

$$D = 1\,\vec{e}_x + 0\,\vec{e}_y + 0\,\vec{e}_z - (0\,\vec{e}_z + 0\,\vec{e}_x + 1\,\vec{e}_y) = 1\,\vec{e}_x - 1\,\vec{e}_y + 0\,\vec{e}_z$$

Das *induzierte* elektrische Feld wird somit durch den folgenden *Feldstärkevektor* beschrieben:

$$\vec{E} = \frac{vB}{\sqrt{3}} \, (1\,\vec{e}_x - 1\,\vec{e}_y + 0\,\vec{e}_z) \qquad \text{oder} \qquad \vec{E} = \frac{vB}{\sqrt{3}} \begin{pmatrix} 1 \\ -1 \\ 0 \end{pmatrix}$$

$\vec{E}$ besitzt *keine* Komponente in z-Richtung, d.h. in Richtung des Magnetfeldes $(\vec{E} \perp \vec{B})$. Mit den gegebenen Werten erhalten wir schließlich

$$\vec{E} = \frac{0{,}1\,\frac{\text{m}}{\text{s}} \cdot 2\,\frac{\text{Vs}}{\text{m}^2}}{\sqrt{3}} \begin{pmatrix} 1 \\ -1 \\ 0 \end{pmatrix} = 0{,}115\,\frac{\text{V}}{\text{m}} \begin{pmatrix} 1 \\ -1 \\ 0 \end{pmatrix}, \qquad |\vec{E}| = 0{,}163\,\frac{\text{V}}{\text{m}}$$

Übung 8:   Kritische Drehzahlen einer zweifach gelagerten Welle
Homogenes lineares Gleichungssystem, Determinantengleichung

Die in Bild VI-8 dargestellte *zweifach gelagerte Welle* trägt in den angegebenen Abständen zwei *Zylinderscheiben* gleicher Masse $(m_1 = m_2 = m)$. Rotiert die Welle mit der Winkelgeschwindigkeit ω um ihre *Längsachse*, so treten an den Scheiben *Zentrifugalkräfte*[5] auf, die zu einer *Verbiegung* der Welle führen. An den Orten der Scheiben sind diese *seitlichen* Auslenkungen durch die Gleichungen

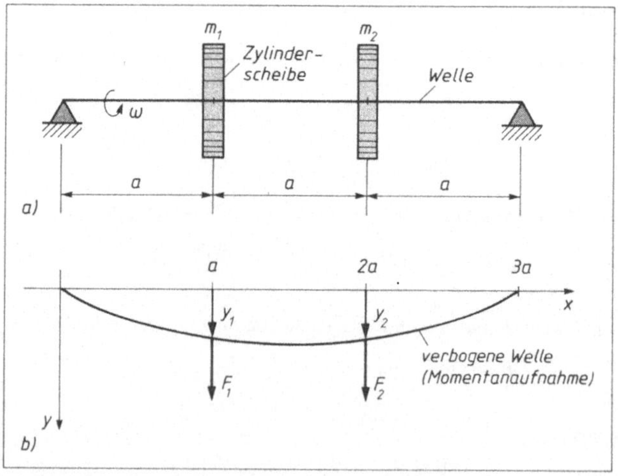

$$y_1 = \alpha_{11} F_1 + \alpha_{12} F_2$$
$$y_2 = \alpha_{21} F_1 + \alpha_{22} F_2$$

gegeben.

m_1 m_2 Zylinderscheibe   Welle ω a a a a)

a $2a$ $3a$ x y_1 y_2 F_1 F_2 verbogene Welle (Momentanaufnahme) y b)

Bild VI-8

---

5) Zum Beispiel infolge der *Exzentrizität* der Scheiben.

F_1 und F_2 sind dabei die auf die Scheibenmassen m_1 und m_2 einwirkenden *Zentrifugalkräfte* [A15] mit

$$F_1 = m_1\,\omega^2\,y_1 = m\,\omega^2\,y_1 \qquad \text{und} \qquad F_2 = m_2\,\omega^2\,y_2 = m\,\omega^2\,y_2$$

Die Koeffizienten α_{ik} sind *reziproke* Federkonstanten und werden als *Einflußzahlen* bezeichnet. Aus *Symmetriegründen* ist für den hier behandelten Belastungsfall $\alpha_{11} = \alpha_{22} = \alpha$ und $\alpha_{12} = \alpha_{21} = \beta$. Die Auslenkungen genügen somit dem *homogenen linearen Gleichungssystem*

$$y_1 = \alpha F_1 + \beta F_2 = \alpha m\,\omega^2\,y_1 + \beta m\,\omega^2\,y_2$$
$$y_2 = \beta F_1 + \alpha F_2 = \beta m\,\omega^2\,y_1 + \alpha m\,\omega^2\,y_2$$

oder (nach Ordnen der Glieder in der *Matrizenschreibweise*)

$$\begin{pmatrix} (\alpha m\,\omega^2 - 1) & \beta m\,\omega^2 \\ \beta m\,\omega^2 & (\alpha m\,\omega^2 - 1) \end{pmatrix} \cdot \begin{pmatrix} y_1 \\ y_2 \end{pmatrix} = \begin{pmatrix} 0 \\ 0 \end{pmatrix}$$

a) Bestimmen Sie die *kritischen Drehzahlen* der Welle, d.h. diejenigen Drehzahlen (bzw. Winkelgeschwindigkeiten), für die das lineare Gleichungssystem *nichttriviale* Lösungen besitzt.

b) Was läßt sich über die *Auslenkungen* der Welle bei diesen *kritischen* Drehzahlen aussagen?

$$\left(\alpha = \frac{4a^3}{9EI}\,; \; \beta = \frac{7a^3}{18EI}\,; \; EI\text{: } konstante \text{ Biegesteifigkeit der Welle; } 3a\text{: Länge der Welle}\right)$$

Lehrbuch: Bd. 2, I.4.4.2	*Physikalische Grundlagen:* A15

Lösung:

a) Ein *homogenes lineares Gleichungssystem* ist bekanntlich nur dann *nichttrivial* lösbar, wenn die Koeffizientendeterminante *verschwindet*. Die *kritischen* Winkelgeschwindigkeiten genügen somit der folgenden Gleichung *4. Grades:*

$$\begin{vmatrix} (\alpha m\,\omega^2 - 1) & \beta m\,\omega^2 \\ \beta m\,\omega^2 & (\alpha m\,\omega^2 - 1) \end{vmatrix} = (\alpha m\,\omega^2 - 1)^2 - \beta^2 m^2 \omega^4 = 0$$

Wir lösen diese *bi-quadratische* Gleichung wie folgt, wobei für ω aus *physikalischen* Gründen nur *positive* Werte infrage kommen:

$$(\alpha m\,\omega^2 - 1)^2 = \beta^2 m^2 \omega^4 \mid \text{Wurzelziehen}$$

$$\alpha m\,\omega^2 - 1 = \mp \beta m\,\omega^2 \qquad \text{oder} \qquad \omega^2(\alpha m \pm \beta m) = 1$$

$$\omega^2 = \frac{1}{\alpha m \pm \beta m} = \frac{1}{m\,(\alpha \pm \beta)} \;\Rightarrow\; \omega_{1/2} = \frac{1}{\sqrt{m\,(\alpha \pm \beta)}}$$

Es gibt demnach *zwei* kritische Winkelgeschwindigkeiten bzw. *zwei* kritische Drehzahlen. Diese lauten ($\omega = 2\pi f$)

$$f_{1/2} = \frac{1}{2\pi \sqrt{m\,(\alpha \pm \beta)}} \qquad (f_1 < f_2)$$

und somit unter Berücksichtigung der vorgegebenen Formeln für die Einflußzahlen α und β

$$f_1 = 0{,}1743 \cdot \sqrt{\frac{EI}{ma^3}}\,, \qquad f_2 = 0{,}6752 \cdot \sqrt{\frac{EI}{ma^3}}$$

b) Kritische Winkelgeschwindigkeit ω_1

Wir setzen in das homogene lineare Gleichungssystem für ω den *kritischen* Wert $\omega_1 = \dfrac{1}{\sqrt{m(\alpha + \beta)}}$ ein und erhalten aus der 1. Gleichung

$$(\alpha m\,\omega_1^2 - 1)\,y_1 + \beta m\,\omega_1^2\,y_2 = \left(\frac{\alpha m}{m\,(\alpha + \beta)} - 1\right) y_1 + \frac{\beta m}{m\,(\alpha + \beta)}\,y_2 = 0$$

$$[\alpha - (\alpha + \beta)]\,y_1 + \beta y_2 = -\beta y_1 + \beta y_2 = 0 \qquad \text{oder} \qquad y_1 = y_2$$

Die 2. Gleichung führt zum *selben* Ergebnis. Bei der *kritischen Winkelgeschwindigkeit* ω_1 erfahren die Scheiben somit Auslenkungen *gleicher* Größe und Richtung (Bild VI-9 zeigt eine *Momentanaufnahme*). Die *absolute* Größe der Auslenkung bleibt jedoch *unbestimmt*!

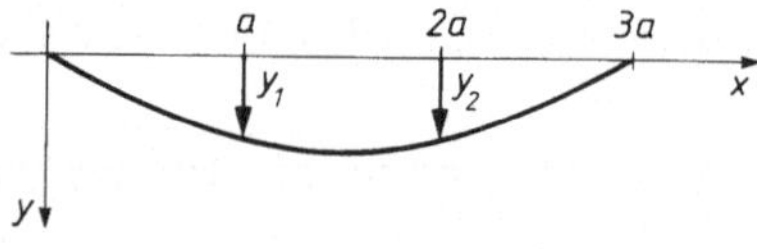

Bild VI-9

Kritische Winkelgeschwindigkeit ω_2

Die 1. Gleichung des homogenen linearen Gleichungssystems liefert für den *kritischen* Wert $\omega_2 = \dfrac{1}{\sqrt{m\,(\alpha - \beta)}}$ die folgende Beziehung zwischen den Auslenkungen y_1 und y_2 der beiden Zylinderscheiben[6]:

$$(\alpha m\,\omega_2^2 - 1)\,y_1 + \beta m\,\omega_2^2\,y_2 = \left(\frac{\alpha m}{m\,(\alpha - \beta)} - 1\right) y_1 + \frac{\beta m}{m\,(\alpha - \beta)}\,y_2 = 0$$

$$[\alpha - (\alpha - \beta)]\,y_1 + \beta y_2 = \beta y_1 + \beta y_2 = 0 \qquad \text{oder} \qquad y_2 = -y_1$$

Wir *folgern:* Bei der *größeren* der beiden *kritischen* Winkelgeschwindigkeiten erfahren die beiden Scheiben *entgegengesetzt* gleich große Auslenkungen, deren *absolute* Größe jedoch *unbestimmt* bleibt (Bild VI-10 zeigt eine *Momentanaufnahme*).

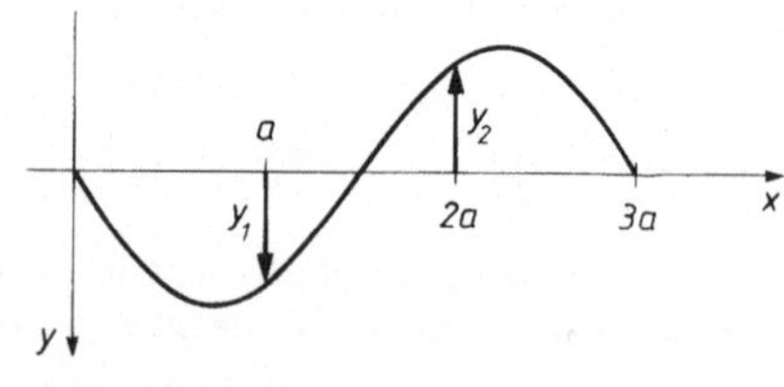

Bild VI-10

---

[6] Die 2. Gleichung führt zu *derselben* Aussage.

Übung 9:   Widerstandsmessung mit der Wheatstoneschen Brücke
Homogenes lineares Gleichungssystem, Determinanten

Die in Bild VI-11 dargestellte *Wheatstonesche Brücken-schaltung* enthält drei *feste* ohmsche Widerstände $R_1 = 10\ \Omega$, $R_2 = 20\ \Omega$ und $R_3 = 5\ \Omega$ sowie einen *variablen* Widerstand R_x. Wie muß dieser Widerstand eingestellt werden, damit die „Brücke" $B–D$ *stromlos* ist?

Lösungshinweis: Stellen Sie zunächst die *Maschen-gleichungen* [A32] der beiden in Bild VI-11 näher gekennzeichneten Maschen auf. Das in die Brücke geschaltete *Ampèremeter* dient lediglich als *Nullindi-kator*, die Größe des Innenwiderstandes R_i dieses Meßinstrumentes ist dabei für die Lösung dieser Aufgabe *ohne* Bedeutung.

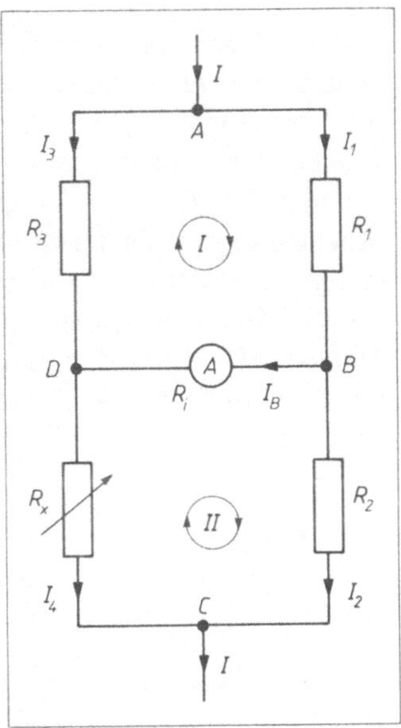

Bild VI-11

Lehrbuch: Bd. 2, I.4.4.2	*Physikalische Grundlagen:* A32

Lösung:

Wir nehmen zunächst an, daß die Brücke $B–D$ vom Strom I_B durchflossen wird. Durch Anwendung der *Maschenregel* [A32] auf die eingezeichneten Maschen I und II folgt dann:

(I) $R_1 I_1 + R_i I_B - R_3 I_3 = 0$

(II) $R_2 I_2 - R_x I_4 - R_i I_B = 0$

Der *variable* Widerstand R_x wird nun so eingestellt, daß die Brücke *stromlos* wird. Dann aber ist $I_B = 0$ und somit $I_2 = I_1$ und $I_4 = I_3$. Die Maschengleichungen gehen dann über in

(I) $R_1 I_1 - R_3 I_3 = 0$ oder $\underbrace{\begin{pmatrix} R_1 & -R_3 \\ R_2 & -R_x \end{pmatrix}}_{A} \cdot \begin{pmatrix} I_1 \\ I_3 \end{pmatrix} = \begin{pmatrix} 0 \\ 0 \end{pmatrix}$

(II) $R_2 I_1 - R_x I_3 = 0$

Dieses *homogene lineare Gleichungssystem* mit zwei Gleichungen und den beiden Unbekannten I_1 und I_3 ist nur dann *nichttrivial* lösbar, wenn die Koeffizientendeterminante $D = \det \mathbf{A}$ *verschwindet* [7]. Aus dieser Bedingung erhalten wir die gewünschte Beziehung (auch *Abgleichbedingung* genannt):

$$\det \mathbf{A} = \begin{vmatrix} R_1 & -R_3 \\ R_2 & -R_x \end{vmatrix} = -R_1 R_x + R_2 R_3 = 0$$

$$R_x = \frac{R_2 R_3}{R_1} = \frac{20\ \Omega \cdot 5\ \Omega}{10\ \Omega} = 10\ \Omega$$

---

[7] Der *triviale* Fall $I_1 = I_3 = 0$ ist physikalisch *ohne* Bedeutung.

Übung 10: Torsionsschwingungen einer Welle
Dreireihige Determinante

Bild VI-12 zeigt eine *elastische Welle* mit konstantem Durchmesser, die in *symmetrischer* Anordnung drei *starre* Zylinderscheiben vom *gleichen* Massenträgheitsmoment $J_1 = J_2 = J_3 = J$ trägt. Werden die Scheiben gegeneinander *verdreht,* so treten infolge der elastischen Rückstellmomente sog. *Torsionsschwingungen* um die Wellenachse auf. Die *Kreisfrequenzen* ω dieser *Eigenschwingungen* (auch *Eigenkreisfrequenzen* genannt) lassen sich dabei aus der Determinantengleichung

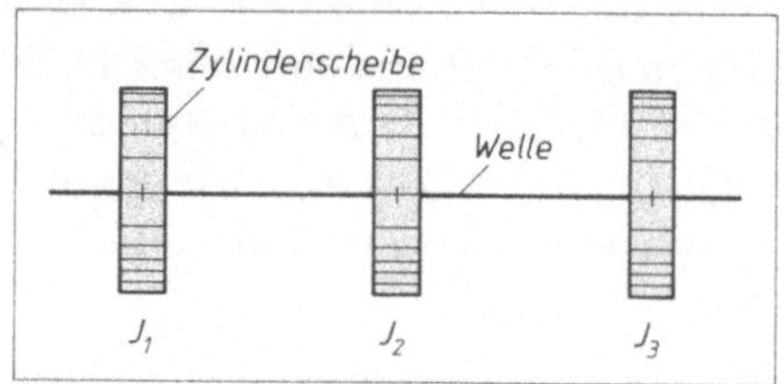

Bild VI-12

$$\begin{vmatrix} (-\omega^2 J + c) & -c & 0 \\ -c & (-\omega^2 J + 2c) & -c \\ 0 & -c & (-\omega^2 J + c) \end{vmatrix} = 0$$

berechnen. Wie lauten diese *Eigenkreisfrequenzen?*

(c: Federkonstante des Rückstellmomentes; Welle *nahezu masselos*)

Lehrbuch: Bd. 2, I.2.3

Lösung:

Zunächst berechnen wir die *3-reihige Determinante* nach der *Regel von Sarrus:*

$$\begin{array}{cccc} (-\omega^2 J + c) & -c & 0 & (-\omega^2 J + c) & -c \\ -c & (-\omega^2 J + 2c) & -c & -c & (-\omega^2 J + 2c) \\ 0 & -c & (-\omega^2 J + c) & 0 & -c \end{array}$$

$$\begin{aligned} D &= (-\omega^2 J + c)^2 (-\omega^2 J + 2c) + 0 + 0 - \left[0 + c^2 (-\omega^2 J + c) + c^2 (-\omega^2 J + c) \right] = \\ &= (-\omega^2 J + c)^2 (-\omega^2 J + 2c) - 2c^2 (-\omega^2 J + c) = \\ &= (-\omega^2 J + c) \left[(-\omega^2 J + c)(-\omega^2 J + 2c) - 2c^2 \right] = \\ &= (-\omega^2 J + c)(\omega^4 J^2 - c\omega^2 J - 2c\omega^2 J + 2c^2 - 2c^2) = \\ &= (-\omega^2 J + c)(\omega^4 J^2 - 3c\omega^2 J) = (-\omega^2 J + c)(\omega^2 J - 3c)\,\omega^2 J \end{aligned}$$

Die gesuchten *Eigenkreisfrequenzen* genügen somit der Gleichung 6. *Grades*

$$(-\omega^2 J + c)(\omega^2 J - 3c)\,\omega^2 J = 0$$

Aus *physikalischen* Gründen ist $\omega > 0$, so daß diese Gleichung nur erfüllt ist, wenn entweder der *erste* Faktor oder aber der *zweite* Faktor *verschwindet*. Wir erhalten daher *zwei* Lösungen. Sie lauten:

$$-\omega^2 J + c = 0 \quad \Rightarrow \quad \omega_1 = \sqrt{\frac{c}{J}}$$

$$\omega^2 J - 3c = 0 \quad \Rightarrow \quad \omega_2 = \sqrt{\frac{3c}{J}}$$

Das System besitzt somit genau *zwei* Eigenschwingungen mit den *Kreisfrequenzen* $\omega_1 = \sqrt{\frac{c}{J}}$ und $\omega_2 = \sqrt{\frac{3c}{J}}$.

Übung 11:   Verzweigter Stromkreis

Inhomogenes lineares Gleichungssystem,
Cramersche Regel

Der in Bild VI-13 skizzierte *verzweigte Stromkreis* mit den ohmschen Widerständen R_1, R_2 und R_3 wird durch eine Gleichspannungsquelle mit der Quellenspannung U_q gespeist. Bestimmen Sie die drei *Zweigströme* I_1, I_2 und I_3 mit Hilfe der *Cramerschen Regel*.

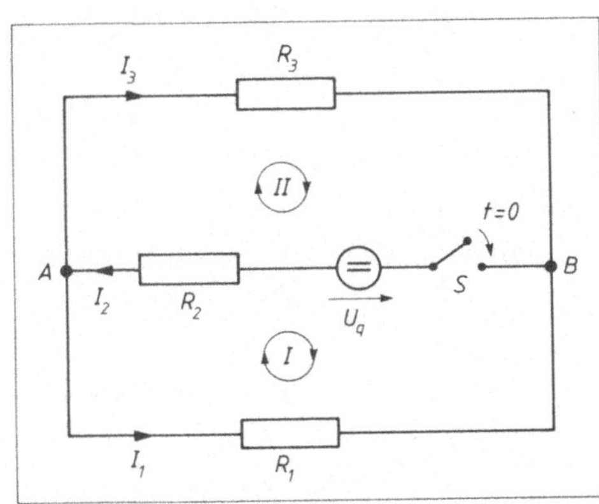

Bild VI-13

Lösungshinweis: Durch Anwendung der *Knotenpunktregel* [A50] bzw. der *Maschenregel* [A32] erhalten Sie ein *lineares Gleichungssystem* für die drei unbekannten Zweigströme I_1, I_2 und I_3.

Lehrbuch: Bd. 2, I.4.4.3	*Physikalische Grundlagen:* A32, A50

Lösung:

Durch Anwendung der *Knotenpunktregel* [A50] auf den Knotenpunkt A und der *Maschenregel* [A32] auf die eingezeichneten Maschen I und II erhalten wir das folgende *inhomogene lineare Gleichungssystem* mit drei Gleichungen und den drei Unbekannten I_1, I_2 und I_3:

(A) $-I_1 + \;\;\; I_2 - \;\;\; I_3 \;\;\;\;\;\;\;\; = 0$

(I) $-R_1 I_1 - R_2 I_2 \;\;\;\;\;\;\;\; + U_q = 0$

(II) $\;\;\;\;\;\;\;\; R_2 I_2 + R_3 I_3 - U_q = 0$

Es lautet in der *Matrizenform*

$$\underbrace{\begin{pmatrix} -1 & 1 & -1 \\ -R_1 & -R_2 & 0 \\ 0 & R_2 & R_3 \end{pmatrix}}_{\mathbf{A}} \cdot \begin{pmatrix} I_1 \\ I_2 \\ I_3 \end{pmatrix} = \begin{pmatrix} 0 \\ -U_q \\ U_q \end{pmatrix} \qquad (\mathbf{A}: \text{Koeffizientenmatrix})$$

Wir berechnen zunächst die *Koeffizientendeterminante* $D = \det \mathbf{A}$ mit Hilfe der *Regel von Sarrus:*

$$\begin{vmatrix} -1 & 1 & -1 \\ -R_1 & -R_2 & 0 \\ 0 & R_2 & R_3 \end{vmatrix} \begin{matrix} -1 & 1 \\ -R_1 & -R_2 \\ 0 & R_2 \end{matrix}$$

$$D = R_2 R_3 + 0 + R_1 R_2 - (0 + 0 - R_1 R_3) = R_1 R_2 + R_1 R_3 + R_2 R_3$$

Analog werden die nach der *Cramerschen Regel* benötigten *Hilfsdeterminanten* D_1, D_2 und D_3 bestimmt:

$$D_1 = \begin{vmatrix} 0 & 1 & -1 \\ -U_q & -R_2 & 0 \\ U_q & R_2 & R_3 \end{vmatrix} = R_2 U_q - R_2 U_q + R_3 U_q = R_3 U_q$$

$$D_2 = \begin{vmatrix} -1 & 0 & -1 \\ -R_1 & -U_q & 0 \\ 0 & U_q & R_3 \end{vmatrix} = R_3 U_q + R_1 U_q = (R_1 + R_3) U_q$$

$$D_3 = \begin{vmatrix} -1 & 1 & 0 \\ -R_1 & -R_2 & -U_q \\ 0 & R_2 & U_q \end{vmatrix} = R_2 U_q - R_2 U_q + R_1 U_q = R_1 U_q$$

Die Berechnungsformeln für die drei *Zweigströme* lauten daher der Reihe nach

$$I_1 = \frac{D_1}{D} = \frac{R_3 U_q}{R_1 R_2 + R_1 R_3 + R_2 R_3}$$

$$I_2 = \frac{D_2}{D} = \frac{(R_1 + R_3) U_q}{R_1 R_2 + R_1 R_3 + R_2 R_3}$$

$$I_3 = \frac{D_3}{D} = \frac{R_1 U_q}{R_1 R_2 + R_1 R_3 + R_2 R_3}$$

Übung 12: Beschleunigte Massen in einem Rollensystem
Inhomogenes lineares Gleichungssystem,
Cramersche Regel

Das in Bild VI-14 skizzierte System enthält in *symmetrischer* Anordnung drei *Massen* $m_1 = m_2 = m$ und $m_3 = 2m$, die durch ein über *Rollen* führendes *Seil* miteinander verbunden sind. Bestimmen Sie die *Beschleunigungen* a_1, a_2 und a_3 dieser Massen sowie die im Seil wirkende konstante *Seilkraft* F_S unter Verwendung der *Cramerschen Regel.*

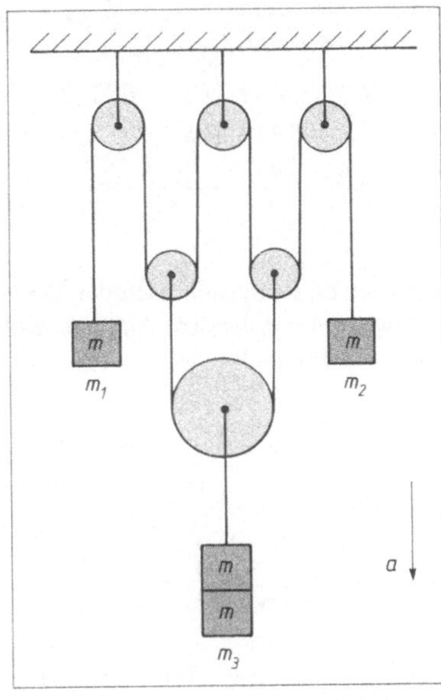

Bild VI-14

Lösungshinweis: Wenden Sie das *Newtonsche Grundgesetz* [A27] auf die einzelnen Massen an. Seil und Rollen werden dabei als *masselos* angenommen, Reibungskräfte *vernachlässigt.*

Lehrbuch: Bd. 2, I.4.4.3	*Physikalische Grundlagen:* A27

Lösung:

Aus *Symmetriegründen* erfahren die Massen m_1 und m_2 die *gleiche* Beschleunigung. Somit ist $a_1 = a_2$. An *jeder* Stelle des Seils wirkt die *gleiche* Seilkraft F_S. Nach dem *Newtonschen Grundgesetz* [A27] folgt dann für die einzelnen Massen:

Masse $m_1 = m$ bzw. Masse $m_2 = m$

Die *Seilkraft* F_S wirkt der *Schwerkraft* $G_1 = m_1 g = mg$ *entgegen.* Daher gilt

$$ma_1 = mg - F_S \qquad \text{oder} \qquad ma_1 + F_S = mg$$

Masse $m_3 = 2m$

Der *Schwerkraft* $G_3 = m_3 g = 2mg$ wirkt insgesamt die von *vier* Seilstücken erzeugte Kraft $4F_S$ *entgegen* (Beitrag eines jeden Seilstücks: F_S). Somit ist

$$2ma_3 = 2mg - 4F_S \qquad \text{oder} \qquad ma_3 + 2F_S = mg$$

Damit haben wir *zwei* Gleichungen für die *drei* Unbekannten a_1, a_3 und F_S. Die noch fehlende dritte Gleichung erhalten wir durch die folgende Überlegung: Bewegt sich die *mittlere* Masse $m_3 = 2m$ um *eine* Längeneinheit nach *oben*, so *senken* sich in der gleichen Zeit (bei undehnbarem und straffem Seil) die beiden *äußeren* Massen $m_1 = m_2 = m$ um jeweils *zwei* Längeneinheiten. Diese Überlegung gilt für *jede* Phase der Bewegung. Daher muß die Beschleunigung der beiden *äußeren* Massen *doppelt* so groß sein wie die Beschleunigung der *mittleren* Masse. Sie erfolgt jedoch in *entgegengesetzter* Richtung. Somit ist

$$a_1 = -2a_3 \quad \text{oder} \quad a_1 + 2a_3 = 0$$

Die Beschleunigungen a_1 und a_3 sowie die Seilkraft F_S genügen daher dem *inhomogenen linearen Gleichungssystem*

$$
\begin{aligned}
ma_1 \qquad\;\; + F_S &= mg \\
ma_3 + 2F_S &= mg \\
a_1 + 2a_3 \qquad\;\; &= 0
\end{aligned}
\qquad \text{oder} \qquad
\underbrace{
\begin{pmatrix} m & 0 & 1 \\ 0 & m & 2 \\ 1 & 2 & 0 \end{pmatrix}
}_{\text{Koeffizientenmatrix } \mathbf{A}}
\cdot
\begin{pmatrix} a_1 \\ a_3 \\ F_S \end{pmatrix}
=
\begin{pmatrix} mg \\ mg \\ 0 \end{pmatrix}
$$

Wir lösen dieses System nach der *Cramerschen Regel*. Die dabei benötigte *Koeffizientendeterminante* $D = \det \mathbf{A}$ sowie die drei *Hilfsdeterminanten* D_1, D_2 und D_3 werden nach der *Regel von Sarrus* berechnet. Wir erhalten:

$$
D = \det \mathbf{A} =
\begin{vmatrix} m & 0 & 1 \\ 0 & m & 2 \\ 1 & 2 & 0 \end{vmatrix}
$$

$$
D = 0 + 0 + 0 - (m + 4m + 0) = -5m
$$

Analog werden die drei *Hilfsdeterminanten* berechnet:

$$
D_1 =
\begin{vmatrix} mg & 0 & 1 \\ mg & m & 2 \\ 0 & 2 & 0 \end{vmatrix}
= 2mg - 4mg = -2mg
$$

$$
D_2 =
\begin{vmatrix} m & mg & 1 \\ 0 & mg & 2 \\ 1 & 0 & 0 \end{vmatrix}
= 2mg - mg = mg
$$

$$
D_3 =
\begin{vmatrix} m & 0 & mg \\ 0 & m & mg \\ 1 & 2 & 0 \end{vmatrix}
= -(m^2 g + 2m^2 g) = -3m^2 g
$$

Nach der *Cramerschen Regel* ist dann

$$
a_1 = \frac{D_1}{D} = \frac{-2mg}{-5m} = 0{,}4g \,, \qquad\qquad
a_3 = \frac{D_2}{D} = \frac{mg}{-5m} = -0{,}2g \,,
$$

$$
F_S = \frac{D_3}{D} = \frac{-3m^2 g}{-5m} = 0{,}6\,mg
$$

Die drei Massen erfahren somit der Reihe nach die *Beschleunigungen* $a_1 = a_2 = 0{,}4g$ (jeweils nach *unten*) und $a_3 = 0{,}2g$ (nach *oben*). Die *Seilkraft* beträgt $F_S = 0{,}6\,mg$, das sind 60 % des Gewichtes von m_1 (bzw. m_2).

> **Übung 13: Berechnung der Zweigströme in einem elektrischen Netzwerk**
>
> *Inhomogenes lineares Gleichungssystem, Cramersche Regel*

Das in Bild VI-15 dargestellte *elektrische Netzwerk* enthält neben den beiden ohmschen Widerständen $R_1 = 6\ \Omega$ und $R_2 = 4\ \Omega$ eine Spannungsquelle mit der Quellenspannung $U_q = 10\ \text{V}$ sowie eine Stromquelle, die den *konstanten* Quellenstrom $I_q = 2\ \text{A}$ liefert. Berechnen Sie die beiden *Zweigströme* I_1 und I_2 unter Verwendung von *Determinanten (Cramersche Regel)*.

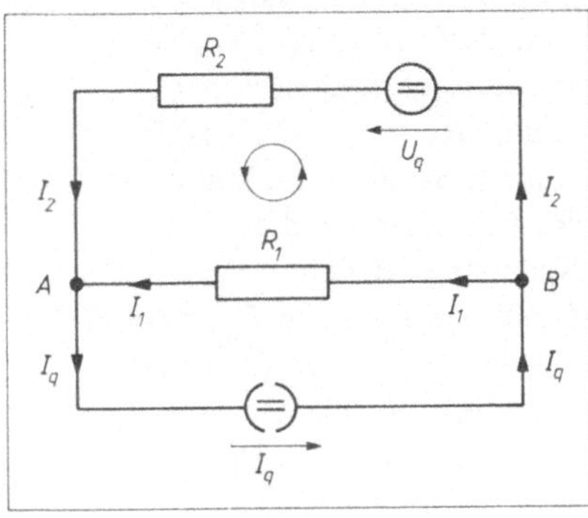

Bild VI-15

Lehrbuch: Bd. 2, I.4.4.3	*Physikalische Grundlagen:* A32, A50

Lösung:

Die beiden *Knotenpunkte A* und *B* liefern genau *eine* (unabhängige) Gleichung. Wir wenden die *Knotenpunktregel* [A50] auf den Knotenpunkt *A* an:

$$I_1 + I_2 - I_q = 0$$

Die *zweite* benötigte Gleichung erhalten wir durch Anwendung der *Maschenregel* [A32] auf die im Bild eingezeichnete Masche:

$$- R_1 I_1 + R_2 I_2 + U_q = 0$$

Das *inhomogene lineare Gleichungssystem* mit zwei Gleichungen und zwei Unbekannten

$$\begin{matrix} I_1 + & I_2 = & I_q \\ - R_1 I_1 + & R_2 I_2 = & - U_q \end{matrix} \quad \text{oder} \quad \begin{pmatrix} 1 & 1 \\ -R_1 & R_2 \end{pmatrix} \cdot \begin{pmatrix} I_1 \\ I_2 \end{pmatrix} = \begin{pmatrix} I_q \\ -U_q \end{pmatrix}$$

lösen wir mit Hilfe der *Cramerschen Regel*. Die *Koeffizientendeterminante* besitzt den Wert

$$D = \begin{vmatrix} 1 & 1 \\ -R_1 & R_2 \end{vmatrix} = R_2 + R_1 = R_1 + R_2 = 6\ \Omega + 4\ \Omega = 10\ \Omega$$

Die beiden *Hilfsdeterminanten* D_1 und D_2 werden analog berechnet.

$$D_1 = \begin{vmatrix} I_q & 1 \\ -U_q & R_2 \end{vmatrix} = R_2 I_q + U_q = 4\ \Omega \cdot 2\ \text{A} + 10\ \text{V} = 18\ \text{V}$$

$$D_2 = \begin{vmatrix} 1 & I_q \\ -R_1 & -U_q \end{vmatrix} = - U_q + R_1 I_q = - 10\ \text{V} + 6\ \Omega \cdot 2\ \text{A} = 2\ \text{V}$$

Damit besitzen die *Zweigströme* I_1 und I_2 die folgenden Werte:

$$I_1 = \frac{D_1}{D} = \frac{18\ \text{V}}{10\ \Omega} = 1{,}8\ \text{A}\ , \qquad I_2 = \frac{D_2}{D} = \frac{2\ \text{V}}{10\ \Omega} = 0{,}2\ \text{A}$$

Übung 14:   Netzwerkanalyse nach dem Maschenstromverfahren
Inhomogenes lineares Gleichungssystem, Gaußscher Algorithmus

Das in Bild VI-16 dargestellte *elektrische Netzwerk* enthält die sechs ohmschen Widerstände $R_1 = R_2 = R_3 = 10\,\Omega$, $R_4 = 15\,\Omega$, $R_5 = 5\,\Omega$ und $R_6 = 25\,\Omega$ sowie drei Spannungsquellen mit den Quellenspannungen $U_{q1} = 65\,V$, $U_{q2} = 95\,V$ und $U_{q3} = 130\,V$. Berechnen Sie die *Zweigströme* I_1 bis I_6 nach dem *Maschenstromverfahren* [A51] unter Verwendung des *Gaußschen Algorithmus*.

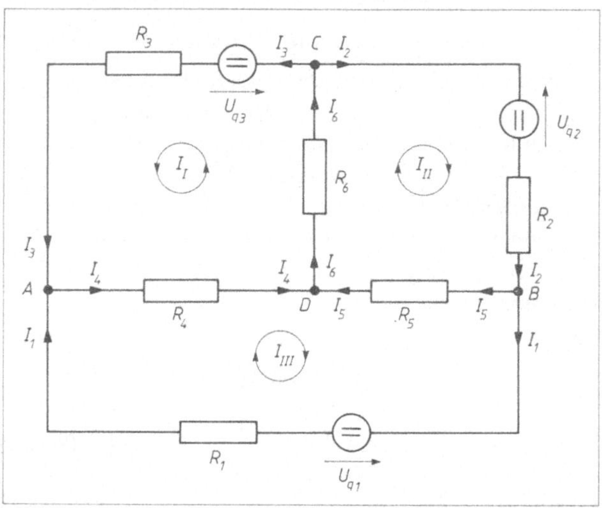

Bild VI-16

Lehrbuch: Bd. 1, I.5.2 und Bd. 2, I.4.2	*Physikalische Grundlagen:* A32, A51

Lösung:

Wir lösen die Aufgabe schrittweise wie folgt [A51]:

(1)   Einführung der Maschenströme

Das Netzwerk enthält $k = 4$ *Knotenpunkte* und $z = 6$ *Zweige*. Somit gibt es $m = z - (k - 1) = 6 - 3 = 3$ *unabhängige* Maschen und ebensoviele *unabhängige* Maschenströme. Wir wählen die in Bild VI-16 eingezeichneten Maschen *I*, *II* und *III* und ordnen ihnen der Reihe nach die *Maschenströme* I_I, I_{II} und I_{III} zu.

(2)   Aufstellung der Maschengleichungen nach der Maschenregel [A32]

Masche I (ADCA)

$$(R_3 + R_4 + R_6)\,I_I + R_4 I_{III} + R_6 I_{II} - U_{q3} = 0$$

Masche II (BDCB)

$$(R_2 + R_5 + R_6)\,I_{II} - R_5 I_{III} + R_6 I_I - U_{q2} = 0$$

Masche III (ADBA)

$$(R_1 + R_4 + R_5)\,I_{III} - R_5 I_{II} + R_4 I_I - U_{q1} = 0$$

Die drei *Maschenströme* genügen somit dem folgenden *inhomogenen linearen Gleichungssystem* mit drei Gleichungen und drei Unbekannten:

$$
\begin{aligned}
(R_3 + R_4 + R_6)\,I_I + & \quad R_6 I_{II} & + & \quad R_4 I_{III} & = U_{q3} \\
R_6 I_I \quad & + (R_2 + R_5 + R_6)\,I_{II} - & & \quad R_5 I_{III} & = U_{q2} \\
R_4 I_I \quad & - \quad R_5 I_{II} & + & (R_1 + R_4 + R_5)\,I_{III} & = U_{q1}
\end{aligned}
$$

(3) Berechnung der Maschenströme nach dem Gaußschen Algorithmus

Nach Einsetzen der Werte für die Widerstände und Quellenspannungen erhalten wir das Gleichungssystem

$$
\begin{aligned}
50 I_I + 25 I_{II} + 15 I_{III} &= 130 \\
25 I_I + 40 I_{II} - 5 I_{III} &= 95 \\
15 I_I - 5 I_{II} + 30 I_{III} &= 65
\end{aligned}
$$

oder (nach Kürzen durch den gemeinsamen Faktor 5)

$$
\left.
\begin{aligned}
10 I_I + 5 I_{II} + 3 I_{III} &= 26 \\
5 I_I + 8 I_{II} - I_{III} &= 19 \\
3 I_I - I_{II} + 6 I_{III} &= 13
\end{aligned}
\right\} \quad \text{alle Ströme in der Einheit Ampère}
$$

Wir verwenden beim Lösen das *elementare Rechenschema* aus Band 1, Abschnitt I.5.2.

	I_I	I_{II}	I_{III}	c_i	Zeilensumme
	10	5	3	26	44
$3 \cdot E_1$	15	24	-3	57	93
$\boxed{E_1}$	5	8	-1	19	31
	3	-1	6	13	21
$6 \cdot E_1$	30	48	-6	114	186
$\boxed{E_2}$	25	29		83	137
	33	47		127	207
$-1{,}32 \cdot E_2$	-33	$-38{,}28$		$-109{,}56$	$-180{,}84$
		8,72		17,44	26,16

Das *gestaffelte* Gleichungssystem lautet somit:

$$
\begin{aligned}
5 I_I + 8 I_{II} - I_{III} &= 19 & \Rightarrow\ I_{III} &= 2 \\
25 I_I + 29 I_{II} &= 83 & \Rightarrow\ I_I &= 1 \\
8{,}72 I_{II} &= 17{,}44 & \Rightarrow\ I_{II} &= 2
\end{aligned}
$$

Die (fiktiven) *Maschenströme* haben damit folgende Werte:

$$
I_I = 1\,\text{A}; \quad I_{II} = 2\,\text{A}; \quad I_{III} = 2\,\text{A}
$$

(4)   Berechnung der Zweigströme

Die (realen) *Zweigströme* I_1 bis I_6 entstehen durch *Überlagerung* gewisser *Maschenströme*. Aus
Bild VI-16 folgt unmittelbar:

$$I_1 = I_{III} = 2\,\text{A} \quad\Big|\quad I_4 = I_I + I_{III} = 1\,\text{A} + 2\,\text{A} = 3\,\text{A}$$
$$I_2 = I_{II} \;= 2\,\text{A} \quad\Big|\quad I_5 = I_{II} - I_{III} = 2\,\text{A} - 2\,\text{A} = 0\,\text{A}$$
$$I_3 = I_I \;\;= 1\,\text{A} \quad\Big|\quad I_6 = I_I + I_{II} = 1\,\text{A} + 2\,\text{A} = 3\,\text{A}$$

Der Widerstand R_5 ist somit *stromlos*.

Übung 15:   Berechnung der Zweigströme in einem elektrischen Netzwerk

Inhomogenes lineares Gleichungssystem, Gaußscher Algorithmus (Matrizenform)

Bild VI-17 zeigt ein aus *drei* Zweigen
bestehendes *elektrisches Netzwerk* mit den
vier ohmschen Widerständen $R_1 = 1\,\Omega$,
$R_2 = 2\,\Omega$, $R_3 = 3\,\Omega$ und $R_4 = 5\,\Omega$ sowie
den beiden Spannungsquellen mit den Quellenspannungen $U_{q1} = 10\,\text{V}$ und $U_{q2} = 20\,\text{V}$.
Berechnen Sie die drei *Zweigströme* I_1, I_2
und I_3 mit Hilfe des *Gaußschen Algorithmus*
in *Matrizenform*.

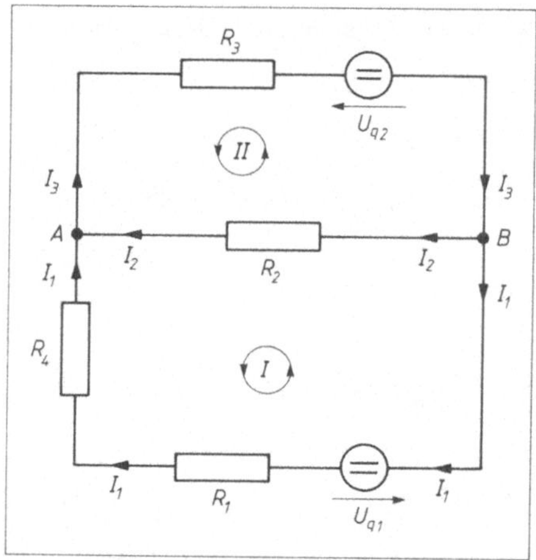

Bild VI-17

Lösungshinweis: Die Anwendung der *Knotenpunktregel* [A50] bzw. der *Maschenregel*
[A32] auf die in Bild VI-17 gekennzeichneten Knotenpunkte bzw. Maschen führt zu
einem linearen Gleichungssystem für die gesuchten Zweigströme.

Lehrbuch: Bd. 2, I.4.2	*Physikalische Grundlagen:* A32, A50

Lösung:

Die beiden *Knotenpunkte* A und B liefern durch Anwendung der *Knotenpunktregel* [A50] genau *eine*
unabhängige Gleichung:

(A) $I_1 + I_2 - I_3 = 0$

Aus den beiden *Maschen* I und II erhalten wir nach der *Maschenregel* [A32] unter Berücksichtigung des eingezeichneten Umlaufsinns *zwei* weitere unabhängige Gleichungen:

(I) $-R_1 I_1 + R_2 I_2 - R_4 I_1 + U_{q1} = 0$

$-(R_1 + R_4) I_1 + R_2 I_2 + U_{q1} = 0$

(II) $-R_2 I_2 - R_3 I_3 + U_{q2} = 0$

Die drei *Zweigströme* genügen somit dem *inhomogenen linearen Gleichungssystem* mit drei Gleichungen und den drei Unbekannten I_1, I_2 und I_3

$$I_1 + I_2 - I_3 = 0$$
$$-(R_1 + R_4) I_1 + R_2 I_2 = -U_{q1}$$
$$R_2 I_2 + R_3 I_3 = U_{q2}$$

oder (in der *Matrizenform*)

$$\begin{pmatrix} 1 & 1 & -1 \\ -(R_1 + R_4) & R_2 & 0 \\ 0 & R_2 & R_3 \end{pmatrix} \cdot \begin{pmatrix} I_1 \\ I_2 \\ I_3 \end{pmatrix} = \begin{pmatrix} 0 \\ -U_{q1} \\ U_{q2} \end{pmatrix} \qquad \text{oder} \quad \mathbf{R} \cdot \mathbf{I} = \mathbf{U}$$

$$\underbrace{}_{\mathbf{R}} \quad \underbrace{}_{\mathbf{I}} \quad \underbrace{}_{\mathbf{U}}$$

Mit Hilfe *elementarer Zeilenumformungen* läßt sich die *erweiterte* Koeffizientenmatrix $(\mathbf{R} \mid \mathbf{U})$ in die *Trapezform* bringen *(Gaußscher Algorithmus)*. Das lineare Gleichungssystem $\mathbf{R} \cdot \mathbf{I} = \mathbf{U}$ geht dabei in das *gestaffelte* System $\mathbf{R^*} \cdot \mathbf{I} = \mathbf{U^*}$ über, das dann sukzessiv *von unten nach oben* gelöst werden kann.

Zeilenumformungen in der erweiterten Koeffizientenmatrix $(\mathbf{R} \mid \mathbf{U})$

Nach Einsetzen der Zahlenwerte (ohne Einheiten) folgt:

$$(\mathbf{R} \mid \mathbf{U}) = \left(\begin{array}{ccc|c} 1 & 1 & -1 & 0 \\ -6 & 2 & 0 & -10 \\ 0 & 2 & 3 & 20 \end{array}\right) \begin{array}{c} \\ +6 Z_1 \\ \ \end{array} \Rightarrow \left(\begin{array}{ccc|c} 1 & 1 & -1 & 0 \\ 0 & 8 & -6 & -10 \\ 0 & 2 & 3 & 20 \end{array}\right) \begin{array}{c} \\ \\ \cdot (-4) \end{array} \Rightarrow$$

$$\left(\begin{array}{ccc|c} 1 & 1 & -1 & 0 \\ 0 & 8 & -6 & -10 \\ 0 & -8 & -12 & -80 \end{array}\right) \begin{array}{c} \\ \\ + Z_2 \end{array} \Rightarrow \left(\begin{array}{ccc|c} 1 & 1 & -1 & 0 \\ 0 & 8 & -6 & -10 \\ 0 & 0 & -18 & -90 \end{array}\right) = (\mathbf{R^*} \mid \mathbf{U^*})$$

Das *gestaffelte* System lautet somit

$$\mathbf{R^*} \cdot \mathbf{I} = \mathbf{U^*} \qquad \text{oder} \qquad \begin{pmatrix} 1 & 1 & -1 \\ 0 & 8 & -6 \\ 0 & 0 & -18 \end{pmatrix} \cdot \begin{pmatrix} I_1 \\ I_2 \\ I_3 \end{pmatrix} = \begin{pmatrix} 0 \\ -10 \\ -90 \end{pmatrix}$$

Wir lösen es sukzessiv *von unten nach* oben:

$$I_1 + I_2 - I_3 = 0 \;\Rightarrow\; I_1 = 2{,}5$$
$$8 I_2 - 6 I_3 = -10 \;\Rightarrow\; I_2 = 2{,}5$$
$$-18 I_3 = -90 \;\Rightarrow\; I_3 = 5$$

Die drei *Zweigströme* besitzen damit folgende Werte:

$$I_1 = 2{,}5 \text{ A}; \quad I_2 = 2{,}5 \text{ A}; \quad I_3 = 5 \text{ A}$$

Übung 16:   Berechnung der Ströme in einer Netzmasche
Inhomogenes lineares Gleichungssystem, Gaußscher Algorithmus

Bild VI-18 zeigt eine *viereckige Netzmasche*
mit den ohmschen Widerständen $R_1 = 1\,\Omega$,
$R_2 = 2\,\Omega$, $R_3 = 5\,\Omega$, $R_4 = 2\,\Omega$ und der
Quellenspannung $U_q = 19\,V$. Die in den
Knotenpunkten A und B *zufließenden*
Ströme betragen $I_A = 2\,A$ und $I_B = 1\,A$,
der im Knotenpunkt C *abfließende* Strom
$I_C = 1\,A$. Berechnen Sie den *Knotenstrom* I_D
sowie die vier *Zweigströme* I_1 bis I_4 mit
Hilfe des *Gaußschen Algorithmus*.

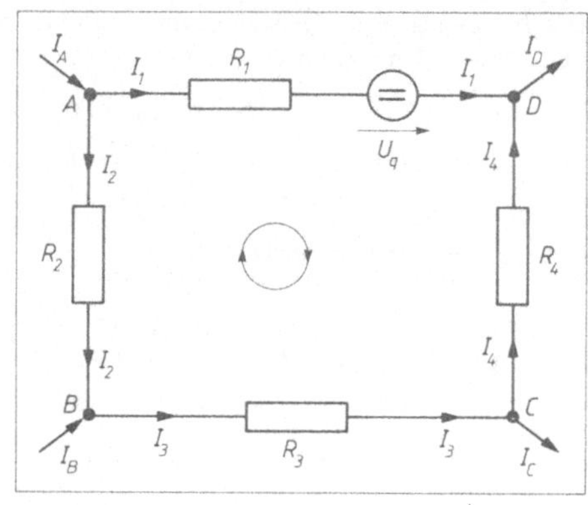

Bild VI-18

Lösungshinweis: Die benötigten Beziehungen zwischen den Strömen erhalten Sie durch
Anwendung der *Knotenpunktregel* [A50] bzw. der *Maschenregel* [A32].

Lehrbuch: Bd. 1, I.5 und Bd. 2, I.4.2	*Physikalische Grundlagen:* A32, A50

Lösung:

Für die Gesamtschaltung (Netzmasche) muß die Summe der *zufließenden* Ströme gleich der Summe
der *abfließenden* Ströme sein (der Knotenstrom I_D wird als *abfließend* angenommen):

$$I_A + I_B = I_C + I_D \quad\text{oder}\quad I_D = I_A + I_B - I_C$$

Somit ist

$$I_D = I_A + I_B - I_C = 2\,A + 1\,A - 1\,A = 2\,A$$

Die vier *Knotenpunkte* liefern *drei* unabhängige Knotenpunktgleichungen. Wir wählen die Knotenpunkte A, B und C. Nach der *Knotenpunktregel* [A50] ist dann

(A) $-I_1 - I_2 + I_A = 0$

(B) $I_2 - I_3 + I_B = 0$

(C) $I_3 - I_4 - I_C = 0$

Die *vierte* benötigte Gleichung erhalten wir durch Anwendung der *Maschenregel* [A32] auf die Gesamt-
masche $ABCDA$:

$$R_1 I_1 - R_2 I_2 - R_3 I_3 - R_4 I_4 + U_q = 0$$

Die *Zweigströme* genügen somit dem folgenden *inhomogenen linearen Gleichungssystem* mit vier Gleichungen und den vier Unbekannten I_1, I_2, I_3 und I_4:

$$\begin{aligned}
I_1 + I_2 \quad\;\;\;\;\;\;\;\;\;\; &= \;\; I_A \\
I_2 - I_3 \quad\;\;\;\;\; &= -I_B \\
I_3 - I_4 &= \;\; I_C \\
-R_1 I_1 + R_2 I_2 + R_3 I_3 + R_4 I_4 &= \;\; U_q
\end{aligned}$$

Einsetzen der Werte ergibt (alle Ströme in der Einheit Ampère):

$$\begin{aligned}
I_1 + I_2 \quad\;\;\;\;\;\;\;\;\; &= \;\; 2 \\
I_2 - I_3 \quad\;\;\;\; &= -1 \\
I_3 - I_4 &= \;\; 1 \\
-I_1 + 2I_2 + 5I_3 + 2I_4 &= \;\; 19
\end{aligned}$$

Wir lösen dieses System mit Hilfe des *Gaußschen Algorithmus* in *elementarer* Form (s. Band 1, Abschnitt I.5.2).

	I_1	I_2	I_3	I_4	c_i	Zeilensumme
E_1	1	1	0	0	2	4
	0	1	−1	0	−1	−1
	0	0	1	−1	1	1
	−1	2	5	2	19	27
$1 \cdot E_1$	1	1	0	0	2	4
E_2		1	−1	0	−1	−1
		0	1	−1	1	1
		3	5	2	21	31
$-3 \cdot E_2$		−3	3	0	3	3
E_3			1	−1	1	1
			8	2	24	34
$-8 \cdot E_3$			−8	8	−8	−8
				10	16	26

Das *gestaffelte* System besteht aus den Gleichungen E_1, E_2 und E_3 sowie der letzten Gleichung und lautet somit

$$\begin{aligned}
I_1 + I_2 \quad\;\;\;\;\;\; &= \;\;\; 2 \;\; \Rightarrow \; I_1 = 0{,}4 \\
I_2 - I_3 \quad\;\; &= -1 \;\; \Rightarrow \; I_2 = 1{,}6 \\
I_3 - I_4 &= \;\;\; 1 \;\; \Rightarrow \; I_3 = 2{,}6 \\
10 I_4 &= \; 16 \;\; \Rightarrow \; I_4 = 1{,}6
\end{aligned}$$

Es läßt sich von *unten nach oben* schrittweise lösen. Die *Zweigströme* I_1 bis I_4 besitzen daher die folgenden Werte:

$$I_1 = 0{,}4 \text{ A}; \quad I_2 = 1{,}6 \text{ A}; \quad I_3 = 2{,}6 \text{ A}; \quad I_4 = 1{,}6 \text{ A}$$

Übung 17: Modifizierter Gerber-Träger
Inhomogenes lineares Gleichungssystem, Gaußscher Algorithmus

Der in Bild VI-19 skizzierte *modifizierte Gerber-Träger* wird in der angegebenen Weise durch zwei Einzelkräfte F_1 und F_2 belastet. Bestimmen Sie die *Auflagerkräfte* F_A, F_B und F_C sowie die im Gelenk G auftretende *Gelenkkraft* F_G aus den *statischen Gleichgewichtsbedingungen* [A1].

($l = 4$ m; $\alpha = 45°$; $F_1 = 50$ kN; $F_2 = 20$ kN)

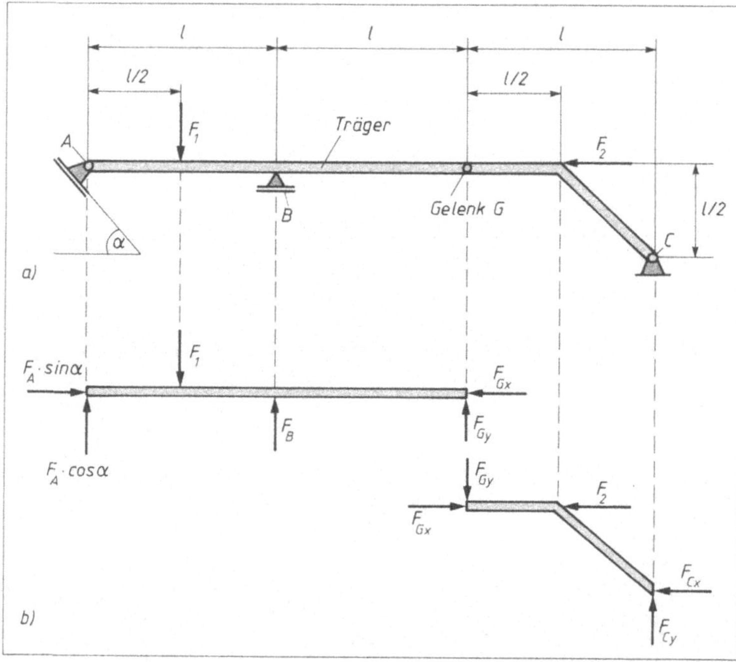

Bild VI-19

Lehrbuch: Bd. 1, I.5 und Bd. 2, I.4.2	*Physikalische Grundlagen:* A1, A7

Lösung:

Zunächst zerlegen wir den *Gerber-Träger* in der aus Bild VI-19 ersichtlichen Weise durch einen *Schnitt* im Gelenk G in *zwei* Teile und wenden dann auf *jedes* der beiden Teilstücke die *statischen Gleichgewichtsbedingungen* [A1] an. Dies führt, wie wir noch sehen werden, zu *sechs* linearen Gleichungen mit den *sechs* unbekannten *Kräften* bzw. *Kraftkomponenten* F_A, F_B, F_{Gx}, F_{Gy}, F_{Cx} und F_{Cy}.

Linkes Teilstück

Die Summe der *Kraftkomponenten* in x- bzw. y-Richtung *verschwindet* ebenso wie die Summe aller *Momente* [A7] bezüglich des (ausgewählten) Lagerpunktes A [A1]:

$$\Sigma F_x = 0: \quad F_A \cdot \sin \alpha - F_{Gx} = 0 \tag{1}$$

$$\Sigma F_y = 0: \quad F_A \cdot \cos \alpha + F_B + F_{Gy} - F_1 = 0 \tag{2}$$

$$\Sigma M_{(A)} = 0: \quad F_B \cdot l + F_{Gy} \cdot 2l - F_1 \cdot \frac{l}{2} = 0 \tag{3}$$

Rechtes Teilstück

Wiederum gilt: Die Summe der *Kraftkomponenten* in x- bzw. y-Richtung *verschwindet* ebenso wie die Summe aller *Momente* [A7] bezüglich des (ausgewählten) Gelenkpunktes G [A1]:

$$\Sigma F_x = 0: \quad F_{Gx} - F_{Cx} - F_2 = 0 \tag{4}$$

$$\Sigma F_y = 0: \quad -F_{Gy} + F_{Cy} = 0 \tag{5}$$

$$\Sigma M_{(G)} = 0: \quad -F_{Cx} \cdot \frac{l}{2} + F_{Cy} \cdot l = 0 \tag{6}$$

Nach Einsetzen der gegebenen Werte (ohne Einheiten) erhalten wir das folgende *inhomogene lineare Gleichungssystem* (alle Kräfte in der Einheit kN):

	F_A	F_B	F_{Gx}	F_{Gy}	F_{Cx}	F_{Cy}			
(1)	0,7071		-1				F_A		0
(2)	0,7071	1		1			F_B		50
(3)		4		8			F_{Gx}	=	100
(4)			1		-1		F_{Gy}		20
(5)				-1		1	F_{Cx}		0
(6)					-2	4	F_{Cy}		0

Aus den Gleichungen (1), (5) und (6) erhalten wir der Reihe nach

(1) $\quad 0,7071 \, F_A - F_{Gx} = 0 \quad \Rightarrow \quad F_{Gx} = 0,7071 \, F_A$

(5) $\quad -F_{Gy} + F_{Cy} = 0 \quad \Rightarrow \quad F_{Gy} = F_{Cy}$

(6) $\quad -2F_{Cx} + 4F_{Cy} = 0 \quad \Rightarrow \quad F_{Cx} = 2F_{Cy}$

Unter Berücksichtigung dieser Beziehungen gewinnen wir aus den verbliebenen Gleichungen (2), (3) und (4) das folgende *inhomogene lineare Gleichungssystem* mit den Unbekannten F_A, F_B und F_{Cy}:

$$\begin{aligned}
0,7071 F_A + F_B + \ \ F_{Cy} &= \ \ 50 \\
4F_B + 8F_{Cy} &= 100 \\
0,7071 F_A \qquad\quad - 2F_{Cy} &= \ \ 20
\end{aligned}$$

Wir lösen dieses System nach dem *Gaußschen Algorithmus* in *elementarer* Form (s. Band 1, Abschnitt I.5.2).

	F_A	F_B	F_{Cy}	c_i	Zeilensumme
E_1	0,7071	1	1	50	52,7071
		4	8	100	112
	0,7071		-2	20	18,7071
$-1 \cdot E_1$	$-0,7071$	-1	-1	-50	$-52,7071$
		4	8	100	112
$4 \cdot E_2$		-4	-12	-120	-136
E_2		-1	-3	-30	-34
			-4	-20	-24

Das *gestaffelte* System

$$
\begin{aligned}
0,7071F_A + F_B + F_{Cy} &= 50 &\Rightarrow\quad F_A &= 42,4 \\
-F_B - 3F_{Cy} &= -30 &\Rightarrow\quad F_B &= 15 \\
-4F_{Cy} &= -20 &\Rightarrow\quad F_{Cy} &= 5
\end{aligned}
$$

läßt sich sukzessiv von *unten nach oben* lösen und besitzt die *Lösung* $F_A = 42,4$, $F_B = 15$ und $F_{Cy} = 5$ (in kN). Die gesuchten *Lager-* und *Gelenkkräfte* betragen somit

$$
F_A = 42,4 \text{ kN}, \qquad F_B = 15 \text{ kN};
$$

$$
F_{Cx} = 10 \text{ kN}, \qquad F_{Cy} = 5 \text{ kN}, \qquad F_C = \sqrt{F_{Cx}^2 + F_{Cy}^2} = \sqrt{10^2 + 5^2}\,\text{kN} = 11,2 \text{ kN};
$$

$$
F_{Gx} = 30 \text{ kN}, \qquad F_{Gy} = 5 \text{ kN}, \qquad F_G = \sqrt{F_{Gx}^2 + F_{Gy}^2} = \sqrt{30^2 + 5^2}\,\text{kN} = 30,4 \text{ kN}
$$

VII Komplexe Zahlen und Funktionen

> ## Übung 1: Resonanz im Parallelschwingkreis
> ### *Komplexe Rechnung*

Der in Bild VII-1 skizzierte *Parallelschwing-kreis* mit dem ohmschen Widerstand $R = 10\,\Omega$, der Induktivität $L = 0,2$ H und der Kapazität $C = 10\,\mu$F wird durch eine Wechselspannung mit dem Effektivwert $U = 100$ V und der *variablen* Kreisfrequenz ω zu *elektromagnetischen Schwingungen* angeregt.

a) Bei welcher Kreisfrequenz ω_0 tritt der *Resonanzfall* ein?

b) In welchem Verhältnis zueinander stehen dann die *Ströme $\underline{I}_C$ und $\underline{I}_L$*?

c) Wie groß sind dann die *Ströme $\underline{I}_R$ und $\underline{I}$*?

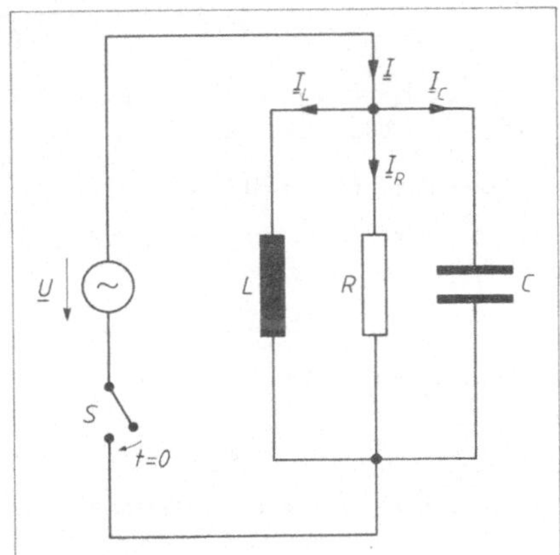

Bild VII-1

Lösungshinweis: Im *Resonanzfall* sind Gesamtstrom $\underline{I}$ und angelegte Spannung $\underline{U}$ *in Phase.*

> *Lehrbuch:* Bd. 2, III.2
> *Physikalische Grundlagen:* A13, A50, A52, A53

Lösung:

a) Im *Resonanzfall* sind Gesamtstrom $\underline{I}$ und angelegte Spannung $\underline{U}$ *phasengleich*. Dies aber kann nach dem *ohmschen Gesetz* [A52] in der Form $\underline{I} = \underline{Y} \cdot \underline{U}$ nur dann eintreten, wenn der *komplexe Scheinleitwert* $\underline{Y}$ der Gesamtschaltung *reell* ist, d.h. einen *verschwindenden* Imaginärteil besitzt: Im $(\underline{Y}) = 0$. Nach den *Kirchhoffschen Regeln* [A13] *addieren* sich bei einer Parallelschaltung die *Einzelleitwerte* [A53] zum *Gesamtleitwert (komplexer Scheinleitwert)*. Daher gilt

$$\underline{Y} = \frac{1}{R} + j\omega C - j\,\frac{1}{\omega L} = \frac{1}{R} + j\,\underbrace{\left(\omega C - \frac{1}{\omega L}\right)}_{\text{Im}\,(\underline{Y})}$$

und im *Resonanzfall* somit

$$\text{Im}\,(\underline{Y}) = \omega_0 C - \frac{1}{\omega_0 L} = 0 \qquad \text{oder} \qquad \omega_0^2 = \frac{1}{LC}$$

Die *Resonanzkreisfrequenz* beträgt demnach

$$\omega_0 = \frac{1}{\sqrt{LC}} = \frac{1}{\sqrt{0,2\,\text{H} \cdot 10 \cdot 10^{-6}\,\text{F}}} = 707,11\ \text{s}^{-1}$$

b) Die Schaltelemente R, L und C liegen an *derselben* Spannung $\underline{U}$. Im *Resonanzfall* erhalten wir für die durch Induktivität L bzw. Kapazität C fließenden Ströme nach dem *ohmschen Gesetz* [A52]

$$\underline{I}_L = \underline{Y}_L \cdot \underline{U} = -j\,\frac{1}{\omega_0 L}\,U = -j\,\frac{U}{\omega_0 L}$$

$$\underline{I}_C = \underline{Y}_C \cdot \underline{U} = j\,\omega_0\,CU$$

Ihre *Summe* aber *verschwindet*:

$$\underline{I}_C + \underline{I}_L = j\,\omega_0\,CU - j\,\frac{U}{\omega_0 L} = j\,\underbrace{\left(\omega_0\,C - \frac{1}{\omega_0 L}\right)}_{0}\,U = 0$$

Somit ist $\underline{I}_C = -\underline{I}_L$, d.h. die Ströme sind *entgegengesetzt* gleich groß (*gleiche* Beträge, *Phasendifferenz* $= 180°$). Sie werden durch die folgenden Gleichungen beschrieben:

$$\underline{I}_C = j\,\omega_0\,CU = j \cdot 707{,}11\ \text{s}^{-1} \cdot 10 \cdot 10^{-6}\ \text{F} \cdot 100\ \text{V} = j \cdot 0{,}707\ \text{A} = 0{,}707\ \text{A} \cdot e^{j\,90°}$$

$$\underline{I}_L = -\underline{I}_C = -j \cdot 0{,}707\ \text{A} = 0{,}707\ \text{A} \cdot e^{j\,270°} = 0{,}707\ \text{A} \cdot e^{-j\,90°}$$

Die beiden Ströme haben somit den *Effektivwert*

$$I_L = I_C = 0{,}707\ \text{A}\ .$$

c) Der durch den *ohmschen Widerstand* R fließende Wechselstrom wird durch die Gleichung [A52]

$$\underline{I}_R = \underline{Y}_R \cdot \underline{U} = \frac{1}{R} \cdot U = \frac{U}{R} = \frac{100\ \text{V}}{10\ \Omega} = 10\ \text{A}$$

beschrieben. Sein *Betrag (Effektivwert)* ist $I_R = 10$ A und er ist *phasengleich* mit der angelegten Wechselspannung. Für den *Gesamtstrom* I folgt nach der *Knotenpunktregel* [A50]

$$\underline{I} = \underline{I}_R + \underbrace{\underline{I}_L + \underline{I}_C}_{0} = \underline{I}_R = 10\ \text{A}$$

Er stimmt daher in *Betrag* und *Phase* mit dem Strom $\underline{I}_R$ überein.

Übung 2:   Ohmscher Spannungsteiler
Komplexe Rechnung

Der in Bild VII-2 dargestellte *ohmsche Spannungsteiler* enthält die ohmschen Teilwiderstände $R_1 = 400\ \Omega$ und $R_2 = 100\ \Omega$ sowie eine Wechselspannungsquelle mit dem Effektivwert $U = 220\,\text{V}$ und der Frequenz $f = 50\ \text{Hz}$. Berechnen Sie die am Teilwiderstand R_2 abfallende *Spannung* $\underline{U}_2$

a) im *unbelasteten* Zustand,

b) im *belasteten* Zustand *nach* Zuschalten der Kapazität $C = 20\ \mu\text{F}$.

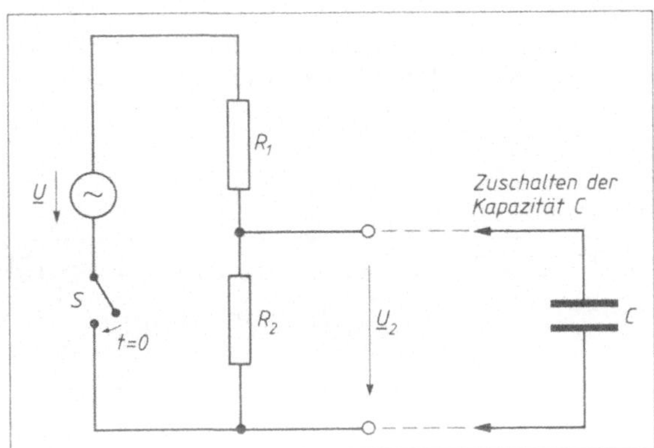

Bild VII-2

Lehrbuch: Bd. 2, III.2	*Physikalische Grundlagen:* A13, A53

Lösung:

Der Spannungsabfall an einem Teilwiderstand ist diesem direkt *proportional.* Somit erhalten wir folgende Lösungen:

a) Im *unbelasteten* Zustand gilt die *Proportion* $\underline{U}_2 : \underline{U} = R_2 : (R_1 + R_2)$. Daher fällt am Teilwiderstand R_2 die *Spannung*

$$\underline{U}_2 = \frac{R_2}{R_1 + R_2}\,\underline{U} = \frac{100\ \Omega}{100\ \Omega + 400\ \Omega}\cdot 220\ \text{V} = 44\ \text{V}$$

ab. $\underline{U}_2$ und $\underline{U}$ sind dabei *phasengleich.*

b) Durch Zuschalten des Kondensators entsteht eine *Parallelschaltung* aus R_2 und C mit dem *komplexen* Leitwert [A13, A53]

$$\underline{Y}_2 = \frac{1}{R_2} + j\omega C = \frac{1}{100\ \Omega} + j \cdot 2\pi \cdot 50\ \text{Hz} \cdot 20 \cdot 10^{-6}\ \text{F} =$$

$$= (0,01 + j \cdot 0,0063)\ \text{S} = 0,0118\ \text{S} \cdot e^{j\,32,2°}$$

und dem *komplexen* Widerstand

$$\underline{Z}_2 = \frac{1}{\underline{Y}_2} = \frac{1}{0,0118\ \text{S} \cdot e^{j\,32,2°}} = 84,75\ \Omega \cdot e^{-j\,32,2°} = 71,71\ \Omega - j \cdot 45,16\ \Omega$$

Damit besitzt die Schaltung den folgenden *Gesamtwiderstand* [A13]:

$$\underline{Z}_g = R_1 + \underline{Z}_2 = 400\ \Omega + 71,71\ \Omega - j \cdot 45,16\ \Omega = 471,71\ \Omega - j \cdot 45,16\ \Omega = 473,87\ \Omega \cdot e^{-j\,5,5°}$$

Der Spannungsabfall $\underline{U}_2'$ bei *kapazitiver* Belastung wird aus der *Proportion* $\underline{U}_2' : \underline{U} = \underline{Z}_2 : \underline{Z}_g$ berechnet. Wir erhalten jetzt

$$\underline{U}_2' = \frac{\underline{Z}_2}{\underline{Z}_g}\,\underline{U} = \frac{84{,}75\ \Omega \cdot e^{-j\,32{,}2^{\circ}}}{473{,}87\ \Omega \cdot e^{-j\,5{,}5^{\circ}}} \cdot 220\ \text{V} = 39{,}35\ \text{V} \cdot e^{-j\,26{,}7^{\circ}}$$

Am ohmschen Widerstand R_2 fällt somit eine Wechselspannung mit dem *Effektivwert* $U_2' = 39{,}35$ V ab, die der angelegten Wechselspannung in der Phase um $26{,}7^{\circ}$ *nacheilt*.

Übung 3: Berechnung des Scheinwiderstandes eines Netzwerkes
Komplexe Rechnung

Das in Bild VII-3 skizzierte *elektrische Netzwerk* mit den ohmschen Widerständen
$R_1 = 100\ \Omega$, $R_2 = 50\ \Omega$ und $R_3 = 100\ \Omega$, den Kapazitäten $C_1 = 20\ \mu$F und $C_3 = 10\ \mu$F
und der Induktivität $L_2 = 0{,}1$ H wird von einem Wechselstrom der Kreisfrequenz
$\omega = 500\ \text{s}^{-1}$ durchflossen. Berechnen Sie den *komplexen Scheinwiderstand* $\underline{Z}$ dieses
Netzwerkes. Wie groß sind *Wirkwiderstand R* und *Blindwiderstand X*?

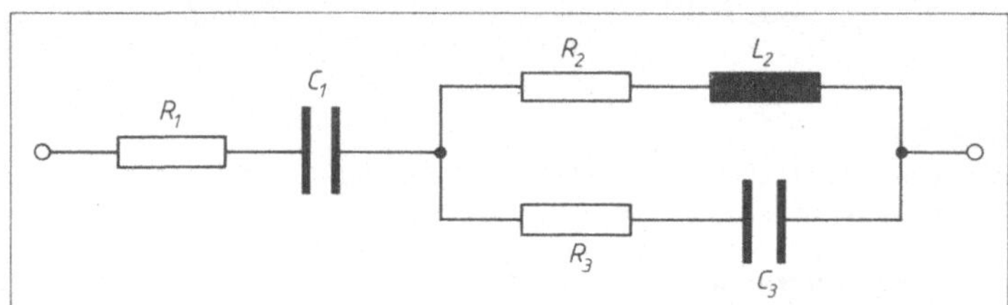

Bild VII-3

Lehrbuch: Bd. 2, III.2	*Physikalische Grundlagen:* A13, A53

Lösung:

Bild VII-4 verdeutlicht die einzelnen Schritte zur Berechnung des *Gesamtwechselstromwiderstandes (komplexen Scheinwiderstandes)* $\underline{Z}$.

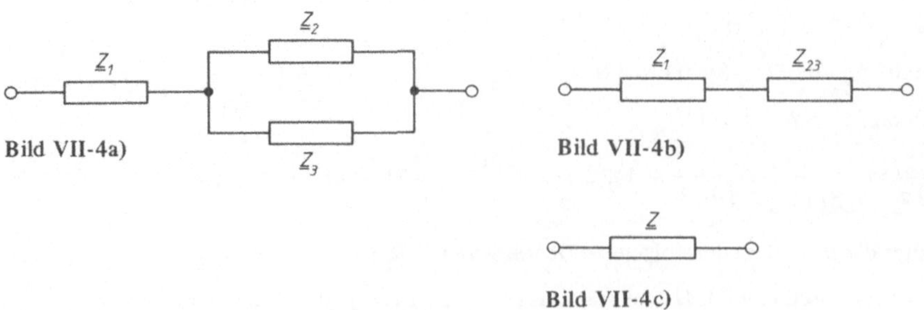

Bild VII-4a)   **Bild VII-4b)**

Bild VII-4c)

1. Schritt (Bild VII-4a))

Nach den Gesetzen der *Reihenschaltung* [A13] *addieren* sich die Teilwiderstände zum Gesamtwiderstand:

$$\underline{Z}_1 = R_1 - j \cdot \frac{1}{\omega C_1} = 100 \ \Omega - j \cdot \frac{1}{500 \ s^{-1} \cdot 2 \cdot 10^{-5} \, F} = 100 \ \Omega - j \cdot 100 \ \Omega = (100 - 100 \, j) \ \Omega$$

$$\underline{Z}_2 = R_2 + j \omega L_2 = 50 \ \Omega + j \cdot 500 \ s^{-1} \cdot 0,1 \ H = 50 \ \Omega + j \cdot 50 \ \Omega = (50 + 50 \, j) \ \Omega$$

$$\underline{Z}_3 = R_3 - j \cdot \frac{1}{\omega C_3} = 100 \ \Omega - j \cdot \frac{1}{500 \ s^{-1} \cdot 10^{-5} \, F} = 100 \ \Omega - j \cdot 200 \ \Omega = (100 - 200 \, j) \ \Omega$$

2. Schritt (Bild VII-4b))

Bei der *Parallelschaltung* [A13] *addieren* sich die *Kehrwerte* der beiden Einzelwiderstände $\underline{Z}_2$ und $\underline{Z}_3$ zum *Kehrwert* des Gesamtwiderstandes $\underline{Z}_{23}$:

$$\frac{1}{\underline{Z}_{23}} = \frac{1}{\underline{Z}_2} + \frac{1}{\underline{Z}_3} = \frac{\underline{Z}_2 + \underline{Z}_3}{\underline{Z}_2 \cdot \underline{Z}_3} \quad \Rightarrow \quad \underline{Z}_{23} = \frac{\underline{Z}_2 \cdot \underline{Z}_3}{\underline{Z}_2 + \underline{Z}_3}$$

$$\underline{Z}_{23} = \frac{(50 + 50 \, j) \ \Omega \cdot (100 - 200 \, j) \ \Omega}{(50 + 50 \, j) \ \Omega + (100 - 200 \, j) \ \Omega} = \frac{50 \cdot 100 \, (1 + j)(1 - 2 \, j)}{(150 - 150 \, j)} \Omega = \frac{50 \cdot 100 \, (3 - j)}{150 \, (1 - j)} \Omega =$$

$$= \frac{100 \, (3 - j)}{3 \, (1 - j)} \Omega = \frac{100 \, (3 - j)(1 + j)}{3 \, (1 - j)(1 + j)} \Omega = \frac{100 \, (4 + 2 \, j)}{3 \cdot 2} \Omega = \left(\frac{200}{3} + \frac{100}{3} \, j \right) \Omega$$

3. Schritt (Bild VII-4c))

Die Widerstände $\underline{Z}_1$ und $\underline{Z}_{23}$ sind in *Reihe* geschaltet. Somit ist der *komplexe Gesamtwiderstand (komplexe Scheinwiderstand)* des Netzwerkes [A13]

$$\underline{Z} = \underline{Z}_1 + \underline{Z}_{23} = (100 - 100 \, j) \ \Omega + \left(\frac{200}{3} + \frac{100}{3} \, j \right) \Omega = \left(\frac{500}{3} - \frac{200}{3} \, j \right) \Omega = (166,67 - 66,67 \, j) \ \Omega$$

Der *Wirkwiderstand* ist $R = \mathrm{Re} \, (\underline{Z}) = 166,67 \ \Omega$, der *Blindwiderstand* $X = \mathrm{Im} \, (\underline{Z}) = - 66,67 \ \Omega$. Der *Betrag* des *komplexen Scheinwiderstandes*, kurz auch als *Scheinwiderstand* bezeichnet, ist

$$Z = |\underline{Z}| = \sqrt{166,67^2 + (- 66,67)^2} \ \Omega = 179,51 \ \Omega$$

Übung 4: Wechselstrommeßbrücke
Komplexe Rechnung

Mit der in Bild VII-5 dargestellten *Brückenschaltung* läßt sich ein unbekannter *komplexer Widerstand* $\underline{Z}_1 = \underline{Z}_x$ wie folgt bestimmen:
Bei *vorgegebenen* (komplexen) Widerständen $\underline{Z}_2$ und $\underline{Z}_3$ wird der stetig *veränderbare* komplexe Widerstand $\underline{Z}_4$ so eingestellt, daß der Brückenzweig $A-B$ *stromlos* wird. Das in die Brücke geschaltete Wechselstromampèremeter mit dem (bekannten) Innenwiderstand $\underline{Z}_5$ dient dabei lediglich als *Nullindikator*.

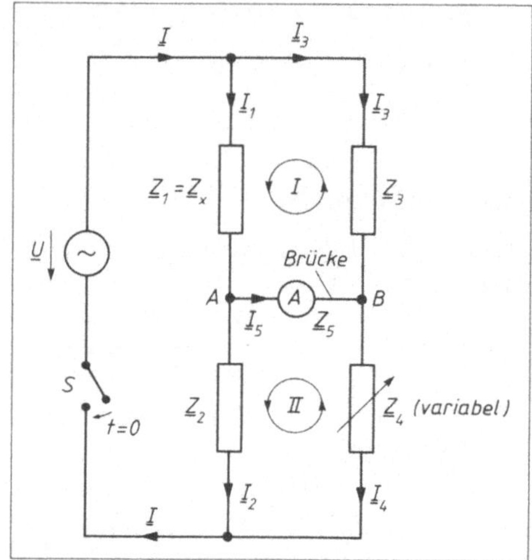

Bild VII-5

a) Wie lautet die sog. *Abgleichbedingung,*
   d.h. die Bedingung für die *Stromlosigkeit*
   des Brückenzweiges $A-B$?

b) Mit den Widerständen $\underline{Z}_2 = 10\,\Omega - j \cdot 2\,\Omega$
   und $\underline{Z}_3 = 8\,\Omega + j \cdot 6\,\Omega$ wird in einem konkreten Fall der Brückenzweig $A-B$ genau
   dann *stromlos*, wenn der *variable* Widerstand auf den Wert $\underline{Z}_4 = 5\,\Omega + j \cdot 2\,\Omega$ eingestellt wird. Welchen Wert besitzt dann
   der (zunächst noch *unbekannte*) Widerstand $\underline{Z}_x$?

Lösungshinweis: Wenden Sie die *Maschenregel* [A32] auf die beiden eingezeichneten Maschen (I) und (II) an und setzen Sie anschließend $I_5 = 0$.

Lehrbuch: Bd. 2, III.2	*Physikalische Grundlagen:* A32

Lösung:

a) Wir nehmen zunächst an, daß durch das Ampèremeter der Strom $\underline{I}_5$ fließt. Für die eingezeichneten Maschen (I) und (II) gilt dann nach der *Maschenregel* [A32]

(I) $\underline{Z}_1 \cdot \underline{I}_1 + \underline{Z}_5 \cdot \underline{I}_5 - \underline{Z}_3 \cdot \underline{I}_3 = 0$

(II) $\underline{Z}_2 \cdot \underline{I}_2 - \underline{Z}_4 \cdot \underline{I}_4 - \underline{Z}_5 \cdot \underline{I}_5 = 0$

Der *Abgleich,* d.h. die Einstellung des variablen komplexen Widerstandes $\underline{Z}_4$ erfolgt nun so, daß $\underline{I}_5 = 0$ wird (*stromloser* Brückenzweig). In diesem Fall ist

$\underline{I}_2 = \underline{I}_1$ und $\underline{I}_4 = \underline{I}_3$

Die *Maschengleichungen* lauten dann

(I) $\underline{Z}_1 \cdot \underline{I}_1 - \underline{Z}_3 \cdot \underline{I}_3 = 0$ oder $\underline{Z}_1 \cdot \underline{I}_1 = \underline{Z}_3 \cdot \underline{I}_3$

(II) $\underline{Z}_2 \cdot \underline{I}_1 - \underline{Z}_4 \cdot \underline{I}_3 = 0$ oder $\underline{Z}_2 \cdot \underline{I}_1 = \underline{Z}_4 \cdot \underline{I}_3$

Wir dividieren nun *seitenweise* die obere Gleichung (I) durch die untere Gleichung (II):

$$\frac{\underline{Z}_1 \cdot \underline{I}_1}{\underline{Z}_2 \cdot \underline{I}_1} = \frac{\underline{Z}_3 \cdot \underline{I}_3}{\underline{Z}_4 \cdot \underline{I}_3} \quad \Rightarrow \quad \frac{\underline{Z}_1}{\underline{Z}_2} = \frac{\underline{Z}_3}{\underline{Z}_4} \qquad \text{oder} \qquad \underline{Z}_1 \cdot \underline{Z}_4 = \underline{Z}_2 \cdot \underline{Z}_3$$

Aus dieser *Abgleichbedingung* erhalten wir für den *unbekannten* Widerstand $\underline{Z}_1 = \underline{Z}_x$:

$$\underline{Z}_x = \underline{Z}_1 = \frac{\underline{Z}_2 \cdot \underline{Z}_3}{\underline{Z}_4}$$

Liegen die Widerstände in der *Exponentialform* $\underline{Z}_i = |\underline{Z}_i| \cdot e^{j\,\varphi_i}$ vor $(i = 2, 3, 4)$, so lautet die *Lösung* der gestellten Aufgabe wie folgt:

$$\underline{Z}_x = |\underline{Z}_x| \cdot e^{j\,\varphi_x} = \frac{|\underline{Z}_2| \cdot e^{j\,\varphi_2} \cdot |\underline{Z}_3| \cdot e^{j\,\varphi_3}}{|\underline{Z}_4| \cdot e^{j\,\varphi_4}} = \frac{|\underline{Z}_2| \cdot |\underline{Z}_3|}{|\underline{Z}_4|} \cdot e^{j(\varphi_2 + \varphi_3 - \varphi_4)}$$

b) Wir stellen die Widerstände $\underline{Z}_2$, $\underline{Z}_3$ und $\underline{Z}_4$ zunächst in der *Exponentialform* dar:

$$\underline{Z}_2 = 10 \ \Omega - j \cdot 2 \ \Omega = 10{,}198 \ \Omega \cdot e^{-j\,11{,}31^\circ}$$

$$\underline{Z}_3 = 8 \ \Omega + j \cdot 6 \ \Omega = 10 \ \Omega \cdot e^{j\,36{,}87^\circ}$$

$$\underline{Z}_4 = 5 \ \Omega + j \cdot 2 \ \Omega = 5{,}385 \ \Omega \cdot e^{j\,21{,}80^\circ}$$

Der komplexe Widerstand $\underline{Z}_x$ besitzt damit nach der *Abgleichbedingung* den folgenden Wert:

$$\underline{Z}_x = \frac{\underline{Z}_2 \cdot \underline{Z}_3}{\underline{Z}_4} = \frac{\left(10{,}198 \ \Omega \cdot e^{-j\,11{,}31^\circ}\right) \cdot \left(10 \ \Omega \cdot e^{j\,36{,}87^\circ}\right)}{5{,}385 \ \Omega \cdot e^{j\,21{,}80^\circ}} =$$

$$= \frac{10{,}198 \ \Omega \cdot 10 \ \Omega}{5{,}385 \ \Omega} \cdot e^{j(-11{,}31^\circ + 36{,}87^\circ - 21{,}80^\circ)} = 18{,}938 \ \Omega \cdot e^{j\,3{,}76^\circ} =$$

$$= 18{,}938 \ \Omega \cdot (\cos 3{,}76^\circ + j \cdot \sin 3{,}76^\circ) = 18{,}90 \ \Omega + j \cdot 1{,}24 \ \Omega$$

Übung 5: Wechselstromparadoxon
Komplexe Rechnung

Der in Bild VII-6 dargestellte *Wechsel-stromkreis* enthält die ohmschen Widerstände R und R_x und einen zu R_x *parallel* geschalteten Kondensator mit der Kapazität C. Beim Anlegen einer Wechselspannung $\underline{U}$ mit der Kreisfrequenz ω fließt der Gesamtstrom $\underline{I}$, dessen Effektivwert I durch das zugeschaltete Wechselstrommeßgerät (A) gemessen wird[1]. Zeigen Sie: Der ohmsche Widerstand R_x läßt sich so wählen, daß die Stromanzeige *unabhängig* von der Stellung des Schalters S (geschlossen − offen) ist (sog. *Wechselstromparadoxon*).

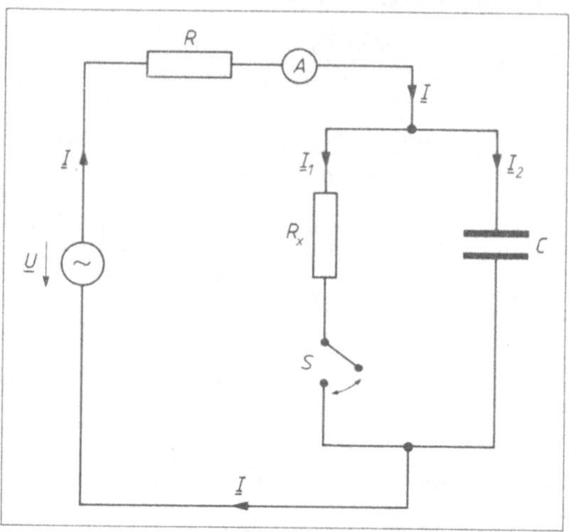

Bild VII-6

Lehrbuch: Bd. 2, III.2	*Physikalische Grundlagen:* A13, A52, A53

Lösung:

Die an den Schaltkreis angelegte Wechselspannung $\underline{U}$ ist *unabhängig* davon, ob der Schalter S offen oder geschlossen ist. Daher gilt nach dem *ohmschen Gesetz* [A52]

$$\underline{U} = \underline{Z} \cdot \underline{I} = \underline{Z}' \cdot \underline{I}' = \text{constant}$$

Dabei sind $\underline{Z}$ und $\underline{I}$ der *komplexe Gesamtwiderstand* bzw. der *komplexe Gesamtstrom* bei *offenem* Schalter, $\underline{Z}'$ und $\underline{I}'$ die entsprechenden Größen bei *geschlossenem* Schalter. Das Wechselstrommeß-gerät zeigt den *Effektivwert* der Stromstärke an. Somit muß, falls das Wechselstromparadoxon existiert, $I = I'$ sein, d.h. der *Betrag (Effektivwert)* der Gesamtstromstärke muß dann von der Schalterstellung *unabhängig* sein. Dies aber ist bei *konstanter* Wechselspannung nur möglich, wenn sich der *Betrag* des komplexen Gesamtwiderstandes ebenfalls *nicht* ändert. Die gesuchte Bedingung lautet somit:

$$|\underline{Z}'| = |\underline{Z}| \qquad \text{oder} \qquad |\underline{Z}'|^2 = |\underline{Z}|^2$$

Wir berechnen nun für *beide* Schalterstellungen den jeweiligen *komplexen Gesamtwiderstand (komplexen Scheinwiderstand)*.

(1) Offener Schalter

R und C sind in *Reihe* geschaltet. Der *komplexe Gesamtwiderstand* beträgt daher [A13, A53]

$$\underline{Z} = R - \mathrm{j}\,\frac{1}{\omega C} = \frac{\omega C R - \mathrm{j}}{\omega C}$$

---

[1] Der *Innenwiderstand* R_i des Gerätes ist im Widerstand R bereits enthalten.

Sein *Betrag* ist

$$|\underline{Z}| = \frac{\sqrt{(\omega CR)^2 + (-1)^2}}{\omega C} = \frac{\sqrt{\omega^2 C^2 R^2 + 1}}{\omega C}$$

(2) Geschlossener Schalter

Wir berechnen zunächst den *Leitwert* $\underline{Y}_p$ und daraus den *Widerstand* $\underline{Z}_p$ der *Parallelschaltung* aus R_x und C. Es ist

$$\underline{Y}_p = \frac{1}{R_x} + j\omega C = \frac{1 + j\omega CR_x}{R_x}$$

(bei *Parallelschaltung* [A13] *addieren* sich die einzelnen Leitwerte [A53]) und daher

$$\underline{Z}_p = \frac{1}{\underline{Y}_p} = \frac{R_x}{1 + j\omega CR_x}$$

Dieser Widerstand ist mit R in *Reihe* geschaltet. Somit beträgt der *komplexe Gesamtwiderstand (komplexe Scheinwiderstand)* bei *geschlossenem* Schalter [A13]

$$\underline{Z}' = R + \underline{Z}_p = R + \frac{R_x}{1 + j\omega CR_x} = \frac{(R + R_x) + j\omega CRR_x}{1 + j\omega CR_x}$$

Sein *Betrag* ist

$$|\underline{Z}'| = \left| \frac{(R + R_x) + j\omega CRR_x}{1 + j\omega CR_x} \right| = \frac{|(R + R_x) + j\omega CRR_x|}{|1 + j\omega CR_x|} =$$

$$= \frac{\sqrt{(R + R_x)^2 + \omega^2 C^2 R^2 R_x^2}}{\sqrt{1 + \omega^2 C^2 R_x^2}} = \sqrt{\frac{(R + R_x)^2 + \omega^2 C^2 R^2 R_x^2}{1 + \omega^2 C^2 R_x^2}}$$

(3) Bestimmung des Widerstandes R_x

Aus der Bedingung $|\underline{Z}'|^2 = |\underline{Z}|^2$ folgt dann

$$\frac{(R + R_x)^2 + \omega^2 C^2 R^2 R_x^2}{1 + \omega^2 C^2 R_x^2} = \frac{\omega^2 C^2 R^2 + 1}{\omega^2 C^2}$$

$$\omega^2 C^2 (R + R_x)^2 + \omega^4 C^4 R^2 R_x^2 = \omega^2 C^2 R^2 + \omega^4 C^4 R^2 R_x^2 + 1 + \omega^2 C^2 R_x^2$$

$$\omega^2 C^2 (R + R_x)^2 - \omega^2 C^2 R^2 - \omega^2 C^2 R_x^2 = 1$$

$$\omega^2 C^2 \underbrace{[(R + R_x)^2 - R^2 - R_x^2]}_{2RR_x} = 1$$

$$2\omega^2 C^2 RR_x = 1 \quad \Rightarrow \quad R_x = \frac{1}{2\omega^2 C^2 R}$$

Bei dieser Wahl des ohmschen Widerstandes R_x zeigt das Wechselstrommeßgerät bei offenem *und* geschlossenem Schalter jeweils *denselben* Effektivwert des Gesamtstromes an. Die Ströme bei offenem bzw. geschlossenem Schalter unterscheiden sich dann lediglich in ihrem *Phasenwinkel*!

Übung 6:   Komplexer Wechselstromkreis
Komplexe Rechnung

Der in Bild VII-7 dargestellte *Wechselstromkreis* mit den ohmschen Widerständen $R_1 = 4\,\Omega$ und $R_2 = 6\,\Omega$ sowie den Induktivitäten $L_2 = 20\,\text{mH}$ und $L_3 = 60\,\text{mH}$ wird durch eine Wechselspannung $\underline{U}$ mit dem Effektivwert $U = 10\,\text{V}$ und der Kreisfrequenz $\omega = 100\,\text{s}^{-1}$ gespeist. Berechnen Sie

a) den *komplexen Scheinwiderstand* $\underline{Z}$ der Schaltung,

b) die *Effektivwerte* sämtlicher *Ströme* und *Teilspannungen*,

c) die *komplexe Scheinleistung* $\underline{S}$ sowie *Wirkleistung* P und *Blindleistung* Q.

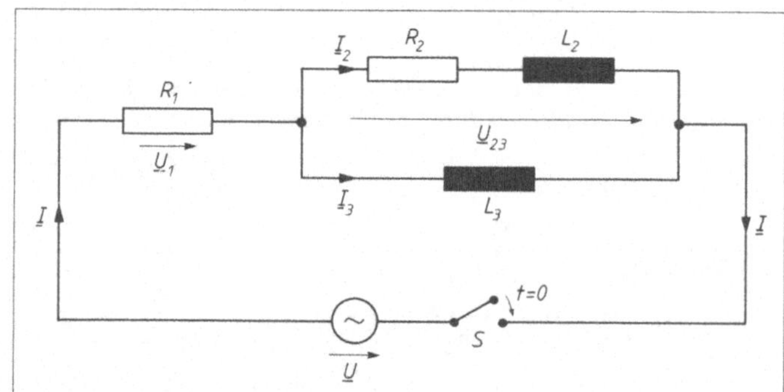

Bild VII-7

> *Lehrbuch:* Bd. 2, III.2
> *Physikalische Grundlagen:* A13, A52, A53, A54

Lösung:

a) Bild VII-8 verdeutlicht die einzelnen Schritte zur Berechnung des *komplexen Scheinwiderstandes* $\underline{Z}$ der Gesamtschaltung.

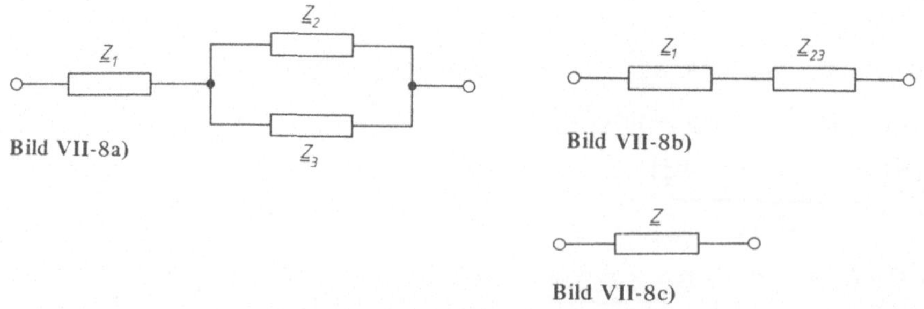

Bild VII-8a)

Bild VII-8b)

Bild VII-8c)

1. Schritt (Bild VII-8a)) [A13, A53]

$$\underline{Z}_1 = R_1 = 4\,\Omega$$

$$\underline{Z}_2 = R_2 + j\omega L_2 = 6\,\Omega + j \cdot 100\,\text{s}^{-1} \cdot 0{,}02\,\text{H} = (6 + 2\,j)\,\Omega$$

$$Z_2 = |\underline{Z}_2| = \sqrt{6^2 + 2^2}\ \Omega = 6{,}325\ \Omega$$

$$\tan\varphi = \frac{2\ \Omega}{6\ \Omega} = 0{,}3333 \quad\Rightarrow\quad \varphi = \arctan 0{,}3333 = 18{,}43°$$

$$\underline{Z}_2 = (6 + 2\,\mathrm{j})\ \Omega = 6{,}325\ \Omega \cdot \mathrm{e}^{\,\mathrm{j}\,18{,}43°}$$

$$\underline{Z}_3 = \mathrm{j}\omega L_3 = \mathrm{j} \cdot 100\ \mathrm{s}^{-1} \cdot 0{,}06\ \mathrm{H} = \mathrm{j} \cdot 6\ \Omega = 6\ \Omega \cdot \mathrm{e}^{\,\mathrm{j}\,90°}$$

2. Schritt (Bild VII-8b)) [A13]

$$\frac{1}{\underline{Z}_{23}} = \frac{1}{\underline{Z}_2} + \frac{1}{\underline{Z}_3} = \frac{\underline{Z}_2 + \underline{Z}_3}{\underline{Z}_2 \cdot \underline{Z}_3} \quad\Rightarrow\quad \underline{Z}_{23} = \frac{\underline{Z}_2 \cdot \underline{Z}_3}{\underline{Z}_2 + \underline{Z}_3}$$

$$\underline{Z}_2 + \underline{Z}_3 = (6 + 2\,\mathrm{j})\ \Omega + \mathrm{j} \cdot 6\ \Omega = (6 + 8\,\mathrm{j})\ \Omega$$

$$|\underline{Z}_2 + \underline{Z}_3| = \sqrt{6^2 + 8^2}\ \Omega = 10\ \Omega$$

$$\tan\varphi = \frac{8\ \Omega}{6\ \Omega} = 1{,}3333 \quad\Rightarrow\quad \varphi = \arctan 1{,}3333 = 53{,}13°$$

$$\underline{Z}_2 + \underline{Z}_3 = (6 + 8\,\mathrm{j})\ \Omega = 10\ \Omega \cdot \mathrm{e}^{\,\mathrm{j}\,53{,}13°}$$

$$\underline{Z}_{23} = \frac{\underline{Z}_2 \cdot \underline{Z}_3}{\underline{Z}_2 + \underline{Z}_3} = \frac{6{,}325\ \Omega \cdot \mathrm{e}^{\,\mathrm{j}\,18{,}43°} \cdot 6\ \Omega \cdot \mathrm{e}^{\,\mathrm{j}\,90°}}{10\ \Omega \cdot \mathrm{e}^{\,\mathrm{j}\,53{,}13°}} = 3{,}795\ \Omega \cdot \mathrm{e}^{\,\mathrm{j}\,55{,}30°} = (2{,}160 + 3{,}120\,\mathrm{j})\ \Omega$$

3. Schritt (Bild VII-8c)) [A13]

$$\underline{Z} = \underline{Z}_1 + \underline{Z}_{23} = R_1 + \underline{Z}_{23} = 4\ \Omega + (2{,}160 + 3{,}120\,\mathrm{j})\ \Omega = (6{,}160 + 3{,}120\,\mathrm{j})\ \Omega$$

$$Z = |\underline{Z}| = \sqrt{6{,}160^2 + 3{,}120^2}\ \Omega = 6{,}905\ \Omega$$

$$\tan\varphi = \frac{3{,}120\ \Omega}{6{,}160\ \Omega} = 0{,}5065 \quad\Rightarrow\quad \varphi = \arctan 0{,}5065 = 26{,}86°$$

Somit ist

$$\underline{Z} = (6{,}160 + 3{,}120\,\mathrm{j})\ \Omega = 6{,}905\ \Omega \cdot \mathrm{e}^{\,\mathrm{j}\,26{,}86°}$$

b) Wir berechnen zunächst den *Gesamtstrom* $\underline{I}$ nach dem *ohmschen Gesetz* [A52]:

$$\underline{I} = \frac{\underline{U}}{\underline{Z}} = \frac{10\ \mathrm{V}}{6{,}905\ \Omega \cdot \mathrm{e}^{\,\mathrm{j}\,26{,}86°}} = 1{,}448\ \mathrm{A} \cdot \mathrm{e}^{-\mathrm{j}\,26{,}86°}$$

Für die *Teilspannungen* $\underline{U}_1$ und $\underline{U}_{23}$ folgt damit

$$\underline{U}_1 = R_1 \cdot \underline{I} = 4\ \Omega \cdot 1{,}448\ \mathrm{A} \cdot \mathrm{e}^{-\mathrm{j}\,26{,}86°} = 5{,}792\ \mathrm{V} \cdot \mathrm{e}^{-\mathrm{j}\,26{,}86°}$$

$$\underline{U}_1 + \underline{U}_{23} = \underline{U} \qquad \textit{(Kirchhoffsche Regeln} \text{ [A13])}$$

$$\underline{U}_{23} = \underline{U} - \underline{U}_1 = 10\ \mathrm{V} - 5{,}792\ \mathrm{V} \cdot \mathrm{e}^{-\mathrm{j}\,26{,}86°} = 10\ \mathrm{V} - (5{,}167 - 2{,}617\,\mathrm{j})\ \mathrm{V} = (4{,}833 + 2{,}617\,\mathrm{j})\ \mathrm{V}$$

$$U_{23} = |\underline{U}_{23}| = \sqrt{4{,}833^2 + 2{,}617^2}\ \mathrm{V} = 5{,}496\ \mathrm{V}$$

$$\tan\varphi = \frac{2{,}617\ \mathrm{V}}{4{,}833\ \mathrm{V}} = 0{,}5415 \quad\Rightarrow\quad \varphi = \arctan 0{,}5415 = 28{,}43°$$

$$\underline{U}_{23} = (4{,}833 + 2{,}617\,\mathrm{j})\ \mathrm{V} = 5{,}496\ \mathrm{V} \cdot \mathrm{e}^{\,\mathrm{j}\,28{,}43°}$$

Die Berechnung der *Teilströme* $\underline{I}_2$ und $\underline{I}_3$ erfolgt mit Hilfe des *ohmschen Gesetzes* [A52]:

$$\underline{I}_2 = \frac{\underline{U}_{23}}{\underline{Z}_2} = \frac{5{,}496 \text{ V} \cdot e^{j\,28{,}43^\circ}}{6{,}325 \ \Omega \cdot e^{j\,18{,}43^\circ}} = 0{,}869 \text{ A} \cdot e^{j\,10^\circ}$$

$$\underline{I}_3 = \frac{\underline{U}_{23}}{\underline{Z}_3} = \frac{5{,}496 \text{ V} \cdot e^{j\,28{,}43^\circ}}{6 \ \Omega \cdot e^{j\,90^\circ}} = 0{,}916 \text{ A} \cdot e^{-j\,61{,}57^\circ}$$

Es ergeben sich somit für die *Ströme* und *Teilspannungen* folgende *Effektivwerte:*

$$I_2 = 0{,}869 \text{ A}, \qquad I_3 = 0{,}916 \text{ A}, \qquad I = 1{,}448 \text{ A}$$
$$U_1 = 5{,}792 \text{ V}, \qquad U_{23} = 5{,}496 \text{ V}$$

c) Aus der Definitionsformel der *komplexen Scheinleistung* [A54] folgt

$$\underline{S} = \underline{U} \cdot \underline{I}^* = 10 \text{ V} \cdot 1{,}448 \text{ A} \cdot e^{j\,26{,}86^\circ} = 14{,}48 \text{ W} \cdot e^{j\,26{,}86^\circ} = (12{,}918 + 6{,}542 \text{ j}) \text{ W}$$

Für *Wirk-* und *Blindleistung* ergeben sich daraus die Werte

$$P = \text{Re} (\underline{S}) = 12{,}918 \text{ W} \qquad \text{und} \qquad Q = \text{Im} (\underline{S}) = 6{,}542 \text{ W}$$

> ## Übung 7: Überlagerung gleichfrequenter Schwingungen gleicher Raumrichtung
> ### *Komplexe Zeiger*

Durch ungestörte *Superposition* der beiden *gleichfrequenten* mechanischen Schwingungen *gleicher* Raumrichtung

$$y_1 = 8 \text{ cm} \cdot \sin\left(\pi \, s^{-1} \cdot t - \frac{\pi}{4}\right) \quad \text{und} \quad y_2 = 10 \text{ cm} \cdot \cos\left(\pi \, s^{-1} \cdot t + \frac{2}{3}\pi\right)$$

entsteht eine *resultierende* Schwingung der *gleichen* Frequenz. Bestimmen Sie *Amplitude* $A > 0$ und *Phasenwinkel* φ dieser in der *Sinusform*

$$y = y_1 + y_2 = A \cdot \sin (\pi \, s^{-1} \cdot t + \varphi)$$

darzustellenden *Gesamtschwingung* mit Hilfe der *komplexen* Rechnung.

Anmerkung: In Kapitel II, Übung 16 wird diese Aufgabe im *reellen* Zeigerdiagramm gelöst.

Lehrbuch: Bd. 2, III.3.1.2

Lösung:

Vor der Durchführung der komplexen Rechnung
müssen wir die Schwingung y_2 zunächst als *Sinus-*
schwingung darstellen. Aus dem in Bild VII-9 dargestellten *Zeigerdiagramm* folgt unmittelbar

$$y_2 = 10 \text{ cm} \cdot \cos \left(\pi \, \text{s}^{-1} \cdot t + \frac{2}{3} \pi \right) =$$

$$= 10 \text{ cm} \cdot \sin \left(\pi \, \text{s}^{-1} \cdot t + \frac{2}{3} \pi + \frac{\pi}{2} \right) =$$

$$= 10 \text{ cm} \cdot \sin \left(\pi \, \text{s}^{-1} \cdot t + \frac{7}{6} \pi \right)$$

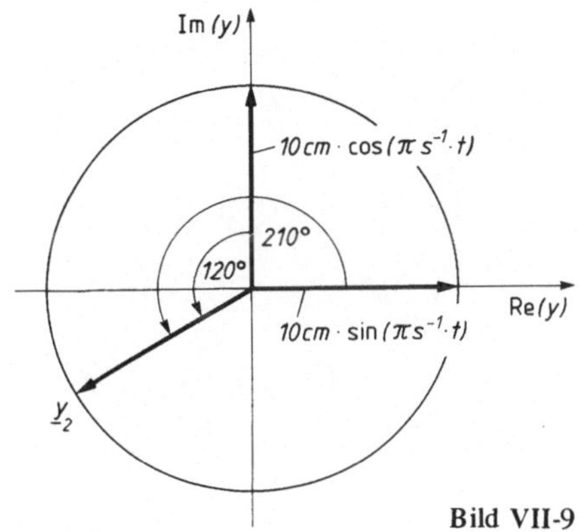

Bild VII-9

Die Berechnung der *Amplitude* A und des *Nullphasenwinkels* φ der resultierenden Schwingung erfolgt
in drei Schritten.

(1) Übergang von der reellen Form zur komplexen Form

Den beiden Einzelschwingungen y_1 und y_2 sowie der resultierenden Schwingung y werden wie folgt
komplexe Zeiger zugeordnet[2]:

$$y_1 \;\rightarrow\; \underline{y}_1 = 8 \text{ cm} \cdot e^{j\left(\omega t - \frac{\pi}{4}\right)} = \underbrace{\left(8 \text{ cm} \cdot e^{-j\frac{\pi}{4}} \right)}_{\underline{A}_1} \cdot e^{j\omega t} = \underline{A}_1 \cdot e^{j\omega t}$$

$$y_2 \;\rightarrow\; \underline{y}_2 = 10 \text{ cm} \cdot e^{j\left(\omega t + \frac{7}{6}\pi\right)} = \underbrace{\left(10 \text{ cm} \cdot e^{j\frac{7}{6}\pi} \right)}_{\underline{A}_2} \cdot e^{j\omega t} = \underline{A}_2 \cdot e^{j\omega t}$$

$$y \;\rightarrow\; \underline{y} = \underline{A} \cdot e^{j(\omega t + \varphi)} = \underbrace{\left(A \cdot e^{j\varphi} \right)}_{\underline{A}} \cdot e^{j\omega t} = \underline{A} \cdot e^{j\omega t}$$

Die *komplexen* Schwingungsamplituden der beiden Einzelschwingungen lauten somit:

$$\underline{A}_1 = 8 \text{ cm} \cdot e^{-j\frac{\pi}{4}} = 8 \text{ cm} \left[\cos\left(-\frac{\pi}{4}\right) + j \cdot \sin\left(-\frac{\pi}{4}\right) \right] = 5{,}6569 \text{ cm} - j \cdot 5{,}6569 \text{ cm}$$

$$\underline{A}_2 = 10 \text{ cm} \cdot e^{j\frac{7}{6}\pi} = 10 \text{ cm} \left[\cos\left(\frac{7}{6}\pi\right) + j \cdot \sin\left(\frac{7}{6}\pi\right) \right] = -8{,}6603 \text{ cm} - j \cdot 5 \text{ cm}$$

(2) Addition der komplexen Amplituden

Die komplexen Einzelamplituden *addieren* sich *geometrisch* nach der *Parallelogrammregel* zur komplexen Amplitude der *resultierenden* Schwingung (Bild VII-10). Aus der Abbildung entnehmen wir für
A und φ die folgenden Werte:

$$A \approx 11 \text{ cm}, \qquad \varphi \approx 254°$$

---

[2] Wir setzen vorübergehend zur Abkürzung $\omega = \pi \, \text{s}^{-1}$.

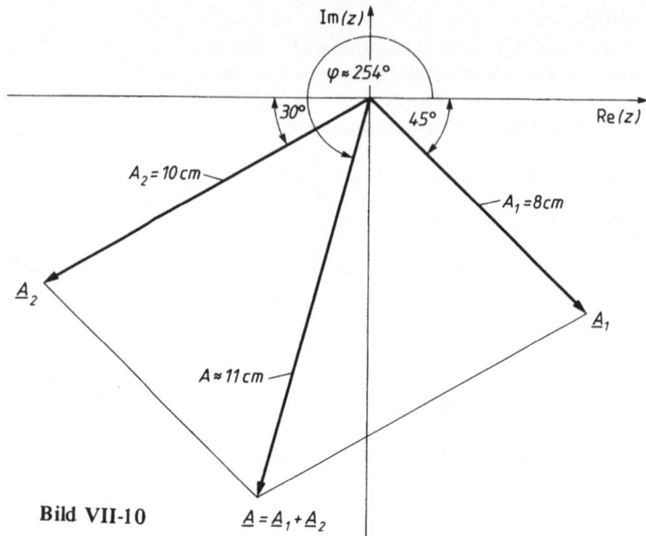

Bild VII-10

Die komplexe *Rechnung* ist naturgemäß wesentlich *genauer.* Wir erhalten zunächst für die *resultierende komplexe Amplitude* $\underline{A}$:

$$\underline{A} = \underline{A}_1 + \underline{A}_2 = (5{,}6569\ \text{cm} - j \cdot 5{,}6569\ \text{cm}) + (-8{,}6603\ \text{cm} - j \cdot 5\ \text{cm}) =$$
$$= (5{,}6569 - 8{,}6603)\ \text{cm} + j\,(-5{,}6569 - 5)\ \text{cm} =$$
$$= -3{,}0034\ \text{cm} - j \cdot 10{,}6569\ \text{cm}$$

Die *Umrechnung* der komplexen Amplitude $\underline{A}$ von der *kartesi-schen* Form in die *Exponentialform* erfolgt am bequemsten anhand von Bild VII-11 über den *Satz des Pythagoras* und den *Hilfswinkel* α:

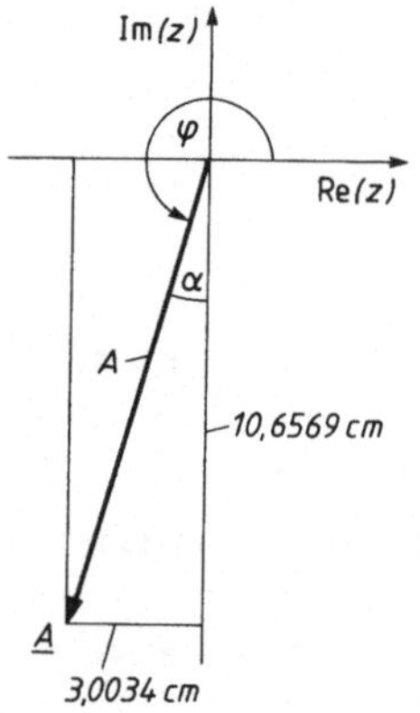

$$A = \sqrt{3{,}0034^2 + 10{,}6569^2}\ \text{cm} = 11{,}07\ \text{cm}$$

$$\tan\alpha = \frac{3{,}0034\ \text{cm}}{10{,}6569\ \text{cm}} = 0{,}2818 \quad \Rightarrow \quad \alpha = \arctan 0{,}2818 = 15{,}7°$$

$$\varphi = 270° - \alpha = 270° - 15{,}7° = 254{,}3° \ \hat{=}\ 4{,}438$$

$$\underline{A} = A \cdot e^{j\varphi} = 11{,}07\ \text{cm} \cdot e^{j\,4{,}438}$$

Bild VII-11

Der *komplexe Zeiger* der *resultierenden Schwingung* lautet somit $(\omega = \pi\,\text{s}^{-1})$

$$\underline{y} = \underline{A} \cdot e^{j\omega t} = \left(11{,}07\ \text{cm} \cdot e^{j\,4{,}438}\right) \cdot e^{j\,(\pi\,\text{s}^{-1} \cdot\, t)} = 11{,}07\ \text{cm} \cdot e^{j\,(\pi\,\text{s}^{-1} \cdot\, t\, + \,4{,}438)}$$

(3) Rücktransformation aus der komplexen Form in die reelle Form

Die *reelle* Form der *resultierenden Sinusschwingung* erhalten wir als *Imaginärteil* des komplexen Zeigers:

$$y = \text{Im}\,(\underline{y}) = \text{Im}\,\left(11{,}07\ \text{cm} \cdot e^{j\,(\pi\,\text{s}^{-1} \cdot\, t\, + \,4{,}438)}\right) =$$
$$= \text{Im}\,\left(11{,}07\ \text{cm}\,\left[\cos\,(\pi\,\text{s}^{-1} \cdot t + 4{,}438) + j \cdot \sin\,(\pi\,\text{s}^{-1} \cdot t + 4{,}438)\right]\right) =$$
$$= 11{,}07\ \text{cm} \cdot \sin\,(\pi\,\text{s}^{-1} \cdot t + 4{,}438)$$

Übung 8: Leitwertortskurve einer RC-Parallelschaltung
Ortskurve einer parameterabhängigen komplexen Größe

Die in Bild VII-12 dargestellte *RC-Parallelschaltung*
besteht aus einem ohmschen Widerstand mit dem
festen Wert $R = 10\ \Omega$ und einem dazu *parallel*
geschalteten *Drehkondensator*, dessen Kapazität C
sich *stetig* von $0\ \mu F$ bis zum Maximalwert $100\ \mu F$
verändern läßt. Bestimmen Sie die *Leitwertorts-*
kurve $\underline{Y}(C)$ dieser Schaltung bei einer Kreisfrequenz
von $\omega = 100\ s^{-1}$ und *beschriften* Sie diese Kurve
mit den zugehörigen Werten der Kapazität C.

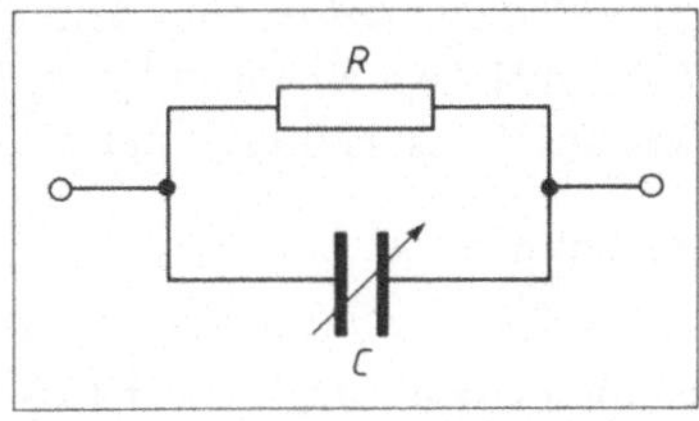

Bild VII-12

Lehrbuch: Bd. 2, III.4	*Physikalische Grundlagen:* A13, A53

Lösung:

Bei Parallelschaltung *addieren* sich die Einzelleitwerte zum Gesamtleitwert [A13]. Die Gleichung der
Netzwerkfunktion $\underline{Y}(C)$ lautet somit

$$\underline{Y}(C) = \frac{1}{R} + j\omega C = \frac{1}{10\ \Omega} + j \cdot 100\ s^{-1} \cdot C = 0{,}1\ S + j \cdot 100\ s^{-1} \cdot C, \qquad 0 \leqslant \frac{C}{\mu F} \leqslant 100$$

Die *Ortskurve* des *komplexen Leitwertes*
(Scheinleitwertes) ist eine *Parallele* zur
imaginären Achse, die durch die beiden
Randpunkte mit den Parameterwerten
$C_1 = 0\ \mu F$ und $C_2 = 100\ \mu F$ begrenzt wird
(Bild VII-13). Die *Ortsvektoren* der beiden
Randpunkte sind

$$\underline{Y}_1 = \underline{Y}(0\ \mu F) = 0{,}1\ S \qquad \text{und}$$
$$\underline{Y}_2 = \underline{Y}(100\ \mu F) = 0{,}1\ S + j \cdot 10^{-2}\ S =$$
$$= (0{,}1 + 0{,}01\ j)\ S$$

Die Beschriftung der Leitwertortskurve ist
linear, da der Imaginärteil von $\underline{Y}(C)$ der
Kapazität C *proportional* ist.

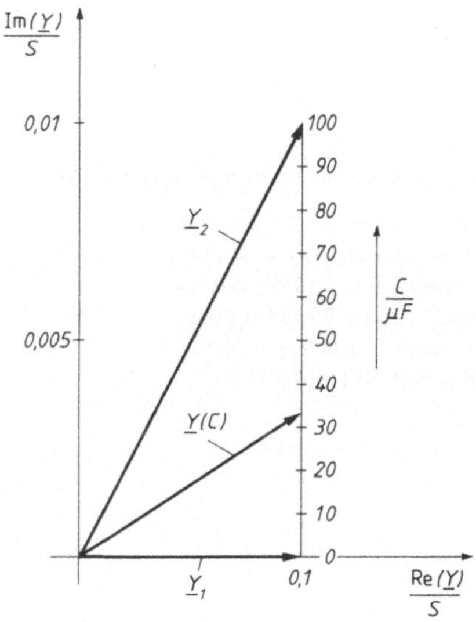

Bild VII-13

> **Übung 9: Widerstands- und Leitwertortskurve einer RL-Reihenschaltung**
>
> *Ortskurven parameterabhängiger komplexer Größen*

Eine *Reihenschaltung* aus dem ohmschen Widerstand $R = 2\ \Omega$ und der Induktivität
$L = 2\ \text{mH}$ liegt an einem *Wechselspannungsgenerator*, dessen Kreisfrequenz ω im Bereich
von $0\ \text{s}^{-1}$ bis $1200\ \text{s}^{-1}$ *stetig veränderbar* ist (Bild VII-14).

Bestimmen Sie

a) die *Widerstandsortskurve* $\underline{Z}(\omega)$,

b) die *Leitwertortskurve* $\underline{Y}(\omega)$

dieses Netzwerkes und *beschriften* Sie beide Kurven
mit den zugehörigen Werten der Kreisfrequenz ω.

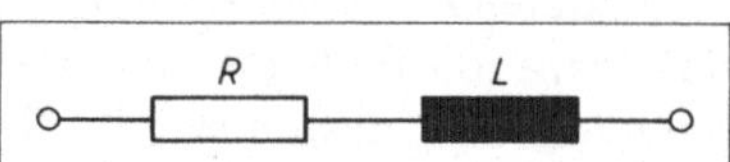

Bild VII-14

Lehrbuch: Bd. 2, III.4	*Physikalische Grundlagen:* A13, A53

Lösung:

a) Die Gleichung der *Netzwerkfunktion* $\underline{Z}(\omega)$ lautet [A13]

$$\underline{Z}(\omega) = R + j\omega L = 2\ \Omega + j \cdot 0{,}002\ \text{H} \cdot \omega, \qquad 0 \leqslant \frac{\omega}{\text{s}^{-1}} \leqslant 1200$$

Die zugehörige *Widerstandsortskurve* ist eine *Parallele* zur *imaginären* Achse, die durch die beiden
Punkte mit den Parameterwerten $\omega_1 = 0\ \text{s}^{-1}$ und $\omega_2 = 1200\ \text{s}^{-1}$ und den zugehörigen *Ortsvektoren*

$$\underline{Z}_1 = \underline{Z}(0\ \text{s}^{-1}) = 2\ \Omega \quad \text{und} \quad \underline{Z}_2 = \underline{Z}(1200\ \text{s}^{-1}) = 2\ \Omega + j \cdot 2{,}4\ \Omega$$

begrenzt wird.

Beschriftung der Widerstandsortskurve

Da der induktive Widerstand ωL
der Kreisfrequenz ω direkt *pro-*
portional ist, wird die Gerade
zwischen den Randpunkten
$\omega_1 = 0\ \text{s}^{-1}$ und $\omega_2 = 1200\ \text{s}^{-1}$
linear geteilt (Bild VII-15).

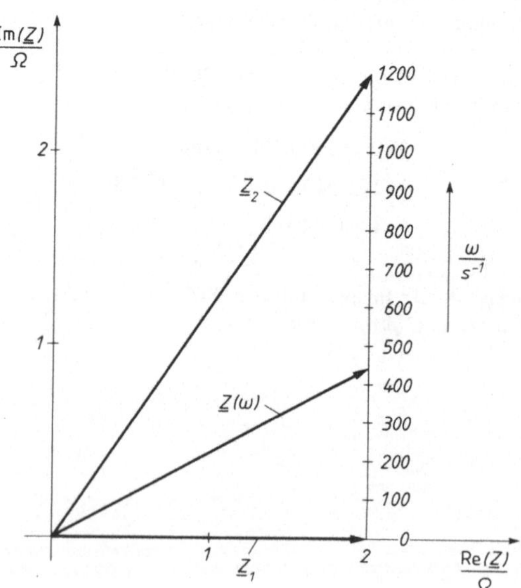

Bild VII-15

b) Die *Leitwertortskurve* wird durch die Gleichung

$$\underline{Y}(\omega) = \frac{1}{\underline{Z}(\omega)} = \frac{1}{R + j\omega L} = \frac{R - j\omega L}{(R + j\omega L)(R - j\omega L)} = \frac{R - j\omega L}{R^2 + (\omega L)^2} =$$

$$= \frac{2\,\Omega - j \cdot 0{,}002\,\text{H} \cdot \omega}{4\,\Omega^2 + 4 \cdot 10^{-6}\text{H}^2 \cdot \omega^2}\,, \qquad 0 \leqslant \frac{\omega}{\text{s}^{-1}} \leqslant 1200$$

beschrieben. Der Nenner $R + j\omega L$ wurde dabei durch Erweiterung des Bruches mit der *konjugiert komplexen* Zahl $R - j\omega L$ *reell* gemacht. In der zeichnerischen Darstellung erhalten wir nach den *Inversionsregeln* (s. Band 2, Abschnitt III.4.4.2) eine Ortskurve, die Teil eines *Kreises* ist, der durch den *Nullpunkt* geht und dessen *Mittelpunkt* auf der *reellen* Achse liegt. Den *Kreisdurchmesser* bestimmen wir wie folgt: Zum *kleinsten* Wert des Scheinwiderstandes, der für $\omega = 0\ \text{s}^{-1}$ angenommen wird, gehört der *größte* Wert des Scheinleitwertes:

$$\underline{Z}_{\min} = \underline{Z}(0\ \text{s}^{-1}) = 2\,\Omega \quad \rightarrow \quad \underline{Y}_{\max} = \underline{Y}(0) = \frac{1}{\underline{Z}_{\min}} = \frac{1}{2\,\Omega} = 0{,}5\ \text{S}$$

Dieser Wert ist zugleich der gesuchte *Kreisdurchmesser*.

Beschriftung der Leitwertortskurve

Für *jeden* Wert des Parameters ω gilt: *Widerstandszeiger* $\underline{Z}(\omega)$ und *Leitwertzeiger* $\underline{Y}(\omega)$ liegen *spiegelsymmetrisch* bezüglich der *reellen* Achse (sie unterscheiden sich lediglich in ihrer *Länge*). Die Beschriftung der Leitwertortskurve erhalten wir daher, indem wir zunächst die Skala der Widerstandsortskurve an der *reellen* Achse *spiegeln*, die Spiegelpunkte mit dem Ursprung *geradlinig* verbinden und dann diese Verbindungslinien durch *rückwärtige* Verlängerung mit der Leitwertortskurve zum *Schnitt* bringen (Bild VII-16).

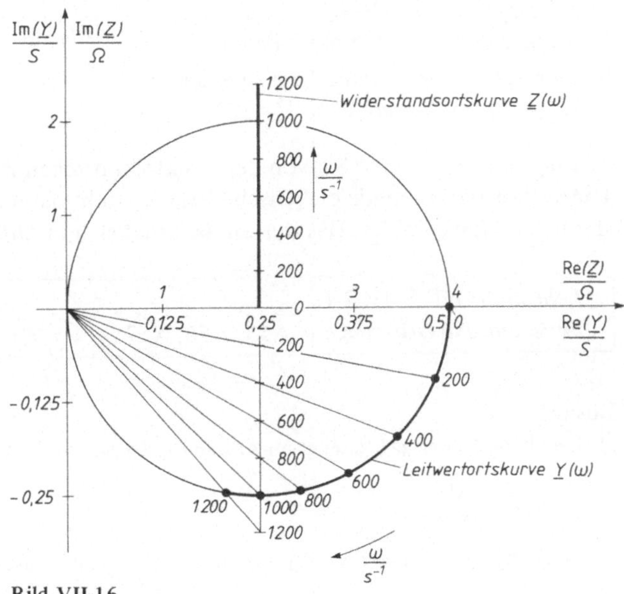

Bild VII-16

VIII Differential- und Integralrechnung für Funktionen von mehreren Variablen

Hinweis: Die in den Lösungen angegebenen *Integralnummern* beziehen sich auf die *Integraltafel* der **Mathematischen Formelsammlung für Ingenieure und Naturwissenschaftler.**

Übung 1: Potential und elektrische Feldstärke im elektrostatischen Feld zweier Punktladungen
Partielle Ableitungen 1. Ordnung

Gegeben sind zwei *entgegengesetzt* gleich große Punktladungen $Q_1 = Q$ und $Q_2 = -Q$ im Abstand $2a$ ($Q > 0$; Bild VIII-1).

a) Bestimmen Sie das *elektrostatische Potential* φ sowie den *elektrischen Feldstärkevektor* $\vec{E} = \begin{pmatrix} E_x \\ E_y \end{pmatrix}$ in einem beliebigen Punkt $P = (x;\ y)$ des *resultierenden* elektrischen Feldes.

b) Zeigen Sie: Die y-Achse liegt in einer sog. „*Äquipotentialfläche*" [A55].

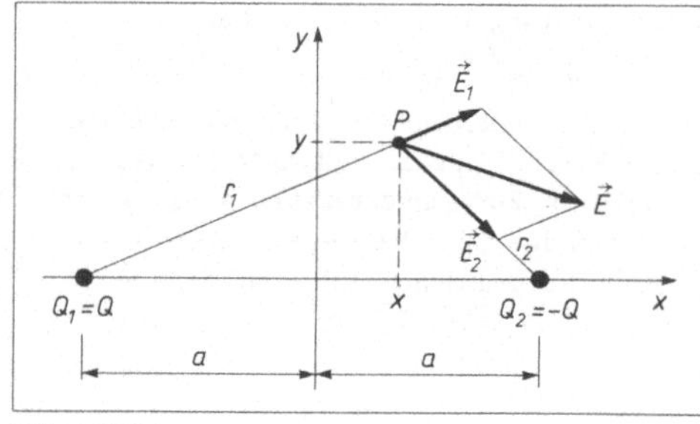

Bild VIII-1

Lösungshinweis: Gehen Sie von dem elektrostatischen Potential einer *Punktladung* aus [A56]. Das *resultierende* elektrische Feld entsteht dann durch *ungestörte Überlagerung* der beiden Einzelfelder. Das System befindet sich in *Luft* (Dielektrizitätskonstante $\epsilon = 1$).

Lehrbuch: Bd. 2, IV.2.1
Physikalische Grundlagen: A55, A56, A57

Lösung:

a) Eine Punktladung Q^* erzeugt im Abstand r das *Potential* [A56]

$$\varphi_{Q^*} = \frac{Q^*}{4\pi\epsilon_0 r}, \qquad r > 0$$

Das von den Punktladungen $Q_1 = Q$ und $Q_2 = -Q$ im Punkt P erzeugte *Potential* ist somit

$$\varphi(P) = \varphi_{Q_1} + \varphi_{Q_2} = \frac{Q_1}{4\pi\epsilon_0 r_1} + \frac{Q_2}{4\pi\epsilon_0 r_2} = \frac{Q}{4\pi\epsilon_0 r_1} - \frac{Q}{4\pi\epsilon_0 r_2} = \frac{Q}{4\pi\epsilon_0}\left(\frac{1}{r_1} - \frac{1}{r_2}\right)$$

Die Abstände r_1 und r_2 lassen sich nach Bild VIII-1 mit Hilfe des *Satzes von Pythagoras* durch die Koordinaten x und y des Punktes P wie folgt ausdrücken:

$$r_1 = \sqrt{(a+x)^2 + y^2}, \qquad r_2 = \sqrt{(a-x)^2 + y^2}$$

Damit lautet die Potentialfunktion

$$\varphi\,(P) = \varphi\,(x;\,y) = \frac{Q}{4\pi\epsilon_0}\left(\frac{1}{\sqrt{(a+x)^2 + y^2}} - \frac{1}{\sqrt{(a-x)^2 + y^2}}\right)$$

Die *Komponenten* der elektrischen Feldstärke $\vec{E}$ sind die mit -1 multiplizierten *partiellen Ableitungen 1. Ordnung* dieser Potentialfunktion [A57]. Mit Hilfe der *Kettenregel* erhalten wir

$$E_x\,(x;\,y) = -\frac{\partial\varphi}{\partial x} = -\frac{\partial}{\partial x}\left[\frac{Q}{4\pi\epsilon_0}\left(\frac{1}{\sqrt{(a+x)^2 + y^2}} - \frac{1}{\sqrt{(a-x)^2 + y^2}}\right)\right] =$$

$$= -\frac{Q}{4\pi\epsilon_0}\cdot\frac{\partial}{\partial x}\left[\left[(a+x)^2 + y^2\right]^{-1/2} - \left[(a-x)^2 + y^2\right]^{-1/2}\right] =$$

$$= -\frac{Q}{4\pi\epsilon_0}\left[-\frac{1}{2}\left[(a+x)^2 + y^2\right]^{-3/2}\cdot 2\,(a+x)\cdot 1 - \right.$$

$$\left. -\left(-\frac{1}{2}\right)\left[(a-x)^2 + y^2\right]^{-3/2}\cdot 2\,(a-x)\cdot(-1)\right] =$$

$$= \frac{Q}{4\pi\epsilon_0}\left[\frac{a+x}{\left[(a+x)^2 + y^2\right]^{3/2}} + \frac{a-x}{\left[(a-x)^2 + y^2\right]^{3/2}}\right]$$

Analog folgt für die *y-Komponente E_y*:

$$E_y\,(x;\,y) = -\frac{\partial\varphi}{\partial y} = -\frac{\partial}{\partial y}\left[\frac{Q}{4\pi\epsilon_0}\left(\frac{1}{\sqrt{(a+x)^2 + y^2}} - \frac{1}{\sqrt{(a-x)^2 + y^2}}\right)\right] =$$

$$= -\frac{Q}{4\pi\epsilon_0}\cdot\frac{\partial}{\partial y}\left[\left[(a+x)^2 + y^2\right]^{-1/2} - \left[(a-x)^2 + y^2\right]^{-1/2}\right] =$$

$$= -\frac{Q}{4\pi\epsilon_0}\left[-\frac{1}{2}\left[(a+x)^2 + y^2\right]^{-3/2}\cdot 2y - \left(-\frac{1}{2}\right)\left[(a-x)^2 + y^2\right]^{-3/2}\cdot 2y\right] =$$

$$= \frac{Q}{4\pi\epsilon_0}\left[\frac{y}{\left[(a+x)^2 + y^2\right]^{3/2}} - \frac{y}{\left[(a-x)^2 + y^2\right]^{3/2}}\right]$$

b) Längs der *y-Achse* ist $x = 0$ und somit

$$E_x\,(0;\,y) = \frac{Qa}{2\pi\epsilon_0}\cdot\frac{1}{\left[a^2 + y^2\right]^{3/2}}$$

$$E_y\,(0;\,y) = 0$$

Der elektrische Feldstärkevektor $\vec{E}$ steht daher *senkrecht* auf der y-Achse, und diese liegt somit in einer *Äquipotentialfläche*[1] (Bild VIII-2).

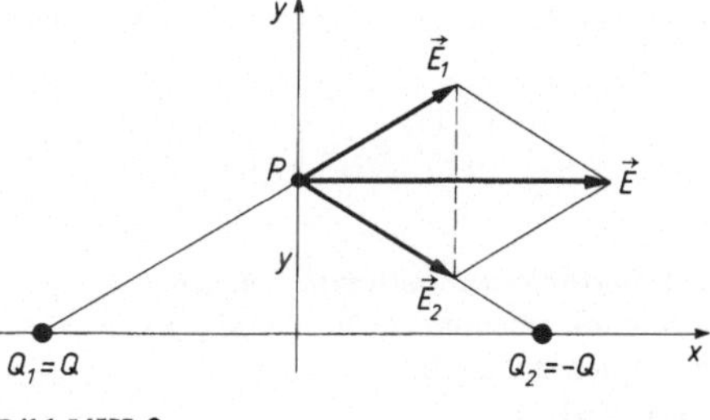

Bild VIII-2

---

[1] Diese Äquipotentialfläche ist eine *Ebene* senkrecht zur Zeichenebene. Sie enthält die y-Achse und die aus der Zeichenebene senkrecht nach oben gerichtete z-Achse. Das *Potential* der Äquipotentialfläche ist $\varphi = 0$.

Übung 2:   Statisch unbestimmt gelagerter Balken
Partielle Ableitungen

Bild VIII-3 zeigt einen *beidseitig* eingespannten homogenen *Balken* der Länge l, belastet mit einer *konstanten* Streckenlast q. Bestimmen Sie die beiden *Auflagerkräfte* F_A und F_B sowie das *Einspannmoment* M_0.

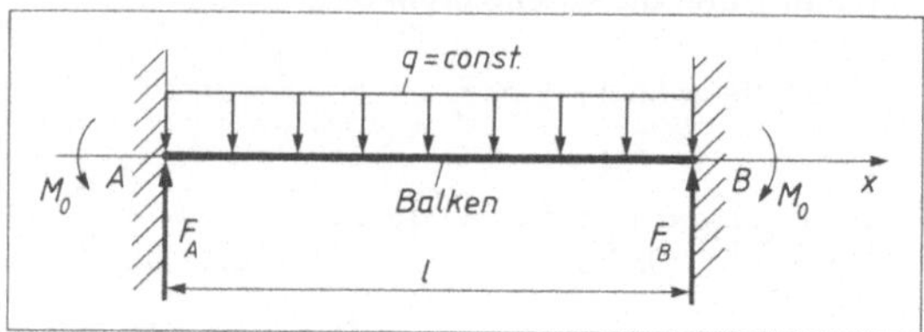

Bild VIII-3

Lösungshinweis: Das System ist *statisch unbestimmt*, d.h. die *statischen Gleichgewichtsbedingungen* [A1] reichen in diesem Fall nicht aus, um die drei Unbekannten F_A, F_B und M_0 berechnen zu können. Die *fehlende* Gleichung erhält man durch eine Betrachtung der *Formänderung* des Balken nach dem *Satz von Castigliano* [A58]. Die Biegesteifigkeit EI des Balkens wird dabei als *konstant* angenommen.

Lehrbuch: Bd. 2, IV.2.1 und IV.2.2	*Physikalische Grundlagen:* A1, A7, A58

Lösung:

Aus *Symmetriegründen* verteilt sich die *Gesamtlast $F = ql$ gleichmäßig* auf beide Auflager ($F_A = F_B$), so daß aus der *statischen Gleichgewichtsbedingung* [A1]

$$F_A + F_B - F = 0 \qquad \text{oder} \qquad F_A + F_B - ql = 0$$

unter Berücksichtigung von $F_A = F_B$ unmittelbar folgt

$$F_A = F_B = \frac{ql}{2}$$

Das noch *unbekannte* Einspannmoment M_0 läßt sich jedoch aus den statischen Gleichgewichtsbedingungen [A1] *nicht* berechnen. Das System ist somit (einfach) *statisch unbestimmt*. Bei der Lösung des Problems müssen daher *Formänderungen* des Balkens berücksichtigt werden. Nach *Castigliano* [A58] stellt sich nun das Einspannmoment M_0 so ein, daß die durch die Gleichung

$$W = \int_0^l \frac{M_b^2(x)}{2EI}\,dx = \frac{1}{2EI} \cdot \int_0^l M_b^2(x)\,dx$$

definierte *Formänderungsarbeit* ein *Minimum* annimmt. Dabei ist $M_b(x)$ das *Biegemoment* an der Schnittstelle x (Bild VIII-4).

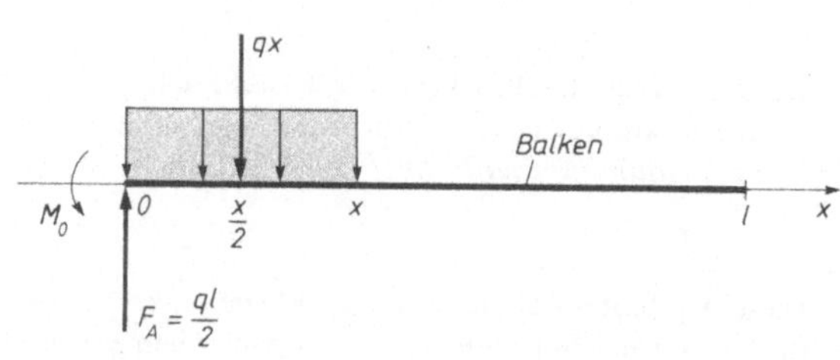

Bild VIII-4

Es setzt sich aus den folgenden drei *Einzelmomenten* [A7] zusammen:

1. Dem *Einspannmoment* $-M_0$;
2. Dem von der *Auflagerkraft* F_A erzeugten Moment

$$M_A = F_A \, x = \frac{ql}{2} \, x \; ;$$

3. Dem von der konstanten *Streckenlast* q im Intervall von 0 bis x erzeugten Moment[2]

$$M_x = -qx \, \frac{x}{2} = - \frac{q}{2} \, x^2 .$$

Somit ist

$$M_b \, (x) = - M_0 + M_A + M_x = - M_0 + \frac{ql}{2} \, x - \frac{q}{2} \, x^2, \qquad 0 \leqslant x \leqslant l$$

und die *Formänderungsarbeit* ist somit durch das Integral

$$W = \frac{1}{2EI} \cdot \int_0^l \left(-M_0 + \frac{ql}{2} \, x - \frac{q}{2} \, x^2 \right)^2 dx$$

gegeben. Das (noch unbekannte) *Einspannmoment* M_0 erhalten wir dann nach dem *Satz von Castigliano* [A58] aus der Bedingung $\dfrac{\partial W}{\partial M_0} = 0$. Daraus folgt zunächst

$$\frac{\partial W}{\partial M_0} = \frac{1}{2EI} \cdot \frac{\partial}{\partial M_0} \left[\int_0^l \left(-M_0 + \frac{ql}{2} \, x - \frac{q}{2} \, x^2 \right)^2 dx \right] - 0$$

oder

$$\frac{\partial}{\partial M_0} \left[\int_0^l \left(-M_0 + \frac{ql}{2} \, x - \frac{q}{2} \, x^2 \right)^2 dx \right] = 0$$

wobei die Differentiation mit der Integration *vertauscht* werden darf:

$$\int_0^l \frac{\partial}{\partial M_0} \left(-M_0 + \frac{ql}{2} \, x - \frac{q}{2} \, x^2 \right)^2 dx = 0$$

Wir bilden nun mit Hilfe der *Kettenregel* die benötigte *partielle Ableitung:*

$$\frac{\partial}{\partial M_0} \left(-M_0 + \frac{ql}{2} \, x - \frac{q}{2} \, x^2 \right)^2 = 2 \left(-M_0 + \frac{ql}{2} \, x - \frac{q}{2} \, x^2 \right) \cdot (-1) = 2 \left(M_0 - \frac{ql}{2} \, x + \frac{q}{2} \, x^2 \right)$$

Anschließende *Integration* führt zu der folgenden Bestimmungsgleichung für M_0:

$$2 \cdot \int_0^l \left(M_0 - \frac{ql}{2} \, x + \frac{q}{2} \, x^2 \right) dx = 2 \left[M_0 x - \frac{ql}{4} \, x^2 + \frac{q}{6} \, x^3 \right]_0^l = 2 \left(M_0 l - \frac{ql^3}{4} + \frac{ql^3}{6} \right) =$$

$$= 2 \left(M_0 l - \frac{ql^3}{12} \right) = 0$$

---

[2] Die in diesem Intervall von der Streckenlast q erzeugte Kraft qx greift in der *Intervallmitte*, d.h. an der Stelle $x/2$ an (s. Bild VIII-4).

Daher ist

$$M_0\, l - \frac{q l^3}{12} = 0 \quad \text{oder} \quad M_0 = \frac{q l^2}{12}$$

Wegen

$$\frac{\partial^2 W}{\partial M_0^2} = \frac{1}{2EI} \cdot \frac{\partial}{\partial M_0} \left[2 \left(M_0 - \frac{q l}{2} x + \frac{q}{2} x^2 \right) \right] =$$

$$= \frac{1}{EI} \cdot \frac{\partial}{\partial M_0} \left(M_0 - \frac{q l}{2} x + \frac{q}{2} x^2 \right) = \frac{1}{EI} > 0$$

handelt es sich um das gesuchte *Minimum*. Damit sind *sämtliche* Reaktionsgrößen bestimmt und die *Lösung* der Aufgabe lautet

$$F_A = F_B = \frac{q l}{2}, \qquad M_0 = \frac{q l^2}{12}$$

Übung 3: Kapazität einer Kondensatorschaltung
Totales oder vollständiges Differential

Die in Bild VIII-5 dargestellte Schaltung enthält drei *Drehkondensatoren,* deren Kapazitäten zunächst auf die Werte $C_1 = 100\ \mu F$, $C_2 = 150\ \mu F$ und $C_3 = 250\ \mu F$ eingestellt werden. Berechnen Sie die *Gesamtkapazität* C und deren *Änderung* ΔC, wenn die drei Einzelkapazitäten um $\Delta C_1 = 2\ \mu F$, $\Delta C_2 = -1\ \mu F$ und $\Delta C_3 = 3\ \mu F$ geändert werden

a) durch *exakte* Rechnung,

b) durch *Näherungsrechnung* mit Hilfe des *totalen Differentials.*

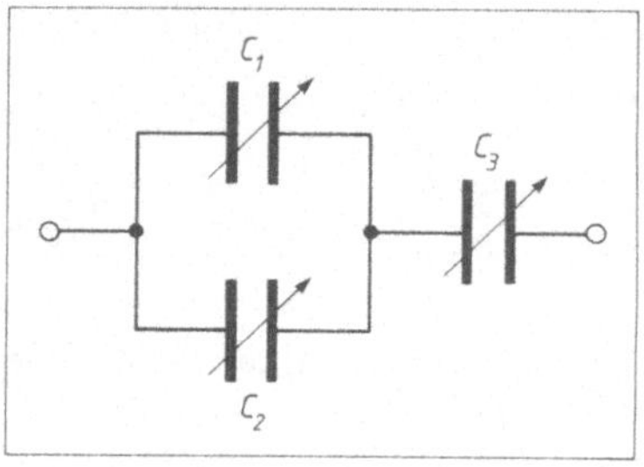

Bild VIII-5

Lehrbuch: Bd. 2, IV.2.3	*Physikalische Grundlagen:* A21

Lösung:

a) Wir berechnen zunächst die *Gesamtkapazität* C. Die Einzelkapazitäten C_1 und C_2 sind *parallel* geschaltet und *addieren* sich somit zur Kapazität [A21]

$$C_{12} = C_1 + C_2$$

Diese Ersatzkapazität ist mit C_3 in *Reihe* geschaltet. Daher *addieren* sich die *Kehrwerte* von C_{12} und C_3 zum *Kehrwert* der gesuchten Gesamtkapazität C [A21]:

$$\frac{1}{C} = \frac{1}{C_{12}} + \frac{1}{C_3} = \frac{1}{C_1 + C_2} + \frac{1}{C_3} = \frac{C_1 + C_2 + C_3}{(C_1 + C_2)\, C_3}$$

Durch *Kehrwertbildung* folgt daraus für die Gesamtkapazität

$$C = \frac{(C_1 + C_2)\, C_3}{C_1 + C_2 + C_3} = \frac{(100 + 150)\, 250}{100 + 150 + 250}\ \mu F = 125\ \mu F$$

Die Drehkondensatoren besitzen *nach* den vorgegebenen Änderungen nunmehr folgende Kapazitätswerte:

$$C_1 \ \rightarrow \ C_1^* = C_1 + \Delta C_1 = (100 + 2)\ \mu F = 102\ \mu F$$

$$C_2 \ \rightarrow \ C_2^* = C_2 + \Delta C_2 = (150 - 1)\ \mu F = 149\ \mu F$$

$$C_3 \ \rightarrow \ C_3^* = C_3 + \Delta C_3 = (250 + 3)\ \mu F = 253\ \mu F$$

Die *Gesamtkapazität* C^* der Schaltung ist nunmehr

$$C^* = \frac{(C_1^* + C_2^*)\, C_3^*}{C_1^* + C_2^* + C_3^*} = \frac{(102 + 149)\, 253}{102 + 149 + 253}\ \mu F = 125{,}998\ \mu F$$

Sie hat sich somit um

$$\Delta C = C^* - C = (125{,}998 - 125)\ \mu F = 0{,}998\ \mu F \approx 1\ \mu F$$

vergrößert.

b) Das *totale Differential* der Funktion

$$C = C\,(C_1;\ C_2;\ C_3) = \frac{(C_1 + C_2)\, C_3}{C_1 + C_2 + C_3}$$

lautet

$$dC = \frac{\partial C}{\partial C_1}\, dC_1 + \frac{\partial C}{\partial C_2}\, dC_2 + \frac{\partial C}{\partial C_3}\, dC_3$$

Wir bilden nun mit Hilfe der *Quotientenregel* die benötigten *partiellen Ableitungen 1. Ordnung:*

$$\frac{\partial C}{\partial C_1} = \frac{C_3\,(C_1 + C_2 + C_3) - 1 \cdot (C_1 + C_2)\, C_3}{(C_1 + C_2 + C_3)^2} = \frac{C_3^2}{(C_1 + C_2 + C_3)^2}$$

Aus *Symmetriegründen* ist

$$\frac{\partial C}{\partial C_2} = \frac{C_3^2}{(C_1 + C_2 + C_3)^2}$$

Für die partielle Ableitung 1. Ordnung nach der Variablen C_3 erhalten wir

$$\frac{\partial C}{\partial C_3} = \frac{(C_1 + C_2)\,(C_1 + C_2 + C_3) - 1 \cdot (C_1 + C_2)\, C_3}{(C_1 + C_2 + C_3)^2} =$$

$$= \frac{C_1^2 + 2 C_1 C_2 + C_2^2}{(C_1 + C_2 + C_3)^2} = \frac{(C_1 + C_2)^2}{(C_1 + C_2 + C_3)^2}$$

Somit ist

$$dC = \frac{C_3^2\, dC_1}{(C_1 + C_2 + C_3)^2} + \frac{C_3^2\, dC_2}{(C_1 + C_2 + C_3)^2} + \frac{(C_1 + C_2)^2\, dC_3}{(C_1 + C_2 + C_3)^2} = \frac{C_3^2\,(dC_1 + dC_2) + (C_1 + C_2)^2\, dC_3}{(C_1 + C_2 + C_3)^2}$$

Die Differentiale dC_1, dC_2 und dC_3 sind die vorgegebenen (kleinen) *Änderungen* der Einzelkapazitäten:

$$dC_1 = \Delta C_1 = 2\ \mu F, \qquad dC_2 = \Delta C_2 = -1\ \mu F, \qquad dC_3 = \Delta C_3 = 3\ \mu F$$

Das *totale Differential dC* gibt dann *näherungsweise* die *Änderung* der Gesamtkapazität an. Somit gilt

$$\Delta C \approx dC = \frac{C_3^2\,(\Delta C_1 + \Delta C_2) + (C_1 + C_2)^2\,\Delta C_3}{(C_1 + C_2 + C_3)^2} = \frac{250^2\,(2-1) + (100 + 150)^2 \cdot 3}{(100 + 150 + 250)^2}\,\mu F = 1\,\mu F$$

Die *Näherungsrechnung* führt hier zum *gleichen* Ergebnis wie die *exakte* Rechnung.

Übung 4: Schwingungsgleichung der Mechanik
Totales oder vollständiges Differential

Das aus einer elastischen Feder mit der Federkonstanten k und einer angehängten Schwingmasse m bestehende *Federpendel* kann als *Modell* einer *ungedämpften harmonischen Schwingung* angesehen werden (Bild VIII-6). Leiten Sie aus dem *Energieerhaltungssatz der Mechanik* [A22] mit Hilfe des *totalen Differentials* die *Differentialgleichung* dieser Schwingung (auch *Schwingungsgleichung* genannt) her.

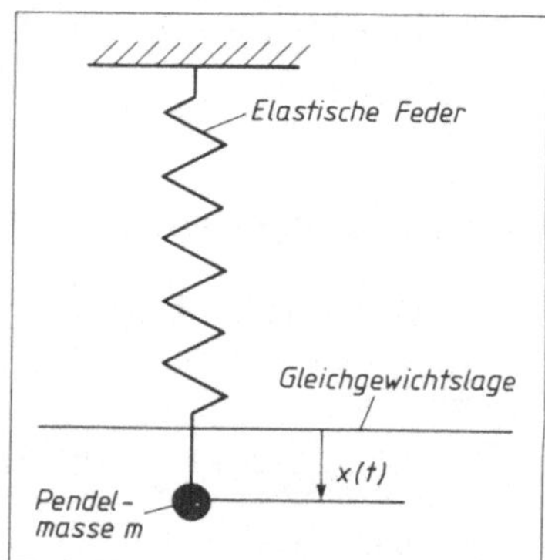

Bild VIII-6

Lehrbuch: Bd. 2, IV.2.3	*Physikalische Grundlagen:* A22

Lösung:

Ist $x = x(t)$ die *Auslenkung* und $v = v(t)$ die *Geschwindigkeit* des Federpendels zur Zeit t, so gilt nach dem *Energieerhaltungssatz der Mechanik* [A22]

$$E(x;v) = \frac{1}{2}\,mv^2 + \frac{1}{2}\,kx^2 = \text{const.}$$

Wir bilden nun das *totale Differential* dieser von x und v abhängigen (konstanten) Funktion:

$$dE = \frac{\partial E}{\partial v}\,dv + \frac{\partial E}{\partial x}\,dx = mv\,dv + kx\,dx$$

Wegen $E = \text{const.}$ ist die *Energieänderung dE* und somit das totale Differential gleich *null*:

$$dE = 0 \;\Rightarrow\; mv\,dv + kx\,dx = 0$$

Diese Gleichung dividieren wir formal durch das Zeitdifferential dt und beachten dabei, daß definitionsgemäß $\dfrac{dx}{dt} = v$ und $\dfrac{dv}{dt} = \dot{v} = \ddot{x}$ ist:

$$mv\,\frac{dv}{dt} + kx\,\frac{dx}{dt} = 0 \quad \text{oder} \quad mv\ddot{x} + kxv = 0$$

Durch Ausklammern des gemeinsamen Faktors v folgt weiter

$$v\,(m\ddot{x} + kx) = 0$$

Da $v \neq 0$ ist (sonst würde keine Schwingung vorliegen) muß der *Klammerausdruck* verschwinden. Dies führt zu der als *Schwingungsgleichung* bekannten *Differentialgleichung* einer *ungedämpften harmonischen Schwingung*:

$$m\ddot{x} + kx = 0 \qquad \text{oder} \qquad \ddot{x} + \omega_0^2 x = 0$$

($\omega_0^2 = k/m$). Die *allgemeine Lösung* dieser Differentialgleichung lautet im übrigen wie folgt:

$$x = C_1 \cdot \sin(\omega_0 t) + C_2 \cdot \cos(\omega_0 t) = A \cdot \sin(\omega_0 t + \varphi)$$

(s. hierzu Band 2, Abschnitt V.4.1.2).

> ## Übung 5: Selbstinduktivität einer elektrischen Doppelleitung
> ### *Linearisierung einer Funktion*

Eine *elektrische Doppelleitung* besteht aus zwei *parallelen* Leitern (Drähten) mit der Länge l und dem Leiterradius r. Der Mittelpunktsabstand der beiden Leiter beträgt a (Bild VIII-7). Die *Selbstinduktivität* L dieser Doppelleitung in Luft wird dabei nach der Formel

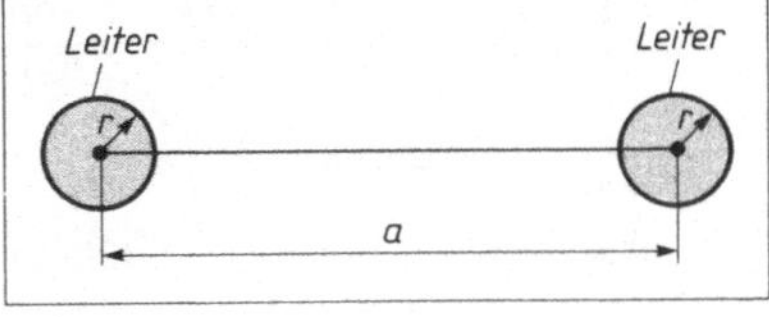

Bild VIII-7

$$L = L\,(l; r; a) = \frac{\mu_0}{\pi}\, l \left[\ln\left(\frac{a-r}{r}\right) + \frac{1}{4} \right]$$

berechnet.

a) *Linearisieren* Sie diese Funktion in der Umgebung des „*Arbeitspunktes*" $l_0 = 3$ km, $r_0 = 2$ mm, $a_0 = 30$ cm, d.h. geben Sie eine *lineare* Funktionsgleichung an, aus der sich die *Änderung* ΔL der Selbstinduktivität L bei *kleinen* Änderungen Δl, Δr und Δa der drei unabhängigen Größen l, r und a berechnen läßt.

b) Berechnen Sie mit dieser *linearisierten* Funktion die *absolute Änderung* ΔL der Selbstinduktivität L, wenn die *Länge* der Doppelleitung um 1 % *vergrößert*, der *Leiterradius* um 1 % *verkleinert* und gleichzeitig der *Mittelpunktsabstand* um 2 % *vergrößert* wird. *Vergleichen* Sie diesen *Näherungswert* mit der *tatsächlichen* Änderung ΔL_{exakt}.

($\mu_0 = 4\pi \cdot 10^{-7}$ Vs/Am: magnetische Feldkonstante)

Lehrbuch: Bd. 2, IV.2.4.2

Lösung:

a) Bei *geringen* Änderungen der drei unabhängigen Variablen gilt *näherungsweise* der folgende *lineare* Zusammenhang zwischen den Größen L, l, r und a:

$$\Delta L = \left(\frac{\partial L}{\partial l}\right)_0 \Delta l + \left(\frac{\partial L}{\partial r}\right)_0 \Delta r + \left(\frac{\partial L}{\partial a}\right)_0 \Delta a$$

(*linearisierte* Funktion mit Hilfe des *totalen Differentials*). Der Index „0" kennzeichnet dabei den „Arbeitspunkt" l_0, r_0, a_0. Wir bilden nun die benötigten *partiellen Ableitungen 1. Ordnung*. Sie lauten der Reihe nach

$$\frac{\partial L}{\partial l} = \frac{\partial}{\partial l}\left[\frac{\mu_0}{\pi}\, l\left(\ln\left(\frac{a-r}{r}\right) + \frac{1}{4}\right)\right] = \frac{\mu_0}{\pi}\left[\ln\left(\frac{a-r}{r}\right) + \frac{1}{4}\right]$$

$$\frac{\partial L}{\partial r} = \frac{\partial}{\partial r}\left[\frac{\mu_0}{\pi}\, l\left(\ln\left(\frac{a-r}{r}\right) + \frac{1}{4}\right)\right] = \frac{\mu_0}{\pi}\, l \cdot \frac{\partial}{\partial r}\left[\ln(a-r) - \ln r + \frac{1}{4}\right] =$$

$$= \frac{\mu_0}{\pi}\, l\left(-\frac{1}{a-r} - \frac{1}{r}\right) = -\frac{\mu_0}{\pi} \cdot \frac{al}{(a-r)\, r}$$

$$\frac{\partial L}{\partial a} = \frac{\partial}{\partial a}\left[\frac{\mu_0}{\pi}\, l\left(\ln\left(\frac{a-r}{r}\right) + \frac{1}{4}\right)\right] = \frac{\mu_0}{\pi}\, l \cdot \frac{\partial}{\partial a}\left[\ln(a-r) - \ln r + \frac{1}{4}\right] = \frac{\mu_0}{\pi} \cdot \frac{l}{a-r}$$

Im *Arbeitspunkt* besitzen diese Ableitungen die Werte

$$\left(\frac{\partial L}{\partial l}\right)_0 = \frac{4\pi \cdot 10^{-7}\,\frac{\text{Vs}}{\text{Am}}}{\pi}\left[\ln\left(\frac{300\ \text{mm} - 2\ \text{mm}}{2\ \text{mm}}\right) + \frac{1}{4}\right] = 2{,}101 \cdot 10^{-6}\,\frac{\text{Vs}}{\text{Am}}$$

$$\left(\frac{\partial L}{\partial r}\right)_0 = -\frac{4\pi \cdot 10^{-7}\,\frac{\text{Vs}}{\text{Am}}}{\pi} \cdot \frac{300\ \text{mm} \cdot 3 \cdot 10^6\ \text{mm}}{(300\ \text{mm} - 2\ \text{mm})\, 2\ \text{mm}} = -0{,}604\ 027\,\frac{\text{Vs}}{\text{Am}}$$

$$\left(\frac{\partial L}{\partial a}\right)_0 = \frac{4\pi \cdot 10^{-7}\,\frac{\text{Vs}}{\text{Am}}}{\pi} \cdot \frac{3 \cdot 10^6\ \text{mm}}{300\ \text{mm} - 2\ \text{mm}} = 0{,}004\ 027\,\frac{\text{Vs}}{\text{Am}}$$

Die *linearisierte* Funktion nimmt damit die folgende Gestalt an:

$$\Delta L = (2{,}101 \cdot 10^{-6} \cdot \Delta l - 0{,}604\ 027 \cdot \Delta r + 0{,}004\ 027 \cdot \Delta a)\,\frac{\text{Vs}}{\text{Am}}$$

Alle in dieser Gleichung auftretenden Größen sind *Relativkoordinaten*, d.h. die auf den *Arbeitspunkt* bezogenen *Änderungen* von l, r, a und L.

b) **Näherungsrechnung**

Die *linearisierte* Funktion liefert mit den vorgegebenen Änderungen[3]

$$\Delta l = 30\ \text{m}, \qquad \Delta r = -0{,}02\ \text{mm} = -2 \cdot 10^{-5}\ \text{m}, \qquad \Delta a = 0{,}6\ \text{cm} = 6 \cdot 10^{-3}\ \text{m}$$

den *Näherungswert*

$$\Delta L = \left[2{,}101 \cdot 10^{-6} \cdot 30\ \text{m} - 0{,}604\ 027 \cdot (-2 \cdot 10^{-5}\,\text{m}) + 0{,}004\ 027 \cdot 6 \cdot 10^{-3}\,\text{m}\right]\frac{\text{Vs}}{\text{Am}} =$$

$$= 0{,}000\ 099\,\frac{\text{Vs}}{\text{A}} = 0{,}099\ \text{mH}[4]$$

Die *Selbstinduktivität* L nimmt somit *näherungsweise* um $\Delta L = 0{,}099\ \text{mH}$ zu.

---

[3] Aus *Dimensionsgründen* werden alle Werte auf die Einheit *Meter* umgerechnet.

[4] $1\,\dfrac{\text{Vs}}{\text{A}} = 1\ \text{H}, \quad 1\ \text{mH} = 10^{-3}\ \text{H}.$

Exakte Rechnung

Die *Selbstinduktivität* der *vorgegebenen* Doppelleitung beträgt

$$L_0 = \frac{4\pi \cdot 10^{-7}\,\frac{Vs}{Am}}{\pi} \cdot 3 \cdot 10^3\,m \left[\ln\left(\frac{300\,mm - 2\,mm}{2\,mm}\right) + \frac{1}{4}\right] = 0{,}006\ 305\,\frac{Vs}{A} = 6{,}305\,mH$$

Die Größen l, r und a besitzen *nach* den vorgenommenen Änderungen nunmehr die Werte

$$l_1 = l_0 + \Delta l = 3000\,m + 30\,m = 3030\,m = 3{,}03 \cdot 10^3\,m$$

$$r_1 = r_0 + \Delta r = 2\,mm - 0{,}02\,mm = 1{,}98\,mm$$

$$a_1 = a_0 + \Delta a = 30\,cm + 0{,}6\,cm = 30{,}6\,cm = 306\,mm$$

Die *Selbstinduktivität* beträgt jetzt

$$L_1 = \frac{4\pi \cdot 10^{-7}\,\frac{Vs}{Am}}{\pi} \cdot 3{,}03 \cdot 10^3\,m \left[\ln\left(\frac{306\,mm - 1{,}98\,mm}{1{,}98\,mm}\right) + \frac{1}{4}\right] = 0{,}006\ 404\,\frac{Vs}{A} = 6{,}404\,mH$$

Damit ergibt sich für die *exakte* Änderung der Selbstinduktivität der Wert

$$\Delta L_{exakt} = L_1 - L_0 = 6{,}404\,mH - 6{,}305\,mH = 0{,}099\,mH$$

in *Übereinstimmung* mit der *Näherungsrechnung*!

Übung 6: Leistungsanpassung beim Wechselstromgenerator
Extremwertaufgabe

Ein *Wechselstromgenerator* mit dem *komplexen* Innenwiderstand $\underline{Z}_i = R_i + j\,X_i$ liefert eine *konstante* Quellenspannung $\underline{U}$ mit dem Effektivwert U. Ein angeschlossener Verbraucher mit dem *stetig veränderbaren* komplexen Widerstand $\underline{Z}_a = R_a + j\,X_a$ soll so abgestimmt werden, daß die von ihm aufgenommene *Wirkleistung* P [A60] einen *maxi-*

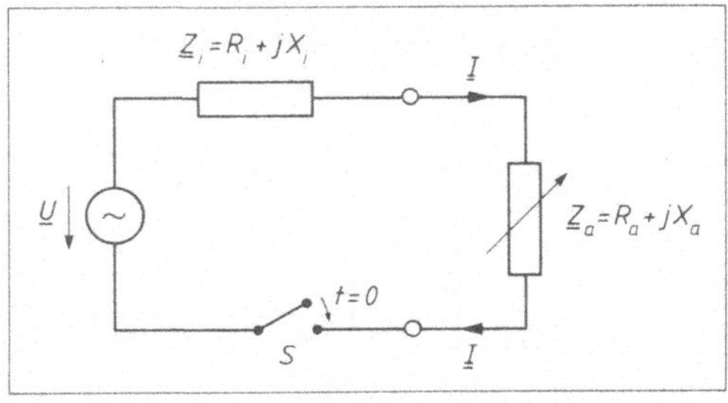

Bild VIII-8

malen Wert erreicht (sog. *Leistungsanpassung*; Bild VIII-8). Wie sind *Wirkwiderstand* R_a und *Blindwiderstand* X_a des Verbrauchers zu wählen?

Lösungshinweis: Die benötigte Stromstärke $\underline{I}$ läßt sich aus dem *ohmschen Gesetz der Wechselstromtechnik* [A52] bestimmen. Die Wirkleistung P [A60] ist dann als eine Funktion der beiden *unabhängigen* Variablen R_a und X_a darstellbar.

Lehrbuch: Bd. 2, IV.2.4.3
Physikalische Grundlagen: A13, A52, A60

Lösung:

Der Gesamtwiderstand der *Reihenschaltung* [A13] ist

$$\underline{Z} = \underline{Z}_a + \underline{Z}_i = (R_a + R_i) + j\,(X_a + X_i)$$

Nach dem *Ohmschen Gesetz der Wechselstromtechnik* [A52] beträgt somit die *Stromstärke*

$$\underline{I} = \frac{\underline{U}}{\underline{Z}} = \frac{\underline{U}}{\underline{Z}_a + \underline{Z}_i} = \frac{\underline{U}}{(R_a + R_i) + j\,(X_a + X_i)}$$

Die vom Verbraucher aufgenommene *Wirkleistung* ist definitionsgemäß [A60]

$$P = R_a\,I^2$$

Dabei ist I der *Effektivwert* der Stromstärke. Mit $I^2 = \underline{I} \cdot \underline{I}^*$ folgt dann

$$P\,(R_a;\,X_a) = R_a\,\frac{\underline{U}}{(R_a + R_i) + j\,(X_a + X_i)} \cdot \frac{\underline{U}^*}{(R_a + R_i) - j\,(X_a + X_i)} = \frac{R_a \cdot U^2}{(R_a + R_i)^2 + (X_a + X_i)^2}$$

$(\underline{U} \cdot \underline{U}^* = U^2)$. Dabei sind $\underline{I}^*$ und $\underline{U}^*$ die zu $\underline{I}$ und $\underline{U}$ *konjugiert komplexen* Größen.

Wirkwiderstand R_a und *Blindwiderstand* X_a sind nun (bei vorgegebenen Werten für U, R_i und X_i) so zu bestimmen, daß die *Wirkleistung* $P\,(R_a;\,X_a)$ ihren *größtmöglichen* Wert annimmt. Es handelt sich also um eine *Extremwertaufgabe* für eine von *zwei* unabhängigen Variablen abhängige Funktion.

Bestimmung der benötigten partiellen Ableitungen

Die für die Extremwertberechnung benötigten partiellen Ableitungen 1. und 2. Ordnung erhalten wir mit Hilfe der *Quotienten- und Kettenregel.* Sie lauten:

$$\frac{\partial P}{\partial R_a} = \frac{\partial}{\partial R_a}\left[U^2\,\frac{R_a}{(R_a + R_i)^2 + (X_a + X_i)^2}\right] =$$

$$= U^2\,\frac{1 \cdot \left[(R_a + R_i)^2 + (X_a + X_i)^2\right] - 2\,(R_a + R_i) \cdot 1 \cdot R_a}{\left[(R_a + R_i)^2 + (X_a + X_i)^2\right]^2} =$$

$$= U^2\,\frac{R_i^2 - R_a^2 + (X_a + X_i)^2}{\left[(R_a + R_i)^2 + (X_a + X_i)^2\right]^2}$$

$$\frac{\partial P}{\partial X_a} = \frac{\partial}{\partial X_a}\left[U^2 R_a\left[(R_a + R_i)^2 + (X_a + X_i)^2\right]^{-1}\right] =$$

$$= U^2 R_a \cdot (-1) \cdot \left[(R_a + R_i)^2 + (X_a + X_i)^2\right]^{-2} \cdot 2\,(X_a + X_i) \cdot 1 =$$

$$= -2\,U^2\,\frac{R_a\,(X_a + X_i)}{\left[(R_a + R_i)^2 + (X_a + X_i)^2\right]^2}$$

$$\frac{\partial^2 P}{\partial R_a^2} = \frac{\partial}{\partial R_a}\left[U^2\,\frac{R_i^2 - R_a^2 + (X_a + X_i)^2}{\left[(R_a + R_i)^2 + (X_a + X_i)^2\right]^2}\right] =$$

$$= U^2\left[\frac{-2R_a\left[(R_a + R_i)^2 + (X_a + X_i)^2\right]^2}{\left[(R_a + R_i)^2 + (X_a + X_i)^2\right]^4} - \right.$$

$$\left. - \frac{2\left[(R_a + R_i)^2 + (X_a + X_i)^2\right] \cdot 2\,(R_a + R_i) \cdot 1 \cdot \left[R_i^2 - R_a^2 + (X_a + X_i)^2\right]}{\left[(R_a + R_i)^2 + (X_a + X_i)^2\right]^4}\right] =$$

$$= - 2 U^2 \, \frac{R_a \left[(R_a + R_i)^2 + (X_a + X_i)^2 \right] + 2 (R_a + R_i) \left[R_i^2 - R_a^2 + (X_a + X_i)^2 \right]}{\left[(R_a + R_i)^2 + (X_a + X_i)^2 \right]^3} =$$

$$= - 2 U^2 \, \frac{(R_a + R_i)^2 \, (2 R_i - R_a) + (3 R_a + 2 R_i) \, (X_a + X_i)^2}{\left[(R_a + R_i)^2 + (X_a + X_i)^2 \right]^3}$$

Analog findet man für die restlichen partiellen Ableitungen 2. Ordnung:

$$\frac{\partial^2 P}{\partial X_a^2} = - 2 U^2 R_a \, \frac{(R_a + R_i)^2 - 3 (X_a + X_i)^2}{\left[(R_a + R_i)^2 + (X_a + X_i)^2 \right]^3}$$

$$\frac{\partial^2 P}{\partial X_a \, \partial R_a} = - 2 U^2 \, \frac{(X_a + X_i) \left[(R_a + R_i) (R_i - 3 R_a) + (X_a + X_i)^2 \right]}{\left[(R_a + R_i)^2 + (X_a + X_i)^2 \right]^3}$$

Extremwertberechnung

Aus den *notwendigen* Bedingungen $\dfrac{\partial P}{\partial R_a} = 0$ und $\dfrac{\partial P}{\partial X_a} = 0$ erhalten wir folgende Lösung:

$$\frac{\partial P}{\partial X_a} = 0 \;\; \Rightarrow \;\; R_a \, (X_a + X_i) = 0 \;\; \Rightarrow \;\; X_a = - X_i$$

$(R_a > 0$, sonst *keine* Leistungsaufnahme möglich)

$$\frac{\partial P}{\partial R_a} = 0 \;\; \Rightarrow \;\; R_i^2 - R_a^2 + \underbrace{(X_a + X_i)^2}_{0} = 0 \;\; \Rightarrow \;\; R_a = R_i$$

Wir prüfen nun, ob auch das *hinreichende* Kriterium erfüllt ist. Dazu berechnen wir zunächst die Werte der partiellen Ableitungen 2. Ordnung an der Stelle $R_a = R_i$, $X_a = - X_i$:

$$\left(\frac{\partial^2 P}{\partial R_a^2} \Bigg|_{\substack{R_a = R_i \\ X_a = - X_i}} \right) = \left(\frac{\partial^2 P}{\partial X_a^2} \Bigg|_{\substack{R_a = R_i \\ X_a = - X_i}} \right) = - \frac{U^2}{8 R_i^3} \, , \qquad \left(\frac{\partial^2 P}{\partial X_a \, \partial R_a} \Bigg|_{\substack{R_a = R_i \\ X_a = - X_i}} \right) = 0$$

Wegen

$$\Delta = \left(\frac{\partial^2 P}{\partial R_a^2} \Bigg|_{\substack{R_a = R_i \\ X_a = - X_i}} \right) \cdot \left(\frac{\partial^2 P}{\partial X_a^2} \Bigg|_{\substack{R_a = R_i \\ X_a = - X_i}} \right) - \left(\frac{\partial^2 P}{\partial X_a \, \partial R_a} \Bigg|_{\substack{R_a = R_i \\ X_a = - X_i}} \right)^2 =$$

$$= \left(- \frac{U^2}{8 R_i^3} \right) \cdot \left(- \frac{U^2}{8 R_i^3} \right) - 0^2 = \frac{U^4}{64 R_i^6} > 0$$

und

$$\left(\frac{\partial^2 P}{\partial R_a^2} \Bigg|_{\substack{R_a = R_i \\ X_a = - X_i}} \right) = - \frac{U^2}{8 R_i^3} < 0$$

liegt ein *relatives Maximum* vor. Die *Leistungsaufnahme* des Verbrauchers ist somit *optimal*, wenn $R_a = R_i$, $X_a = - X_i$ und somit $\underline{Z}_a = \underline{Z}_i^*$ ist, d.h. der Verbraucherwiderstand muß zum Innenwiderstand des Generators *konjugiert komplex* sein. Die *Blindwiderstände* von Verbraucher und Generator *kompensieren* sich somit im Falle der Leistungsanpassung, die Leistung erreicht dann ihren *Maximalwert*

$$P_{\mathrm{max}} = P \, (R_a = R_i; \; X_a = - X_i) = \frac{U^2}{4 R_i}$$

Übung 7:   Eine Anwendung des Gaußschen Fehlerintegrals
Extremwertaufgabe

In der Technik (insbesondere in der Elektrotechnik) stellt sich häufig das Problem, eine *nichtsinusförmige* periodische Funktion $y(t)$ mit der Periode T durch ein *trigonometrisches Polynom m-ten Grades* vom Typ

$$y_m(t) = \frac{a_0}{2} + \sum_{k=1}^{m} \left[a_k \cdot \cos(k\,\omega_0\,t) + b_k \cdot \sin(k\,\omega_0\,t) \right]$$

näherungsweise zu ersetzen ($\omega_0 = 2\pi/T$: Kreisfrequenz der *Grundschwingung*; $\omega_k = k\,\omega_0$: Kreisfrequenzen der *harmonischen Oberschwingungen*). Ein *Maß* für den dabei begangenen *Fehler* liefert das sog. *Gaußsche Fehlerintegral*

$$F = \int_0^T \left[y(t) - y_m(t) \right]^2 dt$$

a) Bestimmen Sie die noch unbekannten *Koeffizienten* $a_0, a_1, \ldots, a_m, b_1, \ldots, b_m$ des trigonometrischen Näherungspolynoms $y_m(t)$ so, daß dieses Fehlerintegral einen *möglichst kleinen* Wert annimmt.

b) Zeigen Sie, daß die unter a) berechneten Koeffizienten genau die *Fourierkoeffizienten* der Fourier-Reihe von $y(t)$ sind. Was folgern Sie daraus?

Lösungshinweis: Betrachten Sie das Gaußsche Fehlerintegral als eine *Funktion* der $2m+1$ *unabhängigen* Variablen $a_0, a_1, \ldots, a_m, b_1, \ldots, b_m$. Bei der Lösung dieser Extremwertaufgabe dürfen Sie ferner auf die folgenden Integrale zurückgreifen:

$$I_1 = \int_0^T \cos(k\,\omega_0\,t)\, dt = \int_0^T \sin(k\,\omega_0\,t)\, dt = 0$$

$$I_{kn} = \int_0^T \cos(k\,\omega_0\,t) \cdot \cos(n\,\omega_0\,t)\, dt =$$

$$= \int_0^T \sin(k\,\omega_0\,t) \cdot \sin(n\,\omega_0\,t)\, dt = \begin{cases} 0 & k \neq n \\ T/2 & k = n \end{cases} \text{für}$$

$$I_{kn}^* = \int_0^T \cos(k\,\omega_0\,t) \cdot \sin(n\,\omega_0\,t)\, dt = \int_0^T \sin(k\,\omega_0\,t) \cdot \cos(n\,\omega_0\,t)\, dt = 0$$

Lehrbuch: Bd. 2, IV.2.4.3

Lösung:

a) Das *Gaußsche Fehlerintegral* ist als eine Funktion der insgesamt $2m + 1$ unabhängigen Variablen $a_0, a_1, \ldots, a_m, b_1, \ldots, b_m$ zu betrachten:

$$F(a_0, a_1, \ldots, a_m, b_1, \ldots, b_m) = \int_0^T [y(t) - y_m(t)]^2\, dt =$$

$$= \int_0^T \left[y(t) - \frac{a_0}{2} - \sum_{k=1}^m [a_k \cdot \cos(k\,\omega_0 t) + b_k \cdot \sin(k\,\omega_0 t)] \right]^2 dt$$

Die für ein *Minimum* notwendigen Bedingungen lauten dann

$$\frac{\partial F}{\partial a_0} = \frac{\partial F}{\partial a_1} = \ldots = \frac{\partial F}{\partial a_m} = \frac{\partial F}{\partial b_1} = \ldots = \frac{\partial F}{\partial b_m} = 0$$

d.h. *sämtliche* partiellen Ableitungen *1. Ordnung* nach den Koeffizienten $a_0, a_1, \ldots, a_m$, $b_1, \ldots, b_m$ müssen *verschwinden*. Bei der Bildung der benötigten Ableitungen (mit Hilfe der *Kettenregel*) beachten wir, daß Differentiation und Integration *vertauschbar* sind, d.h. die Differentiation darf „*unter*" dem Integralzeichen ausgeführt werden.

Berechnung des Koeffizienten a_0

$$\frac{\partial F}{\partial a_0} = \int_0^T 2 \left[y(t) - \frac{a_0}{2} - \sum_{k=1}^m [a_k \cdot \cos(k\,\omega_0 t) + b_k \cdot \sin(k\,\omega_0 t)] \right] \cdot \left(-\frac{1}{2} \right) dt =$$

$$= -\int_0^T \left[y(t) - \frac{a_0}{2} - \sum_{k=1}^m [a_k \cdot \cos(k\,\omega_0 t) + b_k \cdot \sin(k\,\omega_0 t)] \right] dt = 0$$

Wir spalten das Integral in *Teilintegrale* auf und lösen die Gleichung dann nach a_0 auf:

$$-\int_0^T y(t)\, dt + \frac{a_0}{2} \cdot \underbrace{\int_0^T dt}_{T} + \sum_{k=1}^m \left(a_k \cdot \underbrace{\int_0^T \cos(k\,\omega_0 t)\, dt}_{I_1 = 0} + b_k \cdot \underbrace{\int_0^T \sin(k\,\omega_0 t)\, dt}_{I_1 = 0} \right) = 0$$

$$-\int_0^T y(t)\, dt + \frac{a_0 T}{2} = 0 \quad \Rightarrow \quad a_0 = \frac{2}{T} \cdot \int_0^T y(t)\, dt$$

Berechnung der Koeffizienten a_n $(n = 1, 2, \ldots, m)$

$$\frac{\partial F}{\partial a_n} = \int_0^T 2\left[y(t) - \frac{a_0}{2} - \sum_{k=1}^m \left[a_k \cdot \cos(k\,\omega_0 t) + b_k \cdot \sin(k\,\omega_0 t)\right]\right] \cdot \left[-\cos(n\,\omega_0 t)\right] dt =$$

$$= 2 \cdot \int_0^T \left[-y(t) \cdot \cos(n\,\omega_0 t) + \frac{a_0}{2} \cdot \cos(n\,\omega_0 t) + \right.$$

$$\left. + \sum_{k=1}^m \left[a_k \cdot \cos(k\,\omega_0 t) \cdot \cos(n\,\omega_0 t) + b_k \cdot \sin(k\,\omega_0 t) \cdot \cos(n\,\omega_0 t)\right]\right] dt = 0$$

Wir dividieren durch 2 und spalten das Integral in *Teilintegrale* auf:

$$-\int_0^T y(t) \cdot \cos(n\,\omega_0 t)\, dt + \frac{a_0}{2} \cdot \underbrace{\int_0^T \cos(n\,\omega_0 t)\, dt}_{I_1 = 0} +$$

$$+ \sum_{k=1}^m \left(a_k \cdot \underbrace{\int_0^T \cos(k\,\omega_0 t) \cdot \cos(n\,\omega_0 t)\, dt}_{I_{kn}} + b_k \cdot \underbrace{\int_0^T \sin(k\,\omega_0 t) \cdot \cos(n\,\omega_0 t)\, dt}_{I_{kn}^* = 0}\right) =$$

$$= -\int_0^T y(t) \cdot \cos(n\,\omega_0 t)\, dt + \sum_{k=1}^m a_k \cdot I_{kn} = 0$$

Die Integrale I_{kn} verschwinden bis auf $I_{nn} = T/2$. Damit folgt für den Koeffizienten a_n:

$$-\int_0^T y(t) \cdot \cos(n\,\omega_0 t)\, dt + a_n \cdot \frac{T}{2} = 0 \quad\Rightarrow\quad a_n = \frac{2}{T} \cdot \int_0^T y(t) \cdot \cos(n\,\omega_0 t)\, dt$$

Berechnung der Koeffizienten b_n $(n = 1, 2, \ldots, m)$

$$\frac{\partial F}{\partial b_n} = \int_0^T 2\left[y(t) - \frac{a_0}{2} - \sum_{k=1}^m \left[a_k \cdot \cos(k\,\omega_0 t) + b_k \cdot \sin(k\,\omega_0 t)\right]\right] \cdot \left[-\sin(n\,\omega_0 t)\right] dt =$$

$$= 2 \cdot \int_0^T \left[-y(t) \cdot \sin(n\,\omega_0 t) + \frac{a_0}{2} \cdot \sin(n\,\omega_0 t) + \right.$$

$$\left. + \sum_{k=1}^m \left[a_k \cdot \cos(k\,\omega_0 t) \cdot \sin(n\,\omega_0 t) + b_k \cdot \sin(k\,\omega_0 t) \cdot \sin(n\,\omega_0 t)\right]\right] dt = 0$$

Wir dividieren durch 2 und spalten das Integral in *Teilintegrale* auf:

$$-\int_0^T y(t) \cdot \sin(n\,\omega_0\,t)\,dt + \frac{a_0}{2} \cdot \underbrace{\int_0^T \sin(n\,\omega_0\,t)\,dt}_{I_1 = 0} +$$

$$+ \sum_{k=1}^{m} \left(a_k \cdot \underbrace{\int_0^T \cos(k\,\omega_0\,t) \cdot \sin(n\,\omega_0\,t)\,dt}_{I_{kn}^* = 0} + b_k \cdot \underbrace{\int_0^T \sin(k\,\omega_0\,t) \cdot \sin(n\,\omega_0\,t)\,dt}_{I_{kn}} \right) =$$

$$= -\int_0^T y(t) \cdot \sin(n\,\omega_0\,t)\,dt + \sum_{k=1}^{m} b_k \cdot I_{kn} = 0$$

Wegen $I_{kn} = 0$ für $k \neq n$ und $I_{nn} = T/2$ folgt schließlich für den Koeffizienten b_n:

$$-\int_0^T y(t) \cdot \sin(n\,\omega_0\,t)\,dt + b_n \cdot \frac{T}{2} = 0 \quad \Rightarrow \quad b_n = \frac{2}{T} \cdot \int_0^T y(t) \cdot \sin(n\,\omega_0\,t)\,dt$$

b) Die Berechnungsformeln für die *Koeffizienten* des trigonometrischen Näherungspolynoms m-ten Grades lauten nach den Ergebnissen aus Teil a):

$$a_0 = \frac{2}{T} \cdot \int_0^T y(t)\,dt$$

$$\left. \begin{array}{l} a_n = \dfrac{2}{T} \cdot \displaystyle\int_0^T y(t) \cdot \cos(n\,\omega_0\,t)\,dt \\[3em] b_n = \dfrac{2}{T} \cdot \displaystyle\int_0^T y(t) \cdot \sin(n\,\omega_0\,t)\,dt \end{array} \right\} \quad n = 1, 2, \ldots, m$$

Sie stimmen, wie ein Vergleich zeigt, mit den entsprechenden *Fourierkoeffizienten* der Fourier-Reihe von $y(t)$ überein (s. Band 2, Abschnitt II.2.1, Formel (II-28) bzw. Formelsammlung, Abschnitt VI.4.2). Wir folgern: Von allen möglichen *trigonometrischen* Polynomen m-ten Grades vom Typ

$$y_m(t) = \frac{a_0}{2} + \sum_{k=1}^{m} \left[a_k \cdot \cos(k\,\omega_0\,t) + b_k \cdot \sin(k\,\omega_0\,t) \right]$$

liefert dasjenige die *bestmögliche* Näherung für $y(t)$, dessen Koeffizienten mit den entsprechenden *Fourierkoeffizienten* von $y(t)$ übereinstimmt!

Übung 8:   Flächeninhalt und Flächenschwerpunkt eines Kreisabschnittes (Kreissegmentes)
Doppelintegrale in kartesischen Koordinaten

Bild VIII-9 zeigt ein *Kreissegment*
mit dem Radius R und dem Zentriwinkel $\varphi = 2\alpha$. Berechnen Sie unter
ausschließlicher Verwendung von
Doppelintegralen

a) den *Flächeninhalt A*,
b) die Lage des *Flächenschwerpunktes S*.
c) Untersuchen Sie den Sonderfall
   $\varphi = \pi$.

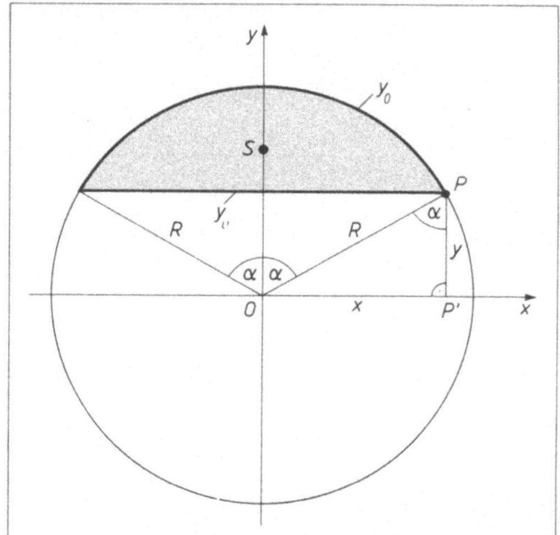

Bild VIII-9

Lehrbuch: Bd. 2, IV.3.1

Lösung:

Wir bestimmen zunächst die benötigten *Integrationsgrenzen* unter Verwendung *kartesischer* Koordinaten.
Aus dem *rechtwinkligen* Dreieck $OP'P$ erhalten wir für die Koordinaten des Punktes $P = (x; y)$ die
folgenden Beziehungen:

$$\sin \alpha = \frac{x}{R} \;\Rightarrow\; x = R \cdot \sin \alpha, \qquad \cos \alpha = \frac{y}{R} \;\Rightarrow\; y = R \cdot \cos \alpha$$

Das Kreissegment wird somit *unten* von der zur x-Achse parallelen Geraden $y_u = R \cdot \cos \alpha$ und *oben*
von der Kreislinie $y_0 = \sqrt{R^2 - x^2}$ berandet. Die Kurvenschnittpunkte liegen bei $x_{1/2} = \pm R \cdot \sin \alpha$.

Damit ergeben sich folgende *Integrationsgrenzen:*

y-*Integration:* Von $y = R \cdot \cos \alpha$ bis $y = \sqrt{R^2 - x^2}$
x-*Integration:* Von $x = -R \cdot \sin \alpha$ bis $x = R \cdot \sin \alpha$

a) Das *Doppelintegral* für den *Flächeninhalt* lautet

$$A = \iint\limits_{(A)} dA = \int\limits_{x=-R\,\cdot\,\sin\alpha}^{R\,\cdot\,\sin\alpha} \int\limits_{y=R\,\cdot\,\cos\alpha}^{\sqrt{R^2-x^2}} dy\,dx = 2 \cdot \int\limits_{x=0}^{R\,\cdot\,\sin\alpha} \int\limits_{y=R\,\cdot\,\cos\alpha}^{\sqrt{R^2-x^2}} dy\,dx$$

Innere Integration (nach der Variablen y):

$$\int\limits_{y=R\cdot\cos\alpha}^{\sqrt{R^2-x^2}} dy = \left[y\right]_{y=R\cdot\cos\alpha}^{\sqrt{R^2-x^2}} = \sqrt{R^2-x^2} - R\cdot\cos\alpha$$

Äußere Integration (nach der Variablen x):

$$\int\limits_{x=0}^{R\cdot\sin\alpha} (\sqrt{R^2-x^2} - R\cdot\cos\alpha)\,dx = \left[\frac{1}{2}\left(x\cdot\sqrt{R^2-x^2} + R^2\cdot\arcsin\left(\frac{x}{R}\right)\right) - R\cdot\cos\alpha\cdot x\right]_{0}^{R\cdot\sin\alpha} =$$

$$= \frac{1}{2}R\cdot\sin\alpha\cdot\underbrace{\sqrt{R^2 - R^2\cdot\sin^2\alpha}}_{R^2\cdot\cos^2\alpha} + \frac{1}{2}R^2\cdot\underbrace{\arcsin(\sin\alpha)}_{\alpha} - R^2\cdot\cos\alpha\cdot\sin\alpha =$$

$$= \frac{1}{2}R^2\cdot\sin\alpha\cdot\cos\alpha + \frac{1}{2}R^2\alpha - R^2\cdot\sin\alpha\cdot\cos\alpha =$$

$$= \frac{1}{2}R^2\alpha - \frac{1}{2}R^2\cdot\underbrace{\sin\alpha\cdot\cos\alpha}_{\frac{1}{2}\cdot\sin(2\alpha)} = \frac{1}{2}R^2\left(\alpha - \frac{1}{2}\cdot\sin(2\alpha)\right)$$

(Formelsammlung, III.7.6.3)

(Berechnung des Integrals $\int\sqrt{R^2-x^2}\,dx$ nach Integral Nr. 141) Die Fläche beträgt somit

$$A = 2\cdot\frac{1}{2}R^2\left(\alpha - \frac{1}{2}\cdot\sin(2\alpha)\right) = R^2\left(\alpha - \frac{1}{2}\cdot\sin(2\alpha)\right)$$

oder (unter Berücksichtigung von $\alpha = \varphi/2$)

$$A = R^2\left(\frac{\varphi}{2} - \frac{1}{2}\cdot\sin\varphi\right) = \frac{1}{2}R^2\,(\varphi - \sin\varphi)$$

b) Der *Schwerpunkt S* liegt aus *Symmetriegründen* auf der *y-Achse* (Symmetrieachse). Somit ist $x_S = 0$. Für die Schwerpunktsordinate y_S gilt dann

$$y_S = \frac{1}{A}\cdot\iint\limits_{(A)} y\,dA = \frac{1}{R^2\left[\alpha - \frac{1}{2}\cdot\sin(2\alpha)\right]}\cdot\int\limits_{x=-R\cdot\sin\alpha}^{R\cdot\sin\alpha}\int\limits_{y=R\cdot\cos\alpha}^{\sqrt{R^2-x^2}} y\,dy\,dx =$$

$$= \frac{2}{R^2\left[\alpha - \frac{1}{2}\cdot\sin(2\alpha)\right]}\cdot\int\limits_{x=0}^{R\cdot\sin\alpha}\int\limits_{y=R\cdot\cos\alpha}^{\sqrt{R^2-x^2}} y\,dy\,dx$$

Innere Integration (nach der Variablen y):

$$\int\limits_{y=R\cdot\cos\alpha}^{\sqrt{R^2-x^2}} y\,dy = \left[\frac{1}{2}y^2\right]_{y=R\cdot\cos\alpha}^{\sqrt{R^2-x^2}} = \frac{1}{2}(R^2 - x^2 - R^2\cdot\cos^2\alpha) =$$

$$= \frac{1}{2}\left[R^2\underbrace{(1-\cos^2\alpha)}_{\sin^2\alpha} - x^2\right] = \frac{1}{2}(R^2\cdot\sin^2\alpha - x^2)$$

Äußere Integration (nach der Variablen x):

$$\int\limits_{x=0}^{R\,\cdot\,\sin\alpha} \frac{1}{2}\,(R^2\cdot\sin^2\alpha - x^2)\,dx = \frac{1}{2}\left[R^2\cdot\sin^2\alpha\cdot x - \frac{1}{3}x^3\right]_{0}^{R\,\cdot\,\sin\alpha} =$$

$$= \frac{1}{2}\left(R^3\cdot\sin^3\alpha - \frac{1}{3}R^3\cdot\sin^3\alpha\right) = \frac{1}{3}R^3\cdot\sin^3\alpha$$

Für die Schwerpunktskoordinate y_S erhalten wir damit

$$y_S = \frac{2}{R^2\left[\alpha - \frac{1}{2}\cdot\sin(2\alpha)\right]}\cdot\frac{1}{3}R^3\cdot\sin^3\alpha = \frac{2R\cdot\sin^3\alpha}{3\left[\alpha - \frac{1}{2}\cdot\sin(2\alpha)\right]}$$

oder (unter Berücksichtigung von $\alpha = \varphi/2$)

$$y_S = \frac{4R\cdot\sin^3(\varphi/2)}{3\,(\varphi - \sin\varphi)}$$

c) Für $\varphi = \pi$ erhalten wir einen *Halbkreis* mit der Fläche $A = \frac{1}{2}\pi R^2$ und den Schwerpunktskoordinaten $x_S = 0$ und $y_S = \dfrac{4R}{3\pi} = 0{,}424\,R$.

Übung 9: Magnetischer Fluß durch eine Leiterschleife
Doppelintegral in Polarkoordinaten

Eine kreisförmig gebogene *Leiterschleife*
vom Radius R wird *senkrecht* von einem
Magnetfeld durchflutet, dessen magnetische Flußdichte B nach der Gleichung

$$B(r) = B_0\cdot e^{-r^2}, \qquad r \geq 0$$

in *radialer* Richtung nach außen hin abnimmt (Bild VIII-10).

Bestimmen Sie den *magnetischen Fluß* ϕ
durch die Leiterschleife mittels *Doppelintegration*.

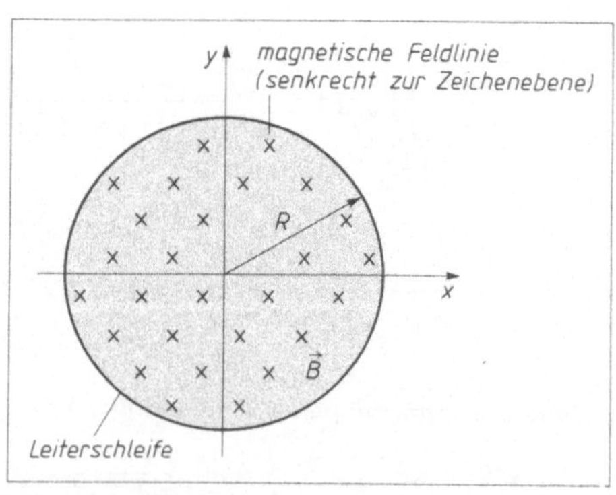

Bild VIII-10

Lehrbuch: Bd. 2, IV.3.1.2.2   *Physikalische Grundlagen:* A38

Lösung:

Der *magnetische Fluß* ϕ durch die Leiterschleife ist definitionsgemäß durch das Doppelintegral

$$\phi = \iint\limits_{(A)} B \, dA$$

gegeben [A38]. In *Polarkoordinaten* ist $dA = r \, dr \, d\varphi$, die *Integrationsgrenzen* lauten dann:

r-*Integration:* Von $r = 0$ bis $r = R$
φ-*Integration:* Von $\varphi = 0$ bis $\varphi = 2\pi$

Somit ist

$$\phi = \int\limits_{\varphi=0}^{2\pi} \int\limits_{r=0}^{R} B_0 \cdot e^{-r^2} \cdot r \, dr \, d\varphi = B_0 \cdot \int\limits_{\varphi=0}^{2\pi} \int\limits_{r=0}^{R} r \cdot e^{-r^2} \, dr \, d\varphi$$

Innere Integration (nach der Variablen r):

Das Integral $\displaystyle\int\limits_{r=0}^{R} r \cdot e^{-r^2} \, dr$ wird durch die *Substitution*

$$u = -r^2, \qquad \frac{du}{dr} = -2r, \qquad dr = -\frac{du}{2r}$$

Untere Grenze: $r = 0 \;\Rightarrow\; u = 0$
Obere Grenze: $r = R \;\Rightarrow\; u = -R^2$

wie folgt gelöst:

$$\int\limits_{r=0}^{R} r \cdot e^{-r^2} \, dr = \int\limits_{u=0}^{-R^2} r \cdot e^{u} \cdot \left(-\frac{du}{2r}\right) = -\frac{1}{2} \cdot \int\limits_{u=0}^{-R^2} e^{u} \, du = -\frac{1}{2} \left[e^{u} \right]_{u=0}^{-R^2} =$$

$$= -\frac{1}{2} \left(e^{-R^2} - 1 \right) = \frac{1}{2} \left(1 - e^{-R^2} \right)$$

Äußere Integration (nach der Variablen φ):

$$\int\limits_{\varphi=0}^{2\pi} \frac{1}{2} \left(1 - e^{-R^2} \right) d\varphi = \frac{1}{2} \left(1 - e^{-R^2} \right) \left[\varphi \right]_{0}^{2\pi} = \pi \left(1 - e^{-R^2} \right)$$

Der *magnetische Fluß* durch die kreisförmige Leiterschleife beträgt somit

$$\phi = B_0 \, \pi \left(1 - e^{-R^2} \right)$$

Übung 10: Stromstärke in einem Leiter bei ortsabhängiger Stromdichte
Doppelintegral in Polarkoordinaten

Der in Bild VIII-11 skizzierte *elektrische Leiter* besitzt einen *kreisringförmigen* Querschnitt mit dem Innenradius r_i und dem Außenradius r_a. Er wird in seiner *Längsrichtung* von einem Strom durchflossen, dessen *Stromdichte* $\vec{S}$ in *radialer* Richtung nach außen hin nach der Gleichung

$$S(r) = S_0 \cdot \frac{e^{-\alpha r}}{r}, \quad r_i \leqslant r \leqslant r_a$$

abnimmt. Berechnen Sie die *Stromstärke* I durch ein *Doppelintegral*. ($\alpha > 0$: Konstante)

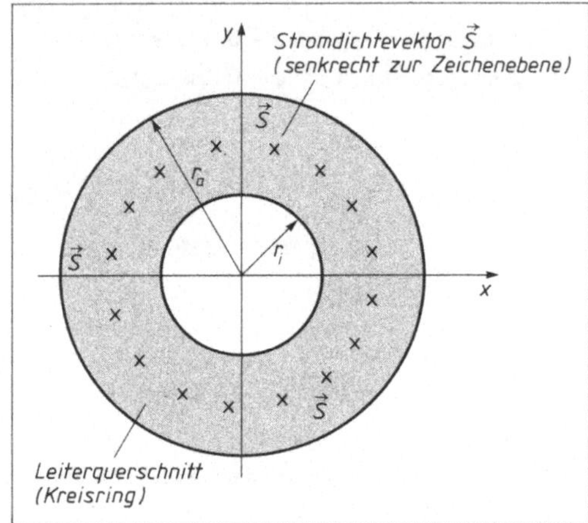

Bild VIII-11

Lehrbuch: Bd. 2, IV.3.1.2.2	*Physikalische Grundlagen:* A61

Lösung:

Definitionsgemäß [A61] ist

$$I = \iint\limits_{(A)} dI = \iint\limits_{(A)} S \, dA$$

Wir verwenden wegen der Kreissymmetrie die *Polarkoordinaten* r, φ. Das *Flächenelement* ist dann $dA = r \, dr \, d\varphi$, die *Integrationsgrenzen* lauten:

> *r-Integration:* Von $r = r_i$ bis $r = r_a$
> *φ-Integration:* Von $\varphi = 0$ bis $\varphi = 2\pi$

Die *Stromstärke* läßt sich damit durch das folgende *Doppelintegral* berechnen:

$$I = \iint\limits_{(A)} S(r) \cdot r \, dr \, d\varphi = \int\limits_{\varphi=0}^{2\pi} \int\limits_{r=r_i}^{r_a} S_0 \cdot \frac{e^{-\alpha r}}{r} r \, dr \, d\varphi = S_0 \cdot \int\limits_{\varphi=0}^{2\pi} \int\limits_{r=r_i}^{r_a} e^{-\alpha r} \, dr \, d\varphi$$

Wir lösen dieses Integral durch *zwei* nacheinander auszuführende *gewöhnliche* Integrationen.

Innere Integration (nach der Variablen r):

Das Integral $\displaystyle\int_{r=r_i}^{r_a} e^{-\alpha r}\, dr$ lösen wir durch die *Substitution*

$$u = -\alpha r\,, \qquad \frac{du}{dr} = -\alpha\,, \qquad dr = -\frac{du}{\alpha}$$

Untere Grenze: $r = r_i \;\Rightarrow\; u = -\alpha r_i$

Obere Grenze: $r = r_a \;\Rightarrow\; u = -\alpha r_a$

$$\int_{r=r_i}^{r_a} e^{-\alpha r}\, dr = \int_{u=-\alpha r_i}^{-\alpha r_a} e^{u}\cdot\left(-\frac{du}{\alpha}\right) = -\frac{1}{\alpha}\cdot\int_{u=-\alpha r_i}^{-\alpha r_a} e^{u}\, du =$$

$$= -\frac{1}{\alpha}\left[e^{u}\right]_{u=-\alpha r_i}^{-\alpha r_a} = -\frac{1}{\alpha}\left(e^{-\alpha r_a} - e^{-\alpha r_i}\right) = \frac{1}{\alpha}\left(e^{-\alpha r_i} - e^{-\alpha r_a}\right)$$

Äußere Integration (nach der Variablen φ):

$$\int_{\varphi=0}^{2\pi} \frac{1}{\alpha}\left(e^{-\alpha r_i} - e^{-\alpha r_a}\right) d\varphi = \frac{1}{\alpha}\left(e^{-\alpha r_i} - e^{-\alpha r_a}\right)\left[\varphi\right]_0^{2\pi} = \frac{2\pi}{\alpha}\left(e^{-\alpha r_i} - e^{-\alpha r_a}\right)$$

Die *Stromstärke* beträgt damit

$$I = \frac{2\pi S_0}{\alpha}\left(e^{-\alpha r_i} - e^{-\alpha r_a}\right)$$

Übung 11: Normierung der Gaußschen Normalverteilungsdichtefunktion
Doppelintegral in Polarkoordinaten

Meßwerte und *Meßfehler* einer physikalisch-technischen Größe t sind im Regelfall *normalverteilt*, d.h. sie unterliegen der *Gaußschen Normalverteilung* mit der Verteilungsdichtefunktion[5]

$$\varphi(t) = N\cdot e^{-\frac{1}{2}\left(\frac{t-\mu}{\sigma}\right)^2}\,, \qquad -\infty < t < \infty$$

und den beiden *Kennwerten (Parametern)*

μ: *Mittelwert* oder *Erwartungswert*

σ: *Standardabweichung*

---

[5] Siehe hierzu auch Band 2, Abschnitt VI.2.2.

Der Faktor N in der Verteilungsdichtefunktion wird dabei so gewählt, daß die *Gesamtfläche* unter der Gaußschen Kurve den Wert *eins* erhält:

$$\int_{-\infty}^{\infty} \varphi(t)\, dt = N \cdot \int_{-\infty}^{\infty} e^{-\frac{1}{2}\left(\frac{t-\mu}{\sigma}\right)^2} dt = 1$$

Man bezeichnet diesen Vorgang als *Normierung* und den Faktor N daher folgerichtig als *Normierungsfaktor*. Dieses Vorgehen hat einen tieferen Grund: Im Falle der Normierung ist die *Wahrscheinlichkeit* P dafür, daß man bei einer *Messung* der Größe t einen *zwischen* a und b liegenden Wert erhält, durch die *Fläche* unter der Gaußkurve im Intervall $a \leqslant t \leqslant b$, d.h. durch das *Integral*

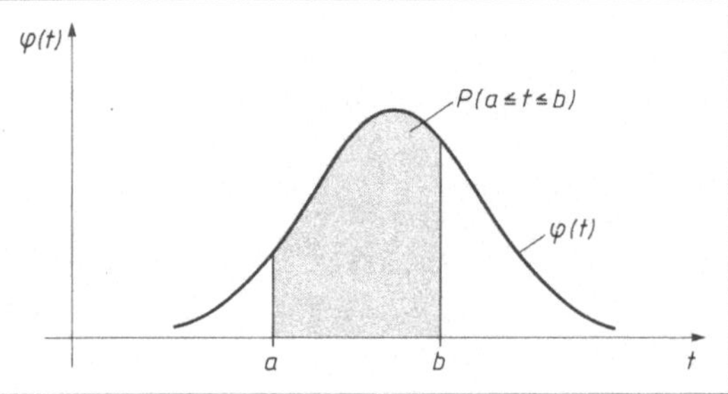

Bild VIII-12

$$P(a \leqslant t \leqslant b) = \int_{a}^{b} \varphi(t)\, dt = N \cdot \int_{a}^{b} e^{-\frac{1}{2}\left(\frac{t-\mu}{\sigma}\right)^2} dt$$

gegeben (*grau* unterlegte Fläche in Bild VIII-12). Bestimmen Sie den *Normierungsfaktor N* unter Beachtung des Lösungshinweises.

Lösungshinweis: Das uneigentliche Integral ist elementar *nicht* lösbar. Es läßt sich jedoch mit einem (zunächst vielleicht etwas umständlich erscheinenden) „mathematischen Trick" mit Hilfe eines *Doppelintegrals* schrittweise wie folgt lösen:

(1) Führen Sie zunächst die *Substitution* $x = \dfrac{t-\mu}{\sigma}$ durch. Sie führt auf die übersichtlichere Gleichung

$$N\sigma \cdot \int_{-\infty}^{\infty} e^{-\frac{1}{2}x^2}\, dx = 1$$

(2) *Quadrieren* Sie jetzt diese Gleichung und führen Sie in den beiden (identischen) Integralen der linken Seite *formal unterschiedliche* Bezeichnungen für die Integrationsvariable ein (z.B. x und y)[6]. Sie erhalten dann die Gleichung

$$N^2 \sigma^2 \cdot \underbrace{\left(\int_{-\infty}^{\infty} e^{-\frac{1}{2}x^2}\, dx \right) \cdot \left(\int_{-\infty}^{\infty} e^{-\frac{1}{2}y^2}\, dy \right)}_{\displaystyle \int_{x=-\infty}^{\infty} \int_{y=-\infty}^{\infty} e^{-\frac{1}{2}\left(x^2+y^2\right)} dy\, dx} = 1$$

---

[6] Der Wert der Integrale bleibt davon unberührt.

Das Produkt der beiden Integrale läßt sich durch ein *Doppelintegral* in kartesischen Koordinaten darstellen, wobei über die *gesamte x, y*-Ebene zu integrieren ist.

(3) Lösen Sie dieses Doppelintegral, in dem Sie zu *Polarkoordinaten* übergehen und berechnen Sie anschließend aus der Gleichung den Normierungsfaktor N.

Lehrbuch: Bd. 2, IV.3.1.2.2

Lösung:

Wir gehen in der vorgeschlagenen Weise vor.

(1) *Substitution:* $x = \dfrac{t - \mu}{\sigma}$, $\dfrac{dx}{dt} = \dfrac{1}{\sigma}$, $dt = \sigma\, dx$

> *Untere Grenze:* $t = -\infty \;\Rightarrow\; x = -\infty$
>
> *Obere Grenze:* $t = \infty \;\Rightarrow\; x = \infty$

$$N \cdot \int_{-\infty}^{\infty} e^{-\frac{1}{2}\left(\frac{t-\mu}{\sigma}\right)^2} dt = N \cdot \int_{-\infty}^{\infty} e^{-\frac{1}{2}x^2} \cdot \sigma\, dx = N\sigma \cdot \int_{-\infty}^{\infty} e^{-\frac{1}{2}x^2} dx = 1$$

(2) *Quadrieren* der Gleichung und *Umbenennen* der Integrationsvariablen des zweiten (rechten) Integrals $(x \;\rightarrow\; y)$:

$$N^2 \sigma^2 \left(\int_{-\infty}^{\infty} e^{-\frac{1}{2}x^2} dx \right) \cdot \left(\int_{-\infty}^{\infty} e^{-\frac{1}{2}y^2} dy \right) = 1$$

Darstellung des Integralproduktes als *Doppelintegral:*

$$N^2 \sigma^2 \cdot \int_{x=-\infty}^{\infty} \int_{y=-\infty}^{\infty} e^{-\frac{1}{2}x^2} \cdot e^{-\frac{1}{2}y^2} dy\, dx = N^2 \sigma^2 \cdot \int_{x=-\infty}^{\infty} \int_{y=-\infty}^{\infty} e^{-\frac{1}{2}(x^2 + y^2)} dy\, dx = 1$$

(3) Übergang zu den *Polarkoordinaten* r und φ:

$$x^2 + y^2 = r^2 \;\Rightarrow\; e^{-\frac{1}{2}(x^2 + y^2)} = e^{-\frac{1}{2}r^2}$$

$$dA = dy\, dx \;\Rightarrow\; dA = r\, dr\, d\varphi$$

Die Integration erfolgt dabei über die *gesamte x, y*-Ebene. Somit lauten die *Integrationsgrenzen* (in Polarkoordinaten ausgedrückt):

> *r-Integration:* Von $r = 0$ bis $r = \infty$
>
> *φ-Integration:* Von $\varphi = 0$ bis $\varphi = 2\pi$

Damit erhalten wir das *Doppelintegral*

$$N^2 \sigma^2 \cdot \int_{\varphi=0}^{2\pi} \int_{r=0}^{\infty} e^{-\frac{1}{2}r^2} \cdot r\, dr\, d\varphi$$

Wir lösen es durch zwei (gewöhnliche) Integrationen:

Innere Integration (nach der Variablen r):

Das Integral $\displaystyle\int\limits_{r=0}^{\infty} e^{-\frac{1}{2}r^2} \cdot r\,dr$ wird durch die *Substitution*

$$u = -\frac{1}{2}r^2, \qquad \frac{du}{dr} = -r, \qquad dr = -\frac{du}{r}$$

Untere Grenze: $r = 0 \;\Rightarrow\; u = 0$
Obere Grenze: $r = \infty \;\Rightarrow\; u = -\infty$

gelöst:

$$\int\limits_{r=0}^{\infty} e^{-\frac{1}{2}r^2} \cdot r\,dr = \int\limits_{u=0}^{-\infty} e^u \cdot r \left(-\frac{du}{r}\right) = -\int\limits_{u=0}^{-\infty} e^u\,du = -\left[e^u\right]_{u=0}^{-\infty} = -(0-1) = 1$$

Äußere Integration (nach der Variablen φ):

$$\int\limits_{\varphi=0}^{2\pi} 1\,d\varphi = \left[\varphi\right]_0^{2\pi} = 2\pi$$

Somit ist

$$N^2 \sigma^2 \cdot \int\limits_{\varphi=0}^{2\pi} \int\limits_{r=0}^{\infty} e^{-\frac{1}{2}r^2} \cdot r\,dr = N^2 \sigma^2 \cdot 2\pi = 1$$

und der *Normierungsfaktor* besitzt den Wert

$$N = \frac{1}{\sqrt{2\pi}\,\sigma}$$

Übung 12: Schwerpunkt, Hauptachsen und Hauptflächenmomente 2. Grades (Hauptflächenträgheitsmomente) einer trapezförmigen Fläche
Doppelintegrale in kartesischen Koordinaten

Bestimmen Sie für die in Bild VIII-13 skizzierte *trapezförmige* Fläche folgende Größen mittels *Doppelintegration:*

a) Die Lage des *Schwerpunktes* $S = (x_S; y_S)$,

b) die *axialen Flächenmomente* I_x und I_y sowie das *gemischte Flächenmoment (Zentrifugalmoment)* I_{xy},

c) die entsprechenden *Flächenmomente* I_ξ, I_η und $I_{\xi\eta}$, bezogen auf die Achsen eines durch den *Schwerpunkt* S gehenden ξ, η-*Parallelkoordinatensystems,* unter Verwendung des *Satzes von Steiner* [A62],

d) die beiden *Hauptachsen* u und v sowie die *Hauptflächenmomente* I_1 und I_2 [A63].

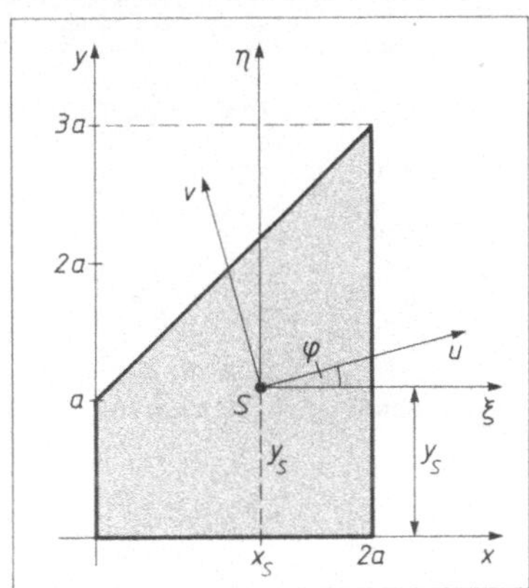

Bild VIII-13

Lösungshinweis: Die Berechnungsformel für das *gemischte Flächenmoment (Zentrifugalmoment)* lautet:

$$I_{xy} = \iint\limits_{(A)} xy\, dA = \iint\limits_{(A)} xy\, dy\, dx$$

(u, v: *Hauptachsen* der Fläche; φ: Winkel zwischen der *Hauptachse* u und der ξ- bzw. x-Achse).

Lehrbuch: Bd. 2, IV.3.1	*Physikalische Grundlagen:* A62, A63

Lösung:

Das Flächenstück vom Flächeninhalt $A = 4a^2$ wird *unten* von der x-Achse und *oben* von der Geraden $y = x + a$ berandet. Damit ergeben sich für die anfallenden Doppelintegrale folgende *Integrationsgrenzen:*

y-*Integration:* Von $y = 0$ bis $y = x + a$

x-*Integration:* Von $x = 0$ bis $x = 2a$

a) **Berechnung der Schwerpunktskoordinate x_S**

$$x_S = \frac{1}{A} \cdot \iint\limits_{(A)} x\, dA = \frac{1}{4a^2} \cdot \int\limits_{x=0}^{2a} \int\limits_{y=0}^{x+a} x\, dy\, dx$$

Innere Integration (nach der Variablen y):

$$\int\limits_{y=0}^{x+a} x\, dy = x \cdot \int\limits_{y=0}^{x+a} dy = x\,[y]_{y=0}^{x+a} = x\,(x+a) = x^2 + ax$$

Äußere Integration (nach der Variablen x):

$$\int\limits_{x=0}^{2a} (x^2 + ax)\, dx = \left[\frac{1}{3}x^3 + \frac{1}{2}ax^2\right]_0^{2a} = \frac{8}{3}a^3 + 2a^3 = \frac{14}{3}a^3$$

Somit ist

$$x_S = \frac{1}{4a^2} \cdot \frac{14}{3}a^3 = \frac{7}{6}a$$

Berechnung der Schwerpunktskoordinate y_S

$$y_S = \frac{1}{A} \cdot \iint\limits_{(A)} y\, dA = \frac{1}{4a^2} \cdot \int\limits_{x=0}^{2a} \int\limits_{y=0}^{x+a} y\, dy\, dx$$

Innere Integration (nach der Variablen y):

$$\int\limits_{y=0}^{x+a} y\, dy = \left[\frac{1}{2}y^2\right]_{y=0}^{x+a} = \frac{1}{2}(x+a)^2 = \frac{1}{2}(x^2 + 2ax + a^2)$$

Äußere Integration (nach der Variablen x):

$$\frac{1}{2} \cdot \int\limits_{x=0}^{2a} (x^2 + 2ax + a^2)\, dx = \frac{1}{2}\left[\frac{1}{3}x^3 + ax^2 + a^2x\right]_0^{2a} = \frac{1}{2}\left[\frac{8}{3}a^3 + 4a^3 + 2a^3\right] = \frac{13}{3}a^3$$

Somit ist

$$y_S = \frac{1}{4a^2} \cdot \frac{13}{3}a^3 = \frac{13}{12}a$$

Der *Schwerpunkt* liegt in $S = \left(\frac{7}{6}a;\ \frac{13}{12}a\right)$.

b) **Berechnung des axialen Flächenmomentes I_x**

$$I_x = \iint\limits_{(A)} y^2\, dA = \int\limits_{x=0}^{2a} \int\limits_{y=0}^{x+a} y^2\, dy\, dx$$

Innere Integration (nach der Variablen y):

$$\int\limits_{y=0}^{x+a} y^2\, dy = \left[\frac{1}{3}y^3\right]_{y=0}^{x+a} = \frac{1}{3}(x+a)^3 = \frac{1}{3}(x^3 + 3ax^2 + 3a^2x + a^3)$$

Äußere Integration (nach der Variablen x):

$$\frac{1}{3} \cdot \int\limits_{x\,=\,0}^{2a} (x^3 + 3ax^2 + 3a^2x + a^3)\,dx = \frac{1}{3}\left[\frac{1}{4}x^4 + ax^3 + \frac{3}{2}a^2x^2 + a^3x\right]_0^{2a} =$$

$$= \frac{1}{3}\,(4a^4 + 8a^4 + 6a^4 + 2a^4) = \frac{20}{3}a^4$$

Somit ist $I_x = \dfrac{20}{3}a^4$.

Berechnung des axialen Flächenmomentes I_y[7]

$$I_y = \iint\limits_{(A)} x^2\,dA = \int\limits_{x\,=\,0}^{2a}\ \int\limits_{y\,=\,0}^{x+a} x^2\,dy\,dx$$

Innere Integration (nach der Variablen y):

$$\int\limits_{y\,=\,0}^{x+a} x^2\,dy = x^2 \cdot \int\limits_{y\,=\,0}^{x+a} dy = x^2\,\big[y\big]_{y\,=\,0}^{x+a} = x^2\,(x+a) = x^3 + ax^2$$

Äußere Integration (nach der Variablen x):

$$\int\limits_{x\,=\,0}^{2a} (x^3 + ax^2)\,dx = \left[\frac{1}{4}x^4 + \frac{1}{3}ax^3\right]_0^{2a} = 4a^4 + \frac{8}{3}a^4 = \frac{20}{3}a^4$$

Somit ist $I_y = \dfrac{20}{3}a^4$.

Berechnung des gemischten Flächenmomentes (Zentrifugalmomentes) I_{xy}

$$I_{xy} = \iint\limits_{(A)} xy\,dA = \int\limits_{x\,=\,0}^{2a}\ \int\limits_{y\,=\,0}^{x+a} xy\,dy\,dx$$

Innere Integration (nach der Variablen y):

$$\int\limits_{y\,=\,0}^{x+a} xy\,dy = x \cdot \int\limits_{y\,=\,0}^{x+a} y\,dy = x\left[\frac{1}{2}y^2\right]_{y\,=\,0}^{x+a} = \frac{1}{2}x\,(x+a)^2 = \frac{1}{2}\,(x^3 + 2ax^2 + a^2x)$$

Äußere Integration (nach der Variablen x):

$$\frac{1}{2} \cdot \int\limits_{x\,=\,0}^{2a} (x^3 + 2ax^2 + a^2x)\,dx = \frac{1}{2}\left[\frac{1}{4}x^4 + \frac{2}{3}ax^3 + \frac{1}{2}a^2x^2\right]_0^{2a} = \frac{1}{2}\left(4a^4 + \frac{16}{3}a^4 + 2a^4\right) = \frac{17}{3}a^4$$

Somit ist $I_{xy} = \dfrac{17}{3}a^4$.

---

[7] Aus *Symmetriegründen* ist $I_y = I_x$. Der Übung halber wollen wir jedoch auf die Berechnung nach der Definitionsformel nicht verzichten.

c) Nach dem *Satz von Steiner* [A62] gilt

$$I_x = I_\xi + A \cdot y_S^2 \quad \text{oder} \quad I_\xi = I_x - A \cdot y_S^2$$

Damit erhalten wir für das gesuchte *axiale Flächenmoment* I_ξ:

$$I_\xi = \frac{20}{3} a^4 - 4a^2 \cdot \left(\frac{13}{12} a\right)^2 = \frac{20}{3} a^4 - \frac{169}{36} a^4 = \frac{71}{36} a^4$$

Analog werden die Flächenmomente I_η und I_ξ bestimmt:

$$I_y = I_\eta + A \cdot x_S^2 \quad \text{oder} \quad I_\eta = I_y - A \cdot x_S^2$$

$$I_\eta = \frac{20}{3} a^4 - 4a^2 \cdot \left(\frac{7}{6} a\right)^2 = \frac{20}{3} a^4 - \frac{49}{9} a^4 = \frac{11}{9} a^4$$

$$I_{xy} = I_{\xi\eta} + A \cdot x_S \cdot y_S \quad \text{oder} \quad I_{\xi\eta} = I_{xy} - A \cdot x_S \cdot y_S$$

$$I_{\xi\eta} = \frac{17}{3} a^4 - 4a^2 \cdot \frac{7}{6} a \cdot \frac{13}{12} a = \frac{17}{3} a^4 - \frac{91}{18} a^4 = \frac{11}{18} a^4$$

d) Die *Hauptachsen u* und v entstehen durch *Drehung* des ξ, η-Koordinatensystems um einen Winkel φ, der aus der Gleichung

$$\tan (2\varphi) = - \frac{2 I_{\xi\eta}}{I_\xi - I_\eta}$$

berechnet werden kann [A63]. Wir erhalten die folgende Lösung:

$$\tan (2\varphi) = - \frac{\dfrac{11}{18} a^4}{\dfrac{71}{36} a^4 - \dfrac{11}{9} a^4} = - \frac{22}{27} = - 0{,}8148 \quad \Rightarrow$$

$$\Rightarrow \quad 2\varphi = \arctan (- 0{,}8148) = - 39{,}2° \quad \Rightarrow \quad \varphi = - 19{,}6°$$

Die *Hauptachsen u* und v entstehen somit durch *Drehung* der Schwerpunktskoordinatenachsen ξ und η um den Winkel $19{,}6°$ im *Uhrzeigersinn*!

Für die beiden *Hauptflächenmomente* $I_1 = I_u$ und $I_2 = I_v$ ergeben sich folgende Werte [A63]:

$$I_{1/2} = \frac{1}{2} \left(I_\xi + I_\eta \pm \sqrt{(I_\xi - I_\eta)^2 + 4 I_{\xi\eta}^2}\right) =$$

$$= \frac{1}{2} \left[\frac{71}{36} a^4 + \frac{11}{9} a^4 \pm \sqrt{\left(\frac{71}{36} a^4 - \frac{11}{9} a^4\right)^2 + 4 \cdot \left(\frac{11}{18} a^4\right)^2}\right] =$$

$$= \frac{1}{2} \left(\frac{115}{36} a^4 \pm \frac{\sqrt{2665}}{36} a^4\right) = (115 \pm 51{,}62) \cdot \frac{a^4}{72}$$

$$I_1 = (115 + 51{,}62) \cdot \frac{a^4}{72} = 2{,}31 a^4$$

$$I_2 = (115 - 51{,}62) \cdot \frac{a^4}{72} = 0{,}88 a^4$$

Übung 13: Volumen und Schwerpunkt eines Tetraeders
Dreifachintegrale in kartesischen Koordinaten

Bild VIII-14 zeigt einen *homogenen* Körper in
Gestalt eines *Tetraeders* (einer *dreiseitigen
Pyramide*). Bestimmen Sie unter *ausschließlicher*
Verwendung von *Dreifachintegralen*

a) das *Volumen* V,

b) den *Schwerpunkt* $S = (x_S;\, y_S;\, z_S)$ dieses
   Körpers.

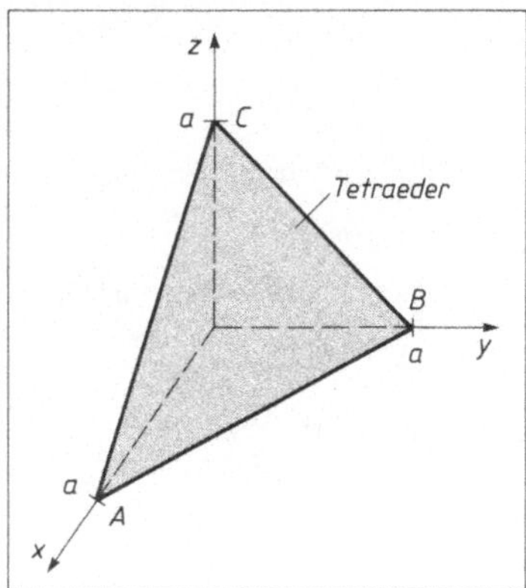

Bild VIII-14

Lehrbuch: Bd. 2, IV.3.2

Lösung:

Wir bestimmen zunächst die *Integrationsgrenzen* der anfallenden *Dreifachintegrale*. Der „*Boden*" des
Tetraeders liegt in der x, y-Ebene mit der Gleichung $z = 0$, die ebene „*Deckelfläche*" ist das *gleichseitige*
Dreieck ABC. Die Gleichung der Ebene, die dieses Dreieck enthält, kann wegen der vorhandenen
Symmetrie in der besonders einfachen Form

$$x + y + z + d = 0 \qquad \text{oder} \qquad z = -x - y - d$$

angesetzt werden. Die noch fehlende Konstante d läßt sich dann leicht durch Einsetzen der Koordinaten *eines* der drei Punkte, z.B. des Punktes $A = (a;0;0)$ in diese Gleichung bestimmen. Dies führt zu

$$0 = -a - 0 - d \;\Rightarrow\; d = -a$$

Somit ist $z = -x - y + a$ die Gleichung der ebenen „*Deckelfläche*". Ihre *Schnittkurve* mit der x, y-Ebene
ist die Gerade $y = -x + a$. Damit ergeben sich folgende *Integrationsgrenzen:*

> *z-Integration:* Von $z = 0$ bis $z = -x - y + a$
>
> *y-Integration:* Von $y = 0$ bis $y = -x + a$
>
> *x-Integration:* Von $x = 0$ bis $x = a$

a) Die *Volumenberechnung* erfolgt durch das Dreifachintegral

$$V = \iiint\limits_{(V)} dV = \int\limits_{x=0}^{a} \int\limits_{y=0}^{-x+a} \int\limits_{z=0}^{-x-y+a} dz\, dy\, dx$$

in *drei* nacheinander auszuführenden Integrationsschritten.

1. Integrationsschritt (Integration nach der Variablen z):

$$\int\limits_{z=0}^{-x-y+a} dz = \left[z \right]_{z=0}^{-x-y+a} = -x - y + a = (-x+a) - y$$

2. Integrationsschritt (Integration nach der Variablen y):

$$\int\limits_{y=0}^{-x+a} \left[(-x+a)-y\right] dy = \left[(-x+a)\,y - \frac{1}{2}\,y^2\right]_{y=0}^{-x+a} =$$

$$= (-x+a)^2 - \frac{1}{2}(-x+a)^2 = \frac{1}{2}(-x+a)^2 = \frac{1}{2}(x^2 - 2ax + a^2)$$

3. Integrationsschritt (Integration nach der Variablen x):

$$\frac{1}{2}\cdot\int\limits_{x=0}^{a}(x^2 - 2ax + a^2)\,dx = \frac{1}{2}\left[\frac{1}{3}x^3 - ax^2 + a^2 x\right]_0^a = \frac{1}{2}\left(\frac{1}{3}a^3 - a^3 + a^3\right) = \frac{1}{6}a^3$$

Somit ist $V = \frac{1}{6}a^3$.

b) Bei der Berechnung der *Schwerpunktskoordinaten* beachten wir, daß diese aus *Symmetriegründen* übereinstimmen: $x_S = y_S = z_S$. Es genügt daher, die Schwerpunktskoordinate x_S zu berechnen:

$$x_S = \frac{1}{V}\cdot\iiint\limits_{(V)} x\,dV = \frac{6}{a^3}\cdot\int\limits_{x=0}^{a}\ \int\limits_{y=0}^{-x+a}\ \int\limits_{z=0}^{-x-y+a} x\,dz\,dy\,dx$$

1. Integrationsschritt (Integration nach der Variablen z):

$$\int\limits_{z=0}^{-x-y+a} x\,dz = x\cdot\int\limits_{z=0}^{-x-y+a} dz = x\,[z]_{z=0}^{-x-y+a} = x\,(-x-y+a) = x\,(-x+a) - xy$$

2. Integrationsschritt (Integration nach der Variablen y):

$$\int\limits_{y=0}^{-x+a}\left[x\,(-x+a)-xy\right]dy = \left[x\,(-x+a)\,y - \frac{1}{2}\,xy^2\right]_{y=0}^{-x+a} =$$

$$= x\,(-x+a)^2 - \frac{1}{2}\,x\,(-x+a)^2 = \frac{1}{2}\,x\,(-x+a)^2 = \frac{1}{2}(x^3 - 2ax^2 + a^2 x)$$

3. Integrationsschritt (Integration nach der Variablen x):

$$\frac{1}{2}\cdot\int\limits_{x=0}^{a}(x^3 - 2ax^2 + a^2 x)\,dx = \frac{1}{2}\left[\frac{1}{4}x^4 - \frac{2}{3}ax^3 + \frac{1}{2}a^2 x^2\right]_0^a = \frac{1}{2}\left(\frac{1}{4}a^4 - \frac{2}{3}a^4 + \frac{1}{2}a^4\right) = \frac{1}{24}a^4$$

Somit ist

$$x_S = \frac{6}{a^3}\cdot\frac{1}{24}\,a^4 = \frac{1}{4}\,a$$

und $S = \left(\frac{1}{4}a;\ \frac{1}{4}a;\ \frac{1}{4}a\right)$ der gesuchte *Schwerpunkt* des Tetraeders.

Übung 14: Massenträgheitsmoment eines Speichenrades
Dreifachintegral in Zylinderkoordinaten

Bild VIII-15 zeigt ein homogenes *Speichenrad* der Dicke h, dessen Speichen als *masselos* angenommen werden.

a) Bestimmen Sie das *Massenträgheitsmoment* J_{Rad} dieses Rades bezüglich der Drehachse (z-Achse, *senkrecht* aus der Zeichenebene nach *oben* ragend).

b) Wie groß ist das *Massenträgheitsmoment* J_{Scheibe} einer homogenen *Zylinderscheibe* mit dem Radius R bei gleicher Dicke und gleichem Material? Behandeln Sie diese Teilaufgabe als einen *Sonderfall* von *a*).

$(R_1, R_2$: Innen- bzw. Außenradius der *Nabe*; R_3, R_4: Innen- bzw. Außenradius des *Kranzes*; ρ: *konstante* Dichte des Materials)

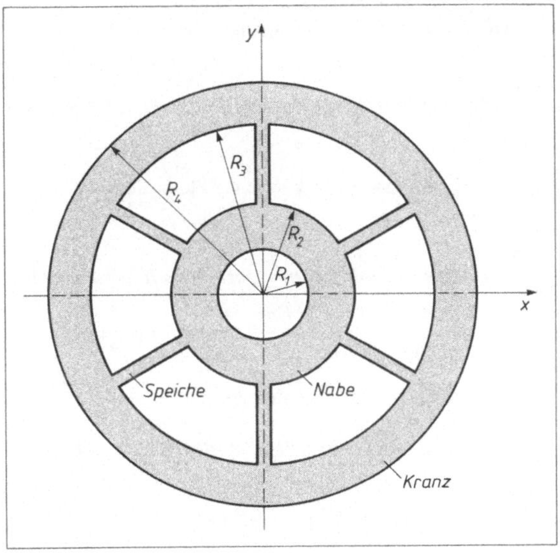

Bild VIII-15

Lehrbuch: Bd. 2, IV.3.2.2.2 und IV.3.2.3.3

Lösung:

a) Wir verwenden zweckmäßigerweise *Zylinderkoordinaten*. Die Integralformel zur Berechnung eines *Massenträgheitsmomentes* lautet dann

$$J = \rho \cdot \iiint\limits_{(V)} r^3 \, dz \, dr \, d\varphi$$

Die *Grundfläche* des Speichenrades legen wir in die x, y-Ebene. Die „*Deckelfläche*" befindet sich dann in der *oberhalb* dieser Ebene gelegenen *Parallelebene* mit der Gleichung $z = h$. Das gesuchte Massenträgheitsmoment des Speichenrades setzt sich *additiv* aus den Massenträgheitsmomenten von *Nabe* und *Kranz* zusammen, die wir nun einzeln berechnen.

Massenträgheitsmoment der Nabe

Die *Integrationsgrenzen* lauten:

z-*Integration:* Von $z = 0$ bis $z = h$

r-*Integration:* Von $r = R_1$ bis $r = R_2$

φ-*Integration:* Von $\varphi = 0$ bis $\varphi = 2\pi$

Somit ist

$$J_{\text{Nabe}} = \rho \cdot \int\limits_{\varphi = 0}^{2\pi} \int\limits_{r = R_1}^{R_2} \int\limits_{z = 0}^{h} r^3 \, dz \, dr \, d\varphi$$

Die Integralberechnung erfolgt in *drei* nacheinander auszuführenden Integrationsschritten.

1. Integrationsschritt (Integration nach der Variablen z):

$$\int\limits_{z = 0}^{h} r^3 \, dz = r^3 \cdot \int\limits_{z = 0}^{h} dz = r^3 \left[z \right]_{z = 0}^{h} = hr^3$$

2. Integrationsschritt (Integration nach der Variablen r):

$$\int\limits_{r = R_1}^{R_2} hr^3 \, dr = h \cdot \int\limits_{r = R_1}^{R_2} r^3 \, dr = h \left[\frac{1}{4} r^4 \right]_{r = R_1}^{R_2} = \frac{h}{4} \left(R_2^4 - R_1^4 \right)$$

3. Integrationsschritt (Integration nach der Variablen φ):

$$\int\limits_{\varphi = 0}^{2\pi} \frac{h}{4} \left(R_2^4 - R_1^4 \right) d\varphi = \frac{h}{4} \left(R_2^4 - R_1^4 \right) \left[\varphi \right]_0^{2\pi} = \frac{\pi}{2} h \left(R_2^4 - R_1^4 \right)$$

Das Massenträgheitsmoment der *Nabe* beträgt damit

$$J_{\text{Nabe}} = \rho \cdot \frac{\pi}{2} h \left(R_2^4 - R_1^4 \right) = \frac{\pi}{2} \rho h \left(R_2^4 - R_1^4 \right)$$

Massenträgheitsmoment des Kranzes

Die *Integrationsgrenzen* sind die *gleichen* wie bei der Nabe mit *Ausnahme* der r-Integration. Diese erfolgt beim *Kranz* von $r = R_3$ bis $r = R_4$. Somit ist

$$J_{\text{Kranz}} = \rho \cdot \int\limits_{\varphi = 0}^{2\pi} \int\limits_{r = R_3}^{R_4} \int\limits_{z = 0}^{h} r^3 \, dz \, dr \, d\varphi$$

Die Durchführung der einzelnen Integrationen verläuft wie bei der *Nabe* und führt zu folgendem *Endergebnis:*

$$J_{\text{Kranz}} = \frac{\pi}{2} \rho h \left(R_4^4 - R_3^4 \right)$$

Massenträgheitsmoment des Speichenrades

Das gesuchte *Massenträgheitsmoment* des *Speichenrades* beträgt damit

$$J_{\text{Rad}} = J_{\text{Nabe}} + J_{\text{Kranz}} = \frac{\pi}{2} \rho h \left(R_2^4 - R_1^4 \right) + \frac{\pi}{2} \rho h \left(R_4^4 - R_3^4 \right) = \frac{\pi}{2} \rho h \left(R_2^4 + R_4^4 - R_1^4 - R_3^4 \right)$$

b) Für den Sonderfall $R_1 = 0$, $R_2 = R_3$ erhält man ein *Zylinderrad* mit dem Radius $R = R_4$. Das Massenträgheitsmoment führt dann auf die aus dem Lehrbuch bereits bekannte Formel[8]

$$J_{\text{Scheibe}} = \frac{\pi}{2}\,\rho h R^4 = \frac{1}{2}\,\underbrace{(\rho \cdot \pi R^2 h)}_{m}\,R^2 = \frac{1}{2}\,m R^2$$

($m = \rho \cdot \pi R^2 h$: Masse der Zylinderscheibe).

Übung 15: Schwerpunkt eines rotationssymmetrischen Körpers mit elliptischem Querschnitt und zylindrischer Bohrung
Dreifachintegrale in Zylinderkoordinaten

Bild VIII-16 zeigt im Längsschnitt einen homogenen *Rotationskörper* mit *elliptischem* Querschnitt und *zylindrischer* Bohrung in Achsenrichtung. Wo liegt der *Schwerpunkt S* dieses Körpers?

(a, b: Halbachsen der elliptischen Querschnittsfläche; c: Radius der Bohrung mit $0 < c < a$).

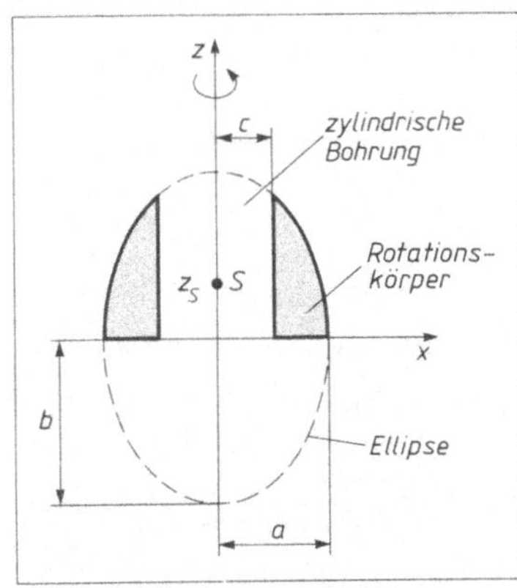

Bild VIII-16

Lehrbuch: Bd. 2, IV.3.2.2.2 und IV.3.2.3.2

Lösung:

Wegen der *Rotationssymmetrie* verwenden wir zweckmäßigerweise *Zylinderkoordinaten*. Für die anfallenden Dreifachintegrale müssen zunächst die *Integrationsgrenzen* bestimmt werden. Die *obere* Begrenzungsfläche des Rotationskörpers entsteht durch Drehung der *Ellipse* mit der Gleichung

$$\frac{x^2}{a^2} + \frac{z^2}{b^2} = 1 \quad \text{oder} \quad z = \frac{b}{a}\sqrt{a^2 - x^2}, \qquad c \leqslant x \leqslant a$$

um die z-Achse. Die Gleichung dieser *Rotationsfläche* lautet damit $z = \frac{b}{a}\sqrt{a^2 - r^2}$, $c \leqslant r \leqslant a$. Die „*Bodenfläche*" ist Teil der x,y-Ebene $z = 0$. Die Werte der Zylinderkoordinate r bewegen sich dabei zwischen $r = c$ und $r = a$. Somit lauten die *Integrationsgrenzen* wie folgt:

z-Integration: Von $z = 0$ bis $z = \frac{b}{a}\sqrt{a^2 - r^2}$

r-Integration: Von $r = c$ bis $r = a$

φ-Integration: Von $\varphi = 0$ bis $\varphi = 2\pi$

Für die Bestimmung des *Schwerpunktes* benötigen wir das *Rotationsvolumen*, das daher zunächst berechnet wird.

---

[8] Siehe hierzu Band 1, Abschnitt V.10.9.1.

Volumenberechnung

$$V = \iiint\limits_{(V)} dV = \int\limits_{\varphi=0}^{2\pi} \int\limits_{r=c}^{a} \int\limits_{z=0}^{\frac{b}{a}\sqrt{a^2-r^2}} r \, dz \, dr \, d\varphi$$

1. Integrationsschritt (Integration nach der Variablen z):

$$\int\limits_{z=0}^{\frac{b}{a}\sqrt{a^2-r^2}} r \, dz = r \cdot \int\limits_{z=0}^{\frac{b}{a}\sqrt{a^2-r^2}} dz = r \, [z]_{z=0}^{\frac{b}{a}\sqrt{a^2-r^2}} = \frac{b}{a} \cdot r \sqrt{a^2-r^2}$$

2. Integrationsschritt (Integration nach der Variablen r):

$$\frac{b}{a} \cdot \int\limits_{r=c}^{a} r \sqrt{a^2-r^2} \, dr = ?$$

Mit Hilfe der *Substitution*

$$u = a^2 - r^2, \quad \frac{du}{dr} = -2r, \quad dr = -\frac{du}{2r}$$

$$\textit{Untere Grenze:} \quad r = c \;\Rightarrow\; u = a^2 - c^2$$
$$\textit{Obere Grenze:} \quad r = a \;\Rightarrow\; u = 0$$

erhalten wir

$$\frac{b}{a} \cdot \int\limits_{r=c}^{a} r \sqrt{a^2-r^2} \, dr = \frac{b}{a} \cdot \int\limits_{u=a^2-c^2}^{0} r \sqrt{u} \cdot \left(-\frac{du}{2r}\right) = -\frac{b}{2a} \cdot \int\limits_{u=a^2-c^2}^{0} \sqrt{u} \, du =$$

$$= \frac{b}{2a} \cdot \int\limits_{u=0}^{a^2-c^2} u^{1/2} \, du = \frac{b}{2a} \left[\frac{2}{3} u^{3/2}\right]_{u=0}^{a^2-c^2} = \frac{b}{3a} \sqrt{(a^2-c^2)^3}$$

3. Integrationsschritt (Integration nach der Variablen φ):

$$\frac{b}{3a} \sqrt{(a^2-c^2)^3} \cdot \int\limits_{\varphi=0}^{2\pi} d\varphi = \frac{b}{3a} \sqrt{(a^2-c^2)^3} \cdot [\varphi]_0^{2\pi} = \frac{2\pi b}{3a} \sqrt{(a^2-c^2)^3}$$

Das *Volumen* des Rotationskörpers beträgt somit

$$V = \frac{2\pi b}{3a} \sqrt{(a^2-c^2)^3}$$

Berechnung des Schwerpunktes S

Der *Schwerpunkt* $S = (x_S; y_S; z_S)$ liegt wegen der *Rotationssymmetrie* auf der *z-Achse:* $x_S = y_S = 0$.
Die Berechnung der z-Koordinate erfolgt durch das Dreifachintegral

$$z_S = \frac{1}{V} \cdot \iiint\limits_{(V)} z \, dV = \frac{3a}{2\pi b \sqrt{(a^2-c^2)^3}} \cdot \int\limits_{\varphi=0}^{2\pi} \int\limits_{r=c}^{a} \int\limits_{z=0}^{\frac{b}{a}\sqrt{a^2-r^2}} zr \, dz \, dr \, d\varphi$$

1. Integrationsschritt (Integration nach der Variablen z):

$$\int\limits_{z=0}^{\frac{b}{a}\sqrt{a^2-r^2}} zr\,dz = r\cdot\int\limits_{z=0}^{\frac{b}{a}\sqrt{a^2-r^2}} z\,dz = r\left[\frac{1}{2}z^2\right]_{z=0}^{\frac{b}{a}\sqrt{a^2-r^2}} = \frac{b^2}{2a^2}r\,(a^2-r^2) = \frac{b^2}{2a^2}(a^2 r - r^3)$$

2. Integrationsschritt (Integration nach der Variablen r):

$$\frac{b^2}{2a^2}\cdot\int\limits_{r=c}^{a}(a^2 r - r^3)\,dr = \frac{b^2}{2a^2}\left[\frac{1}{2}a^2 r^2 - \frac{1}{4}r^4\right]_{r=c}^{a} = \frac{b^2}{2a^2}\left(\frac{1}{2}a^4 - \frac{1}{4}a^4 - \frac{1}{2}a^2 c^2 + \frac{1}{4}c^4\right) =$$

$$= \frac{b^2}{8a^2}\underbrace{(a^4 - 2a^2 c^2 + c^4)}_{(a^2 - c^2)^2} = \frac{b^2\,(a^2 - c^2)^2}{8a^2}$$

3. Integrationsschritt (Integration nach der Variablen φ):

$$\frac{b^2\,(a^2 - c^2)^2}{8a^2}\cdot\int\limits_{\varphi=0}^{2\pi} d\varphi = \frac{b^2\,(a^2 - c^2)^2}{8a^2}\left[\varphi\right]_0^{2\pi} = \frac{\pi b^2\,(a^2 - c^2)^2}{4a^2}$$

Somit ist

$$z_S = \frac{3a}{2\pi b\,\sqrt{(a^2 - c^2)^3}}\cdot\frac{\pi b^2\,(a^2 - c^2)^2}{4a^2} = \frac{3b}{8a}\sqrt{a^2 - c^2}$$

Übung 16: Massenträgheitsmomente eines homogenen Kegels
Dreifachintegrale in Zylinderkoordinaten

Bild VIII-17 zeigt einen homogenen *Kreiskegel*
mit dem Grundkreisradius *R* und der Höhe *H*,
dessen Rotationsachse in die *z*-Achse fällt.
Bestimmen Sie für diesen Körper mittels *Dreifach-
integration* das jeweilige *Massenträgheitsmoment J*

a) bezüglich eines *Durchmessers* der kreis-
   förmigen Grundfläche,

b) bezüglich einer zu diesem Durchmesser
   parallelen Schwerpunktachse,

c) bezüglich einer zu diesem Durchmesser
   parallelen Achse durch die *Kegelspitze A*,

d) bezüglich der *Rotationsachse* (*z*-Achse)

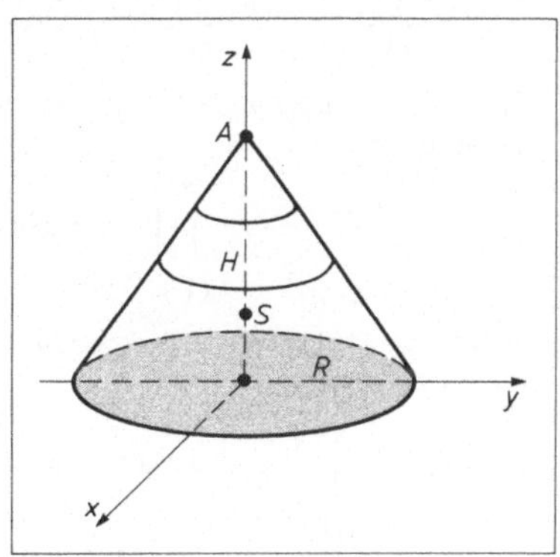

Bild VIII-17

(*ρ: konstante* Dichte des Kegels)

Lösungshinweise: Zu a): Wegen der *Rotationssymmetrie* ist das Massenträgheitsmoment für *jeden* Durchmesser gleich. Stellen Sie zunächst die Integralformeln für J_x und J_y auf und *addieren* Sie diese. Durch Übergang zu *Zylinderkoordinaten* läßt sich dann das *Dreifachintegral* leicht lösen.

Zu b) und c): Verwenden Sie die Ergebnisse aus a) im Zusammenhang mit dem *Satz von Steiner* [A31] (Abstand des Schwerpunktes S von der Grundfläche: $z_S = H/4$).

Lehrbuch: Bd. 2, IV.3.2.2.2 und IV.3.2.3.3
Physikalische Grundlagen: A31

Lösung:

a) Wir gehen bei unseren Überlegungen von einem *im* Kegel gelegenen *Volumenelement dV* mit der *Masse dm = ρ dV* aus, dessen räumliche Lage gemäß Bild VIII-18 durch den Punkt $P = (x; y; z)$ beschrieben wird. Der senkrechte Abstand zur x-Achse ist $r_x = \sqrt{y^2 + z^2}$, so daß dieses Element definitionsgemäß den Beitrag

$$dJ_x = r_x^2 \, dm = \rho\,(y^2 + z^2)\,dV$$

zum Massenträgheitsmoment des Kegels bezüglich der *x-Achse* leistet. Durch *Summation* über sämtliche Volumenelemente, d.h. *Integration* wird hieraus das *Dreifachintegral*

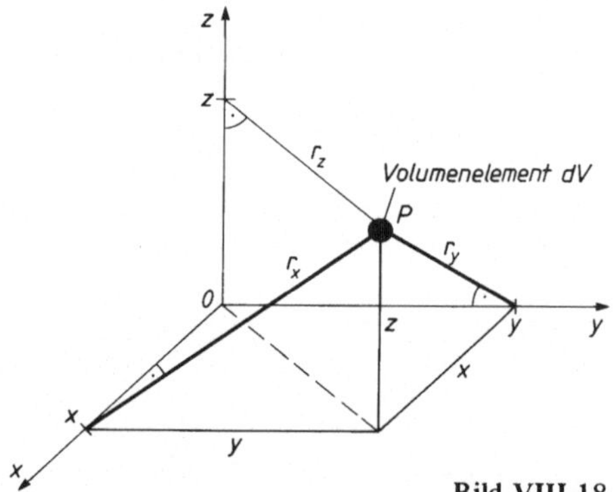

Bild VIII-18

$$J_x = \iiint\limits_{(V)} dJ_x = \rho \cdot \iiint\limits_{(V)} (y^2 + z^2)\,dV$$

Analoge Überlegungen führen bei der *y-Achse* als Bezugsachse auf das *Dreifachintegral*

$$J_y = \iiint\limits_{(V)} dJ_y = \rho \cdot \iiint\limits_{(V)} (x^2 + z^2)\,dV$$

Aus *Symmetriegründen* ist $J_x = J_y$. Wir *addieren* die beiden Integrale und fassen sie zu *einem* Integral zusammen:

$$J_x + J_y = 2J_x = \rho \cdot \iiint\limits_{(V)} (y^2 + z^2)\,dV + \rho \cdot \iiint\limits_{(V)} (x^2 + z^2)\,dV = \rho \cdot \iiint\limits_{(V)} (x^2 + y^2 + 2z^2)\,dV$$

Beim Übergang zu *Zylinderkoordinaten* wird daraus unter Berücksichtigung von $x^2 + y^2 = r^2$ und $dV = r\,dz\,dr\,d\varphi$

$$2J_x = \rho \cdot \iiint\limits_{(V)} (r^2 + 2z^2)\,r\,dz\,dr\,d\varphi$$

oder

$$J_x = \frac{1}{2}\,\rho \cdot \iiint\limits_{(V)} (r^2 + 2z^2)\,r\,dz\,dr\,d\varphi = \frac{1}{2}\,\rho \cdot \iiint\limits_{(V)} (r^3 + 2rz^2)\,dz\,dr\,d\varphi$$

Festlegung der Integrationsgrenzen

Der Kegel entsteht durch Rotation der *Geraden* $z = -\dfrac{H}{R}(x - R)$,

$0 \leqslant x \leqslant R$ um die z-Achse
(Bild VIII-19).

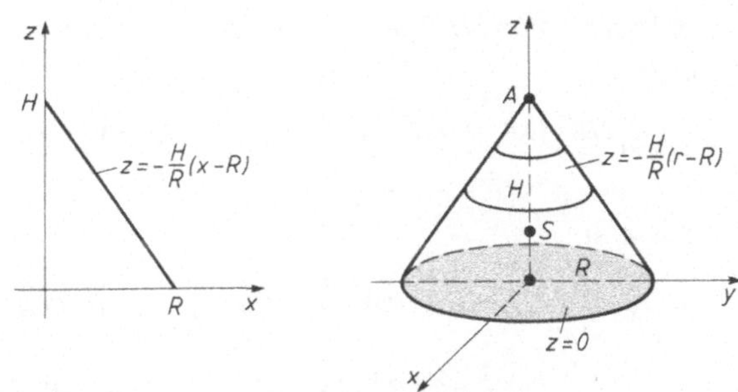

Bild VIII-19a)   **Bild VIII-19b)**

Seine *Mantelfläche* wird somit durch die Funktionsgleichung $z = -\dfrac{H}{R}(r - R)$, $0 \leqslant r \leqslant R$ beschrieben
und bildet die *obere* Begrenzungsfläche des Kegels. Die „*Bodenfläche*" ist Teil der x, y-Ebene $z = 0$.
Die *Projektion* des Kegels in diese Ebene führt zu der *Kreisfläche* $0 \leqslant r \leqslant R$, $0 \leqslant \varphi \leqslant 2\pi$. Damit
ergeben sich folgende *Integrationsgrenzen:*

> z-*Integration:* Von $z = 0$ bis $z = -\dfrac{H}{R}(r - R)$
>
> r-*Integration:* Von $r = 0$ bis $r = R$
>
> φ-*Integration:* Von $\varphi = 0$ bis $\varphi = 2\pi$

Integralberechnung

Die Integralformel für das gesuchte Massenträgheitsmoment J_x lautet somit

$$J_x = \frac{1}{2}\,\rho \cdot \int\limits_{\varphi = 0}^{2\pi} \int\limits_{r = 0}^{R} \int\limits_{z = 0}^{-\frac{H}{R}(r - R)} (r^3 + 2rz^2)\, dz\, dr\, d\varphi$$

1. Integrationsschritt (Integration nach der Variablen z):

$$\int\limits_{z = 0}^{-\frac{H}{R}(r - R)} (r^3 + 2rz^2)\, dz = \left[r^3 z + \frac{2}{3} rz^3 \right]_{z = 0}^{-\frac{H}{R}(r - R)} = -\frac{H}{R} r^3 (r - R) - \frac{2H^3}{3R^3} r\, (r - R)^3 =$$

$$= -\frac{H}{R}(r^4 - Rr^3) - \frac{2H^3}{3R^3}(r^4 - 3Rr^3 + 3R^2 r^2 - R^3 r)$$

2. Integrationsschritt (Integration nach der Variablen r):

$$\int\limits_{r = 0}^{R} \left[-\frac{H}{R}(r^4 - Rr^3) - \frac{2H^3}{3R^3}(r^4 - 3Rr^3 + 3R^2 r^2 - R^3 r) \right] dr =$$

$$= \left[-\frac{H}{R}\left(\frac{1}{5} r^5 - \frac{1}{4} Rr^4 \right) - \frac{2H^3}{3R^3}\left(\frac{1}{5} r^5 - \frac{3}{4} Rr^4 + R^2 r^3 - \frac{1}{2} R^3 r^2 \right) \right]_{0}^{R} =$$

$$= -\frac{H}{R}\left(\frac{1}{5} R^5 - \frac{1}{4} R^5 \right) - \frac{2H^3}{3R^3}\left(\frac{1}{5} R^5 - \frac{3}{4} R^5 + R^5 - \frac{1}{2} R^5 \right) =$$

$$= -\frac{H}{R}\left(-\frac{1}{20} R^5 \right) - \frac{2H^3}{3R^3}\left(-\frac{1}{20} R^5 \right) = \frac{1}{20} HR^4 + \frac{1}{30} H^3 R^2 = \frac{1}{60} HR^2 (3R^2 + 2H^2)$$

3. Integrationsschritt (Integration nach der Variablen φ):

$$\frac{1}{60} HR^2 (3R^2 + 2H^2) \cdot \int_{\varphi=0}^{2\pi} d\varphi = \frac{1}{60} HR^2 (3R^2 + 2H^2) \left[\varphi\right]_0^{2\pi} = \frac{1}{30} \pi HR^2 (3R^2 + 2H^2)$$

Somit ist

$$J_x = \frac{1}{2} \rho \cdot \frac{1}{30} \pi HR^2 (3R^2 + 2H^2) = \frac{1}{60} \rho \pi HR^2 (3R^2 + 2H^2) =$$

$$= \frac{1}{20} \underbrace{\left(\rho \cdot \frac{1}{3} \pi R^2 H\right)}_{m} (3R^2 + 2H^2) = \frac{1}{20} m (3R^2 + 2H^2)$$

das gesuchte *Massenträgheitsmoment* des Kegels, bezogen auf einen *beliebigen* Durchmesser der Grundfläche ($m = \rho \cdot \frac{1}{3} \pi R^2 H$ ist die *Masse* des Kegels).

b) Wir wählen als Durchmesser die *x-Achse*. Die dazu *parallele* Schwerpunktachse hat den Abstand $z_S = H/4$ (Bild VIII-20). Aus dem *Satz von Steiner* [A31] folgt dann

$$I_x = I_S + m \cdot z_S^2$$

$$I_S = I_x - m \cdot z_S^2 = \frac{1}{20} m (3R^2 + 2H^2) - \frac{1}{16} mH^2 = \frac{3}{80} m (4R^2 + H^2)$$

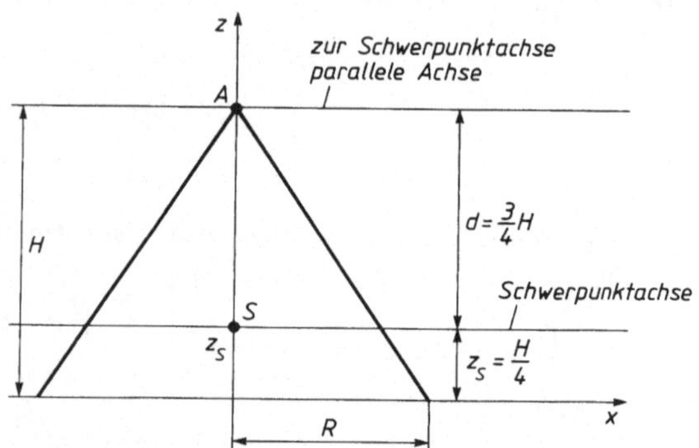

Bild VIII-20

c) Die beiden *Parallelachsen* durch Kegelspitze A und Schwerpunkt S verlaufen nach Bild VIII-20 im Abstand $d = H - z_S = \frac{3}{4} H$. Aus dem *Satz von Steiner* [A31] folgt dann unter Verwendung der Ergebnisse aus Lösungsteil b):

$$I_A = I_S + md^2 = \frac{3}{80} m (4R^2 + H^2) + \frac{9}{16} mH^2 = \frac{3}{20} m (R^2 + 4H^2)$$

d) Der Abstand r_z eines im Kegel gelegenen *Massenelementes* $dm = \rho \, dV$ von der Rotationsachse (z-Achse) ist die *Zylinderkoordinate* r (Bild VIII-18). Somit gilt

$$dJ_z = r_z^2 \, dm = r^2 \, dm = \rho \, r^2 \, dV$$

und

$$J_z = \iiint\limits_{(V)} dJ_z = \rho \cdot \iiint\limits_{(V)} r^2 \, dV$$

Wir verwenden wieder *Zylinderkoordinaten*, die Integrationsgrenzen sind die *gleichen* wie unter a):

$$J_z = \rho \cdot \int\limits_{\varphi = 0}^{2\pi} \int\limits_{r = 0}^{R} \int\limits_{z = 0}^{-\frac{H}{R}(r - R)} r^3 \, dz \, dr \, d\varphi$$

1. Integrationsschritt (Integration nach der Variablen z):

$$\int\limits_{z = 0}^{-\frac{H}{R}(r-R)} r^3 \, dz = r^3 \cdot \int\limits_{z = 0}^{-\frac{H}{R}(r-R)} dz = r^3 \, [z]\,\Big|_{z=0}^{-\frac{H}{R}(r-R)} = -\frac{H}{R} r^3 \, (r - R) = -\frac{H}{R}(r^4 - Rr^3)$$

2. Integrationsschritt (Integration nach der Variablen r):

$$-\frac{H}{R} \cdot \int\limits_{r = 0}^{R} (r^4 - Rr^3) \, dr = -\frac{H}{R}\left[\frac{1}{5}r^5 - \frac{1}{4}Rr^4\right]_{r=0}^{R} = -\frac{H}{R}\left(\frac{1}{5}R^5 - \frac{1}{4}R^5\right) =$$

$$= -\frac{H}{R}\left(-\frac{1}{20}R^5\right) = \frac{1}{20}HR^4$$

3. Integrationsschritt (Integration nach der Variablen φ):

$$\frac{1}{20}HR^4 \cdot \int\limits_{\varphi = 0}^{2\pi} d\varphi = \frac{1}{20}HR^4 \, [\varphi]_0^{2\pi} = \frac{1}{10}\pi HR^4$$

Somit ist

$$J_z = \rho \cdot \frac{1}{10}\pi HR^4 = \frac{1}{10}\pi\rho HR^4 = \frac{3}{10}\underbrace{\left(\rho \cdot \frac{1}{3}\pi R^2 H\right)}_{m} R^2 = \frac{3}{10}mR^2$$

($m = \rho V = \rho \cdot \dfrac{1}{3}\pi R^2 H$ ist die Masse des Kegels).

Übung 17:   Magnetische Feldstärke in der Umgebung eines stromdurchflossenen linearen Leiters
Linienintegrale

Durch einen langen, geraden *Leiter (Draht)*
mit dem Querschnittradius R fließt in Längsrichtung ein Strom der Stärke I_0, der sich
gleichmäßig über den Leiterquerschnitt verteilt
(Bild VIII-21). Er erzeugt ein *zylindersymmetrisches Magnetfeld* mit einer *ortsabhängigen*
magnetischen Feldstärke $\vec{H}$. Bestimmen Sie
die funktionale Abhängigkeit des *Feldstärke-
betrages H* vom Abstand r gegenüber der
Leitermitte

a) *innerhalb* des Leiters,

b) *außerhalb* des Leiters

durch Anwendung des *Durchflutungsgesetzes*
[A64].

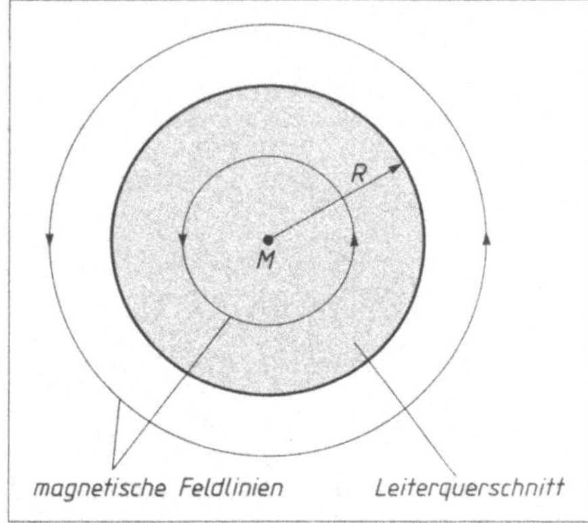

Bild VIII-21

Lehrbuch: Bd. 2, IV.4.4	*Physikalische Grundlagen:* A19, A64

Lösung:

Sowohl im *Innen-* als auch im *Außenbereich* des Leiters gilt: In jeder Ebene *senkrecht* zur Leiterachse
verlaufen die magnetischen Feldlinien wegen der *Kreis-* bzw. *Zylindersymmetrie* in Form von *konzentrischen Kreisen,* wobei der *Betrag H* des magnetischen Feldstärkevektors $\vec{H}$ längs einer jeden Feldlinie
konstant bleibt. H ist somit eine reine Funktion der *Abstandskoordinate r*: $H = H(r)$.

a) Im *Innenbereich* $0 \leqslant r \leqslant R$ hat die *Stromdichte S* [A19] wegen der *gleichmäßigen* Stromverteilung
an jeder Stelle des Leiters den *gleichen* Wert

$$S = \frac{I_0}{\pi R^2} = \text{const.}$$

Durch die in Bild VIII-22 *grau* unterlegte *Kreisfläche* vom
Radius r und vom Flächeninhalt $A(r) = \pi r^2$ fließt somit
der *Strom*

$$I(r) = S \cdot A(r) = \frac{I_0}{\pi R^2} \cdot \pi r^2 = \frac{I_0}{R^2} \cdot r^2$$

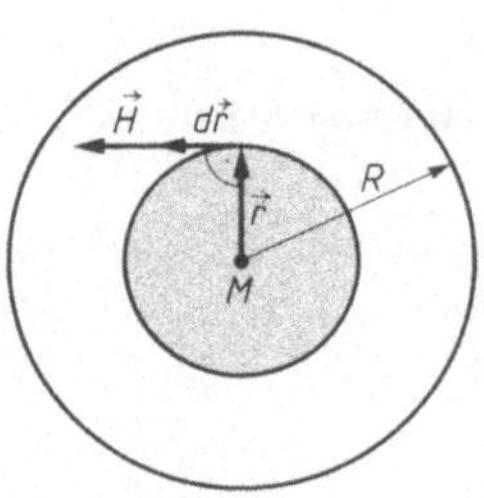

Nach dem *Durchflutungsgesetz* [A64] gilt dann

$$\oint \vec{H} \cdot d\vec{r} = I(r) = \frac{I_0}{R^2} \cdot r^2$$

Bild VIII-22

Die *Integration* erfolgt dabei längs einer *magnetischen Feldlinie*, d.h. längs eines *konzentrischen Kreises* vom Radius r. Der Verschiebungsvektor $d\vec{r}$ hat dabei *tangentiale* Richtung und ist somit dem Feldstärkevektor $\vec{H}$ *parallel*. Daher gilt für das *Skalarprodukt* $\vec{H} \cdot d\vec{r}$:

$$\vec{H} \cdot d\vec{r} = H \cdot dr \cdot \underbrace{\cos 0°}_{1} = H \cdot dr$$

Somit ist

$$\oint \vec{H} \cdot d\vec{r} = \oint H \cdot dr = \frac{I_0}{R^2} \cdot r^2$$

Beim Umlauf längs der (konzentrischen) *Kreisbahn* vom Radius r bleibt H *konstant* und der dabei zurückgelegte Weg beträgt $2\pi r$. Somit ist

$$\oint H\, dr = H \cdot \underbrace{\oint dr}_{2\pi r} = H \cdot 2\pi r = \frac{I_0}{R^2} \cdot r^2$$

und daher

$$H(r) = \frac{I_0}{2\pi R^2} \cdot r, \qquad 0 \leqslant r \leqslant R$$

d.h. die *magnetische Feldstärke* H steigt im *Innern* des Leiters *proportional* zum Leiterabstand r von $H(0) = 0$ bis zum *Maximalwert* $H_{\max} = H(R) = \dfrac{I_0}{2\pi R}$ *an* (Bild VIII-23).

b) Durch *jede* Kreisfläche vom Radius $r \geqslant R$ fließt der *gleiche* Strom I_0. Nach dem *Durchflutungsgesetz* [A64] ist somit

$$\oint \vec{H} \cdot d\vec{r} = I_0$$

und daher (nach analogen Überlegungen wie unter a))

$$H \cdot 2\pi r = I_0$$

Die *magnetische Feldstärke* H nimmt damit im *Außenbereich* nach der Gleichung

$$H(r) = \frac{I_0}{2\pi} \cdot \frac{1}{r}, \qquad r \geqslant R$$

reziprok zum Abstand r *ab* (Bild VIII-23).

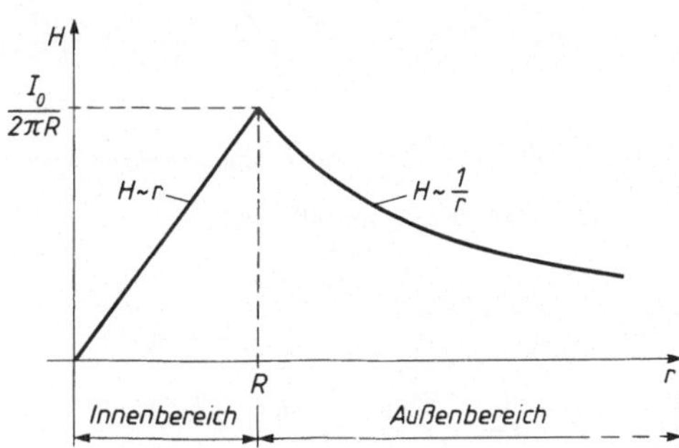

Bild VIII-23

Übung 18: Magnetische Feldstärke in der Achse eines stromdurchflossenen kreisförmigen Leiters
Linienintegral

Ein *kreisförmiger Leiter* vom Radius R wird von einem *konstanten* Strom der Stärke I durchflossen (Bild VIII-24; der Kreisring steht dabei *senkrecht* zur Zeichenebene).

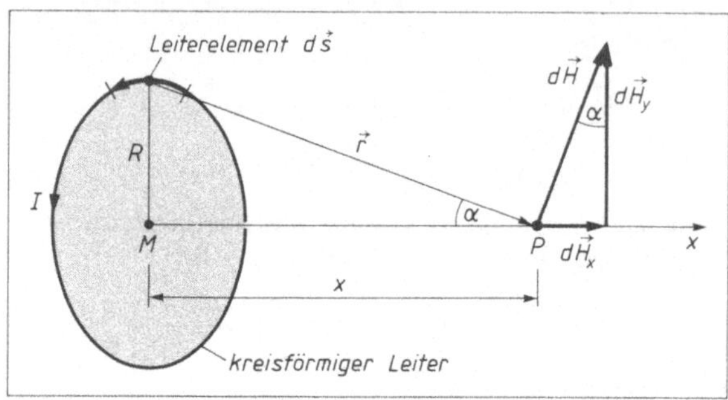

Bild VIII-24

a) Bestimmen Sie die *magnetische Feldstärke H* in einem Punkt P der *Kreisringachse* durch Anwendung des *Biot-Savartschen Gesetzes* [A49].

b) Wie verhält sich die *magnetische Feldstärke H* in der *Ringmitte M* bzw. in *großer* Entfernung von der Ringmitte M?

Lehrbuch: Bd. 2, IV.4.4	*Physikalische Grundlagen:* A49

Lösung:

a) Wir betrachten ein auf dem Kreisring gelegenes *Leiterelement* $d\vec{s}$ und einen Punkt P auf der *Kreisringachse*. $\vec{r}$ ist der vom Leiterelement zum Punkt P führende *Abstandsvektor* der Länge r, mit x bezeichnen wir den Abstand des Punktes P vom Mittelpunkt M des Kreisringes (Bild VIII-24). Das vom Strom I durchflossene *Leiterelement* $d\vec{s}$ erzeugt dann in P nach dem Gesetz von *Biot-Savart* [A49] ein magnetisches Feld mit dem *Feldstärkevektor*

$$d\vec{H} = \frac{I}{4\pi} \cdot \frac{d\vec{s} \times \vec{r}}{r^3}$$

vom Betrag

$$dH = |d\vec{H}| = \frac{I}{4\pi} \cdot \frac{|d\vec{s} \times \vec{r}|}{r^3} = \frac{I}{4\pi} \cdot \frac{|\vec{r} \times d\vec{s}|}{r^3}$$

Da die Vektoren $d\vec{s}$ und $\vec{r}$ einen *rechten* Winkel miteinander bilden, ist

$$|\vec{r} \times d\vec{s}| = r\,ds \cdot \underbrace{\sin 90°}_{1} = r\,ds$$

und somit

$$dH = \frac{I}{4\pi} \cdot \frac{r\,ds}{r^3} = \frac{I}{4\pi r^2}\,ds$$

Die Komponente der magnetischen Feldstärke in *Achsenrichtung (x-Richtung)* ist dann nach
Bild VIII-24

$$dH_x = dH \cdot \sin \alpha = \frac{I \cdot \sin \alpha}{4\pi r^2}\, ds$$

oder (unter Berücksichtigung der Beziehung $\sin \alpha = R/r$)

$$dH_x = \frac{IR}{4\pi r^3}\, ds$$

Wegen der *Kreissymmetrie* gilt dann: In Achsenrichtung *addieren* sich die Beiträge *aller* Leiterelemente, während sich die dazu *senkrechten* Komponenten insgesamt in ihrer Wirkung *aufheben*[9].
Das *resultierende* Feld $\vec{H}$ im Achsenpunkt P besitzt daher nur eine Komponente H_x in *Achsenrichtung*, d.h. $H = H_x$. Durch Summation, d.h. *Integration* über sämtliche im Kreisring gelegenen
Leiterelemente erhalten wir schließlich für die *resultierende magnetische Feldstärke* im Punkt P
das Linienintegral

$$H = \oint dH_x = \frac{IR}{4\pi r^3} \cdot \underbrace{\oint ds}_{2\pi R} = \frac{IR}{4\pi r^3} \cdot 2\pi R = \frac{IR^2}{2r^3}$$

(das Linienintegral $\oint ds$ entspricht dem *Umfang* $2\pi R$ des stromdurchflossenen Kreisringes).

Mit $r^2 = R^2 + x^2$ ergibt sich
daraus die folgende funktionale
Abhängigkeit der *magnetischen
Feldstärke* H von der Abstandsgröße x[10]:

$$H(x) = \frac{IR^2}{2} \cdot \frac{1}{\sqrt{(R^2 + x^2)^3}},$$

$$-\infty < x < \infty$$

Bild VIII-25 zeigt den Verlauf
dieser Funktion.

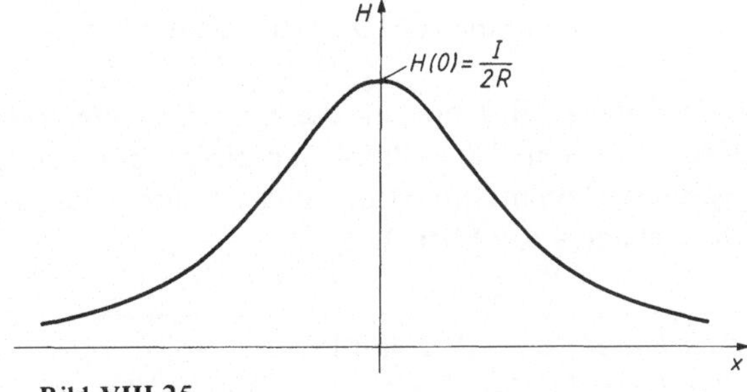

Bild VIII-25

b) In der *Ringmitte*, d.h. am Ort $x = 0$, erreicht die magnetische Feldstärke ihren *größten* Wert:

$$H_{\max} = H(0) = \frac{I}{2R}$$

In *großer* Entfernung von der Mitte M, d.h. für $|x| \gg R$ ist $R^2 + x^2 \approx x^2$ und somit

$$H(x) \approx \frac{IR^2}{2} \cdot \frac{1}{x^3}, \qquad |x| \gg R$$

Die *magnetische Feldstärke* nimmt demnach in *großer* Entfernung von der Mitte der Kreisringachse
mit der *3. Potenz* der Entfernung *ab* (Bild VIII-25).

---

[9] Bei *diametral* gegenüberliegenden Leiterelementen heben sich die Feldstärkekomponenten *senkrecht*
zur Kreisringachse jeweils in ihrer Wirkung auf.

[10] Das Magnetfeld ist *spiegelsymmetrisch* zur Ebene des Kreisrings!

Übung 19:   Elektrisches Feld einer Linienquelle
Partielle Ableitungen, konservatives Vektorfeld, Linienintegral

---

Das *Potential* φ einer *Linienquelle*, d.h. eines dünnen und unendlich langen geraden *Leiters* läßt sich in Abhängigkeit vom (senkrechten) *Abstand* r zur Leitermitte durch die Gleichung

$$\varphi(r) = - \frac{q}{2\pi\,\epsilon_0} \cdot \ln\left(\frac{r}{r_0}\right), \qquad r > 0$$

beschreiben (q: Ladung pro Längeneinheit; $r_0 > 0$: Lage des Bezugpunktes mit dem Potential $\varphi(r_0) = 0$ (Nullpotential); ϵ_0: elektrische Feldkonstante)

a) Wie lauten die *Komponenten* E_x, E_y und E_z sowie der *Betrag* E des *elektrischen Feldstärkevektors* $\vec{E}$?

b) Zeigen Sie: Das elektrische Feld ist *konservativ*, d.h. die *Arbeit* beim Verschieben einer Ladung im Feld ist *unabhängig* vom eingeschlagenen Weg, hängt somit nur vom *Anfangs-* und *Endpunkt* des Weges ab.

c) Welche *Arbeit* W wird beim Verschieben einer Ladung Q von Punkt A nach Punkt B verrichtet, wenn die Abstände dieser Punkte von der Linienquelle r_1 bzw. r_2 betragen?

Lösungshinweis: Beachten Sie die *Zylindersymmetrie* des elektrischen Feldes! Es handelt sich somit um ein *ebenes* Problem (Schnitt *senkrecht* zur Leiterachse). Drücken Sie die vorgegebene Potentialfunktion zunächst durch die kartesischen Koordinaten x und y aus (Schnittebene = x, y-Ebene).

Lehrbuch: Bd. 2, IV.2 und IV.4
Physikalische Grundlagen: A10, A55, A57

Lösung:

a) Die *Äquipotentialflächen* [A55] des elektrischen Feldes in der Umgebung der *Linienquelle* sind wegen der Zylindersymmetrie *koaxiale* Zylinderflächen. Der elektrische Feldstärkevektor $\vec{E}$ ist daher (bei vorausgesetzter *positiver* Linienladung) *radial* nach *außen* gerichtet (Bild VIII-26, die Linienquelle liegt in der *z-Achse*, die *senkrecht* zur Zeichenebene nach oben zeigt). Somit ist $E_z = 0$ [11]).

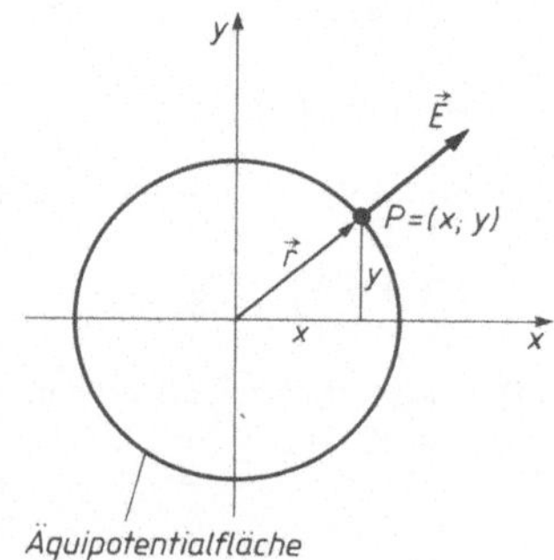

Bild VIII-26

---

[11]) Wegen der *Kreis-* bzw. *Zylindersymmetrie* haben wir es hier mit einem *ebenen* Problem zu tun (Schnitt *senkrecht* zur Leiterachse).

Die *Feldstärkekomponenten* E_x und E_y sind die mit -1 multiplizierten *partiellen Ableitungen 1. Ordnung* der Potentialfunktion $\varphi(r) = \varphi(x; y)$ [A57]. Bevor wir jedoch die partiellen Differentiationen ausführen, bringen wir noch den Ausdruck $\ln\left(\dfrac{r}{r_0}\right)$ auf eine „günstigere" Form. Wegen $r = \sqrt{x^2 + y^2} = (x^2 + y^2)^{1/2}$ und unter Verwendung der *Rechenregeln für Logarithmen* (s. Formelsammlung, Abschnitt I.2.5) ist

$$\ln\left(\frac{r}{r_0}\right) = \ln r - \ln r_0 = \ln(x^2 + y^2)^{1/2} - \ln r_0 = \frac{1}{2} \cdot \ln(x^2 + y^2) - \ln r_0$$

und somit

$$\varphi = \varphi(x; y) = -\frac{q}{2\pi\epsilon_0}\left(\frac{1}{2} \cdot \ln(x^2 + y^2) - \ln r_0\right)$$

Die elektrische Feldstärke $\vec{E}$ besitzt dann die folgenden *Komponenten* (Anwendung der *Kettenregel*):

Komponente E_x [A57]

$$E_x = -\frac{\partial\varphi}{\partial x} = -\frac{\partial}{\partial x}\left[-\frac{q}{2\pi\epsilon_0}\left(\frac{1}{2} \cdot \ln(x^2 + y^2) - \ln r_0\right)\right] = \frac{q}{2\pi\epsilon_0} \cdot \frac{\partial}{\partial x}\left[\frac{1}{2} \cdot \ln(x^2 + y^2) - \ln r_0\right] =$$

$$= \frac{q}{2\pi\epsilon_0} \cdot \frac{1}{2} \cdot \frac{1}{x^2 + y^2} \cdot 2x = \frac{q}{2\pi\epsilon_0} \cdot \frac{x}{x^2 + y^2} = \frac{q}{2\pi\epsilon_0} \cdot \frac{x}{r^2}$$

Komponente E_y (analog) [A57]

$$E_y = -\frac{\partial\varphi}{\partial y} = \frac{q}{2\pi\epsilon_0} \cdot \frac{y}{x^2 + y^2} = \frac{q}{2\pi\epsilon_0} \cdot \frac{y}{r^2}$$

Der *elektrische Feldstärkevektor* lautet somit

$$\vec{E} = \begin{pmatrix} E_x \\ E_y \end{pmatrix} = \frac{q}{2\pi\epsilon_0 r^2} \begin{pmatrix} x \\ y \end{pmatrix}$$

Für den *Betrag* der elektrischen Feldstärke erhalten wir

$$E = \sqrt{E_x^2 + E_y^2} = \frac{q}{2\pi\epsilon_0 r^2} \cdot \sqrt{x^2 + y^2} = \frac{q}{2\pi\epsilon_0 r^2} \cdot r = \frac{q}{2\pi\epsilon_0} \cdot \frac{1}{r}, \qquad r > 0$$

Er nimmt mit der *1. Potenz* der Entfernung r *ab* (Bild VIII-27).

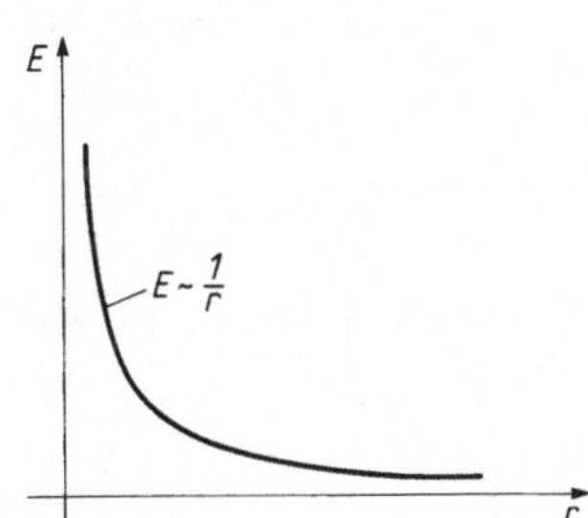

Bild VIII-27

b) Wir müssen zeigen, daß das Vektorfeld $\vec{E}$ die sog. *Integrabilitätsbedingung*

$$\frac{\partial E_x}{\partial y} = \frac{\partial E_y}{\partial x}$$

erfüllt (s. Band 2, Abschnitt IV.4.4.3). Die benötigten partiellen Ableitungen lauten (unter Verwendung der *Kettenregel*)

$$\frac{\partial E_x}{\partial y} = \frac{\partial}{\partial y}\left[\frac{q}{2\pi\epsilon_0}\cdot\frac{x}{x^2+y^2}\right] = \frac{q}{2\pi\epsilon_0}\,x\cdot\frac{\partial}{\partial x}\,(x^2+y^2)^{-1} =$$

$$= \frac{q}{2\pi\epsilon_0}\,x\cdot(-1)\cdot(x^2+y^2)^{-2}\cdot 2y = -\frac{q}{\pi\epsilon_0}\cdot\frac{xy}{(x^2+y^2)^2}$$

$$\frac{\partial E_y}{\partial x} = \frac{\partial}{\partial x}\left[\frac{q}{2\pi\epsilon_0}\cdot\frac{y}{x^2+y^2}\right] = \frac{q}{2\pi\epsilon_0}\,y\cdot\frac{\partial}{\partial x}\,(x^2+y^2)^{-1} =$$

$$= \frac{q}{2\pi\epsilon_0}\,y\cdot(-1)\cdot(x^2+y^2)^{-2}\cdot 2x = -\frac{q}{\pi\epsilon_0}\cdot\frac{xy}{(x^2+y^2)^2}$$

Die Ableitungen stimmen somit überein, die Bedingung für ein *konservatives* Feld (auch *Potentialfeld* genannt) ist somit *erfüllt*.

c) Unter b) haben wir bereits gezeigt, daß die Arbeit nur vom Anfangspunkt A und vom Endpunkt B, *nicht* aber vom eingeschlagenen Verbindungsweg dieser Punkte abhängt. Wir wählen daher den in Bild VIII-28 skizzierten Weg C, der zunächst von A aus *radial* nach A^* (Weg C_1) und von dort aus auf dem *Kreisbogen* vom Radius r_2 nach B verläuft (Weg C_2). Die dabei vom Feld an der Ladung Q verrichtete *Arbeit* wird durch das *Arbeitsintegral*

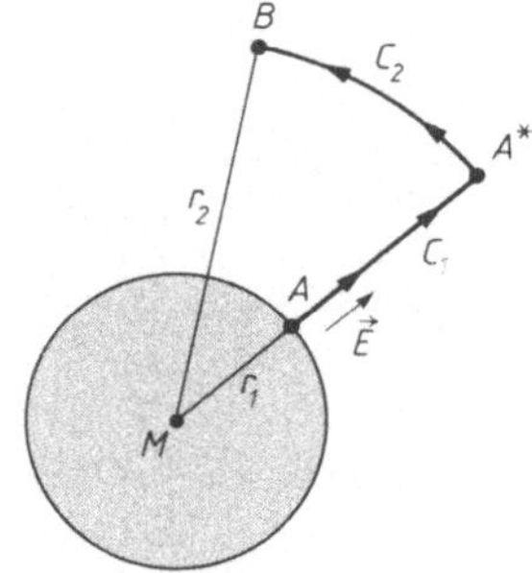

$$W = \int\limits^{C}\vec{F}\cdot d\vec{r} = \int\limits^{C_1}\vec{F}\cdot d\vec{r} + \int\limits^{C_2}\vec{F}\cdot d\vec{r}$$

berechnet. Die einzelnen Arbeitsbeiträge sind:

Bild VIII-28

(1) Arbeit längs des Weges C_1 von A nach A^*

Die Verschiebung erfolgt *radial* und somit *in Feldrichtung*. Daher ist (unter Berücksichtigung von $\vec{F} = Q\vec{E}$ [A10])

$$dW_1 = \vec{F}\cdot d\vec{r} = Q\,(\vec{E}\cdot d\vec{r}) = Q\,(E\,dr\cdot \underbrace{\cos 0°}_{1}) = QE\,dr$$

und somit

$$W_1 = \int\limits^{C_1} dW_1 = \int\limits^{C_1}\vec{F}\cdot d\vec{r} = Q\cdot\int\limits^{C_1} E\,dr = \frac{Qq}{2\pi\epsilon_0}\cdot\int\limits_{r_1}^{r_2}\frac{dr}{r} =$$

$$= \frac{Qq}{2\pi\epsilon_0}\left[\ln r\right]_{r_1}^{r_2} = \frac{Qq}{2\pi\epsilon_0}\,(\ln r_2 - \ln r_1) = \frac{Qq}{2\pi\epsilon_0}\cdot\ln\left(\frac{r_2}{r_1}\right)$$

(2) Arbeit längs des Weges C_2 von A^* nach B

Der Verschiebungsvektor $d\vec{r}$ steht *senkrecht* auf $\vec{E}$ bzw. $\vec{F} = Q\vec{E}$. Somit ist

$$dW_2 = \vec{F} \cdot d\vec{r} = Q\,(\vec{E} \cdot d\vec{r}) = Q\,(E\,dr \cdot \underbrace{\cos 90°}_{0}) = 0$$

und

$$W_2 = \int\limits^{C_2} dW_2 = \int\limits^{C_2} \vec{F} \cdot d\vec{r} = 0$$

Die Verschiebung erfolgt *ohne* Arbeitsaufwand, da der Kreisbogen $\overset{\frown}{A^*B}$ in einer *Äquipotential-fläche* liegt!

(3) Gesamtarbeit

Die *insgesamt* vom elektrischen Feld aufzubringende *Arbeit* beträgt damit

$$W = W_1 + W_2 = \frac{Qq}{2\pi\,\epsilon_0} \cdot \ln\left(\frac{r_2}{r_1}\right)$$

IX Gewöhnliche Differentialgleichungen

Hinweis: Die in den Lösungen angegebenen *Integralnummern* beziehen sich auf die *Integraltafel* der **Mathematischen Formelsammlung für Ingenieure und Naturwissenschaftler**. Die Abkürzung Dgl *bedeutet Differentialgleichung*.

Übung 1:   Raketengleichung

Dgl 1. Ordnung vom Typ y'=f (x) (Integration mittels Substitution)

Der Antrieb einer senkrecht nach oben startenden *Rakete* erfolgt nach dem *Rückstoßprinzip* durch Treibstoffgase, die nach der Verbrennung mit hoher Geschwindigkeit zum Erdboden hin ausgestoßen werden (Bild IX-1). Bei der mathematischen Behandlung dieses Problems werden dabei die folgenden Begriffe und Größen benötigt:

u: Ausströmgeschwindigkeit der Gase

v: Geschwindigkeit der Rakete

μ: Massenstrom (in der *Zeiteinheit* ausgestoßene Masse an Treibstoffgasen)

m_R: Masse der Rakete *ohne* Treibstoff (Endmasse)

m_T: Masse des mitgeführten und schließlich verbrauchten Treibstoffs

m_0:   Startmasse der Rakete ($m_0 = m_R + m_T$)

τ: Brennschlußdauer (in dieser Zeit, vom Start aus gerechnet, wird die mitgeführte Treibstoffmenge *vollständig* verbraucht)

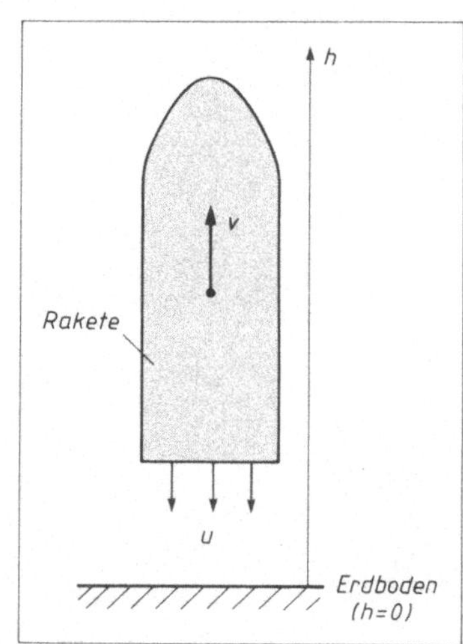

Bild IX-1

a) Bestimmen Sie *Höhe h* und *Geschwindigkeit v* der Rakete zur Zeit t, wenn die Bewegung zum Zeitpunkt $t = 0$ von der Erdoberfläche aus und aus der Ruhe heraus erfolgt.

b) Welche *Höhe* hat die Rakete unmittelbar nach *Brennschluß* erreicht, wie groß ist dann ihre *Geschwindigkeit*?

c) Welche *Höhe H* erreicht die Rakete *maximal*?

Lösungshinweis: Die Ausströmgeschwindigkeit u der Gase und der Massenstrom μ werden während der *gesamten* Brennzeit τ als *konstant* angenommen. Die Rakete erfährt dann die *konstante* Schubkraft $F_{Schub} = \mu u$. Ebenso wird die Erdbeschleunigung g als eine *Konstante* angesehen. Reibungskräfte bleiben *unberücksichtigt*. Die *Dgl* der Raketenbewegung (auch *Raketengleichung* genannt) erhalten Sie aus dem *Newtonschen Grundgesetz* [A27].

Lehrbuch: Bd. 2, V.1.4	*Physikalische Grundlagen:* A27

Lösung:

a) Durch die ausströmenden Gase erfährt die Rakete nach dem Rückstoßprinzip die *konstante Schubkraft* $F_{Schub} = \mu u$. Ihr wirkt die *Schwerkraft* (das Gewicht) $G = mg$ entgegen. Somit gilt nach dem *Newtonschen Grundgesetz* [A27]

$$ma = F_{Schub} - G = \mu u - mg$$

Die Rakete erfährt daher die nach *oben* gerichtete Beschleunigung

$$a = \dot{v} = \frac{\mu u}{m} - g > 0$$

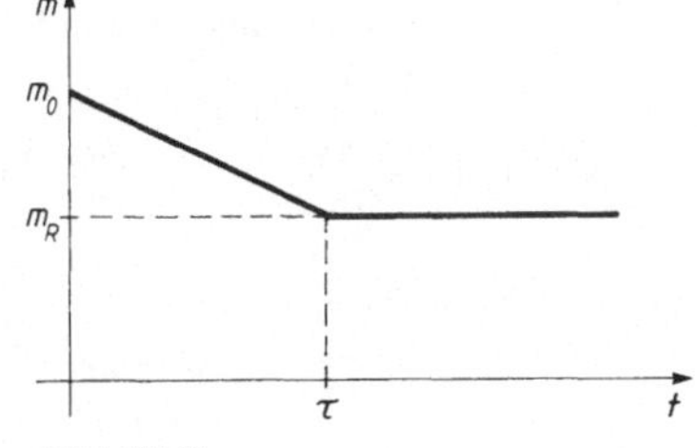

sofern die Schubkraft μu das anfängliche Gewicht $m_0 g$ übersteigt! Dabei ist zu beachten, daß die Gesamtmasse m der Rakete in der Zeit vom Start bis zum Brennschluß τ *linear abnimmt* und zwar vom *Anfangswert* $m_0 = m_R + m_T$ auf den *Endwert* m_R (Bild IX-2):

$$m = m(t) = m_0 - \mu t, \qquad 0 \leqslant t \leqslant \tau$$

μt ist dabei die in der Zeit t *verbrauchte* Treibstoffmasse.

Bild IX-2

Die *Raketengeschwindigkeit* v genügt somit der *Dgl 1. Ordnung*

$$\dot{v} = \frac{\mu u}{m} - g = \frac{\mu u}{m_0 - \mu t} - g$$

die durch *direkte Integration* lösbar ist. Wir erhalten zunächst

$$v = \int \dot{v}\, dt = \int \left(\frac{\mu u}{m_0 - \mu t} - g \right) dt = \mu u \cdot \int \frac{dt}{m_0 - \mu t} - gt$$

Mit Hilfe der *Substitution*

$$z = m_0 - \mu t, \qquad \frac{dz}{dt} = -\mu, \qquad dt = -\frac{dz}{\mu}$$

folgt weiter

$$v = \mu u \cdot \int \frac{1}{z} \cdot \left(-\frac{dz}{\mu} \right) - gt = -u \cdot \int \frac{dz}{z} - gt = -u \cdot \ln|z| - gt + C_1$$

Nach *Rücksubstitution* ergibt sich

$$v = -u \cdot \ln(m_0 - \mu t) - gt + C_1$$

Die Integrationskonstante C_1 wird aus der *Anfangsgeschwindigkeit* $v(0) = 0$ berechnet:

$$v(0) = 0 \quad \Rightarrow \quad -u \cdot \ln m_0 + C_1 = 0 \quad \Rightarrow \quad C_1 = u \cdot \ln m_0$$

Das *Geschwindigkeit-Zeit-Gesetz* der Raketenbewegung bis zum Brennschluß τ lautet damit wie folgt:

$$v(t) = -u \cdot \ln(m_0 - \mu t) - gt + u \cdot \ln m_0 = -u(\ln(m_0 - \mu t) - \ln m_0) - gt =$$

$$= -u \cdot \ln\left(\frac{m_0 - \mu t}{m_0}\right) - gt , \qquad 0 \leqslant t \leqslant \tau$$

Durch *Integration* dieser Gleichung gewinnt man das *Weg-Zeit-Gesetz* der Rakete im gleichen Zeitraum:

$$h = \int v \, dt = -u \cdot \int \ln\left(\frac{m_0 - \mu t}{m_0}\right) dt - g \cdot \int t \, dt =$$

$$= -u \cdot \underbrace{\int \ln\left(\frac{m_0 - \mu t}{m_0}\right) dt}_{I} - \frac{1}{2} gt^2 = -u \cdot I - \frac{1}{2} gt^2$$

Das unbestimmte Integral I läßt sich zunächst mit Hilfe der *Substitution*

$$z = \frac{m_0 - \mu t}{m_0}, \qquad \frac{dz}{dt} = -\frac{\mu}{m_0}, \qquad dt = -\frac{m_0}{\mu} dz$$

vereinfachen und anschließend mit der *Integraltafel* der Formelsammlung wie folgt lösen (Integral Nr. 332):

$$I = \int \ln\left(\frac{m_0 - \mu t}{m_0}\right) dt = -\frac{m_0}{\mu} \cdot \int \ln z \, dz = -\frac{m_0}{\mu} \cdot z (\ln z - 1) + C_2$$

Nach *Rücksubstitution* ist

$$I = -\frac{m_0 - \mu t}{\mu} \left[\ln\left(\frac{m_0 - \mu t}{m_0}\right) - 1 \right] + C_2$$

und somit

$$h = -u \cdot I - \frac{1}{2} gt^2 = \frac{u(m_0 - \mu t)}{\mu} \left[\ln\left(\frac{m_0 - \mu t}{m_0}\right) - 1 \right] - uC_2 - \frac{1}{2} gt^2$$

Aus der *Anfangshöhe* $h(0) = 0$ läßt sich die Integrationskonstante C_2 bestimmen:

$$h(0) = 0 \quad \Rightarrow \quad \frac{u m_0}{\mu} \underbrace{(\ln 1 - 1)}_{0} - uC_2 = 0 \quad \Rightarrow \quad C_2 = -\frac{m_0}{\mu}$$

Die Rakete befindet sich daher zum Zeitpunkt $t \leqslant \tau$ in der *Höhe*

$$h(t) = \frac{u(m_0 - \mu t)}{\mu} \left[\ln\left(\frac{m_0 - \mu t}{m_0}\right) - 1 \right] + \frac{u m_0}{\mu} - \frac{1}{2} gt^2$$

b) Im Zeitpunkt des *Brennschlußes*, d.h. zur Zeit $t = \tau$ ist der *gesamte* Treibstoff $m_T = m_0 - m_R$ *verbraucht:*

$$m(\tau) = m_0 - \mu \tau = m_R$$

Für die Brennschlußdauer τ folgt hieraus

$$\tau = \frac{m_0 - m_R}{\mu}$$

Die *Raketenhöhe* beträgt dann

$$h\,(\tau) = \frac{u\,(m_0 - \mu\tau)}{\mu}\left[\ln\left(\frac{m_0 - \mu\tau}{m_0}\right) - 1\right] + \frac{u\,m_0}{\mu} - \frac{1}{2}g\tau^2 =$$

$$= \frac{u\,m_R}{\mu}\left[\ln\left(\frac{m_R}{m_0}\right) - 1\right] + \frac{u\,m_0}{\mu} - \frac{1}{2}g\tau^2 = \frac{u\,m_R}{\mu}\left[\ln\left(\frac{m_R}{m_0}\right) + \frac{m_0}{m_R} - 1\right] - \frac{1}{2}g\tau^2$$

Die Rakete erreicht im Augenblick des *Brennschlusses* ihre *größte* Geschwindigkeit. Sie beträgt

$$v_{max} = v\,(\tau) = -u \cdot \ln\left(\frac{m_0 - \mu\tau}{m_0}\right) - g\tau = -u \cdot \ln\left(\frac{m_R}{m_0}\right) - g\tau = u \cdot \ln\left(\frac{m_0}{m_R}\right) - g\tau$$

c) Nach *Ablauf* der Brennschlußdauer τ fällt die Schubkraft
$F_{Schub} = \mu u$ weg und die Rakete unterliegt nur noch der
(als weiterhin *konstant* angenommenen) *Schwerkraft*
$G = mg$. Die Bewegung der Rakete kann daher von diesem
Zeitpunkt an als ein *Wurf senkrecht nach oben* mit der
„*Anfangsgeschwindigkeit*" $v\,(\tau)$ und der „*Anfangshöhe*"
$h\,(\tau)$ interpretiert werden (Bild IX-3).

Somit gilt für den Zeitraum $t \geqslant \tau$:

$$h\,(t) = h\,(\tau) + v\,(\tau)\,(t - \tau) - \frac{1}{2}g\,(t - \tau)^2, \qquad t \geqslant \tau$$

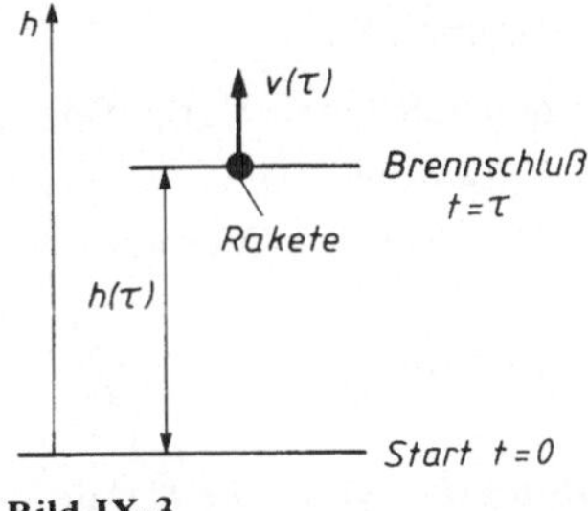

Bild IX-3

Darin bedeuten:

$h\,(\tau)$:   *Anfangshöhe* zur Zeit $t = \tau$

$v\,(\tau)\,(t - \tau)$:   Im Zeitintervall $t - \tau$ aufgrund der *konstanten* Anfangsgeschwindigkeit $v\,(\tau)$
                 zurückgelegter *Weg*

$\frac{1}{2}g\,(t - \tau)^2$:   *Fallstrecke* im Zeitintervall $t - \tau$

Für das *Geschwindigkeit-Zeit-Gesetz* im gleichen Zeitraum gilt dann

$$v\,(t) = \dot{h}\,(t) = v\,(\tau) - g\,(t - \tau)\,, \qquad t \geqslant \tau$$

Die Rakete erreicht ihren *höchsten* Punkt *(Umkehrpunkt)* zur Zeit $t = T$, wenn $v\,(T) = \dot{h}\,(T) = 0$
ist:

$$v\,(T) = 0 \;\Rightarrow\; v\,(\tau) - g\,(T - \tau) = 0 \;\Rightarrow\; T = \frac{v\,(\tau) + g\tau}{g}$$

Die *maximal* erreichbare Höhe beträgt somit

$$h_{max} = h\,(T) = h\,(\tau) + v\,(\tau)\,(T - \tau) - \frac{1}{2}g\,(T - \tau)^2 =$$

$$= h\,(\tau) + v\,(\tau)\frac{v\,(\tau)}{g} - \frac{1}{2}g\left(\frac{v\,(\tau)}{g}\right)^2 = h\,(\tau) + \frac{v^2\,(\tau)}{2g}$$

Für $t > T$ *fällt* die Rakete (aus der Ruhe heraus) nach den Gesetzen des *freien Falls*.

> ## Übung 2:   RL-Schaltkreis mit einer Gleichstromquelle
> ### Homogene lineare Dgl 1. Ordnung (Trennung der Variablen)

Eine *Reihenschaltung* aus einem ohmschen Widerstand R und einer Induktivität L wird von einer Gleichstromquelle mit dem *konstanten* Strom I_0 gespeist und zur Zeit $t = 0$ durch Schließen des Schalters S *kurzgeschlossen* (Bild IX-4).

Bestimmen Sie

a) den zeitlichen Verlauf der *Stromstärke* i im RL-Zweig,

b) den zeitlichen Verlauf der an Widerstand R und Induktivität L liegenden *Teilspannungen* u_R und u_L.

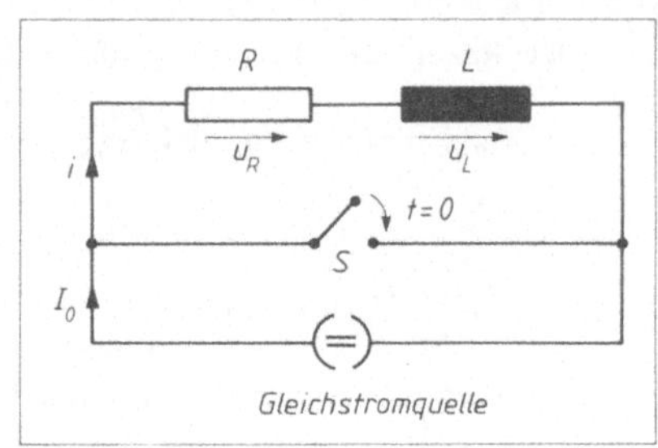

Bild IX-4

Lösungshinweis: Die *Dgl* des *RL*-Schaltkreises erhalten Sie durch Anwendung der *Maschenregel* [A32].

> *Lehrbuch:* Bd. 2, V.2.2
> *Physikalische Grundlagen:* A14, A32, A45

Lösung:

a) Nach der *Maschenregel* [A32] ist

$$u_L + u_R = 0$$

Mit $u_L = L \cdot \dfrac{di}{dt}$ [A45] und $u_R = Ri$ [A14] wird hieraus die *homogene lineare Dgl 1. Ordnung mit konstanten Koeffizienten*

$$L \cdot \frac{di}{dt} + Ri = 0 \qquad \text{oder} \qquad \frac{di}{dt} + \frac{R}{L}\, i = 0$$

Diese Dgl lösen wir durch „*Trennung der Variablen*":

$$\frac{di}{i} = -\frac{R}{L}\, dt \qquad \text{oder} \qquad \frac{di}{i} = -\frac{1}{\tau}\, dt \qquad (\tau = L/R : \text{ Zeitkonstante})$$

$$\int \frac{di}{i} = -\frac{1}{\tau} \cdot \int dt \;\Rightarrow\; \ln i = -\frac{t}{\tau} + \ln K \qquad \text{oder} \qquad \ln i - \ln K = \ln\left(\frac{i}{K}\right) = -\frac{t}{\tau}$$

Durch *Entlogarithmierung* folgt hieraus schließlich

$$\frac{i}{K} = e^{-\frac{t}{\tau}} \qquad \text{oder} \qquad i = K \cdot e^{-\frac{t}{\tau}}$$

Die Integrationskonstante K wird aus dem *Anfangswert* $i\,(0) = I_0$ berechnet:

$$i\,(0) = I_0 \;\Rightarrow\; K = I_0$$

Die *Stromstärke* i im RL-Zweig nimmt somit im Laufe der Zeit *exponentiell* ab:

$$i\,(t) = I_0 \cdot e^{-\frac{t}{\tau}}, \qquad t \geqslant 0$$

Bild IX-5 zeigt den Verlauf dieser
Abklingfunktion.

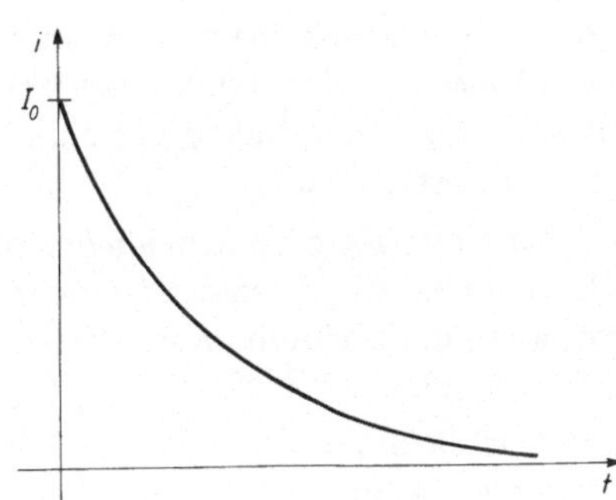

Bild IX-5

b) Aus dem *ohmschen Gesetz* [A14] folgt für die Teilspannung u_R das Zeitgesetz

$$u_R\,(t) = R\,i\,(t) = RI_0 \cdot e^{-\frac{t}{\tau}}, \qquad t \geqslant 0$$

Die an der Induktivität L abfallende Spannung u_L, erhalten wir aus dem *Induktionsgesetz* [A45]:

$$u_L\,(t) = L \cdot \frac{d\,i\,(t)}{dt} = L \cdot \frac{d}{dt}\left[I_0 \cdot e^{-\frac{t}{\tau}} \right] = -\frac{LI_0}{\tau} \cdot e^{-\frac{t}{\tau}} = -RI_0 \cdot e^{-\frac{t}{\tau}}, \qquad t \geqslant 0$$

Mit dem Strom i klingen auch beide Teilspannungen *exponentiell* mit der Zeit ab (Bild IX-6).
Sie sind ferner zu jedem Zeitpunkt *entgegengesetzt* gleich groß.

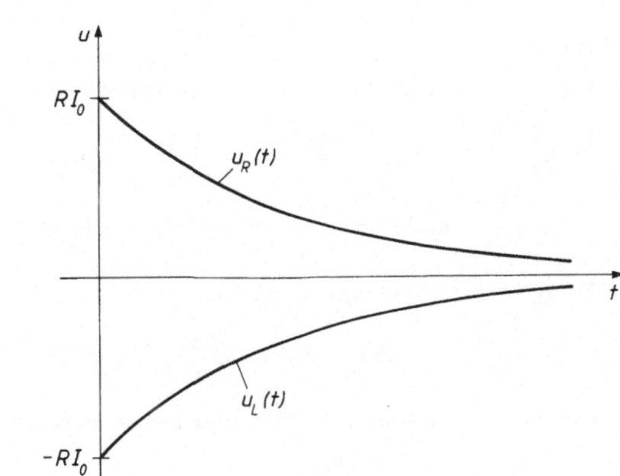

Bild IX-6

Übung 3:   Seilkräfte und Seilreibung
Homogene lineare Dgl 1. Ordnung (Trennung der Variablen)

Eine *arretierte* Zylinderscheibe wird in der aus Bild IX-7
ersichtlichen Weise von einem *biegsamen* Seil um-
schlungen, das am rechten Ende durch eine Gewichtskraft $G = mg$ belastet wird.

a) Mit welcher Kraft F_0 muß man am *linken* Seilende
   einwirken, um ein Abgleiten der Masse m zu *ver-
   hindern*, wenn der Haftreibungskoeffizient den Wert
   $\mu_0 = 0{,}5$ besitzt?

b) Wie groß darf die am *rechten* Seilende befestigte
   Last F werden, wenn man das *linke* Seilende mit
   `der Kraft $F_0 = 100$ N festhält und das Seil die
   Zylinderscheibe genau 2,5 mal umschlingt?

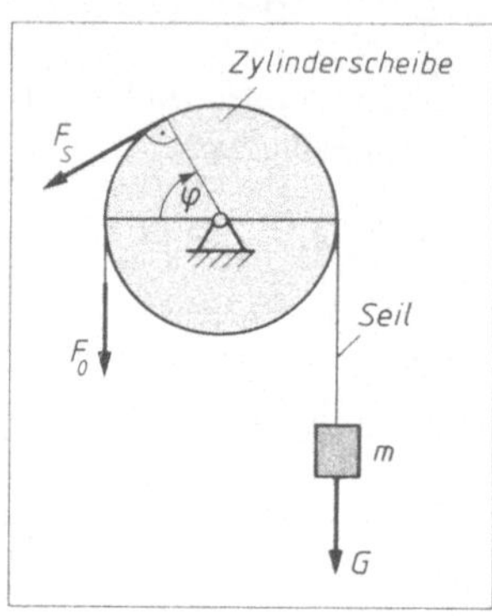

Bild IX-7

Lösungshinweis: Infolge der Haftreibung zwischen Seil und Zylinderscheibe ist die Seilkraft S *nicht* konstant, sondern eine noch vom *Zentriwinkel* φ abhängige Größe $S = S(\varphi)$.
Im Gleichgewichtszustand genügt dabei die Seilkraft der *Dgl*

$$\frac{dS}{d\varphi} = \mu_0 \, S$$

Lehrbuch: Bd. 2, V.2.2

Lösung:

a) Wir lösen zunächst die Dgl der *winkelabhängigen* Seilkraft durch „*Trennung der Variablen*":

$$\frac{dS}{d\varphi} = \mu_0 S \;\;\Rightarrow\;\; \frac{dS}{S} = \mu_0 \, d\varphi \;\;\Rightarrow\;\; \int \frac{dS}{S} = \mu_0 \cdot \int d\varphi \;\;\Rightarrow$$

$$\Rightarrow \;\; \ln S = \mu_0 \varphi + \ln C \;\;\Rightarrow\;\; \ln S - \ln C = \ln\left(\frac{S}{C}\right) = \mu_0 \varphi$$

Entlogarithmierung führt schließlich zu

$$\frac{S}{C} = e^{\mu_0 \varphi} \qquad \text{oder} \qquad S = C \cdot e^{\mu_0 \varphi}$$

Die Integrationskonstante C wird dabei aus dem *Anfangswert* $S(0) = F_0$ bestimmt:

$$S(0) = F_0 \;\;\Rightarrow\;\; C = F_0$$

Somit wächst die Seilkraft S *exponentiell* mit dem „Umschlingwinkel" φ nach der Gleichung

$$S(\varphi) = F_0 \cdot e^{\mu_0 \varphi}$$

Am *rechten* Seilende, d. h. für $\varphi = \pi$ ist

$$S(\pi) = F_0 \cdot e^{\mu_0 \pi} = G$$

Aus dieser Beziehung folgt

$$F_0 = e^{-\mu_0\,\pi} \cdot G = e^{-0,5\,\pi} \cdot G = 0,208\,G$$

Ein Abgleiten der Masse m wird somit *verhindert*, wenn die am *linken* Seilende wirkende Seilkraft rund 20 % des am *rechten* Seilende angehängten Gewichtes beträgt.

b) Der „Umschlingwinkel" ist jetzt $\varphi = 2{,}5 \cdot 2\pi = 5\pi$. Die Belastung F am *rechten* Seilende kann daher den Wert

$$F = S(5\pi) = F_0 \cdot e^{\mu_0 \cdot 5\pi} = 100\ \text{N} \cdot e^{0,5\,\cdot\,5\pi} = 100\ \text{N} \cdot e^{2,5\,\pi} = 257\,597\ \text{N} \approx 257{,}6\ \text{kN}$$

erreichen.

Übung 4: Fallbewegung einer Kugel in einer zähen Flüssigkeit
Inhomogene lineare Dgl 1. Ordnung (Variation der Konstanten)

Eine homogene *Kugel* mit dem Radius r und der Dichte ρ_K wird in einer *zähen Flüssigkeit* mit der Dichte ρ_F und der Zähigkeit η aus der Ruhe heraus frei fallengelassen (Bild IX-8). Bestimmen Sie aus dem *Newtonschen Grundgesetz* [A27]

a) das *Geschwindigkeit-Zeit-Gesetz* $v = v(t)$,

b) das *Weg-Zeit-Gesetz* $s = s(t)$

unter Berücksichtigung von *Auftrieb* [A35] und *Stokescher* Reibung [A59].

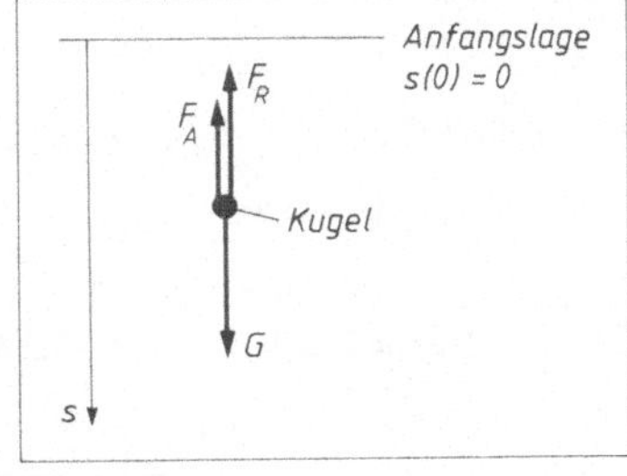

Bild IX-8

Lehrbuch: Bd. 2, V.2.4.3.1
Physikalische Grundlagen: A27, A35, A59

Lösung:

a) Auf die Kugel wirken nach Bild IX-8 folgende Kräfte ein:

1. Die nach *unten* gerichtete *Schwerkraft* $G = mg$;
2. Der nach *oben* gerichtete *Auftrieb* [A35] $F_A = \rho_F\,V_K\,g$;
3. Die nach *oben* gerichtete *Stokesche Reibungskraft* [A59] $F_R = 6\pi\eta rv$.

Nach dem *Newtonschen Grundgesetz* [A27] gilt dann

$$ma = G - F_A - F_R = mg - \rho_F\,V_K\,g - 6\pi\eta rv$$

oder

$$a = g - \frac{\rho_F\,V_K\,g}{m} - \frac{6\pi\eta r}{m}\,v = g\left(1 - \frac{\rho_F\,V_K}{m}\right) - \frac{6\pi\eta r}{m}\,v$$

Mit $a = \dot{v}$ und $m = \rho_K V_K = \frac{4}{3}\pi\rho_K r^3$ wird daraus eine *inhomogene lineare Dgl 1. Ordnung mit konstanten Koeffizienten* für die Geschwindigkeit v:

$$\dot{v} = g\left(1 - \frac{\rho_F}{\rho_K}\right) - \frac{9\eta}{2\,\rho_K\,r^2}\,v = \frac{(\rho_K - \rho_F)\,g}{\rho_K} - \frac{9\eta}{2\,\rho_K\,r^2}\,v$$

Zur Abkürzung und der besseren Übersicht wegen setzen wir noch

$$\alpha = \frac{9\eta}{2\,\rho_K\,r^2} \quad\text{und}\quad \beta = \frac{(\rho_K - \rho_F)\,g}{\rho_K}$$

und erhalten die Dgl

$$\dot{v} = \beta - \alpha v \quad\text{oder}\quad \dot{v} + \alpha v = \beta$$

die wir durch „*Variation der Konstanten*" lösen[1]. Zunächst wird die zugehörige *homogene* Dgl

$$\dot{v} + \alpha v = 0$$

mit dem *Lösungsansatz* $v = K \cdot e^{\lambda t}$, $\dot{v} = \lambda K \cdot e^{\lambda t}$ gelöst:

$$\lambda K \cdot e^{\lambda t} + \alpha K \cdot e^{\lambda t} = (\lambda + \alpha)\,K \cdot e^{\lambda t} = 0 \;\Rightarrow\; \lambda + \alpha = 0 \;\Rightarrow\; \lambda = -\alpha$$

Somit ist $v = K \cdot e^{-\alpha t}$ die allgemeine Lösung der *homogenen* Dgl. Für die *inhomogene* Dgl wird daher der *Lösungsansatz*

$$v = K(t) \cdot e^{-\alpha t}$$

gewählt *(Variation der Konstanten)*. Mit der Ableitung

$$\dot{v} = \dot{K}(t) \cdot e^{-\alpha t} - \alpha K(t) \cdot e^{-\alpha t} \qquad\qquad (\textit{Produkt-} \text{ und } \textit{Kettenregel})$$

erhalten wir dann durch Einsetzen des Lösungsansatzes und seiner Ableitung in die *inhomogene* Dgl die folgende Dgl 1. Ordnung für die noch unbekannte *Faktorfunktion* $K(t)$:

$$\dot{K}(t) \cdot e^{-\alpha t} \underbrace{- \alpha K(t) \cdot e^{-\alpha t} + \alpha K(t) \cdot e^{-\alpha t}}_{0} = \beta$$

$$\dot{K}(t) \cdot e^{-\alpha t} = \beta \quad\text{oder}\quad \dot{K}(t) = \beta \cdot e^{\alpha t}$$

Durch *unbestimmte Integration* folgt (Integral Nr. 312)

$$K(t) = \int \dot{K}(t)\,dt = \beta \cdot \int e^{\alpha t}\,dt = \frac{\beta}{\alpha} \cdot e^{\alpha t} + C_1$$

Somit lautet die *allgemeine* Lösung der *inhomogenen* Dgl:

$$v = K(t) \cdot e^{-\alpha t} = \left(\frac{\beta}{\alpha} \cdot e^{\alpha t} + C_1\right) \cdot e^{-\alpha t} = \frac{\beta}{\alpha} + C_1 \cdot e^{-\alpha t}$$

Die Integrationskonstante C_1 bestimmen wir aus der *Anfangsgeschwindigkeit* $v(0) = 0$:

$$v(0) = 0 \;\Rightarrow\; \frac{\beta}{\alpha} + C_1 = 0 \;\Rightarrow\; C_1 = -\frac{\beta}{\alpha}$$

---

[1] Die Dgl ist auch durch „*Trennung der Variablen*" oder durch „*Aufsuchen einer partikulären Lösung*" lösbar.

Das *Geschwindigkeit-Zeit-Gesetz* der Fallbewegung der Kugel in einer zähen Flüssigkeit lautet damit

$$v(t) = \frac{\beta}{\alpha} - \frac{\beta}{\alpha} \cdot e^{-\alpha t} = \frac{\beta}{\alpha}\left(1 - e^{-\alpha t}\right), \qquad t \geq 0$$

Die Kugel erreicht dabei (für $t \to \infty$) die *Endgeschwindigkeit*

$$v_E = \lim_{t \to \infty} v(t) = \lim_{t \to \infty} \frac{\beta}{\alpha}\left(1 - e^{-\alpha t}\right) = \frac{\beta}{\alpha} = \frac{2\left(\rho_K - \rho_F\right)g r^2}{9\eta}$$

Die Zeitabhängigkeit der *Sinkgeschwindigkeit* v kann daher auch in der Form

$$v(t) = v_E\left(1 - e^{-\alpha t}\right), \qquad t \geq 0$$

$$\left(\alpha = \frac{9\eta}{2\,\rho_K\, r^2}\right)$$

dargestellt werden (Bild IX-9).

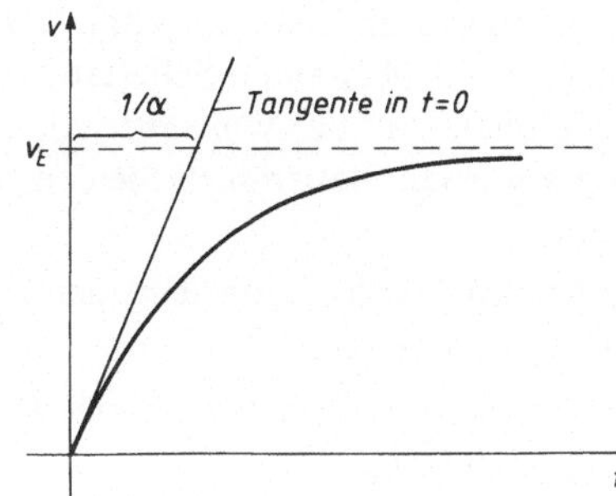

Bild IX-9

b) Das *Weg-Zeit-Gesetz* $s = s(t)$ erhalten wir durch *Integration* der bereits bekannten Geschwindigkeit-Zeit-Funktion $v = v(t)$:

$$s(t) = \int v(t)\,dt = v_E \cdot \int\left(1 - e^{-\alpha t}\right)dt = v_E\left(t + \frac{1}{\alpha}\cdot e^{-\alpha t} + C_2\right)$$

(Integral Nr. 312). Die Integrationskonstante C_2 bestimmen wir aus dem Anfangswert $s(0) = 0$:

$$s(0) = 0 \;\Rightarrow\; v_E\left(\frac{1}{\alpha} + C_2\right) = 0 \;\Rightarrow\; C_2 = -\frac{1}{\alpha}$$

Das *Weg-Zeit-Gesetz* lautet somit

$$s(t) = v_E\left(t + \frac{1}{\alpha}\cdot e^{-\alpha t} - \frac{1}{\alpha}\right) = \frac{\beta}{\alpha^2}\left(\alpha t + e^{-\alpha t} - 1\right), \qquad t \geq 0$$

$$\left(\alpha = \frac{9\eta}{2\,\rho_K\, r^2}, \qquad \beta = \frac{\left(\rho_K - \rho_F\right)g}{\rho_K}\right)$$

Bild IX-10 zeigt den Verlauf dieser Funktion, die für *großes t* nahezu *linear* verläuft ($e^{-\alpha t} \to 0$ für $t \to \infty$):

$$s(t) \approx \frac{\beta}{\alpha^2}\left(\alpha t - 1\right) = \frac{\beta}{\alpha}\cdot t - \frac{\beta}{\alpha^2}$$

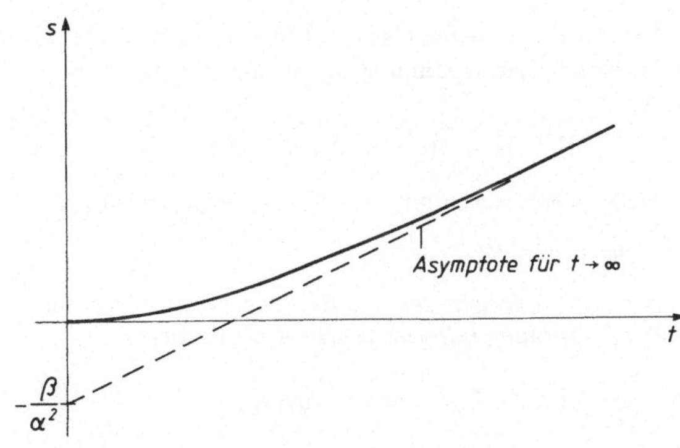

Bild IX-10

> ## Übung 5:   RC-Schaltkreis mit einer Gleichspannungsquelle
> ### *Inhomogene lineare Dgl 1. Ordnung (Variation der Konstanten)*

Die in Bild IX-11 dargestellte *RC-Reihenschaltung*
mit dem ohmschen Widerstand R und einem
Kondensator mit der Kapazität C wird zum Zeitpunkt $t = 0$ über einen Schalter S an eine Spannungsquelle mit der *konstanten* Spannung U_0
angeschlossen. Bestimmen Sie den *zeitlichen*
Verlauf

a) der am *Kondensator* liegenden *Teilspannung* u_C,

b) der *Stromstärke* i,

c) der am *ohmschen Widerstand* R liegenden *Teil-*
   spannung u_R,

wenn der Kondensator im Einschaltaugenblick

$t = 0$ *energielos*, d.h. *ungeladen* ist.

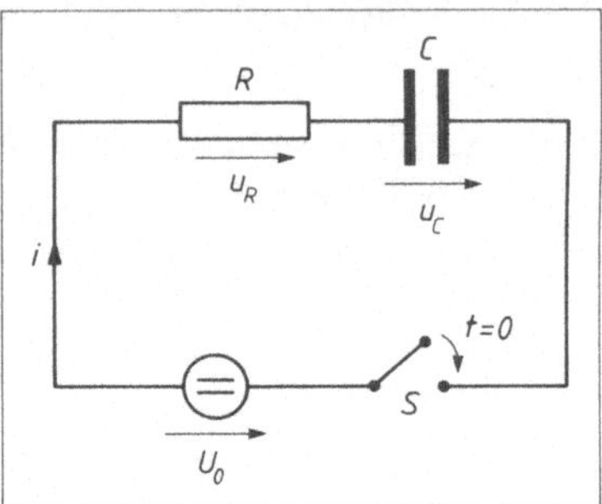

Bild IX-11

Lösungshinweis: Durch Anwendung der Maschenregel [A32] auf den *RC*-Schaltkreis läßt
sich eine *Dgl* für die am Kondensator abfallende *Teilspannung* u_C gewinnen.

> *Lehrbuch:* Bd. 2, V.2.4.3.1
> *Physikalische Grundlagen:* A14, A32, A40, A43

Lösung:

a) Aus der *Maschenregel* [A32] folgt

$$u_R + u_C - U_0 = 0 \qquad \text{oder} \qquad u_R + u_C = U_0$$

Nach dem *ohmschen Gesetz* [A14] ist $u_R = Ri$, wobei sich die Stromstärke i noch wie folgt durch
die Kondensatorspannung u_C ausdrücken läßt [A43]:

$$i = \frac{dq}{dt} = \frac{d}{dt}\,[Cu_C] = C \cdot \frac{du_C}{dt} = C\dot{u}_C$$

(q: Kondensatorladung; $q = Cu_C$ [A40]). Daher gilt

$$u_R = Ri = RC\dot{u}_C = \tau \dot{u}_C$$

mit der *Zeitkonstanten* $\tau = RC$. Die *Maschenregel* führt damit auf die folgende *inhomogene lineare*
Dgl 1. Ordnung mit konstanten Koeffizienten:

$$\tau \dot{u}_C + u_C = U_0 \qquad \text{oder} \qquad \dot{u}_C + \frac{1}{\tau} \cdot u_C = \frac{U_0}{\tau}$$

Wir lösen diese Dgl durch „*Variation der Konstanten*".

Die zugehörige *homogene* Dgl

$$\dot{u}_C + \frac{1}{\tau} \cdot u_C = 0$$

wird bekanntlich durch den *Exponentialansatz* $u_{C0} = K \cdot e^{\lambda t}$ gelöst:

$$u_{C0} = K \cdot e^{\lambda t}, \qquad \dot{u}_{C0} = \lambda K \cdot e^{\lambda t}$$

$$\dot{u}_{C0} + \frac{1}{\tau} \cdot u_{C0} = \lambda K \cdot e^{\lambda t} + \frac{K}{\tau} \cdot e^{\lambda t} = \left(\lambda + \frac{1}{\tau}\right) \cdot K \cdot e^{\lambda t} = 0 \quad \Rightarrow \quad \lambda = -\frac{1}{\tau}$$

Daher ist

$$u_{C0} = K \cdot e^{-\frac{t}{\tau}}$$

Für die *inhomogene* Dgl wählen wir daher den *Lösungsansatz*

$$u_C = K(t) \cdot e^{-\frac{t}{\tau}}$$

wobei $K(t)$ eine noch unbekannte, zeitabhängige Funktion bedeutet *(Variation der Konstanten)*.
Mit diesem Ansatz und der zugehörigen Ableitung

$$\dot{u}_C = \dot{K}(t) \cdot e^{-\frac{t}{\tau}} - \frac{K(t)}{\tau} \cdot e^{-\frac{t}{\tau}}$$

gehen wir in die *inhomogene* Dgl ein:

$$\dot{K}(t) \cdot e^{-\frac{t}{\tau}} \underbrace{- \frac{K(t)}{\tau} \cdot e^{-\frac{t}{\tau}} + \frac{K(t)}{\tau} \cdot e^{-\frac{t}{\tau}}}_{0} = \frac{U_0}{\tau}$$

$$\dot{K}(t) \cdot e^{-\frac{t}{\tau}} = \frac{U_0}{\tau} \quad \text{oder} \quad \dot{K}(t) = \frac{U_0}{\tau} \cdot e^{\frac{t}{\tau}}$$

Durch *unbestimmte Integration* erhalten wir hieraus die gesuchte *Faktorfunktion* $K(t)$:

$$K(t) = \int \dot{K}(t)\, dt = \frac{U_0}{\tau} \cdot \int e^{\frac{t}{\tau}}\, dt = U_0 \cdot e^{\frac{t}{\tau}} + K_1 \qquad \text{(Integral Nr. 312)}$$

Somit ist

$$u_C = K(t) \cdot e^{-\frac{t}{\tau}} = \left(U_0 \cdot e^{\frac{t}{\tau}} + K_1\right) \cdot e^{-\frac{t}{\tau}} = U_0 + K_1 \cdot e^{-\frac{t}{\tau}}$$

Die Integrationskonstante K_1 bestimmen wir aus dem *Anfangswert* $u_C(0) = 0$ (der Kondensator
ist zu Beginn *ungeladen*):

$$u_C(0) = 0 \quad \Rightarrow \quad U_0 + K_1 = 0 \quad \Rightarrow \quad K_1 = -U_0$$

Die *Kondensatorspannung* genügt daher dem folgenden
Zeitgesetz:

$$u_C(t) = U_0 - U_0 \cdot e^{-\frac{t}{\tau}} = U_0 \left(1 - e^{-\frac{t}{\tau}}\right), \quad t \geqslant 0$$

Bild IX-12 zeigt den Verlauf dieser *Sättigungsfunktion*,
die *asymptotisch* gegen den *Endwert* U_0 strebt.

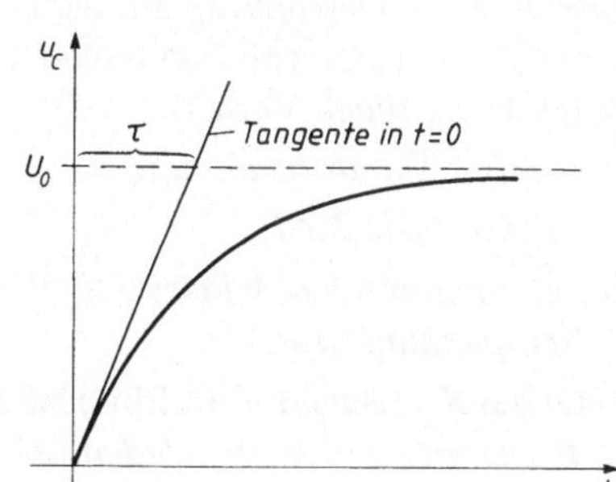

Bild IX-12

b) Für die *Stromstärke* i ergibt sich damit für $t \geqslant 0$ die folgende Zeitabhängigkeit:

$$i(t) = C\,\dot{u}_C(t) = C \cdot \frac{d}{dt}\left[U_0 \left(1 - e^{-\frac{t}{\tau}}\right)\right] = \frac{CU_0}{\tau} \cdot e^{-\frac{t}{\tau}} = \frac{U_0}{R} \cdot e^{-\frac{t}{\tau}} = I_0 \cdot e^{-\frac{t}{\tau}}, \qquad t \geqslant 0$$

$(I_0 = U_0/R)$. Der Strom i nimmt daher im Laufe der Zeit *exponentiell* ab (Bild IX-13).

c) Die am ohmschen Widerstand liegende *Spannung* u_R klingt ebenfalls mit der Zeit *exponentiell* ab (Bild IX-14). Aus dem *ohmschen Gesetz* [A14] folgt nämlich

$$u_R(t) = R\,i(t) = R I_0 \cdot e^{-\frac{t}{\tau}} = U_0 \cdot e^{-\frac{t}{\tau}}, \quad t \geqslant 0$$

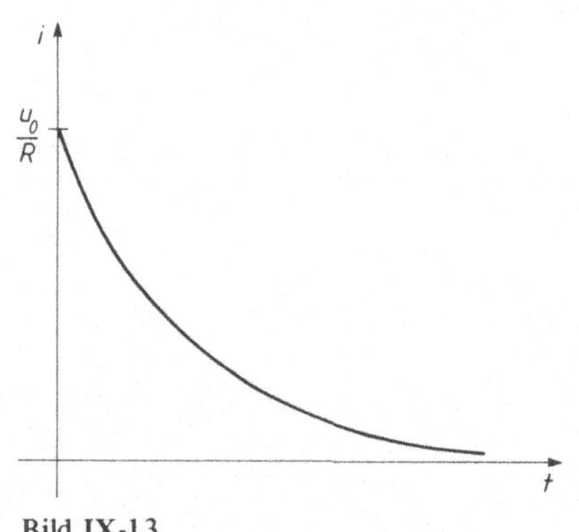

Bild IX-13

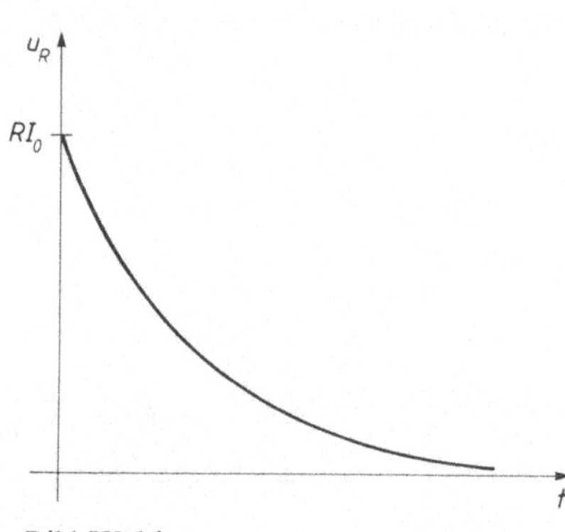

Bild IX-14

Übung 6: RC-Wechselstromkreis

Inhomogene lineare Dgl 1. Ordnung (Aufsuchen einer partikulären Lösung)

An eine *Reihenschaltung* aus einem ohmschen Widerstand R und einem Kondensator mit der Kapazität C wird zum Zeitpunkt $t = 0$ eine *sinusförmige* Wechselspannung mit der Gleichung $u(t) = \hat{u} \cdot \sin(\omega t)$ angelegt (Bild IX-15). Wie lautet der *zeitliche* Verlauf

a) der *Kondensatorspannung* u_C,

b) der *Stromstärke* i,

c) der am *ohmschen Widerstand* R abfallenden *Teilspannung* u_R,

wenn der Kondensator im Einschaltaugenblick $t = 0$ *energielos*, d.h. *ungeladen* ist?

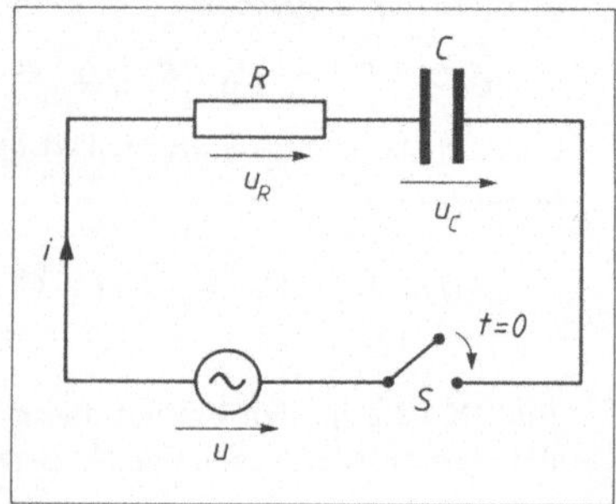

Bild IX-15

Lösungshinweis: Die Anwendung der *Maschenregel* [A32] auf den *RC*-Wechselstromkreis liefert eine *Dgl* für die *Kondensatorspannung* u_C.

Anmerkung: Diese Aufgabe wird in Kapitel XI, Übung 2 mit Hilfe der *Laplace-Transformation* gelöst. *Vergleichen* Sie die beiden doch sehr *verschiedenartigen* Lösungsmethoden miteinander und bilden Sie sich somit ein *eigenes* Urteil über deren Leistungsfähigkeit.

Lehrbuch: Bd. 2, V.2.4.3.2
Physikalische Grundlagen: A14, A32, A40

Lösung:

a) Nach der *Maschenregel* [A32] ist

$$u_R + u_C - u = 0 \quad \text{oder} \quad u_R + u_C = u$$

Für die Teilspannung u_R gilt ferner nach dem *ohmschen Gesetz* [A14] $u_R = Ri$. Die Stromstärke i läßt sich dabei noch wie folgt durch die Kondensatorspannung u_C ausdrücken:

$$i = \frac{dq}{dt} = \frac{d}{dt}[C\,u_C] = C \cdot \frac{du_C}{dt} = C\,\dot{u}_C$$

(q: Kondensatorladung; $q = C\,u_C$ [A40]). Somit ist

$$u_R = Ri = RC\,\dot{u}_C = \tau\,\dot{u}_C$$

wobei wir noch die *Zeitkonstante* $\tau = RC$ eingeführt haben. Die *Maschengleichung* führt damit zu der folgenden *inhomogenen linearen Dgl 1. Ordnung mit konstanten Koeffizienten:*

$$\tau\,\dot{u}_C + u_C = \hat{u} \cdot \sin(\omega t)$$

Wir lösen diese Dgl durch „*Aufsuchen einer partikulären Lösung*". Zunächst wird die zugehörige *homogene* Dgl

$$\tau\,\dot{u}_C + u_C = 0$$

gelöst. Ihre mit dem *Exponentialansatz* $u_{C0} = K \cdot e^{-\lambda t}$ gewonnene *Lösung* lautet

$$u_{C0} = K \cdot e^{-\frac{t}{\tau}}$$

Für die *partikuläre* Lösung u_{Cp} der *inhomogenen* Dgl wählen wir aufgrund der *sinusförmigen* Störfunktion $u = \hat{u} \cdot \sin(\omega t)$ den *Lösungsansatz*

$$u_{Cp} = C_1 \cdot \sin(\omega t) + C_2 \cdot \cos(\omega t)$$

(s. Band 2, Abschnitt V.2.5, Tabelle 1). Mit diesem Ansatz und der zugehörigen Ableitung

$$\dot{u}_{Cp} = \omega C_1 \cdot \cos(\omega t) - \omega C_2 \cdot \sin(\omega t)$$

gehen wir in die *inhomogene* Dgl ein und erhalten

$$\tau \omega C_1 \cdot \cos(\omega t) - \tau \omega C_2 \cdot \sin(\omega t) + C_1 \cdot \sin(\omega t) + C_2 \cdot \cos(\omega t) = \hat{u} \cdot \sin(\omega t)$$

Ordnen der Glieder führt zu der Gleichung

$$(C_1 - \omega \tau \cdot C_2) \cdot \sin(\omega t) + (\omega \tau \cdot C_1 + C_2) \cdot \cos(\omega t) = \hat{u} \cdot \sin(\omega t)$$

Auf der *rechten* Seite dieser Gleichung ergänzen wir noch den *verschwindenden* Kosinusterm $0 \cdot \cos(\omega t)$:

$$(C_1 - \omega\tau \cdot C_2) \cdot \sin(\omega t) + (\omega\tau \cdot C_1 + C_2) \cdot \cos(\omega t) = \hat{u} \cdot \sin(\omega t) + 0 \cdot \cos(\omega t)$$

Durch *Koeffizientenvergleich* gewinnen wir hieraus das folgende *lineare Gleichungssystem* für die noch unbekannten Konstanten C_1 und C_2:

(I) $\qquad C_1 - \omega\tau \cdot C_2 = \hat{u}$

(II) $\quad \omega\tau \cdot C_1 + \qquad C_2 = 0$

Aus Gleichung (II) folgt zunächst $C_2 = -\omega\tau \cdot C_1$. Diesen Ausdruck setzen wir in Gleichung (I) ein und erhalten für C_1:

$$C_1 + (\omega\tau)^2 \cdot C_1 = C_1\left[1 + (\omega\tau)^2\right] = \hat{u} \quad\Rightarrow\quad C_1 = \frac{\hat{u}}{1 + (\omega\tau)^2}$$

Damit ist auch C_2 bestimmt:

$$C_2 = -\omega\tau \cdot C_1 = -\frac{\hat{u}\,\omega\tau}{1 + (\omega\tau)^2}$$

Die *partikuläre* Lösung besitzt daher die folgende Gestalt:

$$u_{Cp} = \frac{\hat{u}}{1 + (\omega\tau)^2} \cdot \sin(\omega t) - \frac{\hat{u}\,\omega\tau}{1 + (\omega\tau)^2} \cdot \cos(\omega t) = \frac{\hat{u}}{1 + (\omega\tau)^2}\left[\sin(\omega t) - \omega\tau \cdot \cos(\omega t)\right]$$

Die *allgemeine* Lösung der *inhomogenen* Dgl lautet damit

$$u_C(t) = u_{C0} + u_{Cp} = K \cdot e^{-\frac{t}{\tau}} + \frac{\hat{u}}{1 + (\omega\tau)^2}\left[\sin(\omega t) - \omega\tau \cdot \cos(\omega t)\right]$$

Die Integrationskonstante K bestimmen wir aus der *Anfangsbedingung* $u_C(0) = 0$ (der Kondensator ist zu Beginn *ungeladen!*):

$$u_C(0) = 0 \quad\Rightarrow\quad K - \frac{\hat{u}\,\omega\tau}{1 + (\omega\tau)^2} = 0 \quad\Rightarrow\quad K = \frac{\hat{u}\,\omega\tau}{1 + (\omega\tau)^2}$$

Die *Kondensatorspannung* u_C besitzt daher den folgenden zeitlichen Verlauf:

$$u_C(t) = \frac{\hat{u}\,\omega\tau}{1 + (\omega\tau)^2} \cdot e^{-\frac{t}{\tau}} + \frac{\hat{u}}{1 + (\omega\tau)^2}\left[\sin(\omega t) - \omega\tau \cdot \cos(\omega t)\right]$$

Die in der eckigen Klammer stehende Funktion ist die *Überlagerung* zweier *gleichfrequenter* Sinus- und Kosinusfunktionen und somit als *phasenverschobene* Sinusfunktion *gleicher* Frequenz in der Form

$$\sin(\omega t) - \omega\tau \cdot \cos(\omega t) = A \cdot \sin(\omega t - \varphi)$$

darstellbar. Im *Zeigerdiagramm* nach Bild IX-16 sind die beiden Schwingungskomponenten $y_1 = \sin(\omega t)$ und $y_2 = -\omega\tau \cdot \cos(\omega t)$ durch (reelle) *Zeiger* bildlich dargestellt. *Amplitude* A und *Nullphasenwinkel* φ lassen sich dann wie folgt berechnen:

$$y_1 = 1 \cdot \sin(\omega t)$$

$$y_2 = -\omega\tau \cdot \cos(\omega t)$$

$$y = A \cdot \sin(\omega t - \varphi)$$

$$y = y_1 + y_2$$

$$A^2 = 1^2 + (\omega\tau)^2 \quad\Rightarrow\quad A = \sqrt{1 + (\omega\tau)^2}$$

$$\tan\varphi = \frac{\omega\tau}{1} = \omega\tau \quad\Rightarrow\quad \varphi = \arctan(\omega\tau)$$

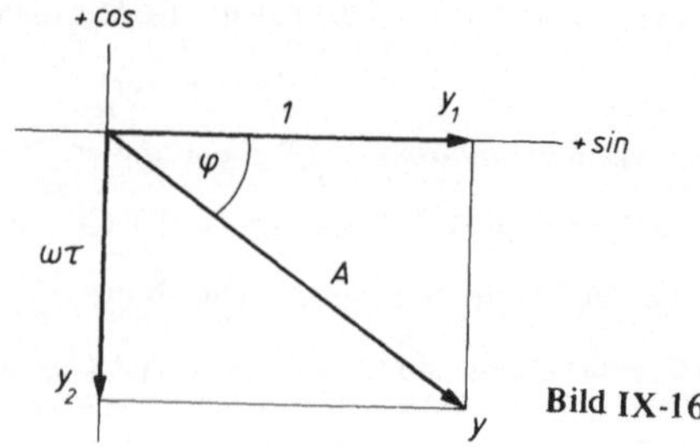

Bild IX-16

Somit ist

$$\sin(\omega t) - \omega\tau \cdot \cos(\omega t) = \sqrt{1 + (\omega\tau)^2} \cdot \sin\left(\omega t - \arctan(\omega\tau)\right)$$

und die *Spannung* am Kondensator genügt dem Zeitgesetz

$$u_C(t) = \frac{\hat{u}\,\omega\tau}{1 + (\omega\tau)^2} \cdot e^{-\frac{t}{\tau}} + \frac{\hat{u}}{1 + (\omega\tau)^2} \cdot \sqrt{1 + (\omega\tau)^2} \cdot \sin(\omega t - \varphi) =$$

$$= \frac{\hat{u}\,\omega\tau}{1 + (\omega\tau)^2} \cdot e^{-\frac{t}{\tau}} + \frac{\hat{u}}{\sqrt{1 + (\omega\tau)^2}} \cdot \sin(\omega t - \varphi)$$

mit $\varphi = \arctan(\omega\tau) > 0$. Die Kondensatorspannung u_C enthält somit einen *exponentiell* abklingenden *„flüchtigen"* Anteil, der nach einer kurzen „Einschwingphase" praktisch *keine* Rolle mehr spielt
(siehe Bild IX-17) und einen „stationären" Anteil, der eine *sinusförmige* Wechselspannung mit dem

Scheitelwert $\hat{u}_0 = \dfrac{\hat{u}}{\sqrt{1 + (\omega\tau)^2}}$, der *Kreisfrequenz* ω und dem *Nullphasenwinkel* $\varphi = \arctan(\omega\tau)$

darstellt (Bild IX-18)[2].

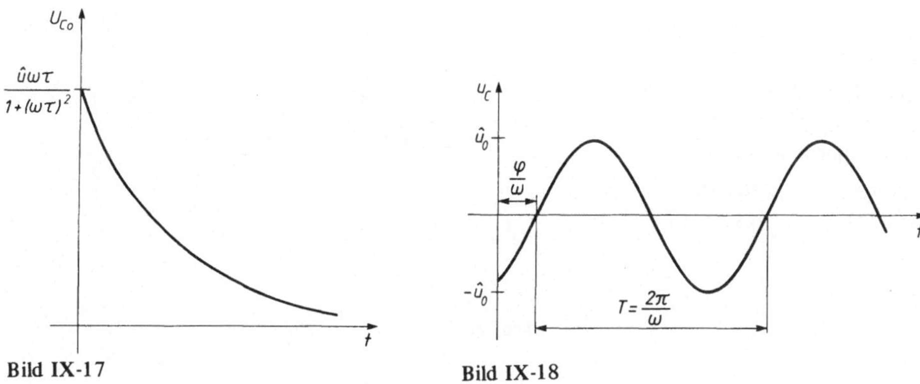

Bild IX-17   **Bild IX-18**

b) Aus der zu Beginn hergeleiteten Beziehung $i = C\,\dot{u}_C$ erhalten wir damit für die *Stromstärke* i den
folgenden zeitlichen Verlauf:

$$i(t) = C\,\dot{u}_C = C \cdot \frac{d}{dt}\left[\frac{\hat{u}\,\omega\tau}{1 + (\omega\tau)^2} \cdot e^{-\frac{t}{\tau}} + \frac{\hat{u}}{\sqrt{1 + (\omega\tau)^2}} \cdot \sin(\omega t - \varphi)\right] =$$

$$= -\frac{\hat{u}\,\omega C}{1 + (\omega\tau)^2} \cdot e^{-\frac{t}{\tau}} + \frac{\hat{u}\,\omega C}{\sqrt{1 + (\omega\tau)^2}} \cdot \cos(\omega t - \varphi),\qquad t \geqslant 0$$

Der „*stationäre*" Anteil ist ein (kosinusförmiger) *Wechselstrom* mit dem *Scheitelwert*

$$\hat{i}_0 = \frac{\hat{u}\,\omega C}{\sqrt{1 + (\omega\tau)^2}},\ \ \text{der } \textit{Kreisfrequenz } \omega \text{ und dem } \textit{Nullphasenwinkel } \varphi = \arctan(\omega\tau).$$

---

[2] Der „*flüchtige*" Anteil ist die Lösung der *homogenen* Dgl, der „*stationäre*" Anteil die *partikuläre*
Lösung der *inhomogenen* Dgl. Die *angelegte* Wechselspannung eilt dabei dem *stationären* Anteil
um den Winkel $\varphi = \arctan(\omega\tau)$ *voraus*.

c) Aus dem *ohmschen Gesetz* [A14] erhalten wir für die am ohmschen Widerstand R liegende *Teil-spannung* u_R die folgende Zeitabhängigkeit:

$$u_R(t) = R\,i(t) = -\frac{\hat{u}\,\omega RC}{1+(\omega\tau)^2}\cdot e^{-\frac{t}{\tau}} + \frac{\hat{u}\,\omega RC}{\sqrt{1+(\omega\tau)^2}}\cdot \cos(\omega t - \varphi) =$$

$$= -\frac{\hat{u}\,\omega\tau}{1+(\omega\tau)^2}\cdot e^{-\frac{t}{\tau}} + \frac{\hat{u}\,\omega\tau}{\sqrt{1+(\omega\tau)^2}}\cdot \cos(\omega t - \varphi)\,, \qquad t \geq 0$$

Übung 7:   Biegelinie eines beidseitig eingespannten Balkens bei konstanter Streckenlast

Dgl 2. Ordnung vom Typ y" = f (x) (direkte Integration)

Bestimmen Sie die Gleichung der *Biegelinie* [A28] eines beidseitig eingespannten homogenen *Balkens* der Länge *l* bei *konstanter Streckenlast* q und konstanter Biegesteifigkeit *EI* (Bild IX-19).

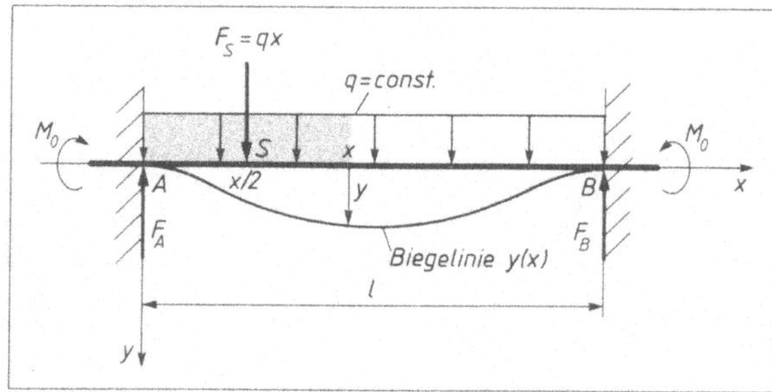

Bild IX-19

Lösungshinweis: Ermitteln Sie zunächst das *Biegemoment* $M_b(x)$ an der Schnittstelle x. Beachten Sie dabei das Auftreten eines *Einspannmomentes* M_0 an den beiden Einspannstellen $x = 0$ und $x = l$.

Lehrbuch: Bd. 2, V.1.4	*Physikalische Grundlagen:* A1, A7, A28

Lösung:

Wir bestimmen zunächst das *Biegemoment* $M_b(x)$ an der Schnittstelle x. Es setzt sich wie folgt aus drei *Teilmomenten* zusammen:

1. Infolge der Einspannung tritt beiderseits ein (statisch unbestimmtes) *Einspannmoment* M_0 auf.

2. Die *Gesamtbelastung* des Balkens ist $F = ql$ und verteilt sich *gleichmäßig* auf die beiden Lager A und B. Für die *Lagerkräfte* gilt somit aufgrund der *statischen Gleichgewichtsbedingungen* [A1]

$$F_A = F_B = \frac{ql}{2}$$

Die *Lagerkraft* F_A erzeugt damit an der Stelle x das *Moment* [A7]

$$M_A = F_A\,x = \frac{ql}{2}\,x$$

3. Ein weiteres Moment entsteht durch die konstante *Streckenlast q*. Der Balken wird dabei im Bereich vom Auflager *A* bis zur Schnittstelle *x* durch die Kraft $F_S = qx$ *gleichmäßig* belastet (*grau unterlegtes Teilstück in Bild IX-19*). Diese Kraft greift aus *Symmetriegründen* genau in der *Mitte* der Strecke, d.h. im *Schwerpunkt S* des Teilstückes und somit im Abstand $x/2$ von der Schnittstelle *x* an, und erzeugt daher das Moment [A7]

$$M_S = -F_S \cdot \frac{x}{2} = -\frac{q}{2} x^2$$

Damit erhalten wir das folgende *Biegemoment:*

$$M_b(x) = M_0 + M_A + M_S = M_0 + \frac{ql}{2} x - \frac{q}{2} x^2, \qquad 0 \leqslant x \leqslant l$$

Die *Biegegleichung*, d.h. die *Dgl der Biegelinie* lautet dann (für *kleine* Durchbiegungen) *näherungsweise* [A28]

$$y'' = -\frac{M_b(x)}{EI} = -\frac{1}{EI}\left(M_0 + \frac{ql}{2} x - \frac{q}{2} x^2\right)$$

Diese Dgl läßt sich durch *zweimalige* (unbestimmte) Integration leicht lösen:

$$y' = \int y'' \, dx = -\frac{1}{EI} \cdot \int \left(M_0 + \frac{ql}{2} x - \frac{q}{2} x^2\right) dx = -\frac{1}{EI}\left(M_0 x + \frac{ql}{4} x^2 - \frac{q}{6} x^3 + C_1\right)$$

$$y = \int y' \, dx = -\frac{1}{EI} \cdot \int \left(M_0 x + \frac{ql}{4} x^2 - \frac{q}{6} x^3 + C_1\right) dx = -\frac{1}{EI}\left(\frac{M_0}{2} x^2 + \frac{ql}{12} x^3 - \frac{q}{24} x^4 + C_1 x + C_2\right)$$

Die Integrationskonstanten C_1 und C_2 sowie das Einspannmoment M_0 bestimmen wir aus den folgenden *Anfangsbedingungen*[3]:

$$\left.\begin{array}{l} y(0) = 0 \\ y(l) = 0 \end{array}\right\} \quad \textit{Keine Durchbiegungen in den beiden Lagern!}$$

$$\left.\begin{array}{l} y'(0) = 0 \\ y'(l) = 0 \end{array}\right\} \quad \textit{Waagerechte Tangenten in den beiden Lagern!}$$

$$y(0) = 0 \;\Rightarrow\; -\frac{1}{EI} \cdot C_2 = 0 \;\Rightarrow\; C_2 = 0$$

$$y'(0) = 0 \;\Rightarrow\; -\frac{1}{EI} \cdot C_1 = 0 \;\Rightarrow\; C_1 = 0$$

$$y(l) = 0 \;\Rightarrow\; -\frac{1}{EI}\left(\underbrace{\frac{M_0}{2} l^2 + \frac{ql^4}{12} - \frac{ql^4}{24}}_{0}\right) = 0$$

$$\Rightarrow\; \frac{M_0}{2} l^2 + \frac{ql^4}{12} - \frac{ql^4}{24} = \frac{M_0}{2} l^2 + \frac{ql^4}{24} = 0 \;\Rightarrow\; M_0 = -\frac{ql^2}{12}$$

Die *Biegelinie* lautet damit

$$y(x) = -\frac{1}{EI}\left(-\frac{ql^2}{24} x^2 + \frac{ql}{12} x^3 - \frac{q}{24} x^4\right) = \frac{q}{24 EI}(x^4 - 2lx^3 + l^2 x^2), \qquad 0 \leqslant x \leqslant l$$

Die *größte* Durchbiegung erfolgt aus *Symmetriegründen* genau in der *Balkenmitte*. Sie beträgt

$$y_{\text{max}} = y\left(\frac{l}{2}\right) = \frac{ql^4}{384 EI}$$

---

[3] Wir benötigen nur *drei* der vier Bedingungen. Wir wählen $y(0) = 0$, $y'(0) = 0$ und $y(l) = 0$. Die vierte Randbedingung ist dann aus *Symmetriegründen* automatisch erfüllt.

Übung 8:   Knicklast nach Euler
Homogene lineare Dgl 2. Ordnung
(Schwingungsgleichung)

Stäbe, die in *axialer* Richtung durch *Druckkräfte* belastet werden, zeigen bereits *vor* Überschreiten der Materialfestigkeit ein *seitliches* Ausbiegen, das bis zur Zerstörung der Stäbe führen kann. Man bezeichnet diesen Vorgang als *Knickung*. In dieser Übung soll das Verhalten eines beidseitig gelenkig

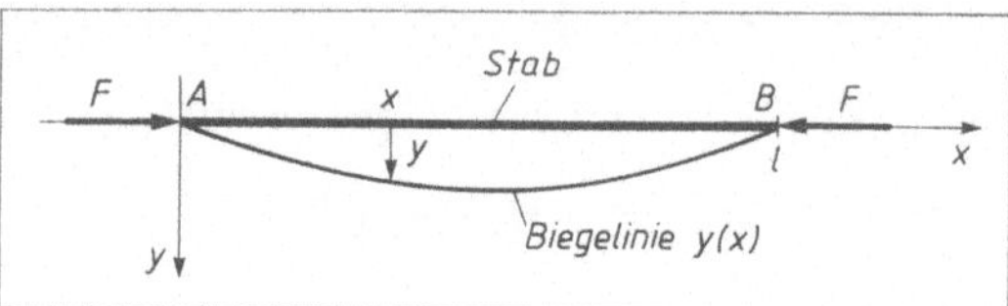

Bild IX-20

gelagerten Stabes der Länge *l* untersucht werden, der durch eine Druckkraft *F axial* belastet wird (Bild IX-20).

Bestimmen Sie die sog. *Eulersche Knickkraft* F_K, bei der die Zerstörung des Stabes infolge seitlichen Ausknickens *erstmals* einsetzt.

(*EI: konstante* Biegesteifigkeit)

Lösungshinweis: Bestimmen Sie zunächst das Biegemoment $M_b(x)$ und untersuchen Sie dann, unter welchen Voraussetzungen die sog. *Biegegleichung*, d.h. die Dgl der Biegelinie [A28] *nichttriviale* Lösungen besitzt.

Lehrbuch: Bd. 2, V.3.3 und V.4.1.2	*Physikalische Grundlagen:* A7, A28

Lösung:

Die *axiale* Druckkraft *F* erzeugt an der Schnittstelle *x* die *ortsabhängige* Durchbiegung $y = y(x)$ und somit (bezüglich des *linken* Auflagerpunktes *A*) ein *Biegemoment* [A7] vom Betrag

$$M_b(x) = F \cdot y$$

Die *Dgl der Biegelinie*, d.h. die sog. *Biegegleichung* lautet dann [A28]

$$y'' = -\frac{M_b(x)}{EI} = -\frac{F}{EI} \cdot y \qquad \text{oder} \qquad y'' + \frac{F}{EI} \cdot y = 0$$

Wir setzen noch zur Abkürzung $a^2 = F/(EI)$ und erhalten die als *Schwingungsgleichung* bezeichnete *homogene lineare Dgl 2. Ordnung*

$$y'' + a^2 \cdot y = 0$$

Ihre *allgemeine* Lösung ist nach Band 2, Abschnitt V.4.1.2 in der Form

$$y = C_1 \cdot \sin(ax) + C_2 \cdot \cos(ax)$$

darstellbar. In den beiden *Randpunkten* (Auflager *A* und *B*) ist die Durchbiegung jeweils *null*: $y(0) = y(l) = 0$. Dies führt zu dem folgenden *homogenen linearen Gleichungssystem* für die beiden Integrationskonstanten C_1 und C_2:

$$y(0) = 0 \;\Rightarrow\; C_1 \cdot 0 + C_2 \cdot 1 = 0$$
$$y(l) = 0 \;\Rightarrow\; C_1 \cdot \sin(al) + C_2 \cdot \cos(al) = 0$$

Eine *nichttriviale* Lösung, d.h. eine von $C_1 = C_2 = 0$ *verschiedene* Lösung existiert bekanntlich nur dann, wenn die *Koeffizientendeterminante* des Gleichungssystems *verschwindet*[4]:

$$\begin{vmatrix} 0 & 1 \\ \sin(al) & \cos(al) \end{vmatrix} = 0 \cdot \cos(al) - 1 \cdot \sin(al) = -\sin(al) = 0$$

Diese Bedingung ist nur erfüllbar für

$$al = k\pi \qquad (k \in \mathbf{Z})$$

Unter Berücksichtigung von $a^2 = F/(EI)$ folgt hieraus für die Druckkraft

$$F = EIa^2 = EI\left(\frac{k\pi}{l}\right)^2 = k^2\,\frac{\pi^2 EI}{l^2} \qquad (k \in \mathbf{Z})$$

Die *kleinstmögliche* Druckkraft, bei der seitliches Ausbiegen, d.h. *Knickung* eintritt, erhält man für $k = 1$[5]. Die gesuchte *Eulersche Knickkraft* beträgt somit

$$F_K = \frac{\pi^2 EI}{l^2}$$

Die *Biegelinie* besitzt dann die Gestalt eines *Sinusbogens* mit der Gleichung

$$y = C_1 \cdot \sin\left(\frac{\pi}{l}x\right) , \qquad 0 \leqslant x \leqslant l$$

(Bild IX-21).

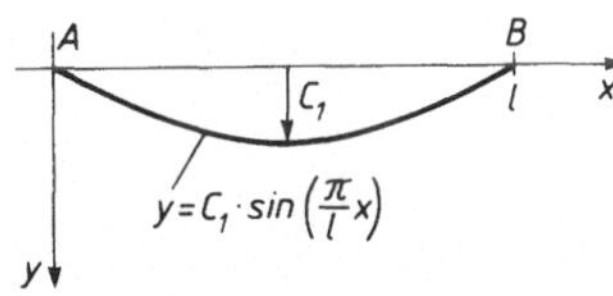

Bild IX-21

Denn das lineare Gleichungssystem für die beiden Integrationskonstanten C_1 und C_2 besitzt für $k = 1$, d.h. für $al = \pi$ die spezielle Form

$$\begin{aligned} C_1 \cdot 0 + C_2 \cdot 1 &= 0 \\ C_1 \cdot \underbrace{\sin(\pi)}_{0} + C_2 \cdot \underbrace{\cos(\pi)}_{-1} &= C_1 \cdot 0 - C_2 \cdot 1 = 0 \end{aligned}$$

und wird für $C_2 = 0$ und *beliebige* Werte von C_1 gelöst. Die Konstante C_1 bleibt somit *unbestimmt*!

---

[4] Für $C_1 = C_2 = 0$ ist $y = 0$ (*keine* Durchbiegung und somit *kein* seitliches Ausknicken).

[5] Für $k = -1$ erhalten wir dieselbe Lösung, da $F \sim k^2$ ist. Die Knickung erfolgt lediglich in der *Gegenrichtung* (also nach oben), die Gestalt der Biegelinie bleibt jedoch erhalten. Wir können uns somit auf die *positiven* k-Werte beschränken ($k \in \mathbf{N}$).

Übung 9: Radialbewegung einer Masse in einer geraden, rotierenden Führung
Homogene lineare Dgl 2. Ordnung

Bild IX-22 zeigt eine mit *konstanter* Winkelgeschwindigkeit ω rotierende *Zylinderscheibe* vom Radius R, auf der sich eine Masse m in einer *radialen Führungsschiene* reibungsfrei nach außen bewegt.

a) Wie lautet das *Weg-Zeit-Gesetz* $r = r(t)$ sowie das *Geschwindigkeit-Zeit-Gesetz* $v = \dot{r}(t)$ dieser *Radialbewegung* für die Anfangswerte $r(0) = a$, $v(0) = 0$?

b) Nach welcher Zeit τ verläßt die Masse die Scheibe?

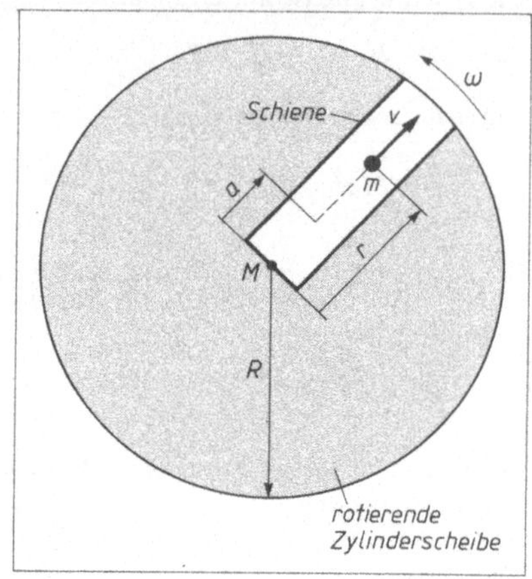

Bild IX-22

Lösungshinweis: Die *Dgl* der Radialbewegung erhalten Sie aus dem *Newtonschen Grundgesetz* [A27].

Lehrbuch: Bd. 2, V.3.3	*Physikalische Grundlagen:* A15, A27

Lösung:

a) Für die radiale Bewegung ist die *Zentrifugalkraft* [A15] $F_Z = m\,\omega^2 \cdot r$ verantwortlich. Nach dem *Newtonschen Grundgesetz* [A27] gilt dann

$$ma = m\ddot{r} = m\,\omega^2 \cdot r \quad \text{oder} \quad \ddot{r} - \omega^2 \cdot r = 0$$

Dies ist eine *homogene lineare Dgl 2. Ordnung mit konstanten Koeffizienten*. Sie wird durch den Ansatz $r = e^{\lambda t}$ gelöst und führt zu der *charakteristischen* Gleichung

$$\lambda^2 - \omega^2 = 0$$

mit den Lösungen $\lambda_{1/2} = \pm\,\omega$. Die *allgemeine* Lösung der Dgl lautet damit

$$r = C_1 \cdot e^{\omega t} + C_2 \cdot e^{-\omega t}$$

Die Integrationskonstanten C_1 und C_2 bestimmen wir aus den beiden *Anfangswerten:*

$$r(0) = a \;\; \Rightarrow \;\; C_1 + C_2 = a \tag{I}$$

$$\dot{r} = \omega C_1 \cdot e^{\omega t} - \omega C_2 \cdot e^{-\omega t} = \omega\left(C_1 \cdot e^{\omega t} - C_2 \cdot e^{-\omega t}\right)$$

$$\dot{r}(0) = 0 \;\; \Rightarrow \;\; \omega\,(C_1 - C_2) = 0 \;\; \Rightarrow \;\; C_1 - C_2 = 0 \;\; \Rightarrow \;\; C_2 = C_1 \tag{II}$$

Somit ist

$$C_1 = C_2 = \frac{1}{2}\,a$$

und das *Weg-Zeit-Gesetz* der Bewegung lautet

$$r(t) = \frac{1}{2} a \cdot e^{\omega t} + \frac{1}{2} a \cdot e^{-\omega t} = a \, \frac{e^{\omega t} + e^{-\omega t}}{2} = a \cdot \cosh(\omega t), \qquad 0 \leqslant t \leqslant \tau$$

Durch *Differentiation* nach der Zeit t erhalten wir hieraus das Zeitgesetz der *Radialgeschwindigkeit*:

$$v(t) = \dot{r}(t) = a\,\omega \cdot \sinh(\omega t), \qquad 0 \leqslant t \leqslant \tau$$

Der zeitliche Verlauf beider Funktionen im Intervall $0 \leqslant t \leqslant \tau$ ist in den Bildern IX-23 und IX-24 dargestellt.

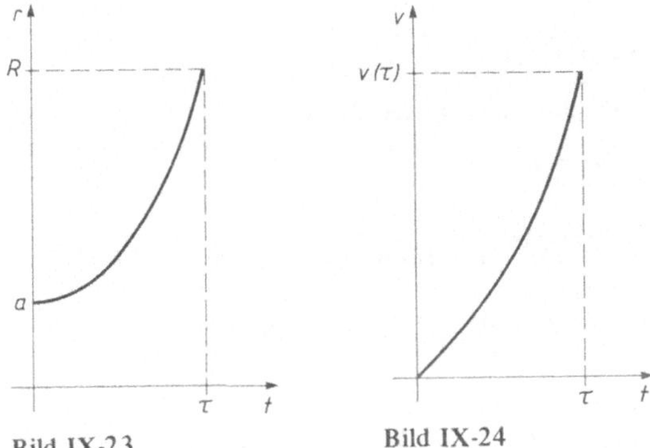

Bild IX-23   Bild IX-24

b) Im Zeitpunkt τ ist $r(\tau) = R$ und somit

$$a \cdot \cosh(\omega \tau) = R \qquad \text{oder} \qquad \cosh(\omega \tau) = \frac{R}{a}$$

Durch *Umkehrung* erfolgt hieraus schließlich für die gesuchte *Zeitgröße* τ:

$$\omega \tau = \operatorname{arcosh}\left(\frac{R}{a}\right) \;\Rightarrow\; \tau = \frac{1}{\omega} \cdot \operatorname{arcosh}\left(\frac{R}{a}\right)$$

Übung 10: Elektromagnetischer Schwingkreis
Homogene lineare Dgl 2. Ordnung (Schwingungsgleichung)

Ein *Kondensator* mit der Kapazität $C = 1\,\mu F$ wird zunächst durch eine Spannungsquelle auf die Spannung $U_0 = 100\,V$ *aufgeladen* (Bild IX-25). Zum Zeitpunkt $t = 0$ wird der Kondensator durch Umlegen des Schalters S von der Spannungsquelle *getrennt* und der Induktivität $L = 1\,H$ zugeschaltet. Bestimmen Sie die im LC-Stromkreis entstehende *elektromagnetische Schwingung*, d.h. den *zeitlichen* Verlauf der *Stromstärke i*.

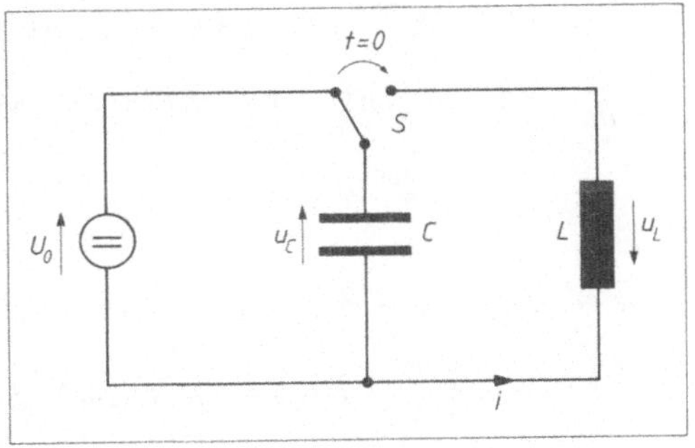

Bild IX-25

Lösungshinweis: Die *Dgl* der elektromagnetischen Schwingung erhalten Sie aus der *Maschenregel* [A32].

Lehrbuch: Bd. 2, V.3.3 und V.4.1.2
Physikalische Grundlagen: A32, A40, A43, A45

Lösung:

Nach der *Maschenregel* [A32] ist

$$u_L + u_C = 0$$

Mit $u_L = L \cdot \dfrac{di}{dt}$ [A45] und $u_C = \dfrac{q}{C}$ [A40] wird hieraus

$$L \cdot \frac{di}{dt} + \frac{q}{C} = 0 \quad \text{oder} \quad \frac{di}{dt} + \frac{1}{LC} \cdot q = 0$$

(q: Kondensatorladung). Wir *differenzieren* diese Gleichung nun gliedweise nach der Zeit t und erhalten die folgende *Dgl* einer *freien, ungedämpften elektromagnetischen Schwingung:*

$$\frac{d^2 i}{dt^2} + \frac{1}{LC} \cdot \frac{dq}{dt} = 0 \quad \text{oder} \quad \frac{d^2 i}{dt^2} + \omega^2 \cdot i = 0$$

$\left(\omega^2 = \dfrac{1}{LC} \; ; \; i = \dfrac{dq}{dt} \; [A43]\right)$. Diese *Schwingungsgleichung* besitzt bekanntlich die *allgemeine* Lösung

$$i = K_1 \cdot \sin(\omega t) + K_2 \cdot \cos(\omega t)$$

(siehe Band 2, Abschnitt V.4.2.2). Die Integrationskonstanten K_1 und K_2 lassen sich aus den folgenden *Anfangsbedingungen* bestimmen:

1. Der Strom i ist zu Beginn der Schwingung, d.h. zur Zeit $t = 0$ gleich *null:* $i(0) = 0$;
2. Die Kondensatorspannung hat zu Beginn den Wert $u_C(0) = U_0$. Aus der Maschengleichung folgt dann

$$u_L(0) + u_C(0) = \left(L \cdot \frac{di}{dt}\right)_{t=0} + U_0 = 0 \quad \Rightarrow \quad \left(\frac{di}{dt}\right)_{t=0} = -\frac{U_0}{L}$$

Damit ergeben sich für die Integrationskonstanten folgende Werte:

$$i(0) = 0 \quad \Rightarrow \quad K_1 \cdot 0 + K_2 \cdot 1 = 0 \quad \Rightarrow \quad K_2 = 0$$

$$\frac{di}{dt} = \omega K_1 \cdot \cos(\omega t) - \omega K_2 \cdot \sin(\omega t) = \omega \left[K_1 \cdot \cos(\omega t) - K_2 \cdot \sin(\omega t)\right]$$

$$\left(\frac{di}{dt}\right)_{t=0} = -\frac{U_0}{L} \quad \Rightarrow \quad \omega\left[K_1 \cdot 1 - K_2 \cdot 0\right] = -\frac{U_0}{L} \quad \Rightarrow \quad K_1 = -\frac{U_0}{\omega L} = -U_0 \sqrt{\frac{C}{L}}$$

In dem *LC-Schwingkreis* fließt somit der *sinusförmige* Wechselstrom

$$i(t) = -U_0 \sqrt{\frac{C}{L}} \cdot \sin(\omega t) = -i_0 \cdot \sin(\omega t) = i_0 \cdot \sin(\omega t + \pi), \qquad t \geq 0$$

mit dem *Scheitelwert* $i_0 = U_0 \sqrt{\dfrac{C}{L}}$, der *Kreisfrequenz* $\omega = \dfrac{1}{\sqrt{LC}}$ und dem *Nullphasenwinkel* $\varphi = \pi$.

Nach Einsetzen der Werte erhalten wir

$$i\,(t) = 0{,}1\,A \cdot \sin\,(1000\ \mathrm{s}^{-1} \cdot t + \pi)\,, \qquad t \geqslant 0$$

Der zeitliche Verlauf dieser Schwingung
ist in Bild IX-26 dargestellt.

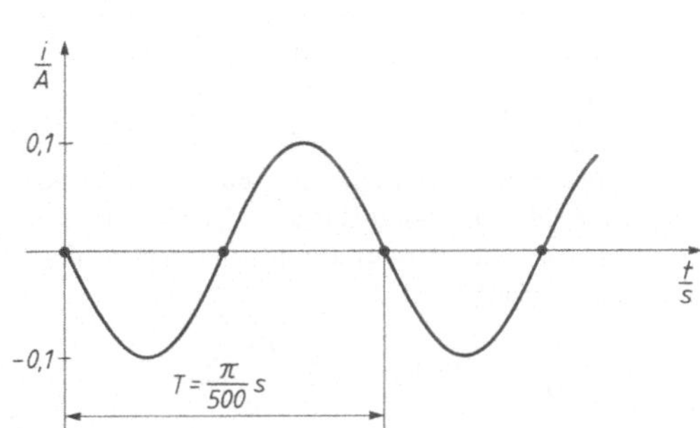

Bild IX-26

<table>
<tr><td>Übung 11:</td><td>Biegeschwingung einer elastischen Blattfeder
Homogene lineare Dgl 2. Ordnung
(Schwingungsgleichung)</td></tr>
</table>

Eine einseitig fest eingespannte elastische *Blattfeder* der Länge *l* trägt am anderen Ende
eine Masse *m* und wird durch seitliches Auslenken in *Biegeschwingungen* versetzt
(Bild IX-27).

a) Wie lautet die *Dgl* dieser Schwingung?

b) Bestimmen Sie die Lösung der Schwingungsgleichung für die Anfangswerte $y\,(0) = y_0$,
$v\,(0) = \dot{y}\,(0) = 0$.

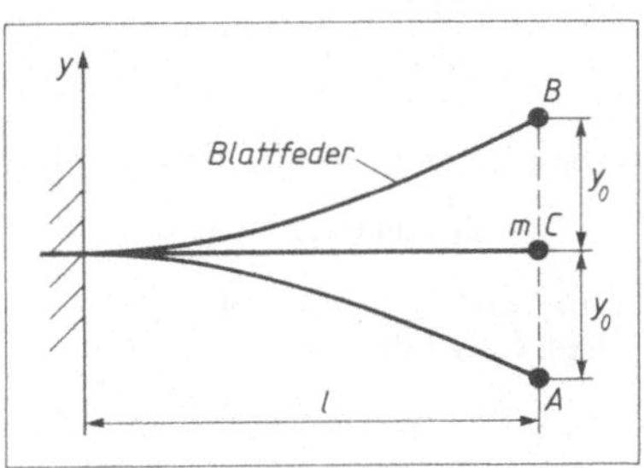

A, B: Umkehrpunkte der Schwingung

C: Gleichgewichtslage der Feder

Bild IX-27

Lösungshinweis: Verwenden Sie bei der Bestimmung der *Rückstellkraft* F_R der Blattfeder
den folgenden Sachverhalt: Ein einseitig eingespannter elastischer Träger (wie die Blattfeder), der am *freien* Ende durch eine Kraft *F* belastet wird, erfährt dort die Durchbiegung
$y = \dfrac{F l^3}{3 E I}$ (*l*: Länge des Trägers; *EI*: *konstante* Biegesteifigkeit des Trägers). Vgl. hierzu
auch Band 1, Abschnitt IV.3.4, Beispiel (3). Die *Dgl* der Biegeschwingung erhalten Sie aus
dem *Newtonschen Grundgesetz* [A27].

Lehrbuch: Bd. 2, V.3.3 und V.4.1.2	*Physikalische Grundlagen:* A27

Lösung:

a) Bild IX-28 zeigt die Lage der Blattfeder zum Zeitpunkt t, die Auslenkung der Masse m zu dieser
Zeit ist durch die Koordinate y gegeben.

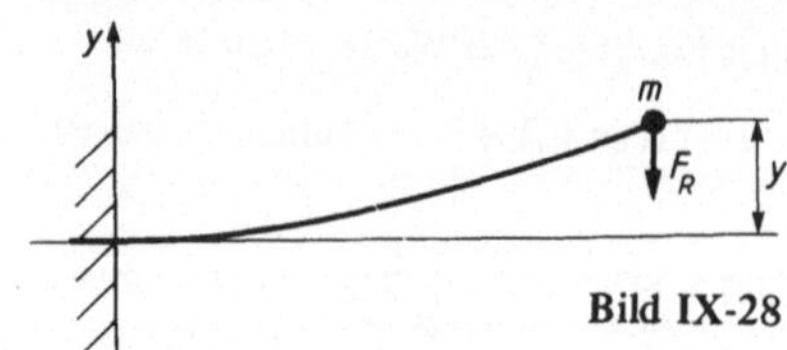

Bild IX-28

Die auf die Masse einwirkende, *rücktreibende* Kraft F_R ist (betragsmäßig) gleich jener äußeren
Kraft F, die am *freien* Ende der Blattfeder die Durchbiegung y hervorrufen würde. Zwischen
dieser Kraft und der von ihr erzeugten Durchbiegung besteht aber laut *Lösungshinweis* der folgende
Zusammenhang:

$$y = \frac{Fl^3}{3EI} \quad \text{oder} \quad F = \frac{3EI}{l^3}\, y$$

Somit ist

$$F_R = -F = -\frac{3EI}{l^3}\, y$$

(die *Rückstellkraft* F_R wirkt der Durchbiegung y *entgegen*). Die *Federkonstante* c der Blattfeder
hat daher den Wert

$$c = \left| \frac{F_R}{y} \right| = \frac{3EI}{l^3}$$

Nach dem *Newtonschen Grundgesetz* [A27] gilt dann

$$ma = m\ddot{y} = F_R = -\frac{3EI}{l^3}\, y \quad \text{oder} \quad \ddot{y} = -\frac{3EI}{ml^3}\, y$$

Wir stellen diese *homogene lineare Dgl 2. Ordnung* noch geringfügig um und erhalten die bekannte
Schwingungsgleichung in der Form

$$\ddot{y} + \frac{3EI}{ml^3}\, y = 0 \quad \text{oder} \quad \ddot{y} + \omega^2 y = 0 \qquad \left(\omega^2 = \frac{3EI}{ml^3} \right).$$

b) Die *allgemeine* Lösung dieser Dgl ist aus Band 2, Abschnitt V.4.1.2 bekannt. Sie lautet

$$y = C_1 \cdot \sin(\omega t) + C_2 \cdot \cos(\omega t)$$

Die beiden Integrationskonstanten C_1 und C_2 bestimmen wir aus den *Anfangswerten* $y(0) = y_0$
und $\dot{y}(0) = 0$:

$$y(0) = y_0 \;\Rightarrow\; C_1 \cdot 0 + C_2 \cdot 1 = y_0 \;\Rightarrow\; C_2 = y_0$$
$$\dot{y} = \omega C_1 \cdot \cos(\omega t) - \omega C_2 \cdot \sin(\omega t)$$
$$\dot{y}(0) = 0 \;\Rightarrow\; \omega C_1 \cdot 1 - \omega C_2 \cdot 0 = 0 \;\Rightarrow\; C_1 = 0$$

Die *Biegeschwingung* verläuft daher *harmonisch* nach der Gleichung

$$y(t) = y_0 \cdot \cos(\omega t), \qquad t \geq 0$$

mit der *Schwingungsamplitude* y_0 und

der *Kreisfrequenz* $\omega = \sqrt{\dfrac{3EI}{ml^3}}$ bzw. der

Schwingungsdauer $T = \dfrac{2\pi}{\omega} = 2\pi \cdot \sqrt{\dfrac{ml^3}{3EI}}$

(Bild IX-29).

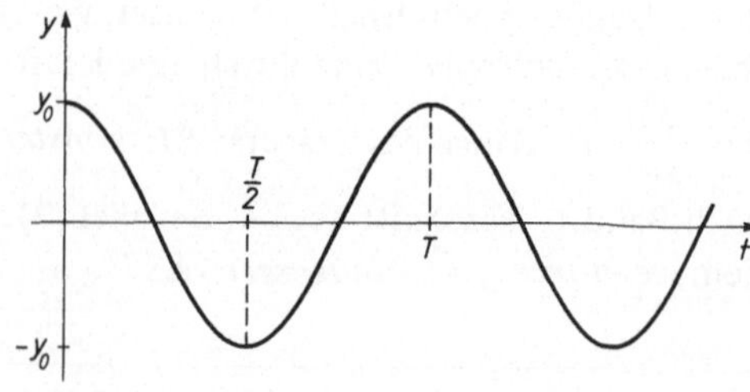

Bild IX-29

Übung 12:   Scheibenpendel (physikalisches Pendel)
Homogene lineare Dgl 2. Ordnung
(Schwingungsgleichung)

Eine homogene *Zylinderscheibe* mit der Masse m und dem Radius R schwingt um eine Achse A, die *parallel* zur Symmetrieachse durch den Scheibenumfang verläuft (Bild IX-30).

a) Wie lautet die *Dgl* dieser Schwingung?

b) *Lösen* Sie die Schwingungsgleichung für *kleine*
 Winkel φ unter den Anfangsbedingungen $\varphi(0) = \varphi_0$,
 $\dot\varphi(0) = 0$.

A: Drehachse

S: Schwerpunkt (= Mittelpunkt)

φ: Auslenkwinkel zur Zeit t

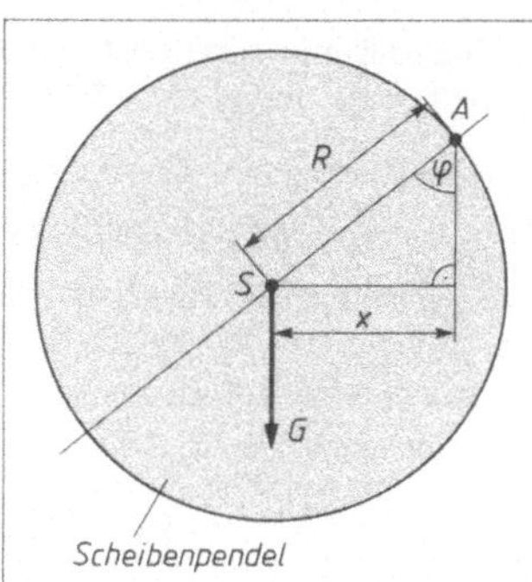

Bild IX-30

Lösungshinweis: Das Massenträgheitsmoment der Scheibe bezüglich der *Symmetrieachse* (Schwerpunktachse) beträgt $J_S = \frac{1}{2}\, mR^2$. Das benötigte Massenträgheitsmoment J_A bezüglich der *Drehachse A* läßt sich dann aus dem *Steinerschen Satz* [A31] bestimmen. Die *Dgl* der Schwingung erhalten Sie aus dem *Grundgesetz der Drehbewegung* [A36].

Lehrbuch: Bd. 2, V.3.3 und V.4.1.2
Physikalische Grundlagen: A7, A31, A36

Lösung:

a) Das im *Schwerpunkt S* angreifende *Gewicht* $G = mg$ erzeugt ein *rücktreibendes* Moment [A7]

$$M_R = -\,Gx = -\,mgR \cdot \sin\varphi$$

Aus dem *Grundgesetz der Drehbewegung* [A36] folgt

$$J_A\, \alpha = J_A\, \ddot\varphi = M_R = -\,mgR \cdot \sin\varphi \qquad \text{oder} \qquad \ddot\varphi + \frac{mgR}{J_A} \cdot \sin\varphi = 0$$

Dabei ist α die Winkelbeschleunigung $(\alpha = \ddot\varphi)$ und J_A das Massenträgheitsmoment der Scheibe bezüglich der Drehachse A. Dieses läßt sich nach dem *Steinerschen Satz* [A31] wie folgt berechnen:

$$J_A = J_S + mR^2 = \frac{1}{2}\, mR^2 + mR^2 = \frac{3}{2}\, mR^2$$

Die Pendelbewegung genügt somit der *nichtlinearen Dgl 2. Ordnung*

$$\ddot\varphi + \frac{mgR}{\frac{3}{2}\, mR^2} \cdot \sin\varphi = 0 \qquad \text{oder} \qquad \ddot\varphi + \frac{2g}{3R} \cdot \sin\varphi = 0$$

b) Für *kleine* Winkel[6] ist $\sin \varphi \approx \varphi$ und die Dgl des Scheibenpendels geht dann über in eine *homogene lineare Dgl 2. Ordnung mit konstanten Koeffizienten,* die unter der Bezeichnung *Schwingungsgleichung* allgemein bekannt ist:

$$\ddot{\varphi} + \frac{2g}{3R}\,\varphi = 0 \qquad \text{oder} \qquad \ddot{\varphi} + \omega_0^2 \cdot \varphi = 0$$

$\left(\omega_0^2 = \dfrac{2g}{3R} \right)$. Ihre *allgemeine* Lösung lautet (s. Band 2, Abschnitt V.4.1.2)

$$\varphi = C_1 \cdot \sin (\omega_0 t) + C_2 \cdot \cos (\omega_0 t)$$

Die beiden Integrationskonstanten C_1 und C_2 bestimmen wir aus den *Anfangsbedingungen* $\varphi(0) = \varphi_0$ und $\dot{\varphi}(0) = 0$:

$$\varphi(0) = \varphi_0 \;\Rightarrow\; C_1 \cdot 0 + C_2 \cdot 1 = \varphi_0 \;\Rightarrow\; C_2 = \varphi_0$$
$$\dot{\varphi} = \omega_0 C_1 \cdot \cos (\omega_0 t) - \omega_0 C_2 \cdot \sin (\omega_0 t)$$
$$\dot{\varphi}(0) = 0 \;\Rightarrow\; \omega_0 C_1 \cdot 1 - \omega_0 C_2 \cdot 0 = 0 \;\Rightarrow\; C_1 = 0$$

Das *Scheibenpendel* schwingt somit für *kleine* Auslenkwinkel φ *nahezu harmonisch* nach der Gleichung

$$\varphi(t) = \varphi_0 \cdot \cos (\omega_0 t), \qquad t \geq 0$$

Bild IX-31 zeigt den zeitlichen Verlauf dieser Schwingung mit der *Kreisfrequenz* $\omega_0 = \sqrt{\dfrac{2g}{3R}}$ und der

Schwingungsdauer $T = 2\pi \cdot \sqrt{\dfrac{3R}{2g}}$.

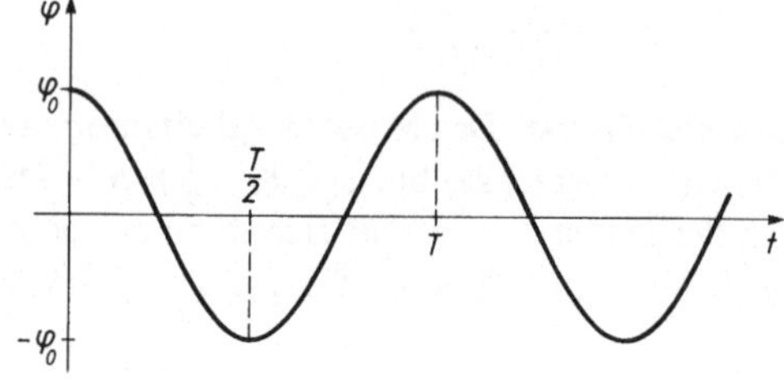

Bild IX-31

---

[6] Für Winkel *unter* 14° beträgt der *prozentuale* Fehler rund 1 %, für Winkel *unter* 20° rund 2 %.

Übung 13: Vertikale Schwingungen eines Körpers in einer Flüssigkeit
Homogene lineare Dgl 2. Ordnung (gedämpfte Schwingung)

Ein homogener *zylindrischer* Körper mit der Masse m und der Querschnittsfläche A taucht in eine Flüssigkeit der Dichte ρ zur Hälfte ein. Zur Zeit $t = 0$ wird der Körper kurz nach *unten* angestoßen und beginnt dann um die Gleichgewichtslage zu *schwingen* (Bild IX-32).

a) Wie lautet die *Dgl* dieser Schwingung unter Berücksichtigung des *Auftriebs* [A35] und einer *geschwindigkeitsproportionalen* (schwachen) *Reibungskraft* (k: Reibungskoeffizient)?

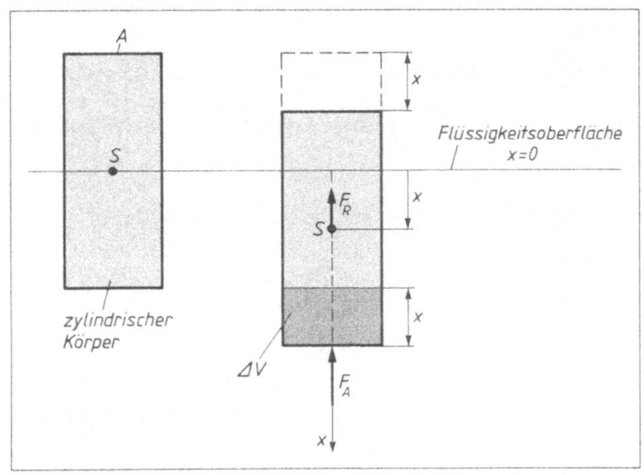

Bild IX-32

b) *Lösen* Sie die Schwingungsgleichung für die Anfangsbedingungen $x(0) = 0$, $v(0) = \dot{x}(0) = v_0 > 0$.

Lösungshinweis: Die *Schwingungsgleichung* läßt sich aus dem *Newtonschen Grundgesetz* [A27] herleiten.

Lehrbuch: Bd. 2, V.3.3 und V.4.1.3	*Physikalische Grundlagen:* A27, A35

Lösung:

a) In der *Gleichgewichtslage* ($x = 0$) wird die *Gewichtskraft* $G = mg$ gerade durch die nach *oben* gerichtete *Auftriebskraft* kompensiert. Der Schwerpunkt S des Körpers liegt dann genau in der *Flüssigkeitsoberfläche* (Bild IX-32). Durch das kurze Anstoßen nach *unten* taucht der Körper weiter unter und erfährt daher eine *zusätzliche* Auftriebskraft F_A nach *oben*, die von der augenblicklichen Eintauchtiefe abhängt und als *rücktreibende* Kraft wirkt. Nach dem *Archimedischen Prinzip* [A35] entspricht diese zusätzliche Auftriebskraft F_A dem *Gewicht* der *verdrängten* Flüssigkeitsmenge vom Volumen $\Delta V = Ax$ und der Masse $\Delta m = \rho \Delta V = \rho Ax$ (in Bild IX-32 *dunkelgrau* unterlegt). Somit ist

$$F_A = -\Delta mg = -\rho \Delta Vg = -\rho Axg = -\rho gAx$$

(das *Minuszeichen* bringt dabei zum Ausdruck, daß der Auftrieb dem Gewicht *entgegen* wirkt).

Die in der *gleichen* Richtung wirkende *Reibungskraft* setzen wir in der Form

$$F_R = -kv = -k\dot{x}$$

an. Nach dem *Newtonschen Grundgesetz* [A27] gilt dann

$$ma = m\ddot{x} = F_A + F_R \quad \text{oder} \quad m\ddot{x} = -\rho gAx - k\dot{x}$$

Wir bringen diese *homogene lineare Dgl 2. Ordnung mit konstanten Koeffizienten* noch auf eine spezielle Form:

$$m\ddot{x} + k\dot{x} + \rho gAx = 0 \quad \text{oder} \quad \ddot{x} + 2\delta\dot{x} + \omega_0^2 x = 0$$

$\left(\delta = \dfrac{k}{2m} \; ; \; \omega_0^2 = \dfrac{\rho gA}{m} \right)$. Dies ist die *Dgl* einer *freien (schwach) gedämpften Schwingung.*

b) Die *allgemeine* Lösung dieser Dgl läßt sich in der Form

$$x = C \cdot e^{-\delta t} \cdot \sin(\omega_d t + \varphi_d)$$

darstellen (s. Band 2, Abschnitt V.4.1.3.4). Darin bedeuten:

δ: *Dämpfungsfaktor* oder *Abklingkonstante*

ω_d: *Eigenkreisfrequenz* des *gedämpften* Systems

C, φ_d: *Integrationskonstanten,* die aus den *Anfangsbedingungen* bestimmt werden müssen
$\qquad\quad$ $(C > 0; \; 0 \leqslant \varphi_d < 2\pi)$

Die *Eigenkreisfrequenz* ω_d ist dabei durch den Ausdruck

$$\omega_d = \sqrt{\omega_0^2 - \delta^2}$$

gegeben. Die Integrationskonstanten C und φ_d bestimmen wir aus den gegebenen *Anfangsbedingungen* wie folgt:

$$x(0) = 0 \quad \Rightarrow \quad C \cdot \sin \varphi_d = 0 \quad \Rightarrow \quad \sin \varphi_d = 0$$

Als Lösungen kommen wegen $0 \leqslant \varphi_d < 2\pi$ nur die Winkel $\varphi_d = 0$ und $\varphi_d = \pi$ infrage. Eine Entscheidung darüber treffen wir etwas später anhand einer weiteren Bedingung. Zunächst aber erfüllen wir noch die *zweite* Anfangsbedingung $\dot{x}(0) = v_0$. Unter Verwendung von *Produkt-* und *Kettenregel* folgt dann:

$$\dot{x} = -\delta C \cdot e^{-\delta t} \cdot \sin(\omega_d t + \varphi_d) + \omega_d C \cdot e^{-\delta t} \cdot \cos(\omega_d t + \varphi_d) =$$
$$= C \cdot e^{-\delta t} \left[-\delta \cdot \sin(\omega_d t + \varphi_d) + \omega_d \cdot \cos(\omega_d t + \varphi_d) \right]$$
$$\dot{x}(0) = v_0 \quad \Rightarrow \quad C \left[-\delta \cdot \underbrace{\sin \varphi_d}_{0} + \omega_d \cdot \cos \varphi_d \right] = v_0 \quad \Rightarrow \quad C \cdot \omega_d \cdot \cos \varphi_d = v_0$$

Da C, ω_d und v_0 *positive* Größen sind, gilt dies auch für $\cos \varphi_d$. Damit kommt von den beiden *zunächst* möglichen Winkelwerten $\varphi_d = 0$ und $\varphi_d = \pi$ nur der *erste* Wert infrage. Somit ist $\varphi_d = 0$[7]. Für die Integrationskonstante C erhalten wir dann den Wert

$$C \cdot \omega_d \cdot \underbrace{\cos 0}_{1} = v_0 \quad \Rightarrow \quad C = \frac{v_0}{\omega_d}$$

---

[7] $\cos 0 = 1 > 0$, aber $\cos \pi = -1 < 0$.

Der eingetauchte Körper schwingt daher *gedämpft* nach der Gleichung

$$x\,(t) = \frac{v_0}{\omega_d} \cdot e^{-\delta t} \cdot \sin\,(\omega_d\, t)\,, \qquad t \geqslant 0$$

mit

$$\delta = \frac{k}{2m} \quad \text{und} \quad \omega_d = \sqrt{\omega_0^2 - \delta^2} = \frac{\sqrt{4\rho g A m - k^2}}{2m}$$

Bild IX-33 zeigt den zeitlichen Verlauf
dieser Schwingung.

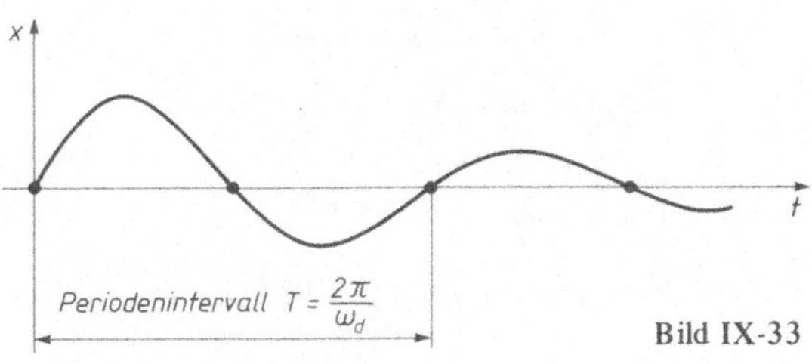

Bild IX-33

Übung 14: Schwingung eines rotierenden Federpendels
Inhomogene lineare Dgl 2. Ordnung (Schwingungsgleichung, Aufsuchen einer partikulären Lösung)

Ein zylindrisches *Hohlrohr* rotiert
mit der *konstanten* Winkelgeschwindigkeit ω_0 in einer *horizontalen*
Ebene. In dem Rohr befindet sich
ein *Federpendel* mit der Masse m
und der Federkonstanten c
(Bild IX-34). Die Länge der Feder im
entspannten Zustand ist l. Zum Zeitpunkt $t = 0$ besitzt das Federpendel
die Auslenkung x_0 und ist *relativ*
zum Rohr in Ruhe. Nach welchem

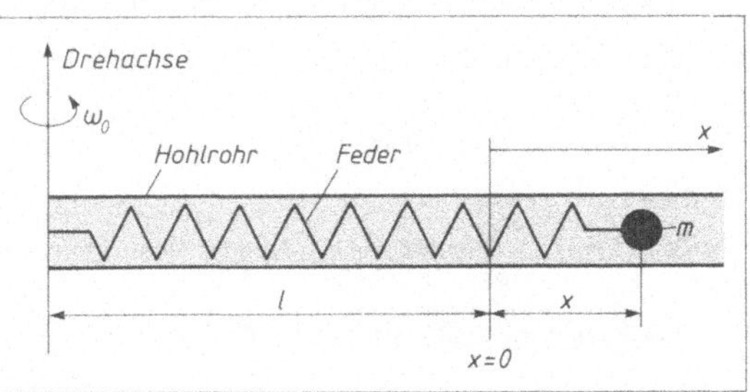

Bild IX-34

Weg-Zeit-Gesetz $x = x\,(t)$ erfolgt die *Schwingung* des rotierenden Federpendels bei
Vernachlässigung der Reibungskräfte?

Lösungshinweis: Die *Dgl* der Schwingung erhalten Sie aus dem *Newtonschen Grundgesetz*
[A27].

Lehrbuch: Bd. 2, V.3.4 und V.4.1	*Physikalische Grundlagen:* A15, A27

Lösung:

Auf das *rotierende* Pendel wirken folgende Kräfte ein:

1. Die nach *außen* gerichtete *Zentrifugalkraft* [A15] $F_Z = m \omega_0^2 \cdot r = m \omega_0^2 \, (l + x)$;

2. Die *rücktreibende* elastische Kraft der Feder *(Rückstellkraft)* $F_R = - cx$.

Nach dem *Newtonschen Grundgesetz* [A27] gilt dann

$$ ma = m\ddot{x} = F_Z + F_R = m \omega_0^2 \, (l + x) - cx $$

Wir stellen diese Gleichung noch wie folgt um:

$$ m\ddot{x} + \left(c - m \omega_0^2\right) x = m \omega_0^2 \, l $$

$$ \ddot{x} + \left(\frac{c - m \omega_0^2}{m}\right) x = \omega_0^2 \, l $$

$$ \ddot{x} + \omega^2 x = \omega_0^2 \, l \qquad \left(\omega^2 = \frac{c - m \omega_0^2}{m}\right) $$

Dies ist eine *inhomogene lineare Dgl 2. Ordnung mit konstanten Koeffizienten*. Wir lösen sie nach der Methode „*Aufsuchen einer partikulären Lösung*" (Band 2, Abschnitt V.3.4). Die zugehörige *homogene* Dgl

$$ \ddot{x} + \omega^2 x = 0 $$

ist die bekannte *Schwingungsgleichung* und besitzt bekanntlich die *allgemeine* Lösung

$$ x_h = C_1 \cdot \sin (\omega t) + C_2 \cdot \cos (\omega t) $$

Die *Störfunktion* der *inhomogenen* Dgl ist die *konstante* Funktion $g(t) = \omega_0^2 \, l = $ const. Daher wählen wir für die *partikuläre* Lösung der *inhomogenen* Dgl den Lösungsansatz[8]

$$ x_p = A = \text{const.}, \quad \dot{x}_p = 0, \quad \ddot{x}_p = 0 $$

Durch Einsetzen in die *inhomogene* Dgl erhalten wir dann

$$ \omega^2 A = \omega_0^2 \, l \;\Rightarrow\; A = \frac{\omega_0^2 \, l}{\omega^2} $$

Somit ist $x_p = \dfrac{\omega_0^2 \, l}{\omega^2}$ und die *allgemeine* Lösung der *inhomogenen* Dgl lautet wie folgt:

$$ x = x_h + x_p = C_1 \cdot \sin (\omega t) + C_2 \cdot \cos (\omega t) + \frac{\omega_0^2 \, l}{\omega^2} $$

Die Berechnung der beiden Integrationskonstanten C_1 und C_2 erfolgt aus den *Anfangsbedingungen* $x(0) = x_0$, $v(0) = \dot{x}(0) = 0$:

$$ x(0) = x_0 \;\Rightarrow\; C_1 \cdot 0 + C_2 \cdot 1 + \frac{\omega_0^2 \, l}{\omega^2} = x_0 \;\Rightarrow\; C_2 = x_0 - \frac{\omega_0^2 \, l}{\omega^2} $$

$$ \dot{x} = \omega C_1 \cdot \cos (\omega t) - \omega C_2 \cdot \sin (\omega t) $$

$$ \dot{x}(0) = 0 \;\Rightarrow\; \omega C_1 \cdot 1 - \omega C_2 \cdot 0 = 0 \;\Rightarrow\; C_1 = 0 $$

Das *rotierende* Federpendel schwingt somit *harmonisch* nach der Gleichung

$$ x(t) = \left(x_0 - \frac{\omega_0^2 \, l}{\omega^2}\right) \cdot \cos (\omega t) + \frac{\omega_0^2 \, l}{\omega^2}, \qquad t \geq 0 $$

---

[8] Lösungsansatz nach Band 2, Abschnitt V.3.4, Tabelle 2.

Amplitude A, *Kreisfrequenz* ω und *Schwingungsdauer T* betragen dabei der Reihe nach

$$A = x_0 - \frac{\omega_0^2 l}{\omega^2} = \frac{\omega^2 x_0 - \omega_0^2 l}{\omega^2}, \qquad \omega = \sqrt{\frac{c - m\omega_0^2}{m}}, \qquad T = \frac{2\pi}{\omega} = 2\pi \cdot \sqrt{\frac{m}{c - m\omega_0^2}}$$

Bild IX-35 zeigt den zeitlichen Verlauf dieser *harmonischen* Schwingung.

Bild IX-35

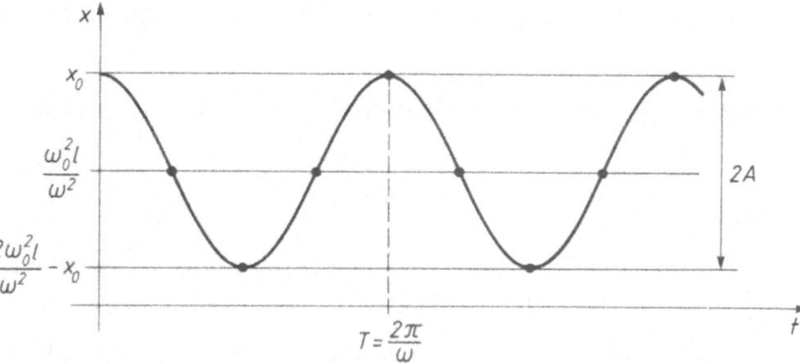

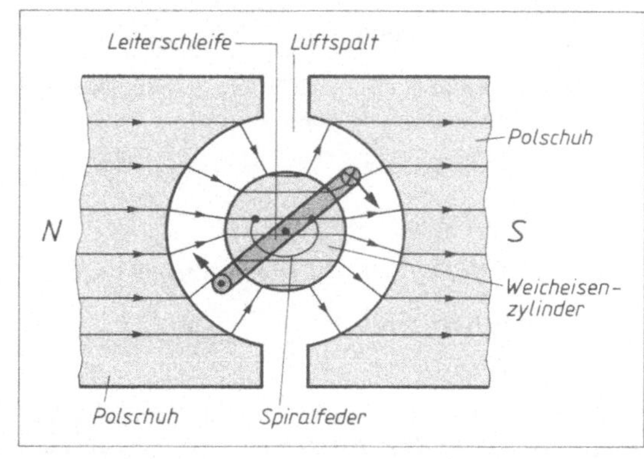

Übung 15: Drehspulinstrument

Inhomogene lineare Dgl 2. Ordnung (aperiodische Schwingung, Aufsuchen einer partikulären Lösung)

Bild IX-36 zeigt den prinzipiellen Aufbau eines *Drehspulinstrumentes* zur Messung von Gleichstrom. Das Magnetfeld im Luftspalt zwischen den äußeren Polschuhen und dem inneren (festgehaltenen) Weicheisenzylinder verläuft nahezu *radial* und die magnetische Flußdichte *B* darf in diesem Spalt als *konstant* angenommen werden. Um den Zylinder ist eine *rechteckige* Leiterschleife drehbar gelagert (Länge *l*; Breite 2*r*). Sie wird durch eine *Spiralfeder* in einer Ruhestellung gehalten. Fließt ein *konstanter Meßstrom I*

Bild IX-36

durch die Leiterschleife, so erfährt diese im Magnetfeld *B* eine *Kraft F* und somit ein *Drehmoment M*. Das System ist dabei so stark *gedämpft*, daß der mit der Drehachse starr verbundene Zeiger *asymptotisch* seiner Endlage zustrebt (Drehung um den Winkel φ aus der Ruhelage $\varphi = 0$).

a) Durch welche *Dgl* wird diese *aperiodische Schwingung* beschrieben?

b) Wie lautet die *Lösung* dieser Schwingungsgleichung für die Anfangswerte $\varphi(0) = 0$, $\dot{\varphi}(0) = 0$?

Lösungshinweis: Das *Rückstellmoment* M_R der Spiralfeder ist dem Drehwinkel φ *proportional* (Federkonstante: c), die *Dämpfung* des Systems wird durch ein der Winkelgeschwindigkeit $\dot{\varphi}$ *proportionales* Drehmoment M_D beschrieben (Reibungskoeffizient: k). Das Massenträgheitsmoment der Leiterschleife ist J. Die *Dgl* der aperiodischen Schwingung erhalten Sie aus dem *Grundgesetz der Drehbewegung* [A36].

Lehrbuch: Bd. 2, V.3.4 und V.4.1.3.2	*Physikalische Grundlagen:* A6, A7, A36

Lösung:

a) Die stromdurchflossene Leiterschleife erfährt ein *Gesamtmoment,* das sich aus den folgenden drei *Teilmomenten* zusammensetzt:

1. *Stromdurchflossene* Leiter erfahren in einem Magnetfeld *Kräfte* [A6]. Von Bedeutung sind in unserem Beispiel allerdings nur die beiden im Luftspalt liegenden *Längsseiten* der Leiterschleife[9]. Sie erfahren eine Kraft vom Betrag $F = BIl$. Der Kraftvektor steht dabei sowohl auf dem Magnetfeld als auch zur Stromrichtung *senkrecht* und verläuft somit auch *senkrecht* zum Dreharm der Länge r. Diese Kraft erzeugt somit das *konstante* Drehmoment [A7]

$$M = Fr = BIlr$$

2. Die *Rückstellkraft* der Spiralfeder erzeugt nach Voraussetzung ein dem Drehwinkel φ proportionales *Rückstellmoment*

$$M_R = -c\varphi$$

(c: Federkonstante).

3. Die *Dämpfung* wird nach Voraussetzung durch ein der Winkelgeschwindigkeit $\dot{\varphi}$ *proportionales* Drehmoment beschrieben:

$$M_D = -k\dot{\varphi}$$

(k: Reibungskoeffizient).

Nach dem *Grundgesetz der Drehbewegung* [A36] gilt dann ($\alpha = \ddot{\varphi}$)

$$J\alpha = M + M_R + M_D$$
$$J\ddot{\varphi} = BIlr - c\varphi - k\dot{\varphi}$$

(J: Massenträgheitsmoment der Leiterschleife). Wir bringen diese *inhomogene lineare Dgl 2. Ordnung mit konstanten Koeffizienten* noch auf eine übersichtlichere Gestalt:

$$\ddot{\varphi} + \frac{k}{J}\dot{\varphi} + \frac{c}{J}\varphi = \frac{BlrI}{J}$$

$$\ddot{\varphi} + 2\delta\dot{\varphi} + \omega_0^2\varphi = \frac{BlrI}{J} \qquad \left(\delta = \frac{k}{2J}\,;\quad \omega_0^2 = \frac{c}{J}\right)$$

b) Wir lösen die in a) hergeleitete *Schwingungsgleichung* durch „*Aufsuchen einer partikulären Lösung*" (Band 2, Abschnitt V.3.4). Zuerst wird die zugehörige *homogene* Dgl

$$\ddot{\varphi} + 2\delta\dot{\varphi} + \omega_0^2\varphi = 0$$

gelöst.

---

[9] In den *Längsseiten* der Leiterschleife fließt der Strom *senkrecht* zu den magnetischen Feldlinien, in den beiden übrigen Teilen jedoch *parallel* zum Magnetfeld.

Mit dem *Lösungsansatz (Exponentialansatz)*

$$\varphi = e^{\lambda t}, \quad \dot{\varphi} = \lambda \cdot e^{\lambda t}, \quad \ddot{\varphi} = \lambda^2 \cdot e^{\lambda t}$$

erhalten wir die *charakteristische* Gleichung

$$\lambda^2 + 2\delta\lambda + \omega_0^2 = 0$$

mit den *reellen* Lösungen[10]

$$\lambda_{1/2} = -\delta \pm \underbrace{\sqrt{\delta^2 - \omega_0^2}}_{\mu^2} = -\delta \pm \mu$$

Da $\mu < \delta$ ist, sind *beide* Lösungen *negativ:* $\lambda_{1/2} < 0$. Die *allgemeine* Lösung der *homogenen* Dgl setzt sich somit aus zwei *streng monoton fallenden* e-Funktionen zusammen:

$$\varphi_0 = C_1 \cdot e^{\lambda_1 t} + C_2 \cdot e^{\lambda_2 t} = C_1 \cdot e^{(-\delta + \mu) t} + C_2 \cdot e^{(-\delta - \mu) t}$$

Eine *partikuläre* Lösung φ_p der *inhomogenen* Dgl gewinnen wir durch den Lösungsansatz

$$\varphi_p = A = \text{const}, \quad \dot{\varphi}_p = 0, \quad \ddot{\varphi}_p = 0$$

da die *Störfunktion* $g(t) = \dfrac{BlrI}{J}$ *konstant* ist (Band 2, Abschnitt V.3.4, Tabelle 2). Durch Einsetzen in die *inhomogene* Dgl folgt dann

$$\omega_0^2 A = \frac{BlrI}{J} \quad \Rightarrow \quad A = \frac{BlrI}{\omega_0^2 J} = \frac{BlrI}{c}$$

Somit ist die *konstante* Funktion

$$\varphi_p = A = \frac{BlrI}{c}$$

eine *partikuläre* Lösung der gegebenen Schwingungsgleichung. Die *allgemeine* Lösung besitzt somit die Gestalt

$$\varphi = \varphi_0 + \varphi_p = C_1 \cdot e^{(-\delta + \mu) t} + C_2 \cdot e^{(-\delta - \mu) t} + \frac{BlrI}{c}$$

Die beiden Integrationskonstanten C_1 und C_2 lassen sich aus den *Anfangsbedingungen* wie folgt bestimmen:

$$\varphi(0) = 0 \quad \Rightarrow \quad C_1 + C_2 + \frac{BlrI}{c} = 0$$

$$\dot{\varphi}(t) = (-\delta + \mu) C_1 \cdot e^{(-\delta + \mu) t} + (-\delta - \mu) C_2 \cdot e^{(-\delta - \mu) t}$$

$$\dot{\varphi}(0) = 0 \quad \Rightarrow \quad (-\delta + \mu) C_1 - (\delta + \mu) C_2 = 0$$

Das *lineare Gleichungssystem*

$$C_1 \quad + \quad C_2 = -\frac{BlrI}{c}$$

$$(-\delta + \mu) C_1 - (\delta + \mu) C_2 = 0$$

lösen wir nach der *Cramerschen Regel* (Band 2, Abschnitt I.4.4.3).

---

[10] Wegen der vorausgesetzten *starken* Dämpfung ist $\delta > \omega_0$ und somit $\mu^2 = \delta^2 - \omega_0^2 > 0$ (*aperiodische* Schwingung).

Mit der *Koeffizientendeterminante*

$$
D = \begin{vmatrix} 1 & 1 \\ (-\delta + \mu) & -(\delta + \mu) \end{vmatrix} = -(\delta + \mu) - (-\delta + \mu) = -2\mu
$$

und den beiden *Hilfsdeterminanten*

$$
D_1 = \begin{vmatrix} -(BlrI)/c & 1 \\ 0 & -(\delta + \mu) \end{vmatrix} = \frac{(\delta + \mu)\,BlrI}{c}
$$

$$
D_2 = \begin{vmatrix} 1 & -(BlrI)/c \\ (-\delta + \mu) & 0 \end{vmatrix} = \frac{(-\delta + \mu)\,BlrI}{c}
$$

erhalten wir schließlich

$$
C_1 = \frac{D_1}{D} = \frac{\dfrac{(\delta + \mu)\,BlrI}{c}}{-2\mu} = -\frac{(\delta + \mu)\,BlrI}{2c\mu}
$$

$$
C_2 = \frac{D_2}{D} = \frac{\dfrac{(-\delta + \mu)\,BlrI}{c}}{-2\mu} = -\frac{(-\delta + \mu)\,BlrI}{2c\mu}
$$

Die gesuchte *Lösung* lautet damit

$$
\varphi(t) = -\frac{(\delta + \mu)\,BlrI}{2c\mu} \cdot e^{(-\delta + \mu)\,t} - \frac{(-\delta + \mu)\,BlrI}{2c\mu} \cdot e^{(-\delta - \mu)\,t} + \frac{BlrI}{c} =
$$

$$
= \frac{BlrI}{c}\left[1 - \frac{\mu + \delta}{2\mu} \cdot e^{(-\delta + \mu)\,t} - \frac{\mu - \delta}{2\mu} \cdot e^{(-\delta - \mu)\,t} \right], \qquad t \geq 0
$$

Der zeitliche Verlauf dieser *aperiodischen* Schwingung ist in Bild IX-37 dargestellt. Die *Dämpfung* des Drehspulinstrumentes läßt sich dabei so einstellen, daß die beiden Exponentialfunktionen *rasch* gegen *null* abklingen und der *Endwert (Meßwert)* φ_E schnell erreicht wird:

$$
\varphi_E = \lim_{t \to \infty} \varphi(t) = \lim_{t \to \infty} \frac{BlrI}{c}\left[1 - \frac{\mu + \delta}{2\mu} \cdot e^{(-\delta + \mu)\,t} - \frac{\mu - \delta}{2\mu} \cdot e^{(-\delta - \mu)\,t} \right] = \frac{BlrI}{c}
$$

Der Zeiger des Meßinstrumentes strebt somit in kurzer Zeit *asymptotisch* gegen seinen *Endwert* φ_E. Wegen $\varphi_E \sim I$ ist die Skala *linear* unterteilt.

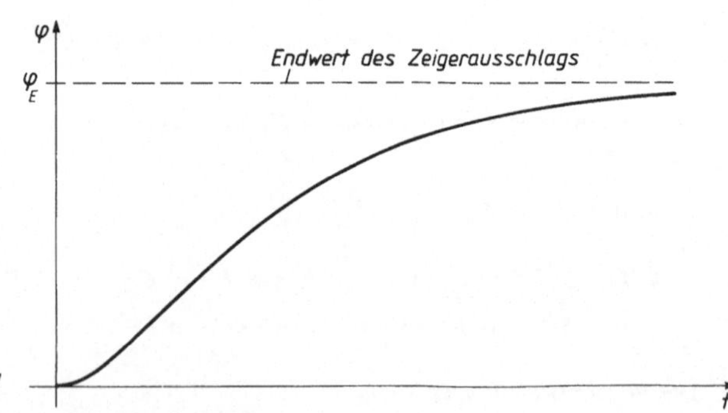

Bild IX-37

Anmerkung: Die Lösung läßt sich damit auch in der Form

$$
\varphi(t) = \varphi_E \left[1 - \frac{\mu + \delta}{2\mu} \cdot e^{(-\delta + \mu)\,t} - \frac{\mu - \delta}{2\mu} \cdot e^{(-\delta - \mu)\,t} \right]
$$

oder unter Verwendung von *Hyperbelfunktionen* in der Form

$$
\varphi(t) = \frac{BlrI}{c\mu}\left[\mu - e^{-\delta t}\left(\mu \cdot \cosh(\mu t) + \delta \cdot \sinh(\mu t) \right) \right]
$$

darstellen.

> **Übung 16:   Erzwungene mechanische Schwingung**
> *Inhomogene lineare Dgl 2. Ordnung (erzwungene*
> *Schwingung, Aufsuchen einer partikulären Lösung)*

Ein *schwach gedämpftes schwingungsfähiges mechanisches System* mit dem Dämpfungsfaktor δ und der Eigenkreisfrequenz ω_0 (des *ungedämpften* Systems) wird von *außen*
durch eine *periodische* Kraft mit derselben Kreisfrequenz ω_0 zu *erzwungenen* Schwingungen angeregt[11]. *Lösen* Sie die *Schwingungsgleichung*

$$\ddot{x} + 2\delta\dot{x} + \omega_0^2 x = a \cdot \cos(\omega_0 t)$$

für die Anfangswerte $x(0) = 0$ und $v(0) = \dot{x}(0) = 0$.

$(x = x(t)$: Auslenkung des Systems zur Zeit t; $F = F_0 \cdot \cos(\omega_0 t)$: periodische äußere Kraft;
m: Schwingungsmasse; $a = F_0/m$).

Lehrbuch: Bd. 2, V.3.4 und V.4.1.4

Lösung:

Wir lösen zunächst die zugehörige *homogene* Dgl

$$\ddot{x} + 2\delta\dot{x} + \omega_0^2 x = 0$$

durch den *Lösungsansatz (Exponentialansatz)*

$$x = e^{\lambda t}, \quad \dot{x} = \lambda \cdot e^{\lambda t}, \quad \ddot{x} = \lambda^2 \cdot e^{\lambda t}$$

und erhalten die *charakteristische* Gleichung

$$\lambda^2 + 2\delta\lambda + \omega_0^2 = 0$$

Diese besitzt bei der vorausgesetzten *schwachen* Dämpfung ($\delta < \omega_0$) *konjugiert komplexe* Lösungen:

$$\lambda_{1/2} = -\delta \pm \underbrace{\sqrt{\delta^2 - \omega_0^2}}_{<0} = -\delta \pm \sqrt{\underbrace{-(\omega_0^2 - \delta^2)}_{\omega_d^2 > 0}} = -\delta \pm j\omega_d$$

Wir erhalten somit eine *gedämpfte* Schwingung mit der Gleichung

$$x_0(t) = e^{-\delta t}\left[C_1 \cdot \sin(\omega_d t) + C_2 \cdot \cos(\omega_d t)\right] \quad \text{mit} \quad \omega_d = \sqrt{\omega_0^2 - \delta^2}$$

(Band 2, Abschnitt V.4.1.3.1).

Eine *partikuläre* Lösung x_p der *inhomogenen* Schwingungsgleichung findet man mit dem *Lösungsansatz*

$$x_p = A \cdot \sin(\omega_0 t) + B \cdot \cos(\omega_0 t)$$

(Band 2, Abschnitt V.3.4, Tabelle 2).

---

[11] *Schwache* Dämpfung bedeutet hier $\delta < \omega_0$ (siehe Band 2, Abschnitt V.4.1.3.1).

Mit diesem Ansatz und den zugehörigen Ableitungen

$$\dot{x}_p = \omega_0 A \cdot \cos(\omega_0 t) - \omega_0 B \cdot \sin(\omega_0 t)$$

$$\ddot{x}_p = -\omega_0^2 A \cdot \sin(\omega_0 t) - \omega_0^2 B \cdot \cos(\omega_0 t)$$

gehen wir in die *inhomogene* Dgl ein:

$$-\omega_0^2 A \cdot \sin(\omega_0 t) - \omega_0^2 B \cdot \cos(\omega_0 t) + 2\delta\omega_0 A \cdot \cos(\omega_0 t) - 2\delta\omega_0 B \cdot \sin(\omega_0 t) +$$

$$+ \omega_0^2 A \cdot \sin(\omega_0 t) + \omega_0^2 B \cdot \cos(\omega_0 t) = a \cdot \cos(\omega_0 t)$$

Diese Gleichung reduziert sich wie folgt:

$$2\delta\omega_0 A \cdot \cos(\omega_0 t) - 2\delta\omega_0 B \cdot \sin(\omega_0 t) = a \cdot \cos(\omega_0 t) + 0 \cdot \sin(\omega_0 t)$$

Auf der *rechten* Seite haben wir dabei den *verschwindenden Sinusterm* $0 \cdot \sin(\omega_0 t)$ addiert. Durch *Koeffizientenvergleich* der Kosinus- bzw. Sinusterme lassen sich dann die gesuchten Koeffizienten A und B bestimmen:

$$2\delta\omega_0 A = a \quad \Rightarrow \quad A = \frac{a}{2\delta\omega_0}$$

$$-2\delta\omega_0 B = 0 \quad \Rightarrow \quad B = 0$$

Somit lautet die *partikuläre* Lösung

$$x_p = \frac{a}{2\delta\omega_0} \cdot \sin(\omega_0 t)$$

Die *allgemeine* Lösung der *inhomogenen* Schwingungsgleichung ist dann die Summe aus x_0 und x_p:

$$x = x_0 + x_p = e^{-\delta t}\left[C_1 \cdot \sin(\omega_d t) + C_2 \cdot \cos(\omega_d t)\right] + \frac{a}{2\delta\omega_0} \cdot \sin(\omega_0 t)$$

Die beiden Integrationskonstanten C_1 und C_2 berechnen wir aus den *Anfangsbedingungen* $x(0) = 0$ und $\dot{x}(0) = 0$ wie folgt:

$$x(0) = 0 \quad \Rightarrow \quad 1 \cdot \left[C_1 \cdot 0 + C_2 \cdot 1\right] + \frac{a}{2\delta\omega_0} \cdot 0 = 0 \quad \Rightarrow \quad C_2 = 0$$

$$x = C_1 \cdot e^{-\delta t} \cdot \sin(\omega_d t) + \frac{a}{2\delta\omega_0} \cdot \sin(\omega_0 t)$$

$$\dot{x} = -\delta C_1 \cdot e^{-\delta t} \cdot \sin(\omega_d t) + \omega_d C_1 \cdot e^{-\delta t} \cdot \cos(\omega_d t) + \frac{a}{2\delta} \cdot \cos(\omega_0 t) =$$

$$= C_1 \cdot e^{-\delta t}\left[-\delta \cdot \sin(\omega_d t) + \omega_d \cdot \cos(\omega_d t)\right] + \frac{a}{2\delta} \cdot \cos(\omega_0 t)$$

$$\dot{x}(0) = 0 \quad \Rightarrow \quad C_1\left[-\delta \cdot 0 + \omega_d \cdot 1\right] + \frac{a}{2\delta} \cdot 1 = 0 \quad \Rightarrow \quad C_1 = -\frac{a}{2\delta\omega_d}$$

Die *erzwungene* Schwingung wird somit durch die Gleichung

$$x(t) = -\frac{a}{2\delta\omega_d} \cdot e^{-\delta t} \cdot \sin(\omega_d t) + \frac{a}{2\delta\omega_0} \cdot \sin(\omega_0 t)$$

oder

$$x(t) = \frac{a}{2\delta}\left[\frac{\sin(\omega_0 t)}{\omega_0} - \frac{e^{-\delta t} \cdot \sin(\omega_d t)}{\omega_d}\right], \qquad t \geqslant 0$$

beschrieben.

Sie besitzt den in Bild IX-38
dargestellten Verlauf.

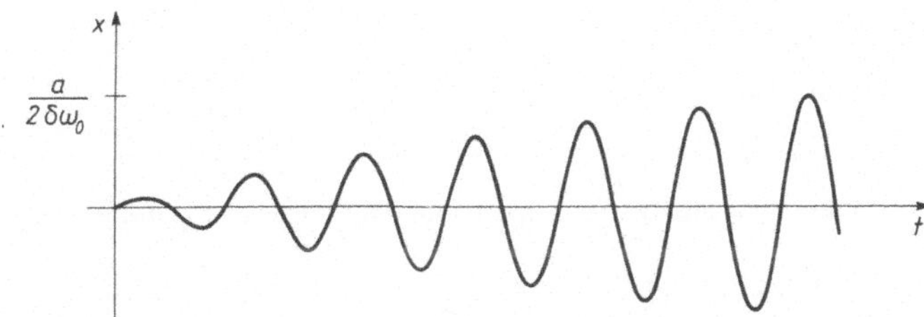

Bild IX-38

Im Laufe der Zeit *stabilisiert* sich diese Schwingung, da der zweite Term *exponentiell abklingt*, zu einer reinen *Sinusschwingung* mit der *Kreisfrequenz* ω_0 und der *Schwingungsamplitude*

$$A = \frac{a}{2\delta\omega_0} \quad \text{(Bild IX-39)}:$$

$$x(t) = \frac{a}{2\delta\omega_0} \cdot \sin(\omega_0 t) \quad \text{(für } t \gg 1/\delta)$$

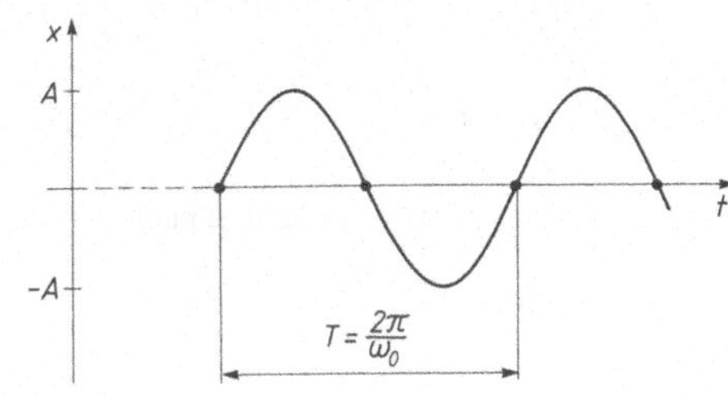

Bild IX-39

Übung 17: Gleichung einer Seilkurve (Kettenlinie)
Nichtlineare Dgl 2. Ordnung (Substitutionsmethode, Trennung der Variablen)

Die Kurvengleichung $y = y(x)$ eines an zwei
Punkten A und B befestigten, freihängenden
Seiles, das ausschließlich durch sein *Eigengewicht* belastet wird, genügt der *nichtlinearen*
Dgl 2. Ordnung

$$y'' = \frac{q}{F_H} \cdot \sqrt{1 + (y')^2} = \frac{1}{k} \cdot \sqrt{1 + (y')^2}$$

(q: Eigengewicht pro Längeneinheit;
F_H: (konstante) Horizontalkomponente der
Seilkraft; $k = F_H/q$). Bestimmen Sie die
Gleichung dieser *Seilkurve* (auch *Kettenlinie*
genannt) bei *symmetrischer* Aufhängung und
einer Spannweite von $2a$ (Bild IX-40).

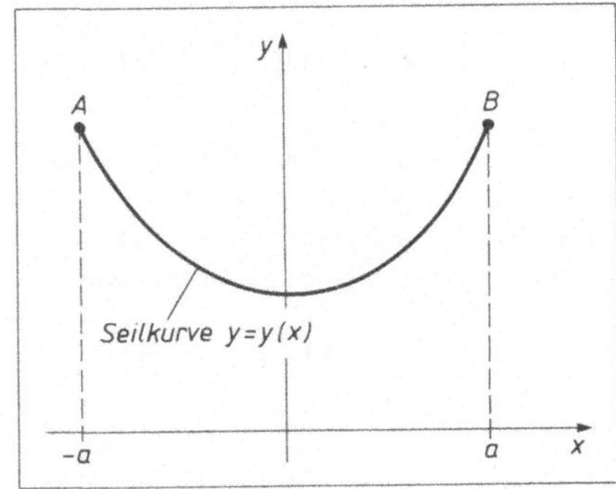

Bild IX-40

Lösungshinweis: Die Dgl der Seilkurve läßt sich mit Hilfe der *Substitution* $u = y'$ auf eine
elementar lösbare Dgl *1. Ordnung* zurückführen.

Lehrbuch: Bd. 2, V.2.2

Lösung:

Durch die *Substitution*

$$u = y', \qquad u' = y''$$

überführen wir die Dgl der Seilkurve in eine solche *1. Ordnung:*

$$u' = \frac{1}{k} \cdot \sqrt{1 + u^2} \quad \text{oder} \quad \frac{du}{dx} = \frac{1}{k} \cdot \sqrt{1 + u^2}$$

Diese Dgl läßt sich durch „*Trennung der Variablen*" leicht lösen (*Grundintegrale* !):

$$\frac{du}{\sqrt{1 + u^2}} = \frac{1}{k} dx \;\; \Rightarrow \;\; \int \frac{du}{\sqrt{1 + u^2}} = \frac{1}{k} \cdot \int dx \;\; \Rightarrow \;\; \text{arsinh}\, u = \frac{x}{k} + C_1$$

Wir lösen diese Funktionsgleichung nach der Variablen u auf und erhalten

$$u = \sinh\left(\frac{x}{k} + C_1\right)$$

Da die Seilkurve bei *symmetrischer* Aufhängung im *tiefsten* Punkt, d.h. an der Stelle $x = 0$ eine *waagerechte* Tangente besitzt, ist $y'(0) = u(0) = 0$. Aus dieser Eigenschaft berechnen wir die Integrationskonstante C_1:

$$u(0) = 0 \;\; \Rightarrow \;\; \sinh C_1 = 0 \;\; \Rightarrow \;\; C_1 = 0$$

Die *1. Ableitung* der Seilkurve lautet somit

$$u = y' = \sinh\left(\frac{x}{k}\right)$$

Durch *Integration* dieser Gleichung erhalten wir die gesuchte *Seilkurve* (Integral Nr. 349):

$$y = \int y'\, dx = \int \sinh\left(\frac{x}{k}\right) dx = k \cdot \cosh\left(\frac{x}{k}\right) + C_2$$

Über die Integrationskonstante C_2 können wir *frei* verfügen, da sie lediglich eine *Verschiebung* der Seilkurve längs der y-*Achse* bewirkt. Wir wählen daher zweckmäßigerweise das Koordinatensystem so, daß $C_2 = 0$ wird. Die Seilkurve schneidet dann die y-Achse bei $y(0) = k$. Damit ist die Gleichung der *Seilkurve* (auch *Kettenlinie* genannt) *eindeutig* bestimmt. Sie lautet

$$y(x) = k \cdot \cosh\left(\frac{x}{k}\right), \qquad -a \leqslant x \leqslant a$$

Übung 18: Torsionsschwingungen einer zweifach besetzten elastischen Welle
System linearer Dgln 2. Ordnung

Bild IX-41 zeigt einen einfachen *Torsionsschwinger*, bestehend aus einer nahezu masselosen *elastischen Welle* mit zwei gleichen starren *Zylinderscheiben* vom Massenträgheitsmoment J. Ein solches System läßt sich zu sog. *Torsionsschwingungen* anregen, z.B. dadurch, daß man die Scheiben gegeneinander *verdreht*. Die Drehwinkel φ_1 und φ_2 der beiden Scheiben genügen

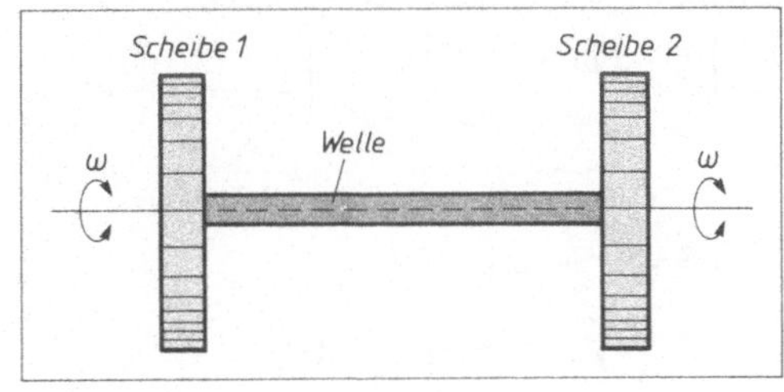

Bild IX-41

dabei zu jedem Zeitpunkt $t \geq 0$ dem folgenden *System zweier miteinander gekoppelter linearer Dgln 2. Ordnung:*

$$J\,\ddot{\varphi}_1 + c\,(\varphi_1 - \varphi_2) = 0 \qquad \text{(Scheibe 1)}$$

$$J\,\ddot{\varphi}_2 + c\,(\varphi_2 - \varphi_1) = 0 \qquad \text{(Scheibe 2)}$$

c ist die *Torsionsfederkonstante* der elastischen Welle, $c\,(\varphi_1 - \varphi_2)$ und $c\,(\varphi_2 - \varphi_1)$ sind die jeweiligen *Rückstellmomente* der elastischen Welle[12]. Bestimmen Sie die *Eigenschwingungen* dieses Torsionsschwingers mit den zugehörigen *Eigenkreisfrequenzen* ω mit Hilfe des folgenden Lösungssatzes:

$$\varphi_1\,(t) = A_1 \cdot \sin\,(\omega t)\,, \qquad \varphi_2\,(t) = A_2 \cdot \sin\,(\omega t)$$

(A_1, A_2: *maximale* Drehwinkel)

Lösungshinweis: Der vorgegebene Lösungsansatz führt zu einem *linearen Gleichungssystem* für die Größen A_1 und A_2. Die *Eigenkreisfrequenzen* des Torsionsschwingers ergeben sich aus der Forderung, daß dieses Gleichungssystem *nichttrivial* lösbar sein soll.

Lehrbuch: Bd. 2, V.3

Lösung:

Mit dem vorgegebenen *Lösungsansatz* und den zugehörigen Ableitungen

$$\dot{\varphi}_1 = \omega A_1 \cdot \cos\,(\omega t)\,, \qquad \ddot{\varphi}_1 = -\,\omega^2 A_1 \cdot \sin\,(\omega t)$$

$$\dot{\varphi}_2 = \omega A_2 \cdot \cos\,(\omega t)\,, \qquad \ddot{\varphi}_2 = -\,\omega^2 A_2 \cdot \sin\,(\omega t)$$

gehen wir in das *Dgl-System* ein und erhalten

$$-J\,\omega^2 A_1 \cdot \sin\,(\omega t) + c\,(A_1 - A_2) \cdot \sin\,(\omega t) = 0$$

$$-J\,\omega^2 A_2 \cdot \sin\,(\omega t) + c\,(A_2 - A_1) \cdot \sin\,(\omega t) = 0$$

---

[12] Diese sind dem jeweiligen *relativen* Drehwinkel *proportional*. Die Dgln selbst erhält man aus dem *Grundgesetz der Drehbewegung* [A36].

Wir *kürzen* beide Gleichungen noch durch $\sin(\omega t)$ und *ordnen* anschließend die Glieder. Dies führt zu dem *homogenen linearen Gleichungssystem*

$$(c - J\,\omega^2)\,A_1 - \qquad cA_2 = 0$$
$$-cA_1 + (c - J\,\omega^2)\,A_2 = 0$$

das nur dann *nichttrivial* lösbar ist (d.h. von $A_1 = A_2 = 0$ *verschiedene* Lösungen hat), wenn die Koeffizientendeterminante *verschwindet:*

$$\begin{vmatrix} (c - J\,\omega^2) & -c \\ -c & (c - J\,\omega^2) \end{vmatrix} = (c - J\,\omega^2)^2 - c^2 = 0$$

$$(c - J\,\omega^2)^2 = c^2 \;\Rightarrow\; c - J\,\omega^2 = \pm\,c \;\Rightarrow\; \omega^2 = \frac{c \mp c}{J} \;\Rightarrow\; \omega^2 = 0 \quad \text{oder} \quad \omega^2 = \frac{2c}{J}$$

$$\omega^2 = 0 \;\Rightarrow\; \omega_{1/2} = 0$$

$$\omega^2 = \frac{2c}{J} \;\Rightarrow\; \omega_{3/4} = \pm\,\sqrt{\frac{2c}{J}}$$

Da ω eine *Kreisfrequenz* darstellt, kommen als Lösungen nur *positive* Werte infrage. Es gibt somit *genau eine* Eigenschwingung mit der *Eigenkreisfrequenz* $\omega_0 = \sqrt{\dfrac{2c}{J}}$. Diesen Wert setzen wir in das homogene lineare Gleichungssystem ein und erhalten für die Koeffizienten A_1 und A_2 zwei *identische* Gleichungen

$$\left. \begin{array}{l} \left(c - J \cdot \dfrac{2c}{J}\right) A_1 - cA_2 = -cA_1 - cA_2 = 0 \\[2mm] -cA_1 + \left(c - J \cdot \dfrac{2c}{J}\right) A_2 = -cA_1 - cA_2 = 0 \end{array} \right\} \;\Rightarrow\; A_1 + A_2 = 0$$

mit der Lösung $A_2 = -A_1$. Die gesuchte *Lösung* lautet somit für $t \geqslant 0$ wie folgt[13]:

$$\varphi_1(t) = A_1 \cdot \sin(\omega_0 t) = \varphi_0 \cdot \sin(\omega_0 t)$$
$$\varphi_2(t) = -A_1 \cdot \sin(\omega_0 t) = A_1 \cdot \sin(\omega_0 t + \pi) = \varphi_0 \cdot \sin(\omega_0 t + \pi)$$

Die Scheiben schwingen somit mit *gleicher* Winkelamplitude, d.h. mit dem gleichen *maximalen* Drehwinkel φ_0, jedoch *in Gegenphase* (Bild IX-42). Die *Kreisfrequenz* dieser *Eigenschwingung* beträgt

$$\omega_0 = \sqrt{\frac{2c}{J}}\,.$$

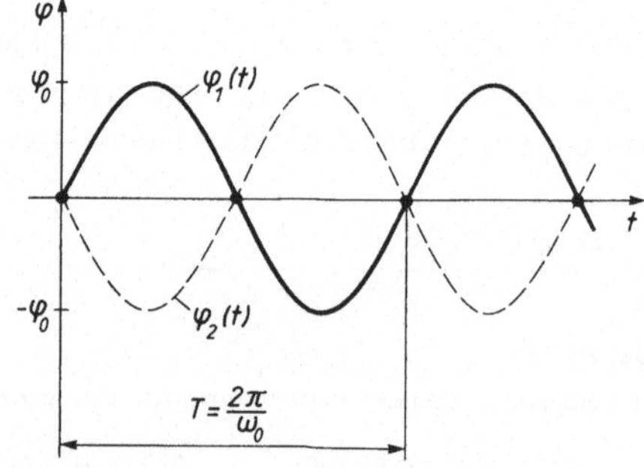

Bild IX-42

---

[13] Um deutlich zu machen, daß A_1 der *maximale Drehwinkel* ist, setzen wir $A_1 = \varphi_0$. Der Wert von φ_0 wird durch die *Anfangsbedingungen* festgelegt (bleibt somit in *diesem* Beispiel *unbestimmt*).

Übung 19: Elektronenbahn im homogenen Magnetfeld
System linearer Dgln 2. Ordnung

Ein *Elektron* mit der Ruhemasse m_0 und der Elementarladung e bewegt sich in einem *homogenen* Magnetfeld

mit dem Flußdichtevektor $\vec{B} = \begin{pmatrix} 0 \\ 0 \\ B_0 \end{pmatrix}$. Im Einschaltzeit-

punkt des Feldes ($t = 0$) befindet sich das Elektron im
Koordinatenursprung, der Geschwindigkeitsvektor zu

dieser Zeit ist $\vec{v}(0) = \begin{pmatrix} v_0 \\ 0 \\ v_0 \end{pmatrix}$ mit $v_0 > 0$ (Bild IX-43).

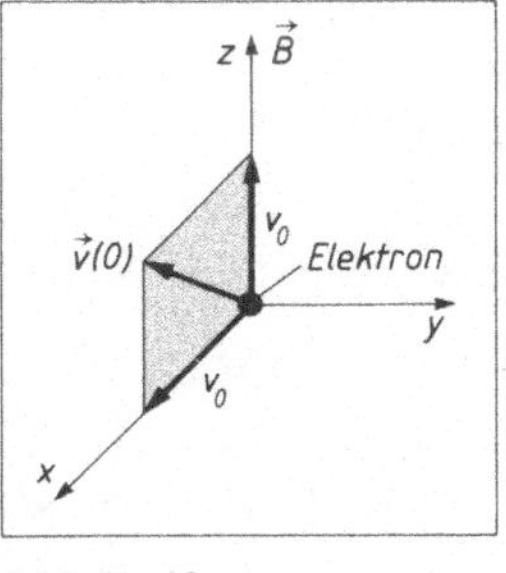

Bild IX-43

a) Wie lautet die *Dgl* der Elektronenbewegung?

b) Bestimmen Sie den *Ortsvektor* $\vec{r} = \vec{r}(t)$ und den
   Geschwindigkeitsvektor $\vec{v} = \vec{v}(t)$ der Elektronenbahn.

Lösungshinweis: Die *Schwerkraft* darf infolge der *geringen* Elektronenmasse *vernachlässigt*
werden. Das Elektron unterliegt somit *ausschließlich* der *Lorentz-Kraft* [A9]. Die *Dgl* der
Elektronenbewegung erhalten Sie aus dem *Newtonschen Grundgesetz* in *vektorieller* Form
[A27].

Lehrbuch: Bd. 2, V.3	*Physikalische Grundlagen:* A9, A27

Lösung:

a) Das Elektron erfährt im Magnetfeld die *Lorentz-Kraft* [A9]

$$\vec{F}_L = -e\,(\vec{v} \times \vec{B}) = -e\,(\dot{\vec{r}} \times \vec{B}) = -e \begin{pmatrix} \dot{x} \\ \dot{y} \\ \dot{z} \end{pmatrix} \times \begin{pmatrix} 0 \\ 0 \\ B_0 \end{pmatrix} = -eB_0 \begin{pmatrix} \dot{x} \\ \dot{y} \\ \dot{z} \end{pmatrix} \times \begin{pmatrix} 0 \\ 0 \\ 1 \end{pmatrix} = -eB_0 \begin{pmatrix} \dot{y} \\ -\dot{x} \\ 0 \end{pmatrix}$$

Aus dem *Newtonschen Grundgesetz* [A27] folgt dann

$$m_0\vec{a} = m_0\ddot{\vec{r}} = \vec{F}_L$$

$$m_0 \begin{pmatrix} \ddot{x} \\ \ddot{y} \\ \ddot{z} \end{pmatrix} = -eB_0 \begin{pmatrix} \dot{y} \\ -\dot{x} \\ 0 \end{pmatrix} \quad \text{oder} \quad \begin{pmatrix} \ddot{x} \\ \ddot{y} \\ \ddot{z} \end{pmatrix} = -\omega \begin{pmatrix} \dot{y} \\ -\dot{x} \\ 0 \end{pmatrix}$$

($\omega = eB_0/m_0$). In der *Komponentenschreibweise* lautet dieses *System aus drei gekoppelten Dgln
2. Ordnung*

(I) $\ddot{x} = -\omega\dot{y}$

(II) $\ddot{y} = \omega\dot{x}$

(III) $\ddot{z} = 0$

b) Die Dgl (III) läßt sich durch *2-malige Integration* direkt lösen:

$$\dot{z} = \int \ddot{z}\, dt = \int 0\, dt = C_1$$

$$z = \int \dot{z}\, dt = C_1 \cdot \int dt = C_1 t + C_2$$

Aus den *Anfangswerten* $z(0) = 0$ und $\dot{z}(0) = v_0$ bestimmen wir die beiden Integrationskonstanten C_1 und C_2:

$$z(0) = 0 \;\Rightarrow\; C_1 \cdot 0 + C_2 = 0 \;\Rightarrow\; C_2 = 0$$

$$\dot{z}(0) = v_0 \;\Rightarrow\; C_1 = v_0$$

Somit gilt für die *z-Komponente* der Elektronenbewegung

$$z(t) = v_0\, t$$

Die Ortskoordinaten x und y sind durch die Dgln (I) und (II) miteinander *gekoppelt*. Wir *integrieren* zunächst Dgl (II) beiderseits und erhalten:

$$\int \ddot{y}\, dt = \omega \cdot \int \dot{x}\, dt \;\Rightarrow\; \dot{y} = \omega x + K_1$$

Die Integrationskonstante K_1 läßt sich dabei aus den *Anfangswerten* $x(0) = 0$ und $\dot{y}(0) = 0$ bestimmen:

$$\omega \cdot 0 + K_1 = 0 \;\Rightarrow\; K_1 = 0$$

Somit ist

$$\dot{y} = \omega x$$

Diesen Ausdruck setzen wir in die Dgl (I) ein und erhalten eine *homogene lineare Dgl 2. Ordnung mit konstanten Koeffizienten* für die Ortskoordinate x:

$$\ddot{x} = -\omega \dot{y} = -\omega^2 x \qquad \text{oder} \qquad \ddot{x} + \omega^2 x = 0$$

Die *allgemeine* Lösung dieser *Schwingungsgleichung* ist bekanntlich in der Form

$$x = A \cdot \sin(\omega t) + B \cdot \cos(\omega t)$$

darstellbar (Band 2, Abschnitt V.4.1.2). Die Koeffizienten A und B lassen sich dabei aus den *Anfangswerten* $x(0) = 0$ und $\dot{x}(0) = v_0$ leicht bestimmen:

$$x(0) = 0 \;\Rightarrow\; A \cdot 0 + B \cdot 1 = 0 \;\Rightarrow\; B = 0$$

$$\dot{x} = \omega A \cdot \cos(\omega t) - \omega B \cdot \sin(\omega t)$$

$$\dot{x}(0) = v_0 \;\Rightarrow\; \omega A \cdot 1 - \omega B \cdot 0 = v_0 \;\Rightarrow\; A = \frac{v_0}{\omega}$$

Somit erhalten wir für die Ortskoordinate x das Zeitgesetz

$$x(t) = \left(\frac{v_0}{\omega} \right) \cdot \sin(\omega t)$$

Den zeitlichen Verlauf der Ortskoordinate y bestimmen wir aus der Beziehung $\dot{y} = \omega x$ durch Einsetzen des gefundenen Ausdrucks und anschließender *Integration:*

$$\dot{y} = \omega x = v_0 \cdot \sin(\omega t)$$

$$y = \int \dot{y}\, dt = v_0 \cdot \int \sin(\omega t)\, dt = -\left(\frac{v_0}{\omega} \right) \cdot \cos(\omega t) + K_2$$

(Integral Nr. 204). Die Integrationskonstante K_2 wird aus dem *Anfangswert* $y(0) = 0$ berechnet:

$$y(0) = 0 \;\Rightarrow\; -\left(\frac{v_0}{\omega} \right) \cdot 1 + K_2 = 0 \;\Rightarrow\; K_2 = \frac{v_0}{\omega}$$

Für die *y-Koordinate* erhalten wir damit die folgende Zeitabhängigkeit:

$$y\,(t) = -\left(\frac{v_0}{\omega}\right) \cdot \cos\,(\omega t) + \frac{v_0}{\omega} = \frac{v_0}{\omega}\left[1 - \cos\,(\omega t)\right]$$

Die *Elektronenbewegung* im homogenen Magnetfeld wird damit durch den *Ortsvektor*

$$\vec{r}\,(t) = \frac{v_0}{\omega}\begin{pmatrix} \sin\,(\omega t) \\ 1 - \cos\,(\omega t) \\ \omega t \end{pmatrix}\,, \qquad t \geqslant 0$$

beschrieben. Durch *komponentenweise Differentiation* dieser Vektorgleichung nach der Zeit *t* gewinnen wir den *Geschwindigkeitsvektor*

$$\vec{v}\,(t) = \dot{\vec{r}}\,(t) = \frac{v_0}{\omega}\begin{pmatrix} \omega \cdot \cos\,(\omega t) \\ \omega \cdot \sin\,(\omega t) \\ \omega \end{pmatrix} = v_0\begin{pmatrix} \cos\,(\omega t) \\ \sin\,(\omega t) \\ 1 \end{pmatrix}\,, \qquad t \geqslant 0$$

Physikalische Deutung

(1) Projiziert man die durch den Ortsvektor $\vec{r}\,(t)$ beschriebene Bahnkurve in die *x,y-Ebene*, so erhält man eine *Kreisbahn* mit dem Radius $R = v_0/\omega$. Um dies zu zeigen, lösen wir die beiden Koordinatengleichungen

$$x = \left(\frac{v_0}{\omega}\right) \cdot \sin\,(\omega t) = R \cdot \sin\,(\omega t)$$

$$y = \frac{v_0}{\omega}\left[1 - \cos\,(\omega t)\right] = R\left[1 - \cos\,(\omega t)\right]$$

zunächst nach der jeweiligen *trigonometrischen* Funktion auf und setzen die Ausdrücke anschließend in den „*trigonometrischen Pythagoras*" ein (Formelsammlung, Abschnitt III.7.5):

$$\sin\,(\omega t) = \frac{x}{R}\,, \qquad \cos\,(\omega t) = 1 - \frac{y}{R} = \frac{R - y}{R}$$

$$\sin^2\,(\omega t) + \cos^2\,(\omega t) = \frac{x^2}{R^2} + \frac{(R - y)^2}{R^2} = 1$$

$$x^2 + (R - y)^2 = R^2 \qquad \text{oder} \qquad x^2 + (y - R)^2 = R^2$$

Dies aber ist die Gleichung eines *Kreises* mit dem Mittelpunkt $M = (0;R)$ und dem Radius R (Bild IX-44). Das Elektron bewegt sich dabei aus der *Anfangsposition* $A = (0;0)$ mit der Winkelgeschwindigkeit ω im *Uhrzeigersinn*.

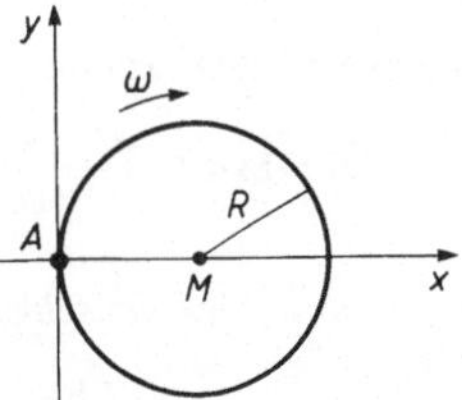

Bild IX-44

(2) Die Elektronenbewegung in der *Feldrichtung (z-Richtung)* verläuft *gleichförmig* mit der *konstanten* Geschwindigkeit v_0.

(3) Das Elektron bewegt sich somit insgesamt auf einer *Schraubenlinie* um das Magnetfeld (*Rotation* um die Feldrichtung und gleichzeitige *Translation* in Feldrichtung).

X Fehler- und Ausgleichsrechnung

**Übung 1: Widerstandsmoment eines kreisringförmigen
Rohrquerschnittes gegen Torsion (Verdrehung)**

Absoluter und prozentualer Maximalfehler

Das *Widerstandsmoment* eines *Rohres* mit einem kreisringförmigen Querschnitt gegen *Verdrehung (Torsion)*
wird nach der Formel

$$W_t = W_t\,(d;D) = \frac{\pi}{16}\cdot\frac{D^4-d^4}{D}$$

berechnet, wobei d und D den Innen- bzw. Außen-
durchmesser des Rohres bedeuten (Bild X-1). Eine
Messung dieser Größen ergab dabei folgende Werte:

$$d = (60{,}5 \pm 0{,}4)\ \text{mm}, \quad D = (75{,}2 \pm 0{,}5)\ \text{mm}$$

Wie groß ist das *Widerstandsmoment* des Rohres und
mit welchem *absoluten* und *prozentualen Maximalfehler*
ist es behaftet?

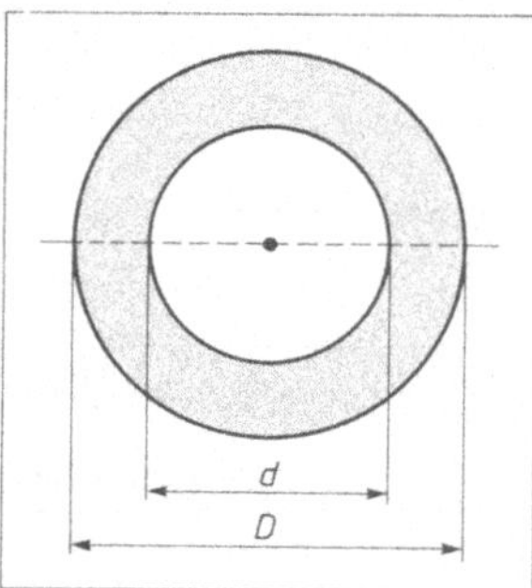

Bild X-1

Lehrbuch: Bd. 2, VI.4

Lösung:

Für das Widerstandsmoment erhalten wir den (arithmetischen) *Mittelwert*

$$\overline{W}_t = W_t\,(\overline{d};\overline{D}) = \frac{\pi}{16}\cdot\frac{\overline{D}^4-\overline{d}^4}{\overline{D}} = \frac{\pi}{16}\cdot\frac{(75{,}2\ \text{mm})^4-(60{,}5\ \text{mm})^4}{75{,}2\ \text{mm}} = 4{,}852\cdot 10^4\ \text{mm}^3$$

Der *absolute Maximalfehler* ist definitionsgemäß

$$\Delta W_{t,\,\text{max}} = \left|\frac{\partial W_t}{\partial d}\,\Delta d\right| + \left|\frac{\partial W_t}{\partial D}\,\Delta D\right|$$

Die benötigten *partiellen Ableitungen* bekommen wir mit Hilfe der *Potenz-* bzw. *Quotientenregel*.
Sie lauten:

$$\frac{\partial W_t}{\partial d} = \frac{\partial}{\partial d}\left(\frac{\pi}{16}\cdot\frac{D^4-d^4}{D}\right) = \frac{\pi}{16}\cdot\left(\frac{-4d^3}{D}\right) = -\frac{\pi}{4}\cdot\frac{d^3}{D}$$

$$\frac{\partial W_t}{\partial D} = \frac{\partial}{\partial D}\left(\frac{\pi}{16}\cdot\frac{D^4-d^4}{D}\right) = \frac{\pi}{16}\cdot\frac{4D^3\cdot D - 1\cdot(D^4-d^4)}{D^2} = \frac{\pi}{16}\cdot\frac{3D^4+d^4}{D^2}$$

Somit ist

$$\Delta W_{t,\,max} = \left| -\frac{\pi}{4} \cdot \frac{\bar{d}^3}{\bar{D}}\, \Delta d \right| + \left| \frac{\pi}{16} \cdot \frac{3\bar{D}^4 + \bar{d}^4}{\bar{D}^2}\, \Delta D \right| =$$

$$= \frac{\pi}{4} \cdot \frac{(60{,}5 \text{ mm})^3}{75{,}2 \text{ mm}} \cdot 0{,}4 \text{ mm} + \frac{\pi}{16} \cdot \frac{3 \cdot (75{,}2 \text{ mm})^4 + (60{,}5 \text{ mm})^4}{(75{,}2 \text{ mm})^2} \cdot 0{,}5 \text{ mm} = 2{,}82 \cdot 10^3 \text{mm}^3$$

Damit erhalten wir für das Widerstandsmoment das folgende (indirekte) *Meßergebnis*:

$$W_t = 4{,}852 \cdot 10^4 \text{ mm}^3 \pm 2{,}82 \cdot 10^3 \text{ mm}^3 = (48{,}52 \pm 2{,}82) \cdot 10^3 \text{ mm}^3$$

Der *prozentuale Maximalfehler* des Widerstandsmomentes beträgt

$$\left| \frac{\Delta W_{t,\,max}}{\bar{W}_t} \right| \cdot 100 \text{ \%} = \frac{2{,}82 \cdot 10^3 \text{ mm}^3}{48{,}52 \cdot 10^3 \text{ mm}^3} \cdot 100 \text{ \%} \approx 5{,}8 \text{ \%}$$

Übung 2:   Kombinierte Parallel-Reihenschaltung elastischer Federn
Absoluter und prozentualer Maximalfehler

Bild X-2 zeigt eine kombinierte *Parallel-Reihenschaltung*
dreier elastischer *Federn*, deren Federkonstanten nach Angabe
des Herstellers der Reihe nach die Werte $c_1 = 500$ N/cm,
$c_2 = 300$ N/cm und $c_3 = 200$ N/cm haben bei einer Toleranz
(Genauigkeit) von jeweils $\pm 1\,\%$. Berechnen Sie die *Feder-*
konstante c der *Ersatzfeder* [A26] und den *absoluten* und
prozentualen Maximalfehler dieser Größe.

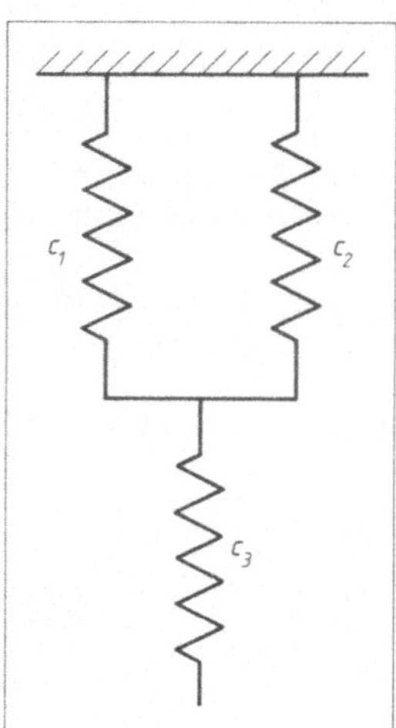

Bild X-2

Lehrbuch: Bd. 2, VI.4	*Physikalische Grundlagen:* A26

Lösung:

Bei Parallelschaltung *addieren* sich die Federkonstanten [A26]. Wir dürfen daher die Federn c_1 und c_2
durch *eine* Feder mit der Federkonstanten $c_{12} = c_1 + c_2$ *ersetzen*. Diese wiederum ist mit c_3 in *Reihe*
geschaltet. Daher *addieren* sich diesmal die *Kehrwerte* der einzelnen Federkonstanten zum *Kehrwert*
der Federkonstanten der Ersatzfeder [A26]:

$$\frac{1}{c} = \frac{1}{c_{12}} + \frac{1}{c_3} = \frac{1}{c_1 + c_2} + \frac{1}{c_3} = \frac{c_1 + c_2 + c_3}{(c_1 + c_2)\, c_3}$$

Durch *Kehrwertbildung* folgt

$$c = c\,(c_1;\,c_2;\,c_3) = \frac{(c_1 + c_2)\,c_3}{c_1 + c_2 + c_3}$$

Die *Ersatzfeder* besitzt somit die *Federkonstante*

$$\bar{c} = c\,(\bar{c}_1;\,\bar{c}_2;\,\bar{c}_3) = \frac{(\bar{c}_1 + \bar{c}_2)\,\bar{c}_3}{\bar{c}_1 + \bar{c}_2 + \bar{c}_3} = \frac{\left(500\,\frac{N}{cm} + 300\,\frac{N}{cm}\right)\cdot 200\,\frac{N}{cm}}{500\,\frac{N}{cm} + 300\,\frac{N}{cm} + 200\,\frac{N}{cm}} = 160\,\frac{N}{cm}$$

Der *absolute Maximalfehler* wird nach der Formel

$$\Delta c_{max} = \left|\frac{\partial c}{\partial c_1}\,\Delta c_1\right| + \left|\frac{\partial c}{\partial c_2}\,\Delta c_2\right| + \left|\frac{\partial c}{\partial c_3}\,\Delta c_3\right|$$

berechnet. Wir bilden zunächst mit Hilfe der *Quotientenregel* die benötigten *partiellen Ableitungen*:

$$\frac{\partial c}{\partial c_1} = \frac{\partial}{\partial c_1}\left(\frac{(c_1 + c_2)\,c_3}{c_1 + c_2 + c_3}\right) = \frac{c_3\,(c_1 + c_2 + c_3) - 1\cdot(c_1 + c_2)\,c_3}{(c_1 + c_2 + c_3)^2} = \frac{c_3^2}{(c_1 + c_2 + c_3)^2}$$

$$\frac{\partial c}{\partial c_2} = \frac{c_3^2}{(c_1 + c_2 + c_3)^2} \qquad \text{(aus Symmetriegründen!)}$$

$$\frac{\partial c}{\partial c_3} = \frac{\partial}{\partial c_3}\left(\frac{(c_1 + c_2)\,c_3}{c_1 + c_2 + c_3}\right) = \frac{(c_1 + c_2)\,(c_1 + c_2 + c_3) - 1\cdot(c_1 + c_2)\,c_3}{(c_1 + c_2 + c_3)^2} = \frac{(c_1 + c_2)^2}{(c_1 + c_2 + c_3)^2}$$

Mit $\Delta c_1 = 5$ N/cm, $\Delta c_2 = 3$ N/cm und $\Delta c_3 = 2$ N/cm erhalten wir für den *absoluten Maximalfehler* der Federkonstanten c den Wert

$$\Delta c_{max} = \left|\frac{\bar{c}_3^2}{(\bar{c}_1 + \bar{c}_2 + \bar{c}_3)^2}\,\Delta c_1\right| + \left|\frac{\bar{c}_3^2}{(\bar{c}_1 + \bar{c}_2 + \bar{c}_3)^2}\,\Delta c_2\right| + \left|\frac{(\bar{c}_1 + \bar{c}_2)^2}{(\bar{c}_1 + \bar{c}_2 + \bar{c}_3)^2}\,\Delta c_3\right| =$$

$$= \frac{\bar{c}_3^2\,(|\Delta c_1| + |\Delta c_2|) + (\bar{c}_1 + \bar{c}_2)^2\,|\Delta c_3|}{(\bar{c}_1 + \bar{c}_2 + \bar{c}_3)^2} =$$

$$= \frac{\left(200\,\frac{N}{cm}\right)^2\cdot\left(5\,\frac{N}{cm} + 3\,\frac{N}{cm}\right) + \left(500\,\frac{N}{cm} + 300\,\frac{N}{cm}\right)^2\cdot 2\,\frac{N}{cm}}{\left(500\,\frac{N}{cm} + 300\,\frac{N}{cm} + 200\,\frac{N}{cm}\right)^2} = 1{,}6\,\frac{N}{cm}$$

Damit ergibt sich ein *prozentualer Maximalfehler* von

$$\left|\frac{\Delta c_{max}}{\bar{c}}\right|\cdot 100\,\% = \frac{1{,}6\,\frac{N}{cm}}{160\,\frac{N}{cm}}\cdot 100\,\% = 1\,\%$$

Meßergebnis: $c = (160 \pm 1{,}6)\,\dfrac{N}{cm}$

Übung 3: Selbstinduktivität einer elektrischen Doppelleitung
Fehlerfortpflanzung nach Gauß

Eine *elektrische Doppelleitung* besteht aus zwei *parallelen* Leitern (Drähten) mit der Länge l und dem Leiterradius r. Der Mittelpunktsabstand der beiden Leiter beträgt a (Bild X-3). Die *Selbstinduktivität* L dieser Doppelleitung in Luft wird dabei nach der Formel

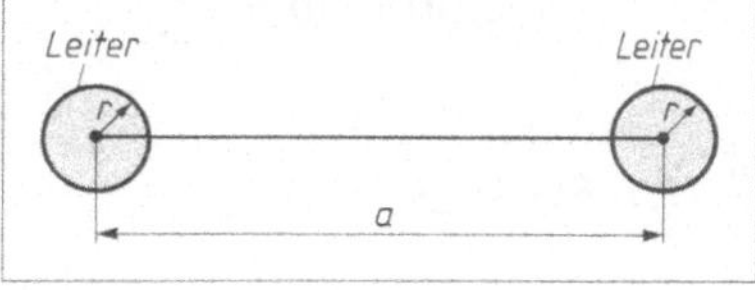

Bild X-3

$$L = L\,(l;\,r;\,a) = \frac{\mu_0}{\pi}\, l \left[\ln\left(\frac{a-r}{r}\right) + \frac{1}{4}\right]$$

berechnet.

a) Welche *Selbstinduktivität* L besitzt eine Doppelleitung, deren Dimensionen wie folgt gemessen wurden?

$$l = (2000 \pm 10)\ \text{m};\qquad r = (2 \pm 0,05)\ \text{mm};\qquad a = (30 \pm 0,3)\ \text{cm}$$

b) Wie groß ist der *absolute* und *prozentuale mittlere Fehler* des Mittelwertes von L?

$$\left(\mu_0 = 4\pi \cdot 10^{-7}\,\frac{\text{Vs}}{\text{Am}} : \text{magnetische Feldkonstante}\right)$$

Lehrbuch: Bd. 2, VI.4

Lösung:

a) $\overline{L} = L\,(\overline{l};\,\overline{r};\,\overline{a}) = \dfrac{\mu_0}{\pi}\,\overline{l}\left[\ln\left(\dfrac{\overline{a}-\overline{r}}{\overline{r}}\right) + \dfrac{1}{4}\right] =$

$$= \frac{4\pi \cdot 10^{-7}\,\dfrac{\text{Vs}}{\text{Am}}}{\pi} \cdot 2000\ \text{m} \cdot \left[\ln\left(\frac{300\ \text{mm} - 2\ \text{mm}}{2\ \text{mm}}\right) + \frac{1}{4}\right] = 0{,}004\,203\ \text{H} = 4{,}203\ \text{mH}$$

b) Der *mittlere Fehler* des *Mittelwertes* ist definitionsgemäß

$$\Delta L = \sqrt{\left(\frac{\partial L}{\partial l}\,\Delta l\right)^2 + \left(\frac{\partial L}{\partial r}\,\Delta r\right)^2 + \left(\frac{\partial L}{\partial a}\,\Delta a\right)^2}$$

Wir bilden zunächst die benötigten *partiellen Ableitungen 1. Ordnung* unter Verwendung der *Kettenregel:*

$$\frac{\partial L}{\partial l} = \frac{\partial}{\partial l}\left[\frac{\mu_0}{\pi}\,l\left(\ln\left(\frac{a-r}{r}\right) + \frac{1}{4}\right)\right] = \frac{\mu_0}{\pi}\left[\ln\left(\frac{a-r}{r}\right) + \frac{1}{4}\right]$$

$$\frac{\partial L}{\partial r} = \frac{\partial}{\partial r}\left[\frac{\mu_0}{\pi}\,l\left(\ln\left(\frac{a-r}{r}\right) + \frac{1}{4}\right)\right] = \frac{\mu_0}{\pi}\,l \cdot \frac{\partial}{\partial r}\left(\ln\,(a-r) - \ln r + \frac{1}{4}\right) =$$

$$= \frac{\mu_0}{\pi}\,l\left(-\frac{1}{a-r} - \frac{1}{r}\right) = -\frac{\mu_0}{\pi} \cdot \frac{a\,l}{(a-r)\,r}$$

$$\frac{\partial L}{\partial a} = \frac{\partial}{\partial a}\left[\frac{\mu_0}{\pi}\,l\left(\ln\left(\frac{a-r}{r}\right) + \frac{1}{4}\right)\right] = \frac{\mu_0}{\pi}\,l \cdot \frac{\partial}{\partial a}\left(\ln\,(a-r) - \ln r + \frac{1}{4}\right) = \frac{\mu_0}{\pi} \cdot \frac{l}{a-r}$$

Durch Einsetzen der Mittelwerte $\bar{l}$ = 2000 m, $\bar{r}$ = 2 mm und $\bar{a}$ = 30 cm folgt daraus weiter

$$\frac{\partial L}{\partial l}\,(\bar{l};\bar{r};\bar{a}) = \frac{\mu_0}{\pi}\left[\ln\left(\frac{\bar{a}-\bar{r}}{\bar{r}}\right)+\frac{1}{4}\right] = \frac{4\pi \cdot 10^{-7}\,\frac{Vs}{Am}}{\pi}\left[\ln\left(\frac{300\ mm - 2\ mm}{2\ mm}\right)+\frac{1}{4}\right] =$$

$$= 2{,}1010 \cdot 10^{-6}\,\frac{Vs}{Am}$$

$$\frac{\partial L}{\partial r}\,(\bar{l};\bar{r};\bar{a}) = -\frac{\mu_0}{\pi}\cdot\frac{\bar{a}\bar{l}}{(\bar{a}-\bar{r})\bar{r}} = -\frac{4\pi \cdot 10^{-7}\,\frac{Vs}{Am}}{\pi}\cdot\frac{300\ mm \cdot 2 \cdot 10^6\ mm}{(300\ mm - 2\ mm)\,2\ mm} = -0{,}4027\,\frac{Vs}{Am}$$

$$\frac{\partial L}{\partial a}\,(\bar{l};\bar{r};\bar{a}) = \frac{\mu_0}{\pi}\cdot\frac{\bar{l}}{\bar{a}-\bar{r}} = \frac{4\pi \cdot 10^{-7}\,\frac{Vs}{Am}}{\pi}\cdot\frac{2000\ m}{300\ mm - 2\ mm} = 2{,}6840 \cdot 10^{-6}\,\frac{Vs}{Amm}$$

Damit erhalten wir für den (absoluten) *mittleren Fehler* des *Mittelwertes* der Selbstinduktivität L den Wert

$$\Delta L = \sqrt{\left(2{,}1010 \cdot 10^{-6}\,\frac{Vs}{Am}\cdot 10\ m\right)^2 + \left(-0{,}4027\,\frac{Vs}{Am}\cdot 5 \cdot 10^{-5}\ m\right)^2 + \left(2{,}6840 \cdot 10^{-6}\,\frac{Vs}{Amm}\cdot 3\ mm\right)^2} =$$

$$= 3{,}02 \cdot 10^{-5}\ H \approx 0{,}030\ mH$$

Dies entspricht einem *prozentualen mittleren Fehler* von

$$\left|\frac{\Delta L}{L}\right|\cdot 100\ \% = \frac{0{,}030\ mH}{4{,}203\ mH}\cdot 100\ \% \approx 0{,}72\ \%$$

Meßergebnis: L = (4,203 ± 0,030) mH

Übung 4: Wirkleistung eines Wechselstroms
Absoluter Maximalfehler

Die *Wirkleistung* eines *sinusförmigen* Wechselstroms läßt sich nach der Formel

$$P = UI \cdot \cos\varphi$$

berechnen. Dabei sind U und I die *Effektivwerte* von Wechselspannung und Wechselstrom und φ der *Phasenwinkel* zwischen Strom und Spannung.

a) Berechnen Sie zunächst den sog. *Leistungsfaktor* $\lambda = \cos\varphi$ und dessen *absoluten Maximalfehler* $\Delta\lambda_{max}$ für einen Wechselstromkreis, dessen Größen U, I und P wie folgt gemessen wurden:

$$U = (200 \pm 2)\ V; \quad I = (5 \pm 0{,}1)\ A; \quad P = (800 \pm 20)\ W$$

b) Bestimmen Sie aus der Lösung a) den zugehörigen *Phasenwinkel* φ und dessen *absoluten Maximalfehler* $\Delta\varphi_{max}$.

Lehrbuch: Bd. 2, VI.4

Lösung:

a) Aus $P = UI \cdot \cos \varphi = UI \cdot \lambda$ folgt $\lambda = \lambda\,(U; I; P) = \dfrac{P}{UI}$ und somit

$$\bar{\lambda} = \lambda\,(\bar{U}; \bar{I}; \bar{P}\,) = \frac{\bar{P}}{\bar{U}\bar{I}} = \frac{800 \text{ W}}{200 \text{ V} \cdot 5 \text{ A}} = 0{,}8$$

Für die Berechnung des *absoluten Maximalfehlers* $\Delta\lambda_{max}$ benötigen wir noch die folgenden *partiellen Ableitungen 1. Ordnung:*

$$\frac{\partial\lambda}{\partial U} = \frac{\partial}{\partial U}\left(\frac{P}{UI}\right) = \frac{\partial}{\partial U}\left(\frac{P}{I} \cdot U^{-1}\right) = -\frac{PU^{-2}}{I} = -\frac{P}{U^2 I}$$

$$\frac{\partial\lambda}{\partial I} = \frac{\partial}{\partial I}\left(\frac{P}{UI}\right) = -\frac{P}{UI^2} \qquad \text{(aus Symmetriegründen!)}$$

$$\frac{\partial\lambda}{\partial P} = \frac{\partial}{\partial P}\left(\frac{P}{UI}\right) = \frac{1}{UI}$$

Die Berechnung des *absoluten Maximalfehlers* erfolgt dann aus der *Definitionsformel*

$$\Delta\lambda_{max} = \left|\frac{\partial\lambda}{\partial U}\,\Delta U\right| + \left|\frac{\partial\lambda}{\partial I}\,\Delta I\right| + \left|\frac{\partial\lambda}{\partial P}\,\Delta P\right| = \left|-\frac{\bar{P}}{\bar{U}^2\bar{I}}\,\Delta U\right| + \left|-\frac{\bar{P}}{\bar{U}\bar{I}^2}\,\Delta I\right| + \left|\frac{1}{\bar{U}\bar{I}}\,\Delta P\right| =$$

$$= \frac{800 \text{ W} \cdot 2 \text{ V}}{(200 \text{ V})^2 \cdot 5 \text{ A}} + \frac{800 \text{ W} \cdot 0{,}1 \text{ A}}{200 \text{ V} \cdot (5 \text{ A})^2} + \frac{20 \text{ W}}{200 \text{ V} \cdot 5 \text{ A}} = 0{,}044$$

Ergebnis: $\lambda = 0{,}8 \pm 0{,}044$

b) Wir lösen die Gleichung $\lambda = \cos\varphi$ nach φ auf und erhalten $\varphi = \arccos\lambda$. Zum *Leistungsfaktor* $\bar{\lambda} = 0{,}8$ gehört somit der *Phasenwinkel* $\bar{\varphi} = \arccos 0{,}8 = 0{,}6435$ (im Bogenmaß). Zwischen den *absoluten Maximalfehlern* von φ und λ besteht dabei der folgende Zusammenhang[1]:

$$\Delta\varphi_{max} = \left|\frac{d\varphi}{d\lambda} \cdot \Delta\lambda_{max}\right|$$

Mit der Ableitung

$$\frac{d\varphi}{d\lambda} = \frac{d}{d\lambda}\,(\arccos\lambda) = -\frac{1}{\sqrt{1-\lambda^2}}$$

folgt daraus

$$\Delta\varphi_{max} = \left|-\frac{1}{\sqrt{1-\bar{\lambda}^2}} \cdot \Delta\lambda_{max}\right| = \frac{0{,}044}{\sqrt{1-0{,}8^2}} = 0{,}0733$$

Meßergebnis: $\varphi = 0{,}6435 \pm 0{,}0733$ oder $\varphi = 36{,}9° \pm 4{,}2°$

---

[1] φ ist eine Funktion von λ, d.h. eine Funktion von *einer* Variablen: $\varphi = \varphi\,(\lambda)$. Das *totale Differential*, das der Berechnung des *absoluten Maximalfehlers* zugrunde liegt, *reduziert* sich somit auf *einen* Summand.

Übung 5:   Widerstandsmessung mit der Wheatstoneschen Brücke
Mittelwert und mittlerer Fehler des Mittelwertes, Fehlerfortpflanzung nach Gauß

Mit der in Bild X-4 dargestellten
Wheatstoneschen Brücke läßt sich ein
unbekannter elektrischer Widerstand R_x
bequem bestimmen. Bei *vorgegebenem*
Widerstand R wird der Schleifkontakt S
solange auf dem homogenen Schleifdraht
der Länge l verschoben, bis die *Brücke*
$A - S$ *stromlos* ist: $I_A = 0$[2]. Der Schleifkontakt S teilt dabei den Schleifdraht im
Verhältnis $x : (l - x)$. Der unbekannte
Widerstand R_x läßt sich dann aus der
Proportion $R_x : R = x : (l - x)$ berechnen:

$$R_x = R \, \frac{x}{l - x}$$

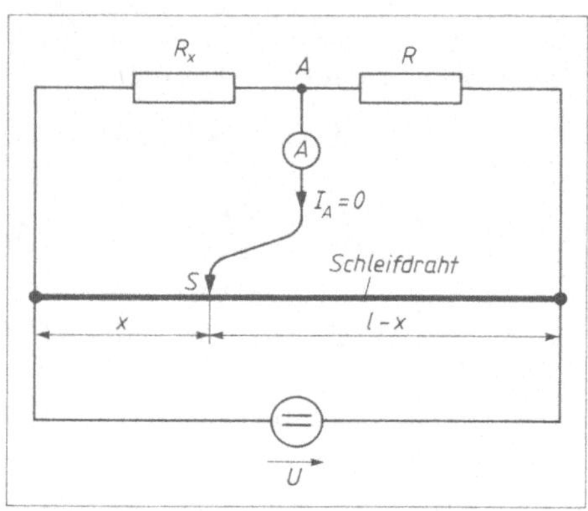

Bild X-4

In einem speziellen Versuch erhielt man bei einer Schleifdrahtlänge von $l = 100$ cm und
dem Widerstand $R = 600\,\Omega$ die folgende aus *zehn* Einzelmessungen *gleicher* Genauigkeit
bestehende *Meßreihe* für die Positionsgröße x:

i	1	2	3	4	5	6	7	8	9	10
$\dfrac{x}{\text{cm}}$	40,0	40,2	39,8	39,7	40,3	40,1	39,8	39,9	40,4	39,8

a) Berechnen Sie zunächst den *Mittelwert* $\bar{x}$ und den *mittleren Fehler* Δx des *Mittelwertes*.

b) Welcher *Meßwert* (Mittelwert) ergibt sich daraus für den unbekannten Widerstand R_x
   und mit welchem *mittleren Fehler* ΔR_x ist diese Größe versehen?

Lehrbuch: Bd. 2, VI.3 und VI.4

---

[2] Das in die Brücke $A - S$ geschaltete *Ampèremeter* (A) dient lediglich als *Nullindikator*.

Lösung:

a)

i	$\dfrac{x_i}{\text{cm}}$	$\dfrac{x_i - \overline{x}}{\text{cm}}$	$\dfrac{(x_i - \overline{x})^2}{\text{cm}^2}$
1	40,0	0,0	0,00
2	40,2	0,2	0,04
3	39,8	$-0,2$	0,04
4	39,7	$-0,3$	0,09
5	40,3	0,3	0,09
6	40,1	0,1	0,01
7	39,8	$-0,2$	0,04
8	39,9	$-0,1$	0,01
9	40,4	0,4	0,16
10	39,8	$-0,2$	0,04
Σ	400	0	0,52

Arithmetischer Mittelwert:

$$\overline{x} = \frac{\displaystyle\sum_{i=1}^{10} x_i}{10} = \frac{400\ \text{cm}}{10} = 40\ \text{cm}$$

Mittlerer Fehler des Mittelwertes:

$$\Delta x = \sqrt{\frac{\displaystyle\sum_{i=1}^{10} (x_i - \overline{x})^2}{10\,(10-1)}} = \sqrt{\frac{0,52\ \text{cm}^2}{90}} = 0,076\ \text{cm} \approx 0,08\ \text{cm}$$

Meßergebnis: $x = (40 \pm 0,08)\ \text{cm}$

b) Der Widerstand R_x ist als Funktion der Länge x aufzufassen: $R_x = R_x(x)$. Sein *Meßwert (Mittelwert)* beträgt damit

$$\overline{R}_x = R_x(\overline{x}) = R\,\frac{\overline{x}}{l - \overline{x}} = 600\ \Omega\,\frac{40\ \text{cm}}{100\ \text{cm} - 40\ \text{cm}} = 400\ \Omega$$

Der *mittlere Fehler* ΔR_x des *Mittelwertes* R_x wird dann nach der Formel

$$\Delta R_x = \left| \frac{dR_x}{dx}\,\Delta x \right|$$

berechnet. Mit der nach der *Quotientenregel* gebildeten Ableitung

$$\frac{dR_x}{dx} = \frac{d}{dx}\left(R\,\frac{x}{l-x} \right) = R\,\frac{1 \cdot (l-x) - (-1) \cdot x}{(l-x)^2} = \frac{Rl}{(l-x)^2}$$

erhalten wir schließlich

$$\Delta R_x = \left| \frac{Rl}{(l-\overline{x})^2}\,\Delta x \right| = \frac{600\ \Omega \cdot 100\ \text{cm}}{(100\ \text{cm} - 40\ \text{cm})^2} \cdot 0,08\ \text{cm} \approx 1,3\ \Omega$$

Meßergebnis: $R_x = (400 \pm 1,3)\ \Omega$

Übung 6: Massenträgheitsmoment eines dünnen Stabes
Auswertung von Meßreihen, Fehlerfortpflanzung nach Gauß

Das *Massenträgheitsmoment* J eines dünnen
homogenen *Stabes* bezüglich einer durch den
Schwerpunkt S und senkrecht zur Stabachse
verlaufenden Bezugsachse wird nach der Formel

$$J = J\,(m;\,l) = \frac{1}{12}\,ml^2$$

berechnet (Bild X-5; m: Masse des Stabes;
l: Stablänge).

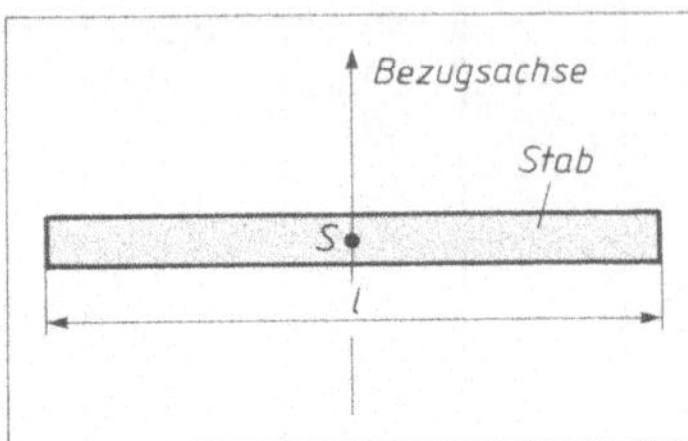

Bild X-5

In einem Experiment wurden dabei die folgenden *Meßwerte* ermittelt (jeweils *zehn*
Einzelmessungen *gleicher* Genauigkeit):

i	1	2	3	4	5	6	7	8	9	10
$\dfrac{m_i}{\text{g}}$	119,5	119,2	121,0	119,7	120,3	120,4	119,8	120,4	119,2	120,5
$\dfrac{l_i}{\text{cm}}$	20,2	19,9	19,7	19,7	20,0	19,6	20,2	20,5	19,8	20,4

a) Werten Sie die beiden Meßreihen in der üblichen Weise aus (Angabe des jeweiligen
   Mittelwertes und des zugehörigen *mittleren Fehlers des Mittelwertes*).

b) Welcher *Mittelwert* ergibt sich daraus für das Massenträgheitsmoment J, wie groß ist
   der *mittlere Fehler* dieser Größe?

Lehrbuch: Bd. 2, VI.3 und VI.4

Lösung:

a) Auswertung der beiden Meßreihen

i	$\dfrac{m_i}{\text{g}}$	$\dfrac{m_i - \bar{m}}{\text{g}}$	$\dfrac{(m_i - \bar{m})^2}{\text{g}^2}$	$\dfrac{l_i}{\text{cm}}$	$\dfrac{l_i - \bar{l}}{\text{cm}}$	$\dfrac{(l_i - \bar{l})^2}{\text{cm}^2}$
1	119,5	$-0,5$	0,25	20,2	0,2	0,04
2	119,2	$-0,8$	0,64	19,9	$-0,1$	0,01
3	121,0	1,0	1,00	19,7	$-0,3$	0,09
4	119,7	$-0,3$	0,09	19,7	$-0,3$	0,09
5	120,3	0,3	0,09	20,0	0,0	0,00
6	120,4	0,4	0,16	19,6	$-0,4$	0,16
7	119,8	$-0,2$	0,04	20,2	0,2	0,04
8	120,4	0,4	0,16	20,5	0,5	0,25
9	119,2	$-0,8$	0,64	19,8	$-0,2$	0,04
10	120,5	0,5	0,25	20,4	0,4	0,16
Σ	1200,0	0,0	3,32	200,0	0,0	0,88

Mittelwerte:

$$\bar{m} = \frac{\sum\limits_{i=1}^{10} m_i}{10} = \frac{1200 \text{ g}}{10} = 120 \text{ g} \qquad , \qquad \bar{l} = \frac{\sum\limits_{i=1}^{10} l_i}{10} = \frac{200 \text{ cm}}{10} = 20 \text{ cm}$$

Mittlere Fehler der Mittelwerte:

$$\Delta m = \sqrt{\frac{\sum\limits_{i=1}^{10} (m_i - \bar{m})^2}{10\,(10-1)}} = \sqrt{\frac{3,32 \text{ g}^2}{90}} = 0,192 \text{ g} \approx 0,2 \text{ g}$$

$$\Delta l = \sqrt{\frac{\sum\limits_{i=1}^{10} (l_i - \bar{l})^2}{10\,(10-1)}} = \sqrt{\frac{0,88 \text{ cm}^2}{90}} = 0,099 \text{ cm} \approx 0,1 \text{ cm}$$

Meßergebnisse:

$$m = (120 \pm 0,2) \text{ g}, \qquad l = (20 \pm 0,1) \text{ cm}$$

b) Für den *Mittelwert* $\bar{J}$ des Massenträgheitsmomentes erhalten wir den Wert

$$\bar{J} = J(\bar{m}; \bar{l}) = \frac{1}{12} \bar{m}\,\bar{l}^{\,2} = \frac{1}{12} \cdot 120 \text{ g} \cdot (20 \text{ cm})^2 = 4000 \text{ g} \cdot \text{cm}^2$$

Für die Berechnung des *mittleren Fehlers* ΔJ benötigen wir noch die *partiellen Ableitungen 1. Ordnung* der Funktion $J(m; l)$. Sie lauten:

$$\frac{\partial J}{\partial m} = \frac{1}{12} l^2, \qquad \frac{\partial J}{\partial l} = \frac{1}{6} ml$$

$$\frac{\partial J}{\partial m} (\bar{m}; \bar{l}) = \frac{1}{12} \bar{l}^{\,2} = \frac{1}{12} \cdot (20 \text{ cm})^2 = 33,3\bar{3} \text{ cm}^2$$

$$\frac{\partial J}{\partial l} (\bar{m}; \bar{l}) = \frac{1}{6} \bar{m}\,\bar{l} = \frac{1}{6} \cdot 120 \text{ g} \cdot 20 \text{ cm} = 400 \text{ g} \cdot \text{cm}$$

Damit erhalten wir nach dem *Gaußschen Fehlerfortpflanzungsgesetz* den folgenden *mittleren Fehler* für J:

$$\Delta J = \sqrt{\left(\frac{\partial J}{\partial m}\, \Delta m\right)^2 + \left(\frac{\partial J}{\partial l}\, \Delta l\right)^2} =$$

$$= \sqrt{(33,3\bar{3} \text{ cm}^2 \cdot 0,2 \text{ g})^2 + (400 \text{ g} \cdot \text{cm} \cdot 0,1 \text{ cm})^2} =$$

$$= 40,55 \text{ g} \cdot \text{cm}^2 \approx 41 \text{ g} \cdot \text{cm}^2$$

Das ,,*Meßergebnis*'' für das Massenträgheitsmoment lautet damit

$$J = (4000 \pm 41) \text{ g} \cdot \text{cm}^2$$

Der *prozentuale* mittlere Fehler beträgt *rund* 1 %.

Übung 7:   Widerstandskennlinie eines Thermistors (Heißleiters)
Ausgleichskurve (Exponentialfunktion)

Ein *Thermistor* oder *Heißleiter* ist ein Halbleiter, dessen elektrischer Widerstand R mit *zunehmender* absoluter Temperatur T nach der Gleichung

$$R(T) = A \cdot e^{\frac{B}{T}}$$

stark abnimmt (gute Leitfähigkeit im „heißen" Zustand, schlechte Leitfähigkeit im „kalten" Zustand). Bestimmen Sie mit den Methoden der *Ausgleichsrechnung* die Parameter A und B für einen Heißleiter, bei dem die folgenden Meßwerte gefunden wurden (ϑ: Temperatur des Heißleiters in °C):

$\dfrac{\vartheta}{°C}$	20	40	60	80	100
$\dfrac{R}{\Omega}$	510	290	178	120	80

Zeichnen Sie die *Ausgleichskurve* mitsamt den vorgegebenen Meßwerten (Meßpunkten).

Lösungshinweise:

(1) Beachten Sie, daß die Temperaturwerte zunächst aus der Einheit °C in die Einheit Kelvin (K) umzurechnen sind. Die *Umrechnungsformel* lautet $T = \vartheta \dfrac{K}{°C} + 273{,}15\ K$.

(2) Führen Sie das Problem auf den aus Band 2, Abschnitt VI.5.3 bekannten Fall der *Ausgleichsgeraden* zurück, indem Sie die Gleichung zunächst beidseitig *logarithmieren* und anschließend durch Einführung von geeigneten Hilfsvariablen auf die *Geradenform* $y = ax + b$ bringen.

Lehrbuch: Bd. 2, VI.5

Lösung:

Die *logarithmierte* Gleichung

$$\ln R = \ln\left(A \cdot e^{\frac{B}{T}}\right) = \ln A + \ln\left(e^{\frac{B}{T}}\right) = \ln A + \frac{B}{T} = B \cdot \frac{1}{T} + \ln A$$

erhält mit $y = \ln R$, $x = \dfrac{1}{T}$, $a = B$ und $b = \ln A$ die gewünschte Form $y = ax + b$.

Die Berechnung der *Koeffizienten a* und *b* erfolgt dabei nach dem folgenden *Rechenschema*
(s. Band 2, Abschnitt VI.5.3):

i	T	$\dfrac{x}{10^{-3}}$	y	$\dfrac{x^2}{10^{-6}}$	$\dfrac{xy}{10^{-3}}$
1	293,15	3,4112	6,2344	11,6363	21,2668
2	313,15	3,1934	5,6699	10,1978	18,1063
3	333,15	3,0017	5,1818	9,0102	15,5542
4	353,15	2,8317	4,7875	8,0185	13,5568
5	373,15	2,6799	4,3820	7,1819	11,7433
Σ		15,1179	26,2556	46,0447	80,2274

$$\Delta = n \cdot \Sigma x_i^2 - (\Sigma x_i)^2 = 5 \cdot 46{,}0447 \cdot 10^{-6} - (15{,}1179 \cdot 10^{-3})^2 = 1{,}6726 \cdot 10^{-6}$$

$$a = \frac{n \cdot \Sigma x_i y_i - (\Sigma x_i) \cdot (\Sigma y_i)}{\Delta} =$$

$$= \frac{5 \cdot 80{,}2274 \cdot 10^{-3} - 15{,}1179 \cdot 10^{-3} \cdot 26{,}2556}{1{,}6726 \cdot 10^{-6}} = 2515{,}5$$

$$b = \frac{(\Sigma x_i^2) \cdot (\Sigma y_i) - (\Sigma x_i) \cdot (\Sigma x_i y_i)}{\Delta} =$$

$$= \frac{46{,}0447 \cdot 10^{-6} \cdot 26{,}2556 - 15{,}1179 \cdot 10^{-3} \cdot 80{,}2274 \cdot 10^{-3}}{1{,}6726 \cdot 10^{-6}} = -2{,}3548$$

Für die Parameter A und B ergeben sich somit folgende
Werte:

$$\ln A = b \;\Rightarrow\; A = e^b = e^{-2{,}3548} = 0{,}0949 \quad (\text{in } \Omega)$$

$$B = a = 2515{,}5 \quad (\text{in K})$$

Die *Widerstandskennlinie* des Heißleiters wird damit
durch die Gleichung

$$R(T) = 0{,}0949 \,\Omega \cdot e^{\frac{2515{,}5 \text{ K}}{T}}$$

oder

$$R(\vartheta) = 0{,}0949 \,\Omega \cdot e^{\left(\frac{2515{,}5\,^\circ C}{\vartheta + 273{,}15\,^\circ C}\right)}$$

dargestellt. Bild X-6 zeigt den Verlauf dieser Kenn-
linie im Temperaturbereich $10\,^\circ\text{C} \leqslant \vartheta \leqslant 110\,^\circ\text{C}$.
Die vorgegebenen Meßwerte sind als Punkte einge-
zeichnet.

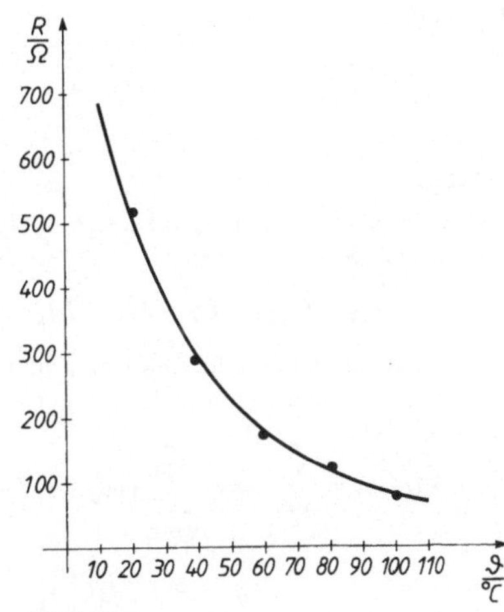

Bild X-6

**Übung 8: Kennlinie eines nichtlinearen Widerstandes
(Glühlampe)**

Ausgleichskurve (kubische Funktion)

Eine *Glühlampe* stellt einen *nichtlinearen* Widerstand dar, d.h. ihr Widerstand ist *keine* Konstante, sondern noch vom durchflossenen *Strom* abhängig. Die *Spannung-Strom-Kennlinie* $U = f(I)$ einer Glühlampe verläuft somit nicht geradlinig, läßt sich aber in guter Näherung durch eine *kubische* Funktion vom Typ

$$U = f(I) = aI^3 + bI$$

beschreiben, wobei die noch *unbekannten* Koeffizienten a und b aus n vorliegenden *Meßpunkten* $(I_k; U_k)$ $(k = 1, 2, ..., n)$ mit Hilfe der *Ausgleichsrechnung* bestimmt werden können[3].

a) Bestimmen Sie zunächst nach dem *Gaußschen Prinzip der kleinsten Quadratsumme* diejenige *kubische* Ausgleichskurve, die sich diesen Meßwerten „*optimal*" anpaßt. Gehen Sie dabei analog vor wie im Lehrbuch bei der Herleitung der *Ausgleichsgeraden* (s. Band 2, Abschnitt 5.3).

b) Für eine spezielle Glühlampe wurde die folgende Meßreihe ermittelt (fünf Einzelmessungen):

k	1	2	3	4	5
$\dfrac{I}{\text{A}}$	0,2	0,3	0,4	0,5	0,6
$\dfrac{U}{\text{V}}$	51	101	174	288	446

Berechnen Sie die *Koeffizienten* a und b der kubischen Ausgleichskurve und *zeichnen* Sie diese.

Lehrbuch: Bd. 2, VI.5

Lösung:

a) Der *Abstand* eines Meßpunktes $P_k = (I_k; U_k)$ von der Ausgleichskurve $U = f(I) = aI^3 + bI$ beträgt nach Bild X-7

$$v_k = U_k - f(I_k) = U_k - aI_k^3 - bI_k \qquad (k = 1, 2, ..., n)$$

Wir *quadrieren* und *addieren* und erhalten die *Summe der Abstandsquadrate,* die noch von den beiden Parametern a und b abhängt:

$$S(a; b) = \sum_{k=1}^{n} v_k^2 = \sum_{k=1}^{n} (U_k - aI_k^3 - bI_k)^2$$

---

[3] Die Kennlinie ist *punktsymmetrisch,* da eine *Umkehrung* der *Stromrichtung* lediglich eine *Richtungsumkehr* der abfallenden *Spannung* bewirkt.

Diese werden nach *Gauß* nun so bestimmt, daß
die Funktion $S(a; b)$ ein *Minimum* annimmt.
Daher müssen die beiden partiellen Ableitungen
1. Ordnung *verschwinden*. Mit Hilfe der *Kettenregel* erhalten wir die folgenden sog. *Normalgleichungen*:

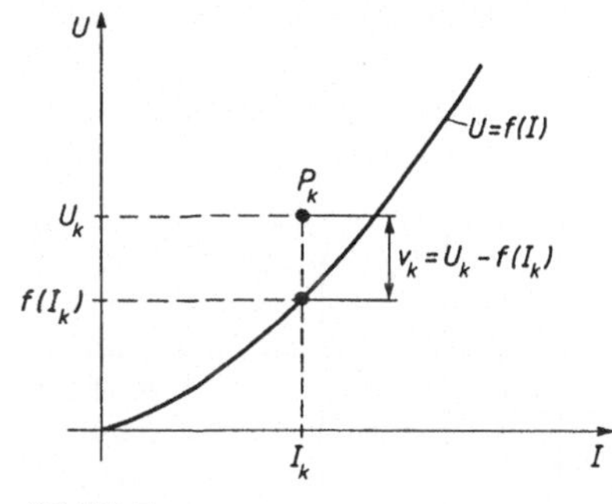

Bild X-7

$$\frac{\partial S}{\partial a} = 2 \cdot \sum_{k=1}^{n} (U_k - aI_k^3 - bI_k) \cdot (-I_k^3) = 0$$

$$\frac{\partial S}{\partial b} = 2 \cdot \sum_{k=1}^{n} (U_k - aI_k^3 - bI_k) \cdot (-I_k) = 0$$

Sie führen zu dem *inhomogenen linearen Gleichungssystem*

$$\left(\sum_{k=1}^{n} I_k^6 \right) \cdot a + \left(\sum_{k=1}^{n} I_k^4 \right) \cdot b = \sum_{k=1}^{n} U_k I_k^3$$

$$\left(\sum_{k=1}^{n} I_k^4 \right) \cdot a + \left(\sum_{k=1}^{n} I_k^2 \right) \cdot b = \sum_{k=1}^{n} U_k I_k$$

das wir nach der *Cramerschen Regel* lösen. Die dabei benötigten Determinanten lauten:

Koeffizientendeterminante D:

$$D = \begin{vmatrix} \sum\limits_{k=1}^{n} I_k^6 & \sum\limits_{k=1}^{n} I_k^4 \\[2ex] \sum\limits_{k=1}^{n} I_k^4 & \sum\limits_{k=1}^{n} I_k^2 \end{vmatrix} = \left(\sum_{k=1}^{n} I_k^6 \right) \cdot \left(\sum_{k=1}^{n} I_k^2 \right) - \left(\sum_{k=1}^{n} I_k^4 \right)^2$$

Hilfsdeterminante D_1:

$$D_1 = \begin{vmatrix} \sum\limits_{k=1}^{n} U_k I_k^3 & \sum\limits_{k=1}^{n} I_k^4 \\[2ex] \sum\limits_{k=1}^{n} U_k I_k & \sum\limits_{k=1}^{n} I_k^2 \end{vmatrix} = \left(\sum_{k=1}^{n} U_k I_k^3 \right) \cdot \left(\sum_{k=1}^{n} I_k^2 \right) - \left(\sum_{k=1}^{n} U_k I_k \right) \cdot \left(\sum_{k=1}^{n} I_k^4 \right)$$

Hilfsdeterminante D_2:

$$D_2 = \begin{vmatrix} \sum\limits_{k=1}^{n} I_k^6 & \sum\limits_{k=1}^{n} U_k I_k^3 \\[2ex] \sum\limits_{k=1}^{n} I_k^4 & \sum\limits_{k=1}^{n} U_k I_k \end{vmatrix} = \left(\sum_{k=1}^{n} I_k^6 \right) \cdot \left(\sum_{k=1}^{n} U_k I_k \right) - \left(\sum_{k=1}^{n} I_k^4 \right) \cdot \left(\sum_{k=1}^{n} U_k I_k^3 \right)$$

Das lineare Gleichungssystem besitzt dann die *Lösung*

$$a = \frac{D_1}{D}, \qquad b = \frac{D_2}{D}$$

b)

k	$\dfrac{I}{A}$	$\dfrac{U}{V}$	$\dfrac{I^2}{A^2}$	$\dfrac{I^4}{A^4}$	$\dfrac{I^6}{A^6}$	$\dfrac{UI}{VA}$	$\dfrac{UI^3}{VA^3}$
1	0,2	51	0,04	0,0016	0,000 064	10,2	0,408
2	0,3	101	0,09	0,0081	0,000 729	30,3	2,727
3	0,4	174	0,16	0,0256	0,004 096	69,6	11,136
4	0,5	288	0,25	0,0625	0,015 625	144	36
5	0,6	446	0,36	0,1296	0,046 656	267,6	96,336
Σ			0,90	0,2274	0,067 170	521,7	146,607

Für die Determinanten ergeben sich damit die folgenden Werte:

$$D = \left(\Sigma I_k^6\right) \cdot \left(\Sigma I_k^2\right) - \left(\Sigma I_k^4\right)^2 =$$

$$= (0{,}067\ 170\ A^6) \cdot (0{,}90\ A^2) - (0{,}2274\ A^4)^2 = 0{,}008\ 742\ A^8$$

$$D_1 = \left(\Sigma U_k I_k^3\right) \cdot \left(\Sigma I_k^2\right) - \left(\Sigma U_k I_k\right) \cdot \left(\Sigma I_k^4\right) =$$

$$= (146{,}607\ V \cdot A^3) \cdot (0{,}90\ A^2) - (521{,}7\ V \cdot A) \cdot (0{,}2274\ A^4) = 13{,}311\ 720\ V \cdot A^5$$

$$D_2 = \left(\Sigma I_k^6\right) \cdot \left(\Sigma U_k I_k\right) - \left(\Sigma I_k^4\right) \cdot \left(\Sigma U_k I_k^3\right) =$$

$$= (146{,}607\ V \cdot A^3) \cdot (0{,}90\ A^2) - (521{,}7\ V \cdot A) \cdot (0{,}2274\ A^4) = 13{,}311\ 720\ V \cdot A^5$$

Somit ist

$$a = \frac{D_1}{D} = \frac{13{,}311\ 720\ V \cdot A^5}{0{,}008\ 742\ A^8} = 1522{,}73\ \frac{V}{A^3}$$

$$b = \frac{D_2}{D} = \frac{1{,}704\ 157\ V \cdot A^7}{0{,}008\ 742\ A^8} = 194{,}94\ \frac{V}{A}$$

Die gesuchte *U-I-Kennlinie* der Glühlampe lautet damit

$$U = f(I) = 1522{,}73\ \frac{V}{A^3} \cdot I^3 + 194{,}94\ \frac{V}{A} \cdot I$$

Ihr Verlauf ist in Bild X-8 dargestellt und zeigt deutlich die gute Übereinstimmung mit den vorgegebenen Meßwerten.

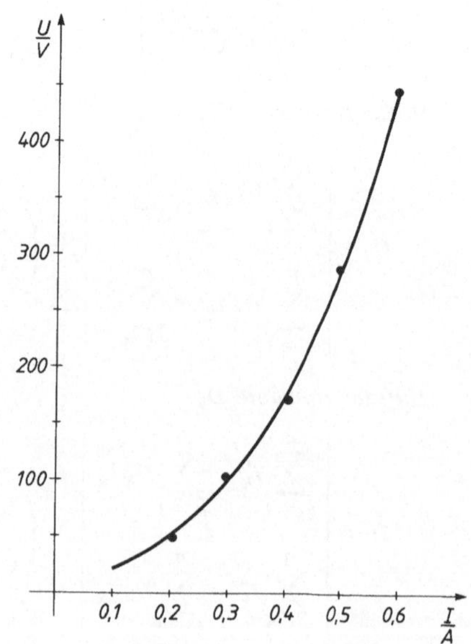

XI Laplace-Transformation

Hinweis: Die in den Lösungen angegebenen *Nummern* für *Integrale* bzw. *Laplace - Transformationen* beziehen sich auf die *Integraltafel* bzw. *Laplace-Transformationstabelle* der **Mathematischen Formelsammlung für Ingenieure und Naturwissenschaftler.** Die Abkürzung *Dgl* bedeutet *Differentialgleichung*.

Übung 1: Ausschaltvorgang in einem RL-Schaltkreis
Homogene lineare Dgl 1. Ordnung

An eine *Spule* mit dem ohmschen Widerstand R und der Induktivität L wird zunächst eine *konstante* Spannung U angelegt. Nach einer gewissen Zeit fließt dann in diesem Kreis ein *Gleichstrom* der Stärke $I = U/R$. Zum Zeitpunkt $t = 0$ wird die Spule durch Umlegen des Schalters S von der Spannungsquelle *getrennt* und gleichzeitig mit dem ohmschen Widerstand R_0 verbunden. Bestimmen Sie den *zeitlichen* Verlauf der *Stromstärke* i im Zeitintervall $t \geqslant 0$ mit Hilfe der *Laplace-Transformation*.

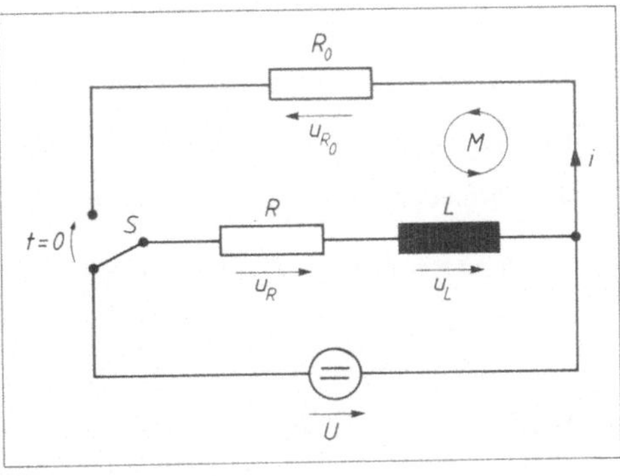

Bild XI-1

Lösungshinweis: Die *Dgl* für die Stromstärke i erhalten Sie durch Anwendung der *Maschenregel* [A32] auf die in Bild XI-1 eingezeichnete Masche M.

Lehrbuch: Bd. 2, VII.5.1.2
Physikalische Grundlagen: A14, A32, A45

Lösung:

Für $t \geqslant 0$ gilt nach der *Maschenregel* [A32]

$$u_R + u_L + u_{R_0} = 0$$

Mit den aus dem *ohmschen Gesetz* [A14] bzw. dem *Induktionsgesetz* [A45] gewonnenen Beziehungen

$u_R = Ri$, $u_{R_0} = R_0 i$ und $u_L = L \cdot \dfrac{di}{dt}$ erhalten wir hieraus die folgende *homogene lineare Dgl 1. Ordnung mit konstanten Koeffizienten:*

$$Ri + L \cdot \frac{di}{dt} + R_0 i = 0 \qquad \text{oder} \qquad \frac{di}{dt} + \frac{(R + R_0)}{L} i = 0$$

Wir führen noch die *Zeitkonstante* $\tau = L/(R + R_0)$ ein. Das *Anfangswertproblem* läßt sich dann in der Form

$$\frac{di}{dt} + \frac{1}{\tau} \cdot i = 0 \,, \qquad \textit{Anfangswert:}\ \ i\,(0) = \frac{U}{R}$$

darstellen. Die Lösung erfolgt dabei in drei Schritten.

(1) Transformation vom Original- in den Bildbereich

$$\mathcal{L}\,\{i\,(t)\} = I\,(s)$$

$$\left[s \cdot I\,(s) - \frac{U}{R} \right] + \frac{1}{\tau} \cdot I\,(s) = \mathcal{L}\,\{0\} = 0$$

(2) Lösung im Bildbereich

Wir lösen die algebraische Gleichung nach der *Bildfunktion* $I\,(s)$ auf:

$$\left(s + \frac{1}{\tau} \right) \cdot I\,(s) = \frac{U}{R} \ \Rightarrow\ I\,(s) = \frac{U}{R} \cdot \frac{1}{s + \dfrac{1}{\tau}}$$

(3) Rücktransformation vom Bild- in den Originalbereich

Die *Bildfunktion* ist vom *allgemeinen* Typ $F\,(s) = \dfrac{1}{s - a}$. Aus der *Laplace-Transformationstabelle* der Formelsammlung (Abschnitt XII.6, Nr. 3) entnehmen wir mit $a = -\,1/\tau$:

$$i\,(t) = \mathcal{L}^{-1}\,\{I\,(s)\} = \mathcal{L}^{-1}\left\{ \frac{U}{R} \cdot \frac{1}{s + \dfrac{1}{\tau}} \right\} = \frac{U}{R} \cdot \mathcal{L}^{-1}\left\{ \frac{1}{s + \dfrac{1}{\tau}} \right\} = \left(\frac{U}{R} \right) \cdot e^{-\frac{t}{\tau}} \,, \qquad t \geqslant 0$$

Die *Stromstärke* i klingt somit mit der Zeit *exponentiell* gegen 0 ab (*Abklingfunktion*, Bild XI-2).

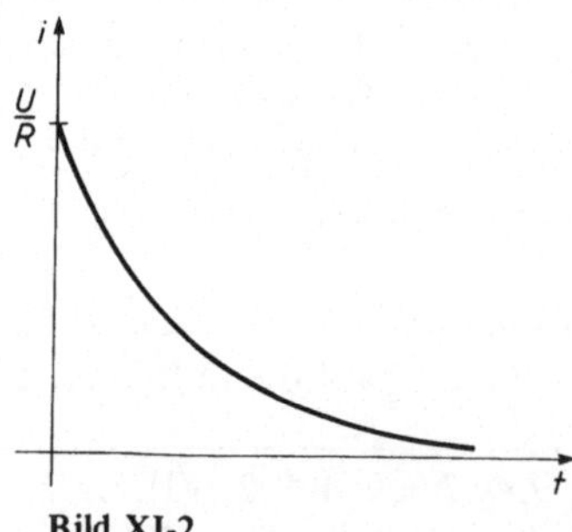

Bild XI-2

Übung 2: RC-Wechselstromkreis
Inhomogene lineare Dgl 1. Ordnung (Faltungssatz)

An eine *Reihenschaltung* aus einem ohmschen
Widerstand R und einem Kondensator der
Kapazität C wird zum Zeitpunkt $t = 0$ eine
sinusförmige Wechselspannung mit der Gleichung
$u\,(t) = \hat{u} \cdot \sin\,(\omega t)$ angelegt (Bild XI-3).
Bestimmen Sie mit Hilfe der *Laplace-Transformation* den *zeitlichen* Verlauf der *Kondensatorspannung* u_C, wenn der Kondensator im
Einschaltaugenblick $t = 0$ *energielos*, d.h.
ungeladen ist.

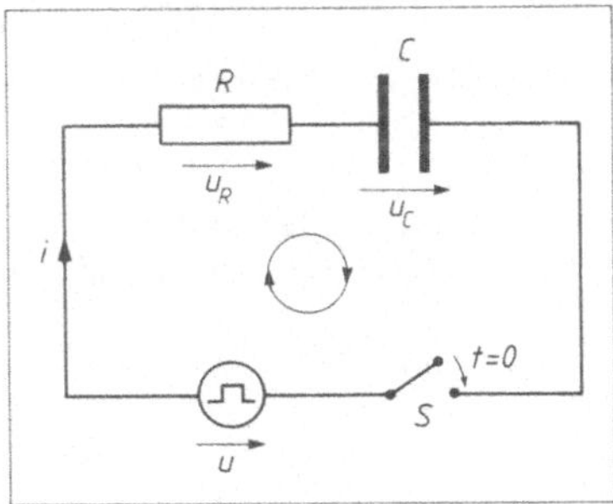

Bild XI-3

Lösungshinweis: Leiten Sie zunächst aus der *Maschenregel* [A32] die *Dgl* für die
Kondensatorspannung u_C her und lösen Sie diese mit Hilfe der *Laplace-Transformation*
unter Verwendung des *Faltungssatzes.*

Anmerkung: Diese Aufgabe wird in Kapitel IX, Übung 6 mit der *klassischen* Methode
„*Aufsuchen einer partikulären Lösung*" gelöst. Ein *Vergleich* dieser doch
sehr *verschiedenartigen* Lösungsmethoden ermöglicht Ihnen ein *eigenes*
Urteil über deren Leistungsfähigkeit.

Lehrbuch: Bd. 2, VII.5.1.2 und VII.2.7
Physikalische Grundlagen: A14, A32, A40

Lösung:
Nach der *Maschenregel* [A32] gilt

$$u_R + u_C - u = 0 \qquad \text{oder} \qquad u_R + u_C = u$$

Ferner ist nach dem *ohmschen Gesetz* [A14] $u_R = Ri$, wobei die Stromstärke i mit der Kondensatorladung q und der Kondensatorspannung u_C noch wie folgt verknüpft ist:

$$i = \frac{dq}{dt} = \frac{d}{dt}\,(Cu_C) = C \cdot \frac{du_C}{dt} = C\dot{u}_C$$

($q = Cu_C$ [A40]). Somit gilt

$$u_R = Ri = RC \cdot \dot{u}_C = \tau\dot{u}_C$$

($\tau = RC$: Zeitkonstante). Die Maschengleichung geht dabei in die folgende *inhomogene lineare Dgl*
1. Ordnung mit konstanten Koeffizienten über:

$$\tau\dot{u}_C + u_C = \hat{u} \cdot \sin\,(\omega t) \qquad \text{oder} \qquad \dot{u}_C + \frac{1}{\tau} \cdot u_C = \frac{\hat{u}}{\tau} \cdot \sin\,(\omega t)$$

Zu Beginn, d.h. zur Zeit $t = 0$ ist der Kondensator *ungeladen*: $u_C(0) = 0$. Wir lösen dieses *Anfangs-wertproblem* schrittweise wie folgt.

(1) Transformation vom Original- in den Bildbereich

$$\mathcal{L}\{u_C(t)\} = U_C(s)$$

$$[s \cdot U_C(s) - 0] + \frac{1}{\tau} \cdot U_C(s) = \mathcal{L}\left\{\frac{\hat{u}}{\tau} \cdot \sin(\omega t)\right\} = \frac{\hat{u}}{\tau} \cdot \mathcal{L}\{\sin(\omega t)\} = \frac{\hat{u}}{\tau} \cdot \frac{\omega}{s^2 + \omega^2} \qquad \text{(Nr. 24)}$$

(2) Lösung im Bildbereich

Die algebraische Gleichung wird nach der *Bildfunktion* $U_C(s)$ aufgelöst:

$$\left(s + \frac{1}{\tau}\right) \cdot U_C(s) = \frac{\hat{u}}{\tau} \cdot \frac{\omega}{s^2 + \omega^2}$$

$$U_C(s) = \frac{\hat{u}}{\tau} \cdot \underbrace{\left(\frac{\omega}{s^2 + \omega^2}\right)}_{F_1(s)} \cdot \underbrace{\left(\frac{1}{s + \frac{1}{\tau}}\right)}_{F_2(s)} = \frac{\hat{u}}{\tau} \cdot F_1(s) \cdot F_2(s)$$

(3) Rücktransformation vom Bild- in den Originalbereich

Es ist

$$u_C(t) = \mathcal{L}^{-1}\{U_C(s)\} = \frac{\hat{u}}{\tau} \cdot \mathcal{L}^{-1}\{F_1(s) \cdot F_2(s)\}$$

Nach dem *Faltungssatz* gilt weiter

$$u_C(t) = \frac{\hat{u}}{\tau} \cdot (f_1(t) * f_2(t)) = \int_0^t f_1(x) \cdot f_2(t - x)\, dx$$

wobei $f_1(t)$ und $f_2(t)$ die *Originalfunktionen* der beiden *Bildfunktionen* $F_1(s)$ und $F_2(s)$ bedeuten. Diese aber lassen sich anhand der *Laplace-Transformationstabelle* der Formelsammlung (Abschnitt XII.6) leicht bestimmen:

$$f_1(t) = \mathcal{L}^{-1}\{F_1(s)\} = \mathcal{L}^{-1}\left\{\frac{\omega}{s^2 + \omega^2}\right\} = \omega \cdot \frac{\sin(\omega t)}{\omega} = \sin(\omega t) \qquad \text{(Nr. 24)}$$

$$f_2(t) = \mathcal{L}^{-1}\{F_2(s)\} = \mathcal{L}^{-1}\left\{\frac{1}{s + \frac{1}{\tau}}\right\} = e^{-\frac{t}{\tau}} \qquad \text{(Nr. 3)}$$

Für die gesuchte *Originalfunktion* $u_C(t)$ erhalten wir damit die *Integraldarstellung*

$$u_C(t) = \frac{\hat{u}}{\tau} \cdot (f_1(t) * f_2(t)) = \frac{\hat{u}}{\tau} \cdot \int_0^t \sin(\omega x) \cdot e^{-\frac{t-x}{\tau}}\, dx = \frac{\hat{u}}{\tau} \cdot e^{-\frac{t}{\tau}} \cdot \int_0^t \sin(\omega x) \cdot e^{\frac{x}{\tau}}\, dx$$

(sog. *Faltungsintegral*). Die Auswertung des Integrals soll hier mit der *Integraltafel der Formel-sammlung* erfolgen. Das Integral ist dabei vom Integraltyp Nr. 322:

$$\int e^{ax} \cdot \sin(bx)\, dx = \frac{e^{ax}}{a^2 + b^2} \left[a \cdot \sin(bx) - b \cdot \cos(bx)\right]$$

Mit $a = 1/\tau$ und $b = \omega$ folgt hieraus für das *Faltungsintegral*

$$\int\limits_0^t e^{\frac{x}{\tau}} \cdot \sin(\omega x)\, dx = \left[\frac{e^{\frac{x}{\tau}}}{\frac{1}{\tau^2} + \omega^2}\left(\frac{1}{\tau} \cdot \sin(\omega x) - \omega \cdot \cos(\omega x)\right)\right]_0^t =$$

$$= \frac{\tau}{1 + (\omega\tau)^2}\left[e^{\frac{x}{\tau}}\left(\sin(\omega x) - \omega\tau \cdot \cos(\omega x)\right)\right]_0^t =$$

$$= \frac{\tau}{1 + (\omega\tau)^2}\left[e^{\frac{t}{\tau}}\left(\sin(\omega t) - \omega\tau \cdot \cos(\omega t)\right) + \omega\tau\right]$$

Für die *Kondensatorspannung* erhalten wir damit die für $t \geqslant 0$ gültige *Zeitabhängigkeit*

$$u_C(t) = \frac{\hat{u}}{\tau} \cdot e^{-\frac{t}{\tau}} \cdot \frac{\tau}{1 + (\omega\tau)^2}\left[e^{\frac{t}{\tau}}\left(\sin(\omega t) - \omega\tau \cdot \cos(\omega t)\right) + \omega\tau\right] =$$

$$= \underbrace{\frac{\hat{u}}{1 + (\omega\tau)^2}\left[\sin(\omega t) - \omega\tau \cdot \cos(\omega t)\right]}_{A\,\cdot\,\sin(\omega t - \varphi)} + \frac{\hat{u}\,\omega\tau}{1 + (\omega\tau)^2} \cdot e^{-\frac{t}{\tau}}$$

Wie in Kapitel IX, Übung 6 bereits gezeigt wurde, läßt sich der *trigonometrische* Ausdruck, der eine Überlagerung *frequenzgleicher* Sinus- und Kosinusschwingungen darstellt, in die folgende *phasenverschobene Sinusschwingung gleicher Frequenz* umformen:

$$\sin(\omega t) - \omega\tau \cdot \cos(\omega t) = \sqrt{1 + (\omega\tau)^2} \cdot \sin\left(\omega t - \arctan(\omega\tau)\right)$$

Somit liegt am Kondensator die *Spannung*

$$u_C(t) = \frac{\hat{u}}{\sqrt{1 + (\omega\tau)^2}} \cdot \sin\left(\omega t - \arctan(\omega\tau)\right) + \frac{\hat{u}\,\omega\tau}{1 + (\omega\tau)^2} \cdot e^{-\frac{t}{\tau}}, \qquad t \geqslant 0$$

Sie enthält einen *exponentiell* rasch abklingenden „*flüchtigen*" Anteil (2. Summand), der nach einer kurzen „Einschwingphase" praktisch *keine* Rolle mehr spielt (Bild XI-4) und einen „*stationären*" Anteil (1. Summand), der eine *sinusförmige* Wechselspannung mit dem *Scheitel-wert* $\hat{u}_0 = \dfrac{\hat{u}}{\sqrt{1 + (\omega\tau)^2}}$ und dem (zeitlich *nacheilenden*) *Nullphasenwinkel* $\varphi = \arctan(\omega\tau)$

beschreibt, wobei die Frequenz die der angelegten Wechselspannung ist (Bild XI-5).

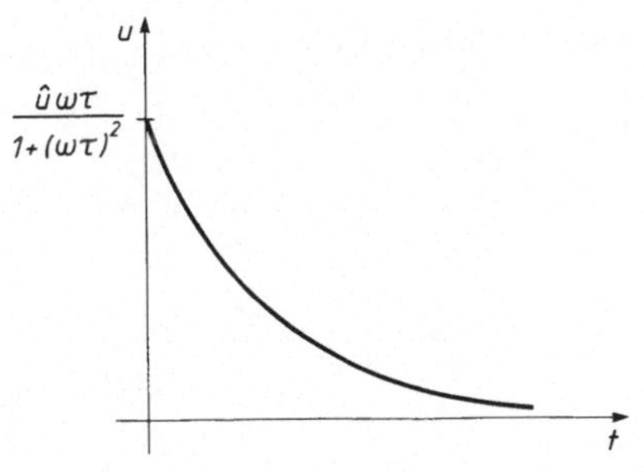

Bild XI-4

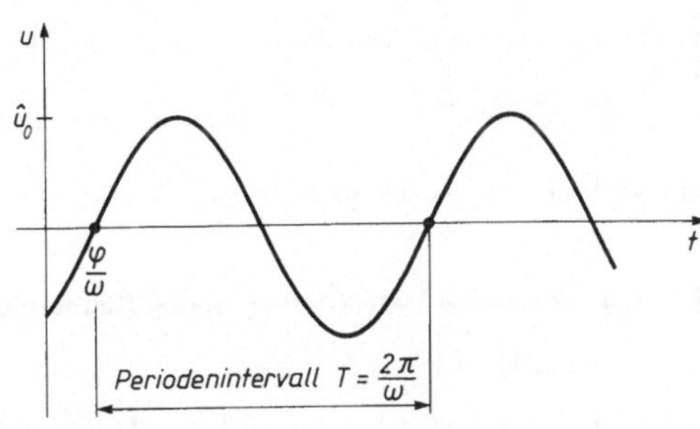

Bild XI-5

Übung 3: RL-Schaltkreis mit Rampenspannung
Inhomogene lineare Dgl 1. Ordnung

An eine *Spule* mit dem ohmschen Widerstand R
und der Induktivität L wird zum Zeitpunkt $t = 0$
eine mit der Zeit t *linear ansteigende* Spannung
mit der Gleichung

$$u\,(t) = kt\,, \qquad t \geqslant 0$$

angelegt (Bild XI-6). Bestimmen Sie mit Hilfe
der *Laplace-Transformation* den *zeitlichen*
Verlauf der *Stromstärke* i im Zeitintervall $t \geqslant 0$,
wenn der Stromkreis zu *Beginn*, d.h. zur Zeit
$t = 0$ *stromlos* ist.

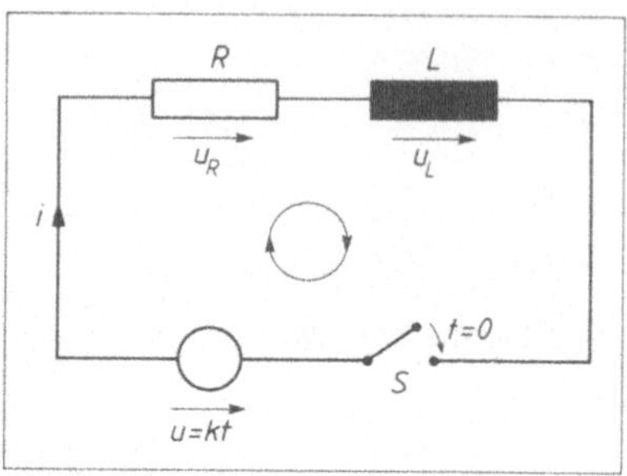

Bild XI-6

Lösungshinweis: Die Anwendung der *Maschenregel* [A32] auf den *RL*-Schaltkreis führt
auf eine *Dgl* für die Stromstärke i, die sich mit Hilfe der *Laplace-Transformation* lösen
läßt.

> *Lehrbuch:* Bd. 2, VII.5.1.2
> *Physikalische Grundlagen:* A14, A32, A45

Lösung:

Für $t \geqslant 0$ gilt nach der *Maschenregel* [A32]

$$u_R + u_L - u = 0 \qquad \text{oder} \qquad u_R + u_L = u$$

Dabei ist $u = kt$ und ferner nach dem *ohmschen Gesetz* [A14] $u_R = Ri$ und nach dem *Induktions-*
gesetz [A45] $u_L = L \cdot \dfrac{di}{dt}$. Die *Maschengleichung* führt dann zu der *Dgl*

$$Ri + L \cdot \frac{di}{dt} = kt \qquad \text{oder} \qquad \frac{di}{dt} + \frac{R}{L}\,i = \frac{k}{L}\,t$$

Wir führen noch die *Zeitkonstante* $\tau = L/R$ ein. Das *Anfangswertproblem* lautet dann

$$\frac{di}{dt} + \frac{1}{\tau}\cdot i = \frac{k}{L}\cdot t\,, \qquad\qquad \textit{Anfangswert: } i\,(0) = 0$$

und wird schrittweise wie folgt gelöst.

(1)   Transformation vom Original- in den Bildbereich

$$\mathcal{L}\left\{i\,(t)\right\} = I\,(s)$$

$$\left[s \cdot I\,(s) - 0\right] + \frac{1}{\tau}\cdot I\,(s) = \mathcal{L}\left\{\frac{k}{L}\cdot t\right\} = \frac{k}{L}\cdot \mathcal{L}\left\{t\right\} = \frac{k}{L}\cdot\frac{1}{s^2} \qquad\qquad \text{(Nr. 4)}$$

(2) Lösung im Bildbereich

Wir lösen die algebraische Gleichung nach der *Bildfunktion* $I(s)$ auf:

$$\left(s + \frac{1}{\tau}\right) \cdot I(s) = \frac{k}{L} \cdot \frac{1}{s^2} \;\Rightarrow\; I(s) = \frac{k}{L} \cdot \frac{1}{s^2\left(s + \frac{1}{\tau}\right)}$$

(3) Rücktransformation vom Bild- in den Originalbereich

Die *Bildfunktion* ist vom *allgemeinen* Typ $F(s) = \dfrac{1}{s^2(s-a)}$. Aus der *Laplace-Transformations-tabelle* der Formelsammlung (Abschnitt XII.6, Nr. 11) entnehmen wir mit $a = -1/\tau$:

$$i(t) = \mathcal{L}^{-1}\{I(s)\} = \mathcal{L}^{-1}\left\{\frac{k}{L} \cdot \frac{1}{s^2\left(s + \frac{1}{\tau}\right)}\right\} = \frac{k}{L} \cdot \mathcal{L}^{-1}\left\{\frac{1}{s^2\left(s + \frac{1}{\tau}\right)}\right\} =$$

$$= \frac{k}{L} \cdot \frac{e^{-\frac{t}{\tau}} + \frac{t}{\tau} - 1}{\frac{1}{\tau^2}} = \frac{k\tau}{L}\left[t - \tau\left(1 - e^{-\frac{t}{\tau}}\right)\right] = \frac{k}{R}\left[t - \tau\left(1 - e^{-\frac{t}{\tau}}\right)\right], \qquad t \geq 0$$

Der zeitliche Verlauf der *Stromstärke i* ist in
Bild XI-7 wiedergegeben. Für *große t*-Werte,
d.h. für $t \gg \tau$ ist der Stromverlauf *nahezu
linear*:

$$i(t) \approx \frac{k}{R}(t - \tau), \qquad t \gg \tau$$

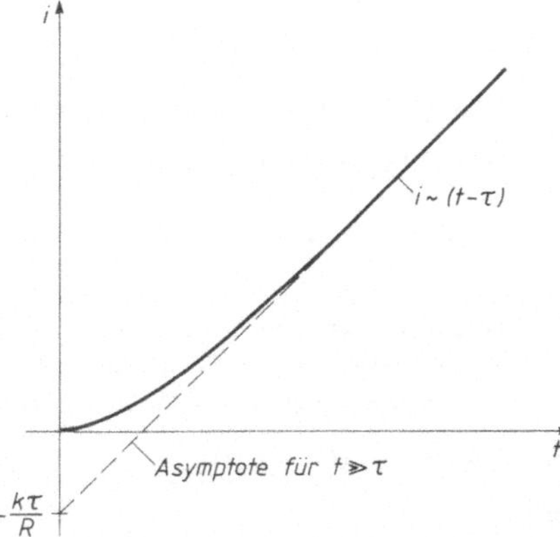

Bild XI-7

Übung 4:   RC-Schaltkreis mit einem rechteckigen Spannungsimpuls
Inhomogene lineare Dgl 1. Ordnung
(1. Verschiebungssatz)

An eine *Reihenschaltung* aus einem ohmschen
Widerstand R und einem Kondensator mit der
Kapazität C wird zum Zeitpunkt $t = 0$ ein
rechteckiger Spannungsimpuls mit der Gleichung

$$u(t) = \begin{cases} U_0 \\ 0 \end{cases} \text{für} \quad \begin{array}{l} 0 < t < a \\ t > a \end{array}$$

angelegt (Bild XI-8). Bestimmen Sie mit Hilfe
der *Laplace-Transformation* unter Verwendung
des *1. Verschiebungssatzes* den *zeitlichen* Verlauf
der *Kondensatorspannung* u_C.

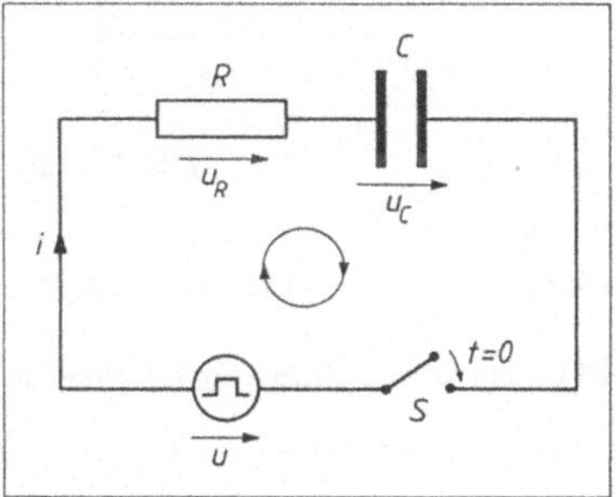

Bild XI-8

Lösungshinweis: Die *Dgl* für die Kondensatorspannung u_C erhalten Sie aus der *Maschenregel* [A32].

Lehrbuch: Bd. 2, VII.5.1.2 und VII.2.3.1
Physikalische Grundlagen: A14, A32, A40

Lösung

Nach der *Maschenregel* [A32] ist

$$u_R + u_C - u = 0 \quad \text{oder} \quad u_R + u_C = u$$

Für den im Schaltkreis fließenden *Strom* gilt unter Berücksichtigung von $q = Cu_C$ [A40]

$$i = \frac{dq}{dt} = \frac{d}{dt}(Cu_C) = C \cdot \frac{du_C}{dt} = C\dot{u}_C$$

Nach dem *ohmschen Gesetz* [A14] beträgt die am ohmschen Widerstand R abfallende Spannung

$$u_R = Ri = RC\dot{u}_C = \tau\dot{u}_C$$

($\tau = RC$: *Zeitkonstante*). Die *Maschengleichung* geht damit über in

$$\tau\dot{u}_C + u_C = u \quad \text{oder} \quad \dot{u}_C + \frac{1}{\tau} \cdot u_C = \frac{u}{\tau}$$

Dies ist eine *inhomogene lineare Dgl 1. Ordnung mit konstanten Koeffizienten* mit der Anfangsbedingung $u_C(0) = 0$. Den von außen angelegten *Rechteckimpuls* nach Bild XI-9a) können wir auch als *Differenz* zweier *zeitlich versetzter Sprungimpulse* auffassen (Bild XI-9b)):

$$u(t) = u_1(t) - u_2(t)$$

mit

$$u_1(t) = \begin{cases} 0 \\ U_0 \end{cases} \text{für} \quad \begin{cases} t < 0 \\ t > 0 \end{cases} \quad \text{und} \quad u_2(t) = \begin{cases} 0 \\ U_0 \end{cases} \text{für} \quad \begin{cases} t < a \\ t > a \end{cases}$$

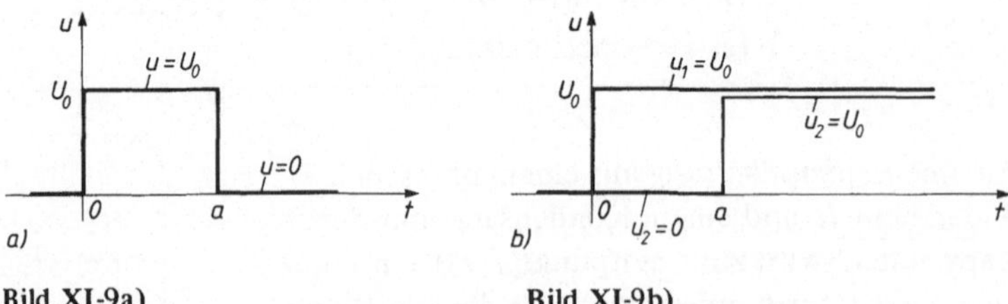

Bild XI-9a)   **Bild XI-9b)**

Die Lösung dieser *Anfangswertaufgabe* erfolgt in drei Schritten.

(1) Transformation vom Original- in den Bildbereich

$$\mathcal{L}\{u_C(t)\} = U_C(s)$$

$$[s \cdot U_C(s) - 0] + \frac{1}{\tau} \cdot U_C(s) = \mathcal{L}\left\{\frac{u}{\tau}\right\} = \frac{1}{\tau} \cdot \mathcal{L}\{u\}$$

Dabei ist

$$\mathcal{L}\{u\} = \mathcal{L}\{u_1 - u_2\} = \mathcal{L}\{u_1\} - \mathcal{L}\{u_2\} = \frac{U_0}{s} - \frac{U_0 \cdot e^{-as}}{s} = U_0 \frac{1 - e^{-as}}{s}$$

(Laplace-Transformation Nr. 2 in Verbindung mit dem *1. Verschiebungssatz*). Somit gilt

$$\left[s \cdot U_C(s) - 0\right] + \frac{1}{\tau} \cdot U_C(s) = \frac{U_0}{\tau} \cdot \frac{1 - e^{-as}}{s}$$

(2) Lösung im Bildbereich

Wir lösen die algebraische Gleichung nach der *Bildfunktion* $U_C(s)$ auf:

$$\left(s + \frac{1}{\tau}\right) \cdot U_C(s) = \frac{U_0}{\tau} \cdot \frac{1 - e^{-as}}{s}$$

$$U_C(s) = \frac{U_0}{\tau} \cdot \frac{1 - e^{-as}}{s\left(s + \frac{1}{\tau}\right)}$$

(3) Rücktransformation vom Bild- in den Originalbereich

$$u_C(t) = \mathcal{L}^{-1}\{U_C(s)\} = \mathcal{L}^{-1}\left\{\frac{U_0}{\tau} \cdot \frac{1 - e^{-as}}{s\left(s + \frac{1}{\tau}\right)}\right\} =$$

$$= \frac{U_0}{\tau} \cdot \underbrace{\mathcal{L}^{-1}\left\{\frac{1}{s\left(s + \frac{1}{\tau}\right)}\right\}}_{F(s)} - \frac{U_0}{\tau} \cdot \underbrace{\mathcal{L}^{-1}\left\{\frac{e^{-as}}{s\left(s + \frac{1}{\tau}\right)}\right\}}_{e^{-as} \cdot F(s)}$$

Mit der Abkürzung $F(s) = \dfrac{1}{s\left(s + \frac{1}{\tau}\right)}$ läßt sich diese Gleichung auch wie folgt schreiben:

$$u_C(t) = \frac{U_0}{\tau} \cdot \mathcal{L}^{-1}\{F(s)\} - \frac{U_0}{\tau} \cdot \mathcal{L}^{-1}\{e^{-as} \cdot F(s)\}$$

Die Originalfunktion $f(t)$ zur Bildfunktion $F(s)$ entnehmen wir der *Laplace-Transformationstabelle* der Formelsammlung unter Nr. 5:

$$f(t) = \mathcal{L}^{-1}\{F(s)\} = \mathcal{L}^{-1}\left\{\frac{1}{s\left(s + \frac{1}{\tau}\right)}\right\} = -\tau\left(e^{-\frac{t}{\tau}} - 1\right) = \tau\left(1 - e^{-\frac{t}{\tau}}\right), \qquad t \geqslant 0$$

Nach dem *1. Verschiebungssatz* ist dann

$$\mathcal{L}^{-1}\{e^{-as} \cdot F(s)\} = f(t - a)$$

Somit erhalten wir bei der Rücktransformation des *zweiten* Summanden eine um a nach *rechts* verschobene Funktion:

$$\mathcal{L}^{-1}\{e^{-as} \cdot F(s)\} = \mathcal{L}^{-1}\left\{\frac{e^{-as}}{s\left(s + \frac{1}{\tau}\right)}\right\} = \tau\left(1 - e^{-\frac{t-a}{\tau}}\right), \qquad t \geqslant a$$

Die gesuchte Kondensatorspannung $u_C(t)$ entsteht somit durch *Überlagerung* zweier *zeitlich versetzter* Teilspannungen $u_{C1}(t)$ und $u_{C2}(t)$, deren Gleichungen wie folgt lauten:

$$u_{C1}(t) = \frac{U_0}{\tau} \cdot \mathcal{L}^{-1}\left\{\frac{1}{s\left(s+\frac{1}{\tau}\right)}\right\} = U_0\left(1 - e^{-\frac{t}{\tau}}\right), \qquad t \geqslant 0$$

$$u_{C2}(t) = \frac{U_0}{\tau} \cdot \mathcal{L}^{-1}\left\{\frac{e^{-as}}{s\left(s+\frac{1}{\tau}\right)}\right\} = U_0\left(1 - e^{-\frac{t-a}{\tau}}\right), \qquad t \geqslant a$$

Bild XI-10 zeigt den zeitlichen Verlauf dieser *Teilspannungen*.

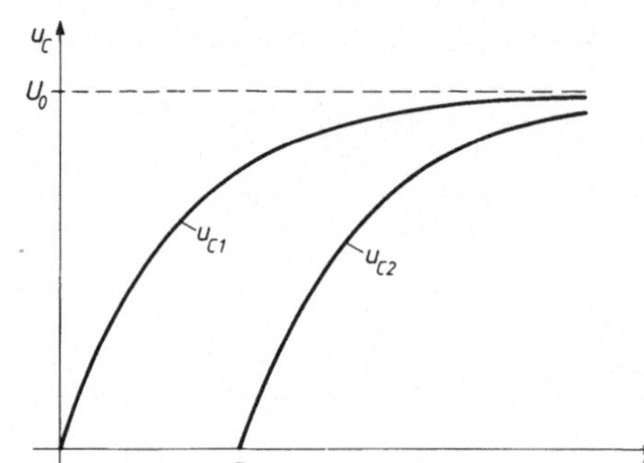

Bild XI-10

Die *Gesamtlösung* lautet somit:

Im Zeitintervall $0 \leqslant t \leqslant a$ wirkt nur $u_{C1}(t)$:

$$u_C(t) = u_{C1}(t) = U_0\left(1 - e^{-\frac{t}{\tau}}\right), \qquad 0 \leqslant t \leqslant a$$

Vom Zeitpunkt $t = a$ an ist

$$u_C(t) = u_{C1}(t) - u_{C2}(t) = U_0\left(1 - e^{-\frac{t}{\tau}}\right) - U_0\left(1 - e^{-\frac{t-a}{\tau}}\right) =$$

$$= U_0\left(e^{-\frac{t-a}{\tau}} - e^{-\frac{t}{\tau}}\right) = U_0\left(e^{-\frac{t}{\tau}} \cdot e^{\frac{a}{\tau}} - e^{-\frac{t}{\tau}}\right) = U_0\left(e^{\frac{a}{\tau}} - 1\right) \cdot e^{-\frac{t}{\tau}}, \qquad t \geqslant a$$

Zusammengefaßt:

$$u_C(t) = \begin{cases} U_0\left(1 - e^{-\frac{t}{\tau}}\right) & 0 \leqslant t \leqslant a \\[2ex] U_0\left(e^{\frac{a}{\tau}} - 1\right) \cdot e^{-\frac{t}{\tau}} & \end{cases} \text{für} \qquad t \geqslant a$$

Bild XI-11 zeigt den zeitlichen *Spannungsverlauf* am Kondensator. Die Spannung *steigt* zunächst nach einer *Sättigungsfunktion* bis zum *Maximalwert*

$$u_C(a) = U_0\left(1 - e^{-\frac{a}{\tau}}\right) \text{ im Zeitpunkt } t = a$$

an und *fällt* anschließend im Laufe der Zeit *exponentiell* gegen *null* ab.

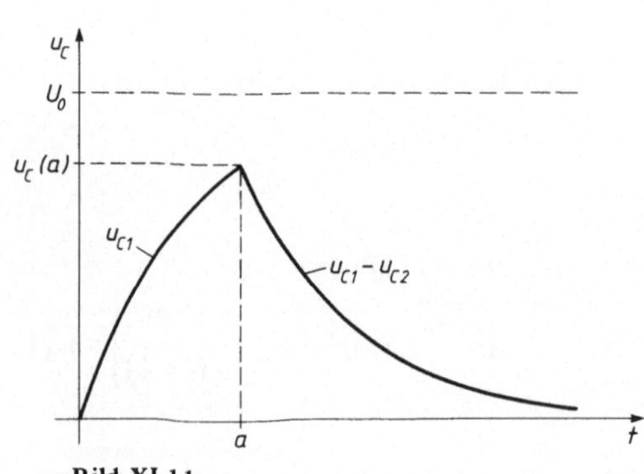

Bild XI-11

> ## Übung 5: Erzwungene mechanische Schwingung im Resonanzfall
> ### *Inhomogene lineare Dgl 2. Ordnung*

Ein *ungedämpftes schwingungsfähiges mechanisches System* mit der *Eigenkreisfrequenz* ω_0 wird durch eine äußere *periodische* Kraft mit *derselben* Kreisfrequenz ω_0 zu *erzwungenen* Schwingungen angeregt *(Resonanzfall)*. Lösen Sie die *Schwingungsgleichung*

$$\ddot{x} + \omega_0^2\, x = a \cdot \cos(\omega_0\, t)$$

für die Anfangswerte $x(0) = 0$ und $v(0) = \dot{x}(0) = 0$ mit Hilfe der *Laplace-Transformation*[1].

Lehrbuch: Bd. 2, VII.5.1.3

Lösung:

Die Lösung dieses *Anfangswertproblems* erfolgt in drei Schritten.

(1) Transformation vom Original- in den Bildbereich

$$\mathcal{L}\{x(t)\} = X(s)$$

$$\left[s^2 \cdot X(s) - s \cdot 0 - 0\right] + \omega_0^2 \cdot X(s) = \mathcal{L}\{a \cdot \cos(\omega_0 t)\} = a \cdot \mathcal{L}\{\cos(\omega_0 t)\} =$$

$$= a \cdot \frac{s}{s^2 + \omega_0^2} \qquad \text{(Nr. 25)}$$

(2) Lösung im Bildbereich

Die algebraische Gleichung wird nun nach der *Bildfunktion* $X(s)$ aufgelöst:

$$\left(s^2 + \omega_0^2\right) \cdot X(s) = a \cdot \frac{s}{s^2 + \omega_0^2}$$

$$X(s) = a \cdot \frac{s}{\left(s^2 + \omega_0^2\right)^2}$$

(3) Rücktransformation vom Bild- in den Originalbereich

Die *Bildfunktion* ist vom *allgemeinen* Typ $F(s) = \dfrac{s}{\left(s^2 + a^2\right)^2}$ (Nr. 38). Wir erhalten daher mit $a = \omega_0$ die folgende *Originalfunktion:*

$$x(t) = \mathcal{L}^{-1}\{X(s)\} = \mathcal{L}^{-1}\left\{a \cdot \frac{s}{\left(s^2 + \omega_0^2\right)^2}\right\} =$$

$$= a \cdot \mathcal{L}^{-1}\left\{\frac{s}{\left(s^2 + \omega_0^2\right)^2}\right\} = a \cdot \frac{t \cdot \sin(\omega_0 t)}{2\,\omega_0} = \frac{a}{2\,\omega_0} \cdot t \cdot \sin(\omega_0 t)\,, \qquad t \geq 0$$

---

[1] Die erregende Kraft ist $F = F_0 \cdot \cos(\omega_0 t)$. Sie erzeugt eine *maximale* Beschleunigung von $a = F_0/m$, wobei m die schwingende Masse bedeutet.

Der zeitliche Verlauf dieser *Schwingung* ist in Bild XI-12 dargestellt. Die ,,Schwingungsamplitude'' $A = \dfrac{a}{2\,\omega_0} \cdot t$ vergrößert sich dabei *proportional* mit der Zeit t. Das schwingende System wird somit allmählich *zerstört*, es kommt zur sog. *Resonanzkatastrophe*.

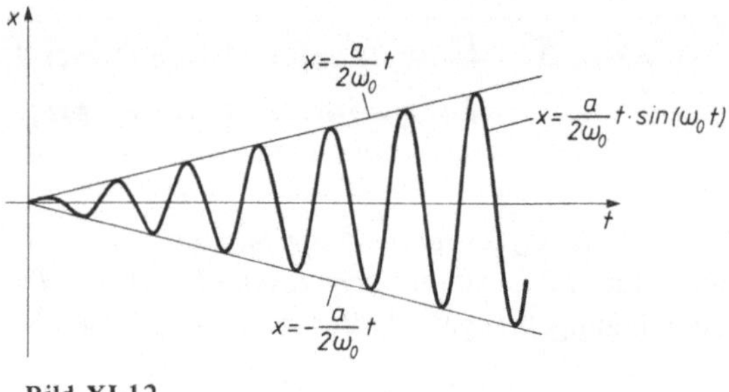

Bild XI-12

Übung 6: Erzwungene Schwingung eines mechanischen Systems
Inhomogene lineare Dgl 2. Ordnung

Bild XI-13 zeigt ein *schwingungsfähiges mechanisches System*, bestehend aus zwei *gleichen*, mit einer Fundamentplatte fest verbundenen elastischen Federn und einer Masse m. Die Verbindung der Federn mit der Masse erfolgt dabei über ein biegsames, jedoch nicht dehnbares Seil, das über eine Zylinderscheibe gespannt ist. Die Fundamentplatte führt in *vertikaler* Richtung eine *periodische* Bewegung nach der Gleichung

$$y(t) = y_0 \cdot \sin(\omega t) , \qquad t \geq 0$$

aus und erregt somit das System zu *erzwungenen* Schwingungen.

a) Wie lautet die *Dgl* dieser erzwungenen Schwingung?

b) Bestimmen Sie die *Lösung* dieser Schwingungsgleichung für die Anfangswerte $x(0) = 0$, $v(0) = \dot{x}(0) = 0$ mit Hilfe der *Laplace-Transformation*.

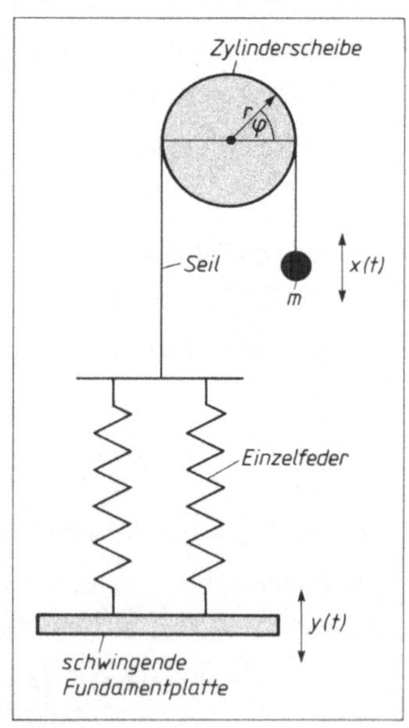

Bild XI-13

(c: Federkonstante der beiden *Einzelfedern*; r: Radius der Zylinderscheibe; J_S: Massenträgheitsmoment der Scheibe; φ: Drehwinkel der Scheibe zur Zeit t)

Lösungshinweis: Ersetzen Sie zunächst das Federsystem durch eine *Ersatzfeder* [A26].
Die *Rückstellkraft* des Federsystems bzw. der Ersatzfeder erzeugt ein *Rückstellmoment*
M_R, das der augenblicklichen *relativen* Auslenkung der beiden Federn *proportional* ist.
Reibungskräfte sollen *unberücksichtigt* bleiben, der *Resonanzfall* wird *ausgeschlossen*.
Die *Dgl* der erzwungenen Schwingung erhalten Sie dann aus dem *Grundgesetz der Dreh-
bewegung* [A36].

Lehrbuch: Bd. 2, VII.5.1.3
Physikalische Grundlagen: A7, A26, A36

Lösung:

a) Die beiden *parallelgeschalteten* Federn können durch *eine* Feder mit der *doppelten* Federkonstanten $c^* = 2c$ ersetzt werden [A26]. Die Ortskoordinate der *Masse* m zur Zeit t bezeichnen
wir mit x (gemessen gegenüber der Gleichgewichtslage). Zu dieser Zeit hat die *Fundamentplatte*
die Ortskoordinate y, so daß die Ersatzfeder um die Strecke $x - y$ *gedehnt* bzw. *gestaucht* ist.
Die elastische *Rückstellkraft* der Feder ist somit $F_R = -c^*(x - y) = -2c(x - y)$ *(Hookesches
Gesetz).* Sie erzeugt am Hebelarm r das *Rückstellmoment* [A7]

$$M_R = rF_R = -2rc(x - y) = -2rcx + 2rcy = -2rcx + 2rcy_0 \cdot \sin(\omega t)$$

Nach dem *Grundgesetz der Drehbewegung* [A36] gilt dann

$$J\alpha = J\ddot{\varphi} = M_R = -2rcx + 2rcy_0 \cdot \sin(\omega t) \qquad (\alpha = \ddot{\varphi}: \text{Winkelbeschleunigung})$$

Das Massenträgheitsmoment J des Systems setzt sich dabei aus dem Massenträgheitsmoment J_S
der Scheibe und dem Massenträgheitsmoment $J_m = mr^2$ der Masse m zusammen:

$$J = J_S + J_m = J_S + mr^2$$

Für die Umfanggeschwindigkeit v der Scheibe gilt die Beziehung $v = \dot{x} = r\dot{\varphi}$, woraus durch
Differentiation

$$\ddot{x} = r\ddot{\varphi} \qquad \text{oder} \qquad \ddot{\varphi} = \frac{\ddot{x}}{r}$$

wird. Die Bewegung der Masse wird daher durch die folgende *Schwingungsgleichung* beschrieben:

$$(J_S + mr^2)\, \frac{\ddot{x}}{r} = -2rcx + 2rcy_0 \cdot \sin(\omega t)$$

$$\underbrace{\left(\frac{J_S}{r^2} + m\right)}_{m^*} \ddot{x} + 2cx = 2cy_0 \cdot \sin(\omega t) \qquad \left(m^* = \frac{J_S}{r^2} + m\right)$$

m^* ist dabei die sog. *reduzierte* Masse. Mit den Abkürzungen

$$\omega_0^2 = \frac{2c}{m^*} \qquad \text{und} \qquad k = \frac{2cy_0}{m^*}$$

läßt sich diese *inhomogene lineare Dgl 2. Ordnung mit konstanten Koeffizienten* auch wie folgt
schreiben:

$$\ddot{x} + \omega_0^2 x = k \cdot \sin(\omega t)$$

b) Das *Anfangswertproblem*

$$\ddot{x} + \omega_0^2 x = k \cdot \sin(\omega t) , \qquad \textit{Anfangswerte: } x(0) = 0, \ \dot{x}(0) = 0$$

wird schrittweise wie folgt gelöst.

(1)   Transformation vom Original- in den Bildbereich

$$\mathcal{L}\{x(t)\} = X(s)$$

$$[s^2 \cdot X(s) - s \cdot 0 - 0] + \omega_0^2 \cdot X(s) = \mathcal{L}\{k \cdot \sin(\omega t)\} = k \cdot \mathcal{L}\{\sin(\omega t)\} =$$

$$= k \cdot \frac{\omega}{s^2 + \omega^2} = k\omega \cdot \frac{1}{s^2 + \omega^2} \qquad \text{(Nr. 24)}$$

(2)   Lösung im Bildbereich

Wir lösen die Gleichung nach der *Bildfunktion* $X(s)$ auf:

$$\left(s^2 + \omega_0^2\right) \cdot X(s) = k\omega \cdot \frac{1}{s^2 + \omega^2}$$

$$X(s) = k\omega \cdot \frac{1}{\left(s^2 + \omega_0^2\right)\left(s^2 + \omega^2\right)}$$

(3)   Rücktransformation vom Bild- in den Originalbereich

$$x(t) = \mathcal{L}^{-1}\{X(s)\} = \mathcal{L}^{-1}\left\{k\omega \cdot \frac{1}{\left(s^2 + \omega_0^2\right)\left(s^2 + \omega^2\right)}\right\} = k\omega \cdot \mathcal{L}^{-1}\left\{\frac{1}{\left(s^2 + \omega_0^2\right)\left(s^2 + \omega^2\right)}\right\}$$

Die *Bildfunktion* ist vom allgemeinen Typ $F(s) = \dfrac{1}{(s^2 + a^2)(s^2 + b^2)}$. Aus der *Laplace-Transformationstabelle* der Formelsammlung (Abschnitt XII.6, Nr. 43) entnehmen wir mit $a = \omega_0$ und $b = \omega^2$)[2]:

$$x(t) = k\omega \cdot \mathcal{L}^{-1}\left\{\frac{1}{\left(s^2 + \omega_0^2\right)\left(s^2 + \omega^2\right)}\right\} = k\omega \ \frac{\omega_0 \cdot \sin(\omega t) - \omega \cdot \sin(\omega_0 t)}{\omega_0 \omega \left(\omega_0^2 - \omega^2\right)} =$$

$$= \frac{k}{\omega_0 \left(\omega_0^2 - \omega^2\right)} \left(\omega_0 \cdot \sin(\omega t) - \omega \cdot \sin(\omega_0 t)\right), \qquad t \geqslant 0$$

Die *erzwungene* Schwingung der Masse m entsteht somit durch *Überlagerung* zweier *Sinusschwingungen* mit den Kreisfrequenzen ω_0 (*Eigenkreisfrequenz* des Systems) und ω (Kreisfrequenz des *Erregers*, d.h. der schwingenden Fundamentplatte).

---

[2] Es ist $a \neq b$, d.h. $\omega_0 \neq \omega$, da der Resonanzfall ausgeschlossen wurde.

> ## Übung 7: Elektromagnetischer Reihenschwingkreis
> ### *Integro-Differentialgleichung (Ableitungs- und Integralsatz für Originalfunktionen)*

Der in Bild XI-14 dargestellte *elektromagnetische Reihenschwingkreis* enthält eine Spule mit der Induktivität L und dem ohmschen Widerstand R sowie einen Kondensator mit der Kapazität C. Bestimmen Sie mit Hilfe der *Laplace-Transformation* unter Verwendung des *Ableitungs-* und des *Integralsatzes für Originalfunktionen* den zeitlichen Verlauf der *Stromstärke* i unter der Voraussetzung, daß zum Zeitpunkt $t = 0$ von außen eine *konstante* Spannung U_0 angelegt wird und der Reihenschwingkreis in diesem Augenblick *energielos* ist.

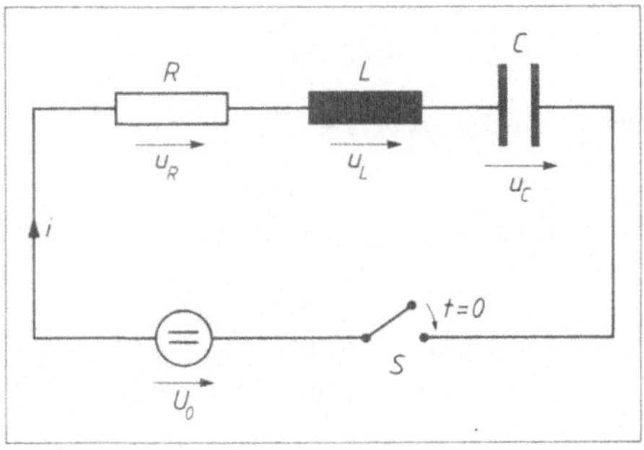

Bild XI-14

Lösungshinweis: Die Anwendung der *Maschenregel* [A32] auf den Reihenschwingkreis führt zu einer *Integro-Differentialgleichung* für die Stromstärke i.

> *Lehrbuch:* Bd. 2, VII.2.5.1 und VII.2.6.1
> *Physikalische Grundlagen:* A14, A32, A40, A43, A45

Lösung:

Nach der *Maschenregel* [A32] ist

$$u_R + u_L + u_C - U_0 = 0 \qquad \text{oder} \qquad u_R + u_L + u_C = U_0$$

Für die *Teilspannungen* u_R, u_L und u_C gelten dabei folgende Beziehungen [A14, A45, A40]:

$$u_R = Ri, \qquad u_L = L \cdot \frac{di}{dt}, \qquad u_C = \frac{q}{C}$$

Die Kondensatorladung q ist das *Zeitintegral* der Stromstärke i [A43]. Da der Reihenschwingkreis zu *Beginn*, d.h. zum Einschaltzeitpunkt $t = 0$ *energielos* ist, gilt $q(0) = 0$ und somit

$$q = \int_0^t i(\tau)\, d\tau$$

Die am *Kondensator* abfallende Spannung ist daher

$$u_C = \frac{q}{C} = \frac{1}{C} \cdot \int_0^t i(\tau)\, d\tau$$

Die *Maschenregel* [A32] führt somit zu der folgenden *Integro-Differentialgleichung*:

$$Ri + L \cdot \frac{di}{dt} + \frac{1}{C} \cdot \int_0^t i\,(\tau)\,d\tau = U_0$$

Wir dividieren diese Gleichung noch durch L und erhalten schließlich mit den Abkürzungen

$$\delta = \frac{R}{2L} \quad \text{und} \quad \omega_0^2 = \frac{1}{LC}$$

das *Anfangswertproblem*

$$\frac{di}{dt} + 2\delta \cdot i + \omega_0^2 \cdot \int_0^t i\,(\tau)\,d\tau = \frac{U_0}{L}, \qquad i\,(0) = 0$$

(der Schwingkreis ist zu Beginn *energielos*, es fließt somit in diesem Augenblick *kein* Strom). Die Lösung dieser Aufgabe mit Hilfe der *Laplace-Transformation* erfolgt in drei Schritten.

(1) Transformation vom Original- in den Bildbereich

$$\mathcal{L}\{i\,(t)\} = I\,(s)$$

Unter Verwendung des *Ableitungs-* und des *Integralsatzes* für *Originalfunktionen* erhalten wir aus der *Integro-Dgl* die *algebraische* Gleichung

$$\left[s \cdot I\,(s) - 0\right] + 2\delta \cdot I\,(s) + \omega_0^2 \cdot \frac{I\,(s)}{s} = \mathcal{L}\left\{\frac{U_0}{L}\right\} = \frac{U_0}{L} \cdot \mathcal{L}\{1\} = \frac{U_0}{L} \cdot \frac{1}{s} \qquad \text{(Nr. 2)}$$

(2) Lösung im Bildbereich

Wir multiplizieren diese Gleichung mit s und lösen sie dann nach der *Bildfunktion* $I\,(s)$ auf:

$$s^2 \cdot I\,(s) + 2\delta s \cdot I\,(s) + \omega_0^2 \cdot I\,(s) = \frac{U_0}{L}$$

$$(s^2 + 2\delta s + \omega_0^2) \cdot I\,(s) = \frac{U_0}{L}$$

$$I\,(s) = \frac{U_0}{L} \cdot \frac{1}{s^2 + 2\delta s + \omega_0^2}$$

(3) Rücktransformation vom Bild- in den Originalbereich

Die *Rücktransformation* soll unter Verwendung der *Laplace-Transformationstabelle* der Formelsammlung (Abschnitt XII.6) erfolgen. Zunächst ist

$$i\,(t) = \mathcal{L}^{-1}\{I\,(s)\} = \mathcal{L}^{-1}\left\{\frac{U_0}{L} \cdot \frac{1}{s^2 + 2\delta s + \omega_0^2}\right\} =$$

$$= \frac{U_0}{L} \cdot \mathcal{L}^{-1}\left\{\underbrace{\frac{1}{s^2 + 2\delta s + \omega_0^2}}_{F\,(s)}\right\} = \frac{U_0}{L} \cdot \mathcal{L}^{-1}\{F\,(s)\}$$

Die Bildfunktion $F\,(s)$ bringen wir noch durch *quadratische Ergänzung* auf eine spezielle Form:

$$s^2 + 2\delta s + \omega_0^2 = \underbrace{(s^2 + 2\delta s + \delta^2)}_{(s + \delta)^2} + \underbrace{(\omega_0^2 - \delta^2)}_{\omega_d^2} = (s + \delta)^2 + \omega_d^2$$

$$F(s) = \frac{1}{s^2 + 2\delta s + \omega_0^2} = \frac{1}{(s + \delta)^2 + \omega_d^2}$$

Diese Funktion ist somit vom *allgemeinen* Typ $\dfrac{1}{(s - b)^2 + a^2}$ (Nr. 28). Mit $a = \omega_d$ und $b = -\delta$

erhalten wir damit für den zeitlichen Verlauf der *Stromstärke* i die Gleichung

$$i(t) = \frac{U_0}{L} \cdot \mathcal{L}^{-1} \left\{ \frac{1}{(s + \delta)^2 + \omega_d^2} \right\} = \frac{U_0}{L} \cdot \frac{e^{-\delta t} \cdot \sin(\omega_d t)}{\omega_d} =$$

$$= \frac{U_0}{L\,\omega_d} \cdot e^{-\delta t} \cdot \sin(\omega_d t), \qquad t \geq 0$$

In dem Reihenschwingkreis fließt somit ein mit der Zeit t *exponentiell* abklingender *Wechselstrom* (Bild XI-15). Es handelt sich somit um eine *gedämpfte elektromagnetische Schwingung*

mit dem *Dämpfungsfaktor* $\delta = \dfrac{R}{2L}$ und der *Kreisfrequenz* $\omega_d = \sqrt{\omega_0^2 - \delta^2} = \sqrt{\dfrac{1}{LC} - \dfrac{R^2}{4L^2}}$.

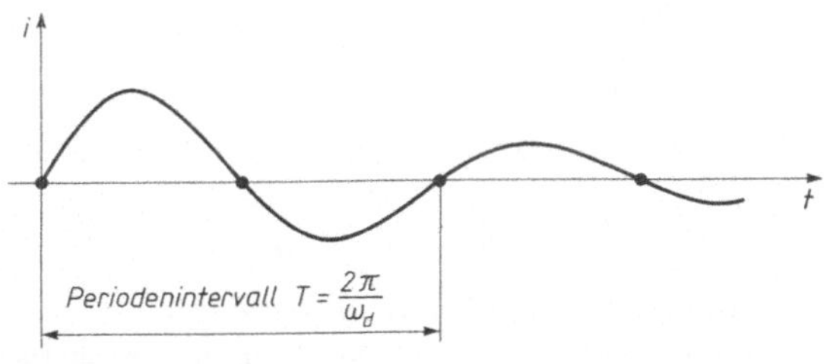

Bild XI-15

Übung 8:   Spannungsübertragung bei einem Vierpol
System von linearen Dgln 1. Ordnung
(Partialbruchzerlegung der Bildfunktion)

Unter einem *Vierpol* versteht man ein elektrisches Netzwerk mit einem Eingangs- und einem Ausgangsklemmenpaar. Der in Bild XI-16 dargestellte Vierpol enthält einen ohmschen Widerstand R und eine Induktivität L. An die Eingangsklemmen wird zum Zeitpunkt $t = 0$ die *sinusförmige* Wechselspannung

$$u_e = \hat{u} \cdot \sin(\omega t), \qquad t \geq 0$$

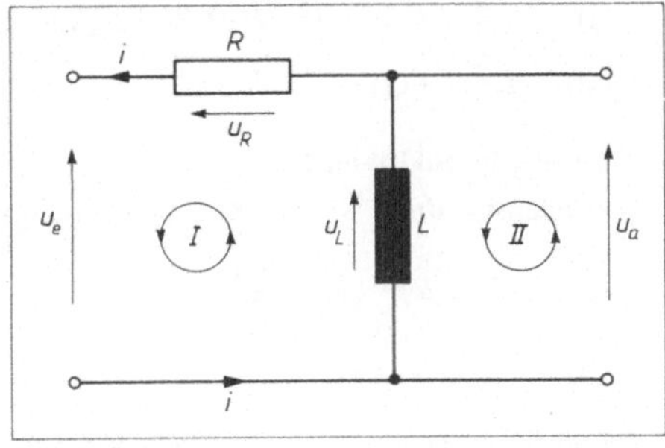

Bild XI-16

angelegt.

Bestimmen Sie mit Hilfe der *Laplace-Transformation* den *zeitlichen* Verlauf der *Ausgangsspannung* u_a, wenn das Netzwerk im Einschaltzeitpunkt $t = 0$ *stromlos* ist.

Lösungshinweis: Die Anwendung der *Maschenregel* [A32] auf die beiden in Bild XI-16 gekennzeichneten Maschen führt zu einem *System* aus zwei *gekoppelten* linearen Dgln 1. Ordnung für die Stromstärke i und die Ausgangsspannung u_a. Unterwerfen Sie dieses System der *Laplace-Transformation* und *eliminieren* Sie die Bildfunktion $I(s)$ der Stromstärke $i(t)$. Zerlegen Sie die Bildfunktion $U_a(s)$ der Ausgangsspannung $u_a(t)$ *vor* der Rücktransformation zunächst in *Partialbrüche.*

Lehrbuch: Bd. 2, VII.5.1.2 und VII.4.1
Physikalische Grundlagen: A14, A32, A45

Lösung:

Die *Maschenregel* [A32] liefert für die beiden eingezeichneten Maschen (I) und (II) die folgenden Gleichungen:

(I) $u_R + u_L - u_e = 0$ $u_L + u_R = u_e$
                                    oder
(II) $-u_L + u_a = 0$ $u_L = u_a$

Die Teilspannungen u_R und u_L genügen dabei den physikalischen Gesetzen

$$u_R = Ri \quad\quad \text{und} \quad\quad u_L = L \cdot \frac{di}{dt}$$

(*ohmsches Gesetz* [A14] bzw. *Induktionsgesetz* [A45]). Die *Maschengleichungen* lauten damit unter Berücksichtigung der Eingangsspannung $u_e = \hat{u} \cdot \sin(\omega t)$ und der Stromlosigkeit zu Beginn

(I) $L \cdot \dfrac{di}{dt} + Ri = \hat{u} \cdot \sin(\omega t)$ ⎫

                                           ⎬   *Anfangswert:* $i(0) = 0$

(II) $L \cdot \dfrac{di}{dt} = u_a$ ⎭

Dies sind zwei *gekoppelte lineare Dgln 1. Ordnung* für die (noch unbekannten) Funktionen $i = i(t)$ und $u_a = u_a(t)$. Wir lösen sie mit Hilfe der *Laplace-Transformation* wie folgt:

(1) Transformation vom Original- in den Bildbereich

$$\mathcal{L}\{i(t)\} = I(s) , \quad\quad \mathcal{L}\{u_a(t)\} = U_a(s)$$

(I) $L\left[s \cdot I(s) - 0\right] + R \cdot I(s) = \mathcal{L}\{\hat{u} \cdot \sin(\omega t)\} = \hat{u} \cdot \mathcal{L}\{\sin(\omega t)\} = \hat{u} \cdot \dfrac{\omega}{s^2 + \omega^2}$ (Nr. 24)

(II) $L\left[s \cdot I(s) - 0\right] = U_a(s)$

(2) Lösung im Bildbereich

Zunächst *ordnen* wir die beiden Gleichungen:

(I) $(Ls + R) \cdot I(s) = \dfrac{\hat{u}\,\omega}{s^2 + \omega^2}$

(II) $Ls \cdot I(s) = U_a(s)$

Gleichung (I) wird nun nach $I(s)$ aufgelöst:

$$I(s) = \frac{\hat{u}\,\omega}{(Ls + R)(s^2 + \omega^2)} = \frac{\hat{u}\,\omega}{L\left(s + \frac{R}{L}\right)(s^2 + \omega^2)} = \frac{\hat{u}\,\omega}{L\left(s + \frac{1}{\tau}\right)(s^2 + \omega^2)}$$

$(\tau = L/R\colon Zeitkonstante)$. Diesen Ausdruck setzen wir in Gleichung (II) ein und erhalten für $U_a\,(s)$:

$$U_a\,(s) = Ls \cdot I\,(s) = Ls \cdot \frac{\hat{u}\,\omega}{L\left(s + \frac{1}{\tau}\right)\left(s^2 + \omega^2\right)} = \hat{u}\,\omega \cdot \frac{s}{\left(s + \frac{1}{\tau}\right)\left(s^2 + \omega^2\right)}$$

(3) Rücktransformation vom Bild- in den Originalbereich

Es ist

$$u_a\,(t) = \mathcal{L}^{-1}\left\{U_a\,(s)\right\} = \mathcal{L}^{-1}\left\{\hat{u}\,\omega \cdot \frac{s}{\left(s + \frac{1}{\tau}\right)\left(s^2 + \omega^2\right)}\right\} =$$

$$= \hat{u}\,\omega \cdot \mathcal{L}^{-1}\left\{\underbrace{\frac{s}{\left(s + \frac{1}{\tau}\right)\left(s^2 + \omega^2\right)}}_{F\,(s)}\right\} = \hat{u}\,\omega \cdot \mathcal{L}^{-1}\left\{F\,(s)\right\}$$

Vor der Rücktransformation zerlegen wir noch die Bildfunktion $F\,(s)$ in *Partialbrüche:*

$$F\,(s) = \frac{s}{\left(s + \frac{1}{\tau}\right)\left(s^2 + \omega^2\right)} = \frac{A}{s + \frac{1}{\tau}} + \frac{B + Cs}{s^2 + \omega^2}$$

Wir bilden den *Hauptnenner* und erhalten die Gleichung

$$s = A\,(s^2 + \omega^2) + (B + Cs)\left(s + \frac{1}{\tau}\right) \qquad \text{oder} \qquad (s^2 + \omega^2)\,A + \left(s + \frac{1}{\tau}\right)(B + Cs) = s$$

Die drei Konstanten A, B und C lassen sich dabei durch Einsetzen *spezieller* Werte für die Bildvariable s wie folgt bestimmen:

$\boxed{s = -\frac{1}{\tau}} \qquad \left(\frac{1}{\tau^2} + \omega^2\right) A = -\frac{1}{\tau} \;\;\Rightarrow\;\; A = -\frac{\tau}{1 + (\omega\tau)^2}$

$\boxed{s = 0} \qquad \omega^2 A + \frac{1}{\tau} \cdot B = 0 \;\;\Rightarrow\;\; B = -\omega^2 \tau \cdot A = \frac{(\omega\tau)^2}{1 + (\omega\tau)^2}$

$\boxed{s = \frac{1}{\tau}} \qquad \left(\frac{1}{\tau^2} + \omega^2\right) A + \frac{2}{\tau}\left(B + \frac{1}{\tau} \cdot C\right) = \frac{1}{\tau}$

$$\left[1 + (\omega\tau)^2\right] A + 2\,(\tau B + C) = \tau$$

$$C = \frac{\tau - \left[1 + (\omega\tau)^2\right] A}{2} - \tau B = \frac{\tau}{1 + (\omega\tau)^2}$$

Die Konstanten A und B lassen sich noch wie folgt durch die Konstante C ausdrücken:

$$A = -C, \qquad B = \omega^2 \tau \cdot C$$

Die *Partialbruchzerlegung* der Bildfunktion $F\,(s)$ hat daher die Gestalt

$$F\,(s) = \frac{s}{\left(s + \frac{1}{\tau}\right)\left(s^2 + \omega^2\right)} = \frac{A}{s + \frac{1}{\tau}} + \frac{B + Cs}{s^2 + \omega^2} = \frac{-C}{s + \frac{1}{\tau}} + \frac{\omega^2 \tau \cdot C + Cs}{s^2 + \omega^2} =$$

$$= C\left[-\frac{1}{s + \frac{1}{\tau}} + \frac{\omega^2 \tau + s}{s^2 + \omega^2}\right] = \frac{\tau}{1 + (\omega\tau)^2}\left[-\frac{1}{s + \frac{1}{\tau}} + \frac{\omega^2 \tau + s}{s^2 + \omega^2}\right]$$

Somit ist

$$u_a\,(t) = \hat{u}\,\omega \cdot \mathcal{L}^{-1}\,\{F\,(s)\} =$$

$$= \hat{u}\,\omega \cdot \mathcal{L}^{-1}\left\{\frac{\tau}{1 + (\omega\tau)^2}\left[-\frac{1}{s + \frac{1}{\tau}} + \frac{\omega^2\,\tau + s}{s^2 + \omega^2}\right]\right\} =$$

$$= \frac{\hat{u}\,\omega\tau}{1 + (\omega\tau)^2}\left[-\mathcal{L}^{-1}\left\{\frac{1}{s + \frac{1}{\tau}}\right\} + \omega^2\,\tau \cdot \mathcal{L}^{-1}\left\{\frac{1}{s^2 + \omega^2}\right\} + \mathcal{L}^{-1}\left\{\frac{s}{s^2 + \omega^2}\right\}\right]$$

Die dabei auftretenden *Bildfunktionen* sind der Reihe nach vom *allgemeinen* Typ $\dfrac{1}{s - a}$ (Nr. 3 mit $a = -1/\tau$), $\dfrac{1}{s^2 + a^2}$ (Nr. 24 mit $a = \omega$) und $\dfrac{s}{s^2 + a^2}$ (Nr. 25 mit $a = \omega$). Die gesuchte *Lösung* lautet daher

$$u_a\,(t) = \frac{\hat{u}\,\omega\tau}{1 + (\omega\tau)^2}\left[-e^{-\frac{t}{\tau}} + \omega^2\,\tau \cdot \frac{\sin\,(\omega t)}{\omega} + \cos\,(\omega t)\right] =$$

$$= \frac{\hat{u}\,\omega\tau}{1 + (\omega\tau)^2}\left[\underbrace{\omega\tau \cdot \sin\,(\omega t) + \cos\,(\omega t)}_{K\,\cdot\,\sin\,(\omega t + \varphi)} - e^{-\frac{t}{\tau}}\right]$$

Die *gleichfrequenten* Sinus- und Kosinusterme lassen sich noch mit Hilfe des (reellen) *Zeigerdiagramms* als phasenverschobene *Sinusschwingung* gleicher Frequenz zusammenfassen[3]:

$$\omega\tau \cdot \sin\,(\omega t) + \cos\,(\omega t) = K \cdot \sin\,(\omega t + \varphi)$$

Aus Bild XI-17 folgt dann unmittelbar:

$$K = \sqrt{1 + (\omega\tau)^2}$$

$$\tan\,\varphi = \left(\frac{1}{\omega\tau}\right) \Rightarrow \varphi = \arctan\left(\frac{1}{\omega\tau}\right)$$

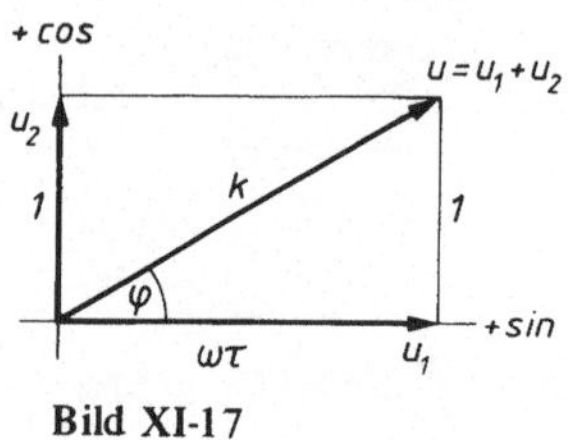

Bild XI-17

Die *Ausgangsspannung* $u_a\,(t)$ besitzt daher den folgenden zeitlichen Verlauf:

$$u_a\,(t) = \frac{\hat{u}\,\omega\tau}{1 + (\omega\tau)^2}\left[\sqrt{1 + (\omega\tau)^2} \cdot \sin\,(\omega t + \varphi) - e^{-\frac{t}{\tau}}\right] =$$

$$= \frac{\hat{u}\,\omega\tau}{\sqrt{1 + (\omega\tau)^2}} \cdot \sin\,(\omega t + \varphi) - \frac{\hat{u}\,\omega\tau}{1 + (\omega\tau)^2} \cdot e^{-\frac{t}{\tau}}, \qquad t \geqslant 0$$

---

[3] Die Wechselspannungen $u_1 = \omega\tau \cdot \sin\,(\omega t)$ und $u_2 = 1 \cdot \cos\,(\omega t)$ *überlagern* sich *ungestört* und ergeben die *resultierende* Wechselspannung

$$u = u_1 + u_2 = K \cdot \sin\,(\omega t + \varphi)$$

Unter Berücksichtigung von $\tau = L/R$ wird daraus

$$u_a\,(t) \;=\; \frac{\omega L\,\hat{u}}{\sqrt{R^2 + (\omega L)^2}}\cdot \sin\,(\omega t + \varphi) \;-\; \frac{R\,\omega L\,\hat{u}}{R^2 + (\omega L)^2}\cdot \mathrm{e}^{-\frac{R}{L}\,t}\,, \qquad t \geqslant 0$$

mit $\varphi = \arctan\left(\dfrac{R}{\omega L}\right) > 0$. Nach einer gewissen „*Einschwingphase*" spielt der durch die *monoton fallende* e-Funktion dargestellte „*flüchtige*" Anteil *keine* nennenswerte Rolle mehr und es verbleibt ein „*stationärer*" Anteil:

$$u_a\,(t) \;\approx\; \frac{\omega L\,\hat{u}}{\sqrt{R^2 + (\omega L)^2}}\cdot \sin\,(\omega t + \varphi)\,, \qquad t \gg \tau = L/R$$

Die *Ausgangsspannung* $u_a\,(t)$ *eilt* somit der angelegten Eingangsspannung $u_e\,(t)$ in der *Phase* um den Nullphasenwinkel $\varphi = \arctan\left(\dfrac{1}{\omega\tau}\right)$ *voraus* (Bild XI-18). Der *Scheitelwert* beträgt

$$\hat{u}_a = \frac{\omega L\,\hat{u}}{\sqrt{R^2 + (\omega L)^2}}\,, \quad \text{die } \textit{Kreisfrequenz } \omega \text{ ist die der Eingangsspannung.}$$

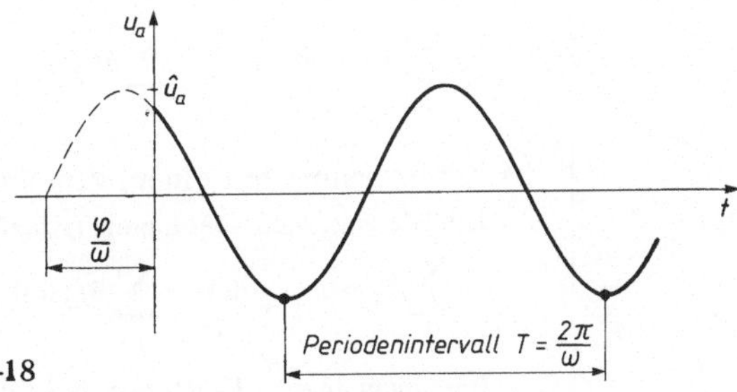

Bild XI-18

Anhang: Physikalische Grundlagen

A 1 | ## Statische Gleichgewichtsbedingungen

a) Allgemeiner Fall

Ein (ebenes oder räumliches) *Kräftesystem* $\vec{F}_1$, $\vec{F}_2$, ..., $\vec{F}_n$ ist im *Gleichgewicht*, wenn sowohl die *Summe* aller *Kräfte* $\vec{F}_i$ als auch die *Summe* aller von diesen Kräften erzeugten *Momente* $\vec{M}_i$ *verschwindet:*

$$\sum_i \vec{F}_i = \vec{0} \quad \text{und} \quad \sum_i \vec{M}_i = \vec{0}$$

Diesen beiden *Vektorgleichungen* entsprechen die folgenden sechs *skalaren* Gleichungen *(Komponentengleichungen)*:

$$\sum_i F_{ix} = 0 , \qquad \sum_i F_{iy} = 0 , \qquad \sum_i F_{iz} = 0 ,$$

$$\sum_i M_{ix} = 0 , \qquad \sum_i M_{iy} = 0 , \qquad \sum_i M_{iz} = 0$$

b) Kräftesystem mit einem gemeinsamen Angriffspunkt

Die Gleichgewichtsbedingung *reduziert* sich auf

$$\sum_i \vec{F}_i = \vec{0} \quad \text{oder} \quad \sum_i F_{ix} = 0 , \quad \sum_i F_{iy} = 0 , \quad \sum_i F_{iz} = 0$$

Bei einem *ebenen* Kräftesystem ist die *dritte* Komponentengleichung *automatisch* erfüllt, da alle z-Komponenten *verschwinden*.

A 2 | ## Schwerpunkt eines Massenpunktsystems

Ein *Massenpunktsystem* enthalte n *punktförmige* Massen m_1, m_2, ..., m_n, deren räumliche Lage durch die *Ortsvektoren* $\vec{r}_1$, $\vec{r}_2$, ..., $\vec{r}_n$ festgelegt sei. Der *Ortsvektor* $\vec{r}_S$ des *Schwerpunktes* S genügt dann der Vektorgleichung

$$\left(\sum_i m_i \right) \vec{r}_S = \sum_i m_i \vec{r}_i$$

A 3 | ## Elektrische Feldstärke in der Umgebung einer elektrischen Punktladung

Eine *elektrische Punktladung* Q erzeugt im Abstand r ein elektrisches Feld mit der *elektrischen Feldstärke* vom Betrag

$$E = \frac{Q}{4\pi \epsilon \, \epsilon_0 \, r^2} , \qquad r > 0$$

(ϵ_0: elektrische Feldkonstante; ϵ: Dielektrizitätskonstante des umgebenden Mediums).

A 4 | Magnetische Feldstärke in der Umgebung eines stromdurchflossenen linearen Leiters

Ein vom Strom I durchflossener *linearer elektrischer Leiter* erzeugt im (senkrechten) Abstand r von der Leiterachse ein magnetisches Feld mit einer *magnetischen Feldstärke* vom Betrag

$$H = \frac{I}{2\pi r}\,, \qquad r > 0$$

A 5 | Zusammenhang zwischen der magnetischen Flußdichte und der magnetischen Feldstärke

Zwischen der *magnetischen Flußdichte* $\vec{B}$ und der *magnetischen Feldstärke* $\vec{H}$ besteht der folgende Zusammenhang:

$$\vec{B} = \mu_0\,\mu\vec{H}$$

(μ_0: magnetische Feldkonstante; μ: Permeabilität).

A 6 | Kraftwirkung auf einen stromdurchflossenen linearen Leiter in einem Magnetfeld

Ein vom Strom I durchflossener *linearer elektrischer Leiter* mit dem Längenvektor $\vec{l}$ erfährt in einem Magnetfeld mit der magnetischen Flußdichte $\vec{B}$ die *Kraft*

$$\vec{F} = I\,(\vec{l} \times \vec{B}) \qquad \text{bzw.} \qquad F = IlB \cdot \sin \varphi$$

($l = |\vec{l}|$: Länge des Leiters; φ: Winkel zwischen Leiter und Magnetfeld).

A 7 | Moment einer Kraft

Das *Moment* $\vec{M}$ einer Kraft $\vec{F}$, die in einem Punkt P mit dem Ortsvektor $\vec{r}$ angreift, ist definitionsgemäß das *Vektorprodukt* aus dem Ortsvektor $\vec{r}$ und dem Kraftvektor $\vec{F}$:

$$\vec{M} = \vec{r} \times \vec{F}$$

Betrag: $M = rF \cdot \sin \varphi$

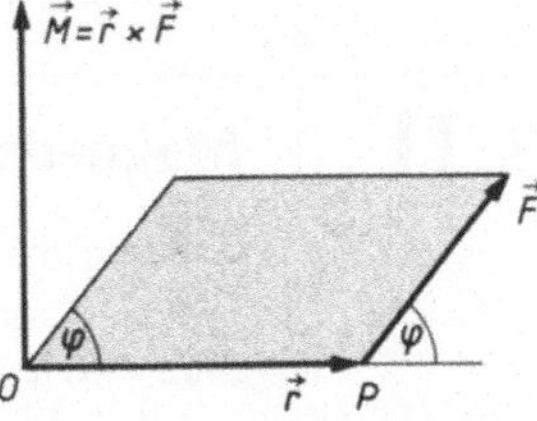

Sonderfall: Die Komponenten M_x und M_y des Momentenvektors $\vec{M}$ *verschwinden*, wenn Ortsvektor $\vec{r}$ und Kraftvektor $\vec{F}$ in der x,y-Ebene liegen. Es verbleibt dann nur die *z-Komponente* $M_z = x\,F_y - y\,F_x$.

A 8 — Zusammenhang zwischen Bahn- und Winkelgeschwindigkeit

Die *Bahngeschwindigkeit* $\vec{v}$ eines
Massenpunktes, der mit der Winkelgeschwindigkeit $\vec{\omega}$ auf einer Kreisbahn rotiert, ist das *Vektorprodukt*
aus der Winkelgeschwindigkeit $\vec{\omega}$
und dem (augenglicklichen) *Ortsvektor* $\vec{r}$ des Massenpunktes:

$$\vec{v} = \vec{\omega} \times \vec{r}$$

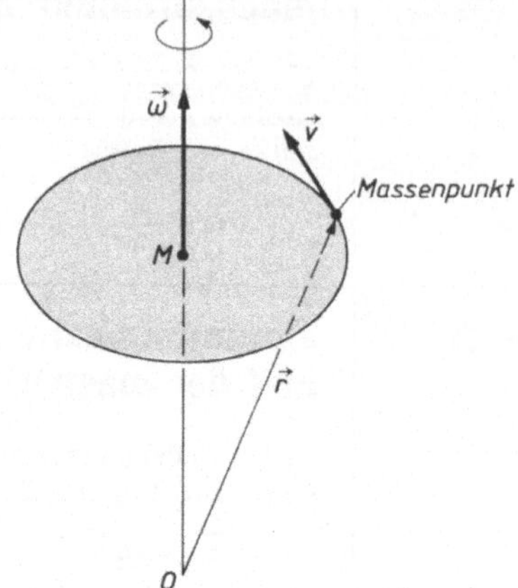

A 9 — Kraftwirkung auf eine bewegte elektrische Punktladung in einem Magnetfeld (Lorentzkraft)

Eine *elektrische Punktladung* q, die sich mit der Geschwindigkeit $\vec{v}$ durch ein
Magnetfeld mit der magnetischen Flußdichte $\vec{B}$ bewegt, erfährt dort die sog.
Lorentzkraft

$$\vec{F}_L = q\,(\vec{v} \times \vec{B})$$

A 10 — Kraftwirkung auf eine elektrische Punktladung in einem elektrischen Feld

Eine *elektrische Punktladung* q erfährt in einem elektrischen Feld mit der
elektrischen Feldstärke $\vec{E}$ die *Kraft*

$$\vec{F} = q\vec{E} \qquad \text{bzw.} \qquad F = qE$$

A 11 — Magnetischer Fluß durch eine ebene Fläche

Wird eine *ebene* Fläche mit dem Flächeninhalt A von einem *homogenen* Magnetfeld
mit der (konstanten) magnetischen Flußdichte $\vec{B}$ durchflutet, so ist der *magnetische
Fluß* durch diese Fläche durch das *Skalarprodukt*

$$\phi = \vec{B} \cdot \vec{A}$$

gegeben. Dabei ist $\vec{A}$ ein *senkrecht* auf der Fläche stehender Vektor, dessen Betrag
dem *Flächeninhalt* A entspricht.

Sonderfall: Wird die Fläche A *senkrecht* vom Magnetfeld der Flußdichte B durchflutet, so ist $\phi = BA$.

A 12	**Induktionsgesetz**

Wird eine *Leiterschleife* mit N Windungen *(Spule)* von einem *zeitlich veränderlichen* magnetischen Fluß ϕ durchflutet, so entsteht durch *elektromagnetische Induktion* eine *Induktionsspannung* vom Betrag

$$U = N \cdot \frac{d\phi}{dt}$$

A 13	**Kirchhoffsche Regeln (Auszug)**

Die hier für *Gleichstromkreise* formulierten *Kirchhoffschen Regeln* gelten *sinngemäß* auch für *Wechselstromkreise*, wenn man die Gleichstromgrößen durch die entsprechenden *komplexen* Wechselstromgrößen (Wechselstromoperatoren) ersetzt.

a) Gesetze der Reihenschaltung

Die Einzelwiderstände R_1, R_2, ..., R_n *addieren* sich zum *Gesamtwiderstand* R:

$$R = R_1 + R_2 + ... + R_n$$

Die Teilspannungen U_1, U_2, ..., U_n an den Einzelwiderständen R_1, R_2, ..., R_n *addieren* sich zur *Gesamtspannung* U (angelegte Spannung):

$$U = U_1 + U_2 + ... + U_n$$

b) Gesetze der Parallelschaltung

Die *Kehrwerte* der Einzelwiderstände R_1, R_2, ..., R_n *addieren* sich zum *Kehrwert* des *Gesamtwiderstandes* R:

$$\frac{1}{R} = \frac{1}{R_1} + \frac{1}{R_2} + ... + \frac{1}{R_n}$$

Die Einzelleitwerte G_1, G_2, ..., G_n *addieren* sich zum *Gesamtleitwert* G:

$$G = G_1 + G_2 + ... + G_n$$

An *jedem* der *parallel* geschalteten Stromzweige liegt dabei die *gleiche* Spannung U:

$$U_1 = U_2 = ... = U_n = U = \text{const.}$$

A 14	**Ohmsches Gesetz**

Bei einem *metallischen Leiter* sind Stromstärke I und Spannung U einander *proportional*. Es gilt das *ohmsche Gesetz*

$$R = \frac{U}{I} = \text{const.}$$

(R: *ohmscher Widerstand* des Leiters). Diese *lineare* Beziehung gilt auch für *zeitabhängige* Ströme und Spannungen.

A 15 | Zentrifugalkraft

Ein *punktförmiger* Körper der Masse m, der sich mit der Winkelgeschwindigkeit ω auf einer Kreisbahn mit dem Radius r bewegt, erfährt eine nach *außen* gerichtete *Zentrifugalkraft* vom Betrag

$$F_Z = m\,\omega^2\,r$$

A 16 | Zugspannung in einem Zugstab

Eine an einem *Zugstab* in *axialer* Richtung angreifende Kraft F erzeugt bei *konstanter* Querschnittsfläche A an jeder Schnittstelle die *Zugspannung*

$$\sigma = \frac{F}{A}$$

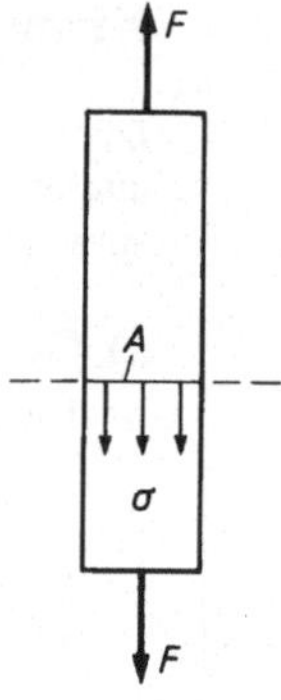

A 17 | Fallgesetze im luftleeren Raum

Für *Fallweg* s und *Fallgeschwindigkeit* v gelten im *luftleeren* Raum folgende Zeitabhängigkeiten:

$$s = \frac{1}{2}gt^2 + v_0 t + s_0 \qquad \text{und} \qquad v = gt + v_0$$

(g: Erdbeschleunigung; v_0: Anfangsgeschwindigkeit; s_0: Anfangsweg).

A 18 | Gravitationsgesetz von Newton

Zwischen zwei *punktförmigen* Massen m_1 und m_2 im gegenseitigen Abstand r wirkt stets eine *Anziehungskraft (Gravitationskraft)* vom Betrag

$$F_G = f\,\frac{m_1\,m_2}{r^2}$$

(f: Gravitationskonstante).

A 19 | Definition der Stromdichte

Die *Stromdichte* $\vec{S}$ ist ein *Vektor*, der die *Verteilung* des elektrischen Stroms in einem Leiter beschreibt und somit i.a. eine von Ort zu Ort verschiedene Größe darstellt. Die *Richtung* des Vektors $\vec{S}$ fällt mit der *Strömungsrichtung* zusammen, der *Betrag* der Stromdichte ist definitionsgemäß

$$S = \frac{dI}{dA}$$

Dabei ist dA ein Flächenelement *senkrecht* zur Strömungsrichtung und dI der durch dieses Flächenelement fließende Strom.

Sonderfall: Bei *gleichmäßiger* Stromverteilung gilt

$$S = \frac{I}{A} = \text{const.}$$

(I: Stromstärke; A: Querschnittsfläche des Leiters).

A 20   Kapazität eines Plattenkondensators

Ein *Plattenkondensator* mit der Plattenfläche A (Fläche *einer* Platte) und dem Plattenabstand d besitzt die *Kapazität*

$$C = \frac{\epsilon_0 \, \epsilon \, A}{d}$$

(ϵ_0: elektrische Feldkonstante; ϵ: Dielektrizitätskonstante des Isolators, mit dem der Kondensator *vollständig* gefüllt ist).

A 21   Reihen- und Parallelschaltung von Kondensatoren (Kapazitäten)

a) Reihenschaltung

Die *Kehrwerte* der Einzelkapazitäten C_1, C_2, ..., C_n *addieren* sich zum *Kehrwert* der *Gesamtkapazität* C:

$$\frac{1}{C} = \frac{1}{C_1} + \frac{1}{C_2} + \dots + \frac{1}{C_n}$$

b) Parallelschaltung

Die Einzelkapazitäten C_1, C_2, ..., C_n *addieren* sich zur *Gesamtkapazität* C:

$$C = C_1 + C_2 + \dots + C_n$$

A 22   Energieerhaltungssatz der Mechanik

In einem *abgeschlossenen* mechanischen System bleibt die *Gesamtenergie E erhalten*:

$$E = E_{\text{pot}} + E_{\text{kin}} + E_{\text{sp}} + E_{\text{rot}} = \text{const.}$$

Es findet lediglich eine *Umwandlung* zwischen den einzelnen *Energieformen* statt.

$$E_{\text{pot}} = mgh: \qquad \textit{Potentielle Energie} \text{ (Lageenergie)}$$

$$E_{\text{kin}} = \frac{1}{2} m v^2: \qquad \textit{Kinetische Energie} \text{ (Bewegungsenergie)}$$

$$E_{\text{sp}} = \frac{1}{2} k s^2: \qquad \textit{Spannungsenergie} \text{ einer Feder}$$

$$E_{\text{rot}} = \frac{1}{2} J_S \, \omega^2: \qquad \textit{Rotationsenergie} \text{ (bei Drehung um den Schwerpunkt } S)$$

(m: Masse; g: Erdbeschleunigung; h: Höhe; v: Geschwindigkeit; k: Federkonstante; s: Auslenkung der Feder; J_S: Massenträgheitsmoment des rotierenden Körpers bezüglich der Schwerpunktachse; ω: Winkelgeschwindigkeit).

| **A 23** | **Impuls** |

Unter dem *Impuls* $\vec{p}$ einer *punktförmigen* Masse m, die sich mit der Geschwindigkeit $\vec{v}$ bewegt, versteht man definitionsgemäß die *Vektorgröße*

$$\vec{p} = m\vec{v}$$

| **A 24** | **Impulserhaltungssatz** |

In einem *abgeschlossenen* mechanischen System ist der *Gesamtimpuls* $\vec{p}$, d.h. die *Summe* der *Einzelimpulse* $\vec{p}_i$ *konstant:*

$$\vec{p} = \sum_i \vec{p}_i = \overrightarrow{\text{const.}}$$

| **A 25** | **Elektrische Feldstärke in einem Plattenkondensator** |

Wird ein *Plattenkondensator* mit dem Plattenabstand d auf die Spannung U aufgeladen, so besitzt das Kondensatorfeld eine *elektrische Feldstärke* vom Betrag

$$E = \frac{U}{d}$$

| **A 26** | **Reihen- und Parallelschaltung von elastischen Federn** |

a) Reihenschaltung

Die *Kehrwerte* der Einzelfederkonstanten c_1, c_2, ..., c_n *addieren* sich zum *Kehrwert* der *resultierenden Federkonstanten* c (Federkonstante der *Ersatzfeder*):

$$\frac{1}{c} = \frac{1}{c_1} + \frac{1}{c_2} + ... + \frac{1}{c_n}$$

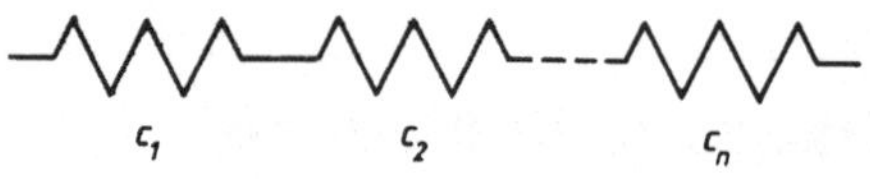

b) Parallelschaltung

Die Einzelfederkonstanten c_1, c_2, ..., c_n *addieren* sich zur *resultierenden Federkonstanten* c (Federkonstante der *Ersatzfeder*):

$$c = c_1 + c_2 + ... + c_n$$

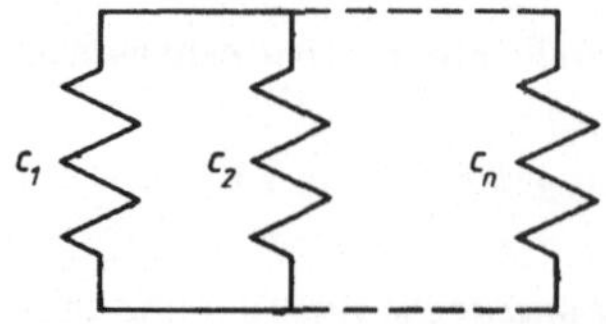

A 27 | Newtonsches Grundgesetz

Ein Körper mit der *konstanten* Masse m erfährt durch das gleichzeitige Einwirken der Kräfte $\vec{F}_1$, $\vec{F}_2$, ..., $\vec{F}_n$ eine *Beschleunigung* $\vec{a}$, die nach dem *Newtonschen Grundgesetz* der *resultierenden* Kraft $\vec{F} = \sum_i \vec{F}_i$ *proportional* ist:

$$m\vec{a} = \vec{F} = \sum_i \vec{F}_i$$

A 28 | Biegegleichung (Differentialgleichung einer Biegelinie)

Für *kleine* Durchbiegungen genügt die *Biegelinie* $y = y(x)$ eines elastischen *Balkens* der *Differentialgleichung*

$$y'' = -\frac{M_b(x)}{EI}$$

$M_b(x)$ ist dabei das *Biegemoment* an der Stelle x, EI die *Biegesteifigkeit* des Balkens (E: Elastizitätsmodul; I: Flächenmoment 2. Grades (Flächenträgheitsmoment) des Balkenquerschnitts).

A 29 | Zusammenhang zwischen Biegemoment, Querkraft und Streckenlast bei einem elastischen Balken

Bei einem *elastischen Balken* bestehen zwischen dem *Biegemoment* $M_b(x)$, der *Querkraft* $Q(x)$ und der *Streckenlast* $q(x)$ die folgenden Beziehungen:

$$Q(x) = M_b'(x), \qquad q(x) = -Q'(x) = -M_b''(x)$$

bzw.

$$Q(x) = -\int q(x)\,dx, \qquad M_b(x) = \int Q(x)\,dx$$

A 30 | Zusammenhang zwischen Drehwinkel, Winkelgeschwindigkeit und Winkelbeschleunigung

Bei einer *Drehbewegung* läßt sich die augenblickliche Lage des rotierenden Massenpunktes durch einen *zeitabhängigen* Drehwinkel $\varphi = \varphi(t)$ beschreiben. Durch *ein-* bzw. *zweimalige* Differentiation nach der Zeit t erhält man daraus die *Winkelgeschwindigkeit* $\omega = \omega(t)$ bzw. die *Winkelbeschleunigung* $\alpha = \alpha(t)$:

$$\omega(t) = \dot{\varphi}(t), \qquad \alpha(t) = \dot{\omega}(t) = \ddot{\varphi}(t)$$

A 31 | Satz von Steiner für Massenträgheitsmomente

$$J = J_S + md^2$$

J_S: Massenträgheitsmoment bezüglich der *Schwerpunktachse*

J: Massenträgheitsmoment bezüglich einer zur Schwerpunktachse *parallelen* Achse

d: Abstand der beiden Achsen

m: Masse des Körpers

A 32 | **Maschenregel**

In jeder *Netzmasche* ist die *Summe* der Spannungen gleich *null*:

$$\sum_i U_i = 0 \qquad (U_i: \text{Teilspannung})$$

A 33 | **Leistung eines Gleichstroms**

Ein *Gleichstrom* der Stärke I erzeugt in einem ohmschen Widerstand R die *Leistung*

$$P = UI = RI^2$$

($U = RI$: Spannungsabfall am ohmschen Widerstand).

A 34 | **Elektrische Feldstärke in der Umgebung eines geladenen linearen Leiters (Linienquelle)**

Ein *linearer elektrischer Leiter* mit der Länge l und der Ladung Q erzeugt im (senkrechten) Abstand r von der Leiterachse ein elektrisches Feld mit einer *elektrischen Feldstärke* vom Betrag

$$E = \frac{Q}{2\pi \epsilon_0 \epsilon l r}, \qquad r > 0$$

(ϵ_0: elektrische Feldkonstante; ϵ: Dielektrizitätskonstante des umgebenden Mediums). Diese Formel gilt auch für den *Außenraum* eines geladenen *Zylinders*.

A 35 | **Archimedisches Prinzip (Auftrieb in einer Flüssigkeit)**

Ein Körper erfährt beim *Eintauchen* in eine Flüssigkeit eine der Schwerkraft *entgegen* gerichtete *Auftriebskraft*. Diese ist gleich dem *Gewicht* der vom *eingetauchten* Körper *verdrängten* Flüssigkeitsmenge.

A 36 | **Grundgesetz der Drehbewegung**

Ein Körper rotiere infolge der von *außen* einwirkenden *Momente* $\vec{M}_1, \vec{M}_2, \ldots, \vec{M}_n$ mit der *Winkelbeschleunigung* $\vec{\alpha}$ um eine Achse. Die Winkelbeschleunigung ist dann dem *resultierenden* äußeren Moment $\vec{M} = \sum_i \vec{M}_i$ proportional:

$$J\vec{\alpha} = \vec{M} = \sum_i \vec{M}_i$$

(J: *Massenträgheitsmoment* des Körpers bezüglich der Drehachse).

A 37 | **Induktionsspannung in einem im Magnetfeld bewegten elektrischen Leiter**

Wird ein *elektrischer Leiter* der Länge l mit der konstanten Geschwindigkeit v *senkrecht* zu den Feldlinien eines *homogenen* Magnetfeldes der konstanten Flußdichte B bewegt, so beträgt die im Leiter durch *elektromagnetische Induktion* erzeugte *Spannung*

$$U = Blv$$

A 38 — Magnetischer Fluß durch eine ebene Fläche

Eine *ebene* Fläche mit dem Flächeninhalt A werde *senkrecht* von einem Magnetfeld mit der *ortsabhängigen* magnetischen Flußdichte B durchflutet. Der *magnetische Fluß* durch diese Fläche ist dann durch das *Doppelintegral*

$$\phi = \iint\limits_{(A)} d\phi = \iint\limits_{(A)} B \, dA$$

gegeben ($d\phi = B \, dA$ ist dabei der magnetische Fluß durch das *Flächenelement* dA).

Sonderfall: Für $B = \text{const.}$ gilt $\phi = BA$.

A 39 — Spannung zwischen zwei Punkten eines elektrischen Feldes mit Radialsymmetrie (Kreis- oder Zylindersymmetrie)

In einem elektrischen Feld mit *Radialsymmetrie (Kreis-* oder *Zylindersymmetrie)* ist der Betrag der *elektrischen Feldstärke* $\vec{E}$ eine reine Funktion $E = E(r)$ der *Abstandskoordinate* r (*senkrechter* Abstand zur Symmetrieachse). Die *Spannung* U zwischen zwei Punkten P_1 und P_2 mit den Abstandskoordinaten r_1 und r_2 ist dann durch das *Integral*

$$U = \int\limits_{r_1}^{r_2} E(r) \, dr$$

gegeben.

A 40 — Definitionsgleichung der Kapazität eines Kondensators

Die Ladung Q eines *Kondensators* ist der angelegten Spannung U *proportional*. Seine *Kapazität* C ist dann definitionsgemäß durch die Gleichung

$$C = \frac{Q}{U}$$

gegeben. Diese Beziehung gilt auch für *zeitabhängige* Spannungen und Ladungen.

A 41 — Zusammenhang zwischen der Stromdichte und der elektrischen Feldstärke in einem elektrischen Leiter

In einem *elektrischen Leiter* mit der Leitfähigkeit κ besteht zwischen der *Stromdichte* $\vec{S}$ und der *elektrischen Feldstärke* $\vec{E}$ der folgende Zusammenhang:

$$\vec{S} = \kappa \vec{E} \qquad \text{bzw.} \qquad S = \kappa E$$

A 42 — Ohmscher Widerstand eines zylinderförmigen Drahtes

Ein *zylinderförmiger* Draht mit der Länge l und der (konstanten) Querschnittsfläche A besitzt den *ohmschen Widerstand*

$$R = \rho \, \frac{l}{A}$$

(ρ: *spezifischer* Widerstand des Drahtes).

| **A 43** | **Zusammenhang zwischen der Stromstärke und der Ladung** |

In einem *elektrischen Leiter* besteht zwischen der zeitabhängigen *Stromstärke* $i\,(t)$ und der (ebenfalls zeitabhängigen) *Ladung* $q\,(t)$ der folgende Zusammenhang:

$$i\,(t) = \frac{dq}{dt} = \dot{q}\,(t) \qquad \text{bzw.} \qquad q\,(t) = \int i\,(t)\,dt$$

| **A 44** | **Stromarbeit bei zeitabhängiger Stromstärke** |

Ein *zeitabhängiger* Strom $i\,(t)$ erzeugt in einem *ohmschen* Widerstand R im Zeitintervall $t_1 \leqslant t \leqslant t_2$ die *Stromarbeit*

$$W = \int\limits_{t_1}^{t_2} p\,(t)\,dt = R \cdot \int\limits_{t_1}^{t_2} i^2\,(t)\,dt$$

($p\,(t) = R \cdot i^2\,(t)$ ist die *zeitabhängige Momentanleistung*).

| **A 45** | **Selbstinduktion in einer Spule** |

Wird eine *Spule* mit der Induktivität L von einem *zeitlich veränderlichen* Strom $i\,(t)$ durchflossen, so beträgt die in ihr durch *elektromagnetische Induktion* erzeugte *Spannung*

$$u\,(t) = L \cdot \frac{d\,i\,(t)}{dt}$$

| **A 46** | **Leistung eines periodischen Wechselstroms** |

Der *Momentanwert* der *Leistung* eines periodischen Wechselstroms $i\,(t)$ bei der Spannung $u\,(t)$ beträgt

$$p\,(t) = u\,(t) \cdot i\,(t)$$

Die *durchschnittliche* Leistung während einer Periode $T = 2\pi/\omega$ ist dann durch das *Integral*

$$P = \frac{1}{T} \cdot \int\limits_{0}^{T} p\,(t)\,dt = \frac{1}{T} \cdot \int\limits_{0}^{T} u\,(t) \cdot i\,(t)\,dt$$

gegeben (ω: Kreisfrequenz des Wechselstroms).

A 47 · Vierpolgleichungen

Unter einem *Vierpol* versteht man ein elektrisches Netzwerk mit einem *Eingangsklemmenpaar* und einem *Ausgangsklemmenpaar*. Zwischen den *Eingangsgrößen* (Eingangsspannung U_1, Eingangsstrom I_1) und den *Ausgangsgrößen* (Ausgangsspannung U_2, Ausgangsstrom I_2) bestehen dabei die folgenden Beziehungen:

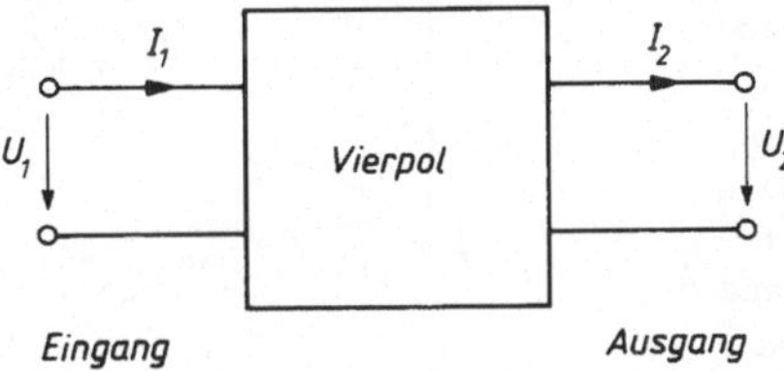

a) Widerstandsform

$$\underbrace{\begin{pmatrix} U_1 \\ U_2 \end{pmatrix}}_{\mathbf{U}} = \underbrace{\begin{pmatrix} Z_{11} & Z_{12} \\ Z_{21} & Z_{22} \end{pmatrix}}_{\text{Widerstandsmatrix } \mathbf{Z}} \cdot \underbrace{\begin{pmatrix} I_1 \\ I_2 \end{pmatrix}}_{\mathbf{I}} \qquad \text{oder} \quad \mathbf{U} = \mathbf{Z} \cdot \mathbf{I}$$

b) Leitwertform

$$\underbrace{\begin{pmatrix} I_1 \\ I_2 \end{pmatrix}}_{\mathbf{I}} = \underbrace{\begin{pmatrix} Y_{11} & Y_{12} \\ Y_{21} & Y_{22} \end{pmatrix}}_{\text{Leitwertmatrix } \mathbf{Y} = \mathbf{Z}^{-1}} \cdot \underbrace{\begin{pmatrix} U_1 \\ U_2 \end{pmatrix}}_{\mathbf{U}} \qquad \text{oder} \quad \mathbf{I} = \mathbf{Y} \cdot \mathbf{U}$$

c) Kettenform

$$\begin{pmatrix} U_1 \\ I_1 \end{pmatrix} = \underbrace{\begin{pmatrix} A_{11} & A_{12} \\ A_{21} & A_{22} \end{pmatrix}}_{\text{Kettenmatrix } \mathbf{A}} \cdot \begin{pmatrix} U_2 \\ -I_2 \end{pmatrix}$$

A 48 · Kettenschaltung von Vierpolen

Bei der *Kettenschaltung* von n Vierpolen mit den *Kettenmatrizen* $\mathbf{A}_1$, $\mathbf{A}_2$, ..., $\mathbf{A}_n$ werden die *Ausgangsklemmen* des *ersten* Vierpols mit den *Eingangsklemmen* des *zweiten* Vierpols *zusammengeschaltet* usw. Die Kettenmatrizen der einzelnen Vierpole *multiplizieren* sich dabei zur Kettenmatrix $\mathbf{A}$ des *Ersatzvierpols:*

$$\mathbf{A} = \mathbf{A}_1 \cdot \mathbf{A}_2 \ldots \mathbf{A}_n$$

A 49 | Biot-Savartsches Gesetz

Ein vom Strom I durchflossenes *Leiterelement* $d\vec{s}$ erzeugt im Punkt P ein Magnetfeld mit dem *magnetischen Feldstärkevektor*

$$d\vec{H} = \frac{I}{4\pi} \cdot \frac{d\vec{s} \times \vec{r}}{r^3}$$

(*Biot-Savartsches* Gesetz). Dabei
ist $\vec{r}$ der vom Leiterelement $d\vec{s}$
zum Punkt P führende Vektor
der Länge r. Durch Summation,
d.h. *Integration* über sämtliche
Leiterelemente des linienförmigen
dünnen Leiters erhält man das
Gesamtfeld im Punkt P.

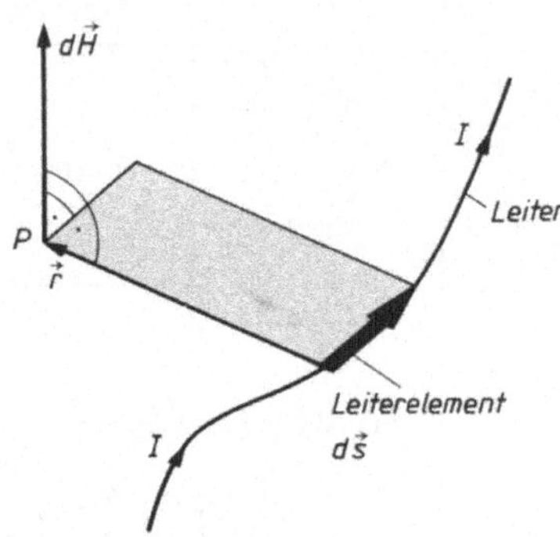

A 50 | Knotenpunktregel

In jedem *Knotenpunkt* ist die *Summe* der zu- und abfließenden Ströme gleich *null*:

$$\sum_i I_i = 0 \qquad (I_i:\ \text{Strom im } i\text{-ten Zweig})$$

Zufließende Ströme werden dabei *positiv*, *abfließende* Ströme *negativ* gerechnet.

A 51 | Maschenstromverfahren

Streckenkomplex eines
elektrischen Netzwerkes
mit 5 *Knotenpunkten* und
8 *Zweigen* (Spannungsquellen,
Widerstände usw. wurden
nicht eingezeichnet).

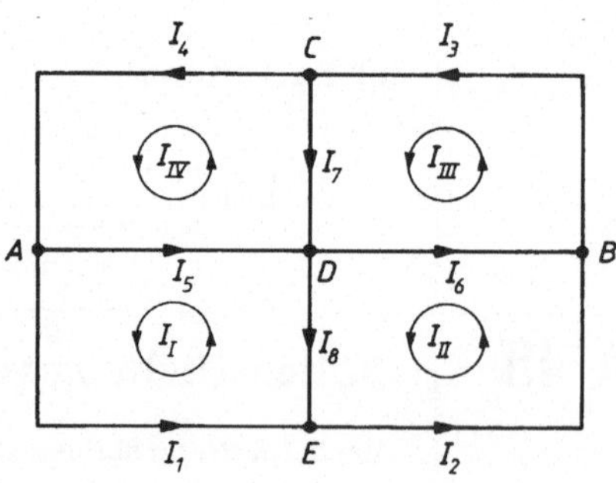

In einem *elektrischen Netzwerk* mit k *Knotenpunkten* und z *Zweigen* gibt es genau
$m = z - (k - 1)$ *unabhängige Maschen* (im gezeichneten Beispiel: $k = 5$, $z = 8$,
$m = 8 - (5 - 1) = 4$). Beim *Maschenstromverfahren* geht man nun schrittweise wie
folgt vor:

(1)   Es werden m *unabhängige* Maschen ausgewählt. Jeder dieser Maschen wird ein
      fiktiver Maschenstrom zugeordnet, dessen Richtung *willkürlich* festgelegt wird
      (im Beispiel sind dies die Maschenströme I_{I} bis I_{IV}).

(2) Die Anwendung der *Maschenregel* [A32] auf *jede* der m unabhängigen Maschen führt zu einem *linearen Gleichungssystem* mit m Gleichungen und ebensovielen unbekannten Maschenströmen (im Beispiel: *vier* Gleichungen mit den *vier* unbekannten Maschenströmen I_I bis I_IV).

(3) Berechnung der *Maschenströme* z.B. unter Verwendung des *Gaußschen Algorithmus*.

(4) Die *Zweigströme* lassen sich aus den (jetzt *bekannten*) Maschenströmen berechnen. Gehört dabei ein Zweig gleichzeitig *zwei* Maschen an, so ist der entsprechende Zweigstrom durch *Überlagerung* der beiden zugehörigen Maschenströme zu ermitteln (im Beispiel: die Zweigströme I_1 bis I_4 sind mit den Maschenströmen I_I bis I_IV identisch, während die Zweigströme I_5 bis I_8 jeweils durch Überlagerung *zweier* Maschenströme entstehen: $I_5 = I_\mathrm{IV} - I_\mathrm{I}$, $I_6 = I_\mathrm{III} - I_\mathrm{II}$, $I_7 = I_\mathrm{III} - I_\mathrm{IV}$, $I_8 = I_\mathrm{II} - I_\mathrm{I}$).

A 52   Ohmsches Gesetz der Wechselstromtechnik

$$\underline{U} = \underline{Z} \cdot \underline{I} \quad \text{bzw.} \quad \underline{I} = \underline{Y} \cdot \underline{U}$$

$\underline{U}$ und $\underline{I}$ sind die *komplexen Effektivwerte* von Spannung und Strom, $\underline{Z}$ der *komplexe* Scheinwiderstand und $\underline{Y}$ der *komplexe* Scheinleitwert des Wechselstromkreises.

A 53   Komplexe Wechselstromwiderstände und Wechselstromleitwerte (Widerstands- und Leitwertoperatoren)

In einem *Wechselstromkreis* werden die drei Grundschaltelemente R *(ohmscher Widerstand)*, C *(Kapazität)* und L *(Induktivität)* durch die folgenden *Widerstands-* bzw. *Leitwertoperatoren* (komplexe Zeiger) dargestellt:

Schaltelement	Widerstandsoperator	Leitwertoperator
R	R	$\dfrac{1}{R}$
C	$-\mathrm{j}\,\dfrac{1}{\omega C}$	$\mathrm{j}\omega C$
L	$\mathrm{j}\omega L$	$-\mathrm{j}\,\dfrac{1}{\omega L}$

A 54   Komplexe Scheinleistung, Wirk- und Blindleistung eines sinusförmigen Wechselstroms

Sind $\underline{U}$ und $\underline{I}$ die *komplexen Effektivwerte* von Wechselspannung und Wechselstrom, so ist die *komplexe Scheinleistung*

$$\underline{S} = \underline{U} \cdot \underline{I}^*$$

Wirkleistung P und *Blindleistung* Q sind der *Real-* bzw. *Imaginärteil* von $\underline{S}$:

$$\left.\begin{array}{l} P = \mathrm{Re}\,(\underline{S}) \\ Q = \mathrm{Im}\,(\underline{S}) \end{array}\right\} \quad \underline{S} = \underline{U} \cdot \underline{I}^* = P + \mathrm{j}\,Q$$

($\underline{I}^*$ ist die zu $\underline{I}$ *konjugiert komplexe* Größe).

A 55 | Äquipotentialfläche

Unter einer *Äquipotentialfläche* versteht man eine Fläche im Raum, die alle Punkte eines elektrischen Feldes mit dem *gleichen* elektrostatischen Potential verbindet. Der Feldstärkevektor $\vec{E}$ steht dabei in *jedem* Punkt der Äquipotentialfläche *senkrecht* zu dieser Fläche.

A 56 | Elektrostatisches Potential in der Umgebung einer elektrischen Punktladung

Eine *elektrische Punktladung* Q erzeugt im Abstand r ein elektrisches Feld mit dem *elektrostatischen Potential*

$$\varphi = \frac{Q}{4\pi\,\epsilon_0\,\epsilon\,r}, \qquad r > 0$$

(ϵ_0: elektrische Feldkonstante; ϵ: Dielektrizitätskonstante des umgebenden Mediums).

A 57 | Zusammenhang zwischen der elektrischen Feldstärke und dem elektrostatischen Potential

Zwischen den *Komponenten* E_x, E_y und E_z der *elektrischen Feldstärke* $\vec{E}$ und dem *elektrostatischen Potential* φ besteht der folgende Zusammenhang:

$$E_x = -\frac{\partial\varphi}{\partial x}, \qquad E_y = -\frac{\partial\varphi}{\partial y}, \qquad E_z = -\frac{\partial\varphi}{\partial z}$$

Bei *ebenen* Problemen ist $E_z = 0$.

A 58 | Satz von Castigliano (Anwendung auf einen statisch unbestimmt gelagerten Balken)

Bei einem *statisch unbestimmt* gelagerten Balken ist die Anzahl m der statischen Gleichgewichtsbedingungen [A1] *kleiner* als die Anzahl n der unbekannten Auflagergrößen (Kräfte und Momente). Die fehlenden $n-m$ Gleichungen erhält man durch Berücksichtigung der *Formänderung* des Balkens. Nach *Castigliano* stellen sich die *statisch unbestimmten* Auflagergrößen (ihre Anzahl ist $n-m$) stets so ein, daß die durch das Integral

$$W = \int\limits_0^l \frac{M_b^2(x)}{2EI}\,dx$$

definierte *Formänderungsarbeit* ein *Minimum* annimmt ($M_b(x)$: Biegemoment des Balkens an der Stelle x; l: Länge des Balkens; EI: Biegesteifigkeit des Balkens). Die *partiellen Ableitungen 1. Ordnung* der Formänderungsarbeit W nach den *statisch unbestimmten* Auflagergrößen müssen daher *verschwinden* und liefern die fehlenden $n-m$ Gleichungen.

A 59 | Stokesche Reibungskraft

Eine *Kugel* vom Radius r, die sich mit der Geschwindigkeit v durch eine Flüssigkeit mit der Viskosität (Zähigkeit) η bewegt, erfährt dort nach *Stoke* die *Widerstands-* oder *Reibungskraft*

$$F_R = 6\pi\eta r v$$

A 60 | Wirkleistung eines (sinusförmigen) Wechselstroms

Die von einem *sinusförmigen* Wechselstrom mit dem *Effektivwert* I in einem ohmschen Widerstand R erzeugte *Leistung* beträgt

$$P = R \cdot I^2$$

A 61 | Stromstärke bei ortsabhängiger Stromdichte

Wird ein *linearer elektrischer Leiter* mit der Querschnittsfläche A von einem Strom mit der *ortsabhängigen* Stromdichte S durchflossen, so ist die *Stromstärke I* durch das *Doppelintegral*

$$I = \iint\limits_{(A)} dI = \iint\limits_{(A)} S\,dA$$

gegeben ($dI = S\,dA$ ist dabei der durch das *Flächenelement* dA fließende Strom).

A 62 | Satz von Steiner für Flächenmomente 2. Grades

$$I = I_S + A\,d^2$$

I_S: Flächenmoment bezüglich der *Schwerpunktachse*
I: Flächenmoment bezüglich einer zur Schwerpunktachse *parallelen* Achse
d: Abstand der beiden Achsen
A: Flächeninhalt

A 63 | Hauptachsen und Hauptflächenmomente einer Fläche

a) Hauptachsen

Unter den *Hauptachsen* u, v einer Fläche A versteht man zwei aufeinander *senkrecht* stehende Achsen durch den Flächenschwerpunkt S, für die das *gemischte* Flächenmoment 2. Grades (auch *Zentrifugalmoment* genannt) I_{uv} *verschwindet*. Sie entstehen durch *Drehung* des kartesischen ξ, η-Koordinatensystems um den Winkel φ, der sich aus der Gleichung

$$\tan(2\varphi) = -\frac{2I_{\xi\eta}}{I_\xi - I_\eta}$$

berechnen läßt.

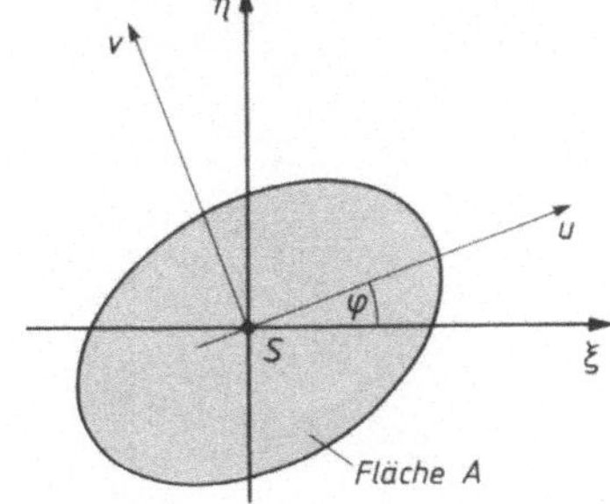

b) Hauptflächenmomente

Die auf die *Hauptachsen* u, v bezogenen axialen Flächenmomente I_u und I_v heißen *Hauptflächenmomente* und werden durch die Symbole I_1 und I_2 gekennzeichnet ($I_1 \equiv I_u$, $I_2 \equiv I_v$). Ihre Berechnung erfolgt nach der Formel

$$I_{1/2} = \frac{1}{2}\left(I_\xi + I_\eta \pm \sqrt{(I_\xi - I_\eta)^2 + 4I_{\xi\eta}^2}\,\right)$$

wobei I_ξ, I_η und $I_{\xi\eta}$ die Flächenmomente im ξ, η-Koordinatensystem darstellen.

A 64　Durchflutungsgesetz (spezielle Form)

In einem dünnen *elektrischen Leiter* beliebiger Form fließe ein Strom der Stärke I. Er erzeugt ein Magnetfeld mit der *ortsabhängigen* magnetischen Feldstärke $\vec{H}$.

Für jede den Leiterstrom I *umfassende geschlossene* Kurve C ist dann das *Linienintegral* der magnetischen Feldstärke $\vec{H}$ gleich der Stromstärke I:

$$\oint \vec{H} \cdot d\vec{r} = I$$

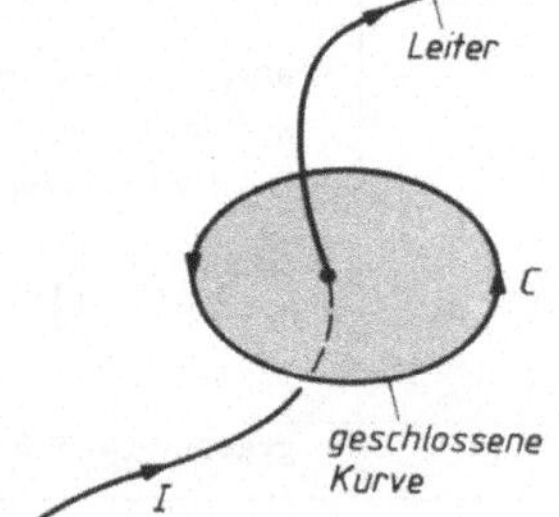